U0150154

中國茶全書

— 科技卷 —

朱 旗 主编

中国林業出版社

·北 京·

图书在版编目(CIP)数据

中国茶全书. 科技卷 / 朱旗主编. -- 北京 : 中国林业出版社, 2021.12
ISBN 978-7-5219-1296-8

Ⅰ. ①中… Ⅱ. ①朱… Ⅲ. ①茶树—栽培技术 Ⅳ. ①TS971.21 ②S571.1

中国版本图书馆CIP数据核字(2021)第153981号

中国林业出版社
策划编辑：段植林　李　顺
责任编辑：李　顺　陈　慧
出版咨询：(010) 83143569

出 版：中国林业出版社 (100009 北京市西城区刘海胡同7号)
网 站：http://www.forestry.gov.cn/lycb.html
印 刷：北京博海升彩色印刷有限公司
发 行：中国林业出版社
电 话：(010) 83143500
版 次：2021年12月第1版
印 次：2021年12月第1次
开 本：787mm × 1092mm 1/16
印 张：30.75
字 数：600千字
定 价：288.00元

《中国茶全书》
总编纂委员会

策　　划：罗　宇　周　宇　杨应辉　饶　佩　施　海　廖美华
吴德华　陈建春　李细桃　胡卫华　郗志强　程真勇
牟益民　欧阳文亮　敬多均　余柳庆　向海滨　张笑冰
编 辑 部：李　顺　陈　慧　王思源　陈　惠　薛瑞琦　马吉萍

《中国茶全书·科技卷》编纂委员会

主　编： 朱　旗

编　者： 金心怡　张正竹　屠幼英　曹潘荣　倪德江
朱海燕　胥　伟　刘　焱　赵仁亮

主　审： 刘富知

出版说明

2008年，《茶全书》构思于江西省萍乡市上栗县。

2009—2015年，本人对茶的有关著作，中央及地方对茶行业相关文件进行深入研究和学习。

2015年5月，项目在中国林业出版社正式立项，经过整3年时间，项目团队对全国18个产茶省的茶区调研和组织工作，得到了各地人民政府、农业农村局、供销社、茶产业办和茶行业协会的大力支持与肯定，并基本完成了《茶全书》的组织结构和框架设计。

2017年6月，在中国林业出版社领导的指导下，由王德安、段植林、李顺等商议，定名为《中国茶全书》。

2020年3月，《中国茶全书》获国家出版基金项目资助。

《中国茶全书》定位为大型公益性著作，各卷册内容由基层组织编写，相关资料都来源于地方多渠道的调研和组织。本套全书可以说是迄今为止最大型的茶类主题的集体著作。

《中国茶全书》体系设定为总卷、省卷、地市卷等系列，预计出版180卷左右，计划历时20年，在2030年前完成。

把茶文化、茶产业、茶科技统筹起来，将茶产业推动成为乡村振兴的支柱产业，我们将为之不懈努力。

王德安

2021年6月7日于长沙

前言

中国人对茶的认识始于神农尝百草的传说，而且茶也融入到中国人生活的方方面面。人们常说开门七件事“柴米油盐酱醋茶”，说明从物质生活的层面上，茶已是中国人日常生活中不可或缺的一种生活必需品；而在精神生活的层面上，则有“琴棋书画诗酒茶”的说法。这说明茶是中国人物质和精神两方面的切入点和连接物，这就解释了茶为什么在中国能跨越数千年依然朝气蓬勃、产业经久不衰。

回顾历史，人们发现距今三千年前的巴蜀已有茶树栽培的记载，西汉时期茶叶已成为该地域流行的售卖商品。三国到南北朝时期，随着佛教在中国的传播和发展，寺僧种植和饮用茶的行为推动了茶叶在中国内地的传播，出版了许多茶叶的书籍。公元前2世纪的《尔雅》就已涉及了茶树的生物学、生态学、栽培技术和饮茶等前沿内容，其中，唐朝陆羽的《茶经》则是中国乃至世界现存最早、最完整、最全面介绍茶的专著，该书论述了茶叶生产的历史、源流、现状、生产技术以及饮茶技艺、茶道原理的综合性论著，在茶叶发展和传播中发挥了不可替代的作用。近代也有出版不少茶的书籍，其中，以陈宗懋院士出版的《中国茶经》是当今全面介绍中国茶叶历史、生产、加工和审评上的权威书籍，该书在茶叶界有广泛影响和指导意义。

2015年，湖南省率先发起了组织出版《茶全书》的动议，立即获得了社会各界的广泛响应和支持，随后在中国林业出版社的组织下更名为《中国茶全书》，成立了总编纂委员会和总策划部，制定了撰写大纲、撰写原则和撰写要求，授权各个省份组织人员和队伍编纂各自茶全书省卷。至此，所有产茶省份和部分在历史条件下对茶叶销售产生影响的省份也相应成立了编纂委员会和策划部，部分重要产茶省份的地州市也积极参与其中，组成了各自的撰写团队和策划团队，编写各自的地方分卷。形成了上至国家，下至省市地共同联动、资源共享，人员达数千人的庞大撰写队伍，这在中国历史上为一种农产品著书实属首次。

根据茶叶产业的特点，总编纂委员会还计划出版该系列丛书的总卷、科技卷、茶馆卷等独立卷。受《中国茶全书》总编纂委员会和中国林业出版社的委托笔者负责组织和编写《中国茶全书·科技卷》的工作，经与国内茶叶界专家、教授沟通和协商，组成了以湖南农业大学、安徽农业大学、浙江大学、四川农业大学、华南农业大学为主体的编纂委员会，以湖南农业大学主编的《茶学概论》为基础，修订和补充相关数据、内容，调整相关章节，增加实物图片，在总的编纂原则的基础上增加科普性和可读性。

该卷较系统地论述了茶叶历史、生产现状、茶树生物学基础、茶园建设、茶园土壤管理、茶园树体管理、茶叶无公害生产与有机茶园、茶叶采收与管理、茶叶命名与分类、六大茶类初加工、茶叶精制、紧压茶加工、花茶加工、茶的综合利用、茶叶感观审评和茶文化等基本理论、知识和技术，反映了近十余年来茶叶科技中的新成果和茶叶生产中的新经验。全书图文并茂，既有科学原理又通俗易懂，可作为大专院校相关专业的选修参考书，中等专业技术学校和职业中学的教学参考书，以及茶叶科技工作者、茶叶企业家、茶叶专业户及其他有关生产经营者的读物。

由于本书涉及的专业知识面广，从理论到实践的内容多，编者的知识水平有限，书中的疏漏或不妥之处在所难免，诚恳希望广大读者提出宝贵意见，以便及时更正。

编者

2019年12月于长沙

目录

中国是茶的原产地,也是世界茶叶的起源地。在漫长的历史岁月中,中华民族在茶的发现、栽培、加工、利用及茶文化的形成、传播与发展上,为人类的进步与文明作出了杰出的贡献。在现代社会中,茶已融入了中华民族的日常生活,同时茶产业也为中国国民经济的发展发挥了积极重要的作用。本章主要介绍了茶叶的功能,茶叶的发展历史和发展现状,茶区的分布与茶类的生产,产业产销现状与存在问题,以及茶学概论的性质与任务。

概述

茶树，乃一常绿、多年生木本植物，源于中国，茶学亦始于中国。茶叶为近现代世界三大无酒精植物性饮料之一，是我国传统的出口商品。茶业既是整个农业中的一个组成部分，又具有轻工业和第三产业的内涵，涉及农、工、商，在我国国民经济中占有一定的地位，在加速农产品商品化，促进茶区经济发展、繁荣社会主义文化建设方面有着不可忽视的作用。

一、茶的功能

茶之为用，在我国至少有3000余年的历史，若依成书于东汉的《神农本草》，则可上推到4700年以前。茶之为业，不仅很早，而且社会基础广泛，经久不衰。唐代（618—907年）已有76州产茶，清代（1644—1911年）主产茶省13个，至2021年，我国年产茶叶15万t左右，出口平均每年约10万t。

2020年，世界茶园面积再创历史新高，达到509.8万hm^2。纵观2011—2020年的十年间（2011年384万hm^2，2012年399万hm^2，2013年418万hm^2，2014年437万hm^2，2015年452万hm^2，2016年470万hm^2，2017年479万hm^2，2018年488万hm^2，2019年500万hm^2，2020年509.8万hm^2），世界茶叶种植面积增长了125.8万hm^2，十年增幅高达32.8%，年均复合增长率达3.2%。2020年度全球茶叶种植面积超10万hm^2的国家有6个。其中，中国面积最大，为316.5万hm^2，同比增长3.3%，占总面积的62.1%；印度居第二，茶叶种植面积保持在63.7万hm^2，占全球12.5%；茶叶种植面积排名3~6位的国家依次是肯尼亚（26.9万hm^2）、斯里兰卡（20.3万hm^2）、越南（13万hm^2）、印度尼西亚（11.4万hm^2）。全球前十茶叶种植国茶园总面积占世界总面积的88.62%。

茶的利用和生产历史如此悠久，范围如此广，规模如此大，不得不归功于茶叶的特殊功能。“北窗高卧鼾如雷，谁遣香草换梦回”（见陆游的《试茶》诗）足见茶叶的提神醒脑作用早为古人所晓，正如《神农本草经》云“茶味苦，饮之使人益思，少卧，轻身，明目”。汉代著名医家华佗在《食论》中写道：“苦茶久食益意思”。茶叶的消食、止渴、利尿、降解脂肪等功效亦早为古人所认识，明代钱椿年编（1539年）、颐元庆删校（1541年）的《茶谱》云：“人饮真茶，能止渴，消食，除痰，少睡，利尿道，明目，益思，除烦，去腻。人固不可一日无茶”。明代大医药家李时珍在《本草纲目》中将茶作为“药”的功能进行了定性的描述和系统概括：“叶（气味）苦、甘，微寒，无毒”“茶苦而寒，阴中之阴，沉也降也，最能降火。火为百病，火降则上清矣”。茶主治“瘘疮，利小便，去痰热，止渴，令人少睡，有力，悦志。下气消食……破热气，除瘴气，利大小肠。清头目。治中风昏聩，多睡不醒。治伤暑”。最近几十年来的研究和茶药实践表明，茶叶不仅具有上述功能，还具有降血脂、血糖、抗氧化、抗癌、防辐射、防突变、抗病毒、增强免疫力等功效。

茶叶的诸多药理保健功能是与茶叶内含的功能性成分分不开的，如茶叶中的咖啡碱、茶碱和可可碱等生物碱是一类重要的生理活性物质，已被应用于保健药品和食品中。茶叶的利尿、解毒、兴奋、强心作用是公认的，而茶叶中含量高达20%~30%的以儿茶素为主体的茶多酚更具多种特殊的保健功效。浙江省医科大学附属第二医院楼福庆等人研究指出：茶的提取物茶多酚等可促进血液中纤维蛋白原的溶解，以致抗凝化淤、降脂减肥的有效率达70%以上。王志远等（1988年）用绿茶茶多酚和各种儿茶素组分对多种诱发皮肤癌的致癌物的致癌抑制效应及其生化机制进行了研究，结果表明绿茶中的多酚类及各种儿茶素衍生物具有抑制NAPH-细胞色素c还原酶活性的作用。日本、美国和印度的研究均证明茶多酚类化合物，特别是儿茶素衍生物具有抑制癌细胞增生，抗癌、抗突变的效果。儿茶素的作用与它含有两个以上互为邻位羟基的多元酚，能提供活性很强的羟基，可消除自由基有关。茶叶中的多糖可增强机体的非特异性免疫能力，具防辐射、改善造血功能和保护血象的作用。“诸药为各病之药，茶为万病之药。”唐朝陈藏器的这一说法，虽有点夸张，但也不无道理。

茶叶不仅具有诸多药理保健的功能，在某种程度上还能提供氨基酸、维生素等营养成分，日饮茶3~4杯便可满足人体对维生素C的需求。成人日饮5~6杯，便可供应人体所需的锰、钾、硒和锌等的量分别达45%、25%、25%和10%。正如我国著名营养学家于若木所评价的：“凡调节人体新陈代谢的许多有益成分，茶叶中大多数都具备……茶叶，这一大自然给予人类的最好的饮料，好像调配适宜的复方制剂……对各脏器的好处几乎包罗无遗。”茶叶的确为一难得的兼具多种生理、药理功能的神奇饮料。

此外，古往今来，茶叶栽制技术的传播、贸易事业的发展，客观上增进了国内各族人民之间、与他国人民之间的友谊，有利于人类文明、文化的传播。茶叶在这些方面的功能，从古至今实例弥多，辐射更广，此不赘述。

二、茶的简史

如前所述，茶之为用，在我国已有3000多年的历史。这实际上还是比较保守的说法，据东汉时的《神农本草》载：“神农尝百草，日遇七十二毒，得荼而解之”，此处的“荼”即“茶”，因在汉代字书（如《说文解字》）上是以荼为茶的，故一般推断，茶的发现在神农时代（约公元前2737—前2697年），且首先是作药用的。常璩于347年所写《华阳国志·巴志》中载：周武王于公元前1066年联合当时居于四川、云南等地的“万国部落”

共同伐纣之后，巴蜀所产之茶已列为贡品，并有“园有芳蒻、香茗”的记载。可见距今3000年前的巴蜀已有茶叶栽培。西汉时，在四川的一些地区广泛地栽培茶树，并已形成商品，这是完全可以确认的。主要依据是西汉时，王褒所撰《僮约》（公元前59年）中有“烹茶尽具”“武阳买茶”之条款，可见当时武阳（今四川省彭山区的双江镇）已成为茶叶商品中的重要集散地，烹饮茶叶已成为日常生活中的一部分。

从三国到南北朝，由于佛教在中国的传播和盛兴，寺僧和士大夫之流饮茶较为普遍，多数名山寺院的近旁山谷间已种茶，不仅四川如此，长江中下游饮茶之风也逐渐普遍，栽茶事业随之发展。“芳茶冠六清，溢味播九区，人生苟安乐，兹土聊可娱”（晋·张载的《登成都楼》）便是对当时饮茶之风盛行的生动描述。

就茶的栽培而言，近3000年来多有古籍记载，其内容涉及茶树生物学、生态学和各种栽培技术。例如成书于约公元前2世纪的《尔雅》释木篇中载“槚、苦荼”，就此东晋郭璞注，“树小如栀子，冬生叶，可煮作羹饮，今呼早采者为荼，晚取者为茗。一名荈。蜀人名之苦荼”。可见茶多为灌木且常绿，早为2000多年前的古人所熟知。晋人杜育于4世纪前期作的《荈赋》云：“灵山惟嶽，奇产所钟。厥生荈草，弥谷被岗，承丰壤之滋润，受甘灵之霄降。”“荈”为古代茶的异名同义字之一。此赋对茶树适宜生长的土壤、地形和小气候环境作了极为准确的概括。关于茶园设置和栽培方法的详细记载，以唐陆羽（780年）的《茶经》和韩鄂（10世纪初）的《四时纂要》最早。“上者生烂石，中者生砾壤，下者生黄土。”“法如种瓜，三岁可采。野者上，园者次。阳岩阴林。”“阴山坡谷者，不堪采掇。”“种茶二月中，于树下或北阴之地开坎，圆三尺[①]，深一尺，熟劚，著粪和土。每坑六七十棵子，盖土厚一寸强，任生草不得耘，相当二尺种一方，旱即以米泔浇。”在茶园管理方面古代茶农也积累了大量的经验，如宋代赵汝砺（1186年）的《北苑别录》：“每岁六月兴工，虚其本，培其土，滋漫之草悉皆除之。”茶树修剪技术古人亦早有运用，清代黄宗羲撰《匡庐避录》（1660年）：“一心云，山中无别产，衣食取办于茶。地又寒苦，树茶皆不过一尺，五六年后，梗老无芽，则须伐去，俟其再蘖。”可见，300多年前庐山茶农就习惯用台刈法来更新复壮茶树了。

茶叶的加工制作，在我国历史上亦经历了一个漫长的演变过程，首创了多种多样的加工制作方法，积累了极其宝贵、丰富的经验。最先可能是不作任何加工处理的生食，至秦汉年间则已普遍生煮羹饮了。正如郭璞注《尔雅》云：“可煮作羹饮。”后来，为了

① 尺，古代长度单位，各代制度不一，今1尺≈0.33m。此处和下文引用的各类文献涉及的传统非法定计量单位均保留原貌，便于体会原文意思，不影响阅读。另有本书中其他传统非法定计量单位也保留原貌。

便于一年四季的应用，就产生了采后晒干、研末、贮藏备用之法，如晋代有《桐君录》（作者不详）云：“取为屑，茶饮。”魏晋时代亦有了制饼茶的方法。例如三国魏人张揖的《广雅》载：“荆巴间采茶作饼，成以米膏出之。”唐代的《茶经》系统地介绍了当时制作饼茶的方法：“凡采茶，在二月、三月、四月之间。茶之笋者。生烂石沃土，长四五寸。若薇蕨始抽，凌露采焉……晴采之、蒸之、持之、拍之、焙之、穿之、封之，茶之干矣。”蒸青，实为绿茶之始。可见在唐代中国就已生产绿茶，其蒸汽杀青的方法现在仍被日本等国采用。宋宣和年间（1119—1125年）改蒸青团茶为蒸青散茶。《宋史·食货志》载：“茶有二类，曰片茶，曰散茶，片茶蒸造，实卷模中串之……散茶出淮南、归州、江南、荆湖。”元代蒸青团茶逐渐淘汰，蒸青散茶大为发展。明代改蒸汽杀青为锅炒杀青，陈师所撰《茶考》（1593年）对锅炒杀青，乃至炒二青等均有详细而准确的描述：“新采，拣去老叶及枝梗碎屑，锅广二尺四寸，将茶一斤半焙之。候锅极热，始下茶炒，火不可缓，待熟方退火，彻入筛中，轻团数遍，复下锅中，逐渐减火，焙干为度。”杀青方法的改革既增进了茶叶色香味，又简化了工艺，节省人工，锅炒杀青法一直沿用至今。明末清初（1650年前后）在福建省首创了红茶制法。早在嘉靖三年（1524年）湖南所制黑茶，即为按现有初制工艺生产的黑毛茶；但在11世纪前后，四川就有用绿毛茶经长时（20余天）渥堆变色的“黑茶”生产，并销往西北。白茶在宋徽宗赵佶的《大观茶论》（1107年）中就已提到：“白茶自为一种，与常茶不同。”白茶到底始于何时尚难肯定。但最先的茶叶制干办法是鲜叶日晒，这与现今白茶制法（第一道工序为“日光萎凋”）最接近，从这个意义上看，或许白茶是生产最早的一个茶类。以后，由于绿茶的发明和普及，白茶制法便逐渐少用，以致近于罕用。近代白茶开始于1796年，创于福建的福鼎，始采于菜茶品种的茶芽制成银针，1855年发现大白茶后，品质大有提高。黄茶就其制法而言，应用创制于1570年前后，系由炒青绿茶演变而来。18世纪前期的雍正年间（1725—1735年）福建安溪的茶农发明了青茶。

综上所述，至18世纪末，我国的绿、黄、黑、白、青、红等六大茶类初加工技术均已定型，其特征工艺工序沿用至今，变化不大，即使有变化，也只是工艺执行方法、控制标准及机具设备等方面的非实质性变化。但近些年来，在绿茶、红茶或白茶等茶类的生产加工中，增加有青茶的做青工序，目的在于提高茶叶的香气，这是一种新的尝试。

随着时代（或时间）的推移，茶饮茶用、茶业管理、茶贸易、茶文化等亦有着诸多变化，有的甚至还是极为深刻的变化，这些变化往往与生产力、生产关系和社会特征以及整个文明事业的进程相联系，呈现着丰富多彩的画面。

三、茶的现状

（一）茶的分布

世界茶树至今分布区域界限，从北纬49°的外喀尔巴阡至南纬33°的纳塔耳，以北纬6°~32°之间植茶最为集中，产量最多。据统计：2020年，在中国和肯尼亚茶叶产量增长的带动下，全球茶叶总产量保持增长态势。2020年世界茶叶产量达到626.9万t，较2019年增长1.9%，增速为近五年最低。2011—2020年十年间（2011年458.9万t，2012年471.2万t，2013年502.1万t，2014年522.8万t，2015年530.5万t，2016年559.4万t，2017年571.8万t，2018年596.6万t，2019年615.0万t，2020年626.9万t），世界茶叶总产量增长了168万t，十年增幅达36.6%，年均复合增长率为3.5%。分国家看，2020年度全球最大的产茶国仍是中国（298.6万t）和印度（125.8万t），两国茶产量合计达424.4万t，占到世界茶叶总产量的67.7%。产量排在第3~10位的依次是肯尼亚（57万t）、土耳其（28万t）、斯里兰卡（27.8万t）、越南（18.6万t）、印度尼西亚（12.6万t）、孟加拉国（8.6万t）、阿根廷（7.3万t）、和日本（7万t）。在产量位居前十的国家中，除肯尼亚（19.4%）、中国（6.3%）、土耳其（4.4%）实现了正增长，其余国家均出现了不同幅度的减产，印度与孟加拉国的茶产量降幅均超过了10%。

我国茶树种植范围是南起海南榆林（18°N），北至山东蓬莱（37°N）；西自西藏米林（94°E），东达台湾东岸（122°E）。南北跨20个纬度的6个气候带，即中热带、边缘热带、南亚热带、中亚热带、北热带和南温带（亦名暖温带）。但茶叶主产区集中分布在102°E以东和32°N以南，约200万km^2的范围内。传统产茶省（区、直辖市）共20个：浙江、湖南、安徽、四川、重庆、福建、云南、湖北、广东、江西、广西、贵州、江苏、陕西、河南、海南、山东、甘肃、西藏和台湾等；部分省（区、直辖市）正进行小范围试种，如：辽宁、内蒙古、青海等。2019年，全国干毛茶产量为279.34万t，比上年增加17.74万t，增幅6.78%。产量超过20万t的省区，依次是福建（41.2万t）、云南（40万t）、湖北（33.54万t）、四川（30.1万t）、贵州（28.6万t）、湖南（22.31万t）。

根据农业区划原则和前人的区划研究成果，我国茶叶产地可划分为华南、西南、江南和江北4个Ⅰ级区。

1. 西南茶区

西南茶区位于中国西南部，包括云南、贵州、四川三省以及西藏东南部，是中国最古老的茶区。茶树品种资源丰富，主要生产红茶、绿茶、沱茶、紧压茶（砖茶）和普洱茶等。

该区包括云贵高原是世界茶树原产地中心。地形复杂，有些同纬度地区海拔高低悬殊，气候差别很大，具有立体气候的特征，年平均气温为15~19℃，年降水量为

1000~1700mm。大部分地区均属亚热带季风气候，冬不寒冷，夏不炎热，土壤状况也较为适合茶树生长。

2. 华南茶区

华南茶区位于中国南部，包括广东、广西、福建、台湾、海南等省（区），为中国最适宜茶树生长的地区。有乔木、小乔木、灌木等各种类型的茶树品种，茶资源极为丰富，主要生产红茶、乌龙茶、花茶、白茶和六堡茶等。

除闽北、粤北和桂北等少数地区外，年平均气温为19~22℃，最低月（一月）平均气温为7~14℃，茶年生长期10个月以上，年降水量是中国茶区之最，一般为1200~2000mm，其中台湾地区雨量特别充沛，年降水量常超过2000mm。

3. 江南茶区

江南茶区位于中国长江中、下游南部，包括浙江、湖南、江西等省和皖南、苏南、鄂南等地，为中国茶叶主要产区，年产量大约占全国总产量的2/3。生产的主要茶类有绿茶、红茶、黑茶、黄茶、花茶以及品质各异的特种名茶，诸如西湖龙井、黄山毛峰、洞庭碧螺春、君山银针、庐山云雾等。

茶园主要分布在丘陵地带，少数在海拔较高的山区。这些地区气候四季分明，年平均气温为15~18℃，冬季气温一般在-8℃。年降水量1400~1600mm，春夏季雨水最多，占全年降水量的60%~80%，秋季干旱。

4. 江北茶区

江北茶区位于长江中、下游北岸，包括河南、陕西、甘肃、山东等省和皖北、苏北、鄂北等地。江北茶区主要生产绿茶。

茶区年平均气温为15~16℃，冬季绝对最低温度一般为-10℃左右。年降水量较少，为700~1000mm，且分布不匀，常使茶树受旱。但少数山区，有良好的局部微域气候，故能生产出质量也不亚于其他茶区的茶叶。

（二）茶类结构

作为茶叶的故乡，我国茶类齐全，品种花色最丰富，这是其他产茶国家无法比拟的。这是我国历代劳动人民智慧的结晶和茶艺的升华。下面简要介绍茶类结构及品质特征：

1. 绿茶类

绿茶的品质特点是“清汤绿叶”或“绿叶绿汤”。初制工艺由杀青、揉捻和干燥三道主要工序组成，因杀青方法不同，主要分为蒸青和炒青等。蒸青绿茶，香气较低闷，但色泽较绿，国外如日本、印度以及独联体均生产蒸青绿茶，我国广西的巴巴茶亦为蒸青。而我国绿茶生产以炒青绿茶为主。

绿茶因干燥方法不同，又分为炒青、烘青和晒青。炒青又因干燥成型技术不同，制成的毛茶外形不同，分为长炒青、圆炒青和扁炒青。长炒青精制后叫眉茶，正身叫珍眉，分出的圆形茶叫贡熙，细碎茶叫针眉；圆炒青精制后正身叫珠茶，分出的长形茶叫雨茶；扁炒青有龙井、旗枪和大方。

炒青又有条形、片形、针形之分。如黄山毛峰是条形，六安瓜片是片形，南京雨花茶是针形。

晒青中的细茶称细青。粗茶用以加工紧压茶，其成品茶有沱茶、饼茶和生普洱茶等。

用浓郁芬芳的鲜花和烘青（亦有用烘炒青）绿茶等窨制而成的，即引入花香的茶称花茶，花茶既具有纯正的茶味，又兼备鲜花之馥郁香气。依窨花种类不同，分为茉莉花茶、玉兰花茶、玳玳花茶、珠兰花茶和桂花茶等。

2. 黄茶类

黄茶品质特点是“黄叶黄汤”。黄茶有两个概念：一是茶树品种，茶叶自然发黄，叫黄茶，唐代有“寿州黄芽”；二是炒青过程中闷黄，这是从杀青或揉捻后干燥不足或不及时，叶片变黄得到启示，在绿茶生产基础上有意增加“闷黄”工序，形成了新的品类，即真正意义上的黄茶，时间约在16世纪中叶。黄茶加工与绿茶基本相似，但增加了闷黄工序。

根据闷黄的时间和茶坯的干湿黄茶可分为4小类：一是杀青后湿坯堆积闷黄的，如台湾黄茶、沩山毛尖和蒙顶黄芽；二是揉捻后湿坯堆积闷黄的，如平阳黄汤、北港毛尖；三是毛火后茶坯堆积闷黄的，如黄大茶、黄芽、崇安莲芯；四是毛火后包藏闷黄的，如君山银针。另外根据鲜叶的老嫩，黄茶又可分为黄小茶和黄大茶。君山银针、沩山毛尖、平阳黄汤和皖西黄小茶等属黄小茶，安徽霍山、金寨、六安、岳西和湖北英山所产的黄茶均属黄大茶。

3. 黑茶类

黑茶品质特点是叶色油黑或褐绿色，汤色褐黄或褐红，其初制工艺主要由杀青、揉捻、渥堆和干燥4工序组成，往往渥堆后还有次复揉。渥堆为黑茶类的特殊工序，也有的夹有其他工序，如湖北老青茶的“复炒”、四川边茶的“蒸茶”。

黑茶产区广阔，产销量大，品种花色很多。成品茶有湖南的天尖、贡尖、生尖和黑砖、茯砖、花砖和花卷，湖北青砖茶，广西六堡茶，四川南路边茶和西路边茶以及云南的普洱茶和紧压茶。黑茶以前以边销为主，故又称边销茶，部分内销，少量侨销，近来由于社会的进步，人们群众生活水平的提高和膳食结构的改善，黑茶的内销市场出现快速增长的趋势。

4. 白茶类

白茶品质的特点是白色茸毛多，汤色浅淡或初泡无色。一般制法是经过萎凋、干燥两道工序。白茶按茶树品种不同，分为大白、小白、水仙白等，采自大白茶品种的称大白，采自菜茶品种的称小白，采自水仙种的称水仙白。

白茶按采摘标准不同，分为白毫银针、白牡丹、贡眉和寿眉。采自大白茶的肥芽而制成的白茶，称白毫银针；采自大白茶或水仙种新梢的小芽1~2叶而制成的白茶，称为白牡丹；采自菜茶种的短小芽叶和大白茶的叶片，制成的白茶称为贡眉和寿眉。

5. 青茶类

青茶，俗称乌龙茶，是介于红茶、绿茶之间的半发酵茶，兼有红茶的色、香和绿茶的醇爽；但无红茶的涩味和绿茶的苦味。其品质特点是叶色青绿或绿叶红镶边，汤色橙黄或金黄，而清香型青茶的汤色为浅绿色。

青茶制法讲究、精细，初制工艺主要由萎凋、做青、杀青、揉捻和干燥等工序组成。青茶大部分以茶树品种名称命名，如水仙、乌龙、铁观音、色种、梅占、毛蟹等，青茶亦可用花（桂花、栀子茶、玉兰花等）窨制成花茶。

6. 红茶类

红茶品质的基本特点是“红叶红汤”。它是六大茶类中生化成分在初制过程中变化最深刻的一个茶类。其初制工艺一般由萎凋、揉捻、发酵和干燥4道基本工序组成。

红茶依初制工艺的不同主要分红条茶和红碎茶两大类，红条茶又分小种红茶和工夫红茶。小种红茶产于福建省，其特点是带松烟味，萎凋熏蒸的称正山小种（星村小种），工夫红茶熏蒸的称烟小种（坦洋小种、政和小种）。工夫红茶初制过程中既不熏蒸也不切细，严格按萎凋、揉捻、发酵、和干燥4工序初制。毛茶精制加工后分叶茶、芽茶和片茶，工夫红茶一般依产地命名，如祁门工夫、白琳工夫、坦洋工夫、台湾工夫、宁州工夫、宜昌工夫、湖南工夫、镇江工夫、越红工夫和政和工夫等。红碎茶的初制与工夫红茶不同的是其中加了一道揉切（转子或CTC）或捶击（LTP）的工序，将茶条或茶叶揉切成颗粒状，红碎茶的毛茶通过精制后分叶、碎、片、末4种花色。目前红碎茶在国际市场上是生产和销售最多的一类茶，主要用于袋泡茶。红茶亦可窨成花茶（如玫瑰红茶、茉莉红茶）。另外，还有蒸压红茶（如湖北省赵李桥茶厂生产的米砖茶）。

俗话说：“茶叶学到老，茶名记不了。”据不完全统计，我国约有数千种茶叶，近20多年来，我国广大茶区开展了恢复历史名茶和开发研制优质绿茶工作，极大地促进和发展了我国名优绿茶的生产，在茶叶这个特殊园地里呈现出一派百花盛开，争奇斗艳的绚丽景象。

（三）产销发展情况

茶叶生产经营，作为一个产业与经济、政治和文化等方面，自古以来亦有着程度不一的相互影响，有时甚至是举足轻重的影响。据统计在19世纪60—70年代，我国茶叶占所有出口商品的50%以上。这种局面曾一度刺激了我国茶业的发展。当时的这种发展带有殖民主义、帝国主义经济侵略的烙印，例如东印度公司曾一度垄断了中国茶叶的出口。茶业提供了东印度公司的全部利润和英国国库收入的1/10左右。但由于19世纪后期印、斯、日茶业的兴起，中国茶叶逐渐丧失了英、美、俄三大市场，到1918年出口茶叶由1886年的13.41万t降至2.45万t。茶叶出口环境的恶化使国内茶业备受摧残。据记载，到清光绪中后期福建建瓯县（今建瓯市）的情形是"开茶庄及采茶者，屡年折本，倾家荡产"，种茶者计算，其茶叶收入"不够采工、做工者伙食，以致种茶者不采……茶价甚低，开茶行破家败户者不知有几"（见《经济研究》1956年第3期）。由于种种原因，抗日战争前后我国的经济很不景气，茶叶事业亦濒临崩溃，1938—1945年平均产茶不到5万t，出口1.35万t，1949年出口茶叶下降到最低点，仅0.99万t。

中华人民共和国成立后，党和国家极为重视茶叶生产的恢复和发展，在1950—1952年的经济恢复时期，共扩大茶园面积6.67万hm^2，1954年农业部（现农业农村部）、外贸部、供销总社联合召开了全国茶叶专业会议，确定了大力发展茶叶生产的方针。在第一个五年计划期间茶叶面积又扩大了10多万公顷，1950年前荒芜茶园基本上全部垦复。1965年，我国茶园面积超过印度，成为世界上茶园面积最大的国家。2005年，我国茶叶产量超过印度，成为世界上最大的产茶国。

纵观我国茶叶生产、加工与出口的变化，其大发展时期是在进入新千年的时刻。40多年的改革开放，国家的快速发展、人民群众生活水平的不断提高、小康社会的实现、人们膳食结构的改善，让人们对茶叶的需求量快速增长，促使了茶叶产业的快速发展。

回顾我国茶叶产业近70年来的发展历程，茶业的发展大体经历了扩大面积、提高单产、调整结构、全面发展四个时期（陈宗懋，2011年）。

1. 扩大面积期（1949—1978年）

此阶段茶产业发展是通过扩大茶园面积增加产量。这一时期主要通过开垦荒山和荒地，开辟新茶园，恢复茶叶生产。1978年茶园面积为104.7万hm^2，比1950年的16.9万hm^2增长5.2倍，同期茶叶产量增长3.3倍。茶园面积的扩大，为增加茶叶产量和满足市场需求奠定了良好的发展基础。

2. 提高单产期（1979—1989年）

此阶段茶产业发展主要是提高茶园单产，增加产量。这一时期茶业生产由计划经济向市场经济转变，茶园面积增长缓慢，但茶叶产量增长迅速。1989年茶园面积为106.5万hm^2，茶叶产量为53.5万t。茶园面积比1978年仅增长1.7%，但产量比1978年增长1倍。茶叶供求关系从短缺开始向供过于求转变，茶业在国民经济中的地位有所降低。

3. 调整结构期（1990—2004 年）

此阶段茶产业发展主要是适应市场需要的变化调整茶叶产品结构，一是扩大绿茶、乌龙茶生产，1990年绿茶、红茶、乌龙茶比例为70∶23∶7，2004年该比例为59∶4∶9；二是加强名优茶的开发，提高茶叶产品质量，1990年名优茶产量只有2.7万t，2004年增加到21.8万t，增至8.1倍，名优茶产量占茶叶总产量的比重从1990年的5%提高到27.36%；三是产业生产布局向较优势地区集中。

4. 全面发展期（2004至今）

此阶段农业产业结构调整为茶产业带来发展机遇，茶产业在国内茶叶需求快速增长的拉动下，茶园面积、茶叶产量和茶叶产值均呈现快速增长。2019年，全国18个主要产茶省（自治区、直辖市）茶园面积约306.52万hm^2，干毛茶产量为279.34万t，分别增至2004年的2.4倍、3.5倍。茶叶深加工快速发展，产业链进一步延伸。我国茶饮料近10年来也出现跨越式发展，其茶饮料产值已占当前我国茶叶总产值的1/3，并以每年超过30%的速度递增。因此，茶饮料仍有一定的上升空间。

（四）国内茶产业现状

2019年，在保护主义和单边主义的冲击下，世界经济持续下行，并且呈现出了各国同步放缓的局面，但国内“六稳”政策的落实和不断扩大的改革开放措施，一定程度上对冲了各种不利因素的影响。面对年度经济发展过程中内外环境和条件的复杂变化，中国茶产业在2019年总体保持平稳发展——茶叶总产量、总产值，内销量、内销额，出口量、出口额等多项指标均创历史新高；一二三产各环节发展基本顺畅；茶业助力精准脱贫的主力军作用继续凸显。与此同时，困扰产业发展的产销矛盾日益突出，市场存量继续增多，企业经营压力持续加大。

1. 茶园面积仍在扩大

据统计，2019年全国18个主要产茶省（自治区、直辖市）茶园面积306.52万hm^2，同比增加13.49万hm^2，增长率4.6%。其中，可采摘面积246.05万hm^2，同比增加14.27万hm^2，增长率6.15%。可采摘面积超过20万hm^{2}的省份有5个，分别是云南（40.31万hm^2）、贵州（31.34万hm^2）、四川（29.75万hm^2）、湖北（24.67万hm^2）、福建（20.63万hm^2）。未开采面积超过6.67万hm^2（百万亩）的省份有3个，分别是贵州（15.24万hm^2）、四川（8.584万hm^2）、湖北（8.33万hm^2）。

2. 茶叶产量继续增加

2019年，全国干毛茶产量为279.34万t，比上年增加17.74万t，增幅6.78%。产量超过20万t的省区，依次是福建（41.2万t）、云南（40万t）、湖北（33.54万t）、四川（30.1万t）、贵州（28.6万t）、湖南（22.31万t）；四川首度突破30万t，保持第四；贵州大增8.67万t，一举取代湖南，位居第五。增产逾万吨的省区，分别是贵州（8.67万t）、湖北（2.09万t）、陕西（1.81万t）、广西（1.53万t）、福建（1.04万t）。

3. 农业产值保持增长

2019年，全国干毛茶总产值同比增加238.65亿元，达到2396亿元，增幅11.06%。干毛茶产值超过200亿元的省份有4个，分别是贵州（321.86亿元）、福建（297.27亿元）、四川（279.69亿元）、浙江（224.74亿元）；产值增长超过30亿元的省份有5个，依次是广东（60.65亿元）、福建（39.3亿元）、贵州（40.86亿元）、四川（33.64亿元）、云南（33.56亿元）。

4. 茶类结构变化不大

2019年，全国六大茶类产量均出现不同幅度增加，尽管绿茶、乌龙茶占比继续向下微调，但总体格局不变。具体来看：绿茶产量177.29万t，占总产量的63.47%，比增5.05万t，增幅2.93%；黑茶产量37.81万t，占比13.54%，比增5.92万t，增幅18.59%；红茶产量30.72万t，占比11%，比增4.53万t，增幅17.29%；乌龙茶产量27.58万t，占比9.87%，比增0.46万t，增幅1.7%；白茶产量4.97万t，占比1.78%，比增1.6万t，增幅47.41%；黄茶产量0.97万t，占比0.35%，比增0.17万t，增幅225.56%。

5. 生产总体平稳，供给侧调整压力加大，茶类格局基本不变

茶园面积，特别是可开采茶园面积的持续增加，使产量已达近280万t；持续上升的成本使农业产值继续提升。全国茶园结构持续优化，无性系良种茶园面积比例达68.2%。绿色优质产品生产基地的建设，区域公用品牌、集群品牌、知名企业品牌的打造，使茶叶绿色安全稳定向好，质量效益提升。从各茶类产量看，白茶增速较快、占比提升，黑茶、红茶占比增速不变，乌龙茶下调幅度减弱，绿茶占比持续回调；名优茶产量占比达48.4%，与大宗茶基本持平。

6. 内销均价有所下调，内销总额增速变缓

据调查推算，2019年，中国茶叶内销均价为135.25元/kg，比减4.04元/kg，减幅2.9%。各茶类中，绿茶均价131.5元/kg，红茶178.98元/kg，乌龙茶131.39元/kg，黑茶93.73元/kg，白茶149.11元/kg，黄茶120.45元/kg。2019年，中国茶叶国内销售总额为2739.5亿元，比增78.4亿元，增幅2.95%。其中，绿茶内销额1596.74亿元，占内销总

额的58.3%；红茶570.26亿元，占比20.8%；乌龙茶296.87亿元，占比10.8%；黑茶202.72亿元，占比7.4%；白茶62.92亿元，占比2.3%；黄茶9.98亿元，占比0.4%。

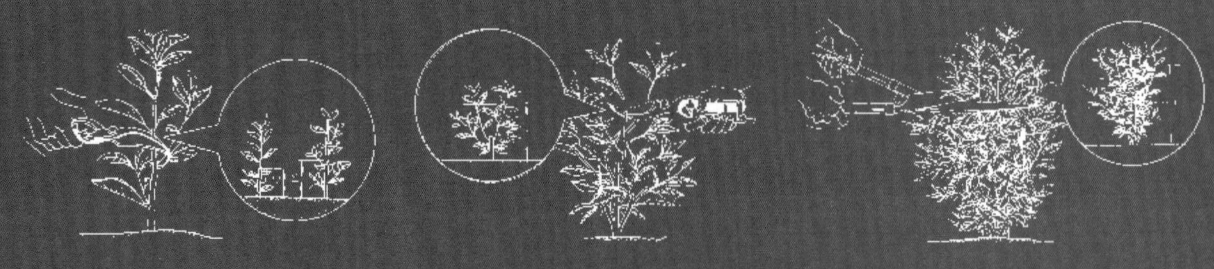

茶树作为一种经济植物已被人们利用数千年，在长期的生产实践中，人们对茶树有了较好的认识。本章主要介绍茶树的分类学地位；茶树根、茎、叶、花、果的植物学特征，以及茶树的生物学特性，包括个体发育特性和周年生长特性，了解其生长发育规律，为制定合理的农业技术措施提供了理论依据；同时，介绍了茶树生长对气候条件、地形地势和土壤条件的基本需求，为茶叶生产区划、茶园开垦和茶树种植提供了理论基础。

第一章 茶树生物学基础

茶树和其他植物一样，在其长期的系统发育过程中和人为的栽培环境影响下，形成了自己固有的特征特性。了解这些特征特性是我们正确地制定茶树栽培技术措施，提高栽培经济效益的重要基础知识。

第一节　茶树的植物学特征

一、茶树在植物分类学上的地位

界　植物界（Botania）

门　被子植物门（Angiospermae）

纲　双子叶植物纲（Dicotyledoneae）

目　山茶目（Theales）

科　山茶科（Theaceae）

属　山茶属（*Camellia*）

种　茶种（*Camellia sinensis*）(L.) O. Kuntze

二、茶树的根系

茶树为深根性、多年生、木本植物，其根系为直根系中的轴状根系，即主根发育强盛，在粗度与长度方面均大于侧根。随着茶树年龄的推移和环境的变化，茶树各类根的生长状况、新生根的发生部位等均会发生某种程度的变化。处在幼龄阶段的茶树呈现为典型的直根系类型；成年后，由于若干粗壮侧根的生长加速，它们的粗度、长度接近主根，表现为分枝根系类型；到衰老阶段，或土壤环境恶化等，粗壮的主侧根（又称骨干根）先端衰退，大量细根从它们的基部或某些局部成簇地发生，这时便呈现为丛生的状态（图1-1）。具有分枝根系特征的茶树，在土壤中的营养吸收面最广，相应的产量也较高，故在栽培上的任务应是尽量促进直根系向分枝根系转化，避免或推迟丛生根系的出现，一旦出现丛生根系，就应运用改造手段让其回复到分枝根系的状态。

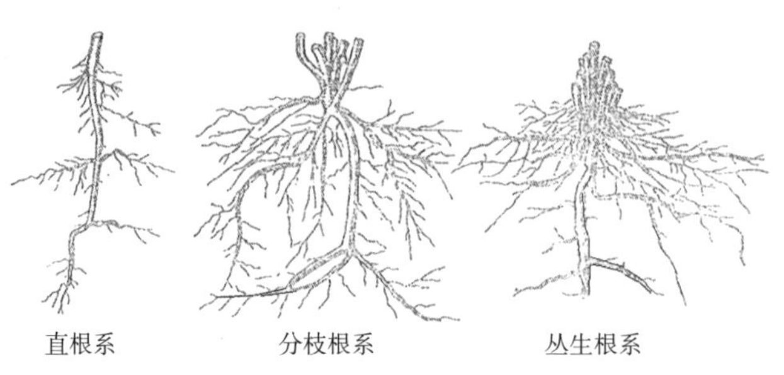

图1-1 茶树根系类型

无性系茶树的根系，初期与实生苗不同，细根较多而看不到主根，但随着年龄的增长，则由一个或数个细根加速生长，表现出类似直根系或分枝根系的形态。

和其他大多数双子叶植物一样，茶树根系也由主根、侧根、细根和根毛组成。茶树根系还可与土壤中的某种真菌共生，形成菌根，菌根有助于吸收作用。主根可深入土中1~2m，甚至更深；吸收根一般分布在地表下5~45cm。

三、茶树的茎

1. 茶树整株形态

茶树的地上部位依其整株形态，有灌木、半乔木（又称小乔木）和乔木三种类型（图1–2、图1–3）。

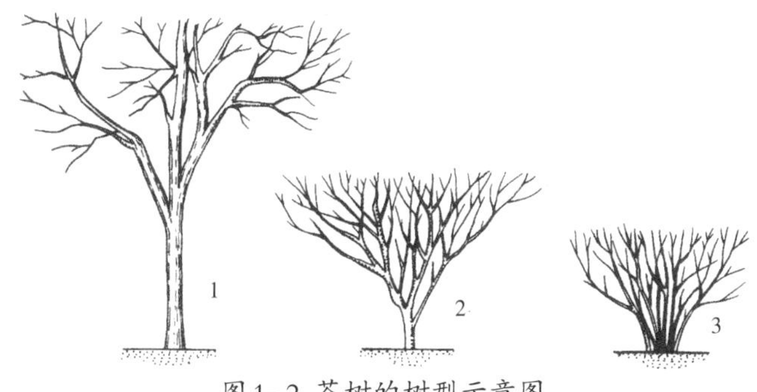

图1–2 茶树的树型示意图

注：1.乔木型；2.半乔木型；3.灌木型。

图1–3 茶树类型实物图

① **乔木型茶树：**植株高大，分枝部位高，主干和主轴明显，属茶树中的较原始类型。如云南省西双版纳南糯山的“茶树王”、勐库大叶种、凤庆大叶种和海南大叶种等。

② **半乔木型茶树：**植株中等高度，分枝部位较低，主轴不太明显，但主干仍明显。大多数南方类型茶树属此列，如凤凰水仙、福鼎大白茶、凌云白毛茶和江华苦茶等。

③ **灌木型茶树：**树体矮小，分枝部位低，主干和主轴均不明显，属茶树中的较进化

类型，如湄潭苔茶、安化云台山大叶种、鸠坑种、祁门种、黄山种和毛蟹等。

2. 茶树树冠姿态

由于分枝角度的大小不同，茶树树冠会呈现出不同的姿态（图1-4）。

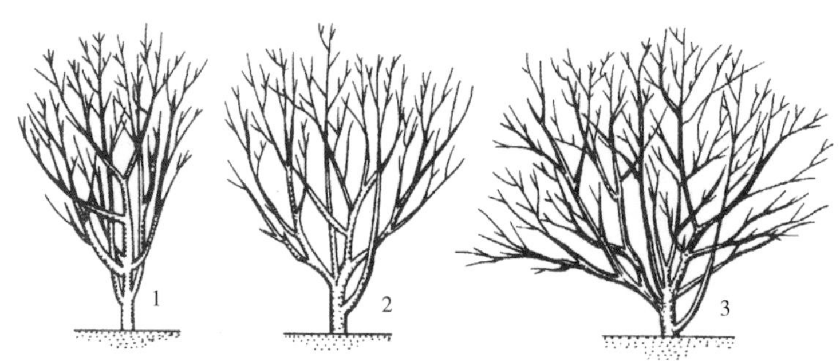

图1-4 茶树的形态示意图

注：1.直立状；2.半披张状；3.披张状。

① **直立状：**分枝角度小（<30°），枝条向上紧贴，近似直立，如政和大白茶、梅占等。

② **披张状：**分枝角度大（>45°），枝条向四周披张伸出，如雪梨和大蓬茶等。

③ **半披张（或半直立）状：**分枝角度介于上述两者之间，如槠叶齐、湘波绿和福鼎大白茶等。

3. 茶树分枝方式

茶树的分枝方式有二，一是单轴分枝式，二是合轴分枝式。在栽培采摘条件下，当树势衰退时还会出现一种特殊的分枝方式——“鸡爪枝”。

① **单轴分枝：**主轴或主枝顶芽未停止生长，从它上面分出的侧枝生长强度远小于主轴或主枝，各级分枝亦呈此类似趋势。幼年茶树的分枝以单轴式为主。

② **合轴分枝：**主轴或主枝顶芽显著活动一段时间后生长减缓或停止生长，生长优势一级一级地让位于下一级侧芽（枝），造成由许多不同级短轴依次连接而成的合轴（假轴），这种以合轴形式建立的分枝系统叫合轴分枝式，它有利于树冠的横向扩展和有效利用空间，属比较进化的分枝方式，成龄茶树常以此种分枝为主。

③ **“鸡爪枝”：**树势衰退或过度采摘的条件下，树冠表层出现的一些结节密集而细弱的分枝，它们形似鸡爪，故称“鸡爪枝”。鸡爪枝上新梢展叶少而小，节间短。“对夹叶”（实质上系指仅展3片叶以下的驻芽梢）多，总叶量少，大量发生“鸡爪枝”时茶叶产量和品质均会显著下降，必须及时消除。

茶树枝条由营养芽发育而成，它由茎、叶、芽3部分组成。未木质化的嫩枝称为新梢，各类茶均以相应嫩度的新梢为采制原料。正在伸长展叶的新梢称未成熟梢，被采下后名“正常芽叶”。停止展叶的新梢称成熟梢（或驻芽梢）。驻芽梢被采下后，生产上通常叫“对夹叶”（图1-5）。

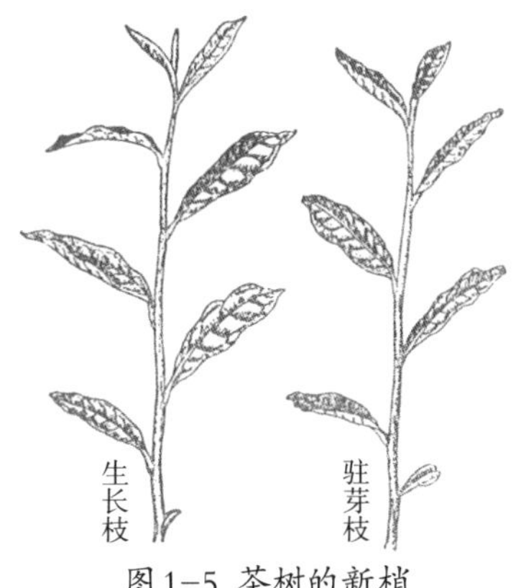

图1-5 茶树的新梢

“芽叶”的轻重、大小、形状、色泽及着生密度等性状均会直接或间接地影响茶叶的产量与品质，一般以柔软、重实、茸毛多、色绿纯正、单位面积内发生数量多，为茶树高产优质的主要表征。

新梢继续生长，表皮由青绿变红棕，次生木质部发展，枝条失去柔软的特性，由非木质化转为半木质化。进而由红棕转为暗褐，树皮出现纵裂纹，表现为完全的木质化。两年以上的枝条的树皮呈浅灰色或灰褐色。

新梢的长短、粗细、展叶数、芽头和嫩叶背部茸毛多少、色泽等皆因品种和栽培条件而异。

四、茶树的叶

茶树枝条上着生的叶片在形态上可分为3类，即真叶、鱼叶和鳞片（图1-6）。

鱼叶和鳞片均系分化发育不完全的叶。鳞片硬而细小，一般长仅0.5~1cm，呈匙状，着生在枝条的最下端。在茶芽萌发以前，它对整个芽头起保护作用，随着芽之萌动而逐渐张开，并随着枝条的继续伸长而脱落。冬芽外包有3~5个鳞片，夏芽一般缺鳞片。鱼叶以形似鱼鳞或鱼鳍而得名，它发育不完全，叶色淡，叶柄短扁，叶缘一般无锯齿，或前端略有锯齿，侧脉不明显，叶尖圆钝，为鳞片到真叶的过渡类型。越冬芽萌发，鳞片松开可展出1~3片鱼叶，鱼叶大小不一，有的接近鳞片，有的近似真叶。夏芽萌发而成的新梢有时缺鱼叶。鱼叶也能行光合作用，但强度不及真叶。真叶属发育完全的叶，在展开之初背面有茸毛缀生，叶色随着叶龄的推移而逐渐加深，即由浅黄、浅绿变成深绿，乃至暗绿。

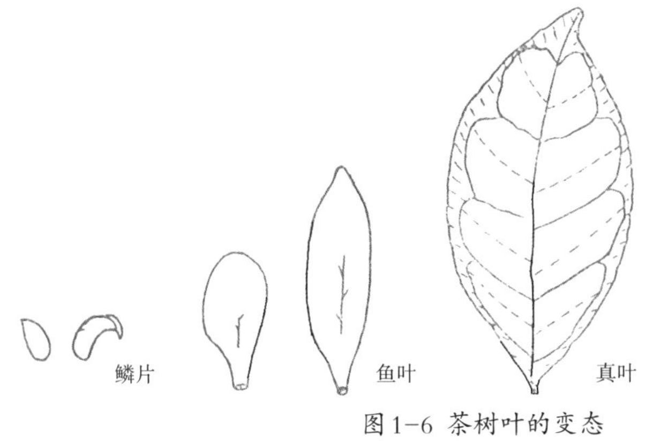

图1-6 茶树叶的变态

真叶由叶柄和叶片两部分组成。叶柄长约4~6mm，呈半圆柱状，有时上方微具纵向浅沟，叶片边缘具深浅稀密不一的锯齿，一般16~32对，叶脉网状，从主脉上分出的侧脉有5~15对不等，侧脉出角一般为45°~80°，伸展至离叶缘还有一定距离（约主脉至叶缘全长的1/3）折转向叶尖端，并与前一侧脉相联合，为其辨别真假茶叶的主要特征之一。

叶片的大小因变种、类型、品种、着生部位、栽培环境和栽培技术水平等的不同而异。根据叶片的大小一般将茶树分为大叶种、中叶种和小叶种3种类型。叶片大小归类的标准是：

特大叶：叶长 × 叶宽在70cm^2以上；

大叶：叶长 × 叶宽在40~69cm^2；

中叶：叶长 × 叶宽在21~39cm^2；

小叶：叶长 × 叶宽在20cm^2以下。

叶片的形状有长椭圆、椭圆和卵圆等。区分叶形的客观标志是长宽（最大宽度）比，三者的长宽比分别为3~4，2~3和1.5~2。如长宽比在3以上，最宽处靠近叶基部的习称披针形，最宽处靠近尖端的称倒披针形。

叶尖（或先端）有圆头、钝尖、渐尖和骤尖之分（图1–7）。

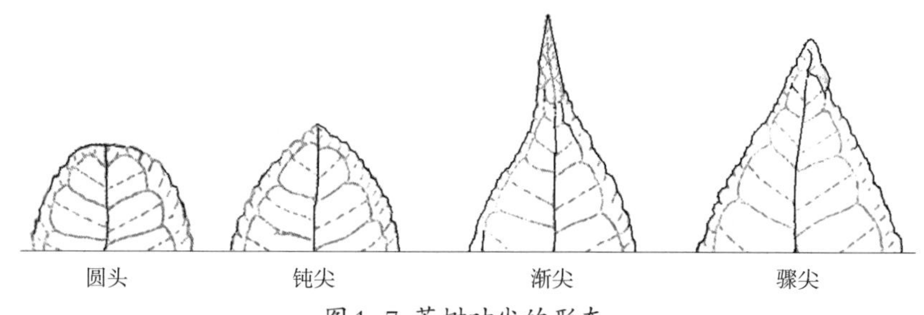

图1–7 茶树叶尖的形态

将茶树叶片横切面放在光学显微镜下观察，可以见到它包括上、下表皮和叶肉3部分（图1–8）。上表皮上覆盖着角质层。下表皮有许多气孔，有些下表皮细胞向外突出而成茸毛，茸毛基部有腺细胞。上下表皮之间为叶肉，由栅状组织与海绵组织构成，栅状组织由1~3层排列整齐而紧密的圆柱形细胞组成，海绵组织位于栅状组织之下，为一层不规则的近圆形细胞，排列疏松，细胞间隙大。部分海绵组织中含有星状草酸钙结晶。叶肉中还有石细胞。叶脉主要由维管束组成，维管束中的木质部靠近叶的上表皮，韧皮部靠近下表皮。

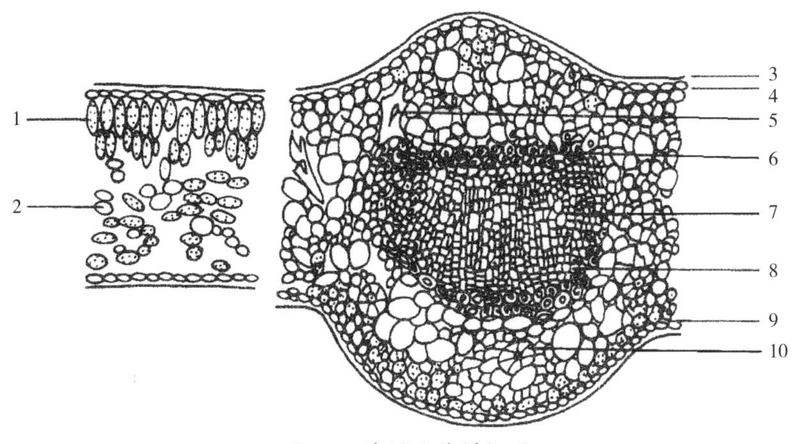

图1-8 茶树叶片横切面

注：1.栅栏组织；2.海绵组织；3.角质层；4.上表皮；5.石细胞；6.机械组织；7.木质部；8.韧皮部；9.下表皮；10.草酸钙结晶。

茶树叶片的解剖结构特征常随类型、品种而异。如大叶种表皮细胞较大、细胞壁较薄、气孔稀而大。栅状组织细胞层数少（大多1~1.5层）、海绵组织比重大等。小叶种则与之相反。

五、茶花与茶果

茶树无专门的结果枝。花芽多与叶芽同着生于同一叶腋间，居叶芽之两侧。花轴很短，在同一花轴上一般着生1~5个不等的花朵。着生形式有单生、对生、丛生等。

茶花系两性花，由花柄、花萼、花冠、雄蕊和雌蕊组成（图1-9）。

花柄长约5~19mm，视品种而异。基部有2~3个鳞片，待花蕾长成后便脱落，并留下痕迹。

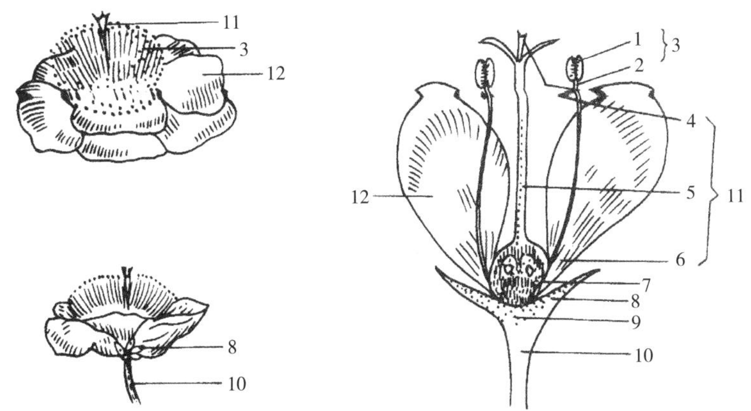

图1-9 茶树花的构造

注：1.花药；2.花丝；3.雄蕊；4.柱头；5.花柱；6.子房；7.胚珠；8.花萼；9.花托；10.花柄；11.雌蕊；12.花瓣。

花萼由5~7个萼片组成，萼片近圆形，绿色，起保护作用，受精后，萼片向内闭合，直至果实成熟也不脱落。

花冠由5~9个大小不一的花瓣组成。花瓣白色，少数呈粉红色，圆形或卵圆形。花冠上部分离，下部联合并与外轮雄蕊合生，花谢时随雄蕊一道脱落，花冠大小依品种而异，直径25~50mm不等。

雄蕊数量很多，一般每朵花200~300枚。每个雄蕊由花丝和花药构成，为合生雄蕊，花丝排列成若干圈，基部与花瓣连合。花药呈“T”字形，有4个花粉囊，内含无数花粉粒。

雌蕊由子房、花柱和柱头三部分组成。子房上位，子房外多数密生茸毛，裸露无毛的极少；内分3~5室，每室4个胚珠，系中轴胎座。花柱长约3~17mm。柱头光滑，3~5裂，开花时能分泌黏液。

茶花方程式一般为：$[K3+3C_{(5)}A\backsim G_{(3)}]$。

茶树果实为蒴果。果皮未成熟时为绿色，成熟后变为棕绿色或绿褐色。内含1~5粒种子不等。成熟果壳背裂，种子便散落地面。

茶树种子由种皮和种胚两大部分组成。其中种皮又分外种皮和内种皮。外种皮亦称种壳，成熟时坚硬而光滑，呈暗褐色，有光泽。红色或枯黄色的茶籽多为虫伤子或种仁干瘪的种子。外种皮由6~7层石细胞组成。

内种皮与外种皮相连，由数层长方形细胞和一些输导组织形成，呈赤褐色，薄膜状，种仁干瘪时，内种皮随种仁萎缩而脱离外种皮，内种皮之内有一层白色透明的内胚膜，包裹着胚。

种胚由胚根、胚茎、胚芽和子叶4部分组成。子叶一般两枚，肥大，白色或嫩黄色，占据着整个种子内腔。其余3部分夹于两片子叶的基部。子叶基部通过子叶柄与胚茎相连。茶籽一般直径12~15mm，每颗种子重0.5~2.5g，平均约1g，子叶内含蛋白质约11%，脂肪约32%，淀粉约24%，糖约4%。茶籽的轻重、大小是鉴定茶籽质量和确定播种量的重要依据之一。

第二节　茶树的生物学特性

如果说讨论茶树形态是从静的角度来认识、把握茶树，那么研究茶树生物学特性（或习性）就是从动的角度认识、把握茶树。下面扼要介绍茶树的个体发育和主要器官的年生育活动。

一、茶树的个体发育

茶树的个体发育（即茶树的一生），系指从合子形成至茶树衰老死亡，在生理上所经历的一系列质变过程。在栽培上，一般将茶树的一生划分为5个生物学年龄时期：种子期、幼苗期、幼龄期、成龄期和衰老期。

（一）种子期

种子期是指从合子形成至种子萌发前夕为止的这段时间，长约1~1.5年。种子期的绝大部分时间是在母株上渡过的，即从先年9月或10月合子形成到翌年10月茶果成熟。这段时间新个体（种胚）完全靠母树提供营养。

离体后（即种子成熟、被采收后）一直到种子萌发长出新苗的前夕，种胚的营养完全靠子叶提供。茶籽自成熟到萌发前夕，虽处于相对休眠阶段，但其内部仍进行着激烈而复杂的生理过程。

不论何种贮藏方法，随着时间的推移，茶籽内的干物质减少是相当快的（表1–1）。这种消耗是茶籽贮藏过程中呼吸作用和伴随着的其他生理生化变化综合影响所导致的。显然，这将极大地降低乃至丧失种子的发芽率。

毫无疑问，茶籽属一种短命的种子（表1–2）。茶籽短命，在室温条件下仅2个月（3月份到5月份），发芽率将丧失近一半，这可能与它脂肪和水分含量较高、呼吸强度大等有关。

茶籽离体前的农技任务是加强母树培管，促进壮子；离体后则主要是抓贮藏保管和及时播种。

表1–1　茶籽在不同贮藏条件下干物质的消耗（夏春华等，1963年）

处理	贮藏前（1961年11月）（g）	贮藏后（1962年7月）（g）	消耗量（g）	消耗率（%）
自然条件	74	30.9	43.1	58.24
室温条件	74	46.9	27.1	36.49
低温条件	74	51.6	22.4	30.27

表1–2　环境条件对茶籽发芽率的影响

处理	条件控制	发芽率（%）							
		3月	4月	5月	6月	7月	8月	10月	11月
室温条件	用沙箱藏于室内	100	60.71	53.57	30.95	1.20	0	0	—
自然条件	贮藏于室外土窖中	100	76.19	77.38	27.38	9.52	0	0	—
低温条件	用沙箱藏于冷库中（4~8℃）	100	100	97.62	91.67	57.14	32.14	5.95	2.38

注：1961年10月采收茶籽，1962年测定。

（二）幼苗期

幼苗期是自茶籽萌发至幼苗出土后地上部进入第一次生长休止，长约4~5个月。

茶籽入土后，如遇环境适宜便可发芽。一般要求土壤湿润、水容量达60%~70%，茶籽含水50%~60%，温度10℃以上，空气充足（土壤空气中含氧气不低于2%），在这样的条件下维持15~20天，茶籽即可大量萌发。萌发的基本过程是：首先子叶大量吸水膨胀，致使种壳破裂；与此同时，胚的呼吸作用激烈加强；内含物（主要是淀粉、脂肪、蛋白质、糖类等）大量降解，向可溶物方面转化，这些可溶物一方面作为呼吸基质，另一方面作为新器官的发育材料。接着胚根生长，子叶柄伸长，幼芽伸出种壳。胚根向下生长40~50天后进入休眠；与此同时侧根开始发生，上胚轴开始向上伸长，使幼芽钻出土面。子叶仍留在土壤中。胚芽在生长过程中，首先展开的是2~4个鳞片，鳞片内叶腋处均有很小的胚芽，作为后备生长点，当顶芽受损失时它们可发芽。随后展出鱼叶，再后是真叶。茶苗出土后展出3~5片真叶时，顶芽即形成驻芽，此时称为第一次生长休止期。此时苗高约5~10cm，最高可达到15~20cm，根系长平均10~20cm，最长达20~25cm。

幼苗出土前仍为单纯的子叶营养，出土后便有了自己的光合同化作用，此时子叶营养和自我营养（即新生苗自己制造营养供自我生长发育用）同时并存，故称双重营养阶段。进入第一次生长休止期时子叶中贮藏的养分消耗殆尽，于是过渡到单纯的自我营养（简称自养）阶段。

处在幼苗期的茶树具有可塑性大、抗性弱和种间差异不明显等特点，甚至“重演”部分祖先性状，如比成龄茶树更耐阴等。

幼苗期的农技任务主要是抓好“早（早出苗）、齐（齐苗）、壮（壮苗）”为中心的种苗措施和园地基建工作。

（三）幼龄期

茶树自地上部第一次生长休止至第一次开花结实（或定型投产）为止的这段时间是茶树的幼龄期，长约3~4年。

如前所述，茶树进入第一次生长休止时，已由子叶营养完全过渡到自养阶段。这一质的转变标志着茶树苗期生活的结束和幼年生活的开始，除了营养来源方式的转变，这一时期的基本特点还表现在：主茎日益增长增粗，并随着时间的推移，以“单轴式”分出一定层次的侧枝，一般一年增加一层，向上生长远强于侧向生长，故主轴一直是明显的。为了增大横向生长，培养宽阔的采摘面，应不失时机地运用定型修剪、“打顶养蓬”或“弯枝”等栽培手段来促进单轴分枝式向合轴分枝式转化。

与地上部相对应，茶树根系在此时期内表现为明显的直根系类型，即主根粗壮、侧根纤细稀少，尤以第1、2龄时较为突出。待3~4龄时，侧根相继生长加速，粗度与长度均显著增加，并在主根上形成形成层（3年生茶树可具2~3层）。幼龄期结束时，茶树已具分枝根系之雏形，即称过渡型分枝根系。

在不加修剪的情况下，至本期末树高可达1m以上，树宽亦可达50cm以上。

在这一时期茶树可塑性仍较大，是培养、塑造理想型树冠的关键时期。这时种间差异初步显露，为早期鉴定提供依据。

就营养方向来看，幼龄期为单纯营养生长时期。生殖生长尚未出现，或到本期的后期（如以定型投产作划分时期标志）才出现。

这一时期的农技任务主要是以定向培养、塑造理想的丰产型树冠为中心，狠抓树体管理和土壤管理等有关幼龄茶树培养配套技术的贯彻落实，为长远丰产、稳产奠定基础。

（四）成龄期

自第一次开花结实（或定型投产）至第一次更新改造为茶树的成龄期（亦即青、壮年时期）。在栽培条件下这一生物学年龄时期长约20~30年。在自然生长且环境适宜的条件下成龄期更长。

成龄期是茶树生育最旺、代谢水平最高的时期，产量和品质均处于最高峰阶段。成龄期是营养生长与生殖生长并存，中期并茂，后期生殖生长渐强于营养生长的生物学年龄时期。

成龄期茶树形态上的主要表现是：以合轴分枝为主体的分枝方式，少量从根茎部或下部主干上发出的徒长枝为单轴分枝式。在采摘条件下，“鸡爪”型分枝常有发生；在不加修剪或少修剪的条件下，分枝级数最终稳定在10~15级，根系为典型的分枝根系类型。

成龄期是茶树各部分完全定型、种性充分表现的阶段。故茶树品种最终鉴定应以此时期为准。

成龄期的主要农技任务是全面贯彻科学种茶技术措施，充分发挥高产优质因子的作用和茶树经济年龄时期长的特性，达到茶树栽培高产、稳产、优质的目标。

（五）衰老期

衰老期指茶树从第一次更新开始到整个茶树死亡为止。这一时期的长短因管理水平、环境条件和品种类型而异，一般可达数十年，亦有百年以上者。但在栽培条件下，茶树的经济年龄大多为40~60年。

衰老期茶树的代谢水平总体已低于成龄期，从营养方向上看，营养生长下降，生殖生长加强。衰老茶树的基本特点是：树冠表面“鸡爪”型分枝普遍发生，新生芽叶极为瘦弱，对夹叶特多；个别骨干枝光秃或整个分枝系统衰退；枝条虽更新频繁，但多以向心方式进行；萌芽虽不少，但着叶不多；花虽多，但坐果率不高；地下部演替为明显的丛生根系，吸收根分布范围比成龄期显著缩小。总之，生机日趋减退，即使加强肥培水平，也难于收到显著增产效果。但通过更新措施，可在一定程度上复壮生机、恢复树势，重现成龄期的许多特征，重新获得丰产。但经若干次修剪更新后，茶树复壮能力愈来愈弱，终至失去经济价值。

衰老时期的主要农技任务是：因园因树制宜地及时运用相应的更新改造手段复壮生机，恢复树势，提高产量。对那些生机过于衰退，修剪更新也难以带来理想复壮效益的茶园，则宜改种换植，重新建立高产、稳产、优质的茶园。

以上关于茶树生物学年龄时期的划分主要是就有性繁殖的茶树而言，无性系茶树的生物学年龄划分一般也可参照上述有性系茶树的做法。

茶树个体发育的不同年龄时期存在着不同质的矛盾或特点，如幼苗期营养方式的过渡，幼龄期单纯的营养生长与可塑性，成年期营养生长与生殖生长的对立统一，衰老期的衰老与更新等。只要我们抓住这些不同质的矛盾，采用不同的方法，即相应的农技措施，就可以促成矛盾的转化，达到良好的栽培效果。

我们不应当用孤立的、静止的观点看待茶树年龄时期及其特征特性，而应当看到它们之间的内在联系和相互渗透。一个年龄时期的基本矛盾运动不仅规定着本时期的特征特性和生长发育状况，而且往往影响着茶树在下一个乃至下几个年龄时期的特征特性和生育状况。例如，幼龄期的合理定型改变了茶树生长方向或模式，即相对抑制向上生长，加速横向生长，不仅加速了成园的进程，而且有利于成龄期树冠的维护和高产稳产年限的延长。故我们在贯彻某项栽培措施时，不能单纯着眼于本年龄时期，更不可只看到当年当季，而应兼顾茶树的整个一生，把目前和长远有机地结合起来，切不可忘记茶树是常绿长寿的木本植物。

二、茶树的年生育活动

茶树的生育活动，除随着年龄的增长而发生变化外，还随着节令的变化年复一年地发生周期性变化，但这种周期性并非简单的重复，而是成螺旋式的发展，受总发育周期的制约。认识和把握这种周期性，是科学地制定茶树栽培措施，实现优化栽培的需要。下面简要介绍茶树各器官在年内的生育活动。

（一）根系的活动

茶树根系在年周期内的活动受到茶树遗传特点、年龄时期、营养状况、气候因素和栽培措施等主要因素或因子的影响。在我国大部分茶区，茶树根系在一年之内仅有活动强弱、生长量大小之分，而无明显的休眠期。在长江中下游茶区，茶树根系在3月上旬以前生长活动微弱，3月上旬到4月上旬根部活动比较明显，4月中旬到5月中旬根部活动相对减缓，以后于6月上旬、8月上旬、10月上旬根系生长都比较快，尤其10月上旬活动旺盛。吸收根的死亡更新主要是在冬季的12月至翌年2月进行。

茶树根系生长活跃的时期也是吸收能力最强的时期。故掌握其生长活跃开始的时期进行耕作、施肥，有利于取得良好的栽培效果。

茶树活动根群出现的范围是确定施肥位置、耕锄深幅度的依据。这种活动范围首先与树龄有密切关系（表1–3），幼年期的侧根和细根多分布在地表层，随着树龄的增长，下层分布逐渐增加。从水平分布来看，一般5龄以前在主轴附近分布多；但随着树龄的增长，主轴附近分布比例有所减少，树冠外缘垂直投影的土壤中分布有增加的趋势，到8龄以后在树冠覆盖以外的行间土壤中细根的比例高。其次也因品种类型、土壤性状、管理水平和栽培方式等而异。有的品种根系发达、根冠比大，为抗性与生命力强的表征。不同的土壤质地，茶树根系伸展的深度、范围不同（表1–4）。在黏重板结或底土下为母岩的土壤上，根系不易向下生长，仅有少量侧根或细根沿着缝隙向下伸展，所以根系分布很浅。在砂性土壤中根系既深且广。种前深垦因而活土层（又称有效土层）深厚的茶园茶根分布深广。地下水位过高会强烈限制根系的扩展。种子繁殖的根系比扦插繁殖的根系茂盛，向土壤深层发展。

表1–3　不同年龄茶树吸收根集中分布位置

年龄时期	吸收根集中分布部位（cm）	
	垂直分布	水平分布
幼龄	0~30	0~20
成龄	20~30	20~40
老龄	10~20	10~20
台刈后	10~30	20~40

表1–4　不同质地土壤中茶树根系生育状况

土壤质地	茶树高度（cm）	吸收根重量（g）			最大分布范围（cm）		备注
		0~20	20~40	40~60	深度	幅度	
砂土	37.5	0.51	0.45	0.05	68	60×55	50cm以下为砾石
黏土	36	0.54	0.3	—	42	50×50	35cm以下为黏重马肝土
砂壤土	48	0.56	0.62	0.23	＞70	65×68	河边冲积土，土层厚1m以上

播种或栽植过密的茶树根系水平扩展受强烈限制。合理施肥更能显著促进茶树根系生长（表1-5）。不合理耕锄则会限制根系的横向扩展。

表1-5　茶园施肥与茶树根系生育（杰姆哈捷，1974年）

试验处理	每平方米根重					
	细根部分		粗根部分		合计	
	（g）	（%）	（g）	（%）	（g）	（%）
不施肥	980	89	2375	52	3355	59
磷肥	1097	100	4600	100	5697	100
磷钾+300kg氮（hm^2）	1654	149	4830	105	6484	114
磷钾+500kg氮（hm^2）	2366	214	7216	157	9582	168
磷钾+700kg氮（hm^2）	1931	179	7630	166	9611	169

（二）枝梢的活动

茶树枝梢因其年龄不同，在一年内的活动情况有很大区别。在一般情况下，多年生枝条的活动不明显，要经过较长时间才能观察到它们的活动。而一年生，特别是当季发生的枝条，则可以在短期内，甚至一两天内感知到它们的活动。所谓"茶到立夏一夜粗"就是对新梢生育活动迅速的形象描述。

叶芽的生长活动和所形成新梢的长势不仅因株而异，而且在同一植株同一枝条上的不同叶芽之间也往往不一致。顶芽处在枝梢顶端，能获得有利的营养条件，加之生长激素等的分布和运转特点，致使它的活动常占优势；腋芽的生长活动则相对处于劣势，据观察，腋芽形成新梢的时间比顶芽一般要迟3~7天；同一新梢上的腋芽往往以中段的1~2个最先萌发，靠近顶芽和最下方的萌发最迟；就同一茶蓬来看，茶芽萌发是蓬面快于蓬内，蓬面中心快于蓬面边缘。新梢生长的速度、展叶数量和总的生长强度在上述不同叶芽之间亦存在类似的差异。

越冬芽在春天萌发的迟早在品种间差异明显，萌发早的称早生种，萌发迟的为晚生种，大多数品种为中生种。名优绿茶良种往往是早生种。

在生长季节里，茶树叶芽（又称营养芽）萌发成新梢的过程是（图1-10）：首先芽体膨大，膨大到一定程度时鳞片逐渐展开（夏芽往往缺鳞片），多为2~3片。第一个鳞片质硬脆，色黄，尖端褐色，在新梢伸长展叶过程中脱落，仅留下痕迹。以后展开的第2、3鳞片亦常脱落，但也有少数保留在新梢基部。芽继续生长便是鱼叶展开，鱼叶展出的数量有1~3片不等。鱼叶展开后才是第一片真叶的展出，真叶展出的数量因品种、气候、季节、树龄、肥培管理水平及其着生部位等而异。少的1~2片，多的10余片。在采摘条件下，成龄茶树的新梢大多展出3~5片真叶后便停止展叶，此时顶芽变得瘦小，习称驻芽。从叶芽萌动到驻芽形成构成新梢的一次生长。驻芽形成后大约经过15~30天的内部分化期（亦称隐蔽发育阶段，栽培上又称休止期），再开始下一次的生长展叶活动，即进入下一次的生长活跃期。

图1-10 新梢萌发生长过程

在长江中下游茶区，茶树越冬芽一般在3月上中旬开始萌发生长，4月下旬至5月上旬第一次生长相继结束，进入第一个休止期，5月中旬或下旬开始第二次生长，7月下旬开始陆续进入第三次生长。自10月上中旬开始，茶树的营养芽相继停止展叶活动，进入冬眠。在长江中下游茶区也并非所有枝梢都是3次生长3次休止的，如树冠内部的一些细弱枝一般只有2次生长，有的甚至在第一次生长后，即转为生殖生长，孕蕾开花，当年顶芽不再展叶生长。个别生育力旺盛的强壮枝，一年可有4次以上的生长，有的则在第一次和第二次生长间没有明显的休止期，在整个生长季节里几乎是不停顿地生长。

茶树的叶芽在一年之内的这种由萌发生长到休止、再生长再休止，直至冬眠的活动规律，称新梢生育活动的“节奏性”。节奏性强，即有效生长期长，休止期短，单位时间生长量大（如一次生长展叶数多），无疑有利于茶叶的丰产。

茶树新梢在同一次生长中也会呈现出某种变化规律或生长模式。如新梢生长的速度明显地表现为初期慢、中期快、后期又慢的“慢—快—慢”的变化模式。同一新梢上叶片的大小自下至上一般呈“小—大—小”的变化模式。

凡由越冬芽萌发而成的新梢称头轮新梢，从头轮梢上的腋芽萌发而成的新梢称二轮梢，从二轮梢上腋芽萌发而成的新梢称三轮新梢，其余类推。在一年中茶树的这种梢上分梢的现象，习称新梢生育的“轮次性”（图1-11）。茶树新梢生育的这种轮性强，即全年萌发轮次多，每轮梢萌发数量多，每个新梢生长量又较大，无疑是丰产性强的表现。

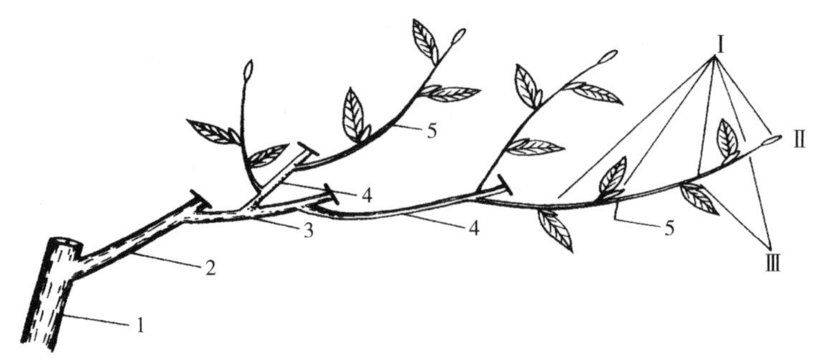

图1-11 新梢轮次示意图

注：1.上年老枝；2.头轮梢；3.二轮梢；4.三轮梢；5.四轮梢。Ⅰ.越冬芽；Ⅱ.顶芽；Ⅲ.侧芽。

新梢生育的轮次性不仅受品种的制约（表1-6），而且与栽培措施，尤其是采摘技术关系密切（表1-7）。采摘成倍数地增加了萌发轮次，但也显著降低了单个新梢的一次生长量。

表1-6 不同品种各轮新梢萌发率（福建省茶叶研究所）

品种	全年萌发数（个/m^2）	头轮占全年（%）	二轮为头轮（%）	三轮为头轮（%）	四轮为头轮（%）
云南大叶种	789	21.6	70.7	125	168.2
政和大白茶	334.7	37.1	74.6	46.8	47.7
水仙	216.5	34	56.1	64	74.5
福鼎大白茶	836.2	23.1	73.1	100.3	152.9

表1-7 采摘对茶树新梢轮性的影响（河南省信阳茶叶试验场）

轮次	采摘				不采摘			
	萌动期（日/月）	采摘期（日/月）	新梢长（cm）	着叶数（片/梢）	萌动期（日/月）	休止期（日/月）	新梢长（cm）	着叶数（片/梢）
1	24/3~7/4	20/4~7/5	8.1	3~5	1/4~7/5	10/5~27/5	15.5	5~7
2	15/5~1/6	6/6~3/7	5.6	3~4	15/6~14/7	10/9~25/9	19.5	13~17
3	19/6~25/7	17/7~10/8	4.3	2~3				
4	31/7~1/9	17/8~24/9	4.1	2~3				
5	4/9~8/10	—	1.5	2~3				

衰老茶树全年萌发的轮次少于青壮年茶树。生长在南方温暖湿润，或者说最适宜区的茶树全年萌发新梢可达6~7轮，而我国大多数茶区，即一般适宜区只萌发3~4轮。

新梢是栽培茶树收获的对象，根据利用最多的部分（或器官）变异最大的原理，茶树新梢的确因品种、树龄、环境和栽培等因素的差异而表现出诸多的变化。如新梢的重量、密度在品种间可成倍数，乃至数倍的差异。如前所述，新梢的长短、粗细、展叶数、色泽、茸毛多少和持嫩性等均随品种、环境等而有很大差异。新梢中的内含生化成分亦会因不同条件而含量悬殊（表1-8至表1-10）。因此，加强对茶树新梢的研究很有必要。

表1-8　肥料浓度对茶氨酸含量的影响

肥料浓度（mg/kg）	铵态氮（%）	硝态氮（%）	磷（%）	钾（%）
0	0.060	0.060	1.067	0.565
25	0.546	0.542	0.821	0.672
50	1.268	0.364	0.756	0.582
100	1.750	0.112	0.434	0.479

表1-9　品种间茶多酚、氨基酸含量及酚/氨比差异（程启坤，1980年）

品种	茶多酚（%）	氨基酸（%）	酚/氨比值	适制茶类
福鼎大白	21.62	4.59	4.7	绿茶
龙井种	20.85	3.98	5.2	绿茶
日本薮北种	15.8	4.35	3.6	绿茶
槠叶种	30.78	1.49	20.6	红茶
云南大叶种	37.85	2.07	18.3	红茶
阿萨姆种	40.29	2.38	16.9	红茶

表1-10　槠叶种在不同纬度下1芽2叶化学成分差异（王月根等，1978年）

地区	纬度（°）	茶多酚（%）	儿茶素（%）	氨基酸（%）	咖啡碱（%）
云南勐海	22	35.21	20.96	1.71	3.57
浙江杭州	30.5	20.69	13.75	4.12	4.04

（三）叶的活动

新梢上的叶片展开所需要的天数为1~10天不等，视气候条件或季节而异。春秋气温较低，每片叶子展开所需要的时间约5~6天，夏季气温高，仅需1~4天。多数叶片的展出时间为3~6天。

一个叶片展开的过程，根据形态上的变化可分为三个阶段：①“初展”，叶身部分离开芽头，边缘内折，或部分外卷。若新梢第一片叶刚展出成初展，称“1芽1叶初展”，许多名茶（如安化松针、高桥银峰、韶峰、蒙顶甘露、特级黄山毛峰等）以此作为采摘标准。②“开展”，整个叶身已与芽头分离，但叶缘尚未展平或呈外卷状。③“展开”，叶片完全展开，叶缘展平、叶着生成正常角度。据我们观察，茶树叶片自展出后至少在两个月内叶面积仍在增大，叶厚仍在增加。据有关研究，叶片的光合、呼吸机能大约在叶龄30天左右时达到成熟叶片的正常水平（表1–11）。

由于叶龄和叶位等的影响，叶片中有机成分的含量差异明显（表1–12）。其中以第二叶中的主要品质成分，茶多酚、茶素和可溶性成分等含量最高，此后则随叶位下降而含量下降。但粗纤维随叶位下降而上升，醚浸出物含量则随叶位下降呈抛物线变化。

在正常情况下，茶树叶片寿命一年左右，但不同品种的叶片或同品种不同季节发生的叶片寿命有差异（表1–13）。由于作为常绿树的茶树在生长季节里陆续长出新叶片，各片叶子的叶龄不尽相同，加之不良外界环境因素，如旱害、冻害、病虫害等的影响，落叶是经常发生的；但又由于发生的相对集中性（取决于新梢生育的节奏性和轮性），也有相对集中的落叶期。相对来说，多数品种在长江中下游茶区以5月份落叶较多，但也有的品种落叶高峰出现在其他月份（表1–14）。

表1–11　叶片发育过程中光合、呼吸强度的变化（中国农业科学院茶叶研究所，1964年）

叶龄（天）	10	20	30	40	50
有效光合强度（$g\cdot m^{-2}\cdot h^{-1}$）	1.77	2.32	2.98	2.73	2.87
呼吸强度（$g\cdot m^{-2}\cdot h^{-1}$）	2.02	2.21	1.68	1.87	1.88

表1–12　不同叶位的有机成分含量（河合物吾，1971年）

叶位	全氮量(%)	多酚类(%)	茶素(%)	可溶性成分(%)	醚浸出物(%)	粗纤维(%)
第一叶	7.55	13.97	3.58	45.93	6.98	10.87
第二叶	6.73	16.96	3.56	48.26	7.9	10.9
第三叶	6.29	15.78	3.23	46.96	11.35	12.25
第四叶	5.5	15.44	2.57	45.46	11.43	14.4
茎	5.11	11.14	2.15	44.06	8.03	17.08

表1–13　不同品种春夏秋梢上叶片寿命（庄晚芳，1964年）

品种	春梢上叶片（天）	夏梢上叶片（天）	全年平均（天）	其中寿长比例（%）		
				一周年以下	一周年以上	不正常落叶
毛蟹	409	331	356	56.2	41.3	2.5
福建水仙	367	287	325	66.7	31.8	1.5
政和大白茶	311	275	289	91.6	5.4	3
福鼎大白茶	324	259	299	92.6	5.1	2.1
龙井茶	347	291	337	73.3	25.8	0.9
平均	**352**	**289**	**321**	**76.1**	**21.9**	**2**

表1-14　几个品种各月的落叶率（庄晚芳等，1964年）

时期	毛蟹(%)	福建水仙(%)	政和大白茶(%)	福鼎大白茶(%)	龙井茶(%)
1962年12月	0.3	0	1	4	1.9
1963年1月	0	0	1.5	0.3	0
1963年2月	3.6	3	6.9	6.6	1
1963年3月	2	3	26.3	36.1	8.6
1963年4月	3.6	4.6	11.9	21.1	13.4
1963年5月	17.4	72.7	28.2	20.1	43.1
1963年6月	14	9.1	8.9	7.4	5.7
1963年7月	9.3	1.5	5.9	0.5	5.3
1963年8月	44.1	46	5.9	1.9	17.2
1963年9月	3.2	0	0.5	0	2.9
不正常落叶	2.5	1.5	3	2.1	0.9
合计	100	100	100	100	100

在正常情况下，茶树的大量落叶期亦为新陈代谢旺盛期。庄晚芳等（1964年）试验表明了茶树不同品种生长与叶片脱落之间的关系及落叶时间上的差异（图1-12）。但大量落叶客观上会导致总叶量暂时下降，从而减少总同化率。故而在茶树大量落叶期的前后，根据品种不同适当注意留叶采是必要的。

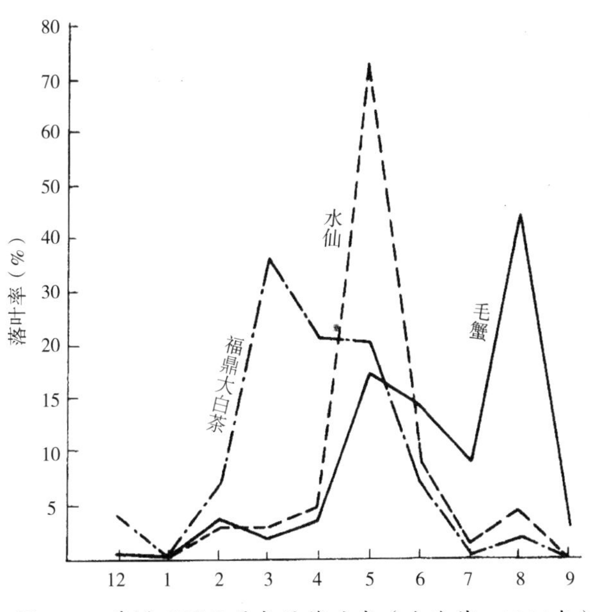

图1-12　茶树不同品种各月落叶率（庄晚芳，1964年）

（四）花果的生育

茶树的花芽，是在当年生或隔年生的枝条上的叶腋间发育的，并且着生在营养芽的两侧。花芽分化从6月份开始，以后各月都能不断发生，一直延续到11月。茶树始花期为9月到10月上旬，10月中旬到11月中旬为盛花期，11月下旬到12月为终花期。一般以始花期到盛花期的前期开放的花结实率较高。茶花开放与气象因素关系密切，其最适温度为18~20℃，相对湿度则以60%~70%为宜。气温降至-2℃花蕾便不能开放。茶花通常是在白天开放，以上午8~10时开放最多。一般开放两天之内便被授粉，已授粉的花药先衰退，开放后的第三天花冠脱落，柱头变为棕褐色，但它保持鲜态时间较长，且维持数月而不脱落。萼片紧紧地把已受精的子房包裹起来，子房便开始发育。如遇低温寒冷时，子房便进入休眠状态，休眠期3~5个月不等。

茶花虽为两性花，但很难自花授粉。同时，茶树为虫媒异花授粉植物，有性杂交时一般不必去雄。受精卵经初步分化，并休眠3~5个月以后，于翌年4、5月间，随着新梢的生长原胚继续分化出子叶、胚芽、胚轴和胚根，进而胚珠的外珠被分化形成外种皮，内珠被分化形成内种皮，内珠被外的维管束发育形成输导组织，这些分化到5月基本稳定。6、7月间果实继续生长，胚乳被吸收，子叶迅速增长。果皮内石细胞增加，硬度增加，并按淡绿→深绿→黄绿→红褐的方向转变其外表颜色。8、9月间，子叶吸收了所有胚乳，外种皮变为黄褐色、种子含水70%左右，脂肪25%左右，达黄熟期。10月份外种皮变为黑褐色，子叶饱满而脆硬，种子含水40%~60%，脂肪30%左右。

从花芽形成到种子成熟，共需约一年半的时间。茶树开花虽然很多，但能结实的仅占2%~4%。其主要原因是：① 茶花雄蕊不及柱头高，自花授粉困难，或是自花不育；② 花粉有缺陷，不是经3次减数分裂后成为4个细胞，而是常出现不规则现象，即形成2、3个细胞；③ 外界不良环境条件影响，如阴雨天气和盛花期的中后期温度低，致使昆虫活动能力低，传粉受限制，气温低还影响花粉粒发芽。另外养分供应状况也会影响授粉和座果。一般地说，人们栽培茶树追求的不是花果而是新梢（即幼嫩芽梢），为减少养分的无效消耗，可用乙烯利疏花蕾，宜在10月至11月中旬的盛花期进行。

第三节　茶树对环境的基本要求

认识和了解茶树与周围环境的关系，特别是茶树对关系密切的生态要素的需求，是从本质上把握茶树的生长发育规律不可缺少的一个方面，同时也是科学地制定和贯彻茶树栽培技术措施的需要。

一、气候环境

（一）光　照

茶树原产于我国西南部以云南、贵州高原为主体的地带，其祖先长期生长在光照较弱、日照时间短的环境下，因而形成了既需要阳光但又相对耐阴（或者具有一定的耐阴性）的习性。

茶树的光补偿点在1000勒克斯（lx）以下，光饱和点约为4万~5万lx（表1-15），在1000~50000lx的范围内，茶树光合作用随光照强度的增加而增加。据日本原田重雄研究，茶树的光饱和点与茶树年龄有关，幼龄茶树的光饱和点大致为0.5cal·cm^{-2}·min^{-1}左右，成龄茶树为0.7cal·cm^{-2}·min^{-1}。实践证明，在低纬度茶区（如印度阿萨姆、中国海南省）适度遮阴可提高茶叶产量。

表1-15　成年茶树不同茶季的光饱和点和光补偿点

茶季	头茶	二茶	三茶	四茶
光饱和点	42000	45000	55000	35000
光补偿点	400~500	500	—	300~350

注：童启庆主编《茶树栽培学》（第三版）第79页。

光照强度不仅与茶树光合作用、茶叶产量有密切关系，而且对茶叶品质也有一定的影响。适当减弱光照，茶叶中含氮化合物明显提高而碳化合物（如茶多酚、糖类等）相对减少（表1-16），这有利于成茶收敛性的减少和鲜爽度的提高。

表1-16　光照对茶叶中化学成分含量的影响（程启坤，1982年）

化学成分	春茶		秋茶	
	自然光照	遮光	自然光照	遮光
全氮量（%）	5.14	5.65	4.16	4.67
氨基酸（%）	2.37	3.12	0.62	1.02
咖啡碱（%）	2.76	3	2.94	3.48
茶多酚（%）	14.41	13.66	20.12	18.43
还原糖（%）	2.15	1.32	2	1.33

茶树不是严格的短日照植物。童启庆（1974年）的在花芽分化之前的遮光试验能增加开花数量，但夏春华等（1978年）科研得出了相反的结论，即人为缩短光照时间，反而引起了花蕾的减少。用人工方法延长日照至13h可打破某些品种的冬季休眠。

光质（即太阳光波长短）对茶树有一定影响。据方培云（1964年）的研究，紫外线中波长较短部分对茶树芽叶的生长有抑制作用，较长部分似有某种刺激作用。日本中山仰（1979年）的研究表明，除去蓝紫光的黄色覆盖物（网状遮光，透光率79%）对新梢生长最为有利，能促进新梢伸长、增重，展叶数增多，平均叶面积增大，且叶片稍薄而柔软、叶绿素和总氮量有明显增加，唯茶多酚含量有所减少，于提高绿茶品质有利（表1-17）；其他去色覆盖处理的均不及此处理；自然光处理的则有关性状具较高水平。

表1-17　不同光质对茶树新梢和内含成分的影响（中山仰，1979年）

覆盖色	供给光源	新梢生育					内含成分（第一叶）		
		梢长（cm）	梢重（g）	展叶（片）	叶面积（cm^2）	叶厚（μm）	叶绿素（%）	总氮量（%）	茶多酚（%）
	紫外光	8.7	0.57	4.7	12.6	275	0.276	5.71	11.5
白色	自然光	12.1	1.09	5.3	21.2	276	0.319	5.76	11.3
黄色	除去蓝紫光	14.2	1.03	5.4	23.6	219	0.428	5.53	10.8
红色	除去蓝绿光	5.6	0.42	4.8	10.1	245	0.277	5.48	12.1
紫色	除去绿黄光	10	0.71	5.1	16.4	238	0.331	5.01	11.1
蓝色	除去橙红光	10.9	0.58	4.7	19.7	223	0.294	5.26	12.4

（二）温　度

茶树在其长期的系统发育过程中不但形成了喜阳耐阴的特性，而且特别喜温暖湿润的气候。

茶树生长要求的极端最低气温因品种类型而异。大叶种一般抗寒性弱，只能忍受-5℃左右的低温，中、小叶种忍受低温的能力较强，一般在-10℃左右，在雪覆盖下甚至可忍受-15℃低温的侵袭。灌木型茶树一般比乔木型茶树耐寒。茶树能忍受的短时极端最高气温是45℃，但一般在月平均气温达30℃以上，日最高气温连续数日在35℃以上，降雨又少的情况下，新梢会停止生长，出现冠面成叶灼伤焦变和嫩梢萎蔫等热害现象，平均气温高于30℃对茶树生长不利。

适宜茶树生长的日平均气温是20~30℃，年平均气温是13℃以上，年活动积温是3000℃以上。

茶树新梢春天萌发的起点温度因品种类型而异，多数品种为日平均气温稳定通过10℃，个别早芽种（如碧云）在日平均气温≥6℃开始萌动，迟芽种（如政和大白茶）则只有在日平均气温≥11℃时才开始萌发。秋天当气温稳定低于15℃时大多数品种的新梢停止生长，进入冬眠，茶树根系春天的活动起点温度和秋冬的休止温度均低于新梢，分别为7℃和10℃。

处在活跃生长期的茶树新梢对温度的反应十分敏感。在适宜的范围内，随着温度的升高而增加生长速度。春季日平均气温不高，极端值很少超过30℃，这时新梢的生长速度与气温呈明显的正相关。白天气温高于晚上，因而新梢生长量大于夜间的生长量，1963年春季气温高于1962年春季气温，因而日平均生长量也高于1962年春；而夏季白天气温远高于30℃，夜晚温度恰处于适温范围内，因而晚间生长量反高于白昼（表1-18）。

表1-18 新梢在不同季节的昼夜生长（赵学仁等，1962年）

项目	1962年春			1962年夏			1963年春		
	温度（℃）	生长量（mm）	占日生长量（%）	温度（℃）	生长量（mm）	占日生长量（%）	温度（℃）	生长量（mm）	占日生长量（%）
白昼	16	3.2	61.5	36.2	0.25	8	25.2	6.75	59.3
夜晚	14.7	2	38.5	27.9	2.83	92	22.4	4.63	40.7
全日	15.4	5.2	100	32.1	3.08	100	23.8	11.38	100

春茶和夏茶品质上的明显差别，主要是气温不同引起茶树物质代谢上的变化而形成的。春茶气温相对较低，有利于含氮化合物的形成和积累，因此，全氮量、氨基酸含量较高；但是对碳代谢来说，气温较低，代谢强度也较小，因此糖类以及由糖转化而来的茶多酚物质的含量也就比气温较高的夏茶相应低些（表1-19）。茶叶的生产实践表明，日平均温度20℃左右，中午25℃，夜间10℃左右，这种情况下生产的茶叶品质一般较好；当日平均气温超过20℃，中午气温在35℃以上时，品质下降。

表1-19 春茶和夏茶主要成分的差异（梁漱好充，1979年）

茶季		全氮量（%）	氨基酸（%）	咖啡碱（%）	儿茶素（%）			还原糖（%）	维生素C（%）
					游离型	酯型	总量		
春茶	初期	6.39	2.48	2.91	5.08	10.16	15.24	1.2	0.23
	中期	5.59	2.3	2.61	4.92	8.75	13.67	1.08	0.26
	后期	4.15	1.42	1.76	5.15	8.42	13.57	2.5	0.42
夏茶	初期	4.34	1.19	2.4	6.1	10.03	16.13	2.6	0.21
	中期	4.28	0.88	2.45	4.27	10.81	15.08	2.55	0.24
	后期	3.94	0.82	2.35	4.4	11.99	16.39	2.32	0.17

（三）水　分

茶树性喜湿润，适宜经济栽培茶树的地区，年降水量必须在1000mm以上，月降水量大于100mm的有5个月以上。降水量在生长季节里分配均匀与否，对茶树正常生育和产量有着很大的关系（图1-13）。降水量最多的时期，茶叶收量也最多。据许昌盛等（1983年）分析，夏茶采摘期间（6~7月）的降水量（x）与夏茶产量（y）的关系为：

$$y=-5.3062+0.0154x \quad (r=0.8181)$$

湖南农业大学统计的结果表明，地处长沙地区的高桥茶叶气象产量与年降水量的关系（$r=+0.6025$）达$P=0.05$的显著水平（$r_{0.05}=0.4973$），与6~9月的干燥度的相关系数为-0.5846。

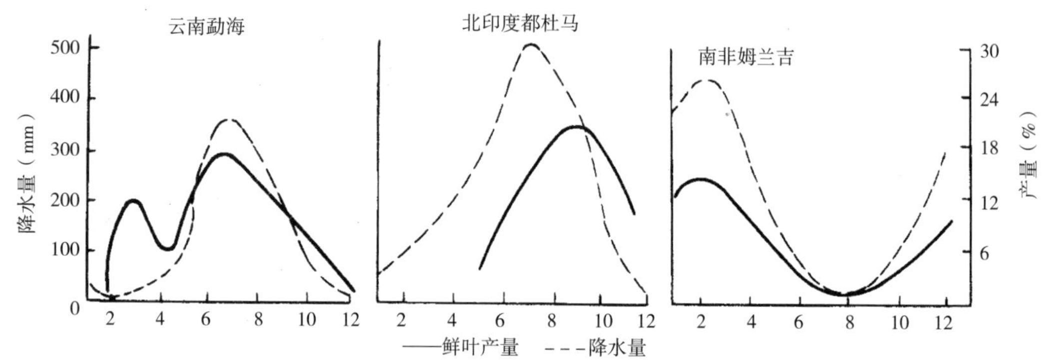

图1-13　各月降水量与茶叶产量的关系（黄寿波，1985年）

李沆沧的研究表明，在我国四季雨区始终落在茶树的主要栽培区内，冬季雨区北界刚好是茶树的分布的北界，雷暴年平均60日线跟我国茶叶生产区重合。这表明降雨在一定程度上也起着限制茶树分布的作用。空气湿度大时，一般新梢叶片大，节间长，叶片薄，产量较高，且新梢持嫩性强，叶质柔软，内含物丰富。在生长季节里空气相对湿度在80%~90%比较适宜新梢生长，若小于50%，新梢生长就会受到抑制，低于40%对茶树有害。土壤水分是茶树生理需水和生态需水的主要来源。据南京农学院农田生态室（1983年）在江苏宜兴的测定结果，0~30cm土层内，土壤相对含水量为73.4%~83.2%的小区，茶树生长旺盛；高达93%以上的小区，茶树根系生长不良，有霉烂、死根现象。所以，一般认为70%~90%的田间持水量对茶树生长最为适宜。

（四）空　气

除相对湿度要求适宜外，空气中CO_2含量丰富和土壤空气中氧的含量不少于2%，这也是确保茶树正常生育和茶叶丰产的需要。旱季的干热风和严冬的大风，往往加重茶树的受害程度。所以选择避风向阳的地段建园，实行环境园林化，是改善环境因素，确保茶树正常生育和高产、稳产、优质的需要。

二、地形地势

地形地势不同，光、热、水、气、土、肥等条件也不尽相同，因此会直接或间接地影响茶树的生长发育和产量品质。

罗岕茶记（熊明遇，1608年）云："茶产平地，受土气多，故其质浊，岕茗产于高山，浑至风露清虚之气，故为可尚……产茶处，山之夕阳胜于朝阳，庙后山西向，故称佳。总不如洞山南向，受阳气特专，称仙品。"可见我国古代对地形与茶树品质的关系早有认识，且很符合科学道理。高山，云雾多，空气湿度较大，漫反射、散射光多，蓝紫光多，昼夜温差大，茶叶品质较好。我国的传统名茶多产于山地，如黄山毛峰、庐山云雾、苏州碧螺春、敬亭绿雪和沩山毛尖等。但也非山越高越好，因为山越高，气温越低，热量不足，必缩短全年有效生育期，降低栽茶的经济效益。相对来说，在长江中下游茶区，茶树种植的适宜高度多在海拔1000m以下。在一定范围内随着高度的增加，茶多酚含量减少，茶氨酸等含氮化合物积累增加（表1-20）。

一般地说，北向山坡光照较弱、夏季东南季风盛行时降雨较少（就高山而言），冬季低温和寒风侵袭厉害，春温上升慢，故北坡茶树生长速度较慢，冻害一般较严重，在高寒山区植茶一定要注意这一点。南向山坡接受太阳辐射能量多，早春升温快，秋天降温慢，全年总生长期长、产量较高。但在春季也会因茶芽萌发早，易受晚霜为害，在夏季由于高温新梢易老化，冠表层叶片易受热害。茶叶种植者应根据不同坡向的特点，采取相应措施，尽量发挥其有利的一面，克服其不利的一面。就大多数低纬度、低山的茶区来说，坡向对茶树生育影响的差异性小，可以忽略。

表1-20　海拔高度对鲜叶化学成分含量的影响（程启坤等，1979年）

地区	海拔（m）	茶多酚（%）	儿茶素（%）	茶氨酸（%）
江西庐山	300	32.73	19.07	0.729
	740	31.03	18.81	1.696
	1170	25.97	15.4	—
浙江华顶山	600	27.12	16.11	—
	950	25.18	14.29	—
	1031	23.56	10.4	—
安徽黄山	450	—	—	0.982
	640	—	—	1.632

坡地茶园较平地茶园，排水性好，土壤通透性强，酸度稍大，对茶树生育有利；但坡地保水性差，表土剥蚀现象较重。所以，坡地茶园必须增强水土保持工程建设。平地和谷地茶园往往地下水位较高，渍水现象易于发生，必须健全排水防渍工程建设。

三、土 壤

一般地说，茶树对土壤的适应范围是相当广泛的，普通红壤土、黄壤土、紫色土、冲积土，甚至某些石灰岩风化的土壤，均能植茶。但欲使茶树枝繁叶茂、高产优质，应确保下述3个基本条件。

（一）土层厚度

茶树系深根性木本植物，主根可长达1m以上，吸收根群亦可深达40~50cm。土层深厚是茶树根系得以充分生育、扩展的最基本的条件之一。据中国农业科学院茶叶研究所的调查，土层厚度与茶叶产量关系密切（表1-21）。一般认为宜茶土壤，全土层应在1m以上，活土层在50cm以上。

表1-21　茶叶产量与有效土层厚度（汪莘野，1984年）

有效土层深度（cm）		产量指数
变化范围	平均厚度	
30~40	43.5	1
54~57	55.5	1.29
60~82	71	1.68
85~120	102.5	2.05

（二）土壤质地和结构

唐·陆羽《茶经》云："上者生烂石，中者生砾壤，下者生黄土。"王泽农（1942年）对武夷岩茶的土壤所作的调查指出：品质最佳的正岩茶主要产于九龙窠慧苑等地的砂砾土、砾砂壤土、砂壤土之上。龙井茶品质与土壤质地的关系是：白砂土＞砂土≈黄泥砂土＞黄泥土。

湖南省农业科学院茶叶研究所的研究（1978—1987年）表明，湖南植茶的3种主要土壤中以紫色板页岩发育的紫色土产量高、品质优，花岗岩发育的白砂土居中，第4纪红色黏土发育的红泥土最差。

良好的土壤团粒结构是形成土壤肥力的基础。表土层多粒状和团块状结构，心土层为块状结构较好。土壤松紧度，要求表土层10~15cm处容重为1~1.3g·cm^{-3}，孔隙度为50%~60%，心土层35~40cm处容重为1.3~1.5g·cm^{-3}，孔隙度为45%~50%。土壤三相比：

固相为40~50；液相为30%~40%；气相为15%~25%。

（三）土壤化学性

茶树是喜欢酸性土壤的植物。浙江农业大学茶叶系对浙江茶区取土样252个，测定结果是：0~50cm土层内pH 3.5~5.5者占90.8%，pH＞5.5者占8.8%。就我国各地茶园土壤测定结果来看，pH值大致在4.0~6.5，而茶树生长最好的pH值为5.0~5.5。

有机质含量是茶园土壤熟化度和肥力的指标之一，高产优质茶园的土壤有机质要求达2.0%以上。同时，要求茶园土壤养分含量平衡：全氮0.12%、全磷0.10%、速效氮0.012%、速效磷0.001%、速效钾0.01%、交换性镁0.2cmol/kg。

另外，土壤微生物亦可列为茶园土壤肥力的指标之一。据福建农业科学院茶叶研究所郭专（1984年）测定，在0~20cm土层范围内：自然红壤每克土中细菌、放线菌和真菌的数量分别为16.44万、10.87万和1.66万个；普通茶园红壤土中分别为288万，46.4万和14.4万个；高产茶园红壤每克土中细菌为2016万个，真菌有882万个。

随着社会的进步和发展，野生茶树逐步被驯化为栽培型，以满足人们对茶叶需求量的增加。通过园地建设、茶树良种选育与搭配、茶树繁殖、茶树种植等茶园建设措施，促进茶叶生产，建设高质量茶园，很有必要。进入新世纪后，人们对食品卫生与安全性越来越重视，对茶树栽培技术措施和茶叶品质的要求越来越高，无公害茶园概念随之诞生。

第二章 茶园建设

第一节　茶园基础建设

为促进茶叶生产，加速茶树良种化的进程，在茶叶生产的最适宜区和适宜区有计划地发展新茶园，对现有质量较差的茶园逐步以良种去更新，重建高质量的茶园，很有必要。

一、园地建设

新茶园的质量首先体现在园地建设，从有利于茶树生长、方便管理、保持水土、综合治理和提高垦荒植茶的总体效益出发，园地建设基本要求是：园址合理、工程配套、因园制宜、开垦适度、改土增肥、基础扎实。

（一）园地选择

园址合理，有利于减少投入、增加产出、减少损失、维护生态、增进效益、提高科学种茶的水平。

园地选择包括若干层次的选择。首先是区域选择，我国宜茶范围很广，约200万km^2，这里可用于植茶的荒山荒地很多，故应重点选择在最适宜区和部分适宜区有计划地发展新茶园和改造旧茶园，以扩大或巩固提高茶叶商品生产基地，而不应当在次适宜区盲目扩种茶树。

其次是气候条件的选择，即使在适宜区内也有不同气候类型存在，如平原气候类型、丘陵气候类型、高山气候类型等。选择的依据与标准参照第一章第三节有关内容。其中最主要的是年极端最低气温，中小叶种不宜低于-12℃，大叶种不宜低于-6℃。其次是降水量，全年不少于1000mm。

第三是地形条件的选择，在长江中下游地区茶园海拔位置应在1000m以下，用于建园的坡地自然坡度以不超过25°为限，地形起伏和割裂的程度宜小。最好将茶园建在相对集中连片的缓坡地上。

土壤条件的选择，主要是土壤反应（即酸碱度）、土层厚度和母质类型，以及地下水位的高低等因素。

另外，在较大规模扩建新茶园的时候，还必须注意对当地社会经济条件的考察。一般地说，大面积扩建新茶园之地应是：土地、劳动力资源丰富，经营门路较少，群众迫切要求植茶致富和交通比较便利的山林地带。

园地选择的第一步工作是调查收集资料，要通过多种方式、途径进行调查，包括历史情况和现实状况，现场勘察和咨询访问相结合，尽可能汇集完整的资料；第二步是对调查所获得的有关资料进行归类、整理和分析，确认能否建园或建园规模及其可能效益等；第三步是将调查研究的结论写成报告，呈有关业务主管部门或行政机关审批或参考。

（二）园地规划

园址选定之后，必须着手进行全面规划。为有条不紊地垦辟建设工作提供规划蓝图。对一个规模较大的新建茶场而言，其规划工作包括经营方针的制定，经营内容及其规模的确定，土地利用方案制定，主要建筑物布局，道路、水利和林业三大系统的设置，劳力、物资、投资规划，以及效益概算和生产管理建制等。

就一个具体的地段或山头而言，规划工作的内容主要是因地种植、片块划分、建园形式和三大系统设置等。下面就一个具体地段或山头建设的规划进行简要介绍。

1. 因地种植

根据地段、地块的特点，安排相应合适的种植内容，总的原则是宜茶则茶、宜粮则粮、宜林则林、以茶为主、因地制宜。在茶场范围内，凡集中连片、土层深厚的缓坡地应首先安排植茶，但不排除安排少量果树和苗木用地。坡度过陡（≥25°）的地段、山脊和山脚等地宜布置经济林、用材林和行道树等，在灾害性风向的当风面应安排防风林。在土壤侵蚀易发生的部位应宜地宜树地营造水土保持林。平地、谷地可适当种植粮食作物、饲料作物、蔬菜和其他经济作物。

2. 片、块划分

对茶场土地进行适当的分区、划片是实行园地种植和方便生产管理的需要。分区、划片应依自然分界线（如主干道路、防护林、溪渠等）、经营内容和劳力状况等来进行。

为方便建园措施落实，经常性的园间管理，农技措施的贯彻以及承包责任制或岗位经济责任制的制订等，在分区划片的基础上还应结合自然地形和茶园建设方式等将片又划分成若干园块。园块划分一般以支步道或沟渠等为界，园块大小与形状既要随地形地物而异，又要方便提高管理效率；园块一般取长方形、梯形或扇形等。园块面积因地貌等而异，地形一致性强时可大，反之宜小，为1~10亩不等。

3. 建园形式

坡地建园一般可取两种形式。10°以下的缓坡地取自然坡面等高条植式；10°以上的中坡地取水平梯田或梯级式。

自然坡面等高条植式（图2-1）具有土层打乱少、原有肥力保持好、土地利用率高和建园投入较少等优点。但在幼龄期或培管水平较低时，因茶园裸露面积大，易发生较大的径流损失，且坡度越大水土流失越严重。

图2-1 自然坡面等高条植茶园（湖南农业大学长安教学实习基地）

图2-2 水平梯田式茶园（湖南湘丰茶业飞跃基地）

水平梯田的最大特点是变坡地为“平地”（图2-2），因而能有效地避免水土流失，便于耕作管理，减轻劳动强度等。但修建水平梯田式茶园，建园工作量大，土地利用率较低（存在梯壁耗地），且打乱土层，改土增肥的任务大。

4. 道路、水利、林业规划

1）道路规划

道路规划的原则是：交通方便、少占耕地、路基牢固、走线安全，尽可能利用原有桥梁和道路，应做到总场（厂）有公路（至少简易公路），分区（或队）连干道，山山通大路（干道或支道），因坡设便道（支道或步道）。

① **干道：**一般设山脊，高山则设山腰或山脚。宽5~7m，最大纵坡不超过10%，并与附近经过的公路相接。

② **支道：**支道每隔300~400m一条，与干道或公路相接，便于园内与园外的物资运输和机具下地作业，纵坡宜控制在14%以下。

③ **步道：**即人行道，方便人员下地作业和小型机具行走，宽1.5~2m，路面纵坡亦不

宜过大，相邻步道间距50~70m为度。道路过密则土地利用率低，过稀则对下地作业，特别是茶园机械作业，如采茶机、移动式喷灌机和病虫防治设备的使用效果发挥不利。

2）水利规划

水利包括蓄排灌等三方面，但就我国茶园现状而言，主要是蓄与排。总的规划要求是，库、塘、池、渠、沟、管、槽、林（水土保持林）工程配套，能蓄、能排、能灌（有条件的），坡地无流失，低地不渍水，与道路相配合（图2-3），不割裂地块，方便交通和园间管理。园内纵向排水沟一般设在上山道旁，梯级茶园纵沟宜与梯面平行，梯级与跌水相衔接，在山坡中下部还应在水沟旁开设小型蓄水池。横水沟沿梯级内侧设置，非梯级茶园每隔5~8行茶树设置一条横水沟，横水沟皆与纵沟相通，以利排蓄水，避免水土流失。

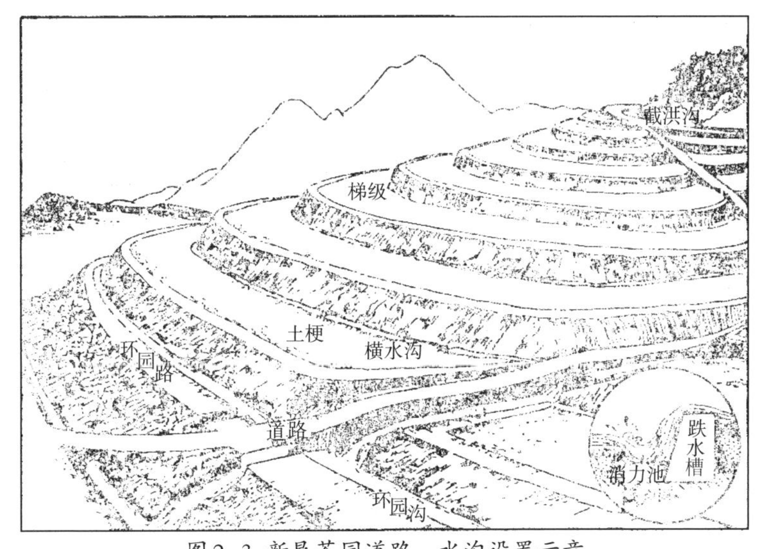

图2-3 新垦茶园道路、水沟设置示意

3）林业规划

以茶为主的茶林场，适当安排林业，不仅是因地种植的需要，更是改善茶园小气候、控制水土流失、合理利用场内资源、提供部分用材等的需要，也是茶叶经济的一种补充。

茶场范围内林业规划总的要求是因地制宜，林种结构合理，树种适宜，多用途相配合，与道路和水利设施有机配合。

茶场常见林种有防护林、水土保持林、经济林、用材林、风景林、行道树和蔽荫树等（图2-4）。其中防护林有不透风林、透风林和疏风林之别。我国大多数茶区宜选用透风林或疏风林，林带宽度视风力大小而异。风灾较少的茶区可以用行道树取代防护林。防护林一般以乔木、常绿性树种为主，也可根据需要，适当间种小乔木和灌木。水土保持林一般应选用根系发达、固土保水力强的树种，并可采用乔、灌木，乃至藤蔓、草本植物混交结构。水土保持林又因位置和作用侧重之别，有水分调节林（设塘、沟上方的集水区坡地上）、护坡林（不宜开垦利用的荒坡地上）和护沟林（水沟旁）之分。

蔽荫树一般只在南方低纬度茶区适当配置，以减弱太阳辐射，提高茶叶品质。蔽荫树一般以豆科落叶乔木且与茶树无共同病虫害的树种为宜，亦可采用某些经济林木，如银杏、梨、橡胶等。其他林种，均应本着因地制宜的原则选用相应的树种，最好是多用途相结合的树种。

图2-4 种有行道树的茶园

（三）园地开垦

1. 清理地面

园地经规划后就可进行开垦。但在开垦之前应全面清除园地范围内的树木、乱石和其他杂物等，为茶树的种植做准备。

2. 调整地形

为便于茶行布置或梯级修建，应对某些起伏复杂的地段进行地形调整。即削高填低，复杂地形一致化。尤其是对自然坡面等高条植的茶园，这步工作很重要；否则如严格按等高线布置茶行，茶行就会弯弯曲曲，行距时宽时窄；如果使茶行不弯弯曲曲，行距均匀，就会出现同行茶树起伏度大。调整地形也是方便园间机械化作业和水利化的需要。但在调整时，既要保证质量，又应尽可能减少土方搬运量和搬运距离。

3. 垦　地

初垦在清理地面或调整地形的基础上进行，目的在深翻土壤，确保足够的松土层，同时起着继续清除树草残根的作用。初垦宜全垦50~60cm深，但准备修建梯级式茶园的地方初垦可适当浅一些。已规划设置道路、水沟、水土保持林等的地方不必垦复。

复垦一般在播种或移栽茶苗前夕进行。初垦较深时，复垦30cm左右即可。主要任务在于整细耙平土壤，以备划行开种植沟。

垦复时，如发现80cm以内有硬盘层（或铁锰结核层）、卵石层，应加以破坏或清除。

复垦最好能配合施入大量农家、有机肥和氮磷钾商品肥。

复垦之后可以直接开种植沟种植茶树，亦可先种植1~2季先锋植物，如满园花、豆类等，再植茶。

4. 修建梯园

1）测量坡度

此项工作可用简易测坡器、手持测坡器、罗盘仪、经纬仪等来进行。这里仅介绍简易测坡器法。

简易测坡器（图2–5）由1个半月规（或加刻度的等边三角板），1个重锤及重锤线，1根6~8m长的拉绳和2根标杆组成。其中拉绳系在两标杆的相同高度处，半月规的直边与绳平行，置于绳之正中位置，重锤线吊在半月规的圆心上。

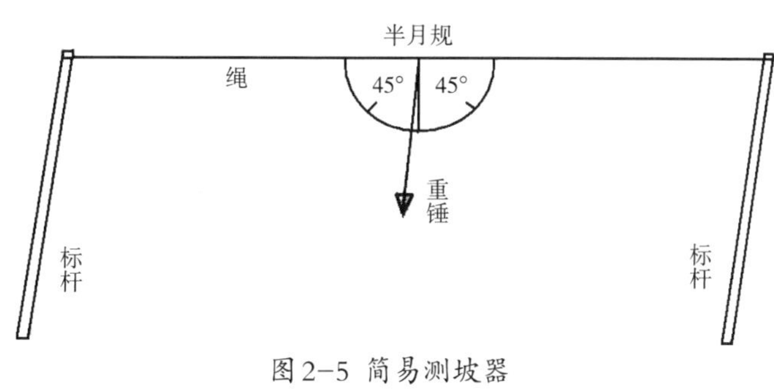

图2–5 简易测坡器

测定坡度时两人各执一标杆同立一待测坡段的坡面线上。一杆在上方，一杆在下方，并将杆竖在与水平方向垂直位置，同时拉紧绳子，待重锤线相对停摆时，第三人读出重锤线所指示的半月规的度数，其读数便为该坡段的坡度。沿坡面线测出各段的坡度后，即可依梯级测设的技术参数表（表2–1），确定梯基点在坡面线上的位置。

2）确定梯基点位置

为了确定各级梯的梯脚在坡面上的位置，首先应选定好相邻梯线（即梯脚线或开挖线）之间的距离（图2–6）。

例如，某坡度（α）为20°，要求梯壁高（H）在1~1.5m之间，梯壁坡度（β）60°，且便于茶行布置，欲选定梯线距离（L）。查表2–1可知，当α=20°，β=60°，梯壁高1~1.5m时，梯宽（S）恰为3m，便于行距1.5m左右的茶行布置2行。这时梯线距离为4.04m，梯壁高为1.38m。

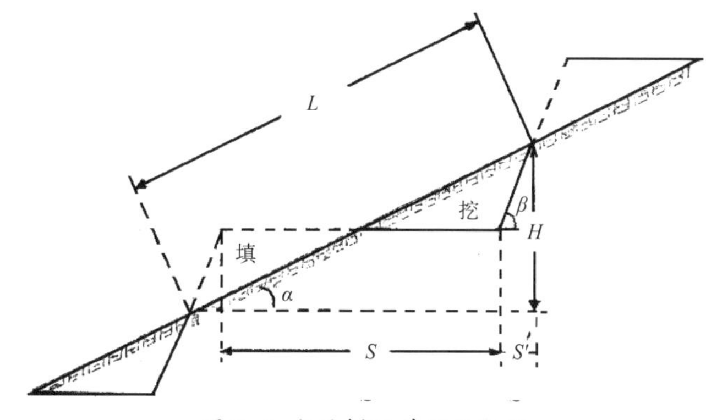

图2–6 水平梯级茶园纵断面

注：α.地面自然坡度（°）；β.梯壁坡度（°）；H.梯壁高度（m）；S.梯面有效宽度（m）；S'.1/2梯壁耗地（m）；L.梯线距离（m）。

表2-1　梯级测设计算用表

S \ β \ α		1		2		3		4		5		6		7		8		9	
		L	H	L	H	L	H	L	H	L	H	L	H	L	H	L	H	L	H
10°	60°	1.13	0.2	2.26	0.39	3.39	0.59	4.52	0.79	5.65	0.98	6.78	1.18	7.91	1.37	9.04	1.57	10.17	1.77
	70°	1.08	0.19	2.17	0.38	3.26	0.57	4.34	0.75	5.43	0.94	6.51	1.13	7.6	1.32	8.68	1.51	9.77	1.7
	80°	1.05	0.18	2.1	0.36	3.14	0.55	4.19	0.73	5.24	0.91	6.29	1.09	7.34	1.27	8.38	1.46	9.43	1.64
12°	60°	1.17	0.24	2.33	0.48	3.5	0.73	4.66	0.97	5.83	1.21	6.99	1.45	8.16	1.7	9.32	1.94	10.49	2.18
	70°	1.11	0.23	2.22	0.46	3.32	0.69	4.43	0.92	5.54	1.15	6.65	1.38	7.76	1.61	8.87	1.84	9.97	2.07
	80°	1.06	0.22	2.12	0.44	3.19	0.66	4.25	0.88	5.31	1.1	6.37	1.32	7.43	1.55	8.5	177	9.56	1.99
14°	60°	1.2	0.29	2.41	0.58	3.61	0.87	4.81	1.16	6.02	1.46	7.22	1.75	8.43	2.04	9.63	2.33	10.83	2.62
	70°	1.13	0.27	2.27	0.55	3.4	0.82	4.53	1.1	5.67	1.37	6.8	1.65	7.93	1.92	9.07	2.19	10.2	2.47
	80°	1.08	0.26	2.16	0.52	3.23	0.78	4.31	1.04	5.39	1.3	6.47	1.56	7.55	1.83	8.62	2.09	9.7	2.35
16°	60°	1.25	0.34	2.5	0.69	3.74	1.03	4.99	1.37	6.24	1.72	7.48	2.06	8.73	2.41	9.98	2.75	11.22	3.09
	70°	1.16	0.32	2.62	0.64	3.49	0.96	4.65	1.28	5.81	1.6	6.97	1.92	8.13	2.24	9.3	5.56	10.46	2.88
	80°	1.1	0.3	2.2	0.61	3.3	0.91	4.4	1.21	5.5	1.52	6.6	1.82	7.7	2.12	8.8	2.43	9.9	2.73
18°	60°	1.3	0.4	2.59	0.8	3.88	1.2	5.18	1.6	6.47	2	7.77	2.4	9.06	2.8	10.36	3.2	11.65	3.6
	70°	1.19	0.37	2.39	0.74	3.58	1.11	4.77	1.48	5.96	1.84	7.16	2.21	8.35	2.58	9.54	2.95	10.73	3.32
	80°	1.12	0.34	2.23	0.69	3.35	1.03	4.46	1.38	5.58	1.72	6.69	2.07	7.81	2.41	8.92	2.76	10.04	3.1
20°	60°	1.35	0.46	2.7	0.92	4.04	1.38	5.39	1.84	6.74	2.31	8.09	2.77	9.44	3.23	10.78	3.69	12.13	4.15
	70°	1.23	0.42	2.45	0.84	3.68	1.26	4.91	1.68	6.13	2.1	7.36	2.52	8.59	2.94	9.81	3.36	11.04	3.78
	80°	1.14	0.39	2.27	0.78	3.41	1.17	4.55	1.56	5.69	1.94	6.82	2.33	7.96	2.72	9.1	3.11	10.23	3.5
25°	60°	1.51	0.64	3.02	1.28	4.53	1.91	6.04	2.55	7.55	3.19	9.06	3.83	10.57	4.47	12.06	5.1	13.59	5.74
	70°	1.33	0.56	2.66	1.12	3.99	1.69	5.32	2.25	6.64	2.81	7.97	3.37	9.3	3.94	10.63	4.5	11.96	5.06
	80°	1.2	0.51	2.4	1.02	3.61	1.52	4.81	2.03	6.01	2.54	7.21	3.05	8.42	3.56	9.62	4.06	10.82	4.57
30°	60°	1.73	0.87	3.46	1.73	5.2	2.6	6.93	3.46	8.66	4.33	10.39	5.2	12.12	6.06	13.86	6.93	15.59	7.8
	70°	1.46	0.73	2.92	1.46	4.39	2.2	5.85	2.92	7.31	3.666	8.77	4.39	10.23	5.12	11.7	5.85	13.16	6.58
	80°	1.29	0.64	2.57	1.29	3.86	1.93	5.14	2.57	6.43	3.22	7.71	3.86	9	4.5	10.28	5.14	11.57	5.79

注：α－地面自然坡度；β－梯壁坡度；S－梯面有效坡度；L－梯线距离；H－梯壁高度。

在坡度变化较小的一个山坡上建梯园时，可先在代表性坡段的坡面线上定出一点作为第一梯基点，然后按查出的梯线距离在坡面线上依次定出梯基点。

3）测定梯基线

甲将简易测坡器的一根标杆立于某一梯基点上，乙将绳拉直，并将另一标杆立于与该梯基点等高的位置，确认等高的标志是重锤线与半月规上“0”刻度线重叠，在此位置作上标记，作为该梯基点的等高点。依此法可在同一山坡上，乃至环山得出它的许多等高点，将这些等高点连接起来便为经过该梯基点的等高线、等高线按大弯随势、小弯取直的原则稍加调整，即为过该梯基点的梯基线。过坡面线上各梯基点均可照此法作出它们的梯基线。

4）构筑梯壁

修建梯园，关键在梯壁坚牢，梯壁坚牢与否又与梯壁取材及相应的构筑技术有关。构筑材料有泥土、草砖、石块和水泥。

泥土筑梯首先要沿梯基线清出一条梯基脚，宽约50cm，“脚面”略呈外高内低式，而后加填心土夯筑梯壁。所需心土，先从梯基线下方（下梯内侧）挖取，至梯壁筑到一定高度后，再从本梯内侧取心土。一直筑到所需高度（即设计高度），梯壁成60°。

草砖砌梯先将梯基脚铲平，然后从本梯原坡上挖取草砖，砖呈长方形，一般长约40cm，宽25~30cm，厚8~10cm。再一层一层搭口交错地砌成梯壁，草砖梯壁一般成70°~75°向坡上方倾斜。

石块和水泥砌梯应先挖好梯壁、基坑亦夯实，然后将大块石或砖块作垫石，每层铺放的石块或砖块要注意水平，并注意每石块大面向外，片石斜插，小石填空，块石压茬。梯壁斜度掌握在80°左右。谷地砌梯，壁成弓形，切忌过直。

5）整理梯面

梯面的整理工作包括底土深翻（特别是梯级内侧紧土层）、保留表土、整平梯面和挖沟筑埂等。由于修建梯级大多取“半挖半填式”，梯级内侧原有的上层土壤被移填外侧，留下的为十分紧结的底土和心土层，如不对它们进行深垦，并配合增施肥料，将不利于茶树的生长发育。构筑梯壁在取内侧心土时，应先将表土置于梯面中线上，待内侧心土挖取到适当高度并深垦，再将表土回置于其上，而后将整个梯面整平或略呈外高内低之势（因外侧后期下沉高度大于内侧）。为加强梯式茶园保持水土、抗流失的能力和方便灌溉等，应将梯级的外沿修筑成一条宽40cm左右、高15cm左右的梯埂。在内侧沿上梯壁脚挖一宽、深各30~40cm横水沟，以利保水。

6）梯园护理

梯级茶园护理的主要任务是防止梯壁崩垮和减轻梯壁自然侵蚀。

护梯措施主要有三：一是栽种护梯植物，固梯护坡。福建省农业科学院茶叶研究所用爬地兰绿化梯壁，有效地起到了保水、保土、保肥的作用。适宜作护梯植物的还有紫穗槐、木豆、大叶胡枝子、三尖叶猪屎豆、黄花菜和某些多年生牧草等。二是用土筑成的梯壁切忌剔削，除为害性很大的白茅、竹类等外，一般只应适当刈割。这是护梯的第二项重要的技术措施。三是及时清理水沟和整修梯埂。避免雨水直接越过梯埂和梯壁而漫流溢失。这种漫流溢失是梯壁剥蚀和梯坎坍塌的主要致因之一。

二、茶树良种

良种是发展农业生产最基本的生产资料之一。茶树系长寿作物，一经种植，受用多年。加强茶树品种工作，建园时准确选用良种，尤为必要。

（一）茶树育种目标

茶树育种目标，概括地说，就是选育出高产、优质、抗逆性强、适应机械化要求的品种，以满足茶叶生产的需要。

1. 产量目标

鲜叶产量比当地有性群体品种高20%以上，比现有推广的品种或标准品种高出10%~15%。

2. 品质目标

对某个茶类适制性强，品质超过现在推广的相应品种，或对不同茶类有较好的兼制性。

3. 抗性目标

除对相应地域有较好的适应性外，应具有“多抗”的能力，即抗病虫、抗寒、抗旱、抗污染等。

4. 生理目标

以光能利用力强为中心，具有叶片寿命较长、叶较厚、叶绿素含量多、光合效率高、CO_2补偿点低、光呼吸弱等特点。

5. 株型目标

植株紧凑，分枝较粗而匀称，成半直立状；叶片较大，长椭圆状，叶着生呈上斜态，透光性好；育芽力强、新梢生长整齐性好。

6. 熟性目标

绿茶品种以早熟为主，中熟为辅。红茶品种则以中熟为主。不同熟性品种的存在，有利于品种搭配，充分发挥机具设备的效能和劳力调节使用。

育种目标的确定，一定要贯彻因地制宜的原则和突出重点的原则。新育品种不仅在总体水平上要超过现有推广品种，而且要有自己的特色，只有这样，才能尽快地得到推广和转化为现实生产力。

（二）茶树育种方法

茶树育种方法很多，目前应用最多，取得效果最大的是引种和无性系单株选种，其次是杂交育种。

1. 茶树引种

世界种植的茶树品种，都是直接或间接从我国引种的。引种，不仅有效地扩大了良种，对各主产茶区提高单产、改进品质起了显著作用。如适制红茶的著名品种——云南大叶种，原产云南勐海、勐库一带，现在不仅在该省茶区大量推广种植，而且被引种到广东、海南、四川、福建和广西等省区，引种面积达数十万亩。又如福建的福鼎大白茶，引种到江苏、浙江、安徽、江西、湖南、贵州和四川等省，已成为这些省推广的绿茶良种之一，种植面积达数十万亩。

引种还丰富了有关科研单位的育种材料，促进了野生茶树资源的驯化利用等。

茶树引种，首先应确定目标，确定的依据是当地生产上存在的问题和今后的发展方向。既要考虑被引品种在引种地区能否适应，又要满足相应茶类的要求。要把农业自然区划、茶树品种适应范围和茶类生产要求三者结合起来。

同时，茶树引种应本着"一切经过试验"的原则，可选引多品种，每品种应少量引入试种；而后从中择优，作进一步的栽培试验，即按照良种良法的原理，根据被引品种的生物学特性，执行相应的栽培技术，对该品种的适应性和经济价值作出更客观的了解和评估。另外，还应认真执行检疫制度，做好检疫工作，防止病虫害随引种而传播。

2. 茶树单株无性系选种

选择育种法是创造农作物新品种最常用的方法之一。目前我国各茶区栽培的茶树仍有相当的有性群体，由于长期异花传粉的结果，性状一般都比较混杂。单株无性系选种，则能有效避免后代的混杂现象，获得性状高度一致的优良品种及其后代，对增加茶叶单产、提高茶叶品质，特别是名、优茶的开发提供了重要的物质基础。正因如此，1991年9月5—8日在山东省日照市召开的全国茶树良种繁育推广经验交流会会议纪要中写道："茶树良种工作的指导思想是，加快无性系茶树良种的繁育推广，今后发展新茶园和老茶园换种改植要用无性系良种茶苗，以逐渐实现我国茶园的无性系良种化。"近20年来，无性系良种茶园发展迅速，2009年全国茶园总面积184.9万hm^2，其中无性系良种茶园占41.3%。

单株无性系选种的基本做法：

第一步在当地群体品种的生产茶园或原始材料圃，或实生苗圃中，根据育种目标，按优良茶树标准，挑选单株，进行周年观测，淘汰不良单株。

第二步是将入选单株分别进行繁殖，培育出一定数量的苗木，以供品系比较试验之用，通常用短穗扦插法繁殖。结合观察各单株繁殖效果，淘汰繁殖力低劣的单株。

第三步是将入选单株的无性后代（又称“品系”，数量少时称株系）与同龄的无性繁殖系标准品种（即对照品种）进行比较试验。品比试验一般要持续8~10年（从移栽始）。

第四步是品种区域试验。此项试验的目的在于鉴定新品种的适应范围和推广地区，凡参加区试的品系应在产量、品质和抗性等多方面或某一方面明显优于对照（标准）品系。参加省级区试的，应由育种单位提出申请，省茶树区试领导小组批准，报湖南省农作物品种审定委员会备案，参加全国区试的品种应是在省区域试验中表现优异的，并有新品种选育的研究报告和品比试验报告，性状稳定且有别于其亲本，还能提供足够的区域试验原种苗木。每个品种参加区试点不得少于2个生态区（省内区试）或省外区试点（全国区试）。参加全国区试的品种应由育种单位提出申请，省茶树品种审定委员会（或小组）或省农作物品种审定委员会审查并推荐，最后由全国农作物品种审定委员会茶叶专业委员会区域试验领导小组审查核准。

第五步是审定和推广。新选育品系要经3年区试产量记载，并有区试总结报告，2个以上区试单位茶样（含对照）审评单，品种特征性图谱，有关茶类茶样和该品种栽培与繁殖技术要点，方可申报审定。经审定，凡具备下列条件之一者可审定为全国茶树新品种：

① 产量比对照种增产10%以上或经统计分析增产显著。

② 品质明显超过对照，产量及其性状与对照相当者。

③ 某些性状表现突出，具有特殊利用价值，或抗逆性特强，产量或品质与对照相当者。

凡未经审定或审定不合格的品种，不得繁殖，不得经营、推广，不得宣传，不得报奖，更不得以成果转让的名义高价出售（以上有关条款摘引自全国农作物品种审定委员会茶树专业委员二届一次会议修定的《全国茶树品种审定实施细则（试行）》）。

3. 茶树杂交育种

通过遗传性不同的亲本进行交配，产生杂交后代，再经过选择、培育，从而创造出新品种的方法，称杂交育种，茶树育种主要采用有性杂交。

茶树有性杂交育种的关键是根据育种目标选配好亲本。其一，父母本都应具有较多优点，没有突出的缺点，在主要性状（尤其是经济性状）上相互之间能取长补短；其二，亲本之一必须对当地的环境条件有良好的适应性，这个亲本最好是母本；其三，育种目标要求的主要性状应在一个亲本中表现突出，且遗传力较大；其四，双亲开花期比较一致，选作母本的亲本结实力比较强；其五，用作亲本的材料最好是亲缘关系远、生态型差异大的，这样有利于产生超亲本的后代，即出现杂种优势。福建省农业科学院茶叶研究所选育的福云6号、7号、8号、10号、21号和23号，相对于它们的亲本——福鼎大白茶和云南大叶种，均表现了某种程度的杂种优势。

茶树有性杂交育种的具体技术，与一般作物有性杂交大同小异。如隔离、去雄、授粉以及杂交后代的培育和选择等。此不赘述。

（三）我国现有茶树良种

在茶叶生产和科学研究上，通常按品种的来源和繁殖方法，将它们归为若干类。如地方品种、有性系品种和无性系品种。其中未经改良的地方有性系品种，习称群体品种。到2010年全国茶树品种鉴定（良种审定）委员会（认、审）定通过国家级品种123个，其中30个为认定的传统品种，17个有性系品种，其他为无性系品种；省级审（认）定或登记的品种130个左右，其中多数为红绿兼制和绿茶品种，其次是乌龙茶品种，再次是红茶品种。下面将我国现有主要茶树良种，简要介绍一部分（表2–2至表2–4）。

表2–2　全国部分茶树地方良种

序号	品种名称	原产地	树型	叶类	发芽期	抗逆性	丰产性	适制性	适宜推广地区
1	勐库大叶种	云南勐库	乔木	特大叶	早	弱	高	红茶	西南、华南
2	勐海大叶种	云南勐海	乔木	特大叶	早	弱	较高	红茶	西南、华南
3	凤庆大叶种	云南凤庆	乔木	大叶	晚	较强	高	红茶	西南、华南
4	湄潭苔茶	贵州湄潭	灌木	中叶	中	强	高	红茶	长江以南
5	早白尖	四川筠连	灌木	中叶	早	较强	较高	红、绿茶	四川、江南
6	海南大叶种	海南岛	乔木	特大叶	早	较弱	较高	红茶	华南
7	乐昌白毛茶	广东乐昌	乔木	特大叶	中	较强	较高	红、白茶	华南
8	凌云白毛茶	广西凌云	小乔木	大叶	中	中	中	红茶	华南、西南
9	云台山种	湖南安化	灌木	大叶	中	强	较高	红、绿茶	江南、江北
10	宜昌大叶茶	湖北宜昌	小乔木	中叶	早	强	较高	红、绿茶	江南
11	宁州种	江西修水	灌木	中叶	中	中	高	红、绿茶	江南
12	鸠坑种	浙江淳安	灌木	中叶	中	强	较高	绿茶	江南、江北
13	祁门种	安徽祁门	灌木	中叶	中	强	较高	红、绿茶	江南、江北
14	宜兴种	江苏宜兴	灌木	中叶	中	强	较高	红茶	江南、江北
15	紫阳种	陕西紫阳	灌木	中叶	早	强	较高	绿茶	江北
16	黄山种	安徽歙县	灌木	大叶	早	强	较高	绿茶	江南、江北
17	凤凰水仙	广东潮安	小乔木	大叶	早	中	高	乌龙、红茶	华南
18	福鼎大白茶*	福建福鼎	小乔木	中叶	早	强	高	绿茶	江南、江北
19	政和大白茶*	福建政和	小乔木	大叶	晚	中	较高	红、白茶	江南
20	毛蟹*	福建安溪	灌木	中叶	中	强	高	乌龙、红茶	江南
21	铁观音*	福建安溪	灌木	中叶	中	中	中	乌龙茶	江南

续表

序号	品种名称	原产地	树型	叶类	发芽期	抗逆性	丰产性	适制性	适宜推广地区
22	梅占*	福建安溪	小乔木	大叶	中	较强	高	乌龙、红、绿茶	江南
23	黄棪*	福建安溪	灌木	中叶	早	强	较高	乌龙、红、绿茶	江南
24	大叶乌龙*	福建安溪	灌木	中叶	中	强	较高	乌龙、绿茶	江南
25	福鼎大毫茶*	福建福鼎	小乔木	大叶	早	较强	高	红、绿、白茶	江南
26	福建水仙*	福建水吉	小乔木	大叶	晚	较强	较高	乌龙茶	江南
27	福安大白茶*	福建福安	小乔木	中叶	早	较强	高	红、白茶	江南
28	本山*	福建安溪	小乔木	中叶	中	中	中	乌龙茶	江南
29	上梅州种	江西婺源	灌木	大叶	早	较强	高	绿茶	江南
30	上饶面白*	江西上饶	小乔木	大叶	早	强	高	红、绿茶	江南

注：此表所列系全国茶树良种审定委员会于1984年11月厦门会议认定的30个传统茶树优良品种。“*”为无性系传统品种。

表2-3 全国部分新育成茶树良种

品种名称	育成单位	树型	叶类	经济性状					适宜推广地区
				产量	品质	适制茶类	抗性	发芽时间	
黔湄502*	贵州湄潭茶叶研究所	小乔木	大	特高	优	红	中	中	西南、华南
福云10号*	福建省茶叶研究所	小乔木	中	高	优	红、绿	中	早	江南、华南
槠叶齐*	湖南省茶叶研究所	灌木	中	较高	良	红	强	中	江南
安徽1号*	安徽省祁门茶叶研究所	灌木	大	较高	优	红、绿	尚强	中	江南、江北
安徽3号*	安徽省祁门茶叶研究所	灌木	大	特高	优	红、绿	强	早	江南、江北
劲峰*	浙江省杭州市茶叶研究所	小乔木	中	高	优	红、绿	强	中	江南
浙农12号*	浙江农业大学茶叶系	小乔木	中	高	优	红、绿	较弱	中	江南、华南
蜀永1号*	四川省茶叶研究所	小乔木	中	高	优	红	较强	中	西南、华南
宁州2号*	江西省九江市茶叶科学研究所	灌木	中	高	优	红、绿	较强	中	江南
菊花春*	中国农业科学院茶叶研究所	灌木	中	高	优	红、绿	较强	中	江南
桂红4号*	广西桂林市茶叶科学研究所	小乔木	大	较高	优	红	较弱	晚	华南
皖农95*	安徽农业大学	灌木	中	高	优	红、绿	较强	中	江南
锡茶11号*	江苏省无锡市茶叶品种研究所	小乔木	中	高	良	红、绿	较强	中	江南、江北
寒绿*	中国农业科学院茶叶研究所	灌木	中	高	优	绿	强	早	江南、江北
青峰*	浙江省杭州市茶叶研究所	小乔木	中	高	良	绿	较强	中	江南
黔湄601*	贵州湄潭茶叶研究所	小乔木	大	高	优	红、绿	强	中	西南、华南

续表

品种名称	育成单位	树型	叶类	经济性状					适宜推广地区
				产量	品质	适制茶类	抗性	发芽时间	
黔湄701*	贵州湄潭茶叶研究所	小乔木	大	高	优	红	强	中	西南
高芽齐*	湖南省茶叶研究所	灌木	大	高	优	红、绿	强	中	江南、江北
蜀永703*	四川省茶叶研究所	小乔木	大	高	优	红、绿	强	中	西南、江南
蜀永808*	四川省茶叶研究所	小乔木	大	高	优	红、绿	强	晚	西南、华南
蜀永307*	四川省茶叶研究所	小乔木	大	高	优	红、绿	强	中	西南、华南
蜀永401*	四川省茶叶研究所	小乔木	大	高	优	红	强	中	西南、华南
蜀永3*	四川省茶叶研究所	小乔木	大	高	优	红	强	中	西南、华南
蜀永906*	四川省茶叶研究所	小乔木	中	高	优	红、绿	强	中	西南、华南
秀红*	广东省茶叶研究所	小乔木	大	高	优	红	较强	中	华南
云大淡绿*	广东省茶叶研究所	乔木	大	高	优	红	较强	中	华南
皖农111*	安徽农业大学	小乔木	大	较高	优	红、绿	强	中	江南、华南
南江2号*	重庆市茶叶研究所	灌木	中	较高	优	红、绿	强	早	西南
浙农21号*	浙江农业大学茶叶系	小乔木	中	高	优	红、绿	较强	中	江南
黄奇*	福建省茶叶研究所	小乔木	中	高	优	乌龙茶	较弱	中偏晚	华南
福云23号	福建省茶叶研究所	小乔木	大	高	优	红、绿	较弱	早	江南、华南
福云6号	福建省茶叶研究所	小乔木	中	高	优	红、绿	强	中	江南、华南
福云7号	福建省茶叶研究所	小乔木	大	特高	良	红、绿	尚强	早偏迟	江南、华南
福云8号	福建省茶叶研究所	小乔木	大	特高	良	红、绿	较弱	早	江南、华南
湘波绿	湖南省茶叶研究所	灌木	大	较高	优	红、绿	较差	中	江南
碧香早	湖南省茶叶研究所	灌木	中	高	优	绿	强	早	江南
湘妃翠	湖南农业大学	灌木	中	高	优	绿	强	早	江南
东湖早	湖南农业大学	灌木	中	高	优	红、绿	较强	早	江南
翠峰	中国农业科学院茶叶研究所	小乔木	中	高	优	绿	中	中	江南、华南
浙农25号	浙江农业大学茶叶系	小乔木	大	较高	优	红	较弱	中	江南
龙井43号	中国农业科学院茶叶研究所	灌木	中	高	较优	绿	强	早	江南、江北
迎霜	中国农业科学院茶叶研究所	小乔木	中	高	优	红、绿	较弱	较早	江南
英红1号	广东英德茶叶研究所	乔木	大	高	优	红	弱	中	华南
云抗14号	云南省勐海茶叶研究所	乔木	大	高	优	红	较强	中	西南、华南

注："*"为国家级品种。

表2-4 部分茶树品种详情表

品种	图片	特征特性	适制性
槠叶齐		灌木型，中叶类，树姿半开展，叶长椭圆形，叶色黄绿，有光泽，叶面较平，叶尖渐尖，叶质较柔软。3月中旬萌芽，4月中旬开采，抗逆性强。鲜叶水浸出物含量42.36%，茶多酚类26.64%，儿茶素总量18.1%，氨基酸2.39%，咖啡碱4.8%。红绿兼制。	适制红碎茶，宜于长江以南茶区种植。
白毫早		灌木型，中叶类，早生种，树姿半开张。叶长椭圆形，叶色绿，叶身稍内折，叶面平，叶尖渐尖。3月上旬萌发，产量高，抗寒性和抗病虫性强。鲜叶水浸出物，茶多酚24.1%，儿茶素总量17.4%，氨基酸4.1%，咖啡碱4.4%。	适制绿茶，宜于长江中下游种植。
碧香早		灌木型，早生种，树姿半开张，叶片稍上斜，长椭圆形，叶尖渐尖，茶色浅绿色，茸毛多。4月初萌芽，产量高，抗寒性强。鲜叶氨基酸3.8%，茶多酚25.5%。	适制绿茶，宜于长江中下游及以北地区。
尖波黄		灌木型，树姿半开张，分枝密度中等，叶片上斜，长椭圆形，叶色黄绿，叶面隆起，叶缘波状，叶尖渐尖，茸毛较多。3月下旬萌芽，芽叶生育力较弱，持嫩性强，产量较低，适应性较弱。鲜叶含氨基酸2.5%、茶多酚26.4%、儿茶素总量24%。制红茶，品质优良。	适制红绿茶，尤以红碎茶质优，适宜长江南北茶区。
龙井43		灌木型，中叶类，特早生种。树姿半开张，分枝密，叶片上斜，椭圆，叶色绿，叶身平，叶质中厚。3月上旬萌发，产量高，抗寒性强，抗旱性较弱。鲜叶氨基酸3.7%，茶多酚18.5%，咖啡碱4%，儿茶素总量12%。	适制龙井类绿茶，适于绿茶区推广种植。
安吉白茶		灌木型，中叶类，中生种。树姿半披张，分枝部位低，叶片上斜，长椭圆，叶色浅绿，叶缘平，早春为玉白色，夏秋绿色。4月上旬萌芽，产量较低，持嫩性强，抗寒性强。鲜叶氨基酸6.2%，茶多酚10.7%，咖啡碱2.8%。	适宜绿茶，适于绿茶茶区。
黔湄502		小乔木型，大叶类，中生种。树姿开张，大叶，椭圆形，叶色深绿，叶面隆起，叶缘波状，叶尖渐尖，芽叶绿色，茸毛粗。4月上旬萌芽，产量高，抗寒性较弱，抗旱性。鲜叶含氨基酸1.1%、茶多酚37.7%、儿茶素总量23.1%、咖啡碱3%。	适制红茶、绿茶，适于西南茶区。
黔湄601		小乔木型，大叶类，中生种。树姿开张，大叶长椭圆形，叶色深绿，叶面隆起，叶质厚，叶尖渐尖，茸毛特多。4月上旬萌芽，产量高，持嫩性强，抗寒性尚强。鲜叶氨基酸1.6%、茶多酚32.9%、儿茶素总量19.2%。	适制红茶、绿茶，适于西南茶区。

续表

品种	图片	特征特性	适制性
浙农117号		小乔木型，中叶类，早生种，树姿半开张，分枝较密。叶色绿，叶形椭圆，叶面微隆。芽叶尚壮，茸毛多。抗寒性强，抗旱性和抗病虫性均较强，产量高。春茶含氨基酸3.1%，茶多酚22.1%。	适制绿茶，适宜在长江南北绿茶区推广。
浙农21		小乔木，中叶，中生种。植株中等，树姿开张，分枝中等，叶片水平，椭圆形，叶色浓绿，光泽，叶面隆起，稍内折，叶缘微波，叶质厚软，茸毛多。4月初萌芽，产量高，可逆性强，抗寒性稍弱。鲜叶氨基酸2.8%，茶多酚25%，儿茶素13.2%，咖啡碱4.1%。	适制红绿茶，适宜浙江茶区。
福鼎大白		小乔木型，树势半开张，分枝较密，节间尚长。叶椭圆形，叶色黄绿、具光泽，叶肉略厚，尚软。4月上旬萌芽，产量高，抗寒性强。鲜叶氨基酸4.3%、茶多酚16.2%、儿茶素总量11.4%、咖啡碱4.4%。	适制绿茶、白茶。适宜长江南北茶区。
英红9号		植株高大，树姿半开张，分枝尚密，叶片稍上斜状着生。叶片特大，叶形椭圆，叶色浅绿，叶缘波状，叶质厚软；芽叶黄绿色，茸毛特多。产量高，抗寒、抗旱性及抗涝能力较弱。鲜叶茶多酚30.91%，儿茶素152.13mg/g，氨基酸2.06%，咖啡碱4.35%。	适制红茶，适宜华南产区种植。
勐海大叶		属乔木型、早生种，树姿直立或开张，分枝较稀，叶片呈水平或下垂状，大叶，椭圆或长椭圆形，绿色，富光泽，茸毛多，叶质较厚软。产量较高，抗寒性较弱。鲜叶含氨基酸2.26%、茶多酚32.77%、儿茶素总量18.17%、咖啡碱4.06%。	宜制红茶、工夫红茶，适宜西南产区种植。
凤庆大叶		乔木型、大叶类、早生种。树姿直立或开张，叶形椭圆或长椭圆，叶色绿润，叶面隆起，叶质柔软，便于揉捻成条。嫩芽绿色，满披茸毛，持嫩性强。氨基酸2.9%，茶多酚30.2%，咖啡碱3.2%，儿茶素总量13.4%。	适制红茶、普洱茶，适宜西南产区种植。
勐库大叶		乔木型，树冠高大，分较稀疏，树姿开张，大叶，椭圆形。叶尖渐尖，叶面强隆起，叶片厚而柔软，叶缘微波，叶色深绿，嫩叶黄绿。发芽期早，生长期长，育芽力强，持嫩性强，产量高。咖啡碱4.04%，氨基酸1.66%，茶多酚33.7%。	宜制红茶、普洱茶及绿茶。适宜西南产区种植。
铁观音		灌木，中叶，晚生种，树枝开展，分枝稀，叶片水平，椭圆，叶色深绿，叶面隆起，叶缘波状，叶质厚脆，茸毛较少。4月上中下萌芽，产量中。鲜叶氨基酸3.6%，茶多酚22.1%，儿茶素总量12.2%，咖啡碱4.1%。	适制乌龙茶、绿茶，适宜乌龙茶产区。

续表

品种	图片	特征特性	适制性
梅占		小乔木，中叶，中生种。植株较大，树姿直立，分枝中等，叶片水平，长椭圆，深绿，叶片平，稍内折，叶质厚脆，茸毛较少。4月上中萌芽，产量高，抗旱性强，抗寒性较强。鲜叶氨基酸3.6%，茶多酚27.5%，儿茶素18.1%，咖啡碱4.4%。	适制乌龙茶、红茶、绿茶，适宜江南茶区。
毛蟹		灌木型，中叶，中生种。树姿半张开，分枝密，叶片水平，椭圆，叶色深绿，有光泽，叶面隆起，叶缘微波，叶质厚脆，茸毛多。4月中上萌芽，产量高，抗旱性强，抗寒性较强。鲜叶氨基酸3%，茶多酚20.1%，儿茶素15.8%，咖啡碱4.1%。	适制红绿茶，适宜江南茶区。
肉桂		灌木型，中叶，晚生种。树姿高大，半开张，分枝较密，叶片水平，长椭圆，叶色深绿，光泽，叶面平，内折，叶质厚脆，茸毛少。4月中萌芽，产量高，持嫩性强，抗寒性、抗旱性强。鲜叶氨基酸4.6%，茶多酚22.7%，儿茶素14.6%，咖啡碱3.8%。	适制乌龙茶，适宜乌龙茶茶区。
大红袍		灌木型，中叶，晚生种。树姿半开张，分枝较密，叶片稍向上着生，椭圆，叶色深绿，光泽，叶面微隆起，稍内折，叶质厚脆，茸毛尚多。4月中萌芽，产量中，持嫩性强，抗旱性、抗旱性强。鲜叶氨基酸3.1%，茶多酚24.8%，儿茶素18.2%，咖啡碱4.2%。	适制乌龙茶，适宜武夷茶区。
岭头单枞		小乔木型，中叶，早生种。植株高大，树姿半开张，分枝中等，样品叶片稍上斜，长椭圆，叶色黄绿，光泽，叶面平，内折，叶质较厚，茸毛少。3月中萌芽，产量高，抗寒性强。鲜叶氨基酸1.5%，茶多酚37.2%，茶素13.4%，咖啡碱4.4%。	适制乌龙茶、红绿茶。适宜广东 400~800m 茶区。
凤凰单枞		小乔木型，中叶，中生种。植株高大，树姿半开张，分枝中等，叶片稍上斜，长椭圆，叶色黄绿，光泽，叶面平，叶缘平，茸毛少。4月上旬萌芽，产量中，抗寒性较强。鲜叶氨基酸1.6%，茶多酚33.8%，儿茶素17.8%，咖啡碱4%。	适制乌龙茶，红绿茶，广东400m以上的茶区。
凤凰水仙		小乔木，大叶，早生种。植株较高大，树姿直立，分枝较稀，叶片稍上斜，长椭圆形，叶色绿，光泽，叶面微隆起，内折，叶缘微波，叶质较厚脆，茸毛少。3月下旬萌芽，产量高，抗寒性较强。鲜叶氨基酸3.2%，茶多酚24.3%，儿茶素12.9%，咖啡碱4.1%。	适制乌龙茶，红茶，适宜华南茶区。
本山		灌木型，中叶，中生种。植株中等，树姿开张，分枝较密，叶片水平，长椭圆形，叶色绿，光泽，叶面隆起，叶缘微波，叶质较厚脆，茸毛少。4月中旬萌芽，产量高，持嫩性强，抗寒性较强。鲜叶氨基酸1.6%，茶多酚19.8%，儿茶素10.7%，咖啡碱3.4%。	适制乌龙茶，绿茶，适宜乌龙茶区。

注：部分资料来自中国茶网。

（四）良种选用和推广

茶树良种是在一定的自然条件和生产条件下形成和发展起来的，每一个品种都有其特有的区域适宜性和茶类适制性，都需要一定的栽培条件。必须根据地区的自然条件和生产茶类选用推广相应的良种。

1. 良种选用

首先应坚持丰产性、优质性和适应性（或抗逆性）等三性兼顾的原则。相对来说，在气候最适宜区，如云南省的西南部和华南的大部分茶区，应突出品质，在抗性方面突出抗热性；在气候适宜区，如长江中下游广大茶区，在总的三性兼顾的原则下，注意因海拔位置和茶类布局等制宜，突出相应的特点。如高海拔茶区突出抗寒、抗茶饼病和白星病能力，既要根据茶类布局和气候适宜性，选用相应适制性强的良种，又要考虑市场的变化，从增强应变能力出发，搭配具其他适制性，或适制性比较广的品种。在次适宜区，如河南、陕西、甘肃和山东等茶区，欲建茶园应选用抗寒性特强的品种。

其次，科学地做好品种搭配工作。搭配有利于不同茶类的加工，增加应变能力；搭配有利于充分挖掘地力，以不同类型的品种去适应不同地块的环境特点；搭配有利于错开不同园块的采摘高峰期，维持生产季节里的均衡；搭配有利于不同品质风格的品种鲜叶原料互补，进一步提高茶叶品质，或生产出具有特殊风味的新产品（表2-5）。所以，品种搭配，应有机地安排好不同品种的适制性搭配、适应性搭配、生育期搭配和品质互补性搭配等，以更好地发挥良种的增产增质和增效的作用。

表2-5　不同品种（或品系）鲜叶拼配制茶效果（红碎茶内质总分）

组别	1	2	3	4	5	6	7	平均
鲜叶拼配样	65.9	74.3	70.8	61.2	6304	64.9	67.1	66.8
单独加工样加权平均值	59.1	65	65.5	61.7	56.6	58	63.4	61.34
拼配样增分值	+6.8	+9.3	+6.2	−0.5	+6.8	+6.9	+3.7	5.46

注：此表为编者根据刘仲华、黄建安等的《湖南二套样红碎茶试制研究报告》（1991年）中有关数据统计而成，其中单独加工样的加权平均值是按拼配组有关参拼品种鲜茶组分比例和单独加工得分获得的。

2. 良种推广

为了加速良种化的进程，使良种推广工作规范化，应进一步建立健全茶树良种推广体系。

良种推广体系由三级单位组成，即原种场、良种繁殖场和生产单位组成（图2-7）。

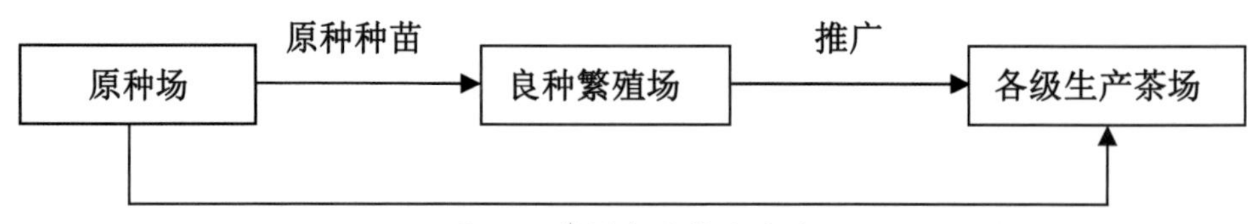

图2-7 茶树良种推广体系

① **原种场：**经过审定的良种，交由原种场种植保存，它的任务是进行原种繁殖，向良种繁殖场提供种苗，保持良种纯度，进行品种的提纯复壮工作。

② **良种繁殖场：**它的任务是繁殖良种种苗，向生产单位提供苗木，同时组织品种示范和技术辅导，拟定良种良法的技术措施。

③ **生产茶场：**按照良种良法的要求，合理使用良种。

在各茶叶主产省设置省级茶树原种场（或称良种场），在主产地、县级建立良种繁育场和苗圃。

在建立健全茶树良种推广体系的同时，还应制定和完善有关制度，加强良种苗木的管理。

三、茶树繁殖

茶树繁殖方法多种多样，如茶籽育苗、扦插育苗、压条法和分蔸法等。但使用最多的是茶籽直播和扦插法中的短穗扦插。

（一）茶籽直播

相对来说，茶籽繁殖具有遗传性较复杂、适应环境能力强、繁殖技术简单、苗期管理省工、投资较少的特点，但最大的缺点是经济性状混杂，鲜叶原料一致性差，在某种程度上不利于茶叶品质的提高。

茶籽直播，就是不经单独育苗的过程，将茶籽直接按一定的规格播种于大田，其基本技术环节如下：

1. 采种园的建立

茶树是异花授粉植物，一个地方群体内植株分离度大，性状混杂，为相对减弱这种分离和混杂性，宜建立专用采种园。专用采种园应选建在与一般生产茶园有一定距离或有山岭、森林作为屏障的山坞。采用无性繁殖良种苗木或经提纯的优良群体苗木，进行单株种植。可按3m×1m的行株距种植，每公顷约植3000~4000株。

2. 茶籽采收

为确保茶籽质量，除对采种园加强肥培管理外还应把住采收技术关。

首先，茶籽采收一定要适时。湖南条件下一般在寒露至霜降，即10月中旬进行。

但具体应视茶籽成熟状况而定，成熟的茶籽，果皮呈绿褐色或黄色，无光泽，有的果皮微裂开，种子壳（外种皮）硬脆呈棕褐色，有光泽，子叶饱满现乳白色。一般有80%的茶果呈绿褐色，4%~5%的果壳开裂，即可进行第一次采收，半个月后可再行第二次采收。

其次，坚持先熟先采，后熟后采，分批采，分批分品种摊放。为加速果壳失水裂开，便于脱壳，采回后可放在阳光下晒半天至一天。待茶籽含水量降至38%以下，便可进行贮藏。

3. 茶籽贮藏

贮藏的主要任务是创造适宜的环境，控制茶籽的新陈代谢作用，使之缓慢进行，消除引起茶籽变质的种种可能因素，力争保持较强的茶籽生活力。茶籽理想的贮藏条件是，本身含水30%左右，环境相对湿度60%~65%，温度5~7℃，且通风状况良好。

茶籽贮藏方法因贮藏时间长短和贮藏量的多少而异。

1）室内短期贮藏

凡贮藏时间在一个月以内，均属短期贮藏。准备外运的，可用麻袋装盛，放在干燥阴凉室内，斜靠排列，但不堆积。茶籽不需运往外地的，可将茶籽摊放在不回潮的阴凉房间的地面，摊放厚度10~15cm，上用稻草掩盖，以防茶籽过分失水，保持新鲜状态。

2）室内砂藏

贮藏时间在一个月以上，茶籽数量不多者，可用砂藏法。即选择阴凉干爽、无阳光直射、地面不回潮的房间，先在四周薄摊一层干草，在底层铺上干净细砂3~5cm，然后摊放茶籽10cm左右，再撒一层细砂，以不露茶籽为度。如此再置茶籽一层，再撒细砂一层。茶籽、细砂相间，共3、4层，最后盖一层稻草。若铺放层数较多时，应于堆中竖置数个竹编的通气筒，并经常检查堆内的温度和茶籽的含水量，发现异样，及时处理。

3）室外沟藏

长期贮藏多量茶籽时，可用此法。方法是选择缓坡地，先挖掘宽1m、深25~30cm的贮藏沟，长度随地势和贮藏数量而定。沟底和四壁要夯实，用干草烧熏消毒后，铺上5~10cm厚的干草或细砂，再倒入茶籽厚约20cm（茶籽含水量宜在30%左右），上盖干草5~10cm，然后用泥土堆成屋脊形，中高70cm。贮藏沟须每隔1~2m插入通气竹管，以便散热和排出废气，在沟壁外20cm处，挖深约35cm，沟面宽50cm，沟底宽40cm的排水沟。贮藏沟要定期检查，避免雪水和雨水渗入沟内使茶籽变质腐烂（图2-8）。贮藏沟内茶籽贮量额以40kg/m^{2}为宜。

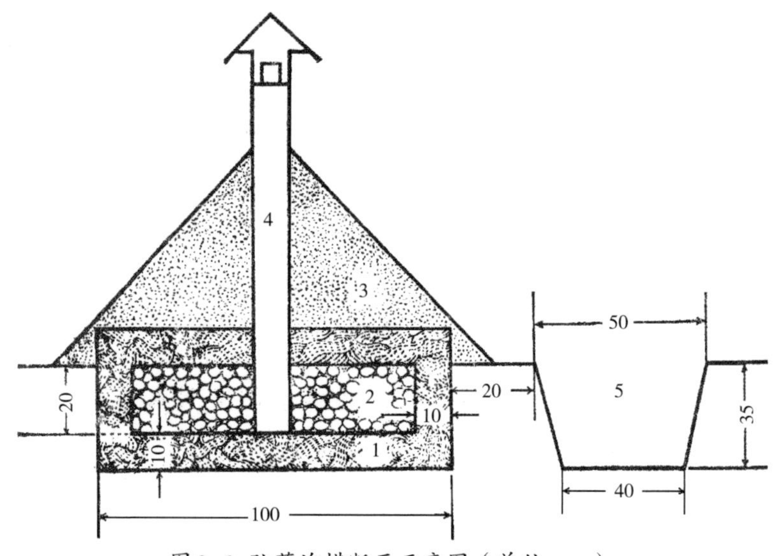

图2-8 贮藏沟横断面示意图（单位：cm）

注：1.干草或砂；2.茶籽；3.泥土；4.通气管；5.排水沟。

4）室外畦藏

在室外地势高且干燥处做一畦床，畦上铺3cm厚的砂。再铺2~3cm厚茶籽，两者相间铺2、3层后覆盖黄泥土3~5cm厚，并适当压实。播种时把茶籽筛出即可。

4. 茶籽品质指标

用于播种的合格的茶籽应具备下述品质指标：

① 发芽率不低于75%；

② 粒径一般应在12mm以上，但某些小粒种子品种可适当放低些；

③ 茶籽含水率不低于22%，不高于40%；

④ 嫩子、瘪粒和虫蛀的茶籽及其他夹杂物不超过1%。

5. 直播技术

1）开沟施肥

开种植沟和施底肥在全面深垦、复垦或已整理好的梯面上，按既定的行距（确定行距的要求和方法见上文）挖掘种植沟，沟深25~30cm，宽30~40cm（单条植）或50~60cm（双条植），每公顷农家有机肥75~100t、饼肥1.0~1.5t、茶用复合肥0.5~1.0t。如无复合肥，可用相当量的单体肥代替。肥料较多时可分层施，或将肥土混匀，而后复土至离沟沿3~5cm，便可播种茶籽。

2）播种时期

在长江流域茶区，除严寒冰冻期外，一般自茶籽采收当年的11月至翌年3月均可播种。相对来说，冬播比春播更好，冬播出苗早，成苗率高，并可减少茶籽贮藏手续和成本。

春播，为提早出苗，在播种前可用温水浸种，浸种水温维持25~30℃，为时3~4天。浸种基础上再加温催芽可显著提早出苗和齐苗期。浸种应结合水选工作，去除杂物和坏死种子。

茶籽催芽可在一木盘中先铺上3~4cm的细砂，砂上摊7~10cm茶籽，再盖一层砂，砂上盖稻草或麦秸，喷水后置于温室中，室温保持30℃左右，催芽所需时间约15~20天。当有40%~50%茶籽露出胚根时，即可取出播种。

3）播种方法

茶籽播种宜取条列式等距穴播法。一般单条成行式茶园每穴播4、5粒茶籽，每公顷播75~90kg。双条植再加倍用量。播后覆土3~5cm，土壤质地黏结的覆土要浅（3cm左右），质地疏松、排水良好的可适当深播（5cm左右）。再在播种行上盖一层糠壳、锯木屑、蕨箕等物，以保持播种行上土壤疏松，利于出苗。

（二）短穗扦插

茶树扦插繁殖法的运用，在我国至少有200年以上的历史，它有利于全面地保持优良品种（尤其是单株无性系品种）的性状，加强后代的一致性，有利于高产、优质和方便茶园管理，尤其是机械采茶技术的运用。短穗扦插繁殖法，亦已有数十年历史，除具有一般无性繁殖的特点之外，还有以下优势：① 繁殖系数大，成活率高，每公顷苗圃可育苗150万~250万株，繁殖系数为50~250，成活率可达80%以上；② 节省繁殖材料，一丛茶树多的可取插穗一千以上，每千克枝条一般可剪300~400个插穗，正常成龄且生长势旺的茶园作取穗园时，取穗园与苗圃比值约为1~1.5；③ 不受时间、树龄和品种（少数扦插成苗率低的品种例外）的限制。然而，短穗扦插繁殖法技术性强，成本较高，移栽时因种种原因，有时难以确保较高的成活率。

1. 影响插穗发根成苗的因素

1）插穗本身因素

① **品种：**不同的茶树品种（或类型）因遗传性不同而具有不同的再生能力，以致从不同品种茶树上取的插穗发根成苗率有差异，有时差异还很大，据江西省修水茶叶试验站（1965年）对13个品种的试验观察，插穗成活率变幅为55.68%~94.21%。

② **树龄：**据江西省修水茶叶试验站（1965年）的研究，2~6年生茶树插穗的扦插成活率最高，为93.8%~94.7%；8年生茶树次之，插穗成活率为88.4%；25~30年生未台刈茶树上取时，插穗成活率为78.2%。

③ **枝条年龄：**据原浙江农业改进所的研究，当年生成熟枝的成活率为84%，隔年生枝条的成活率为47%，三年生枝条成活率为12%，多年生老枝的成活率仅为2%。

当年生枝条中以上绿下红的半木质化枝梢为最佳。同一枝梢，则以中段剪成的插穗成活率最高，下段次之，上段稍差。

④ **枝条着生部位：**从茶树树体中下部枝干上乃至根茎部萌发的当年生徒长枝比上层生产枝上萌发的同龄枝条，其插穗发根成苗率高些，且茶苗生长茁壮些。这可能与下部生长点的水分和营养物质供应较充裕，实际发育年龄较幼等有关。

⑤ **腋芽动态：**据福建省茶叶研究所试验，腋芽已经膨大的枝条剪成的插穗比未膨大的，不仅发根早，且成活率高。这可能与萌动态的腋芽生长点能产生较多的生长素有关。也正由于如此，湖南省临湘市茶叶示范场曾创造了“茶树短穗带梢扦插法”。所谓“带梢”系指插穗上的腋芽已萌发成新梢。

2）环境因素

① **温度：**据观察分析，茶树插穗发根的最低地温约15℃左右，地温升至25~30℃时发根较快。春插时地温上升慢，所以发根也慢，往往先发芽，后长根。夏插时地温一般对发根有利，气温往往高于地上部生长的最适温区，因而表现为先发根后长芽或慢长芽。地温高于35℃时对发根不利。秋插时气温下降快于地温，故相对来说，也是发芽慢而长根快。

② **水分：**水分是维持插穗体内水分平衡和正常代谢，保持半活体状态，进而向发根成苗的方向转化的必要条件。此时空气湿度宜保持在85%以上，土壤田间持水量保持在90%左右，发根后应适当降低空气和土壤湿度，两者分别以80%~85%和65%~75%为宜。

③ **光照：**强光会加速插穗失水、灼伤叶片，无光则不利于插穗分生组织细胞活性的加强和体内必要的生物化学过程，如酶的水解作用和生长素的产生等，故茶树插穗发根前以维持较弱的光照（70%的遮光度），或者说处于漫射或散射光下为适宜。

④ **土壤：**土壤对扦插效果的影响包括土壤水分、空气、地温、酸度、营养元素以及微生物等综合因子的影响，扦插幼苗生长所需的土壤条件与一般茶树的要求相同，苗圃地土壤黏重瘠薄，pH在6以上的不利于茶苗生长。为了减少扦插苗病害和杂草生长，促进插穗发根，提高成活率，一般应在施足底肥，初步整平成型的畦面上加铺一层专供插穗发根用的扦插土。一般以pH 4.5~5.5、腐殖质含量少，比较洁净的红黄壤生土（或心土）作扦插土。扦插土厚以插穗不接触苗床母土为度。

2. 扦插技术

1）苗圃地准备

扦插苗圃应选建在近水源，排灌、管理方便，且能避免严冬寒风袭击的平坦或缓坡之地。以红黄壤的砂壤、壤土或轻黏壤土为宜，且地下水位较低、地下害虫分布少的地方。

苗圃位置确定后，在正式扦插前一个多月就应着手整理。先清理地面，而后深耕25~30cm，与此同时安排好道路和排灌沟。

苗床（即育苗畦），东西向为宜，以便减少阳光从苗床的侧面射入，一般面宽100~120cm，畦高15~20cm，畦长依地形而定，整畦的同时应结合施入适量基肥，一般以饼肥0.4~0.5kg/m^{2}为度。如用腐熟的厩肥或堆肥，用量则应比饼肥多5~10倍，并配施一定数量的过磷酸钙，0.1~0.15kg/m^2。将肥料与母土充分拌匀后，便可铺放厚约5cm左右的一层扦插土（即心土），扦插土应整细过筛后再铺上畦床。铺放后整平并适当用木板镇压表面。要特别注意把边沿做成约3~4cm高的小埂，便于尔后灌溉保水。

苗圃地准备工作的最后一环是搭盖遮阴棚。以调节插床光照和温、湿度。遮阴棚平式低棚和拱形棚。以平式低棚为例，其作法是：先在畦的两侧每隔1~1.5m插一根木桩，桩长65~70cm，插后留出畦面约30cm，然后用小竹杆或竹片或铁丝，把各个木桩顶部连接成棚架，上覆遮阳网或竹帘即可（图2-9）。

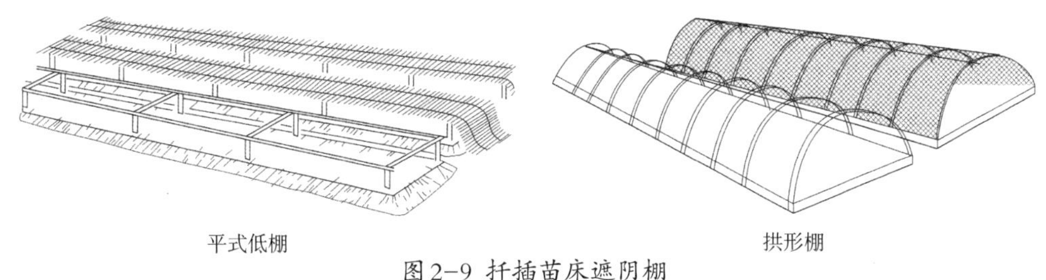

图2-9 扦插苗床遮阴棚

2）**插穗准备**

① **取穗母树的培养：**用于取穗的母树应是适于相应区域推广的无性系良种。为了获得量多质好的插穗，如系年龄较大的或长势较差的茶树作母树，应在取插穗前2个月，适当加重修剪，加强肥培管理，以促进新梢健壮生长。普通成龄生产园于早春深剪即可。

② **取枝：**凡已达适度成熟标准的枝条（即顶芽停止生长，上绿下红的半木质化枝条）均可剪取。取时自枝条着生处以上留1~2叶下剪。如系台刈后的茶树，则配合定型修剪，离地30~40cm取枝。取枝最好在上午9时以前进行，并注意对取下的枝条保鲜。

③ **剪穗：**插穗的标准是3~4cm长的短茎，带有1片成熟叶片和1个腋芽。一般1节1穗，当节间短于2.5cm时，一个插穗也可以包含两个节（图2-10）。插穗剪口应平滑，略呈斜面，免伤腋芽（或已萌发成的幼稍）和叶片。剪取好的插穗在插入畦床前应适当喷雾或遮盖湿布，防止失水过多。

图2–10 标准插穗示意图

3）扦　插

插前1~2h，应酌量洒水于畦面，湿润土层4~5cm厚，待畦面土不粘手时用划行器或长条形木板划出间距7~10cm的扦插行。

插时以拇指和食指轻捏插穗叶柄着生处稍下的茎部，竖或稍斜插茎的大部入土中，使叶柄基部略高出畦面，叶片主脉与畦面成一定角度（30°~60°），叶尖均垂直于扦插行，即指向行间，最好叶尖与主要灾害性风向相反。穗距2~4cm。插后应随即将插穗附近的表土压紧，使穗茎与土壤紧密接触，便于发根。最后，洒水于土表，随即覆盖遮阴网或帘。

4）苗圃管理

俗话说："三分插、七分管。"扦插后，头两个月内的苗圃管理是短穗扦插成败或成苗率高低的关键，其管理的中心任务是保湿防暴晒。两三个月后，即插穗发根成活后，则是通过肥、水、保、耕等栽培管理综合措施，促使茶苗健壮生长，及早达到出圃标准。

① **灌溉：**除雨天外，一般每天应对畦面浇洒水1、2次，阴天1次，晴天早晚各1次，以保持畦面润湿（田间持水量为80%~90%）为原则。生根（夏插后30~40天开始发根，春插后50~60天开始发根）后，改为1日或隔日灌水1次。天旱时还可每隔数日沟灌1次。沟灌灌水至畦高的3/4处，经3~4h后，再将沟内水排干。

② **遮阴棚调节：**网或帘遮阴，一般透光度20%~30%为宜，但早晚阳光较弱、可视实际情况而适时揭帘。原则是，扦插初期早盖晚揭，甚至全日遮阴，发根后改为逐步早揭晚盖，适当增加每日受光时间1~2h。阴雨天和夜晚，宜全部揭开，接受雨露滋润。

如果是以杉木枝、麦秆、玉米秆等材料作遮阴物，要注意遮盖的均匀度，既保持"花花太阳"（1/4左右漏光率），又避免出现大的空洞，以至局部漏光太多，晒死未发根的插穗或初始发根的小苗。随着发根后时间的推移可逐步删疏遮阴物，提高透光度到50%左右，最后逐步去除遮阴物。

如系塑料薄膜覆盖，夏天应防止棚内气温过分升高，如果气温达到35℃以上，容易发生热害，以致大量死苗。为了防止强光和高温对插穗的伤害，应适当加盖网或帘遮阴，并注意通风排气和洒水保湿等。

③ **看苗追肥：**扦插苗圃追肥应视土壤肥力、品种及幼苗的生长情况而定，土壤较瘦，茶苗长势较差和生长力较弱的品种，应及时适当多施；反之，可少施。晚秋和春天扦插为确保到翌年或当年能出圃，应增施追肥，加速茶苗生长；而夏季和早秋插的要到翌年10月以后出圃，苗圃生长期长达15个月以上，过早过多的追肥，不仅在冬季容易发生寒害，而且在次年夏季又会造成徒长，大苗往往抑制小苗，降低成活率。

扦插苗圃追肥应在根系基本长好，即扦插3~4个月后，方可视情况而适当施肥，并掌握“淡肥勤施，逐渐加浓”的原则，初期追肥最好施用加水10倍以上的稀薄人粪尿，尿素适宜浓度为0.1%，硫酸铵为0.5%。苗木长到10cm高以上时，浓度可适当提高。

④ **及时防治病虫害：**扦插苗圃的环境比较阴湿，容易发生病害。常见的叶部病害有云纹叶枯病、炭疽病、轮斑病、赤叶斑病等。根据浙江茶区的经验，在扦插之后，每隔15~30天喷施1次半量式波尔多液，基本上可以控制叶病的发生和发展。

苗圃地还应做好及时防除杂草、松土和花蕾摘除等田间管理工作。

3. 茶苗出圃

茶苗出圃的最低标准通常是：① 苗木高度不低于20cm；② 主干直径不小于3mm；③ 根系发育正常；④ 叶片完全成熟，主茎大部分木质化；⑤ 无病虫为害。

茶苗出圃宜选在土壤稍润而疏松，阴天或早晚时进行，如遇土壤过干时，可于起苗前2天灌水1次。起苗时应尽量做到少伤根多带土。出圃茶苗应尽快移栽，避免因体内失水过多而降低成活率。取苗最好要结合剔除病株劣（或杂）种，并将大小苗分级，不同级茶苗不宜混植，应分块移栽，便于日后的定型修剪等栽培技术措施因园制宜地贯彻执行。

长途调运茶苗，在途两天以上的必须包装，泥浆蘸根，保持根部湿润，最好用容器，如竹篓或蔑篮等装载，以防挤压、不透气和升温等而伤苗。

4. 促进插穗发根技术

有些品种插穗发根困难，成苗率低，也有品种成苗率不低，但齐根的时间较长，对这些品种有必要进行促进插穗发根的处理。

1）激素处理

常用激素有 α-萘乙酸、吲哚丁酸、增产灵、矮壮素、赤霉素、5,6-二氯吲哚乙酸和三十烷醇。处理方法有母树处理和插穗处理两种方法，处理浓度和剂量因剂型和品种而定。

2）生根粉处理

ABT生根粉是中国林业科学院研制的一种高效广谱性的生根促进剂，处理时将生根粉和配制成一定浓度的水剂，再将插穗基部浸入即可。分有高浓度快速和低浓度慢速两种方法，在处理插穗量大时，宜采用高浓度快速的处理方法（300~500mg/kg，浸5s左右）。

3）母树黄化处理

当新梢长到1芽2、3叶时，将母树用黑色薄膜全冠覆盖处理2~3周，可提高插穗的发根能力。

四、茶树种植

茶树的种植质量，对日后茶树生育、茶园管理、产量水平、经济年龄长短，乃至茶叶自然品质等，均有直接或间接的关系或影响。茶树种植技术，广义来说，涉及建园的全过程，即园地选择、规划、垦辟、良种选配、种植规格确定、种植行布设、种植沟挖掘、底肥施用、定植和新建园护理等。下面主要介绍种植规格的确定、种植行布设、栽植方法和栽后护理等四方面的技术要点。

（一）茶树种植规格的确定

茶树种植规格，涉及种植形式和密度（即单位土地面积上的基本苗数）两方面，所谓种植形式，有丛式、条列式和撒布式3种（表2-6）。条列式中又有单条成行式、双条成行式和多条成行式之分，其中多条成行式又称矮化密植、矮密早栽培或密植免耕栽培法。

表2-6　茶树种植规格

<table>
<tr><th colspan="2" rowspan="2">种植形式</th><th colspan="4">规格参数</th><th colspan="2">密度</th><th rowspan="2">习惯归类</th></tr>
<tr><th>行距*（cm）</th><th>穴距（cm）</th><th>小行距（cm）</th><th>株/穴</th><th>穴/hm^2</th><th>株/hm^2</th></tr>
<tr><td colspan="2">丛式</td><td>200~300</td><td>100~300</td><td>—</td><td>5~10</td><td>1667~5000</td><td>8300~50000</td><td>旧式</td></tr>
<tr><td rowspan="3">条列式</td><td>单条成行式</td><td>130~170</td><td>25~40</td><td>—</td><td>2~3</td><td>15000~30000</td><td>30000~90000</td><td rowspan="2">常规植</td></tr>
<tr><td>双条成行式</td><td>150~200</td><td>25~40</td><td>30~40</td><td>2~3</td><td>35000~53000</td><td>50000~160000</td></tr>
<tr><td>多条成行式</td><td>150~200</td><td>20~30</td><td>25~40</td><td>2~3</td><td>50000~166000</td><td>100000~500000</td><td rowspan="2">矮化密植</td></tr>
<tr><td colspan="2">撒播式</td><td>150~200</td><td>—</td><td>—</td><td>—</td><td>—</td><td>>500000</td></tr>
</table>

注：“*”在双条或多条成行式的规格下，“行距”又称大行距包括了小行距。

茶树种植规格及其密度的选用是一个复杂的问题，而中心问题是根据茶树的作物特点，正确处理个体与群体、早期成园与高产稳产、投入与产出、短期行为与长远综合效益（特别是土壤肥力、土壤生态方面的效益）等之间的关系，处理这些关系的最基本要求是因地制宜。就纬度位置而言，纬度越高越密；就海拔高度而言，海拔越高越密；就坡度而言，坡度越大越密（以利削弱地面径流）；就土壤肥力而言，土层深厚肥沃，结构良好和管理水平高的可适当密植，反之，稍稀；就气候条件而言，多雨低温区比少雨高温区要密。其次是因品种（类型）制宜。一般地说，灌木型茶树密于乔木型茶树；直立状茶树密于披张状茶树；小叶种茶树密于大叶种茶树。另外，种植规格，尤其是大行距的确定必须充分考虑茶园内机械化作业的方便。

从式栽培法已淘汰。矮化密植栽培法系在一些地区有少量推广。自1950年以来，在我国茶区大量推广普及的是常规植中的单条成行式（又称单行条列式），其次是双条成行式。而生产中也可适当多发展双条成行式这种规格的茶园，因为这种规格兼顾了单条成行式和多条密植的优点，它既能容许单株茶树有一定的营养面积和空间，获得相对充分的发展，从而维持较长的有效经济年龄时期，又能提早成园和受益，一般3年投产，6年丰产（干茶＞2000kg/hm^2）。

（二）茶苗栽植技术

1. 栽植时期

茶苗几乎一年四季均可移栽定植，但不同茶区均有其相对的茶苗栽植适期。长江中下游茶区以晚秋（11月）和早春（2月中旬至3月上旬）为适期，江北茶区仅以早春为适期，云南茶区则因雨季自6月始，故栽植适期在6月上旬到7月中旬，海南则以7~9月为适期。在长江中下游茶区只要冬季无特殊的冰冻、可以在中秋至晚秋这段时间进行栽植，理由是这时栽植的茶苗根系活动在冬季到来之前能得到较好的恢复，具有一定的吸收、合成、转化和转运的能力等，因而，可提早越冬芽的萌发生长和增强夏、秋炎热少雨时段的抗旱能力。

2. 种植行的布设

平地茶园以地块最长的一边或干道、支道、支渠作为依据，距离1m作平行线，为第一条种植行的位置，而后按既定行距依次标出整个地块所有各行茶树的种植位置（图2-11）。如系坡地等高条植的，则宜以山脊线从山顶到山脚的中段沿等高线通视性好、坡面起伏最少的某一点作起点，测设等高线作为第一行茶树的种植位置，然后按既定行距划出其余所有茶行的位置。但当坡度变化较大，按行距标出的其余各种植行线不等高时，应适当调整行距。若调整行距仍不能解决问题时，则应按不同坡面、坡段来布设茶行，并在这不同坡面、坡段间加设步道，不必过分强调“环山等高”。

图 2-11 双条植幼龄茶园

梯级茶园则应是离梯壁外沿80~100cm布设第一条种植行，而后按既定距离，向梯级内侧依次定出其余种植行的位置。同一梯级各段不等宽时，各段的茶行数可增减，但最外一条不可成断行。

3. 栽植方法

种植行开掘，并施足底肥的基础上（见本章第三节“一、茶籽直播”），进行茶苗栽植。但当土壤未全面深垦时，应将种植沟开成深60cm以上，宽40~60cm，但下层底土可以只掘松而不取出沟外。茶苗应尽可能多带宿土，未带土的茶苗（尤其3年生以上的大苗）栽植前最好用浓泥浆水蘸根。栽植茶苗应使根系在土中保持舒展态，边覆土边紧土，待覆土至2/3~3/4沟深时，开始浇安蔸水，浇至根部土壤完全湿润，待水渗下再覆土，覆土至根茎部（大致原苗圃入土位置）以上5~10cm处，覆成小沟形，便于下次浇水和接纳雨水。茶苗栽后应及时浇足安蔸水，尔后视天气状况，在一个月内再浇两三次水即可。

4. 栽后护理

为确保茶苗成活率，单位面积上茶树的基本苗数，除上列有关技术措施必须按要求贯彻执行外，栽后第一年的护理是个关键。不良的外界条件，如干旱水涝、严寒酷暑，都会直接影响茶树生长，甚至造成死亡。基本措施有：种前选用抗性强的良种和加强园地建设的基础工作，如深耕改土、合理施用底肥、水土保持工程设置等。栽植时的适当深栽紧土和灌足安蔸水；栽后的灌水、覆盖地面、合理耕作、适时适量追肥等。这些均能有效地增进幼茶抗性，或减轻乃至避免旱热、寒冻的危害。

由于种种原因，幼龄茶园缺株死苗现象总会不同程度的发生，为了保证早期成园和长远高产的需要，应赶在直播或移栽后的第一个生长年之秋末进行补缺，茶园补缺宜用同龄茶树。凡缺苗率达40%以上的茶园，以并块为宜。移走茶苗后的空地，应查明原因，采取相应措施，重新种植。直播茶园常会出现一穴茶苗过多的现象，为确保单株的良好生长，应适当间拔多余的植株，每穴留下2~3株性状相对优良、生长健壮的茶苗，如系半乔木或乔木型茶树，则每穴不宜超过两株。

由于我国幅员辽阔，各产茶省地形地貌复杂，各地根据当地的地形情况，气候特征和耕作习惯等，因地制宜地开辟了各种适合当地自然环境的生产茶园（图2-12）。

山区水平梯田茶园（陕西秦岭）

丘陵地带缓坡茶园（江西浮梁）

山地缓坡茶园（河南信阳）

山地水平梯田茶园（云南临沧）

丘陵缓坡茶园（湖南长沙）

丘陵缓坡茶园（贵州湄潭）

山地水平梯田茶园（广西三江）

山区台地茶园（湖南安化）

图2-12 不同地域地形茶园实图

第二节　茶叶无公害生产与有机茶园

无公害茶叶是一个相对的概念，它的含义包括了对消费者身体健康没有危害的茶叶或低残留茶、绿色食品茶和有机茶三个名称，都属于生态安全型茶叶，但他们之间又有较大的区别，其生产技术的要求是不相同的。

有机茶是根据国际有机农业运动联合会（IFOAM）的《有机生产和加工基本标准》进行生产加工的，产品面向国内外市场。其要求是经过有机食品认证机构审查颁证，获得有机茶标识的茶叶。主要特点是在生产过程中禁止使用人工合成肥料、农药、除草剂、食品添加剂等化学合成物质，不受重金属污染。

绿色食品茶是根据我国国情于20世纪90年代初提出绿色食品生产、加工标准进行生产加工的，产品面向国内市场，是由专门机构认定，使用绿色食品标志的产品。绿色食品为AA级和A级，AA级绿色食品茶与有机茶要求相近，在生产过程中不得使用化学合成物质。A级绿色食品虽可使用化肥、农药等化学合成物质，但它有严格的标准，包括环境质量标准，生产操作规程，产品标准（质量标准和卫生标准）等相关标准。

无公害茶是指茶叶产品中不含有害物质或农药残留、重金属、有害微生物等，卫生质量指标达到国家有关标准要求，对人体健康没有危害。无公害茶叶生产，要合理用药，提倡农业防治和生物防治。

一、无公害茶园的要求及建设

无公害茶园除具备高产优质茶园的基本条件外，还应符合无公害食品的生产条件。因此，合理选择园地、开垦建梯、设置茶园防护林带、种植茶园行道树和遮阴树、在空地及改造后的茶园种植绿肥、茶园铺草、修建茶园水利系统是无公害茶园建设的关键。

（一）基本环境条件

作为无公害茶叶生产基地，必须具备以下环境先决条件：① 大气环境质量应符合GB 3095—1996中规定的一级标准要求，基地的灌水质量应符合GB 5084—1992中规定的旱作农田灌溉水质要求，土壤质地良好、无污染、符合标准。② 远离城镇、工厂，周围没有其他直接或间接污染源。③ 具备茶树良好生长的基本土壤条件，即土壤pH在4.5~6.5，土层深厚，有效土层超过80cm，养分丰富而且平衡，0~45cm土层有机质含量≥15g/kg，有效氮含量≥20mg/kg，有效钾含量≥100mg/kg，有效磷含量≥20mg/kg，镁、锌等元素不缺。地下水位100cm以下，年降水量大于1300mm，10℃以上积温大于3700℃，常年相对湿度80%以上。④ 生产、加工、贮藏场所及周围场地应保持清洁卫生。

（二）基地选择

无公害茶园选择应首先考虑生态条件，应具备以下条件：① 植茶区域生态环境良好，无病虫寄生植物，茶树病虫害少；② 若是现成的采摘茶园，要有良好的栽培管理规范，近期不偏施或重施化肥、化学合成农药、除草剂等；③ 茶园集中成片，有一定的规模，长势良好，且无公害生产茶园与其他常规农业生产用地有一定的隔离带；④ 茶树品种能适应本地土壤及气候条件，具有较强的抗病虫能力。

新建茶园也要选择符合上述条件的区域。

（三）茶园规划

1. 茶园地块划分

土地选好后，根据地形、坡度等自然条件，划分区块。区块大小一般以不超过10亩为宜，茶行长度以不超过50m为宜。

2. 道路系统设置

为使茶园管理和运输方便，根据整体布局，需设置主干道和次干道，并相互连接成网。

3. 排灌系统的设置

根据茶园面积大小，规划相应的蓄水池；还要修好排水沟，每梯要有背沟，每块地要有侧沟，侧沟与主沟相连，背沟与侧沟相连。

4. 坡地茶园及梯级设计

坡度10°以下，沿等高线开垦茶园，坡度10°~25°的山地宜开垦成水平梯级茶园，梯面宽度最小1.5m，种植两行茶树的应为3m左右。

（四）茶园开垦

土地选好后，首先清理地面的杂草、树木、乱石、土堆等；然后进行初垦，开垦深度50cm以上，除尽杂草、树根、宿根等；在种植前进行一次复垦，进一步清理地面，复垦深度30cm以上。

（五）施足底肥

深垦施足底肥能有效改善土层为茶树提供肥力，为茶树根系扩展创造良好条件。一般深垦50cm以上，结合施入有机肥作为底肥，按比例配合氮、磷、钾。如每亩施农家肥1500~2500kg，或油饼200~300kg、磷肥50~100kg。将肥与土混匀后，再盖土至高于地面5~10cm。

（六）生态建设与维护

要科学合理地在茶区和茶园四周及道路两旁种植与茶树相适宜的树木，营造防护林，可实行以茶为主，间作其他作物，即宜茶则茶，宜林则林，构建不同层次的立体结构和茶园复合生态系统。以形成良好的防护屏障，抵御部分相关废气污染，起到遮阴、防风抗寒的作用；并能调节和改善茶园小气候，增加茶园土壤有机质，改良土壤结构，提高土壤肥力，防止水土流失，使茶园环境得到优化，也有利于提高茶叶品质。同时，也为鸟类和天敌创造了良好的生态环境，为生物防治茶树病虫害奠定基础。

在树木或间作品种选择上，要考虑不同株高、不同根深、不同营养特性的作物相搭配。高层林木宜选择生长快，树冠宽大，叶片稀疏、冬季落叶，根系深生，无共同病虫害，有一定经济效益的经济林木、果树，如柿、李、梨、杨梅等果树和湿地松、杉、相思树、合欢等林木，低层套种不影响茶树生长的矮生、匍匐性豆科作物、绿肥等。

二、无公害茶树的栽培

（一）选择适宜良种

建立无公害生产茶园，应选择适合本地区生长的省级或国家级良种，突出重点，并兼顾高产、优质、抗性强、早芽、性状整齐等特征特性的优良品种。在种植前必须按GB 11767—89《茶树种子和苗木》标准对苗木进行质量检验和植物检疫。

（二）合理密植

根据实际情况，选择合理的种植方式。双行条植：① 大行距150~180cm，小行距33~45cm，株距20~33cm，每穴栽2株，每亩栽5400~7800株；② 大行距150cm，小行距45cm，株距17cm，每穴栽1株，每亩栽5300株。

（三）茶苗移栽

① **土地准备：**平整、浅锄种植沟土壤，然后拉行绳，按大小行距放线开沟，沟深10cm左右。

② **移栽时间：**一般应选择空气湿度大和土壤含水量高的季节，或雨季前。

③ **茶苗移栽：**移栽茶苗高不小于30cm，主干茎粗不小于3mm。起苗时，苗圃地土壤必须湿润疏松，使茶苗根系与土壤密结合，尽量能多带泥土，少伤细根。移栽时，注意根系舒展，逐步加土，层层踩紧踏实，使土壤与茶苗根系密接，埋土过半时，浇足定根水，待水分下渗后继续加土，直至插穗顶端上的短茎刚好埋入土中为宜，不宜过深过浅。移栽后及时在离地15cm处保留1~2个分枝，进行第一次定型修剪，以减少水分蒸发；要根据天气情况，注意勤浇水，以保证茶苗成活率。

三、无公害茶园管理

（一）幼苗期管理

1. 抗旱、防冻保苗

茶苗移栽后，要保持茶园土壤湿润，及时浇水护苗。并在茶行两侧加盖稻草等物，上压碎土，既可保水、防冻，还可防止杂草生长。此外，做好适时施肥、培土壅根、茶园灌水等农技作业，确保茶苗正常生长。

2. 间苗补苗

茶苗移栽后，应在建园后1~2年内及时补苗，宜采用同龄茶苗进行补种，确保补苗成活和适时投产。

3. 浅耕除草、施肥

在长江中下游茶区，茶苗移栽后至4月底前，进行第一次除草；6月底至8月上旬干旱前，进行第二次和第三次浅耕除草，除草后淋施有机水肥。一般在距茶苗13~15cm的地方，挖7~10cm的穴，浇上半瓢粪清水（50kg水兑3~4瓢猪粪尿或250~300g硫酸铵），随即盖土。以后每次可施尿素37.5~75kg/hm^2。

4. 定型修剪

① **第一次定型修剪：**当移栽茶苗高达30cm以上，茎粗3mm以上时，在离地面15~20cm处留1、2个较强分枝，采用枝剪逐株修剪，剪去顶端新梢。凡不符合第一次定型修剪标准的茶苗不剪，留待翌年，高度粗度达标准后再剪。

② **第二次定型修剪：**一年后，用枝剪在第一次定型修剪的剪口上提高15~20cm，剪去上部枝梢，剪后茶树高度为30~40cm。修剪时注意剪去内侧芽，保留外侧芽，以促使茶树向外分枝伸展，同时剪去根茎处的下垂枝及弱小分枝。若茶苗生长旺盛，只要苗高达到修剪标准，即可提前进行，反之在第二次定型修剪时，茶苗高度不够标准，应推迟修剪。

③ **第三次定型修剪：**第二次修剪一年后，用水平剪在第二次剪口上提高10~15cm，即离地面40~55cm处水平剪除上部枝梢，并用枝剪将根茎和树蓬内的下垂枝、弱枝剪去，促进骨干枝正常生长。

（二）投产茶园管理

1. 茶园施肥

1）施肥原则

无公害茶园施肥：① 以有机肥为主，有机肥与无机肥配合施用；② 氮、磷、钾三要素配施，幼龄茶园氮、磷、钾比例以1∶1∶1~1.5∶1∶1为好，成年茶园以2∶1∶1为好；

③ 重施基肥，分期追肥，一年一基四追；④ 掌握肥料特性，合理施肥。

2）肥料选择

无公害茶叶生产中，施肥和使用农药一样，对环境有较大影响，因此，在施肥过程中应注意以下6点：① 生产上应选用茶园推荐和允许使用的肥料种类，允许有限度地使用部分化学合成肥料；② 禁止使用硝态氮肥；③ 化肥必须与有机肥配合施用，有机氮与无机氮之比以1∶1为宜，最后一次追肥必须在茶叶采摘前30天完成；④ 叶面肥可施一次或多次，但最后一次喷施必须在采茶前20天完成；⑤ 禁止使用有害的城市垃圾和污泥、医院的粪便垃圾和含有害物质的工业垃圾，农家肥要先腐熟并达到无公害化要求；⑥ 利用山区资源充足的优势，广积天然绿肥和土杂肥，也可在幼龄茶园或山场空地种植绿肥。

3）有机肥料

无公害茶园施肥以施有机肥料为主，但有机肥料在施用前必须进行无公害化处理。

4）施肥技术

（1）基肥及其施用

① **肥施时期：**一般选择在茶树地上部分停止生长后，宜早不宜迟，施基肥时结合茶园深耕，有利于越冬芽的正常发育、根系生长和越冬，为翌年早春多产优质鲜叶打好基础。一般在10月至11月中旬施用基肥。

② **肥施用量：**幼龄茶园一般每年宜施有机肥（绿肥或厩肥或粪肥）11250kg/hm^{2}以上，有条件的还要增加750~1500kg/hm^{2}饼肥，375kg/hm^{2}过磷酸钙和225kg/hm^{2}硫酸钾；投产茶园，每年平均施有机肥22500~372500kg/hm^2，并结合饼肥1500~2250kg/hm^2，过磷酸钙375~750kg/hm^2，硫酸钾225~375kg/hm^2。

③ **施肥方法：**成龄茶园在茶丛边缘垂直向下位置开沟施肥，也可隔行开沟，每年更换位置，一左一右，沟深20~30cm；幼龄茶园按苗穴施，施肥穴距根茎：1~2年生茶树为5~10cm，3~4年生茶树为10~15cm，深度15~25cm。

（2）追肥及其施用

① **次数和时期：**茶园追肥一般施3次以上。第一次称催芽肥，一般在茶树越冬芽鳞片初展时进行，即2月中旬左右；第二次在春茶结束后进行；第三次在夏茶后进行。若在茶树萌发轮次多，采茶季节长，施追肥次数可结合当地情况增加。有春旱或伏旱的茶园，在旱季不能施用追肥，应在旱前或旱后进行。

② **施肥用量：**用量应依树龄及茶树鲜叶产量而定。一般1~2年生的幼龄茶树，施纯氮37.5~75kg/hm^2。采摘茶园追肥施用量则依据鲜叶产量而定，如每公顷产鲜叶

1500~3000kg，每年需施纯氮112.5kg。在一年中的不同时期追肥分配比例一般为4∶3∶3或2∶1∶1。若只采春、夏茶，不采秋茶的茶区，可按7∶3的比例分配。

③ **施肥方法：**如施用硫酸铵、尿素、钾肥等作追肥，沟深5cm左右；若施用易挥发的碳酸铵等化肥，沟深10cm左右，追肥施后应立即盖土。

（3）根外追肥

① **次数和时间：**一般一年可进行3~4次。喷施时间应在傍晚、清晨或阴天进行，午后不能喷施叶面肥，因高温暴晒会灼伤茶树叶片，造成肥害。

② **施肥用量：**根外追肥喷施浓度要适宜，宜清不宜浓。一般浓度为硫酸铵1%~2%、尿素0.5%~1%、过磷酸钙1%~2%、硫酸钾0.5%~1%、硫酸锌50mg/kg、硫酸锰0.01%、腐熟去杂质的人粪尿10%~15%。

③ **施肥方法：**喷施前应充分拌和，喷施叶面肥时对叶片两面应同时喷施，特别要注意叶背的喷施，因叶背的吸收能力较正面高5倍以上。并注意与农药混合施用时，应用酸性肥料配酸性农药、碱性肥料配碱性农药。

2. 茶园耕锄

茶园耕锄能及时将杂草翻埋于土壤中，避免杂草与茶树争水肥，又能增加土壤肥力。同时耕锄可增加茶园土壤空隙，改良土壤理化性质，切断土壤表层毛细管，减少土壤水分蒸发，提高土壤蓄水能力。我国茶区“七挖金，八挖银”的农谚就说明了茶园合理耕锄的重要意义。

1）浅　耕

浅耕一般在追肥前都要进行浅耕除草，一年3~5次，其中必不可少的有3次。第一次浅耕在春茶前（2月中旬左右）进行，深度10~15cm；第二次浅耕在春茶结束后（5月中旬左右）进行，深度10cm；第三次浅耕在夏茶结束后（6月下旬至7月上旬）进行，深度7~8cm。若茶树生产季节长，还应根据杂草发生情况，增加1~2次浅锄，特别是8~9月间，气温高，杂草开花结籽多，一定要抢在秋季开花前，彻底消除，减少第二年杂草发生。

2）深　耕

深耕主要是改良和熟化土壤，常与深施基肥结合进行。时间一般是在茶季基本结束，有利于损伤根系的再生恢复。深耕要求20cm以上，幼龄茶园可在施基肥同时结合挖施肥沟，进行行间深耕，沟深要求30cm左右。1~2年幼龄茶树的施肥沟应离茶树20~30cm，以后随树幅增大，施肥沟与茶树距离增加。水平梯级茶园，施肥沟应开在茶行内侧，施肥结束后在盖土时进行行间深耕。成龄投产茶园的深耕与施基肥结合进行，基肥沟深、宽各30cm左右。衰老茶园的耕作深度应增加到30~50cm，宽度50cm左右，以促进衰老茶园更新复壮。

3. 茶园除草

茶园除草有物理除草和化学除草两种，无公害茶园应主要采用物理除草，即耕锄除草。

4. 茶树修剪

1）修　剪

轻修剪的主要是刺激茶芽萌发，解除顶芽对侧芽的抑制，使树冠整齐、平整，调节生产枝数量和粗壮度，便于采摘、管理。修剪时间在秋茶停采后的10月下旬至11月上旬进行，修剪方法是每次修剪在上次剪口上提高3~6cm，修剪宜轻不宜重，否则会推迟春茶开采期，造成春茶减产。

2）深修剪

深修剪宜每隔3~5年进行一次，剪去树冠上部10~15cm以上的细弱枝条，再用整枝剪清除茶蓬中的弱枝、病枝、枯枝及下垂枝。深修剪一般在秋茶结束后进行，为了减少当年经济损失，也可在春茶结束后进行。剪后须留养一季春茶或夏茶，才可采茶。

3）重修剪

重修剪一般剪去树冠1/3~1/2，以离地30~40cm为宜，剪去上部全部枝干，并清除树蓬内的弱枝、枯枝和下垂枝，仅保留少部分壮实枝干，供茶树生长。重修剪时期一般在春茶前或春茶后进行。剪后当年发出的新梢不采摘，并在11月份从重修剪剪口上提高7~10cm轻修剪。重修剪后第二年起可适当留叶采摘，并在秋茶末再进行一次轻修剪（在上次剪口上提高7~10cm）。待树高70cm以上，可正式投产。

4）台　刈

台刈一般用台刈剪或柴刀在离地5~10cm处剪去上部所有枝干。注意剪口要光滑。台刈在3~8月均可进行，一般宜在春茶前进行。台刈后，当萌发新枝长到40cm左右时，应进行第一次定型修剪，即离地25~30cm，剪去上部枝叶，当新枝长到60cm以后，在上次剪口上提高5~10cm进行第二次定型修剪。以后结合轻修剪、留叶打顶采摘等措施培养树冠面。

5. 茶园铺草

全年都可以进行，但最好是在8月份。此时杂草繁茂，草量多。铺草前先进行耕锄并施肥，然后以15000kg/hm^{2}左右的农作物秸秆、山草等垂直于茶行走向铺匀，再用土将两头压实，铺草厚度为12cm左右，以后按常规进行管理。

（三）无公害茶园的病虫防治

1. 农业防治

1）分批及时采摘

茶树新梢是多种主要病虫，如茶饼病、茶芽枯病、假眼小绿叶蝉、茶跗线螨、茶橙瘿螨等活动、取食和繁殖的场所。因此，分批多次及时采摘，不仅是保证茶叶质量的重要措施，而且可以直接防除这些病虫。

2）合理修剪

由于茶树树冠顶层的枝叶密度相对较高，因此多数茶树病虫分布在茶树树冠上，随着修剪，分布在修剪部位上的病虫也就剪除。同时，结合轻修剪，剪去茶丛中零星分布的钻蛀性害虫茶梢蛾、茶天牛、茶蛀虫和集群危害的小蓑蛾，以及枝干病害茶梢黑点病、茶膏药病、苔藓、地衣等病虫枝。

3）疏枝清园

黑刺粉虱等害虫喜在茶丛下部的郁密处或徒长枝上危害，茶毛虫多在下层叶片背面产卵。当这些害虫发生较多时，通过疏（剪）去茶丛下部过密的枝叶和徒长枝。促进茶园通气良好、清除茶丛基部的枯枝落叶等办法，可减轻危害。一般疏枝清园结合冬耕施肥进行，将清除的枝叶埋入施肥沟中，或作其他处理，以减少病虫的来源。

4）耕作除草

深耕能使病虫因机械损伤、干燥或曝晒致死。尤其是对土栖病虫更为有效。秋季深耕可以将土表越冬的尺蠖、刺蛾的蛹、象甲类的幼虫以及线虫等各种病原物深埋入土，而将深土层中的越冬害虫如地老虎等地下害虫暴露在土表，使其因不良气候或天敌的侵袭致死，或直接造成机械损伤致死。冬季结合施基肥进行深耕培土，可使根际土壤中的害虫不能出土危害。杂草常是杂食性害虫如跗线螨、假眼小绿叶蝉等的藏匿和取食场所，勤除草可以减轻病虫害。

5）水分管理

干旱是赤叶斑病、云纹叶枯病、白绢病、茶短须螨等病虫害的诱因，尤其是在高温季节，茶树根系需水量大，干旱使茶树衰弱，上述病虫害发生严重，灌溉补水是防治此类病虫害的有效措施。但如果土壤湿度过大，水分过多，对茶树根系生长不利，往往造成茶红根腐病、红锈藻病等多种根茎病害的发生和传播。因此，在雨季，对一些容易积水的洼地要及时做好防湿排水工作。

6）合理施肥

合理施肥可以改善茶树营养条件，提高茶树抗病虫害及补偿能力，还可以改变土壤性状来恶化某些害虫的生存环境，甚至直接引起害虫死亡。如施用有机氮肥可以提高茶树橙瘿螨的抗性，磷矿粉作根外追肥，对红蜘蛛有杀伤作用。

2. 物理、机械防治

1）捕杀或摘除

对于茶毛虫、茶蚕、大蓑蛾、茶蓑蛾等形体较大，行动较迟缓，容易发现、容易捕捉或群集性的害虫，均可采用人工捕杀的办法；对于茶丽纹象甲等具有假死习性的害虫，在振落的同时，要用器具承接；对于蛀干害虫可以刺杀；对于许多病害可以摘除病叶、剪除病枝或拔除病枝；对地衣、苔藓可于雨后用半圆形侧口竹刀刮除。

2）灯光诱杀

茶树害虫中，以鳞翅目害虫居多，它们大多数具有趋光性。可以用电灯、黑光灯或黑光灯加电灯作为光源进行诱杀，其中以黑光灯诱杀效果较佳，或用黄板粘黏。

3）食物诱集或诱杀

利用害虫的趋化性，可以饵料诱集害虫，或添加杀虫剂诱杀害虫。如糖醋毒液诱杀卷叶蛾、毒谷诱杀蝼蛄、堆草诱集地老虎、性外激素诱集小卷叶蛾、茶尺蠖等。

3. 生物防治

1）以虫治虫

以虫治虫是利用寄生性昆虫和捕食性昆虫（或捕食性螨类）来防治害虫的方法。寄生性昆虫常见的有瓢虫、草蛉和捕食性盲蝽等。生产上还可以通过人工饲养这些天敌昆虫和螨类、蜘蛛和寄生蜂等，在适当时间释放来防治。

2）以病毒治虫

目前已经应用的有核型多角体病毒（如茶尺蠖NPV）、颗粒体病毒（如茶小卷叶蛾GV）等，它具有持效期长、有效剂量低、对环境安全等优点。但病毒对害虫的专一性强，见效缓慢，对紫外线十分敏感，在阳光直射下会丧失活力，因此必须在阴天使用。

3）以菌治虫

利用有益细菌、真菌或放线菌及某代谢产物防治病虫害的方法。常见的有苏云金杆菌（Bt）制剂防治茶毛虫、刺蛾、茶蚕等鳞翅目害虫的幼虫；应用白僵菌防治茶小卷叶蛾、茶毛虫、油桐尺蠖、茶蚕等；应用韦伯虫座孢菌防治黑刺粉虱。还可应用各种抗菌素来防治茶树病害，如增产菌可抑制茶芽枯病、茶云纹叶枯病等病害；施用5460菌肥防治根病；用木霉菌防治茶树根腐病。

4）合理使用农药

在用农业防治、物理和机械防治、生物防治三种方法不能有效地控制病虫危害时，可以使用农业农村部指定的农药品种，在使用中应注意以下4点：① 做好虫情调查，能挑治的不普治，不达防治指标的不使用农药；② 提倡对靶施药，应用有效低容量和小孔径喷片；③ 在农药选用上应选取对几种防治对象均有效的农药，或进行农药混配，以达到主次害虫兼治的目的；④ 提倡合理混用，延缓病虫产生抗性。主要茶树病虫害及其防治方法见第三章“第二节 茶园树体管理”。

（四）鲜叶采摘与管理

1. 鲜叶采摘

① **按标准采：**采名茶原料，一般是采摘1芽1叶或1芽2叶初展的芽叶，有的甚至只采1个茶芽；制大宗绿茶，一般以采摘1芽2叶为主，兼采1芽3叶和同等嫩度的对夹叶。

② **及时分批采：**一般名茶有5%达到采摘标准时开采，大宗春茶有10%~15%达到采摘标准时开采，夏秋茶有10%达到采摘标准时开采。徒手采摘的采摘周期一般名茶2~3天，春茶4~6天，夏秋茶6~8天。

③ **留叶采：**一般采用全年留鱼叶或春秋茶留鱼叶、夏茶留一叶采。在生产实践上往往以茶树“不露骨”为留叶适度，即以树冠叶子相互密接，见不到枝干外露为宜。

2. 鲜叶装运

采下的鲜叶要及时运到茶叶加工厂，经专人验收后尽快摊放在清洁阴凉的屋内。运送鲜叶的容器采用透气性好、清洁的竹编筐，筐的容量以50~100kg为宜，运送途中避免挤压，减少损伤。一般要求鲜叶采摘后4h内就要进厂，万一不能及时送到茶厂，一定要避免日晒雨淋，并在干净通风处摊放保鲜，然后尽快送往加工厂。

四、有机茶园

（一）有机茶园的要求

有机茶园基地建设是有机茶生产的基础，有机茶园是采用与自然和生态法则相协调种植的茶园，其生产技术的应用强调使茶园的生态系统保持稳定性和可持续性。有机茶园基地可以是常规茶园的转换，也可以是荒芜茶园的改造恢复，或是新种植茶园。

1. 有机茶园的生态环境

有机茶园必须符合生态环境质量，要求远离城市、产业区、村庄与公路，以防止城乡垃圾、灰尘、废水、废气及过多人为活动给茶叶带来污染。茶地四周林木繁茂，具有生物多样性；空气清新，水质纯净；土壤未受污染，土质肥沃。具体要求：① 茶地的大气环境质量应符合GB 3095—1996中规定的一级标准的要求；② 茶地的浇注水质量应符合GB 5084—1992中规定的旱作农田浇注水质的要求；③ 茶地的土壤环境质量应该符合

GB 15618—1995中规定的Ⅰ类土壤环境质量，主要污染物的含量限值（mg/kg）为镉（Cd）≤0.2，汞（Hg）≤0.15，砷（As）≤15，铜（Cu）≤50，铅（Pb）≤35，铬（Cr）≤90。

同时，有机茶园与常规农业区之间必须有隔离带。隔离带以山、河流、湖泊、自然植被等自然屏障为宜，也可以是道路、人工树林和作物，但缓冲区或隔离带宽度应达到100m左右。隔离带上种植的作物，必须按有机方式栽培。对基地四周原有的林木，要严格实行保护，使它成为基地的一道防护林带。若基地四周原有的林木稀少，要营造防护林带。对茶园中原有的树木，只要对茶树生长无不良影响，应当保存并加以保护，使之成为茶园的行道树或遮阴树。茶园中原有树木稀少的，要适当补种行道树或遮阴树。在山坡上种植茶树，山顶、山谷、溪边须保留自然植被，不得开垦或消除（图2-13）。在坡地种植茶树要沿等高线修梯田进行栽种，对梯地茶园梯壁上的杂草要以割代锄，或在梯壁上种植绿肥、护梯植物。新建坡地茶园坡度不超过25°，原则上不用平地发展茶园。

图2-13 有机茶园

2. 有机茶园的土壤环境

有机茶园土壤要求自然肥力高，土层深厚，土体疏松，质地砂壤，通透性能良好，不积水，营养元素丰富而平衡，其具体指标如下：有效土层大于80cm，在土层0~45cm范围内，有机质含量大于15g/kg，全氮含量大于0.8g/kg，有效氮含量大于80mg/kg，有效钾含量大于80mg/kg，有效镁含量大于40mg/kg，有效磷含量大于10mg/kg，有效锌含量1~5mg/kg，交换性铝含量30~50mmol/kg（1/3Al^{3+}）土，交换性钙含量小于50mmol/kg土，土壤pH值4.5~6.5，土壤容重（表土）1~1.2g/cm^3，土壤容重（心土和底土）1.2~1.4g/cm^3，土壤孔隙度（表土）50%~60%，土壤孔隙度（心土和底土）45%~55%，透水系数3~10cm/s。

3. 常规茶园转换为有机茶园

若常规茶园的生态环境质量符合有机茶标准，经24~36个月的转化期，可以从常规茶园转化为有机茶园。在转换期间，按有机茶标准的要求进行有机种植，不使用任何禁止使用的物质。同时，生产者必须有一个明确的、完善的、可操纵的转化方案，该方案包括：① 茶园及其栽培治理前三年的历史情况；② 保护和改善茶园生态环境的技术措施；③ 能持续供给茶园肥料、增加土壤肥力的计划和措施；④ 防治和减少茶园病虫害的计划和措施。

经有机认证机构认证，可以颁发转换期有机茶证书。在转化计划执行期间，有机认证机构将对其进行检查，若不能达到颁证标准要求，将延长转化期。生产者的第一块茶园获得有机颁证后，其余的茶园原则上应在3年内全部转换成有机茶园。已转换的有机茶园不得在有机茶园和常规茶园之间往返反复。荒凉3年以上重新改造的茶园可视为符合最低要求而减免转化期，新开垦荒地种植的茶园也可减免转化期，可以直接申请认证。假如有可以信服的材料证实，近3年内的生产治理技术符合有机茶标准最低要求，可以申请认证。

（二）有机茶园的肥培管理

1. 有机茶园肥料要求

① 禁止使用化学合成肥料。禁止使用城市垃圾和污泥、医院的粪便垃圾和含有害物质（如毒气、病原微生物、重金属等）的工业垃圾。

② 人畜禽粪尿等使用前必须经过无害化处理，如高温发酵，以杀灭各种寄生虫卵和病原菌、杂草种子，去除有害有机酸和有害气体，使之达到无害化卫生标准。严禁使用未腐熟的人粪尿。

③ 有机肥原则上就地生产就地使用，外来有机肥应确认符合要求后才能使用。商品化有机肥、有机复混肥、叶面肥料、微生物肥料等在使用前必须明确已经得到有机认证机构的颁证或认可。叶面肥料最后一次喷施必须在采摘前20天进行。使用微生物肥料时要严格按照使用说明书的要求操作。

④ 所有有机或无机（矿质）肥料，应按照对环境和茶叶品质不造成不良后果的方法使用，同时应截断一切因施肥而携入的重金属和有机污染物的污染源。

2. 有机茶园可用肥料

① **有机肥：** 畜禽粪（经过无害化处理）、绿肥（利用栽培或野生的绿肥植物作肥料）、其他（如腐殖酸类肥、饼肥、沼气液肥和残渣等）。

② **微生物肥料：** 如根瘤菌肥料、固氮菌肥料、磷细菌肥料、硝酸盐细菌肥料、复合微生物肥料等。

③ **半有机肥料（有机复混肥）：** 加入适量的微量营养元素制成的有机肥料。

④ **无机（矿质）肥料：** 如矿物钾肥、矿物磷肥（磷矿粉）、煅烧磷酸盐（钙镁磷肥、脱氧磷肥）、石灰、石膏。

⑤ **叶面肥料：** 微量元素的叶面肥料（以Fe、Mn、Zn、B、Mo等微量元素及有益元素为

主配制的肥料）和含有植物生长辅助物质的叶面肥料（用天然有机物提取液或接种有益菌类的发酵液，再配加一些腐殖酸、藻酸、氨基酸等配制的肥料）。

⑥ **其他肥料**：不含有毒物质的食品、纺织工业的有机副产品，以骨粉、骨酸废渣、氨基酸残渣、家禽家畜加工废料、糖厂废料制成的肥料。

3. 有机肥源的建立与无害化处理

茶场建立畜禽（如猪、羊、鸡、鸭）养殖场，养殖的种类与数量应从实际出发，并尽量按有机农业方式饲养，以此积蓄栏粪肥，为茶园提供有机肥源。

但在有机肥料中，有些人畜粪便常常带有各种病原菌、病毒、寄生虫卵及恶臭味等，有些杂草常常带有各种病虫害传染体及种子等，因此，用于有机茶生产一般都要经处理，变有害为无害。目前，有机肥料无害化处理方法有物理方法、化学方法和生物方法3种。① 物理方法：可采用曝晒、高温处理等方法，但养分损失大，工本高；② 化学方法：可采用用化学物质除害，但在有机农业生产中不能采用；③ 生物方法：可采用接种菌后的堆腐和沤制，在有机食品生产过程中是唯一可采用的方法。有机肥料无害化处理的堆、沤方法也很多，可采用EM堆腐法，自制发酵催熟堆腐法，工厂化无害化等处理。

4. 有机茶园施肥技术

1）重施基肥

有机茶园的基肥主要以经无害化处理后的农家有机肥为主，包括厩肥、堆肥、绿肥、草煤、牲畜粪尿、饼肥等。配合天然矿质磷、钾肥（如磷矿粉、钙镁磷肥等）或微生物肥料的施用，有条件的还可选用有机茶专用肥，作基肥施用。

基肥施用时间在11~12月茶季结束后结合秋冬耕进行。施用农家有机肥（畜栏、粪、厩肥等）22500~62500kg/hm^2，或用商品有机肥2250~6250kg/hm^{2}配合钙镁磷肥625kg/hm^2，或部分微生物肥料施用。

基肥施用方法：条栽茶园在茶行的一侧或两侧开施肥沟施肥，幼龄茶园施肥沟宽15cm、深15~20cm，成龄茶园沟深20~25cm，把肥料均匀撒入施肥沟后盖土。

2）及时施用追肥

有机茶园的追肥以含氮量较高的有机肥为主，可采用腐熟后的有机液肥，在根际浇施，或者施用商品有机肥，每亩1500~3000kg/hm^2。一般全年追肥三次，第一次在3月上、中旬（无灌溉条件的不施），第二次在5月下旬，第三次在7月下旬至8月上旬。施肥深度较基肥浅一些，幼龄茶园开沟4~6cm深，成龄茶园10~15cm深。

（三）有机茶园病虫害的控制

有机茶园禁止使用一切化学合成的农药，而农药的使用源于茶园病虫害的防治。茶园病虫的发生和危害又是影响茶叶产量和品质的重要因素。如何利用茶树自身的生长环境条件，通过采用农业措施、物理措施和生物防治等方法，建立合理的茶树生长体系和良好的生态环境，提高茶园系统内的自然生态调控能力，从而抑制茶园病虫的为害或降低其危害程度，不仅是有机茶生产过程中的一个重要技术环节，也是有机农业的一个重要原则。

1. 有机茶园病虫害控制的原理

茶树是一种多年生常绿植物，一经种植可连续生产几十年甚至上百年。在现有的栽培管理条件下，一般茶园均能形成树冠茂密郁闭、小气候比较稳定的特殊生态环境，使得茶园中的生物群落结构较其他生态系统复杂，生物种类和数量要丰富得多。这些条件有利于保护茶园生态系统的平衡和生物种群的多样性。

农药是茶园生态系统的外来物质，有潜在的干扰生态系统的危险。长期以来，在农药使用过程中只注意病虫防治的本身，而忽视对茶园环境的作用。从20世纪60年代有机氯农药在茶园中的大量使用到90年代拟除虫菊酯农药的普遍推广，不仅未能有效控制茶园病虫的危害，反而引起茶园病虫区系发生急剧变化，危险性病虫不断发生，茶叶中农药残留、害虫抗药性和再猖獗问题越来越突出。同时，对茶园土壤、微生物、有益昆虫直至高等动物等产生不良的影响，干扰茶园的次生态系统，致使茶园生态平衡遭到破坏。因此，要保护茶园良好的生态环境，当前茶园病虫防治中应减少农药的使用量乃至不使用化学农药是关键。尽管茶园中有多种病虫害存在，但通常有1~3种是关键病虫，它们的主要特征是：① 病虫的危害期与茶树芽叶生长期同步；② 对茶树的危害超过了茶树的补偿能力和忍受限度；③ 种群数量通常在经济阈值范围上下或完全超过。因此，在整个茶园病虫防治中，可针对关键性病虫提出防治对策。有机茶园的病虫控制原理就是在了解茶园这种特殊生态环境的基础上，基于常规农业存在的弊端，尤其是使用农药的种种害处，本着尊重自然的原则，应用生态学的基本方法，充分发挥以茶树为主体的、茶园环境为基础的自然生态调控作用，以农业措施为主，适当的生物、物理防治技术为辅，并利用有机茶生产标准中允许使用的植物源农药和矿物源农药控制茶园病虫害，从而保证茶树的正常生长。

2. 有机茶园病虫害控制的技术措施

1）保护茶园生物群落结构，维持茶园生态平衡

有机茶园一般应选择自然条件较好、植被丰富、气候适宜的山区和半山区茶园，在此基础上要注意维持和保护生态环境。采取植树造林，种植防风林、行道树、遮阴树，增加茶园周围的植被。部分茶园还应该退茶还林，调整茶园布局，使之成为较复杂的生态系统，从而改善茶园的生态环境，创造不利于病虫和杂草孳生，有利于各类天敌繁衍的环境条件，保持茶园生态系统的平衡和生物群落的多样性，增强茶园自然生态调控能力。

2）采用农业技术措施，加强茶园栽培管理

茶园栽培管理既是茶叶生产过程中的主要技术措施，又是害虫防治的重要手段，它具有预防和长期控制害虫的作用。有机茶园应防止大面积单一种植，保持较丰富的自然植被，减少病虫害大发生的几率。新植茶园应选择抗病虫品种，在秋冬季节，适时施用厩肥、沤肥、堆肥、饼肥等有机肥作为基肥，以养护土壤，培育壮树。在采摘季节要及时分批多次采摘，可减轻蚜虫、小绿叶蝉、茶细蛾、茶跗线螨、茶橙瘿螨、丽纹象甲等多种危险性病虫的危害。通过采摘，也可恶化这些害虫的营养条件，破坏害虫的产卵场所。对有虫芽叶还要注意重采、强采，如遇春暖早，要早开园采摘，夏秋季节尽量少留叶采摘，秋季如果害虫多，可适当推迟封园在农闲季节可适当中耕，使土壤通风透气，促进茶树根系生长和土壤微生物的活动，破坏地下害虫的栖息场所，有利于天敌入土觅食。对于茶园恶性杂草可采取人工除草，至于一般杂草不必除草务净，保留一定数量的杂草有利于天敌栖息，调节茶园小气候，改善生态环境。

3）保护和利用天敌资源，提高自然生物防治能力

在自然界，天敌对害虫的控制作用是长期存在的。充分发挥并利用天敌对害虫的自然控制效能是害虫生态调控的重要措施之一。可以采用以下方法：① 给天敌创造良好的生态环境。茶园周围可种植杉、棕、苦楝等防护林和行道树，或采用茶林间作、茶果间作；幼龄茶园间种绿肥，夏、冬季在茶树行间铺草，均可给天敌创造良好的栖息、繁殖场所；在进行茶园耕作、修剪等人为干扰较大的农活时给天敌一个缓冲地带，减轻天敌的损伤；在生态环境较简单的茶园，可设置人工鸟巢，招引和保护大山雀、画眉、八哥等鸟类进园捕食害虫。② 结合农业措施保护天敌。茶园修剪、台刈下来的茶树枝叶，先集中堆放在茶园附近，让天敌返回茶园后再处理；人工摘除的害虫卵块、虫苞、护囊等均有不少天敌寄生，宜分别放入寄生蜂保护器内或堆放于适当地方，待寄生蜂、寄生蝇类等天敌羽化飞回茶园后，再集中处理。③ 人为释放天敌，增加天敌数量。利用茶园生态环境较稳定，温湿度适宜，有利于病原微生物的繁殖和流行的条件，可将苏云金杆菌（Bt）、白僵菌、虫草菌、多角体病毒等各种有益微生物释放到茶园中去，使其建立种群。④ 建立天敌昆虫的中间寄主和补充营养基地。部分寄生性天敌昆虫（寄生蜂、寄生蝇）和捕食性天敌昆虫（食蚜蝇）羽化后，需吮吸花蜜进行补充营养，然后觅找寄主进行产卵繁殖。因此，为了延长天敌昆虫的寿命和增加产卵量，可在茶园周围种植一些不同时期开花的蜜源植物，作为天敌昆虫的补充营养基地，同时也可美化茶园环境。

4）采用适当的生物、物理防治措施

有条件地使用植物源和矿物源农药：① 生物制剂的开发和利用，如苏云金杆菌制剂和病毒制剂防治茶尺蠖、茶毛虫、茶黑毒蛾等鳞翅目害虫，白僵菌防治茶丽纹象甲和假眼小绿叶蝉，真菌制剂防治黑刺粉虱等。② 利用昆虫性信息素和互利素来诱杀和干扰昆虫的正常行为，在日本已开始利用茶卷叶蛾的性外激素干扰和防治茶卷叶蛾。③ 利用灯光、色板、糖醋液等诱杀害虫，目前已开发的新型杀虫灯运用了光、波、色、味4种诱杀方式，选用能避天敌习性，而对植食性害虫有较强的诱杀力的光源、波长、波段来诱杀害虫。能较有效地用于具有趋光习性的茶园害虫的防治。④ 根据有机茶标准，在明确使用方法后，可选择使用植物源农药和矿物源农药。植物源农药如苦楝素、除虫菊和鱼藤酮等均具杀虫活性，对鳞翅目害虫和假眼小绿叶蝉都有一定的防效。但植物性农药对益虫也有杀伤作用，只有在害虫发生较严重时才能使用。矿物源农药如石硫合剂等可用于防治茶叶螨类、小绿叶蝉和茶树病害，但应严格控制在冬季封园等非采茶季节使用。

茶树定植后，其生长发育、茶园生产量和茶叶品质与茶园土壤性状有着密切的关系。茶树能否快速生长发育，早日达到高产、稳产和可持续生产，与茶树树体的管理水平密切相关。本章主要介绍茶园的土壤管理方法与技术，以及茶园树体管理技术。

第三章 茶园管理

第一节　茶园土壤管理

通过第一章第三节的讨论，我们已知茶树生育、产量和品质与茶园土壤性状有着密切的关系。高产优质茶园土壤的基本特征，概括地说，有以下5点：① 土层深厚、疏松；② 土壤质地砂、黏适中；③ 土壤水分和空气协调；④ 土壤酸性适宜，盐基适量；⑤ 土壤有机质及养分含量丰富。要为茶树正常生育和高产优质创造，或者维持具上述特征的土壤条件，就必须在土壤管理上下功夫。

一、茶园耕作

茶园土壤耕作是茶园土壤管理的一项重要内容，它包括种植前的园地深垦和茶树种植后的行间耕作。正如第二章所介绍的，种前深垦，包括初垦、复垦和开种植沟等，旨在造成疏松深厚的有效土层，为茶树准备良好的生长基地。茶树种植后的行间耕作，包括浅耕和深耕，主要是疏松表土板结层，协调土壤水、肥、气、热状况，翻埋肥料和有机物质，熟化土壤，增厚耕作层，同时还可清除杂草，减少病虫为害，另外，对衰老茶树还有更新茶树根系的作用。这里主要讨论种植后的浅耕与深耕。

（一）茶园浅耕

茶园浅耕的主要目的在于防除杂草和疏松表土，以增加土壤蓄水耐旱的能力，减少土壤水分和养分的无效消耗，活跃根系的吸收、呼吸等生理功能。

茶园浅耕技术的运用，应因气候、土壤、地形、杂草滋生情况，茶树对地面的盖度以及其他有关管理措施等制宜。

春茶期间和夏茶前期雨水多，加之采茶活动频繁，土壤容易板结，为减少水分蒸发和增加土壤通透性，浅耕次数宜多，并及时抢住晴天进行；反之，秋天和旱季宜适当少耕，冬季一般不浅耕。初春为提高地温可适当耕深一些，雨季宜适当耕浅一些，以防暴雨冲刷加大土表流失量。

黏重的土壤耕次可适当增加，并应抓住土壤含水在可耕范围时进行。高山与坡地耕的深度宜小，次数宜少，平地则可适当增加耕深和耕次。

以除草为主要目的的浅耕应赶在杂草大量繁衍的前期或杂草种子成熟之前进行。杂草繁衍快，尤其是某些劣根性杂草（如白茅、狗芽根、蕨类等）多的茶园，浅耕削草的次数应当增加。目前，茶园除草等作业已有专业机械，大大提高了效率，减轻了劳动强度（图3-1），也可用拖拉机牵引，采用不同的悬挂方式作业（图3-2）。

显然，幼龄茶园或成龄低产茶园，茶树对地面盖度小，杂草容易滋生，土壤容易板结，耕次宜多，反之可少。根系发达，吸收根分布浅的茶园或茶蔸附近宜少耕、浅耕，反之，可适当多耕、深耕。

浅耕还可配合追施肥料和消灭土中作蛹待羽化的害虫等综合进行。

茶园浅耕一般全年3~5次，耕深5~10cm，耕幅视行距和根系分布情况而定。

茶园浅耕最好能辅之以铺草覆盖，这样既可有效地减少土壤水分的散失，减少杂草滋生，较长时间地保持土壤疏松，又可增加土壤有机质。

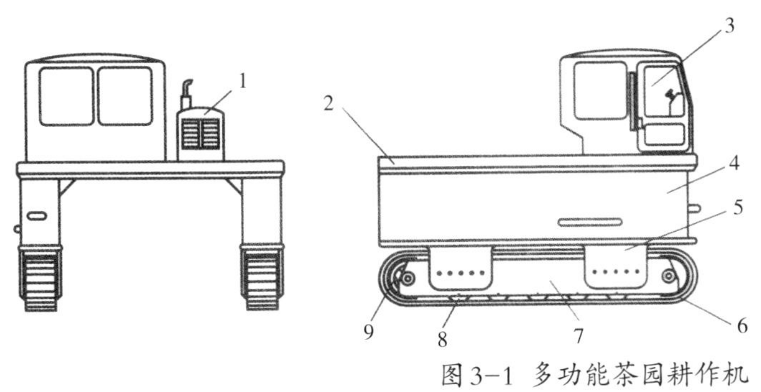

图3-1 多功能茶园耕作机

注：1.力机械；2.操作台；3.驾驶室；4.支撑架；5.挡泥板；6.履带；7.连接板；8.履带轮；9.液压马达。

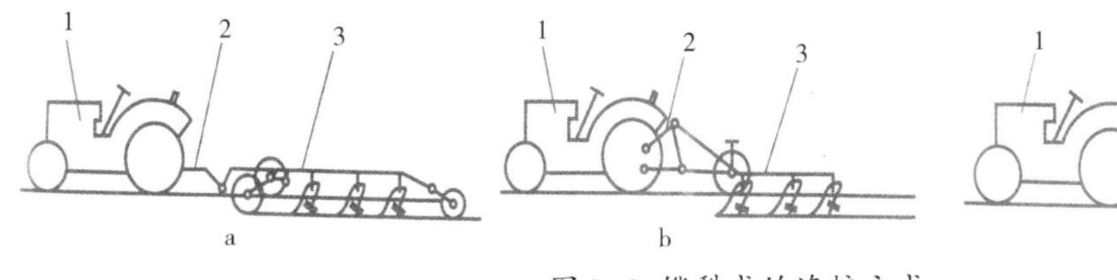

图3-2 铧犁式的连接方式

注：a.牵引式；b.悬挂式；c.半悬挂式。1.拖拉机；2.连接机构；3.铧犁。

（二）茶园深耕

我国广大茶农在长期的茶叶生产实践中深切地体会到了茶园深耕的必要性。茶谚云“茶地不挖，茶芽不发”“三年不挖，只有摘花”“若要茶树长得好，五月六月挖掘草（即伏耕）”。

深耕的主要作用在于加深土壤耕作层，改良土壤理化性，从而扩大土壤的容肥蓄水能力和促进土壤有益微生物的活动，加速有效养分的释放，以更好地满足茶树生育所需的水分和各种营养元素。其次，深耕对少部分根系的损伤有利于根系的更新复壮，即诱发新根，加大整个根系的吸收能力。对于那些建园时未深垦、松土层太浅的茶园，在行间进行深翻改土，是大幅度提高产量的一项根本性措施。

茶园深耕因深度不同，有普通深耕与深翻改土之别，其中普通深耕因耕时不同又有伏耕与秋冬深耕之分。

1. 伏　耕

伏耕，俗通“挖伏土”，为我国广大茶区管理茶园土壤的一条历史经验。伏耕的主要目的在于除去入夏以来生长在园内的杂草，通过“烤坯”促进土壤养分的释放。“七挖金，八挖银”“六月挖一寸，当得上道粪”，便是此种作用的生动表述。伏耕时间以7月最好，耕深20~25cm，其做法是大块大块地将土翻转，且相互搭靠，让其暴晒。但在树冠垂直投影范围以内宜浅耕，以免伤根太多，导致秋茶产量下降。

覆盖度大、秋茶比重大的茶园最好不在伏天深耕。

2. 秋冬深耕

秋冬深耕的耕深与伏耕相同，耕时一般以10~11月为宜。秋冬深耕最好结合施基肥，以便土肥相融，加大肥效。但是秋冬深耕切忌太迟，一般秋茶封园后即可进行，否则会不利于茶树越冬，秋冬深耕的同时应注意对茶蔸铺土，坡地茶园应有意识地“挖颈塞下巴”，即将下行茶树上方的土移塞上行茶树的下方，将裸露的根茎部，乃至根部埋却。这样既有助于御寒能力增强，又有利于春茶增产。

伏耕和秋冬深耕不一定每年进行。茶树长势好，对地面盖度高的丰产茶园，可隔年或隔2~3年行一次深耕，或相邻茶行隔年交替进行深耕，以减少每次深耕对同一蔸茶树根系的破坏。

3. 深翻改土

凡有效土层浅薄而板结的茶园，为从根本上改善投入产出的关系，提高产出率，必须进行“深翻改土”。

深翻改土也是深耕的一种形式。方法是在茶季结束后，在茶行间开宽约60~80cm（当行距为150~200cm时）、深约50cm的深沟，如下方有硬盘层的，沟深以破坏硬盘层为度。翻出的表土和底土宜分别堆放，先将表土回沟，接着施入大量的有机肥料，如土杂肥、垃圾、青草、绿肥、糠壳等，每公顷约75~100t，并拌和磷、钾肥适量（$0.4\sim0.5t/hm^2$），最后盖上开沟时翻出的底土。

为了避免过分损伤根系，深翻更宜隔行进行。深翻改土最好配合修剪改树的工作，以提高改造的效果。

茶园耕锄一定要因地制宜，在充分发挥其正作用的同时，要尽可能避免副作用，如不合理的耕作往往表现为，或加大水土流失，或破坏土壤结构，或加大旱热或寒冻的危害，或破坏过多的根系，降低吸收能力。

茶园耕锄并非越勤越好，相反，应尽可能减少那些不必要的耕锄。茶园完全可以走部分免耕或大部分免耪的道路。这是因为茶树是常绿长寿的木本植物，茶园土壤生态稳定，根系密布表土层，如果合理密植，再加上合理剪采，茶树树冠对地面盖度大，每年有大量落叶覆盖地面，土壤不易板结，另外，还可采取化学除草（不适合有机茶园）和行间铺草覆盖等积极措施。

二、茶园施肥

施肥是制约茶叶产量最大的一项栽培技术措施，施肥的作用可以概括为如下6点：① 补充土壤中的营养元素；② 改良土壤的理化性状；③ 改善茶树生育状况，调整营养方向；④ 增进茶叶产量、品质；⑤ 影响抗性；⑥ 促进或配合其他栽培措施效果的发挥。

为了提高在茶园施肥问题上的自觉性，充分发挥施肥这个主要栽培措施的基本效应，特就茶园施肥的有关理论、技术问题作详细阐述。

（一）茶树的营养需求

茶树与其他植物一样，利用光合作用的产物来维持生命活动，约有10%的光合作用产物用于呼吸消耗，其余90%是同化积累，其中地上部约占81%，根系部约占9%。茶树对营养条件的适应范围广泛，表现在对营养元素需求的多样性，从数量上来说以氮、磷、钾为主，而一些微量元素对其正常生理活动有着深刻的影响。在茶树各组织中，目前已发现的化学元素有40多种，除来自空气中的碳、氢、氧外，大部分元素来自土壤中（表3-1）。

表3-1　茶叶中的主要矿质元素

元素	含量（mg/kg）	元素	含量（mg/kg）
氮（N）	35000~580000	铝（Al）	200~1500
磷（P_2O_5）	4000~9000	氟（F）	20~250
钾（K_2O）	15000~25000	锌（Zn）	20~65
钙（CaO）	2000~8000	铜（Cu）	15~30
镁（MgO）	2000~5000	钼（Mo）	4~7
钠（Na）	500~2000	硼（B）	8~10
氯（Cl）	2000~6000	镍（Ni）	0.3~2
锰（MnO）	500~3000	铬（Cr）	2~3
铁（Fe_2O_3）	100~300	铅（Pb）	6~7
硫（SO_4）	600~1200	镉（Cd）	1.5~2

1. 茶树对三要素的要求

1) 氮　素

茶树全株含氮率1.5%~2.5%，叶片中含3%~6%；春叶中含氮较多，一般在5%以上，夏、秋茶较少，约4%左右；全株平均含量为2%左右。鉴于茶树是叶用植物，氮的增产效应很明显。在正常情况下，每增施1kg纯氮可增加干茶4.5~12kg。但这种增产效应受多种因素制约，如三要素配合是否恰当，气候与土壤是否适宜、施肥水平与施用方法、品种的耐肥性、茶树长势长相，以及其他栽培管理措施的执行情况等。据中国农业科学院茶叶研究所的试验研究，当每公顷施氮在300kg以下时，随着用氮量的增加茶叶产量成比例增加。汪莘野对该试验的分析表明，其经济最佳施肥量为536.63kg/hm^2，与此同时，随着单位面积上用氮量的增加，单位重量氮素的增产鲜叶数下降。

氮素又是茶树各种酶、维生素、氨基酸、咖啡碱等的组成成分，这些物质与茶叶品质有密切的关系。在磷、钾肥等供应正常的情况下，随着用氮量提高，在较大的范围内氮量递增明显（表3-2），水浸出物、茶多酚和咖啡碱，则只是在较小范围内随用氮量增加而增加其含量。当施氮超过300kg/hm^{2}时，它们的含量均会随氮素增加而下降。故就茶叶自然品质而言，并非氮素营养水平越高越好。

表3-2　氮肥用量与鲜味内含物的关系（%，占干物质）

处理	5月15日取样（春）				7月15日取样（夏）			
	全氮	水浸出物	茶多酚	咖啡碱	全氮	水浸出物	茶多酚	咖啡碱
对照（不施肥）	3.74	36.13	22.02	2.12	3.63	37.18	23.02	2.37
PK（底肥）	4.29	35.95	22.41	2.35	4.1	36.78	23.22	3.01
PK+N300（kg/hm^2）	5.34	37.1	24.9	3.72	5.02	37.14	26.08	4.15
PK+N500（kg/hm^2）	6.45	36.01	22.07	3.01	5.46	36.71	23	3.31
PK+N700（kg/hm^2）	6.67	33.08	20.05	2.33	6.21	33.18	21.04	2.49
PK+N1000（kg/hm^2）	6.81	30.15	19.4	2	6.68	31.08	20	2.18

注：转引自中国农业科学院茶叶研究所，茶叶科技情报资料（内）（1965年）。

一般地说，氮素营养水平较高时茶树营养生长较旺，鲜叶原料持嫩性好，含氮化合物较多，宜作绿茶原料。如作红茶原料，应适当增施磷、钾肥。

当土壤供氮不足时，茶树树势减弱，叶色枯黄，无光泽，新叶瘦小，对夹叶增加，叶质粗硬，成叶提早脱落，茶叶产量和品质下降，花果量反有所增多。成叶中含氮低于2%~3%，春茶1芽2叶中含氮低于4.5%，均表明茶树可能缺氮。

2）磷　素

茶树全株含磷量为0.3%~0.5%，叶片中含磷（P_2O_5）0.4%~0.9%，一般芽叶中0.5%~1.5%，根系中0.4%~0.8%。茶叶中含磷的核蛋白含量较高，而核蛋白是细胞核和原生质的成分，核蛋白的代谢产物——三磷酸腺苷是细胞进行活动的能量来源。核酸对根系形成生长有促进作用。卵磷脂是原生质的组成部分，对细胞内物质的积累、芽叶的形成、新梢的生长都有重大影响。

磷素对幼年茶树的生长，芽叶中茶多酚含量和产量均有良好的促进作用。磷素还有促进茶树生殖生长的作用，尤其在氮磷比例失调，磷多氮少时更易导致花果畸形多的现象。

磷不足时，茶树新生芽叶黄瘦，成叶少光泽，成暗绿色，且叶片寿命短，根系生长不良，吸收根提早木质化，变成红褐色，吸收能力明显减弱。另外，整个茶树生长缓慢，产量、品质下降。老叶中磷的含量低于0.4%，春茶新梢顶端的第三叶含量低于0.9%，或夏、秋茶第三叶含量低于0.5%，均表明茶树可能缺磷。缺磷时叶片中花青素含量增高，使成茶色暗，味苦涩。

3）钾　素

茶树各器官中钾素含量比氮低，比磷高，一般含量为0.6%~1%（按K_2O计）。芽叶中含量为2%~3%。

钾的主要作用是促进和调节各种生理活动过程和参与酶促反应，加强酶活性。它是茶树碳代谢过程中糖的合成、分解、运送及贮存等不可缺少的物质。钾能促进茶树对氮的吸收、同化及氨基酸的合成，在茶树根系中则能提高茶氨酸合成酶的稳定性，有利于茶氨酸的合成。钾还可以调节细胞原生质胶体的理化性质，细胞膜的透性等，有利于物质的交换、水分代谢等多种生理机能的正常进行。另外，钾可提高茶树抗寒、抗旱和抗病的能力，凡患有云纹叶枯病和炭疽病的茶树，其含钾量远低于健康茶树的含量。钾肥亦有增进茶叶产量和品质的作用。

缺钾的茶树，生长减慢，产量和品质下降，多有茶饼病、云纹叶枯病和炭疽病等为害。严重时叶片褪绿，叶张薄，叶片小，叶脉及叶柄逐步出现粉红色；老叶叶尖变黄，并逐步向基部扩大，然后叶片边缘向上或向下卷曲，叶质变脆、提早脱落；分枝细弱，甚至茎顶端枯死。春茶1芽2叶中钾（K_2O）含量低于2%，灰分中含量低于10%，再加上茶饼病、云纹叶枯病及炭疽病等为害厉害，可作为茶树缺钾的标志。

虽然三要素中氮肥的增产效果最为显著，但最高的产量是在氮、磷、钾配合施用的情形下获得的（表3-3）。同样，只有三要素配合施用，茶叶品质才能全面提高（表3-4）。

表3-3　氮磷钾与茶叶产量的关系

处理	前三年平均产量（%）	后七年平均产量（%）	十年平均产量（%）
不施肥（对照）	100	100	100
氮	298.5	645.7	575.3
磷	111.1	100.6	102.7
钾	154.7	113.7	121.8
氮、磷	316	884.6	769.5
氮、钾	274.9	729.8	637.7
磷、钾	110.4	87.6	92
氮、磷、钾	404.9	976.7	860.9

表3-4　氮磷钾三要素对茶叶化学成分的影响（湖南省茶叶研究所）

处理	总氮量（%）	氨基酸（%）	总磷量（%）	茶多酚（%）
不施肥	4.83	1.18	1.05	27.46
单施氮肥	5.82	2.49	0.94	26.44
单施磷肥	4.81	1.39	1.13	27.6
单施钾肥	4.71	1.09	1.04	29.2
氮磷钾配合施	5.35	2.08	1.21	28.06

2. 茶树对其他主要元素的要求

① **钙：** 在茶树体内含量一般占干物质的0.2%~1.2%（按CaO计）。钙是茶树体内植素、果胶的重要组成元素，直接参与碳代谢过程。钙能中和茶树代谢产物中有机酸，如茶叶中的代谢产物草酸与钙结合，呈草酸钙结晶的形式在老叶中积累起来，然后通过落叶将它们排出体外，以维持体内的一定pH值，以便生理过程的顺利进行。虽然钙是茶树的第四要素，但茶园土壤一般不存在缺钙现象，如果钙过多会引起pH值提高到不适于茶树生长的范围，且对茶树吸收铵、钾、镁等都有拮抗作用。钙过量，茶树生长受阻，主根浅，吸收根少，根皮发黑，长有许多“小疙瘩”，甚至脱皮烂根，茶树失去生产能力。茶园土壤含钙超过0.5%，1芽1叶中含量达0.3%、第三叶含量超过0.4%时，茶树吸收钙可能过量。而茶树体内的钙一般不能被再利用，叶子中的钙越积越多，最后随叶子脱落，转移出体外。

② **镁：** 是叶绿素组成成分之一，在芽叶中含量可达0.5%~0.8%，在根系中含量高达1%以上。镁能促进茶树对磷酸盐的吸收、运输及维生素C和维生素A的合成，增强对钙

的拮抗作用。镁参与茶树体内多种酶促反应，尤其是茶氨酸的合成必须有镁的参与，镁对核酸、蛋白质的合成和呼吸作用起重要作用。缺镁的茶树其成熟叶片中含镁量减少，光合作用强度降低，茶树生长减缓，老叶发脆，叶色浅黄，老叶主脉附近出现一个深绿色带有黄边的“V”形小区，以后黄边扩大，呈现缺绿病，每到秋后便大量落叶。增施氨态氮肥和钾肥，反会加重缺镁的症状。如果土壤中镁的含量低于1mg/100g，茶树可能会缺镁，可通过化学分析诊断确定。

③ **硫：**是一切生物体的必不可少的组分。茶树体内硫的含量一般占干物质的0.6%~1.2%（按SO_4^{2-}计）。茶树缺硫，生长受阻，氮代谢无法进行，茶叶产量、品质下降。严重缺硫时会出现与缺氮相似的症状。

④ **铁：**虽不是叶绿素的组成成分，但可促进叶绿素的合成。在茶树体内一般含量为0.01%~0.4%（按Fe_2O_3计）。缺铁时，叶绿素含量下降，出现明显的黄化叶，尤其是新叶黄化。但一般土壤的含铁量很高，不会出现缺铁病。

⑤ **铝：**在茶树体内的含量远高于其他大多数植物中的含量。例如柑橘叶中铝量为148mg/kg，茶树新叶中则为1800mg/kg（见陈兴琰译《茶树栽培与生理》）。茶树体内平均铝含量亦很高，在0.15%以上（按Al计）。故称茶树为聚铝性植物。铝可促进茶树对磷的吸收，促进茶氨酸转化成儿茶素的代谢，增进红茶品质和提高茶树光合能力等。铝还可对钙的吸收起拮抗作用，从而避免钙过量带来的危害。茶园土壤一般不缺铝。

3. 茶树对微量元素的需求

锰、硼、锌、钼等元素，茶树需要量很少；但缺少了它们，就会影响茶树的正常生育（表3-5）。

表3-5　茶苗缺素水培生长情况（安徽农学院）

处理	新叶增长数量比（%）	新梢长度增长比（%）	茶叶重量比（%）	叶色	叶形	叶面
全液	100	100	100	深绿	正常	正常
缺Mo	37.5	40	67.5	桔黄	叶尖下垂	微凸
缺Zn	37.5	19	55.5	暗绿	卷曲	皱缩凸起
缺Mn	50	40	51.5	黄化	微卷曲	凸起
缺Cu	36	67	65.5	深黄	叶尖微曲	微凸
缺Fe*	37	63	58.5	淡黄	正常	正常

注：“*”有时归类于十大元素之中。

① **锰：**茶树体内的含量远高于全套作物，可达1000mg/kg以上，老叶中浓度高达

3000mg/kg以上。锰参与光合作用中水的光解作用和体内代谢。不足可使茶树生长受阻，但过量亦会为害茶树。茶园土壤锰适宜的范围是3~8mg/100g。

② **锌**：在成熟叶中含量为10~20mg/kg，吸收根中含量高达200mg/kg，而茶园土壤中一般只含几个百万分率，鉴于锌的可溶性，在酸性条件下大，易被淋溶而使茶树吸收不足，导致缺锌。锌在生理上参与酶促反应。

③ **铜**：是茶树中多酚氧化酶的组成成分之一，参与茶叶发酵的全过程。叶片中含量为15~20mg/kg，如果茶叶中铜的含量低于10mg/kg，发酵就不充分，红茶品质就受到影响。缺铜茶树的氧化还原、光合作用及脂肪代谢等都将受到抑制。

④ **硼**：在茶树叶子中含量仅12~80mg/kg，低于12mg/kg时可能缺硼。它的主要作用是促进碳水化合物的运输和贮存，促进果胶形成以及细胞分裂。参与氨基酸和蛋白质的合成，调节碳水化合物的代谢。

⑤ **钼**：在茶叶中一般含量只0.1~4mg/kg，在根中的含量有时可达50mg/kg。它是茶树硝酸还原酶的重要组成成分之一，对促进硝态氮的转化、维生素C的合成和提高磷酸化酶活性有重要作用。茶树缺钼时氮代谢受阻。

茶树对微量元素需要量不多，一般可通过增施有机肥料和土壤改良来解决，一旦出现缺素症，也可用相应元素的稀释溶液喷施叶片。

（二）茶园施肥原则

相对于其他作物，茶树可谓是一种对土壤肥力忍耐性较强的作物。这就是说，它既能在肥力很高的土壤上生长，也能在肥力极低的“无名子土”上生存。但肥力是决定茶叶产量的主导因子，肥力低者，每公顷茶园仅产茶0.1~0.2t，肥力高者，每公顷可产茶5~7t。也不是肥力越高，单位面积上产出越多越好，而应是经济合理用肥，既要在单位土地面积上获取高的产量，又要发挥单位肥料的增产效果；既要提高产量，又要增进品质；既要追求茶叶产出率，又要有利于环境（尤其是土壤环境）素质的改善，追求施肥的综合效益最佳。为此，茶园施肥必须认真掌握如下几条原则：

1. 以有机肥为主，有机肥与无机肥相结合

茶树多种植在红黄壤山坡上，这里有机质含量往往较低，一般在2%以下，茶园土壤由于有机质少，理化性状差，保水、保肥力低。故就大多数茶园而言，提高土壤肥力的中心任务在于增加土壤有机质，即以有机肥为主。无机肥料一方面能补充土壤营养元素，弥补有机肥料之不足，因有机肥中有效成分含量低，且三要素的比例往往与茶树所需求的比例不一致。另一方面，多种速效性无机化肥能即时解决在茶季茶树生长之急需。随着茶树年龄之增长，土壤熟化程度和有机质含量的提高，无机肥料使用比重可相应增大。

2. 以氮肥为主，三要素相配合，注意全肥

一方面，由于茶园土壤含氮一般不多，多在0.1%以下，尤其速效氮少；另一方面，茶树系叶用植物，叶片中含氮比例高（大多在4%以上），每采收1t茶叶，就要从土壤中带走50~60kg纯氮，如果单产为2000kg/hm^{2}则带走纯氮每年为100~120kg/hm^2。故随着茶叶采收活动的频繁进行，须及时向土壤中补充大量氮素肥料。另外，氮素供应充足能抑制或者削弱生殖生长，有利于“芽叶”等营养器官的生长。所以，茶园施肥必须以氮肥为主。

但各种营养元素，不论是大量元素，还是微量元素，对茶树的正常生长发育均有着不可替代的作用。故在提出以氮为主时还必须强调全肥。茶叶中磷、钾含量仅次于氮的含量，由表3-1可见，氮、磷、钾的含量比例大致为7：1：3，采摘茶叶也必然会减少它们在土壤中的含量，适当补充是必要的。

茶树对土壤中施入的三要素肥料吸收率不一样。对氮的吸收率最高可达50%~60%，最低20%~30%；对磷的吸收率最高为20%~25%，最低仅只3%~5%；对钾的吸收率最高45%，最低5%~10%。故实际上茶园三要素肥的施用比例N：P_2O_5：K_2O=4：1：1或2：1：1或3：2：1。一般丰产茶园、绿茶产区氮的比例可适当加大，幼龄茶园、留种园、红茶产区磷、钾肥的比例可适当加大。

3. 重施基肥，分期追肥，基肥与追肥相结合

茶树全年都在吸收营养元素，只是因时不同多寡有别而已（表3-6）。所以茶园施肥也应视茶树生长情况，土壤性状和季节、天气等，分期适量施用。

表3-6　茶树对三要素的吸收动态（日本，高桥）

时段	氮（%）	磷（%）	钾（%）
前年12月至翌年3月	6	2	–3
4~6月	24	49	26
7~8月	31	4	23
9月	18	38	33
10~11月	21	7	21
合　计	100	100	100

每年茶季结束（即秋茶封园）后那次施肥，习称基肥。农谚云“基肥足，春茶绿”。基肥的作用在于：① 补充茶体内养分在春、夏、秋三季茶生产的消耗；② 增强茶树御寒越冬的能力；③ 为翌年春茶增产奠定物质基础；④ 改良土壤理化性状。基肥最好以农家迟效有机肥为主，如各种粪肥、厩肥、稻草、堆肥等，并适当配合磷、钾肥，速

效氮肥（如尿素）或茶叶专用复合肥。在长江中下游及其以北的茶区宜在9~10月施基肥。

在茶叶生产季节里的施肥，习称追肥。追肥的目的在于及时补充上季或当季茶树生长消耗的土壤养分，促进当季或下季茶的增产。相对来说，茶叶追肥宜以春茶追肥为主，夏、秋茶追肥为辅。这是因为春茶在我国大多数茶区存在产量和品质两个优势。重施春肥，尤其是在基肥不足时，是充分发挥春茶优势，提高栽茶效益，实行经济用肥的需要。追肥两次的，一般第一次（即春肥）占全年总追肥量的2/3，第二次（即夏肥）占1/3；追肥三次的，则用肥比例依次为1/2、1/4、1/4。第一次追肥，又称“催芽”肥，一般在3月上中旬进行；第二次在5月上中旬；第三次在6月下旬至7月上旬。如有第四次追肥的可安排在8月中下旬进行。

茶园追肥以速效氮为主，如碳酸氢铵、硫酸铵、尿素、腐熟人畜粪尿等。

4. 根据肥料性质和茶园特点施肥

不同种类的肥料具有不同的理化性状、不同的养分含量和不同的肥效等，在施用数量、时间和方法上一定要因肥制宜。例如作追肥时，尿素比硫酸铵要适当早施3~5天；碳酸氢铵一定要盖土沟施（或穴施），且不能用作叶面肥；过磷酸钙，在酸性土壤中易与铁铝离子结合形成难被茶叶树根系吸收的磷酸铁、磷酸铝等，宜与有机肥料混合堆沤后作基肥，针对它移动性差的特点，宜施入茶树根系最活跃的土层，以利根系吸收，提高磷肥使用效果；硫酸钾系生理酸性肥料，最好与磷矿粉等碱性肥料配合施在茶树根系分布较多的土层中。

施肥还必须因园制宜，茶园土壤不同、地形不同、茶树品种不同、树龄不同、生育状况不同，在施肥技术的掌握上应该有所不同，也只有这样，才能更好地发挥施肥的综合效益，实现合理施肥。一般地说，土质较差、肥力较低、树势较弱和刚投产的幼龄茶树等应适当多施肥，即应高于以产定肥的标准决定实际用肥量；反之，则严格按以产定肥的标准办事。土壤肥力高、茶园单产高的茶园，为平衡产量与品质，避免因用肥水平过高可能带来的副作用，为提高施肥的综合效应起见，应适当控制用肥量。砂土茶园保肥性差，应适当增加施肥次数，坡地茶园宜在茶行的上方开沟施，生育状况差或衰老茶园为削弱生殖生长，加强营养生长，应适当加大氮素施用比例。土壤有机质含量低、结构性差的茶园应多施大体积的农家有机肥。茶园pH值偏高的宜多施酸性或生理酸性肥，而pH值偏低（＜4.5）的，应注意少施酸性肥料。

5. 根际施肥为主，根际施肥与根外施肥相结合

根外施肥不受土壤固定、渗漏等作用的影响，利用率高，见效快，尤其缓解某些缺素症快。茶树叶面喷施钾、硼、锌等营养元素，可以促进根系对磷、硫、氮的吸收。但叶面吸收养分的能力和数量远不及根系，且叶片吸收养分无选择，有时吸收的元素，如钙，无法输送到其他器官中去。另外，叶子的主要功能是光合、呼吸和蒸腾等作用，故茶园施肥必须强调根际施肥为主，叶面施肥可作为一项辅助措施。

（三）茶园施肥技术

茶园施肥技术包括肥料选择、施肥量确定、施肥适期和施肥方法的运用等4个方面。

1. 肥料种类选择

目前茶园施用的肥料可分为有机肥和无机肥两大类。常用的有机肥有人粪尿、厩肥、饼肥、堆肥、绿肥、尿素等。常用的无机肥料有硫酸铵、硝酸铵、碳酸氢铵等氮素化肥，过磷酸钙、磷矿粉、骨粉等磷素肥料，硫酸钾和氯化钾等钾素肥料。另有茶园专用复合肥或复混肥，具有有效成分高、肥效好、运输与使用方便的特点。还有新兴的控（缓）释肥，可根据作物的需肥规律释放肥分，从而有效减少施肥次数和肥分在土壤中的流失。

茶园用肥首先要考虑茶树作物的特点，茶树适宜在偏酸性（弱酸至中酸）土壤上生长，喜爱吸收铵态氮（占全氮素吸收量的70%~80%），而其他作物吸收利用的多为硝态氮。从这种嗜好出发，硫酸铵和碳酸氢铵是最适合的氮素化肥。同时，茶树是叶用作物，相对禾谷类和果木类作物，应适当加大氮肥的使用比例。

其次，一定要坚持因园制宜的原则。如前所述，土壤有机质含量低、结构性差的土壤应多施有机肥。pH值偏高的土壤宜多施酸性和生理酸性肥料，如硫酸铵、过磷酸钙；反之，pH值过低的土壤可酌情施碱性肥或中性肥，如石灰质肥料、钙镁磷肥和石灰氮等。

据研究，铵态氮比硝态氮更有利于茶氨酸的形成，就产量而言，以两种形态的氮素肥料各半最佳（表3-7）。多施有机肥能显著提高茶叶品质。

表3-7　氮肥形态对产量及氨基酸含量的影响（鸟山光昭，1975年）

铵态氮：硝态氮	产量/剪采物（g）	精氨酸（%）	茶氨酸（%）	谷氨酸（%）	氨基酸总量（%）
10：0	249	0.132	1.673	0.085	2.136
7：3	260	0.07	1.18	0.068	1.508
5：5	275.5	0.03	0.87	0.057	1.142
3：7	191.3	0.011	0.364	0.056	0.613
0：10	147.3	0.01	0.359	0.06	0.559

2. 施肥量的确定

茶园施肥量涉及一次施肥量和全年施肥量。

一次施肥太少不仅增产不明显，而且浪费劳力。但也不可过多，过量用肥不仅单位肥料增产效应小，而且会出现肥料障害而生育不良，最终导致产量下降（表3-8）。根据河合物吾的试验，一次用速氮的上限为150kg/hm^2。

全年施肥量，应依茶树树龄或茶园产量水平而定。1~2龄茶树，年生长量小，消耗养分也少，故用肥量不必多，但随着树龄的增长相应地提高其用肥水平（表3-9）。成龄茶园则可根据茶树对肥分的吸收利用率和产量水平来定施用量。茶树对氮素肥料的有效利用率一般为25%~40%。如前所述，每产1000kg茶叶就要带走50~60kg纯氮，实际上应施氮素125~200kg。产量越高施氮肥越要多，但在单位土地面积上并非施肥越多产量越高。据长江中下游广大产茶省区的氮肥用量试验，在生产潜力大的茶园，纯氮用量超过600kg/hm^{2}时，产量不再增加，适宜用量是225~300kg/hm^2；在生产潜力中等水平的茶园，纯氮用量超过400~450kg/hm^{2}时，产量不再增加；在生产潜力低的茶园，纯氮用量增加到225~300kg/hm^{2}时，产量不再增加。

表3-8 氮素施用量（硫铵）对茶树生长的影响（河合物吾，1871年）

一次氮施用量（kg/hm^2）	叶重量（g）	茎重量（g）	根重量（g）	平均指数
10	68.9	30.8	93.8	76
20	105	42.7	102.6	100
50	60.5	26.5	35.2	51

表3-9 幼龄茶园（常规植）三要素用量

树龄（年）	纯氮（kg/hm^2）	磷酸（kg/hm^2）	氧化钾（kg/hm^2）
1~2	37.5~75	50~100	10~25
3~4	75.0~112.5	37.5~75	10~20
5~6	112.5~150	75~100	10~20

3. 施肥适期

茶园施肥应根据施肥的目的、肥料的性质和施用方法等，选择在最适宜的时间进行方能取得最佳效果。一般来说，追肥应在各季茶开始萌发生长之时进行，肥效较慢的适当早施，肥效较快的适当迟施。硫酸铵和碳酸氢铵的肥效快，宜在茶芽萌展到1芽1叶时施，尿素肥效稍慢，宜在大量芽叶处于鱼叶展到1芽1叶展时施。人畜粪尿一般在茶芽尚未大量萌动时就应施入茶园土壤。饼肥、堆肥等缓效肥料，大多作基肥，在中秋之时或稍后施。根外追肥，则在1芽1~3叶期间进行为适宜，因为这时茶树对叶面附着的元素的吸收能力最强。基肥虽然在9~11月均可施，但以早施效果更佳（表3-10），9月份比11月份施可增产10%左右。华南茶区春茶萌发早，秋季停止生长迟，故春肥比长江中下游茶区施的更早，基肥则相应地更迟，在海南省则以12月上旬施基肥较好。

表3-10　早施基肥对翌年茶叶产量的影响

处理	干茶产量	
	kg/hm^2	%
不施基肥	2606.25	100
9月施基肥	3153.75	121
11月施基施	2914.5	111.8

注：引自《中国茶树栽培学》，上海科学技术出版社，1986年1月第1版，330。

4. 施肥方法

茶园施肥，应根据肥料种类、数量、施用时期、天气特点、土壤状况、地形地势、茶树年龄和长势等，采用相应的方法。茶园常用的施肥方法有如下几种：

1）穴　施

3龄前茶树根系分布范围还很小，不仅未密布行间土壤，即使穴与穴之间都未长满茶根时，为了既满足茶树需要，又不浪费肥料，可于茶蔸侧15~20cm处开穴施，一般追肥穴深10cm左右，基肥穴深20~30cm，施后复土。

2）深沟施

绿肥与多种农家肥料，体积较大，宜开深沟施肥。其做法是，在茶行树冠冠缘垂直投影处（远未封行的茶园）或行间中线处（盖度在80%以上，根系已基本密布行间土壤的茶园）开沟20~30cm施肥，施后复土。

3）浅沟施

体积较小、数量不多的农家液肥（如腐熟人粪尿）和各种速效化肥，均宜浅沟施，开沟的位置比深沟可更靠近茶蔸一些，以便茶树根系吸收利用更快些，但以不损伤或尽可能少损伤主要吸收根群为原则。沟深10~15cm，随施随盖土。但施水肥时，应待沟底已无明显残水时再复土。

4）根外施肥

根外施肥又称叶面施肥，为提高根外施肥的效果，必须注意如下几条：一是喷施时间与天气，以晴天早晨或傍晚和阴天为宜；二是喷施浓度切忌过高，生产上适宜的浓度是，尿素0.5%~1%，硫铵1%~2%，过磷酸钙1%~2%，硫酸钾0.5%~1%，硫酸镁0.1%~0.3%，磷酸二钾铵0.5%，磷酸二氢钾0.5%~1%，硫酸锰0.05%~0.1%，硼砂和硼酸0.1%~0.2%，硫酸锌和硫酸铜均为0.01%~0.05%，钼酸铵0.01%~0.02%，亚硒酸钠0.005%~0.01%，氨基酸液肥300~600倍，高美肥500倍，生化有机液肥1000倍，茶叶素1%，增产菌500mg/kg；三是喷施部位，叶背叶面均应喷透，以提高吸收利用量。

另外，在已封行的茶园不便开施肥沟时，可于雨前或土壤比较湿润时将易溶于水且不易挥发溢失的速效化肥撒施地面。如遇密植园，肥料只能撒于茶树冠面时，撒后应将肥料从嫩叶和芽梢上抖落于地面，以免肥料停留过久而刺激损伤叶面。撒施肥料利用率较低，一般根际施肥，以施后盖土为好。

（四）植物生长调节剂在茶树上的应用

植物激素类物质，虽不是直接的肥分，但由于它们能从相应的侧面作用于茶树，调整生理功能，促进细胞分裂或伸长，加强新陈代谢或改变生长与代谢的方向等，从而服务于茶叶高产优质，故可以将它们视为另一种性质的“肥料”。

在我国茶叶生产上使用较多的植物激素类物质是赤霉酸（GA_3），通常称“九二〇”，用它喷施冠面，可提早茶芽萌发，增加腋芽和不定芽萌发数以及使嫩梢节间伸长等。第一次使用有明显增产效果，增产率为10%~30%；但多次使用后增产作用下降。GA_3使用浓度以50~100mg/kg为宜，如果结合喷施0.5%尿素或1%硫酸铵，或与细胞分裂素（Cy）配合，效果更好。

乙烯利（CEPA），随着溶液温度和pH的加大而释放乙烯的速度加快，除花落果的效率高、速度快，从而有效地抑制生殖生长，集中体内养分于营养生长，因而增产明显。据马梦初报道，使用600mg/kg的上海鼓浦化工厂生产的40%试灵水剂（一种乙烯利），平均年增产17.2%，乙烯利在长江中下游茶区，以10月下旬至11月上旬的晴天喷施效果最佳。

李雄高用中国原子能研究所等单位联合研制生产的植物细胞分裂素500倍液喷施茶树，增产效果超过15%。

刘富知1974年春季试验表明：用2,4-D处理茶树，只能增加茶芽萌发数，而未能增加新梢长度和展叶数，萘乙酸（NAA）处理则既能明显增加夏芽萌发数，又能增加春梢（即处理当季梢）的长度和展叶数（表3-11）。

表3-11　2,4-D与NAA对春梢生长和夏芽萌发的影响（刘富知，1974年）

药品名称	处理浓度（‰）	春梢长度		春梢展叶数		夏芽萌发数	
		cm	%	片	%	芽/梢	%
2,4-D	0.025	13.33	88.81	6.41	100.63	2.25	157.34
	0.05	12.71	46.77	6.45	101.26	0.23	16.08
NAA	0.025	18.06	120.32	6.85	107.54	2.03	141.96
	0.05	15.58	103.8	6.19	97.17	1.5	104.9
对照（不用药）		15.01	100	6.37	100	1.43	100

注：处理对象为3足龄槠叶齐茶树，处理时间为1974年3月22日。

日本人应用延缓剂，如2-甲基-4-氯苯氧乙酸来推迟开采期，或用促进剂赤霉素来提早开采期。

在茶叶生产上使用过的外源激素类物质还有增产灵、p51、三十烷醇和EF植物生长促进剂等。

三、茶树水分管理

茶树体内各部分的含水量大致如下，茶根中50%左右，枝干中45%~50%，老叶中60%~75%，1芽3叶中75%~80%，茶花中70%~75%，休眠茶籽中30%左右。栽培茶树的任务之一，就是要针对不同的环境水分状况，根据茶树本身的特点，采取人为措施，维持茶树体内水分代谢最佳水平，以便产量和品质目标的实现，这即是茶树水分管理的基本任务之所在。

（一）水分与茶树生育

水是茶树体内原生质的重要组分，是体内一切新陈代谢、生理生化过程的介质，也是物质运输的载体。如果水分不足，会带来如下弊病：① 原生质透性加大，细胞内无机盐等电解质外渗；② 光合作用受阻；③ 呼吸作用加强；④ 引起植株体内水分重新分配，上部嫩叶因过分脱水而进入永久萎蔫状态；⑤ 加大热害对叶绿素的破坏；⑥ 芽叶变得瘦小，“对夹叶”大量形成，新梢停止萌发生长，降低鲜叶原料的数量与质量。

水分过多，尤其地下水位过高，亦会妨碍茶树的正常生长和发育，主要表现：① 改变土壤中三相比，使土壤供氧不足，削弱茶根正常的呼吸和吸收机能；② 增加土壤中还原物质或其他有毒物质，如H_2S、Fe^{2+}等，从而毒害茶树根系；③ 导致多种根部病害滋生，如茶白纹羽病、根腐病等；④ 树势差，叶子发黄，春茶萌发迟而少，易成对夹叶，也降低鲜叶原料的数量与质量。

茶树生长适宜的环境水分指标是土壤含水量为田间最大持水量（或持水当量）60%~90%，空气相对湿度70%~90%，最适指标则两者均为75%左右。据研究，每生产1kg鲜叶，茶树耗水1000~1270kg。在茶树枝叶完全覆盖地面的情况下，夏秋晴朗的日子里每天蒸腾失水为4~10mm，8月平均日耗水6~7mm。

只有使茶园土壤保持适宜的水分条件，茶树的水分代谢才能维持正常水平，芽叶才会持嫩性强、生育量大，从而有利于持续高产优质的实现。

（二）茶园保水

我国绝大多数茶园建在山坡上，灌溉条件差，如欲创造条件实现灌溉，往往难度大，成本高。就当前广大茶园经营者的财力而言，一般难以承受。比较现实的是千方百计做好保蓄水工作，即蓄雨季之余，补旱季之不足，以尽可能维持土壤水在正常的范围，解决茶树供水问题。

茶园保水工作可归纳为两个方面：一是增大茶园土壤蓄纳雨水能力；二是尽可能降低土壤水的散失量。

1. 扩大土壤蓄水能力

在坡地建茶园，应注意园地土壤的选择，即是说茶园应建在坡度不大，土层深厚，保蓄水能力较强的黏砂比适度的壤土上。这是扩大茶园保蓄水能力的前提条件之一。

种前深垦和种后必要的深耕以及增施有机肥等，能使茶园土壤有效土层松厚，结构性良好，是扩大茶园土壤保蓄水能力的积极有效措施。

健全保蓄水工程设施，如坡地茶园上方的截洪沟（或称隔离沟）、园内竹节式横水沟、坡面浅凹处、沟头上方和茶园园块间的蓄水池、侵蚀沟或崩山口的小坝（即谷坊）以及水土保持林等。

2. 控制土壤水的散失

茶园土壤水散失的主要途径有地面径流、地面蒸发、植物蒸腾和地下水移动（主要是渗漏）等。千方百计减少这些途径的水分散失量，提高土壤水或天降水的利用率，亦为积极的保水节水措施。这类措施主要有：

1）行间铺草

行间铺草既能减少地面蒸发量，又能保持土壤疏松，增加雨水渗入率，还能增加地面糙度，减缓地面径流。铺草不仅是茶园保蓄水的有效措施，而且是调节地温、防除杂草、增加土壤有机质的好办法。茶园铺草最好在雨季结束、旱热季节到来之前进行。

茶园铺草可使用稻草、藁秆、野草等。一般成龄茶园铺干草750~1000kg/hm^2，鲜草1500~2500kg/hm^2。

2）合理布置种植行

从保蓄水的效益看，密植大于稀植，条列式大于丛式，横坡等高走向茶行强于顺坡直行式。

3）合理间作

据日本高桥、森田的资料，间种豆科作物在坡度为16°时可减少25%水土流失，为26°时可减少40%的流失量。间作适合于裸露面大的幼龄茶园或低产茶园。

4）耕锄保水

“锄头底下三分水”，耕锄（主指茶园浅、中耕）既可疏松表土，截断毛细管，直接减少地面蒸发，又可消除杂草带来的蒸腾损失。中耕除草在雨季结束之时应立即进行，这是关键，在雨季亦应抢晴天及时铲（或拔）除园内杂草。

5）造林保水

茶园周围各种林木，不仅有其相应的特殊用途，且有着共同的涵养水源、减少径流、降低风速、增加空气湿度等作用。

6）其他保水措施

通过修剪培养宽矮型树冠，一方面可扩大茶树地面的覆盖度，减少非茶树的无效性耗水，另一方面矮型树冠枝叶量相对较少，且旱热风对这种树冠影响相对小于对高大型树冠的影响，从而在某种程度上减少茶树本身的蒸腾失水量。

国内外有报道，在茶树上应用抗蒸腾剂的尝试，其中“薄膜型”抗蒸腾剂OED绿（即氯乙烯二十二醇）在茶叶上反映较好。

（三）茶园灌溉

1. 茶园灌溉的效应与方式

灌溉是一项积极的茶树供水措施，能有效克服旱象，促进茶树在旱热季节也能迅速生长，既增产又提质。早在20世纪60年代初湖南省茶叶研究所的一个试验表明，仅是挑水灌溉就使旱季茶叶产量增加16.2%~25.82%，茶多酚和水浸出物总量较对照提高2%左右。浙江省余姚茶场的茶园喷灌试验表明，旱期越长喷灌的增产作用越大，1978年秋季连旱78天，喷灌区秋茶产量比对照区增加136%。谌介国（1983年）表明，喷灌不但能提高茶叶产量，而且能增加茶多酚、氨基酸、咖啡碱等主要生化成分含量（表3-12）。

表3-12　喷灌水量对茶叶生化的影响

每次喷灌水量（mm）	茶多酚（%）	氨基酸（%）	咖啡碱（%）	非酯型儿茶素（mg/g）	酯型儿茶素（mg/g）
12	23.66	1.7	4.95	53.28	108.85
18	22.5	1.57	3.89	52.28	101.34
24	21.84	1.5	4.25	48.05	104.14
30	22.29	1.75	4.11	54.35	96.58
CK	19.53	1.4	4.04	48.21	79.78

茶园灌溉常用的方法：浇灌、流灌、喷灌三种，而设施农业中有少量采用滴灌、渗灌式，不同灌溉方式各有其特点或适应范围。浇灌是一种最节约用水的方式，适应于1~2龄的幼茶和无其他灌溉条件的茶园；流灌系统的建设投资比喷灌和滴灌小，一次灌溉解决旱象彻底，但水的利用系数低，对地形要求严格，在坡地还容易带来冲刷泥土的现象；喷灌的节水性比流灌好，对地形要求不及流灌严格，在灌溉土壤的同时，还能起着对茶

园上空大气降温增湿的作用，且给水周期短，灌水量容易控制，从而使土壤水经常处于比较适宜的范围，但投资大，建材较多，在有风的条件下容易发生灌溉不均的现象；滴灌是利用一套低压管道系统，把经过过滤的水送到园内滴头，形成水滴，均匀地滴入茶树根际土壤，它具有明显的增产、节水效果，但需管材质量高、投资大，且田间管理工作量最大；渗灌是将管道埋于茶园土壤中，通过管道滴（吐）水孔，使水分均匀地分布于一定的土层范围内，以满足茶树对水分的需要，它具有节水性好，能使茶树根际土壤水分保持在最适宜的范围，还可以利用该系统来施液肥，也不存在水土流失问题，但同样要求管材质量高、投资大的问题。

2. 茶园喷灌技术

相对来说，喷灌是茶园比较理想的一种灌溉方式，下面简要介绍有关喷灌的6个技术问题。

1）喷灌形式

喷灌系统的种类多，依其设施组成可分为管道式和机组式两大类，其中管道式喷灌系统又可分为固定式和半固定式。生态茶园因枝繁叶茂，行间空隙小，宜选用固定管道式。机组式喷灌系统可分为小型机组式、滚移式、时针式、大型平移式和绞盘式等，茶树苗圃可采用小型机组式喷灌系统，以降低设施成本。

2）喷头选择

喷头分低压、中压和高压三种（表3-13）。在茶园喷灌中，一般用中压喷头，苗圃地则以低压喷头为宜（表3-14）。

表3-13　按工作压力喷头分类

类别	工作压力（kg/cm^2）	喷水量（m^3/h）	射程（m）
低压喷头	1~3	＜10	＜20
中压喷头	3~5	10~40	20~40
高压喷头	＞5	＞40	＞40

表3-14　单喷嘴摇臂式喷头主要技术性能

型号	喷嘴直径（mm）	工作压力（kg/cm）	喷水量（m^3/h）	射程（m）	喷灌强度（mm/h）
Py120	7	3~4	2.96~3.41	19~20.5	2.63~2.58
Py130	10	3~4	6.02~6.96	23.5~25.5	3.48~3.42
Py140	14	3.5~4.5	12.8~14.5	29.5~32	4.68~4.52
Py150	18	4~5	22.6~25.2	36.5~39.5	5.42~5.15

3）喷灌适期

茶园喷灌在何时进行适宜，主要从如下3方面考虑。

① **气象因素：**在高温季节，日平均气温接近30℃，日蒸发量8mm以上，若持续一周以上，就应安排灌溉。为增进茶叶品质，在连续晴朗的夏末秋初，可以每天短时喷灌1~2次。风速较大时会明显降低喷灌均匀度，所以应尽可能在风小或静风时进行。

② **土壤湿度：**在幼龄茶园20cm土层深度，成龄茶园30~40cm土层深度，土壤含水降至田间持水量的70%~80%时，或土壤张力计直接测得土壤湿度的吸水值超过500mb，即pF为2.7时，就进行喷灌补水。

③ **生理指标：**当茶树新梢细胞液浓度接近或达到10%，或叶细胞吸水力超过8~9个大气压时，意味着茶树开始感到水分不足，需要补充水分。

4）灌溉水量

确定茶园较适宜的阶段灌水量，可用下列公式求算：

$$M=10rh(P_1-P_2)\frac{1}{\eta}$$

式中：M——灌溉水量（mm）

r——土壤容重（g/cm^3）

h——灌溉计划土层深度（cm）

P_1——灌溉湿润层要求达到的含水率上限（以占干土重的百分数表示，相当于田间持水量的90%~100%）

P_2——灌溉前土壤含水率下限（相当于田间持水量的70%左右，或灌前实际含水量，以占干土重的百分数表示）

η——灌溉水的有效利用系数，一般取值0.7~0.9

5）灌水周期

灌水周期，即前后两次灌水之间间隔天数，可用下式求算：

$$T=\frac{M}{W}$$

式中：T——灌水周期（天）

W——茶树阶段平均日耗水量（mm）

M——阶段灌溉水量（mm）

[例]某茶场某片茶园，土壤容重为1.3g/cm^3，渗透水的速率7.5mm/h，田间最大持水量为28%，在高温干旱季节，当土壤含水降至20%时茶树有缺水感，需及时灌溉补水，如果每次灌溉要求使0.4m深土层含水达田间持水的90%，灌水有效利用系数为0.9，茶树阶段平均日耗水量在旱期为8mm，该茶园一次灌水（即阶段灌水）量为多少？如果持续

干旱，至少几天灌水一次？每次需灌溉几小时（t）？

$$解：M=10rh\,(P_1-P_2)\,\frac{1}{\eta}$$

$$=10\times1.3\times0.4\times(28\times0.9-20)\times\frac{1}{0.9}$$

$$=30.0444\ (\mathrm{mm})$$

$$T=\frac{M}{W}=30.0444\div8=3.756\ (天)$$

$$t=30.0444\ (\mathrm{mm})\div7.5\ (\mathrm{mm/h})=4\ (\mathrm{h})$$

答：该茶园阶段灌水量为30mm每3.8天应灌水一次，每次需灌溉4h。

6）喷灌技术要求

① 喷灌必须及时、适量，当旱象将要露头时就开灌，水量以相应土层含水上升到田间最大持水量90%~95%为限。② 喷灌强度要与土壤透水性能相适应，即不超过入渗速率。一般平地沙质壤土的渗水率为10mm/h，黏壤则更小一些。③ 喷水的雾化程度（水滴直径）要适中，一般茶园喷灌的水滴直径以2mm左右为宜。过大则冲击茶芽和土壤厉害，甚至损伤茶芽，加速板结土壤；过小则易受风力影响等而灌溉不匀。④ 喷灌面积上的水量分布应均匀，均匀系数在80%以上。⑤ 使用喷灌系统应制定和遵守必要的规章制度和操作规程，做好维修保养工作（图3–3）。

图3–3 正在喷灌作业的茶园

茶园水分管理的任务，除保蓄水和灌溉外，还有排水排湿。山地茶园特别要注意对有关排水系统的维护，使过多的降水（即超过土壤渗透和园内蓄水能力的那部分降水）安全地排出园外，流向山下塘、库。平地或谷地茶园多有雨季地下水位过高问题存在，一定要深沟（明沟或暗沟）排湿，以有效降低地下水位。

理想的茶园管水目标是：有水能畜，多水能排，缺水及时补给，使茶园土壤水分经常保持在适于茶树生长的范围。

四、茶园间作与杂草防治

（一）茶园间作

间作与轮作套种均属耕作制度范畴，为历史悠久的传统农作技术，合理间作不仅能提高土地有效利用率，而且对主作物也带来积极作用。

我国老茶园多为丛栽稀植，茶树对园地盖度小，空隙多，为了充分利用土地，增加单位土地面积上的效益，长期以来茶农就养成了在茶园间种其他作物的习惯，20世纪50年代以来，虽新建茶园均实行条植，种植密度比旧茶园成数倍乃至十数倍地增加，但在幼龄茶园或管理水平较低的成龄茶园，因茶树对地面的盖度仍比较小，不少茶农为增收节支，提高耕地利用率或以园养园，亦在这类茶园中间种其他作物。

但是间作必须合理，否则影响茶树生育，进而降低茶叶产量。

1. 茶园合理间作的基本要求

① 树立以茶为主的指导思想，切不可因间作而影响茶树的正常生育；② 注意间作物的选用，间作物不能过多与茶树争夺水分、养分，间作物不应与茶树发生共同的病虫害，间作物应有利于提高土壤肥力，或改善生态条件，或增加单位土地面积上总的经济效益；③ 加强间作物的田间管理，防止它们过于荫蔽或缠绕茶树，加强肥水措施，避免因间作而降低地力；④ 及时收获间作物和翻埋绿肥作物。

2. 适于间种茶园内的作物

① **绿肥类：**紫云英、萝卜、猪屎豆、羽扇豆、乌豇豆、黄豆、绿豆等；

② **蔬菜类：**甘蓝、白菜、茄子、辣椒等；

③ **粮食类：**玉米、甘薯、马铃薯等；

④ **果树类：**梨、李、柑橘、杨梅等；

⑤ **经济林木类：**银杏、油桐、橡胶等；

⑥ **其他：**白术、托叶楹、台湾相思、合欢、杉、松等。

除有关木本植物，按相应组合规格，永久性配置于茶园外，一般短季草本类作物在茶树对地面盖度超过50%~60%时，不宜再间作于茶行间。

（二）茶园除草和防治

茶园杂草具有两重性，一方面杂草是茶园生态系统的成员之一，能提高单位面积上的光能利用率，他们的残体腐烂后，能增加茶园土壤有机质，1~2龄茶园有少量杂草能为其遮阴，减少盛夏阳光的灼伤。但杂草过多，则会与茶树争肥水和阳光，特别是某些恶性杂草，如白茅、马唐、狗牙根等的根系或地下茎特别发达，对茶树的生长不利。

1. 茶园主要杂草

茶园杂草的种类繁多，适宜在酸性土壤生长的旱地杂草，大多可通过多种途径传播到茶园，并在茶园中生长繁衍，生态环境、地域环境不同，杂草的种类有差异（表3-15）。

表3-15 茶园杂草种类及分布

省份	杂草种类	主要杂草名称
浙江	32科87种，其中禾本科和菊科为11种，其他还有石竹科、十字花科、伞形科、唇形科和蓼科等。	雀舌、卷耳、马唐、看麦娘、通泉草、荠菜、早熟禾、香附子、猪殃殃、车前草。
湖南	39科132种，其中菊科17种，禾本科15种，唇形科7种，其他还有蔷薇科、蓼科、伞形科、石竹科等。	艾蒿、一年蓬、鼠曲草、马兰、看麦娘、马唐、狗牙根、画眉草、白茅、辣蓼、杠板归、繁缕、雀舌、婆婆纳、酢浆草。
福建	62科355种，其中菊科46种，禾本科72种，落草科23种，其他还有蔷薇科、蓼科、唇形科、豆科等。	葛藤、小飞蓬、金色狗尾草、马唐、雀稗、白茅、鸭嘴草、芒、菝葜、海金沙、华南鳞盖蕨。
台湾	40科142种，其中菊科23种，禾本科28种，其他还有十字花科、苋科、蓼科、石竹科等。	蕨、看麦娘、狗牙根、牛筋草、白茅、香附子、半夏、杠板归、荠菜、龙葵、艾蒿。

茶园杂草种类与种茶前原有植被关系密切，如有白茅草的荒坡垦建而成的茶园，其茅草的发生量较大；由灌木坡地垦建而成的茶园，则多蕨类、小竹、金刚刺等杂草；有旱作熟地改建的茶园，马唐、狗尾草等杂草发生量大。

茶园杂草的季节性变化明显，据调查，春季（4~5月）主要为碎米荠、鼠曲草、繁缕、小飞蓬、看麦娘、早熟禾等；夏季（6~7月）主要有辣蓼、小蓼、鸭跖草、马齿苋、一年蓬、莎草、马唐、狗尾草等；秋季（8~9月）为小飞蓬、辣蓼、马齿苋、一点红、荠宁、酢浆草、漆姑草、莎草、马唐、狗尾草、牛筋草等。

2. 茶园杂草的综合治理

茶园杂草的综合治理是指用杂草预防和控制相结合的方法解决茶园杂草问题。茶园杂草的预防可以根据杂草发生的生物学特点，选用栽培方法和耕作措施，减少总杂草繁殖体产生的数量、减少茶园中杂草的出苗及降低杂草与茶树的竞争。茶园杂草的控制主要是通过使用除草剂杀死正在生长的杂草，以减少杂草对茶树的竞争和干扰。

1）栽培技术措施

治理茶园杂草的栽培技术措施包括：① 土壤翻耕，包括茶树种植前的园地深垦和茶树种植后的行间耕作，它既是茶园土壤管理的内容，也是杂草防治的一项措施；② 行间铺草，目的是减轻雨水、热量对茶园土壤的直接作用，改善土壤内部的水肥气热状况，同时对茶园杂草有明显的抑制作用；③ 间作绿肥，幼龄茶园和重修剪、台刈茶园行间空间较大，可以适当间种绿肥，这样不仅增加茶园有机肥来源，而且可使杂草生长的空间大为缩小；④ 提高茶园覆盖度，覆盖度的提高不仅增加茶叶产量，提高茶园土壤利用率，同时对抑制杂草的生长十分有利。

在治理过程中，就茶园类型而言，治理重点应放在幼龄茶园、重修剪和台刈茶园，其次是因管理不善或种植过稀覆盖度小的生产茶园；就季节而言，应狠抓越冬至早春和春夏期间的杂草防治；就杂草类型而言，应重点放在宿根性、多年生恶性杂草的防治，如白茅是导致许多茶园荒芜的主要原因。

2）茶园化学除草

化学除草具有使用方便、效果好、节省人工和成本等优点，但灭生性除草剂的杀灭作用对植物没有或几乎没有选择性，在茶园最好不使用或少使用。在普通茶园可以使用的除草剂主要有草甘膦、百草枯、阿特拉津、扑草净、灭草隆、敌草隆和果尔等。同时，茶园化学除草应注意以下4个问题。

① 注意使用时期，一般第一次最好是在3月底到4月初进行，此时杂草多已长大，可用杀草效力快的百草枯、草甘膦等除草剂作茎叶处理，将春草杀灭在开花结籽之前。第二次宜在5月间进行，可使用西玛津、敌草隆等对土壤进行处理，以将大多数夏、秋杂草及早杀死在萌芽出土和幼苗阶段。到了7月以后，若伏天多雨，杂草再度滋生，可以再喷一次药。

② 注意除草剂的喷施方法，如直接喷到茶树上，都会产生不同程度的药害。所以，喷药时应严格操作，正对地面杂草，定向喷雾。

③ 注意喷施对象和浓度，应针对杂草类型和生长情况，掌握好使用浓度与剂量，一般每次用原液（或粉剂）4~7kg/hm^2，稀释150~200倍。

④ 注意施用安全性，严格操作规程防止可能对人畜带来的危害，不宜中午高温条件下施用；严禁在有机茶园使用任何化学除草剂，有机茶园杂草的清除，应通过农业技术措施控制杂草的危害，或与栽培措施相结合去除杂草，如中耕、施肥等。

第二节　茶园树体管理

茶园树体管理是指所有直接应用于茶树本身的栽培措施，包括修剪、采摘、病虫防治等，但因茶叶采摘不仅是一项栽培措施，而且是茶叶加工的开始，采摘的质量将直接影响加工质量和茶叶的档次。

一、茶树修剪

茶树修剪，是在一定的肥培管理基础上，根据茶树生长发育的规律，剪去树冠的一部分或全体，从而刺激或调整树体内生理矛盾，改变代谢强度或方向，达到一定的栽培目的，即幼龄茶树合理定型、成龄茶树齐整、高效育芽面的维护，衰老茶树更新复壮，以及有利于提高采茶工效，减轻劳动强度和便于机械采茶等。

（一）修剪原理

在自然生长条件下，茶树具有较强的顶端优势，所谓顶端优势，即同一个枝条的顶芽生长快于或强于腋芽生长，同一株茶树的中央枝生长强于边缘枝，垂直生长大于横向生长。这种情况的存在，往往使茶树冠面参差不齐，育芽面不宽，芽叶生长很不匀齐，以致在一定程度上影响茶叶产量和品质的提高。可见，顶端优势的存在与人们的栽培目的是有一定矛盾的。修剪去除了枝条的顶端生长点，从而消除顶端优势，诱发和促进侧芽或侧枝生长。

茶树在正常情况下，地上部与地下部具有一种相对平衡性，即两者的功能相互配合，使茶树维持一定的生长状态，各项代谢机能建立在相应的水平上。而修剪使地上部突然失去部分枝叶，原有的平衡被打破，这时茶树力求建立新的平衡，于是加速地上部生长，萌生出大量新的枝叶，这些新生枝叶的光合同化等生机旺盛。随之对地下部的吸收机能提出更高的要求，并提供较多的碳水化合物等有机营养物质给根部，于是茶树根系活动加强，新的吸收根群大量发生，而发展了的根系又为茶树地上部的进一步发展提供更多的物质基础。如此地上部与地下部相互促进，从而加强了整株茶树的代谢强度，建立更高水平的新的平衡。修剪强度越大，即剪口位置越低，地上部损失的部分越多，打破原有平衡越厉害，在一定的肥培管理水平下建立新平衡的水平越高。

随着茶树年龄的增长和频繁的采收活动，树冠上部分枝越来越密，单个枝梢越来越纤细，节间越来越短，叶片越来越小，单梢着叶数也越来越少。这种状态不仅分散了从地下部输送来的水分和矿质元素，而且加大了输导阻力，从而降低了光合同化效率和各生长部位有机营养物质的供应，从而降低了整株茶树的代谢机能，严重时，甚至异化作用大于同化作用，不但不能积累较多的营养物质，使树体进一步扩大；相反，还会过多动用体内原有贮藏物质，乃至部分结构物质。显然，处于这种状态的茶树的产量是难以提高的，修剪则能有效消除这种状态，重建合理的生产枝群。

通过修剪还可培养和控制适当低矮型树冠和清除冠下部横、倒、阴枝等，既能减少养分的无效消耗，畅通茶树体内上下运输，又能使茶树行间和茶丛下部保持一定的通风透光性，改善生态环境，抑制病害和虫害发生，发挥农业防治的效应。

茶树修剪，依其修剪目的及其强度的不同，一般将其划分为三类，即定型修剪、整形修剪和更新修剪，这三种类型修剪在栽培茶树一生中的有机配合，交替使用，便构成了茶树的修剪体系。

（二）定型修剪

定型修剪是对尚未定型投产的幼龄茶树的修剪，也包括台刈或重修剪更新后2~3年内茶树的修剪。目的在于塑造有利于高产、稳产和方便田间管理的理想树型。其具体作用有4种：① 促进单轴分枝向合轴分枝转化，增加分枝数，扩大横向生长；② 压低一二级骨干枝着生部位，促使树冠重心下移；③ 增加分枝粗度，调整分枝角度，使骨干枝系统均匀配置，且随着第一次修剪部位的适当压低，这种作用得到加强（表3-16）；④ 培养不同模式的树型，以适应不同地形、气候、品种和种植规格的需要。

表3-16　主干定型高度对一级侧枝生长的影响（湖南农业大学，1970年）

主干定型修剪高度（cm）	主干直径（mm）	第一级分枝数（个/株）	近剪口分枝		远离剪口分枝	
			直径（mm）	与主干夹角（°）	直径（mm）	与主干夹角（°）
15~20	12.6	4.9	6.7	33.3	6.8	40.1
21~30	11.7	6.4	6	28.2	4.8	36
31~40	10.3	8.9	5.9	24	3.4	47.7
＞40	10.1	10	5.6	19.5	2.9	50.7

茶树树型模式依树高可分为高、中、低3种类型：① 高型树冠，树高掌握在100cm左右，适合于我国南方茶区和直立状乔木型或半乔木型大叶类型茶树；② 中型树冠，树高控制在80cm左右，适合于我国中部茶区和灌木型中小叶类型或半乔木型中叶类型茶树；③ 低型树冠，树高控制在50~70cm，适合于我国北方茶区和其他茶区的矮杆密植茶园，及高海拔易发生冬冻的茶园。

树型模式依冠面形状主要有弧形和水平形之别。一般而言，弧形采摘面幅度大，发芽数较多，但芽叶较小，适合于中等纬度茶区，中小叶品种或树型为披张状的茶树；水平形采摘面幅度小，芽数亦少，但新梢茁壮，正常芽叶比重大，且对顶端优势抑制作用大，适合于南方低纬度茶区，乔木型或小乔木型大叶品种茶树和顶端优势强的直立状茶树。机采茶园，则应视采茶机工作面的形状而定冠面形状的培养。

除了弧形、水平形之外，国内外还有“三角形”“斜面形”和“连续瓦脊形”等，这些大多属于高效利用光能的探索性修剪措施，或者是为了抵御不良环境的一种手段。

对幼龄茶树的定型修剪，其具体做法是：当茶树2年生且苗高30cm以上，主干粗

3mm（直径）以上时，作第一次定型修剪，离地面12~15cm剪去主枝上段，但不剪主枝剪口以下的分枝。至3年生时进行第二次定型修剪，剪口比第一次提高10~15cm，至4年生时进行第三次定型修剪，比第二次亦提高10~15cm（图3-4）。第一次与第二次用枝剪，尤其是第二次应因枝制宜，掌握压强扶弱，抑中促侧的原则，以充分发挥修剪对枝系的调控作用，打下骨干枝基础。第三次定型修剪，一般改用水平形修剪。以后的修剪则以相应茶园的目标冠面形状为准，运用平形或弧形剪。

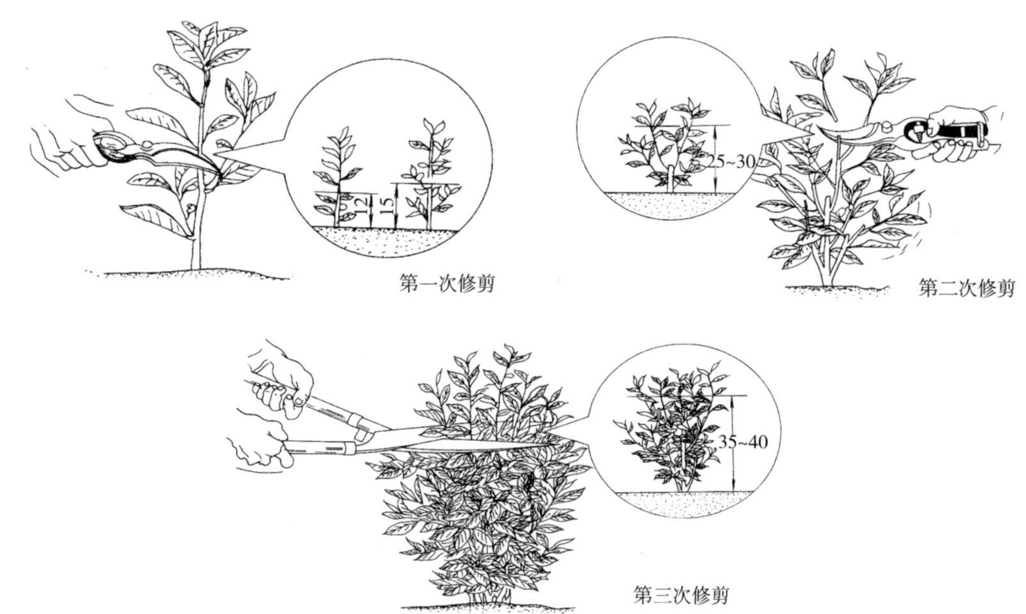

图3-4 幼龄茶树的定型修剪示意图（单位：cm）

更新修剪后茶树的第一、二次修剪，亦称定型修剪。重修剪的当年秋末冬初或翌年早春比重修剪高度提高10~15cm平剪定型，第二年可打顶养蓬3、4次。第三年早春再提高10~15cm平剪定型一次，严格执行以留新叶为主的采摘。台刈茶树的当年秋，可适当打顶采1次，翌年春离地面25~30cm行第一次定型修剪，并适当疏去细瘦枝，以后再行2次定形修剪，并注意第二年打顶养蓬采摘2、3次，第三年严格执行留新叶采摘。

不论是幼龄茶树还是重修剪或台刈更新后的茶树，定型修剪的强度、时间和次数等均应依气候、土壤、茶树品种及实际长势而定。一般而言，南方乔木型直立状茶树顶端优势突出，向上生长快，横向生长慢，所以，除第一次定型修剪主干留桩略高于普通中小叶种茶树外，应加强看枝施剪，适当增加定型修剪次数，以培养适于丰产的广阔型树冠。土壤肥力高，茶树年生长量大的，为减少修剪损失，加速树冠养成，也可一年行两次定型修剪。分别在2月和6月下旬至7月上旬进行。

在长江中下游广大茶区，2月份是茶树体内养分贮藏最多的时期，且严冬已过，茶树即将进入春茶萌发阶段，此时修剪既可减少对养分的损失，又能及时解除顶芽对侧芽的抑制作用，加速强壮分枝的养成；既可充分利用当年生长季节，有利于新生枝的生长（相对于夏剪），又可减轻可能发生的冬冻对幼树的伤害（相对于冬剪）。

（三）整形修剪

整形修剪是对成龄、正常投产茶树进行的修剪，目的在于整饰树冠，控制树高，方便园间管理和采茶，消除“鸡爪枝”，复壮育芽能力。

整形修剪，依其修剪程度，有浅修剪（又称轻修剪）与深修剪之别。浅修剪的作用侧重于解除顶芽对侧芽的抑制，刺激茶芽萌发，使树冠面整齐，调节新梢数量和粗度，便于采摘和管理。浅修剪的修剪高度是在上次剪口上提高3~5cm，气候温和、肥水条件好、生长量大的茶树剪的稍重，反之要轻，浅修剪一般一年一次，手采茶园有时也可隔年一次。浅修剪常用修剪机或手工篱剪（又称水平剪）。多在早春或初夏进行，亦可在晚秋进行，但应避开旱热季节和特别严寒的时段。

深修剪的作用偏重于控制树高，消除鸡爪枝，部分复壮生产枝的育芽能力，是一种轻度改造树冠的修剪措施（图3–5）。因为树冠经过多次的浅修剪和采摘以后，树高增加，冠面上的分枝愈来愈细，并形成密而细小的结节，结节阻碍营养物质的输送，其上生长的枝梢细弱而又密集，即鸡爪枝多，且枯枝率上升，对夹叶多，产量、品质下降明显。深修剪，是在保留茶树中下部主要枝系结构的前提下，及时更新树冠上层生产枝，在一定程度上复壮树势、提高产量和品质。深修剪一般是剪去树冠绿叶层的1/2~2/3，约为15~25cm，目标是剪去鸡爪枝、细弱枝群，深修剪一般每隔4~5年，或3~5次浅修剪进行一次。两者配合形成成龄茶园的整形修剪制度。深修剪在一年中最好在早春（2月中旬至3月上旬）进行，因为这样培养的新生生产枝更粗壮，但为照顾当年春茶产量，在肥水条件较好时，亦可移到春茶结束时（4月下旬到5月上旬）进行。深修剪亦宜用篱剪或相应的修剪机来执行。

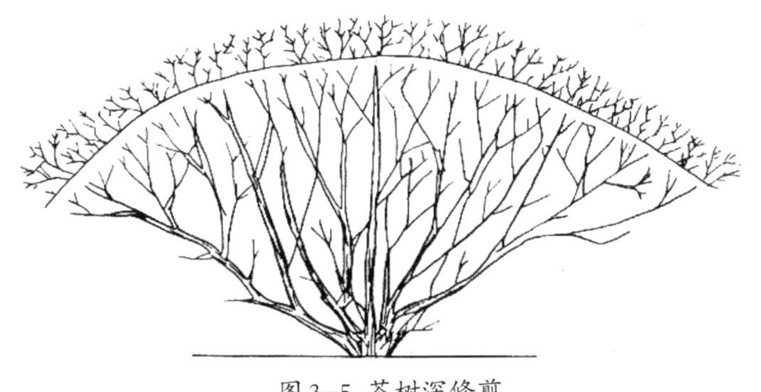

图3–5 茶树深修剪

在深修剪的同时，针对某些树冠覆盖度大、行间狭窄的茶园，还可配合进行清蔸亮脚和边缘修剪。所谓清蔸亮脚，就是用整枝剪剪去树冠内部和下部的病虫枝、枯老枝、细弱枝和横倒枝等，以使茶树适度通风透光，减少养分无效消耗，消灭部分寄生病虫。所谓边缘修剪，就是将两茶行间过密的枝叶剪除，保持茶行间20~30cm的通道，以便于行间通透性和园间作业。

（四）更新修剪

对树势显著衰退、产量明显下降的衰老或未老先衰的茶树，以全部或大部分枝系的更新复壮为目的的修剪，称更新修剪。有的茶树虽然生机仍很旺盛，但因缺少科学系统的修剪，茶树长得太高和枝系结构不合理，尤其在改现有茶园为机采茶园时，也需运用重修剪，甚至台刈这类更新修剪手段（图3-6）。

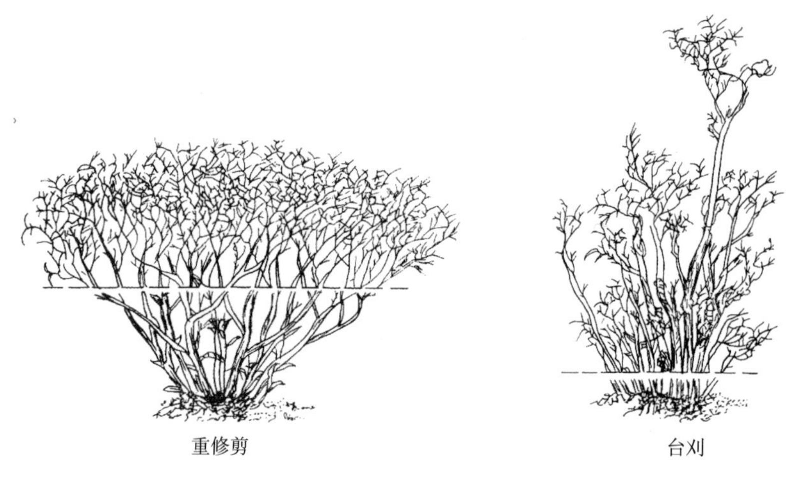

图3-6 茶树更新修剪

重修剪适于一、二级骨干枝上寄生物少、尚健壮，树龄10~20年的未老先衰茶树，普通深修剪难以复壮树势到应有的水平的茶树。重修剪常用的修剪深度是剪去树高的1/2或略多一些，留下30~45cm的枝墩高。同时对茶丛中某些个别太衰退、或病虫为害太严重的枝条，宜用抽刈的方法，离地10~15cm剪（或砍）去。重修剪时，对茶丛下部乃至根茎部早已萌生的徒长枝、土蘖枝应严加保护，以加速地上部的复壮。对非骨干枝部分较瘦弱的绿色老枝，也应视情况（重剪后所余绿色面积的大小）而适当保留，以维持重修剪后茶丛的一定水平的光合同化能力和水分代谢速率，从而增进重剪更新的效果。在正常培育管理条件下，重修剪一般8~10年进行一次较为合理。根据赵和涛在皖南茶区歙县潜口乡进行的试验，未老先衰的低产茶园重剪改造的效果一般只能维持4年，但只要及时采用深修剪、深耕施肥、补缺和适当留养等，可使产量持续上升到一个新水平，这种趋势约可维持9年，到第10年单产、产值和纯收入均显著下降。可见重修剪与深修剪可以交替进行，时距约4~5年，在肥培管理较高、树体基础较好的条件下，则可以在两次重修剪之间作两次深修剪，这样可以在整形修剪制度的基础上，扩充为轻修剪、深修剪和重修剪的配套技术。

台刈是一种彻底改造茶树树冠的措施，它适于骨干枝基本衰退，枝干上寄生物多，重修剪已难以奏效的茶树，一般树龄较大、主干很粗的茶树宜用台刈法，因为这类茶树即使重修剪，也难从桩墩上部萌发抽生新枝，新枝多从根茎部萌生。台刈一般采取离地面5~10cm处剪去全部枝干，同时亦应注意保护已萌生的土蘖枝。刈时切口应平滑、倾斜，应用锋利的弯刀斜劈或拉削，避免树桩破裂。在正常的培育管理条件下，台刈更新的周期与重修剪的周期相似，即10年左右一次。据我们考察，台刈后茶叶的自然品质下降快于产量的下降，故台刈更新的周期不宜过长。

台刈和重修剪的最佳时间是春茶前，其次是春茶后（图3-7）。

图3-7 台刈、重修剪后的茶园

（五）与修剪配套的栽培技术

修剪虽是重要的树体管理措施之一，但其作用纯属刺激或激化树体内部生理矛盾的范畴，而并非为茶树生长提供物质基础本身。修剪效应的良好发挥有赖于其他栽培措施的配合。

其一，改树必须与改土增肥相结合，修剪茶树必须加强肥培管理，剪位越深，施肥量应越高。土层浅薄的，还应进行行间深翻，以扩展根系活动的空间。

其二，与合理采摘相结合。修剪虽有复壮生机的作用，但必须加以维护。否则复壮了的生机很快又会衰减。维护措施除肥培管理外，还必须实施茶叶的合理采摘。浅修剪后的第一个茶季，深修剪后的第一年必须实行留真叶采，重修剪和台刈后的第一年，只能停采养树，或视情况打顶养蓬1、2次，第二年需严格贯彻留真叶采，或仅打顶养蓬3、

4次，第三年仍需贯彻以留真叶采为主，留真叶与留鱼叶采相结合。

其三，与病虫防治等相结合。许多生产茶园树势差，产量低，除了肥培水平低、采摘不合理外，病虫害为害严重也是一个不容忽视的因素。不仅在修剪改树的同时应配合贯彻得力的防治措施，如药杀或刮除枝干寄生物，剪去病虫枝叶并搬出园外，加以妥善处理，还必须密切监视修剪后园内病虫动态，及时防治。因为，剪后旺盛生长的嫩梢为病虫提供了鲜嫩食料，给病虫再危害创造了条件。如台刈后的茶园小绿叶蝉往往为害猖獗，就是这个原故。

另外，修剪茶园，还应积极配合其他行之有效的一些栽培措施，如茶园铺草、灌溉、防冻、合理耕作等，实行栽培措施优化组合，确保修剪效应较长时间的良好发挥。

二、茶树病虫害防治

我国茶区分布较广，病虫种类繁多。据不完全统计，我国已记载的茶树害虫、害螨种类已有400多种，其中经常发生危害的50~60种；病害（包括线虫病）100多种，其中常见的病害30余种。各地主要病虫害的种类并非固定不变，随着环境的变化，病虫情也会发生变化。病虫为害对茶叶产量的影响是经常性的，就总体上来看，病虫因素是制约茶叶产量的诸因素中，仅次于施肥的第二大因素。

（一）茶树主要害虫及其防治

在我国茶园中常见的害虫有：茶毛虫、白毒蛾、茶尺蠖、油桐尺蠖、大蓑蛾、褐蓑蛾、白囊蓑蛾、茶刺蛾、丽缘刺蛾、扁刺蛾、小卷叶蛾、后黄卷叶蛾、茶丽纹象甲、枯灰象甲、小绿叶蝉、茶蚜、黑刺粉虱、椰圆蚧、长白蚧、蛇眼蚧、茶梨蚧、红蜡蚧、角蜡蚧、茶天牛、茶红颈天牛、蛀梗虫、茶橙瘿螨、叶瘿螨、短须螨和铜绿金龟等。下面就主要的9种作简要介绍：

1. 茶毛虫

茶毛虫属毒蛾属鳞翅目毒蛾科，也称毒毛虫等。全国各茶区的高山茶园中普遍发生。幼虫爵食叶片，三龄前将叶片吃成枯黄色半透膜，三龄后逐渐将叶片吃成缺刻，严重危害时整株茶树被吃成光杆，成虫是一种黄褐色的蛾子，前翅顶角处有2个小黑点。卵块上覆盖有一层黄褐色绒毛。幼虫初孵时淡黄色，老熟时每节背部有两对黑色毛瘤、蛹外有一层薄丝茧（图3-8）。在江苏、浙江中北部、安徽、四川、贵州、陕西1年发生2代；浙江南部、江西、广西、湖南3代，福建3~4代，台湾5代，以卵块在茶树中、下部老叶背面越冬。幼虫群集性强，老熟后在茶丛根茎及枯枝落叶或土块中结茧化蛹。

防治方法：① 人工捕杀，在11月至翌年3月间人工摘除越冬卵块，生长季节于幼虫1~3龄期摘除有虫叶片。② 培土灭杀，在茶毛虫盛蛹期进行中耕培土，在根际培土6~7cm，以阻止成虫羽化出土；成虫多在下午16时前后羽化，此时多伏于茶丛或行间不活动，可人工踩杀。③ 诱杀，在成虫羽化期，进行灯光诱杀和性信息素诱杀。④ 生物防治，防治时期掌握在幼虫3龄前，建议在幼龄幼虫期用每克含100亿活孢子的杀螟杆菌或青虫菌喷雾，也可用含100亿/mL茶毛虫核型多角体病毒。⑤ 化学防治，喷雾方式以超低容量喷雾为宜。使用药剂和浓度详见下文。

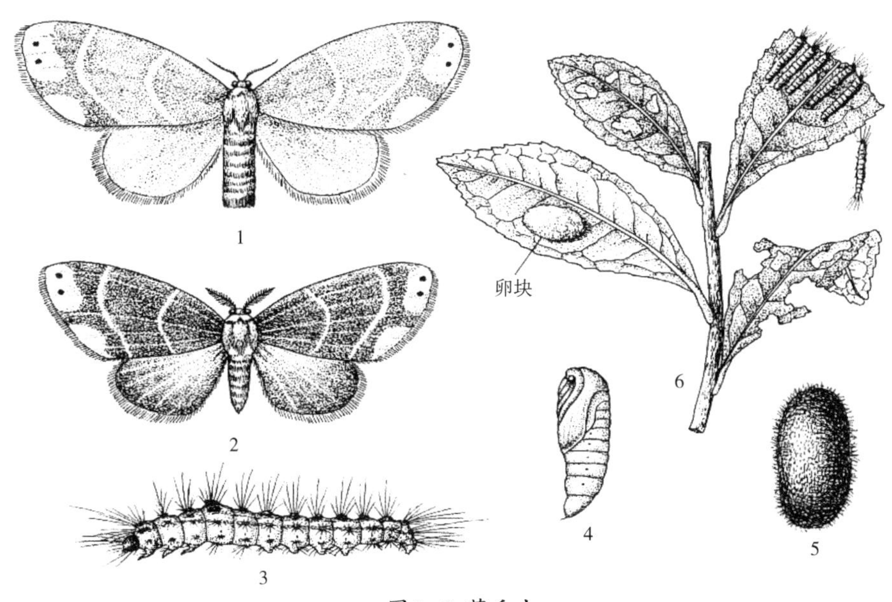

图3-8 茶毛虫

注：1.雌成虫；2.雄成虫；3.幼虫；4.蛹；5.茧；6.被害状。

2. 大尺蠖（又名油桐尺蠖、量尺虫）

尺蠖是危害茶树叶片的重要害虫，隶属鳞翅目，蠖蛾科。其中大尺蠖的危害较严重，大尺蠖主要分布于浙江、安徽、江苏、江西、湖南、福建等地。幼虫暴食茶叶，先在叶尖叶缘吃成半透膜斑点，以后吃成缺刻，严重时可将茶树叶片取食殆尽。成虫是一种较大的银灰色蛾子，喜翅平展静伏于茶园周围的树干、墙壁及茶丛枝干上。幼虫行走时一伸一缩，体色变化大，老熟时带绿色或麻褐色，长达70mm余。卵蓝绿色，常成千上百粒产于树皮裂缝中。蛹圆锥形，棕红色至黑褐色（图3-9）。在上述省份1年可发生2~3代（华南3~4代），以蛹在树冠下表土内越冬。翌年3月初开始羽化出土。一般4月上、中旬第一代幼虫开始发生，危害春茶，但以夏秋茶期间危害最严重。

防治方法：① 农业防治，在大尺蠖越冬期间，结合秋冬季深耕施基肥，清除树冠下表土中的虫蛹；利用成虫趋光性，用频振式杀虫灯在发蛾期诱杀成虫。② 人工捕杀，根据幼虫受惊后吐丝下垂的习性，放鸡食虫或人工捕杀。③ 生物防治，对第1、2、5、6代茶尺蠖，提倡施用茶尺蠖核型多角体病毒。④ 化学防治，重点是第4代，其次是第3、5代。应严格按防治指标实施，以第1、2龄幼虫盛期施药最好。施药方式以低容量蓬面扫喷为宜。要注意轮换用药，注意保护天敌，使用药剂和浓度详见下文。

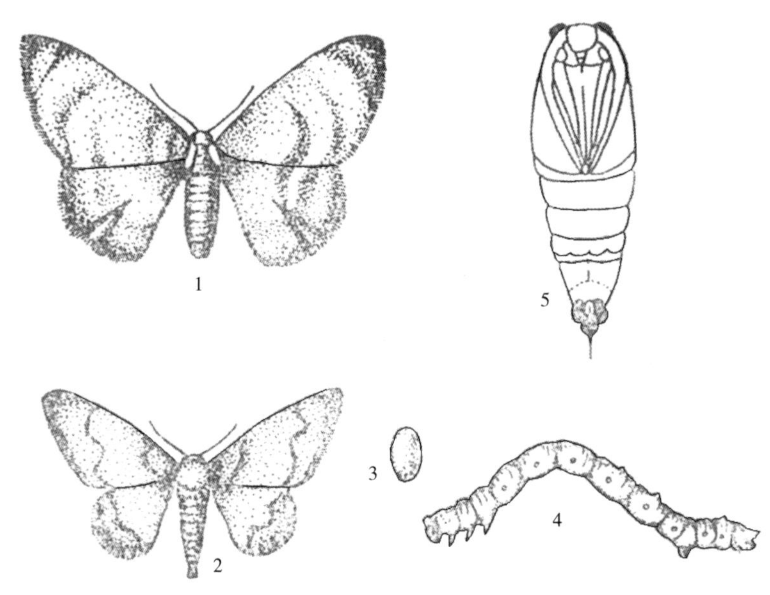

图3-9 大尺蠖

注：1.雌成虫；2.雄成虫；3.卵；4.幼虫；5.蛹。

3. 刺蛾（俗名痒辣子）

刺蛾属鳞翅目，刺蛾科。分布遍及全国各茶区，以长江流域以南发生较多。主要危害夏秋茶。以幼虫取食茶树叶片，幼龄幼虫将叶片吃成淡黄色枯透膜，以后吃成缺刻。为害较多的有丽绿刺蛾、扁刺蛾和茶刺蛾等。

扁刺蛾的成虫体翅灰褐色，前翅近端部有一按褐色带纹，自前缘斜向后缘，斜纹内侧有一黑褐色点，后翅暗灰色。幼虫淡鲜黄绿色，椭圆而较平，背隆起，背部中央有一条白色纵线。两侧有蓝色窄边，两边各有一列橘红色至枯黄色小点，近中间一个比较明显。各体节有4根绿色枝状丛刺，背侧一对发达，两边一对很小（图3-10）。扁绿刺蛾在长江中下游地区1年发生2代，以老熟幼虫在根际表土中结茧越冬。两代幼虫发生期分别为6月及8~10月危害。幼虫多栖于叶背，咬食叶肉。

防治方法： ① 农业防治，冬季结合茶园培土防冻，在根际33cm范围和兜内培土7~10cm，或结合冬春施肥，将落叶及表土翻埋如施肥沟底。② 摘除虫叶、卵叶，可于冬季或7~8月摘除枝上的茧蛹或卵块。③ 诱杀，点灯诱蛾，光源以黑光灯效果好。④ 生物防治，可用核型多角体病毒悬浮液喷施或用病死虫体研碎对水喷施。⑤ 化学防治，应掌握在2、3幼龄期，施药方式以低容量侧位扫喷为宜。使用药剂和浓度详见下文。

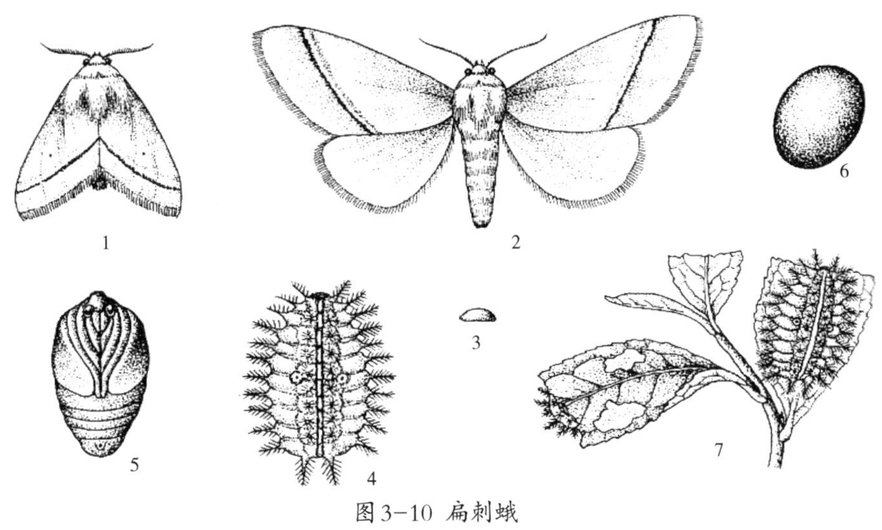

图3-10 扁刺蛾

注：1.雄成虫；2.雌成虫；3.卵；4.幼虫；5.蛹；6.茧成虫；7.为害状。

4. 蓑蛾（俗称吊虫子、布袋虫）

蓑蛾属鳞翅目，蓑蛾科，又名布袋虫。蓑蛾种类很多，其中发生较多的有茶蓑蛾、褐蓑蛾和白囊蓑蛾等（图3-11）。贵州1年1代，安徽、湖南、江苏等1年2代，福建、广东、台湾等1年2~3代。蓑蛾均以幼虫咬食茶树叶片，危害初期呈黄褐色零星斑膜，后期吃成孔洞，严重时不仅吃光叶片，还可连枝干树皮也取食，常引起枯枝死树。雌雄成虫差别很大，雄成虫是蛾子，在护囊内羽化后可飞出寻找雌虫交配。雌成虫不变蛾，一生均在囊内，卵也产在囊内。幼虫孵化后从囊内爬出，随风飘荡在周围茶丛上危害，常形成明显的被害中心。幼虫边取食边做囊，不取食时缩在囊内，耐饥饿。取食时从囊内爬出，还可背袋爬行。茶蓑蛾囊外是长短不齐的枯枝；褐蓑蛾囊外是参差不等的碎叶片；大蓑蛾囊外常有一二片大的叶片包着，囊大而韧；白囊蓑蛾囊外无枝叶，色白，长锥形，丝质。茶蓑蛾1年发生2代，幼虫卵子孵化期分别是6月上旬和8月下旬。其余3种均是1年1代，大蓑蛾5月中下旬孵化幼虫，褐蓑蛾和白囊蓑蛾的孵化期则是在7月中下旬。蓑蛾均以幼虫在护囊里越冬。

防治方法：① 人工摘除，蓑蛾类虫口比较集中，平时结合茶园管理和采茶摘除蓑蛾或修剪虫枝。② 生物防治，幼龄虫发生时，可喷施每毫升含1亿孢子的苏云金杆菌液，或引鸟类捕食。③ 应尽量减少药剂使用，在幼龄虫盛期可及时喷药，并采用“中心防治”。使用药剂和浓度详见下文。

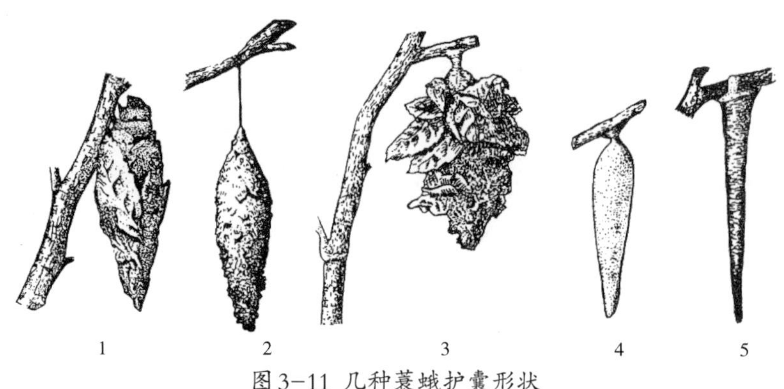

图3-11 几种蓑蛾护囊形状

注：1.大蓑蛾；2.茶蓑蛾；3.褐蓑蛾；4.白囊蓑蛾；5.油桐蓑蛾。

5. 蚧　虫

蚧类又叫介壳虫，属同翅目，蚧总科。茶树蚧虫种类达60多种，主要有椰圆蚧、长白蚧、蛇眼蚧、红蜡蚧、角蜡蚧等。均以雌虫和雄成虫刺吸茶树汁液，引起茶树落叶、枯枝、新梢萌发不良，诱发烟霉病，严重时引起死树。在浙江和湖南1年3代。长白蚧主要危害枝干，蚧壳长辣椒形，白色（图3-12）。雌虫体长仅0.6~1.4mm，无翅；雄虫有翅一对，体长0.48~0.66mm，1年发生3代，各代发生危害期分别在5月上旬至7月中旬、6月中旬至8月中旬、8月下旬到翌年4月。椰圆蚧主要危害叶片，发生多时也危害枝干，被害叶片正面出现黄斑，蚧壳黄褐色，近圆形，质薄，虫体淡黄色。1年发生2代，孵化盛期分别在4月下旬至5月上旬和7月上旬至7月中旬。红蜡蚧虫体上有厚蜡壳，红色，雌虫危害枝干，雄虫危害叶片，角蜡蚧蜡壳白色，主要危害枝干，两种蜡蚧均1年1代。若虫在6月初孵化。蛇眼蚧雌蚧壳蚌壳状，一边稍厚、有皱纹、褐色，主要危害枝干。雄蚧壳长椭圆形，主要危害叶片，沿主脉分布。虫体浅紫色，孵化期第1代在5月上旬，第2代在7月中旬。

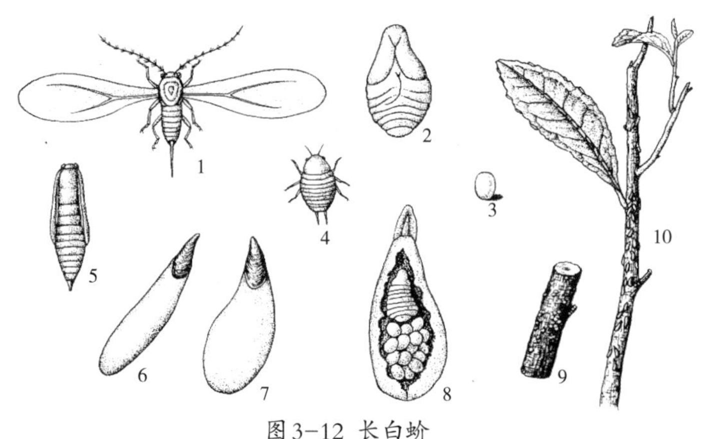

图3-12 长白蚧

注：1.雄成虫；2.雌成虫；3.卵；4.初孵若虫；5.雄蛹；6.雄介壳；7.雌介壳；8.雌成虫介壳反面；9.初孵若虫泌蜡；10.被害状。

防治方法：① 注意苗木检疫，调运苗木时不要将有虫茶苗、种子运进新区。② 农业防治，合理施肥、采摘，增强茶树抗性，及时清除虫枝或人工刮除蜡蚧。③ 生物防治，保护和利用天敌，如放养红点唇瓢虫、蜡蚧黑小蜂、蜡蚧跳小蜂等进行防治。④ 化学防治，在孵化盛期至末期，尤其是春茶结束的停采阶段，适宜药剂防治。可施用25%亚胺硫磷、50%马拉硫磷、25%喹硫磷、50%辛硫磷800倍液、40%乐果1000倍液。

6. 黑刺粉虱

粉虱类属同翅目（图3-13），粉虱科。黑刺粉虱广泛分布于华东、华中、西南、华南各茶区。该虫20世纪80年代以来上升速度快，以幼虫吸食叶片汁液并诱发烟煤病，影响树势和产量严重。成虫体长0.96~1.35mm，橙黄色，覆有薄的白粉，前翅紫黑色，后翅淡紫包，腹部橙红色。卵香蕉形，长0.21~0.26mm，宽0.1~0.13mm，幼虫椭圆形，由淡黄渐转黑色，周围分泌有白色蜡质物，老熟幼虫体长0.7mm。在长江中、下游地区1年发生4代，各代幼虫发生期分别是：4月下旬至6月中旬、7月上旬至8月中旬、8月上旬至9月下旬和10月上旬至翌年3月下旬。

防治方法：① 农业防治，加强茶园管理，修剪、除草、合理施肥等。② 生物防治，保护和利用天敌，黑刺粉虱天敌有粉虱寡节小蜂、红夹唇瓢虫等。③ 化学防治，及时消灭幼虫于幼龄期，可用喷溴氰菊酯3000倍液或24%灭多威水剂800~1000倍液。防治成虫以低容量蓬面扫喷为宜，幼虫期提倡侧位喷药，药液重点喷至茶树中、下部叶背。

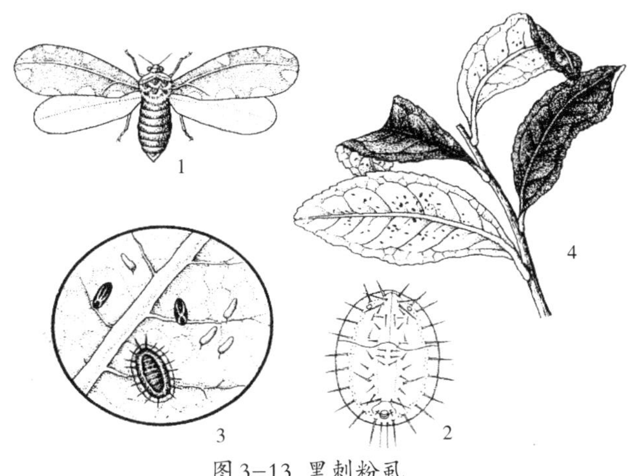

图3-13 黑刺粉虱

注：1.成虫；2.蛹；3.叶背放大；4.被害状。

7. 假眼小绿叶蝉（俗名蠕子、浮虫子）

叶蝉属同翅目，叶蝉科。其中假眼小绿叶蝉是我国各茶区普遍发生的优势种，几乎分布我国所有茶区。以若虫、成虫刺吸茶树嫩梢芽叶汁液。受害嫩梢叶尖叶缘变黄，叶脉变红，严重时，整个茶园新梢生长缓慢，不发芽，芽叶萎缩、硬化、焦枯，制成的干茶碎片多、味苦。成虫体小，3mm左右，黄绿色，前翅半透明。若虫无翅，黄绿色，多在嫩梢芽叶上爬。成虫和若虫均很活泼，善跳喜横走。卵香蕉形，产在嫩梢表皮下或叶柄内（图3-14）。在长江流域发生9~11代，以成虫在茶丛、杂草、冬作物上越冬。从3月春暖、茶芽萌发，越冬成虫即开始活动，并于3月中下旬陆续产卵。世代重叠很严重。全年有两次危害高峰期，第一次在5~6月，第二次在10~11月。时晴时雨最有利于大发生。越冬很迟，冬季气温偏高时可持续危害。

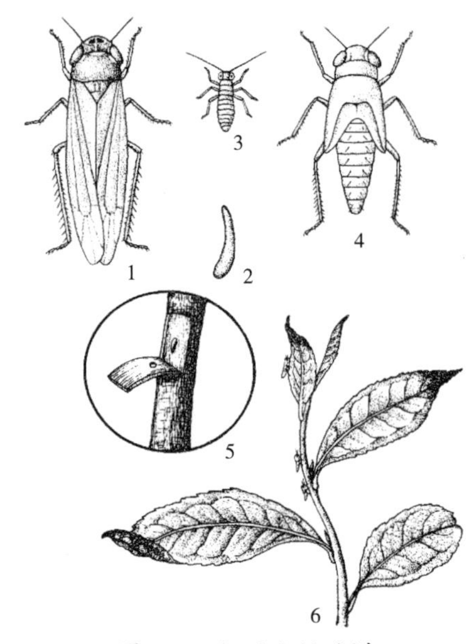

图3-14 假眼小绿叶蝉

注：1.成虫；2.卵；3.初孵若虫；4.5龄若虫；5.产卵状；6.危害状。

防治方法：① 农业防治，可在冬季或早春、清除茶园杂草，减少越冬虫源。② 采摘灭虫，及时、分批多次采摘可减少成虫产卵场所。③ 药剂防治，当田间若虫占总量的80%以上时，以低容量蓬面扫喷为宜。可选用10%吡虫啉（225~300g/hm^2）、2.5%联苯菊酯（天王星375 mL/hm^2）、98%巴丹（375g/hm^2）、90%万灵（150g/hm^2）等。

8. 螨　类

螨类属节肢动物门，蛛形纲，蜱螨亚纲（图3-15）。我国危害茶树的螨类主要有茶叶瘿螨、茶橙瘿螨、茶短须螨等，均以若螨、成螨刺吸汁液。被害叶片发黄，失去光泽，呈现各种不同的锈斑，引起茶树生长势衰退、萌芽不良、大量落叶。茶橙瘿螨的成虫体长约0.14mm，宽0.06mm，橙红色，一端稍大，似胡萝卜，体上有许多皱纹。叶瘿螨成虫体长约0.2mm，紫黑色，体背有5条白色蜡丝。短须螨雌成虫体长0.27~0.31mm，宽0.13~0.16mm。体色随生活时间和季节而异，呈红色、暗红色、橙色、肉黄色等，倒卵形。茶橙瘿螨在长江流域1年发生20多代、茶叶瘿螨和短须螨也发生10多代，以成螨在叶背或茎干皮层裂缝及根际处越冬，每年5月虫口数量显著增多，高温少雨使危害加重。夏秋茶受害重。

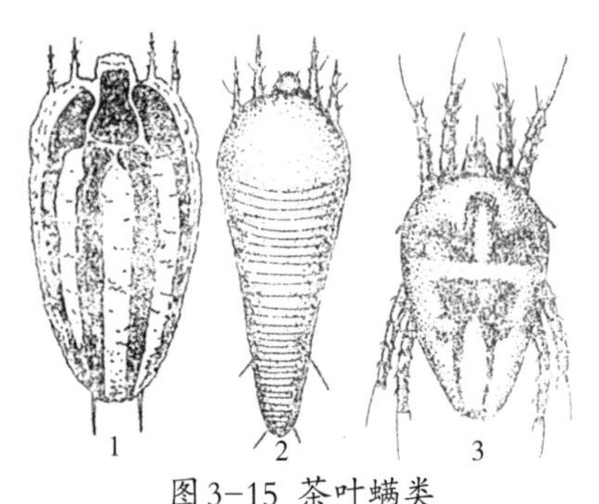

图3-15 茶叶螨类

注：1.茶叶瘿螨；2.茶橙瘿螨；3.茶短须螨。

防治方法：① 农业防治，选用抗螨品种，加强茶园管理，及时分批采摘，清除杂草和落叶，扼制减少其回迁而侵害茶树。茶季叶面施肥，氮、磷、钾混喷，抑制螨口发生，早期应喷灌。② 生物防治，保护利用自然天敌，主要是田间食螨瓢虫和捕食螨；用韶关霉素400倍液，3天后螨口可减退70%~85%。③ 化学防治，秋茶采后用45%石硫合剂晶体250~300g加水75kg喷雾清园。加强调查，掌握在害螨点片发生阶段或发生高峰出现前及时喷药防治。药剂可选24%虫螨腈（帕力特）悬浮剂1500~1800倍液，20%速螨酮2000~3000倍液、5%唑螨酯（霸螨灵）1500~2000倍液、50%溴螨酯（螨代治）3000倍液、20%复方浏阳霉素1000倍液、1.8%阿维菌素3000~4000倍液。注意农药的轮用与混用。

9. 蛀梗虫（又名钻心虫，茶枝镰蛾）

茶枝镰蛾属鳞翅目，织叶蛾科。我国主要茶区均有分布，以老茶园中发生普遍。以幼虫蛀食茶梢及枝干，被害枝干枯死，幼虫体细长、白色，头胸部稍大、黄褐色，在蛀道内取食，在枝干上打孔排泄粪便（图3-16）。各地均1年1代，5月越冬幼虫化蛹，6月下旬至7月初幼虫孵化蛀入嫩梢，一般9月份蛀到主干，茶园中9月份后开始出现大枝枯死。幼虫从嫩梢蛀到侧枝、主干，可一直蛀到根部。

防治方法：主要是人工剪除被害嫩梢和枯枝；在发蛾盛期点灯诱杀。

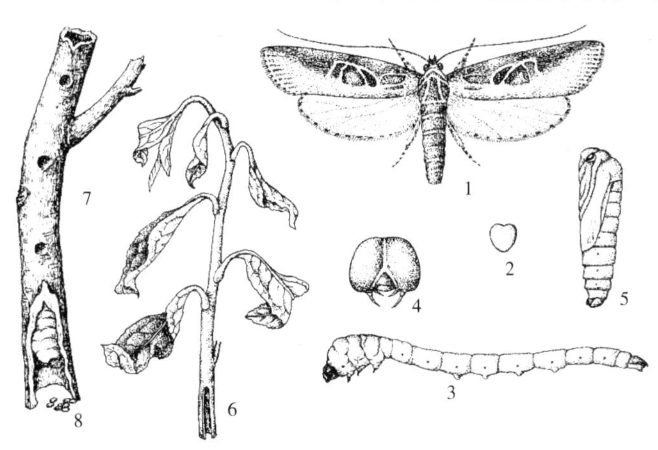

图3-16 茶枝镰蛾

注：1.成虫；2.卵；3.幼虫；4.幼虫头部；5.蛹；6.幼虫前期为害状；7.幼虫后期为害状；8.排泄物。

（二）茶树主要病害及其防治

据报道，目前我国已发现的茶树病害有100多种，其中常见病害30余种。由于我国茶区广阔，生态条件差异明显，各地茶树病害种类不尽相同。有些病害普遍发生的，如茶云纹叶枯病、茶轮斑病等；这些病害的发生均有一定区域性，流行模式不一样。茶树病害中有些是叶部病害，有些是枝干病害，还有些是根部病害，以叶部病害对茶叶生产的影响较大。下面介绍茶园常见的6种主要病害。

1. 茶云纹叶枯病

茶云纹叶枯病病菌属子囊菌亚门球座菌属，其无性阶段属半知菌亚门刺盘孢属。我国各茶叶产区均有发生，是茶树上常见的一种叶部病害。受害叶片先在叶尖叶缘出现黄绿色的小点或若干个晕圈，以后转成枯褐色大病斑，边缘有浓淡相间的云纹状波纹，后期病斑为灰白色，上面产生许多黑褐色小粒点，呈轮纹状排列或散生。发病茶树新梢不壮，芽头瘦弱，严重时整个茶树叶片呈枯褐色，大量落叶（图3-17）。此病属高温多湿性病害，所以，降雨和高温有利于病害的发生和发展。如在湖南5月上中旬和8月中旬是发病高峰期。

防治方法：① 农业防治，主要是加强茶园管理，做好排水、抗旱工作；在越冬期清除病叶深埋。② 化学防治，病情较重茶园或产区可经必要的药剂防治。于深秋或初春喷施1次0.6%~0.7%石灰半量式波尔多液；采摘期内最好不用药或采用“挑治”方法。可采用50%多菌灵或75%百菌清可湿性粉剂800~1000倍液。25%灭菌丹可湿性粉剂400倍液等。上述菌剂的安全期均为10天左右。

图3-17 茶云纹叶枯病

注：1.子囊果；2.子囊孢子；3.分生孢子盘；4.分生孢子；5.症状。

2. 茶饼病

茶饼病为担子菌亚门外担菌属真菌，分布于我国大多数产茶省区，多发生于高山茶区。本病主要危害茶树的芽头、嫩叶和嫩梢。病斑大部发生在叶尖和叶缘，叶片正面初期呈淡黄色，水泡状病斑，以后颜色逐渐加深，呈紫褐色，病斑逐渐下陷，形成表面光滑而有光泽的圆形凹斑，病斑背面成半球状凸起，表面盖有灰白色粉状物，后成白色，湿度大时有黏性。叶柄嫩梢受害时，病斑处膨大肿胀，表面有白色粉状物，使皮层组织破坏（图3-18）。低温高湿条件下发生严重，一般在春茶期间（4~5月）和秋茶期间（9~10月）大量发生。

防治方法：① 加强苗木检疫，从病区调运苗木，必须严格检查。② 农业防治，加强茶园管理，清除杂草、枯枝，适当修剪，砍除遮阴树，促进通风透光，可减轻发病，同时合理施肥。③ 化学防治：发病初期喷用70%甲基硫菌灵1000~1500倍液，连喷2~3次；非采摘茶园也可喷施0.6%~0.7%石灰半量式波尔多液、0.2%~0.5%硫酸铜液或12%松脂酸铜（绿乳铜）乳油600倍液，以保护茶树。采摘茶园如喷施波尔多液，可于春茶前及每季采茶后各喷1次，喷后20天方可采摘。

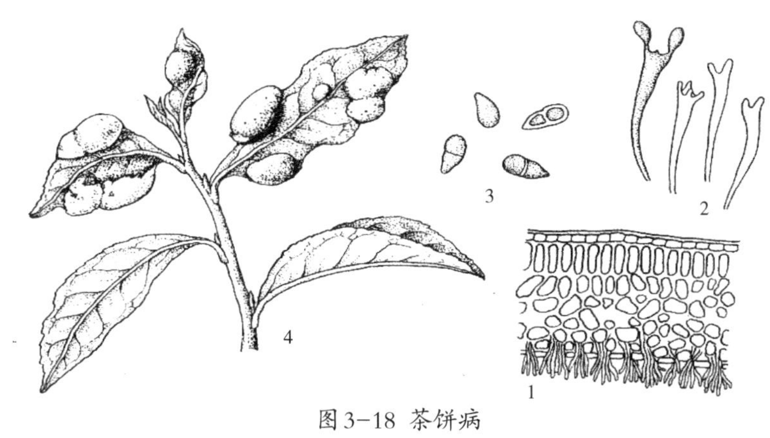

图3–18 茶饼病

注：1.病原子实层；2.担子及孢子；3.担孢子；4.症状。

3. 茶赤叶斑病

茶赤叶斑病为半知菌亚门叶点属真菌，是一种比较普遍的一种叶部病害，我国各茶区均有发生。主要危害成叶和老叶、病斑发生于叶尖和叶缘，初为淡褐小斑，逐渐向叶片中间扩展形成不规则的赤褐色大斑（图3–19）。后期病斑上生有许多褐色小粒点。发生严重的茶园，树冠表面叶层一片枯焦状，引起大量落叶。此病也由真菌引起，病斑上的小粒点是病菌的分生孢子。每年5~6月开始发病，7~9月为发病盛期。

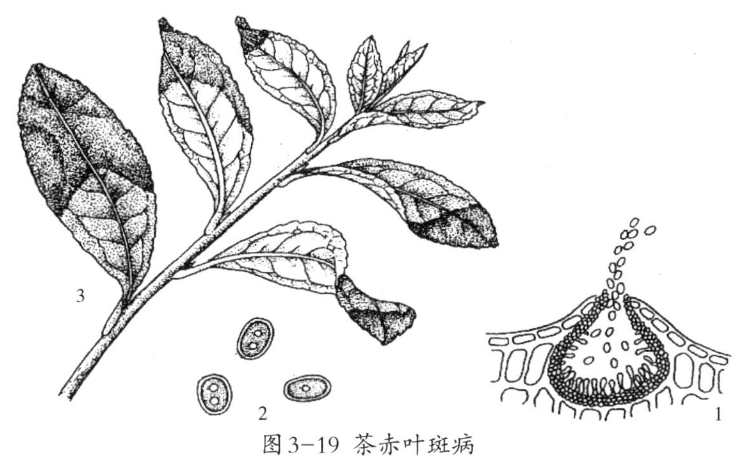

图3–19 茶赤叶斑病

注：1.分生孢子器及分生孢子；2.分生孢子；3.症状。

防治方法：① 农业防治，主要是增强保水性，注意旱季遮阴灌水。② 化学防治，在农业防治的同时，幼龄茶园或非采摘茶园可喷施0.6%~0.7%石灰半量式波尔多液，其他药剂有70%甲基托布津800倍液等。

4. 茶白星病

茶白星病为半知菌亚门叶点属真菌，是茶树嫩叶和新梢重要的病害之一，在我国大多数产茶省区均有发生，以高山区较严重，亦为低温高湿性病害之一。初期在叶面上产生淡褐色小点，逐渐扩大成圆形或不规则形。病斑凹陷，周围形成深褐色隆起的边缘线，与健康部分分界明显，后期病斑中间变为灰白色，同时产生黑色的小粒（图3-20）病斑大小一般为0.5~1.5mm，有时几个小病斑互相联并成不规则的大病斑，严重时可使叶片变形、新梢变黑及至枯焦死亡，白星病为害不仅使新梢生长不良、产量下降且品质差，用病叶制成的干茶具有恶臭气和苦味。

防治方法：① 农业防治，主要是加强茶园肥培管理，雨季开沟排水，降低相对湿度，适当增施磷钾肥，及时合理采摘，提高茶树抗病力。② 化学防治，注意早期防治，重病区惊蛰后春茶萌动期喷施第一次药，必要时7~10天后再喷施一次。药剂种类掌握先用铜制剂，后用有机杀菌剂。铜制剂0.6%~0.7%石灰半量式波尔多液，50%福美双可湿性粉剂600倍液或50%托布津或70%甲基托布津1000~1500倍液、50%多灵菌乳剂1000倍液、50%退菌特700倍液等均有较好效果。

图3-20 茶白星病

注：1.分生孢子器；2.分生孢子；3.症状。

5. 茶苗白绢病

白绢病有性期是担子菌亚门薄膜革菌属罗氏白绢病，无性期是半知菌亚门小核菌属罗氏白绢病。在我国分布较广，是一种常见的茶树苗圃病害，危害茶苗或幼龄茶树的根茎部。病部开始呈褐色，表面有白色绵毛状的菌丝黏附。在潮湿环境中，菌丝沿茎向上蔓延，并向土面伸展，形成白色绢丝状的膜层。最后在病部表面及土壤表面产生白色、淡黄色以及褐色似油菜籽粒状的菌核，严重时叶片凋萎脱落，根茎部腐烂，整株枯死（图3-21）。此病一般在6~8月高温期发生较多，在过酸或排水不良、高湿的土壤中最易发生，茶苗生长不好更有利于此病的蔓延。

防治方法：① 农业防治，选用无病地作苗圃，做好茶园排水，重施有机肥，改良土壤，促进茶苗抗性，并及时拔除病株。② 化学防治，成片发生时，喷洒波尔多液或50%多菌灵600倍液、70%托布津可湿性粉剂600~800倍液。

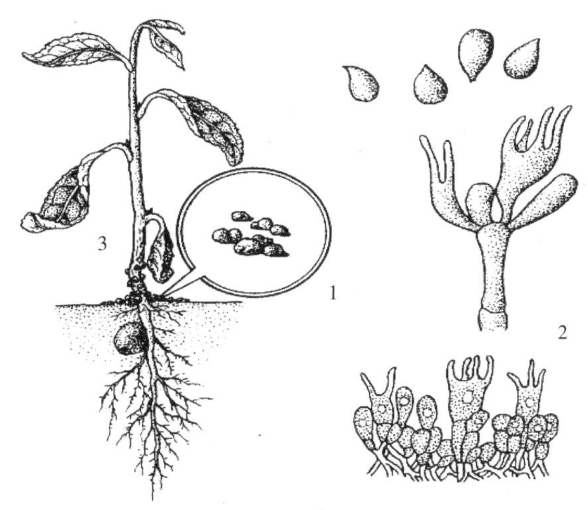

图3-21 茶苗白绢病

注：1.菌核；2.担子及担孢子；3.为害状。

6. 几种茶树根腐性病害

常见的能引起茶树根部腐败的病害主要有根腐病、褐根病、红根病和紫纹羽病等。

1）根腐病

被害的茶树树叶逐渐变黄色，以后枝梢枯萎落叶，最后从枝梢逐渐向树干枯萎，直到整株死亡，罹病的树根，外皮腐败，并易剥离，在其下层可见白色或黑色（先期白色，后变为黑色）的菌丝束，9~10月，从病株的根茎部位生长黄白色簇生的菌蕈，称为茶蘑，即病菌的子实体。

2）褐根病

一般受害病树先是地上部枝疏叶少，抽芽迟而不壮，叶片变小发黄。无光泽，甚至卷缩，病树枯枝逐渐增多。严重时茶树凋萎死亡，地下部根系表面为病菌的菌丝、菌索及菌膜所缠络，呈紫褐色不均匀的斑块，剥去根表皮可见木质部有网状褐色至黑色线纹，木质剖面是蜂窝状褐色线纹。

3）红根病

此病在海南茶区发生普遍，在原始林地垦复的茶园为害严重。它危害根部，而使茶树芽叶生长缓慢，芽叶瘦弱、稀疏。在雨水少、阳光照射强烈的情况下，叶片萎蔫，最后引起整株茶树枯死。树死后一段时间内叶片不脱落。挖根检查，根部被菌丝缠络，其上泥土砂石较多，不易脱落。病根表面缠有枣红色明显的根状菌索，根表皮呈紫褐色，比健壮根系皮层色稍深。

4）紫纹羽病

侵害茶根及近地面的茎干。发病初期，使细根呈黑褐色腐烂，后蔓延至粗根，使呈赤褐色而枯死。其上布满许多紫褐色的丝状物，有时呈根状分布（菌索）。病根表面上常生有半球形的颗粒状菌核。在茎基部20cm以内，往往被紫红色的菌丝层所包围，质地柔软，容易剥落。受害严重的根部皮层也易剥落，病株即枯死。

对于茶根腐性病害的防治应以预防为主。开荒建园时，要将树桩、树根清理干净，种植后要加强园间管理，增施有机肥，排除积水，提高茶树抗病力；病害发生后要及时挖除病株，彻底清除病根；化学防治可参照茶白绢病防治。

我国茶园主要病虫害及危害如下（图3-22、图3-23）：

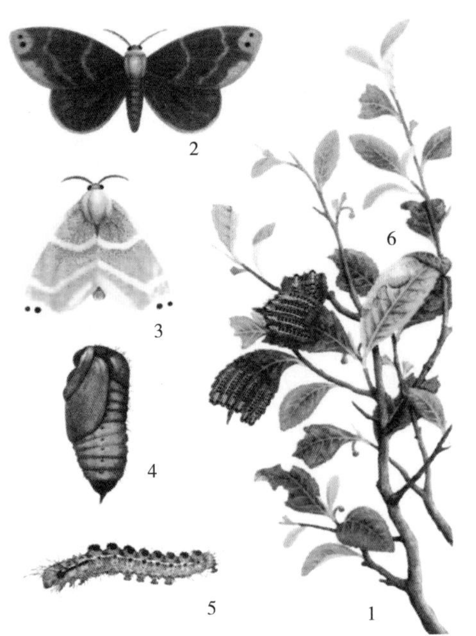

注：茶毛虫 *Euprodtis pseufoconspersa* Strand（1.为害状；2.雄成虫；3.雌成虫；4.蛹；5.幼虫；6.卵块。）

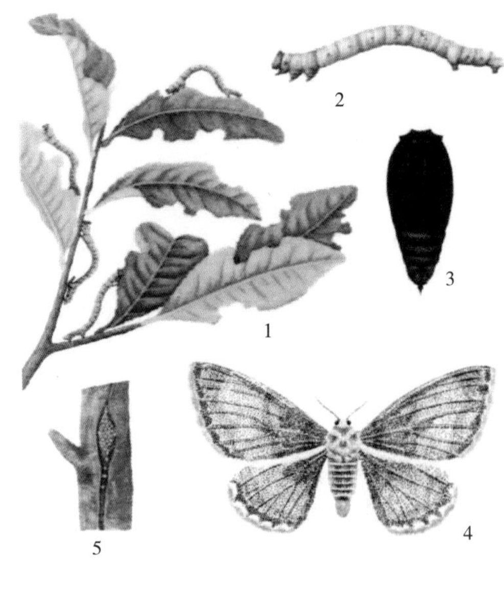

注：大尺蠖 *Buzura suppessaria benescripta* Prou（1.为害状；2.幼虫；3.蛹；4.成虫；5.卵。）

图3-22 茶叶主要病虫害及危害彩图（1）

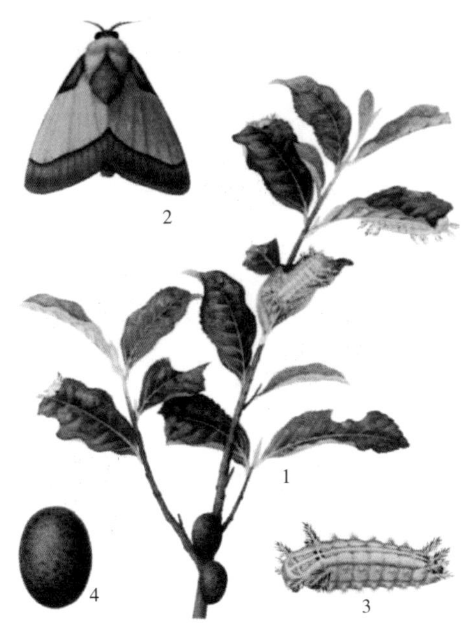

注：刺蛾 *Parasa lepida* Cramer（1. 为害状；2. 成虫；3. 幼虫；4. 茧。）

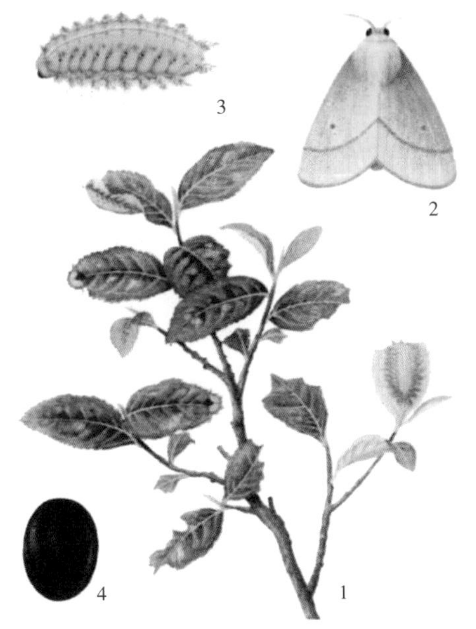

注：扁刺蛾 *Thosea sinensis* Walker（1. 为害状；2. 雄成虫；3. 幼虫；4. 茧。）

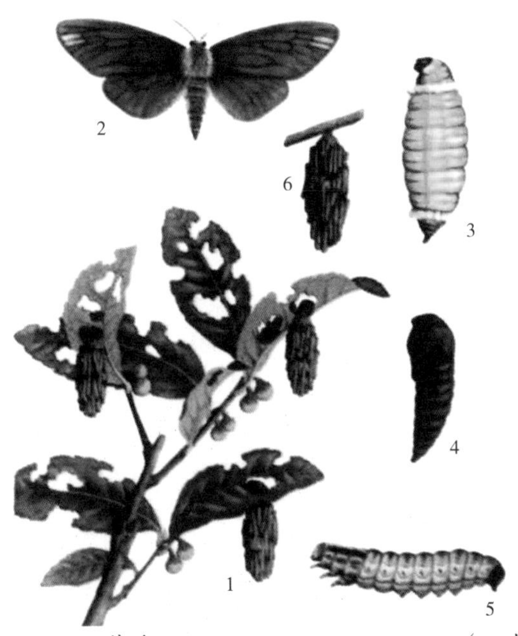

注：蓑蛾 *Cryptothelea minuscula* Butler（1. 为害状；2. 雄成虫；3. 雌成虫；4. 蛹；5. 幼虫；6. 护囊。）

注：大蓑蛾 *Cryptothelea formosicola* Strand（1. 为害状；2. 雄成虫；3. 雌成虫；4. 雌蛹；5. 幼虫；6. 护囊。）

图 3–22 茶叶主要病虫害及危害彩图（2）

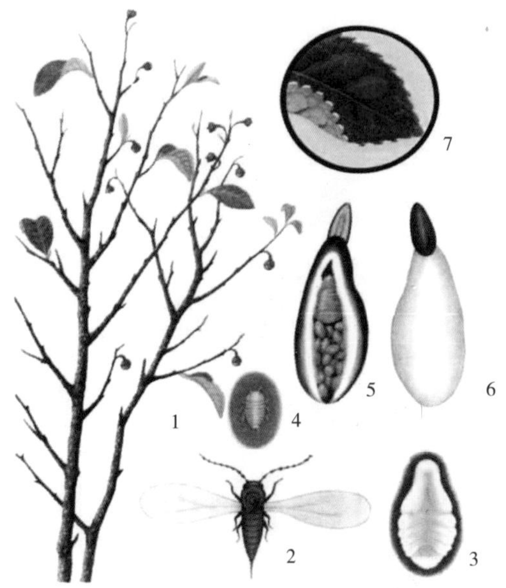

注：长白蚧 *Lopholeucaspis japonica* Cockerell（1.为害状；2.雄成虫；3.雌成虫；4.若虫；5.雌成虫产卵状；6.雄虫介壳；7.叶片为害状放大。）

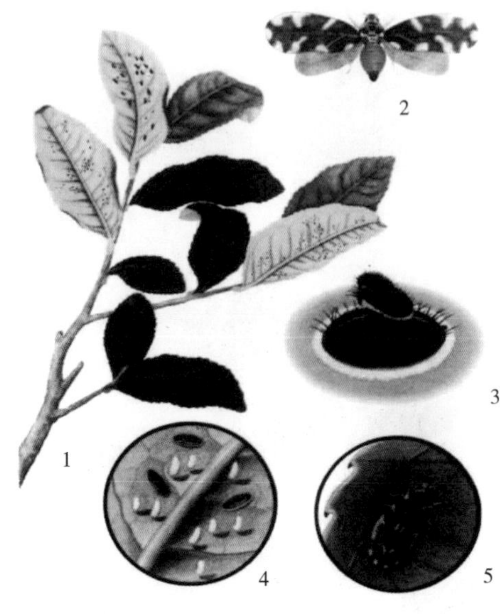

注：黑刺粉虱 *Aleurocanthus spiniferus* Quaint（1.为害状；2.成虫；3.蜕皮壳和蛹壳；4.卵和初孵幼虫；5.成虫。）

注：小绿叶蝉 *Empoasca flavescens* Fabricius（1.为害状；2.成虫；3.若虫；4.初产卵和近孵化卵；5.产卵状。）

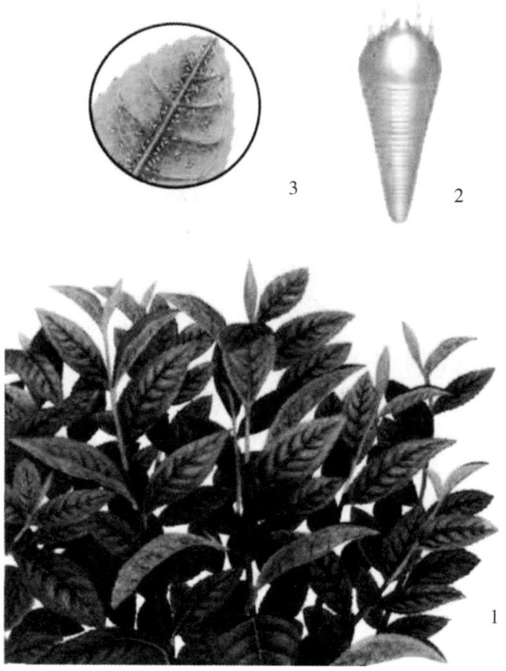

注：茶橙瘿螨 *Acaphylla theae* Watt（1.为害状；2.成螨；3.为害放大。）

图3-22 茶叶主要病虫害及危害彩图（3）

注：茶叶瘿螨 *Phylloclptes carinatus* Green（1.为害状；2.虫叶放大；3.成螨。）

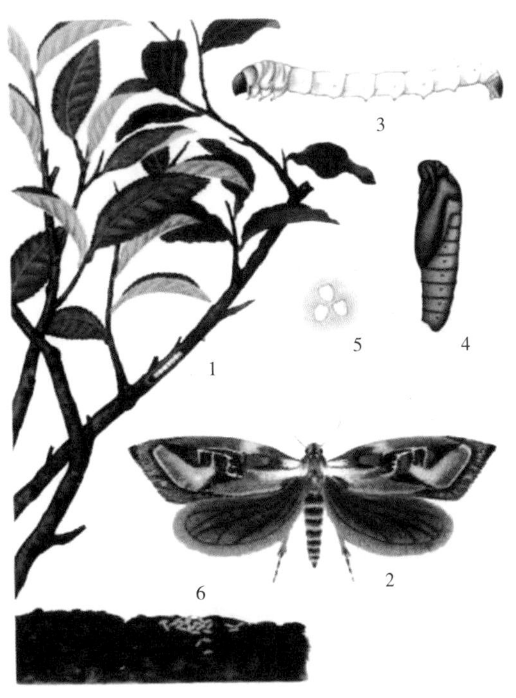

注：茶枝镰蛾 *Casmara patrona* Meyrick（1.为害状；2.成虫；3.幼虫；4.蛹；5.卵；6.虫粪。）

注：茶云纹叶枯病 *Colletorichum camelliae*（Cooke）Butler（1.病症；2.分生孢子盘及分生孢子；3.子囊壳切面；4.子囊及子囊孢子。）

注：茶饼病 *Eobasidium vexans* Massee（1.病症；2.担子和担孢子；3.担孢子；4.正在萌发的担孢子。）

图3-22 茶叶主要病虫害及危害彩图（4）

注：茶赤叶斑病 *Phyllosticha theicola* Petcb（1.病症；2.病原菌的分生孢子器和器孢子；3.器孢子。）

注：茶白星病 *Phyllosticta theaefotia* Hara（1.病症；2.病斑部放大；3.病原菌的分生孢子器；4.器孢子。）

注：茶苗白绢病 *Hypochnus centrifugus*（Lev.）Tul.（1.正常生长茶苗；2.茶苗患病后的症状；3.病原菌的担子和担孢子；4.菌丝体及子实层；5.病部放大。）

图3-22 茶叶主要病虫害及危害彩图（5）

茶毛虫

茶刺蛾

茶丽绿刺蛾

茶蓑蛾

茶褐蓑蛾

图3-23 茶园病虫害实物图（1）

茶枝镰蛾　　黑刺粉虱成虫

茶橙瘿螨

茶尺蠖及危害

图3-23 茶园病虫害实物图（2）

（三）茶树病虫害防治的原则

1. 生态平衡的原则

任何生物在生物链，即食物链中均处于某一个特定的环节，是不可或缺的一员，在整个生态系统中都发挥着应有的作用，它的参与使得整个生态系统处于平衡状态，不管是某个特定的生态系统，还是大范围的，乃至整个地球生态系统，它都是积极的参与者，从这个意义上来说无所谓害虫和益虫之分；应该说作物与害虫，害虫与天敌，天敌与天敌之间的关系都是生态系统及其平衡的体现，维持一定数量的作物害虫是无可厚非的。所以，过去关于“治早、治少、治了”的防治方针有其片面性，只要害虫未造成灾害或损害在一定的防治范围以内，就不必防治。事实上，某种害虫的减少，会导致它的专食性天敌的锐减，一旦这种害虫再度爆发，会因无足够天敌造成对某种作物更大的灾害，而化学农药往往是诱导害虫再度爆发的主要原因。因此，所有对害虫的防治措施均应考虑自然生态平衡的维系。

2. 综合协调防治的原则

茶树病虫害的发生发展及其对茶树的危害，往往受多种因素的影响，要从茶园生态系统的总体出发，有机协调农业、生物、化学、物理等防治措施，目标是将茶园有害生物种群数量控制在经济允许范围以内，保持生态系统内的种群动态平衡。所谓协调防治的原则，一是防治技术上综合措施的运用；二是指对茶园生态乃至更大范围的生态系统食物链中各级营养层种群数量的协调平衡，使得各种种群能互相依存和制约。

3. 生物间共生互惠的原则

茶园周围良好的林木资源，不仅为茶树提供了良好的生态环境，也为茶园中有害生物的天敌提供了良好的繁衍生息的条件。如植物的果实和种子为鸟类（不少鸟类是害虫的天敌）提供食物，鸟类则为其传播种子，这种共生互惠关系，对害虫的控制也起主要作用；但有的可能起消极作用，如蚂蚁和蚜虫，加速了蚜虫的扩展。在病虫害综合防治中，应积极利用多种生物间的这种共生互惠关系，控制害虫的爆发。

4. 生物间协同进化的原则

生物间存在着多种相互关系：有的是正向的，有的是反向的；有的是共生互惠的，有的是竞争相克的；有的是直接相互作用，有的是间接相互作用。但在整个生态系统发展进化的层面，该系统内部的所有事物又是协调进化的，正由于这些生物的协同进化，推动整个生态系统的发展和进化。茶树从幼龄→成龄→衰老更新，茶园生态系统及其生态相也在有规律地发展或演化，与此相随的茶树病虫情也有变化，有的甚至是深刻的变化。善于把握物种间相生相克和协同进化的关系，采取相应的措施，即可得到有效控制某些害虫或病害的恶性发展，达到有效防治的目的。农业防治和食物防治是安全有效地调控方式，也是有机农业或绿色食品生产的必由之路。

（四）茶树病虫害综合防治

和其他农作物的病虫防治一样，茶树病虫防治必须贯彻“预防为主，综合防治”的植保工作方针，即突出预防为主的原则，在严格执行植物检疫措施的前提下，坚持以农业防治为基础，从茶叶生产的全局出发，根据病虫害和茶树、耕作制度、有益生物以及环境等各种因素之间的辨证关系，园地制宜合理地应用各种必要的防治措施，经济、安全、有效地控制病虫害。

1. 茶树病虫害综合防治的途径

简言之，茶树病虫害综合防治的途径有4条：

① 改变茶园生物群落的组成相，使害虫、病菌的种类和数量减少，有益生物的种类和数量增加；

② 改变生物群落中各种群的营养、发育和繁殖条件，使不利于害虫、病原，而有利于它们的天敌；

③ 提高茶树对病虫害的抵抗能力；

④ 直接消灭茶园病虫。

2. 茶树病虫害综合防治的措施

1）新辟茶园或苗圃，必须做好病虫害的预防工作

新辟茶园，尤其是森林或植被复杂的垦覆地，要将木头碎片、残根余桩清除干净。苗圃地要注意前茬作物的病虫害情况，发现有白绢病或地下害虫之类要及时清理，将土地深翻，暴晒或进行土壤消毒。

2）种植茶苗前，做好植物检疫工作

尤其是种子或苗木调运时要加强检查，发现有病虫寄生要及时消毒处理，防止向新区蔓延。

3）培养选用抗病虫品种

茶树不同品种抗病虫能力不一致，选用时要根据当地病虫发生的情况进行，要坚持抗性育种的方向。

4）清洁茶园

茶园内枯枝落叶、间作物的残株遗桩及杂草都是病虫害潜藏的场所，除结合中耕除草经常清除外，还应在冬季或早春专门进行清理，特别注意将蚧壳虫危害寄生枝，蛀梗虫危害寄生的枝干以及螨类、病菌越冬的各种枝叶清理出茶园，进行深埋或烧掉。

5）翻耕培土

中耕除草，茶园中开沟施肥、翻耕培土，中耕除草等农活能破坏很多病虫的潜伏场所。翻耕时要注意将尺蠖、毛虫、刺蛾的蛹，象甲类的幼虫和蛹、蛴螬等暴露于地面，使之因不良气候影响或遭受天敌侵袭而死亡。耕锄时还可将茶蔸基部培土，使在茶蔸基部化蛹的毛虫、刺蛾的茧被深埋，而不利于成虫羽化。

6）整枝修剪和台刈更新

对蚧虫类、蛀梗虫类、苔藓地衣、膏药病等危害严重的枝条进行整枝修剪，连骨干枝也受害、树势衰退厉害的可进行台刈，台刈后的枝墩须进行药剂处理。

7）人工捕杀

茶毛虫和大尺蠖的卵块，群集性强的3龄前的茶毛虫幼虫和刺蛾的幼龄幼虫、大尺蠖老熟幼虫与成虫、蓑蛾虫袋等，均可运用人工捕杀法，以有效消灭之。

8）点灯诱杀成虫

利用害虫成虫的趋光性设置诱蛾灯。

9）开展生物防治

茶树系多年生常绿作物，一经种植多年生长，故茶园生态相当稳定，有利于生防工作的开展。据研究，安徽茶区有各种天敌492种，贵州324种，湖南茶区已知名的天敌亦有102种。其中，湖南茶区捕食性天敌昆虫41种、蜘蛛20种、鸟雀7种、蛙类4种、蜥蜴1种、寄生性昆虫21种、寄生性病毒17种、真菌1种。仅小绿叶蝉的捕食性天敌就有多种蜘蛛、捕食螨、瓢虫、草蛉、隐翅虫、蚂蚁等。尤其是蜘蛛与叶蝉的高峰期交替出现，存在明显的消长规律，可见利用自然天敌优势类群对小绿叶蝉控制是大有潜力的，以禽治虫，以虫治虫、以菌治虫、以菌治菌和以病毒治菌的工作应大力发展，以此来部分取代和减少茶树病虫化学防治。

10）适当采用化学防治

在茶树病虫大发生，其他防治措施难以控制时，可以适当进行化学药剂防治。

（五）茶树病虫化学防治

化学防治，就是利用某些有毒的化学物质（即农药）来预防或直接消灭病虫害。化学防治最突出的优点是作用迅速、见效快，防治效果好；其次是使用方便，适于机械化操作，增产、保产效果显著。但化学防治有其不可忽视的缺点，如污染环境，影响产品卫生安全，在杀伤茶树病虫的同时，也杀伤天敌，而长期使用某种农药会使茶树病虫产生抗药性，重新猖獗等。因此，化学防治要合理，使用农药要做到安全、有效、经济，即在掌握农药性能的基础上，科学使用，充分发挥其药效作用，既有效防治病虫草害，又保证对人、畜、作物及其他有益生物安全。合理使用农药，应注意掌握以下8项原则：

1. 合理选用药剂种类

要掌握药剂性能和防治对象范围，做到对症下药。选择农药时，要弄清防治对象的生理机制和危害特点等，选择合适的农药品种、剂型，也就是说要做到“对症下药”。不能使用在茶园已被禁止和停用的农药，如禁止的农药有氰戊菊酯、来福灵、三氯杀螨醇、甲胺磷、滴滴涕和六六六等；停用的农药有乙酰甲胺磷、噻嗪酮（优乐得）、哒螨酮、速螨酮；向欧盟出口的茶叶基地，还应停止使用阿维菌素、乐果、杀螟丹（巴丹）、甲氰菊酯、喹硫磷、除虫脲和四螨嗪等。

2. 合理选择施药时期

搞好病虫害测报，掌握虫情、病情，抓住关键时期用药。一般杀虫剂防治时期应掌握在孵化盛期至幼虫3龄前；防治病害则应抓住病菌尚未侵入茶树组织之先施药。同时，要考虑在天敌的隐蔽或休眠期用药，减少对天敌的杀伤。

为减少药剂残留于茶叶中的量，必须严格遵守安全间隔期。

为保证药剂效果和防止药害，还应注意天气情况，如雨天或将要下雨时用药，易被雨水淋失，而收不到药杀害虫的应有效果。炎热的中午用药，容易产生药害；风力过大，亦不便用药。总之，不滥用，不盲目施用。

3. 掌握适当的浓度和施用次数

使用最低有效浓度和最少有效次数，做到“控害保益”。这样既符合经济、安全、有效要求，又有利于减少残毒、药害和对天敌的不良影响。务必防止和克服“用药越浓越好”“打药次数越多越有效”的错误倾向。增加用药量容易产生药害，污染环境，危害人、畜安全。不可盲目地喷施“封园药”或“开园药”。

4. 合理选择施用方法

根据农药剂型、茶园地势、水源情况、器械条件及病虫特点等具体情形，选择适当的施药方法，是提高药效、省药、省工和安全等的需要，如采用低容量喷雾法。为了保护主要天敌，药杀茶小绿叶蝉时采用晨露未干茶蓬面快速喷雾法。对地下害虫则使用相应的土壤处理法、或毒饵法等。

5. 合理混用、轮用

混合和轮换用药，应选用作用机制不同的农药交替使用或根据农药的理化性质合理混配使用，这样不但能提高防治效果，还能延缓病虫抗药性的产生。但要注意不能因混用而引起有效成分分解、破坏乳化性能或产生药害，混用一定要合理。

6. 掌握配药技术

注意药械的清洗和用清水配药。使用过的药械应马上反复清洗，配制药液用清水，忌用污水、硬水，影响药效；同时要避免其他药品污染，产生药害。特别是喷完除草剂后要彻底清洗喷雾器。为提高乳剂的稳定性和可湿性粉剂的悬浮力，宜先用少量的水将药剂配成糊状或母液，然后按要求加入足量的水，并不断搅拌即可（表3–17）。

表3-17　农药稀释倍数和用药量对照表

稀释倍数	喷雾器容量				
	20（L）	25（L）	30（L）	50（L）	100（L）
300	67	83	100	167	333
400	50	62.5	75	125	250
500	40	50	60	100	200
600	34	42	50	83.5	167
700	29	36	43	71.5	143
800	25	31	37.5	62.5	125
900	22	28	33.5	55.5	111
1000	20	25	30	50	100
1500	13	17	20	33.5	67
2000	10	12.5	15	25	50
3000	7	8.5	10	16.5	33
4000	5	6.5	7.5	12.5	25
5000	4	5	6	10	20
6000	3.5	4.5	5	8.5	17
8000	2.5	3.5	4	6.5	13

7. 保证施药质量

喷洒药剂务必要均匀周到，恰如其分地用足药量，防止漏喷和走过场。施用水剂，以使叶面充分湿润欲滴为度；施用粉剂，以用手指捺在叶片上，能够看到有点药粉沾在手指上为合适。

8. 安全用药，防止中毒事故

注意安全事项，施药时必须严格遵守操作规程。农药是有毒的，在使用过程中，务必要注意安全，防止中毒。施药者应穿长衣裤，戴好口罩及手套，尽量避免农药与皮肤及口鼻接触；施药时不能吸烟、喝水和进食；接触农药后要用肥皂水清洗；药具用后清洗时要避开人、畜饮用水源；一旦发生农药中毒，应立即送医院抢救治疗。

为了更好地了解、把握茶树病虫化学防治，兹就目前我国已经制定的茶园中可用的化学农药及其使用量和安全等待期（安全间隔期）等列于下表中（表3-18）。

表3-18 茶园适用农药的防治对象和使用技术

农药名称和剂型	使用剂量（mL/亩或g/亩）	稀释倍数（x）	防治对象	施药方式	安全间隔期（天）	适用茶园
敌敌畏80%乳油	75~100	800~1000	毒蛾类、尺蠖蛾类、卷叶蛾类、刺蛾类、蓑蛾类、茶蚕、茶吉丁虫	喷雾	6	国内内销茶园可用。
	150~200	100	茶黑毒蛾、茶毛虫	毒砂（土）撒施	—	
	50~75	1000~1500	茶蓑蛾、叶蝉类、蓟马类、茶绿盲蝽	喷雾	6	
马拉硫磷（马拉松）45%乳油	100~125	800	蚧类、茶黑毒蛾、蓑蛾类	喷雾	10	国内内销茶园、出口欧盟和日本茶园可用。
联苯菊酯2.5%乳油（天王星）	12.5~2.5	3000~6000	尺蠖蛾类、毒蛾类、卷叶蛾类、刺蛾类、茶蚕	喷雾	6	国内内销茶园、出口欧盟和日本茶园可用。
	25~40	1500~2000	叶蝉类、蓟马类		7	
	75~100	750~1000	茶丽纹象甲		7	
三氟氯氰菊酯2.5%乳油（功夫）	12.5~15	6000~8000	尺蠖蛾类、毒蛾类、卷叶蛾类、刺蛾类、茶蚕、茶蚜	喷雾	5	国内内销茶园、出口欧盟和日本茶园可用。
	25~35	2000~3000	叶蝉类、蓟马类		6	
	50~75	1000~1500	茶叶螨类		6	
氯氰菊酯10%乳油	12.5~15	6000~8000	尺蠖蛾类、毒蛾类、卷叶蛾类、刺蛾类	喷雾	3	国内内销茶园、出口欧盟和日本茶园可用。
	20~25	3000~4000	叶蝉类		5	
溴氰菊酯2.5%乳油（敌杀死）	12.5~15	6000~8000	毒蛾类、卷叶蛾类、茶尺蠖、刺蛾类、茶蚜	喷雾	5	国内内销茶园、出口欧盟和日本茶园可用。
	25~35	3000~4000	油桐尺蠖、木檫尺蠖、茶细蛾		5	
	25~50	2000~3000	长白蚧、黑刺粉虱		6	
茚虫威15%乳油	12~18	2500~3500	毒蛾类、卷叶蛾类、茶尺蠖、刺蛾类、小绿叶蝉	喷雾	14	国内茶园、出口日本茶园可用。
阿立卡22%悬浮剂（9.4%高功夫菊酯+12.6%噻虫嗪）	4~8	6000~8000	小绿叶蝉	喷雾	5	国内茶园、出口日本茶园可用。
溴虫腈（虫螨腈）10%	10~25	1000~3000	小绿叶蝉	喷雾	7（暂）	国内内销茶园、出口欧盟和日本茶园可用。
	10~25	1000~3000	螨类		7（暂）	

续表

农药名称和剂型	使用剂量（mL/亩或g/亩）	稀释倍数（x）	防治对象	施药方式	安全间隔期（天）	适用茶园
鱼藤酮（虫螨腈）10%	150~250	300~500	尺蠖类、毒蛾类、卷叶蛾类、茶蚕、蓑蛾类、叶蝉类、茶蚜	喷雾	7~10	国内内销茶园、出口日本茶园可用。
清源保（苦参碱）乳剂0.6%乳油	50~75	1000~1500	茶黑毒蛾、茶毛虫	喷雾	7	国内内销茶园、出口欧盟和日本茶园可用。
白僵菌（每克含50亿~70亿孢子）	700~1000	50~70	叶蝉类、茶丽纹象甲、茶尺蠖	喷雾	3~5（暂）	国内内销茶园、出口欧盟和日本茶园可用。
苏云金杆菌（B.t.天霸）	150~250	300~500	毒蛾类、刺蛾类	喷雾	3~5（暂）	国内内销茶园、出口欧盟和日本茶园可用。
	75~100	800~1000	叶蝉类			
四螨嗪20%浓悬浮剂（螨死净、阿波罗）	50~75	1000	茶叶螨类	喷雾	10（暂）	国内内销茶园、出口日本茶园可用。
克螨特73%乳油	45~50	1500~2000	茶叶螨类	喷雾	10（暂）	国内内销茶园、出口欧盟和日本茶园可用。
石硫合剂45%晶体	375~500	150~200	茶叶螨类，茶树叶、茎病	喷雾	封园农药（采摘茶园不宜使用）	国内内销茶园、出口日本茶园可用。
	500~750	100	蚧类、粉虱	封园防治		
甲基托布津70%可湿性粉剂	50~75	1000~1500	茶树叶、茎病	喷雾	10	国内内销茶园、出口日本茶园可用，出口欧盟茶园因标准严格应慎用。
	80~100	500~600	茶树根病	穴施		
苯菌灵50%可湿性粉剂（苯来特）	75~100	1000	茶炭疽病、茶轮斑病等	喷雾	7~10	国内内销茶园、出口日本茶园可用，出口欧盟茶园因标准严格应慎用。
多菌灵50%可湿性粉剂苯并咪唑44号	75~100	800~1000	茶树叶、茎病	喷雾	7~10	国内内销茶园、出口日本茶园可用，出口欧盟茶园因标准严格应慎用。
	80~100	500~600	茶苗根病	穴施		
百菌清75%可湿性粉剂	75~100	800~1000	茶树叶病	喷雾	100	国内内销茶园、出口日本茶园可用，出口欧盟茶园因标准严格应慎用。

茶叶鲜叶是形成茶叶品质的物质基础，鲜叶质量的好坏决定了茶叶产品的好坏，它包括鲜叶的物理性状和化学组成。茶叶采摘是茶树栽培与茶叶加工的交汇点，它不同于一般农作物的收获，也是一项茶树栽培管理的技术措施。本章主要介绍茶树鲜叶化学组分、鲜叶质量、鲜叶管理，以及合理采摘的意义、采摘标准与开采期、采摘技术等内容。

第四章 茶鲜叶与采摘

第一节　鲜　叶

从茶树上采摘下来的嫩梢（即芽叶），作为茶叶初加工的原料，统称为“鲜叶”。

鲜叶是形成茶叶品质的物质基础。鲜叶质量是决定茶叶品质的内在根据；而茶叶加工技术则是茶叶形质转化的外在条件。因此，只有在充分了解鲜叶的内含化学成分，掌握其变化规律和影响因素的基础上，不断加强茶园管理，采用相应的加工工艺，才能达到提高茶叶质量的目的。

一、鲜叶组分

（一）鲜叶所含的化学成分

茶叶中的化学成分，到目前为止，经过分离鉴定的已知化合物有500种之多，其中大部分为有机化合物。构成这些化学物质的基本元素已发现29种：碳、氢、氧、氮、磷、钾、硫、钙、镁、铜、铝、锰、硼、锌、钼、铅、氯、铁、氟、硅、钠、钴、铬、镉、镍、铋、锡、钛、钒。茶叶中的化学成分归纳起来可分为十几类（图4–1）。

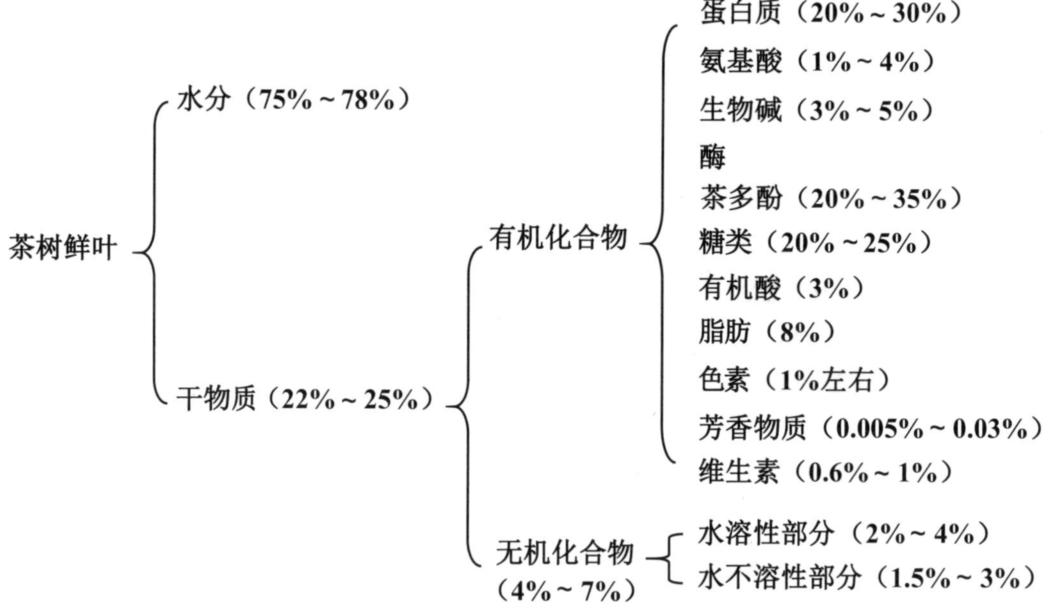

图4–1　茶树鲜叶化学成分组成及含量

鲜叶中的化学成分除了水分外，干物质中以茶多酚、碳水化合物类、含氮化合物类（蛋白质、氨基酸、生物碱）等含量最多。

（二）鲜叶主要化学组分概述

茶叶已知化学成分中以茶多酚、氨基酸、咖啡碱、芳香物质等含量的多少及其组成，对茶叶品质影响较大。这些物质不仅决定着茶叶质量的好坏，同时，也决定了茶叶作为饮料的使用价值。现就鲜叶中的一些主要成分，作简单介绍。

1. 水 分

水分是茶树生命活动不可缺少的物质，是形成光合作用产物重要原料。水分在茶树体内各部位的分布是不均匀的，生命活动代谢旺盛的部位其水分含量高（表4–1）。茶树的幼嫩新梢中一般含水量75%~78%，叶片老化以后含水量减少。

表4–1 茶树各部位的水分含量

茶树部位	1芽3叶新梢	幼嫩茎梗	老叶	枝条	主茎	根部
水分（%）	77.3	84.6	65.5	48.7	45.9	51.4

鲜叶含水量的高低，与气候、季节、采摘天气、生长环境、树龄树势、土壤含水状况都有密切的关系。

茶树体内的水分可分为自由水和束缚水两种。自由水主要存在于细胞液和细胞间隙中，呈游离状况，茶叶中的可溶性物质如茶多酚、氨基酸、咖啡碱、无机盐类均溶解在这种水里。水分在制茶过程中参与一系列生化反应，也是化学反应的重要介质。因此，控制水分含量是一项重要的技术指标。茶叶中除了自由水外还有束缚水，或称结合水，它与细胞的原生质相结合而成原生质胶体。

幼嫩的鲜叶经过加工制成干茶以后，绝大部分的水分都已蒸发散失，最后一般只要求含量在4%~6%。因此，通常2kg鲜叶约做0.5kg干茶。

2. 茶多酚

茶多酚是茶叶中多酚类物质的总称，俗称“茶单宁”。它是一类具有苦涩程度不同的物质，与茶叶品质的关系最密切。鲜叶中茶多酚含量因茶树品种、季节、鲜叶老嫩程度不同而有很大的差异。含量低者不到20%，高者可达40%以上。

鲜叶中的茶多酚主要是儿茶素类、黄酮类、黄酮醇类、花青素类和酚酸类等组成。

儿茶素类是茶多酚的主体成分，占茶多酚总量的50%~80%。鲜叶中的儿茶素又可分为六种：L–表没食子儿茶素（L–EGC）、D,L–没食子儿茶素（D,L–GC）、L–表儿茶素（L–EC）、D,L–儿茶素（D,L–C）、L–表没食子儿茶素没食子酸酯（L–EGCG）和L–表儿茶素没食子酸脂（L–ECG）。前4种为非酯型儿茶素，后2种为酯型儿茶素。从茶的滋味角度来看，非酯型儿茶素收敛性较弱，味醇和，不苦涩，而酯型儿茶素具有强烈收敛性，苦涩味较强。

黄酮类物质又称花黄素，常以糖苷形式存在于鲜叶中，含量为1%~2%，分为黄酮和黄酮醇两大类，是一类具黄绿颜色的色素物质，多数能溶于水，对茶汤的汤色和滋味有一定影响。

花青素是蔷薇花青素、飞燕草花青素、青芙蓉花青素以及它们的糖苷等的总称。茶树上的紫色芽叶，就是花青素含量较高之故。花青素具有明显的苦味，而且是水溶液性色素，因此对绿茶的品质不利。

3. 蛋白质和氨基酸

鲜叶中蛋白质含量占干物质的20%~30%，但绝大部分都不溶于水，所以喝茶时，人们并不能充分利用这些蛋白质。能溶于水的蛋白质称为"水溶性蛋白质"，其含量仅为1%~2%。

目前在茶叶中发现的氨基酸约20多种，鲜叶游离氨基酸含量一般约占干物质总量的1%~4%，其中以茶氨酸、谷氨酸、天门冬氨酸等三种含量较高，约占游离氨基酸总量的73%~88%，而茶氨酸约占总量的50%~60%，这是茶叶中游离氨基酸组成上的一个特点，也是茶树新陈代谢的特征之一。茶叶中的氨基酸极易溶于水，不少氨基酸都有一定的香气和鲜味，对茶汤品质影响较大。

4. 芳香物质

芳香物质是形成茶叶香气的主要物质，是种类繁多的挥发性物质的总称。一般鲜叶中其含量为0.03%左右，其组成成分极为复杂。据资料报道，茶叶中芳香物质主要是由：碳氢类化合物、醇类、醛类、酮类、酯类、内酯类、羧酸类、酚类、含氧化合物、含硫化合物和含氮化物等组成。鲜叶芳香物质中低沸点（200℃以下）成分占的比重较大，如沸点在156~157℃，具有强烈青草气的青叶醇，就占鲜叶芳香物质的60%，在制茶过程中，绝大部分挥发或者转化，剩下量甚微。还有一些高沸点的，具有良好的香气物质，如苯甲醇具苹果香，苯乙醇具有玫瑰花香，芳樟醇具有特殊的花香，这些芳香物质都参与红、绿茶香气的组成。

鲜叶中芳香物质随着茶树品种、外界环境和生长时间的不同，不仅在含量方面有所变化，而且芳香物质的种类也发生改变。细嫩鲜叶中含芳香物质多，制成的茶叶具有一种"嫩香"，随着鲜叶的粗老，部分芳香物质将转变为不产生香气的树脂物质。所以从茶叶香气方面的要求来说，以细嫩鲜叶制成的红绿茶质量较优，乌龙茶则例外。

5. 碳水化合物

碳水化合物是新梢生育的物质基础，是光合作用的产物。主要包括单糖、双糖和多糖三类，其含量占干物质的20%~30%。

鲜叶中的单糖主要有葡萄糖、果糖、甘露糖、半乳糖、核糖等，其含量约为0.3%~1%。双糖主要有麦芽糖、蔗糖、乳糖等，其含量为0.5%~3%，单糖和双糖都易溶于水，具有甜味，是茶叶滋味物质之一。

多糖是茶树鲜叶中碳水化合物的主体，主要包括淀粉、纤维素、半纤维素及果胶、木质素等，约占干物质总量的20%以上。这类糖在性质上与单糖、双糖有很大区别，大多不溶于水。茶叶中还有一种活性多糖，称为茶多糖，具有特殊的生理功能。

6. 有机酸

茶叶中含有多种量小的游离有机酸，包括草酸、苹果酸、柠檬酸、没食子酸、鸡纳酸、绿原酸等。其中有些有机酸是生命体新陈代谢的中间产物，含量多少与代谢旺盛的程度有密切的关系；有些有机酸是芳香物质；有些是属于酚酸类物质，参与红茶初制过程的化学变化，与红茶色素的形成有关。有机酸也是构成茶叶滋味的物质之一。

7. 茶叶色素

鲜叶中的色素包括脂溶性色素和水溶性色素两类。叶绿素和类胡萝卜素不溶于水，属于脂溶性色素；黄酮类物质和花青素能溶于水，属水溶性色素。

鲜叶中叶绿素的含量一般为0.3%~0.8%，叶绿素主要是由蓝绿色的叶绿素a和黄绿色的叶绿素b所组成。成熟叶片中叶绿素a的含量比叶绿素b高2~3倍，所以呈深绿色，而细嫩的叶片，叶色较淡，有时呈黄绿色，这是叶绿素b含量相对较高的缘故。

鲜叶中的类胡萝卜素是一种黄色和橙黄色的物质，已经发现的有15种，主要包括叶黄素和胡萝卜素等物质。叶黄素含量约为0.01%~0.07%，胡萝卜素含量为0.02%~0.1%。

黄酮类物质和花青素属茶多酚类物质。黄酮类物质呈黄色和黄绿色，是形成绿茶汤色的主要成分。花青素的颜色随细胞液pH值的变化而改变，在酸性条件下呈红色，在碱性条件下呈蓝紫色，含量为0.5%~1%。

8. 生物碱

茶叶中的生物碱主要是咖啡碱、茶叶碱和可可碱。咖啡碱含量较高，约为2%~5%，茶叶碱含量为0.05%，可可碱为0.2%左右。咖啡碱属于含氮化合物，与蛋白质、氨基酸一样，新陈代谢强的嫩梢部位含量较多，品质好的茶叶含量较多，粗老茶含量较少。茶树叶片含有大量的茶多酚和较多的咖啡碱，是茶树物质代谢的重要特征，是其他植物叶片所不具备的，因此是作为鉴别真假茶的重要生化指标。

咖啡碱本身味苦，但是与茶多酚及其氧化物形成络合物后，形成一种具有鲜爽滋味的物质。

茶叶碱和可可碱含量较少，具有刺激肾脏和利尿的作用。

9. 酶

酶是生物体进行各种化学反应的催化剂。由于有功效高、专一性强的各种酶，茶树才能正常而有规律地吸收、利用、转化和合成各种物质，茶树的新陈代谢和生命过程才得以维系。

鲜叶中酶的种类很多，归纳起来可分为水解酶、磷酸化酶、裂解酶、氧化还原酶、异构酶和转换酶六大类。目前国内外研究最多的是氧化还原酶类，如茶多酚氧化酶就是最为突出的代表，它与茶叶品质关系极为密切，茶树不同品种发酵性能的差异，以及适制性上的差异，都与多酚氧化酶及其同工酶的组成数量和比例有关。

据研究，鲜叶的多酚氧化酶的活性与新梢的老嫩度有关，幼嫩叶片和幼嫩茎中酶活性较高，老叶酶活性较低，这也就是幼嫩芽叶发酵快，粗老原料发酵慢的原因所在。多酚氧化酶的适宜pH值为4~5.1，在温度为20~35℃范围内，酶的活性随温度的上升而增强，至40℃时开始下降。

10. 类　脂

凡是水解后能产生脂肪酸的物质统称为类脂。类脂包括脂肪、磷脂和蜡。

鲜叶中类脂物质的含量约8%。类脂是某些香气物质的先质，对茶叶香气的形成有积极的意义。

鲜叶中的磷脂以6–磷酸葡萄糖为主，此外，还含有少量的6–磷酸果糖，1–磷酸葡萄糖等。一般在较嫩的鲜叶中含有较多的磷脂，而在粗老叶中以含半乳糖和双半乳糖甘油酯为主。

11. 维生素

鲜叶含有多种维生素，制成成品茶后仍保留较多。因此，饮茶时，人们可以吸收不少维生素。鲜叶维生素包括水溶性和水不溶性两类。维生素C、维生素B_1、维生素B_2、维生素B_3、维生素B_{11}、维生素P、维生素B_5和肌醇等均为水溶性维生素。茶叶中含量最多的是维生素C，高级绿茶中的含量可达0.5%，质差的绿茶和红茶中含量较低。鲜叶中水不溶性维生素有维生素A、维生素D、维生素E和维生素K，因不溶于水，一般情况下，这些物质不易为人们所利用。

12. 无机成分

茶叶经高温灼烧灰化后的无机物质总称为“灰分”，约占干物质的4%~7%。一般情况下嫩叶总灰分含量较低，而老叶、茶梗中的含量较高。灰分中能溶于水的部分称水溶性灰分，约占总灰分的50%~60%，品质优越的茶叶水溶性灰分含量相对较多。茶叶无机成分含量见第三章“表3–1　茶叶中的主要矿质元素”，此略。

二、鲜叶质量

（一）鲜叶的物理质量

鲜叶的物理质量主要是指鲜叶的嫩度、匀度、鲜度和净度。

1. 鲜叶的嫩度

鲜叶的老嫩程度是衡量鲜叶质量一个重要因子，是鉴定鲜叶等级的主要指标。

嫩度的主要内涵是被采新梢的成熟度及其采下后芽梢上带叶量的多少。一般地说，1芽1叶比1芽2叶嫩度好，1芽2叶初展比1芽2叶开展嫩度好，正常芽叶比对夹叶嫩度好，评定鲜叶原料嫩度的标准，可参照下述三条原则（即“三看”）来制定：一看芽头，即芽头大小及正常芽叶数量多少；二看叶张，即第一叶和第二叶的开展度；三看单个新梢的带叶数的多少。若芽头较小，正常芽叶多，单片和对夹叶少，叶开展度小，单个新梢带叶少，则鲜叶原料的嫩度好，反之，原料较粗老。

我国茶类丰富，对鲜叶老嫩度要求各异。红、绿茶要求原料嫩度高，而黑茶、乌龙茶则要求新梢具有一定的成熟度，才能制出符合品质特征的优质茶。

2. 鲜叶的匀度

鲜叶匀度是指同一批鲜叶原料的一致性，是评定鲜叶质量好坏的另一重要指标。无论哪种茶类，都要求鲜叶匀齐。如果鲜叶混杂，老嫩不齐，加工技术就无所适从。一般以芽叶组成分析法确定鲜叶的匀度情况，作为一批鲜叶主体的某一类芽叶，所占重量百分比越大，说明其匀度越好。有些高级名茶要求匀度达100%。

严格地说，鲜叶匀度还应包括鲜叶嫩度、柔软性和芽叶长短粗细等的一致性，以及是否含有夹杂物等。

在生产实际中，往往遇到同一批鲜叶中老嫩互相混杂；雨水叶、露水叶和无表面水的鲜叶互相混杂；不同品种、不同生长势茶树的鲜叶互相混杂等等。这给茶叶加工处理带来不少困难。为了提高鲜叶的匀度，主要应抓好两个方面的工作：一是加强采摘管理，严格采摘标准；二是加强鲜叶进厂时的验收分级工作。

3. 鲜叶的鲜度

鲜度，即新鲜程度之简称，主要内涵是指鲜叶原有理化性质保持的程度。鲜叶以现采现制为好。鲜叶内含物中一些有效物质（指在茶叶加工过程中能够转化为茶叶色、香、味的主要化学成分），在贮青过程中会部分地被消耗或发生转化。如果鲜叶处理不当，造成鲜叶损伤发热，或放置过久，就会出现红变，甚至出现酸、馊等不良气味和劣变现象，都会使鲜度降低，影响成茶品质。在大生产中，特别是茶季高峰期，鲜叶大量进厂，不可能立即加工，必须做好鲜叶管理，做到先进厂、先付制，无表面水的先付制，尽量缩短摊放时间，做到不沤叶、不红叶、不烂叶。

4. 鲜叶的净度

鲜叶净度是指鲜叶中含夹杂物的多少。杂夹物有茶类夹杂物和非茶类夹杂物之分。茶类夹杂物主要有茶籽、茶梗、花蕾、幼果、病枯叶、老枝和老叶等；非茶类夹杂物有虫体、虫卵、杂草、泥沙和农药残留物等。茶叶是一种叶用饮料，要特别注意其安全和卫生，鲜叶中的夹杂物，尤其是非茶类夹杂物可能有害于人体健康。另外，还要注意鲜叶在装运以及加工过程中的卫生工作。

（二）鲜叶的化学质量

成茶品质的好坏取决于鲜叶质量，鲜叶质量的优次是由鲜叶的化学质量所决定的。

鲜叶的化学质量是指与茶叶品质关系密切的主要化学成分的含量水平。只有质优的鲜叶原料，才能制出优质的茶叶。所谓质优的鲜叶原料，从本质上说就是鲜叶原料中对品质有利的化学成分含量丰富，且比例协调。因此，了解不同鲜叶原料中一些与品质关系密切的化学成分的变化状况，具有实践意义。

1. 茶多酚含量的变化

鲜叶中水溶性部分含量最多的是茶多酚，茶多酚对茶叶的色、香、味都有很大的影响。红茶的红色叶底和红茶的汤色就是茶多酚的氧化聚合产物所形成的。某些绿茶、乌龙茶的橙黄汤色也与茶多酚的初级氧化产物有关。茶多酚的氧化产物与氨基酸结合形成具有芳香的物质，同时，茶多酚是重要的滋味物质。

鲜叶中茶多酚的含量与成茶品质关系密切。同一茶季的绿茶，通常是以茶多酚含量适中的鲜叶制出的成茶品质比较好，主要表现为滋味较浓且鲜爽。红茶品质与茶多酚的含量成高度的相关。

鲜叶中茶多酚含量除与季节、品种和气候条件有关外，不同芽叶组成间其含量存在着明显的差异，幼嫩组织茶多酚含量高，随着新梢老化，其含量递减（表4–2）。

表4–2　不同芽叶组成茶多酚、儿茶素含量的差异

化学成分	单芽	1芽1叶	1芽2叶	1芽3叶	1芽4叶	1芽5叶
茶多酚（%）	26.84	27.15	25.31	23.6	20.56	16.39
儿茶素（%）	13.65	14.68	13.93	13.61	11.92	10.96

从上表可以看出，无论是茶多酚，还是儿茶素，单芽至1芽1叶时其含量有所升高，从1芽1叶后随着芽梢上叶数的增加两者含量均逐渐递减。就儿茶素的含量来看，到1芽3叶为止一直保持着较高的水平。这也是一般红、绿茶要求采1芽2~3叶的缘故之一。

2. 含氮化合物含量的差异

茶叶中的含氮化合物主要包括蛋白质、氨基酸、咖啡碱等。这些物质与茶叶品质，尤其与绿茶的品质密切相关。不同的鲜叶原料，这些物质含量变异幅度很大。幼嫩春茶原料中的蛋白质、氨基酸和咖啡碱含量较高，制成的绿茶品质较佳；反之，粗老的鲜叶中其含量大幅度下降，制成的茶叶品质较差。

含氮化合物在新梢幼嫩时含量较高，随着新梢生长老化逐渐递减（表4-3、表4-4）。从新梢含氮化合物的递减速率来看，制茶原料不能超过1芽3叶。值得注意的是新梢嫩茎中氨基酸含量较高，这对制茶品质有积极作用。

表4-3　新梢各部位蛋白质的含量

新梢部位	单芽	第一叶	第二叶	第三叶	第四叶	第五叶	嫩茎
蛋白质（%）	29.06	26.06	25.62	24.94	22.5	20.15	17.4

表4-4　新梢不同部位不同茶季含氮量、咖啡碱和氨基酸含量

茶季	新梢部位	含氮量（%）	咖啡碱（%）	氨基酸（%）
春茶	1芽1叶	6.53	3.5	3.11
	第二叶	5.95	3	2.92
	第三叶	5.15	2.65	2.34
	第四叶	4.13	2.37	1.95
	茎	4.12	1.31	5.73
夏茶	1芽1叶	5.55	3.88	1.29
	第二叶	4.82	3.43	0.61
	第三叶	3.86	2.67	0.48
	第四叶	3.22	2.42	0.35
	茎	2.37	1.5	1.73

3. 碳水化合物含量的差异

碳水化合物是光合作用的产物，试验表明，接近成熟时的叶片光合作用最强。新梢生育过程中，无论是单糖、双糖、淀粉和纤维素都随着叶片的生长老化，含量逐渐增加（表4-5），也就是说随着梢龄的增长，新梢中碳水化合物呈现为一个由少到多的积累过程。

表4-5　新梢各部位碳水化合物的含量

新梢部位	原糖（%）	双糖（%）	淀粉（%）	纤维素（%）
1芽1叶或第一叶	0.77	0.64	0.82	10.87
第二叶	0.87	0.85	0.92	10.9
第三叶	1.02	1.66	5.27	12.25
第四叶	1.59	2.06	—	14.48
茎	2.61	—	1.49	17.08

由上表可以看出，新梢中碳水化合物中的各种成分幼嫩部分较少，老化后增加。其中纤维素更是如此。因为纤维素是细胞壁的主要成分，纤维素含量高时，叶质硬化，所以纤维素含量的高低可作为评定鲜叶原料老嫩程度的一个重要化学指标。碳水化合物与茶叶品质成明显的负相关。

三、鲜叶管理

鲜叶管理是指鲜叶从采摘后至付制前的装盛运输、验收分级、摊放贮青等一系列工作。加强鲜叶管理，目的在于保证鲜叶质量，为制茶品质的提高打好物质基础。

（一）鲜叶管理的重要性

鲜叶质量的好坏，不仅与鲜叶本身所含的有效成分含量的高低有关，而且与鲜叶管理技术有密切关系。如管理不善，鲜叶劣变，会使成茶色、香、味都受到影响，同时制茶率也会降低。所以，做好鲜叶管理，是保证茶叶品质的前提。

芽叶生长在茶树上，靠光合作用制造糖类化合物，并通过呼吸作用将有机物分解释放出能量来维持茶树生命活动。当茶叶从茶树上采摘下来后，在一定时期内，生命活动仍在继续进行着。但是，采下的鲜叶由于水分和养分的不断减少，同化作用（即光合作用）越来越弱，而异化作用（呼吸作用）却因组织损伤、水分减少、水解酶和氧化还原酶活性的提高等因素而逐渐增强。呼吸作用不断增强的结果，引起鲜叶内部一系列以降解为主导方向的生化变化，最终产生CO_2和H_2O，并放出大量的热能。这就是鲜叶堆积较厚时，叶子“发热”的原因。其化学反应式是：

$$C_6H_{12}O_6+6O_2 \rightarrow 6H_2O+6CO_2+674kcal$$

如果鲜叶摊放适度，呼吸产生的热量，能大部分迅速扩散到周围空气中去，叶温不会明显升高。但是，若管理不妥，在鲜叶紧压运输，或过厚堆积的情况下，呼吸作用产生的热量就不能及时散发，叶温逐渐增高，细胞内酶活性增强，从而进一步促进有机物的分解。如果鲜叶堆放24h以上，干物质损耗多的达5%。在上述情况下，还因部分茶多酚氧化，促使鲜叶变红，严重影响茶叶品质。同时还因通气不良，供氧不足，部分糖类等有机物会进行无氧呼吸，其结果产生醇、酸等物质。因此，堆积过久或处理不当的茶叶往往易产生酒味和酸、馊味，造成鲜叶品质严重劣变。

上述情况说明，做好鲜叶的集运与管理非常重要，其中心内容应该是保持鲜叶的新鲜度和防止鲜叶发热变质。因此，对于采下的鲜叶，必须妥善运输，加强进厂管理，把好茶叶加工的第一关。

（二）鲜叶管理的方法

在鲜叶管理中，为了保证鲜叶新鲜度，一切技术措施都是围绕着保证鲜叶完好无损。从而做到“三不”，即不损坏、不发热、不红变。为此应在如下3个环节上认真加强管理：

1. 装盛运输

在采茶时，要注意避免不必要的机械损伤和沾染污物。盛装鲜叶的器具，一定要透气，清洁干净，一般宜用小孔篾篓装盛鲜叶，忌用布袋、化纤袋、木桶等不透气容器。装叶时，动作要轻，不可紧压；同时，要注意不同品种、不同茶园、不同质量的鲜叶，分开装运；采收后的鲜叶，尽量做到轻装快运，保持鲜叶新鲜、及时进厂。

2. 评级验收

鲜叶评级对按质定价、按级加工、提高品质和调动茶农的积极性有着极为重要的作用。鲜叶的定级主要依据鲜叶的物理质量的四大因子，即鲜叶的嫩度、匀度、净度、新鲜度来进行。

每批鲜叶进厂，首先要登记称重，再扦取鲜叶样品进行评级。在扦样时要注意同一批鲜叶的质量是否均匀和发热变红。然后在篓内的上、中、下、左、右各个部位各扦取一把样，将其充分拌匀，然后抽取0.5kg左右作为评级的依据。大中型茶场自采自制，鲜叶分级相对简单些，但纯收购鲜叶加工的茶厂，鲜叶的评级验收应与毛茶等级相对应，确定好鲜叶价格，做到优质优价，低质低价。

在评级验收时，如发现鲜叶有劣变，应酌情处理，并分开摊放，切忌好坏混杂。在评级验收后，分别将正常叶与劣变叶，老叶与嫩叶，雨水叶与晴天叶以及不同品种的芽叶分开摊放，便于采取不同的加工技术。

3. 摊放贮青

鲜叶经评级验收后，一般要及时付制，保证成茶品质的鲜爽度。如需要摊放贮青，特别是名优茶的加工，需要摊放一定时间，以促进鲜叶内物质转化，则应按级或按品种分别摊放。贮青车间要求阴凉清洁，空气流通，地面干燥不潮，门窗要便于开关，这样在贮青过程中，根据气温和湿度情况进行调节。

贮青以温度低于15℃，相对湿度90%~95%，场所清洁为宜。在生产实际中，可以采取一些相应的措施，以降低温度，提高湿度，使叶温控制在30℃以内。如选择阴凉处为贮青间，避免阳光直射，门窗要便于启关。为了降温增湿，可在贮青车间屋顶四壁装上淋水装置。此外，鲜叶摊放的厚度不宜过厚，春茶阶段掌握在20cm左右，夏秋季节，控制在15cm上下。总之，应根据气温的高低、鲜叶老嫩、湿度情况加以灵活掌握，做到高温薄摊，低温稍厚；嫩叶薄摊，老叶稍厚；湿润天薄摊，干燥天稍厚；雨天叶薄摊，晴天叶稍厚。摊放时叶层宜呈波浪状，隔一定时间轻轻翻动一次，以利散热。最好采用通气贮青槽进行贮青，或安装空调等控温、控湿装置，确保鲜叶质量。

鲜叶摊放的时间，一般都不能超过24h，特别是当室温超过25℃时，更应该及时付制。名优绿茶鲜叶原料摊放，一般控制在4~8h，视环境条件而定，付制前以鲜叶含水量不低于70%为宜。

综合上述，鲜叶是茶叶加工的原料，鲜叶质量如何，直接影响到成茶品质的优次。鲜叶中与品质相关的化学成分含量高或比例协调，是形成优质成品茶的重要物质基础。加强付制前鲜叶原料管理，则是这些物质基础的必不可少的维护措施。

四、茶叶分类

中国茶叶生产地域辽阔，茶类繁多，但几大茶类的生产方式在明末清初已基本形成。为便于研究与比较茶类及其各花色品种之间的异同，分门别类，根据已逐渐形成的茶叶生产特点，建立系统的分类方法，近代茶业界前辈做了大量的努力，为茶叶分类工作奠定了坚实的基础。1979年，安徽农学院陈椽教授提出，应以制茶方法，结合茶叶品质的“六大茶类分类系统”，即以茶叶加工工艺和茶多酚氧化程度为依据将茶叶加工分为绿茶、黄茶、黑茶、白茶、青茶、红茶的六大茶类，该方法已为国内外茶叶科技工作者广泛接受和应用。我国茶叶出口部门则根据出口茶类将茶叶分为绿茶、红茶、乌龙茶、白茶、花茶、紧压茶和速溶茶等七大类。陈宗懋主编《中国茶经》（1991年）认为将茶叶分为基本茶类和再加工茶类，基本茶类分为六大茶类，以六大茶类为原料进行再加工的再加工茶类，根据其制品的发展而定，下分为花茶、紧压茶、萃取茶、果味茶、药用保健茶、含茶饮料等。中国农科院茶叶研究所程启坤研究员也提出，将中国茶叶分为基本茶类和再加工茶类的分类方法（图4-2）。

在国外，茶叶的分类比较简单，欧洲按茶叶的商品特性进行分类，分为红茶、乌龙茶、绿茶三大茶类。日本则多根据茶叶发酵程度，将茶叶分为不发酵茶、全发酵茶、后发酵茶。

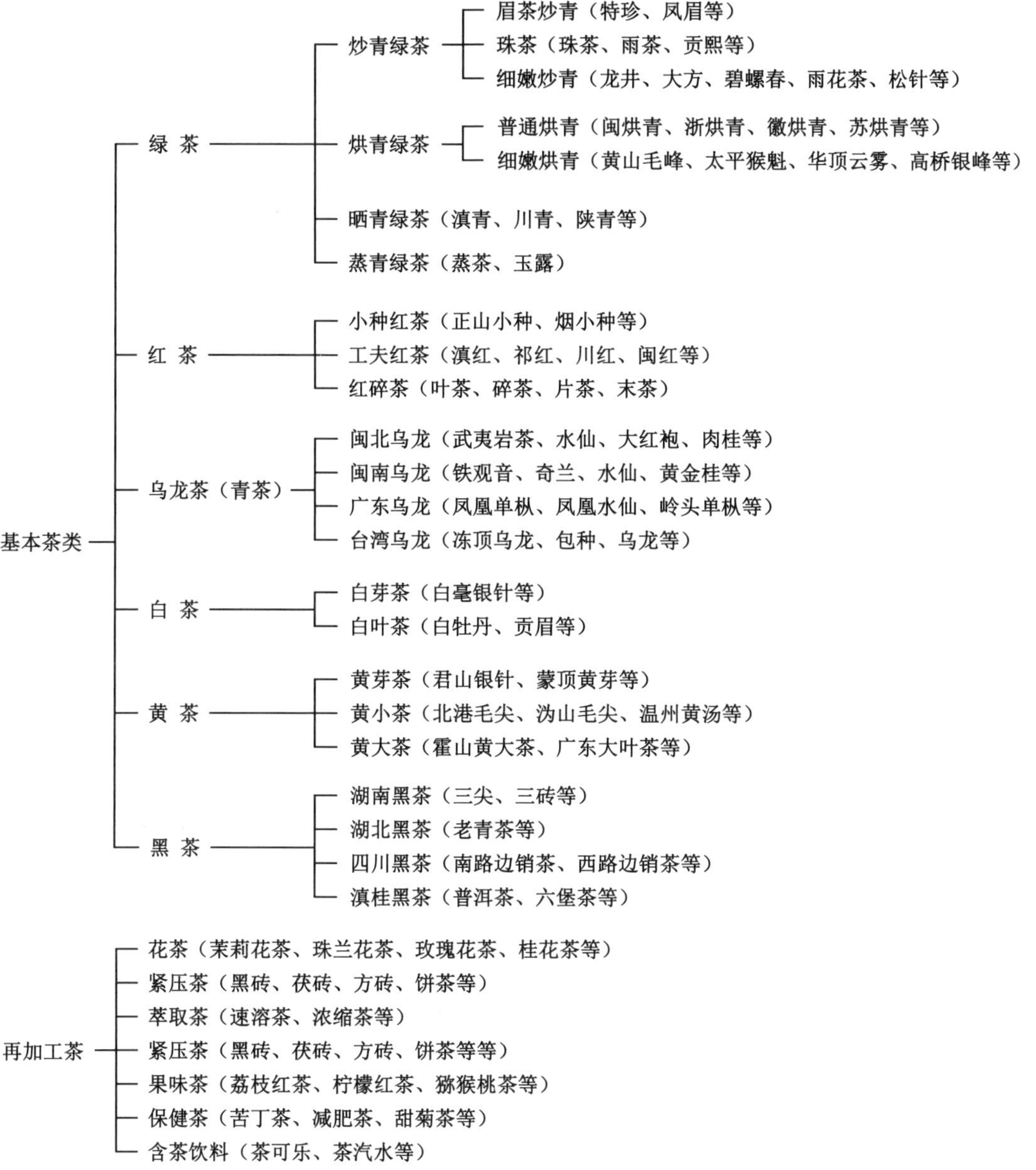

图4-2　我国茶叶综合分类

第二节　茶叶采摘

茶叶采摘是联系茶树栽培与茶叶加工的纽带，它既是茶树栽培的结果，又是茶叶加工的开端。茶树是一种多年生的叶用作物，采摘合理与否，不仅关系到茶叶产量的高低、质量的优劣，而且，还直接影响茶树的生长发育和能否长期高产、稳定、优质。因此，茶叶采摘不只是一个收获的过程，而且还是一项重要的茶树栽培技术措施。

一、合理采摘的意义

（一）茶叶采收的特殊性

采收茶叶，准确地说，就是采收茶树上的新梢（图4–3），新梢被采下后，可称“芽叶”。芽叶的量和质远不及大田作物的谷粒、果树的果实等那样稳定，一年（或一茬）收获一次，而是随茶树新梢生育动态、发生季节、采收方法等变化很大，且一年收获多次。采茶直接减少了茶树的总光合面积，从而引起采与养的矛盾。采茶依茶类、环境、培管水平等条件的不同，可迟可早，批次可多可少，“芽叶”可长可短，可粗可细、可重可轻、可多可少，即使同一批茶也很难固定同一标准。采期不同、采法不同，不仅制约当批当季当年的产量、品质，而且显著影响后期的产量与品质。充分认识茶叶采收，作为一种收获方式的上述特点，因树、因地、因时、因茶类制宜进行合理采摘有着重要意义。

图4–3 新梢

（二）合理采摘的基本概念

采收芽叶是人们栽培茶树的经济要求。人们种茶总希望多采叶，采好叶，但叶片又是茶树生长发育的主要营养器官，摘收芽叶，则会减少茶树的光合面积。因此，需要解决经济要求与茶树本身对叶片需求存在的矛盾，解决此矛盾的基础措施是加强肥培管理，关键措施是严格执行合理采摘，所谓合理采摘是指在一定的农业技术条件下，对相应的茶园实行的一种采摘制度（或体系），通过这种制度的贯彻能够有效地调节茶叶产量与品质的矛盾，协调茶叶采摘与留叶养树的矛盾，调整长远利益与眼前利益的矛盾，从而获得相应的高产优质的茶叶加工原料和实现高产稳产高效的可持续发展的栽培目标。

（三）合理采摘的基本要求

由于我国栽培茶树历史悠久，茶区辽阔，条件各异，加之茶类繁多，形成了多种多样的采摘制度（或体系），所以，如何才算合理采摘，很难用某一个标准加以衡量，上述合理采摘的概念也是相对的。从目前茶树栽培发展的趋势，结合以往的经验来看，合理采摘应遵循以下基本要求。

1. 采、留结合

采茶和留叶是茶叶采摘中的一对主要矛盾。正确处理好“采”与“留”的关系，是保证茶树健壮生长、决定茶叶产量、提高茶叶品质的一个关键。因此，即使是成龄、投产茶园，也必须在采摘的同时，注意适当留叶养树，确保茶树年生育周期内有适量的新生叶片，满足茶树本身生长发育的需要，维持茶树正常而旺盛的生长势。

茶树究竟留多久才算合理呢？根据试验，投产茶园其叶面积指数在2~5范围内，茶叶对产量随叶面积指数增大呈直线上升，以4~5最好。所以留叶应根据茶树叶片数量而定，量大的应多采少留。量小的应适当增加留叶数，保证适宜的光合面积。

2. 量、质兼顾

茶叶是一种商品，我们不但要求数多，更要求质量好。即使是在同一品种同一管理水平的成龄茶园，因采摘芽叶的大小、老嫩、迟早不同，茶叶产量和质量有着极其显著的差异。因此，在采摘过程中，要强调量、质兼顾，既要利于茶树的生长发育，又能获取最佳经济效益。

值得商榷的是，有人从量质兼顾，提高茶叶生产经济效益出发，提出春茶质好价高可多采制，夏秋茶质次价廉宜少采制。我们认为茶叶品质与价值不能仅凭嫩度、口感和当前市价等而论。目前许多研究表明，绿茶具有抑制肿瘤细胞生长，以及较强的抗癌功能等，是因为绿茶中的儿茶素组分，如L-EGCG、L-ECG、L-EGC、L-GC、L-EC等，其中又以L-ECG和L-EGCG中的羟基具有更强消除自由基的功能。而这两个组分在6~7月夏茶中含量显著高于春茶，故从茶的防癌抗癌保健性来看，夏茶胜于春茶。关键是如何采取有效措施，在不削弱夏季绿茶保健性的前提下改善其适口性，其次应加强对夏茶保健作用的宣传，转变消费者的观念。

3. 坚持分批多次留叶采摘法

分批多次留叶采摘法是20世纪50年代以来在我国广大茶区大力推广和普及的一种新型采摘制度（或体系）的一个重要组成部分，它是以茶树新梢伸育的节奏性、轮次性等客观规律为依据的，要求按标准采，留叶采，先发先采，后发后采，未达标准的下次采。这种采摘可以及时采下应采的芽叶，刺激腋芽的萌发，达到高产、稳产、优质的目的。

4. 因地、因时、因树制宜

茶树在不同的品种、不同的树龄和不同的环境条件下，它的生长发育状况有很大的差异；而且不同的茶类对茶树品种和鲜叶嫩度要求又不尽一致。因此，从新梢上采下的芽叶，必须符合某一茶类加工原料的基本要求，同时结合茶树在不同年龄阶段的生长发育特性和当时当地的具体情况加以灵活掌握。

5. 采摘与其他栽培技术措施相结合

农业栽培技术措施是复杂多样的，是相互影响的。茶叶采摘只有在加强茶园肥培管理，密切配合修剪等各项措施的前提下，才能发挥其增产增质效应。同样，肥培管理、修剪技术等也只有在合理采摘的条件下，才能充分显示出应有的作用。因此，合理采摘必须建立在茶树各项栽培技术措施密切配合的基础之上。

此外，采摘还必须有利于调节采茶劳力，有利于提高采茶劳动生产率和降低生产成本。

二、采摘标准与开采期

采摘标准是指从一定新梢上采下芽叶的大小标准而言的。采摘标准是按照茶类生产的实际条件、市场供应和芽叶的化学成分等客观指标而制定的。它是前人的经验总结，同时也会随市场和生产的变化而不断地发展和修正。在生产实践中，要根据茶类要求、市场信息，因时因地制宜掌握好采摘标准，及时开采，求得最佳经济效益。

（一）不同茶类的采摘标准

我国茶类丰富多彩，品质特征各具风格，因此，对鲜叶采摘标准的要求各异，总括起来，可分为4种情况。

1. 名茶采摘

如高级西湖龙井、洞庭碧螺春、君山银针、黄山毛峰等高级名茶，对鲜叶原料的要求十分严格，一般是采茶芽和1芽1叶初展以及1芽2叶初展的细嫩芽叶（图4–4）。名茶对鲜叶要求采得早、采得嫩，一般在清明前后开采。这类采摘标准，要求高、季节性强、花工多、产量低。而随着人们生活水平的提高，名优茶的需求量在不断增加，更要求人们严格把握好名茶采摘要求，提高产品品质，增强市场竞争力。

图4-4 1芽1叶名优茶鲜叶原料

2. 普通红绿茶的采摘标准

我国目前内销和外销的普通红绿茶，诸如眉茶、珠茶、工夫红茶及红碎茶等，它们要求鲜叶原料嫩度适中，一般以采1芽2叶为主，兼采1芽3叶和同等嫩度的对夹叶（图4-5）。这种采摘标准兼顾了茶叶产量和茶叶品质，经济效益高。如采摘过于细嫩的茶芽，茶叶滋味较淡，产量不高，劳动效率也不高，同时，不利于茶叶自然资源的有效利用；但如采得太粗老，虽有一定采收量，但芽叶中有效化学成分不协调，成茶色、香、味、形的品质均受影响。

图4-5 一般红、绿茶采摘标准（1芽2、3叶及同等嫩度对夹叶）

3. 乌龙茶类的采摘标准

我国的乌龙茶类，其品质要求独特的香气和滋味。采摘要求新梢长到快要成熟（驻芽），顶叶6~7成开面时，采下2~4叶梢比较适宜，这种采摘标准，又称“开面采”。如果采得过嫩，在加工过程中，芽尖和嫩叶易成碎末，而且色泽红褐灰暗，香气低，滋味涩；

采得太老，外形显得粗大，色泽干枯且滋味粗涩。按乌龙茶的采摘标准，全年采摘批次不多，但所制乌龙茶品质好。

4. 边销茶的采摘标准

我国边销茶花色种类很多，采制方法独特。茯砖茶原料的采摘标准是等到新梢基本成熟时，采下1芽3、4叶一级原料，1芽4、5叶二级原料或1芽5、6叶三级原料。四川南路边销茶为了适应藏民熬煮掺和酥油和大麦粉的特殊饮用习惯，采摘标准是待新梢成熟、枝条基部已木质化，留1~2片成叶刈下新生枝条，湖北的老青茶亦属此类。所制成边销茶经适当陈放，其滋味醇和、回味甜润。目前一些边销茶产区也改单一粗采为粗细兼采，即春茶时节按红、绿茶采摘标准，加工红、绿茶；而后期，采用粗采或割采，加工边销茶或内销黑茶，颇显成效。

（二）不同树龄、树势茶园的采摘标准

树龄和树势强弱不同，贯彻采养结合的原则，采摘标准亦应有所不同。幼龄茶树，一般在最初1~2年，以留养不采为主；3~4年茶树，为增粗枝干，扩大树冠，采取打顶轻采；成年茶树，凡茶树生长势好，茶树高度和幅度已达到一定要求，则可按各类茶的采摘标准开采。如果生长势衰弱，无法按标准采摘的，则要适当多留养，实行轻采。经修剪改造后的茶树，在最初1~2年内应实行以留养为主的采摘。一般正式投产前的幼龄茶树和修剪更新后两年内的茶树，实行打顶采，即当新梢快成熟时，采下1芽2、3叶。

（三）开采期的确定

茶叶采摘有强烈的季节性（或时间性），茶谚云“早采三日是个宝，迟采三日便是草”，说明了及时采摘的重要意义。

同一茶树因采与留的标准不同，开采期不同。即使采留标准相同，因新梢生长的迟早、快慢、长短等受着气候、品种、茶园肥培管理水平和剪采技术等因素的影响，开采期也会有差异。

一般在手工采茶的情况下，茶树开采期宜早不宜迟，以略早为好，特别是春茶开采期，更是如此。这是因为茶树营养芽在越冬期间，积累了丰富的养料，加上我国广大茶区春茶季节气候比较温和，雨量充足，茶树春梢生长旺盛且整齐，高峰期十分明显。如果开采期掌握不当，往往会造成顾此失彼，养大采老的局面，不仅导致茶叶品质低劣，而且还会影响茶树生长势的发展。总结各地的经验，一般红、绿茶产区，在手工采摘条件下，春茶以树冠面上有10%~15%的新梢到达采摘标准为开采期；夏、秋季，气温高，芽叶伸展快，以5%~10%的新梢达到采摘标准时，则要开采。机采茶园的开采标准是，春茶80%新梢达到采摘标准，夏秋茶60%达到采摘标准。在采茶时，掌握达到标准的先

采，未达到标准的后采；先采低山后采高山；先采阳坡后采阴坡；先采砂土后采黏土；先采早芽种，后采迟芽种；先采老丛后采新蓬。

就茶叶季节而言，我国大部分茶区一般分为春、夏、秋三季（南部茶区有的分四季），但茶季的划分标准不一。以时令分：清明至小满为春茶，小满至小暑为夏茶，小暑至寒露为秋茶。以时间分：5月底以前采收的为春茶，6月初至7月上旬采收的为夏茶，7月中旬以后采收的为秋茶。

三、采摘技术

良好的采摘方法，首先要求采工能够了解茶园茶树的生育状况及特点，运用合理的采留标准进行采摘；其次，要求采工掌握正常的采摘方法。依据茶树特点和茶类，运用不同的采摘方法，既能提高鲜叶产量和品质，又能大大提高采茶工效。

（一）徒手采茶

徒手采茶是我国传统的采摘方法，也是目前生产上应用最普遍的采摘法。其特点是采摘精细，批次较多，采期较长，易于按标准采，芽叶质量好，茶树生长较旺，特别适合名优茶的采摘。但徒手采摘费工多、工效低。

1. 采摘方法

依茶树新梢被采摘的强度，徒手采茶可分为打顶采摘法、留真叶采摘法和留鱼叶采摘法三种。

① **打顶采摘法：**又称打顶养蓬采摘法。适用于2、3龄的茶树或更新改造后1~2年生长的茶树，是一种以养为主的采摘方法，有利于茶树树冠的培养。具体方法是，待新梢长至1芽5、6叶以上，或在新梢将要停止生长时，实行采高蓄低，采顶留侧，摘去顶端1芽2、3叶，留下新梢基部3、4片真叶，以进一步促进分枝，扩展树冠（图4–6）。

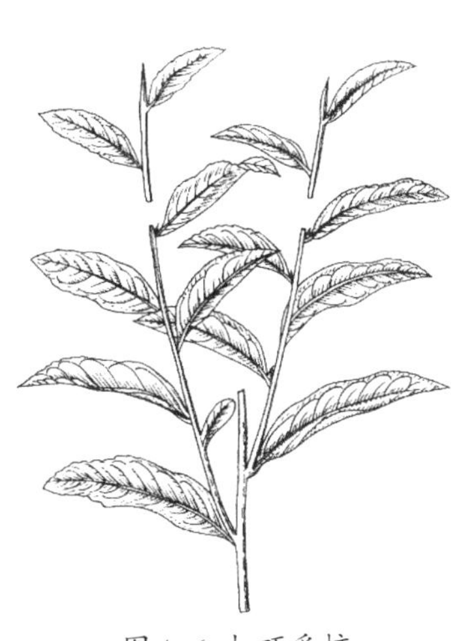

图4–6 打顶采摘

② **留真叶采摘法：**这是一种采养结合的采摘方法。既注重采，又兼顾留。具体方法是，待新梢长至1芽3、4叶时，采下1芽2、3叶，留下1、2片真叶。对于树龄较大，树势稍差的茶园多采用此法（图4–7）。

③ **留鱼叶采摘法：**这是一种以采为主的采摘方法，也是成年投产茶园的基本采法，适合名优茶和大宗红、绿茶的采摘。具体方法为，当新梢长至1芽1、2叶或1芽2、3叶时，以采1芽1叶或1芽2叶为主，兼采1芽3叶，留下鱼叶不采（图4–7）。

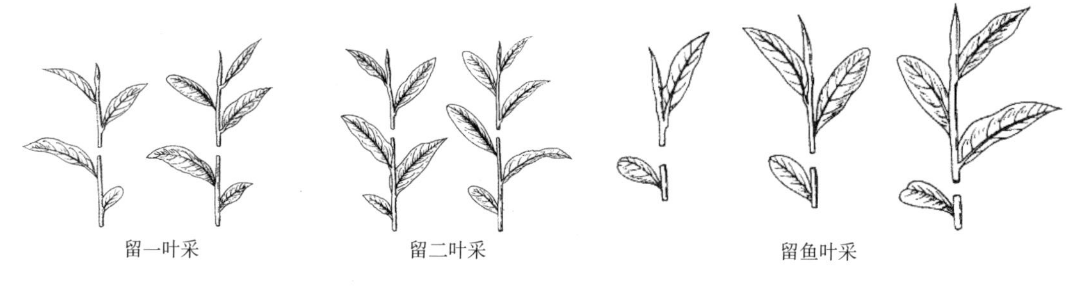

图4-7 不同留叶采摘法

2. 采摘手法

至于采茶手法，因手指的动作、手掌的朝向和手指对新梢着力的不同，采摘方式有折采、捋采、扭采、抓采、提手采、双手采等之分，折采、提手采和双手采是较为合理的徒手采茶方式。

① **折采**：又称捏采，是细嫩名优茶采摘所应用的方法。具体方法是，左手按住枝条，用右手的食指和拇指夹住细嫩新梢的芽尖和1、2片细嫩叶，轻轻地用力使嫩茎自然折断，切忌用指甲掐断。凡是打顶采，撩头采都采用此法。此法采量少，工效低。

② **提手采**：为徒手采茶中最普遍的方式，现在大部分茶区的红绿茶原料的采摘，都是采用这种方法。具体做法是，掌心向下或向上，用拇指、食指配合中指夹住新梢所要采的节间部位向上着力采下。

③ **双手采**：两手掌靠近于采摘面上，运用提手采法，两手相互配合，交替进行，把符合标准的芽叶采下。有的用左手集拢采面上的3、4个新梢，纳入右手掌的手指，用力向上一提，便可将所采芽叶采下落于手中。双手采是徒手采摘中效率最高的一种采法。

（二）机械采茶

茶叶采摘是茶园管理中季节性强，技术要求高而且费工的一项作业。随着茶叶生产的专业化以及茶园面积的扩大和单产水平的不断提高，茶叶采摘与农业生产劳力之间的需供矛盾日趋突出。改革开放的不断深化，农村商品经济和各类企业的蓬勃发展，尤其是城镇化的加速，农村大批劳力转向第二、第三产业，剩余劳力显著减少，劳动工值大幅上涨，茶叶加工企业付出的采茶工资增加。据统计，茶叶成本的40%用于劳动力开支，而劳动力开支中的80%用于采摘，而且由于劳动力的缺少，不能及时把鲜叶采下来，在一定程度上已阻碍了茶叶生产的发展。早在20世纪20年代，日本率先开展采茶机研究并开始推广应用，1961年日本推出小型动力单人采茶机，1966年推出动力双人采茶机，到20世纪70年代日本80%的茶园采用动力采茶机采茶，20世纪80年代已达90%以上。因此，在我国利用机械采茶部分或逐步代替手工采茶，以提高采茶效率和降低采摘成本，势在必行。

1. 机采效益分析

机采效益主要体现在劳动生产率、作业质量和经济效益的提高及茶叶产量与品质的改善等方面。

1）提高劳动生产率，发挥机采优势

生产实践中，茶树树冠的形状以及机采手的熟练程度与其工效密切相关。一般而言，单人手提式的机采效率，为手工采的5~15倍，双人采茶机为手工采茶的20~30倍。据舒南炳的报道，大生产徒手采茶每小时4kg，双人采茶机每小时60~75kg，可提高劳动生产率15~18.85倍。

2）提高作业质量，取得增产效果

据湖南省茶叶研究所多年试验资料，机械化采摘与精细徒手采摘相比，鲜叶品质有所下降，但与大生产徒手采茶相比，有较大的提高。按鲜叶售价对比，前者下降1.37%，后者却提高12.66%，所以机采对鲜叶品质有利。又据中国农科院茶叶研究所8年试验和杭州茶叶试验场2年试验的结果表明，机采鲜叶产量较手工采茶分别增长1.76%和4.95%，可见机采茶园具有一定的增产效应。

3）提高经济效益，降低生产成本

据20世纪80年代的研究，机械化采茶与手工采茶相比，每100kg鲜叶采摘费由20元下降到2.65元，下降86.75%，制成每50kg干茶（折合200kg鲜叶）可节省采摘费34.7元。湖南省茶叶研究所和杭州茶叶试验场的试验表明，机采比手工采单位面积上的纯收入有所增加，前者增加1551.30元/hm^2，后者增加157.05元/hm^2。长沙县金井乡茶场近50hm^2茶园，1989年全部实行机械采茶，节约采茶工资7万元。

综合上述，机械采茶具有适时采摘、提高工效和单产、保证品质、节省人工和增加纯利等优越性，具有明显的经济效益和社会效益。

2. 机采茶园的培管技术

目前推广的采茶机均是切割式的，这种采茶机采茶的特点，是将采摘面上的新梢不分老嫩大小一起切割下来，采摘强度大，没有选择性，对茶树的机械损伤较重，采下的鲜叶老嫩混杂且多破损。因此，机械采茶，要求茶园树型一致，树冠平整，发芽能力强，芽叶生长整齐一致，以便提高机采质量和效率。机采茶园管理，重点应根据上述要求，采取一整套的相应技术措施，培养适应机采的茶园。

1）机采茶园的基础建设

机采茶园的垦复种植，除按常规茶园建设外，还应考虑茶园实行机械化作业的特点，即要保证机械有良好的通过性与操作的安全性，有利于提高机械化作业的效率。机采茶园宜选择地面平坦的地段，或坡度在10°以内的缓坡地或水平梯级式茶园，采用无性系扦插苗栽植，茶行长度以30~40m为佳，行距1.5m左右，栽植后，进行3次定型修剪，尔后采用平形修剪机修剪，以促进理想树冠的早日养成。

2）机采茶园的良种选择

就机采茶园的良种而言，应具有发芽能力强，新梢萌发整齐、粗壮、节间长、叶片呈直立状等特点，即既要耐机采，又要便于机采。这不仅有利于提高茶叶产量和品质，而且还可减轻或避免由于机械采摘而造成的对茶树的不良影响。

3）机采茶园的修剪

对茶树进行合理修剪塑造理想树冠，是实行机采的前提条件之一。① 修剪的目的：除了控制茶树高度和修成整齐的树冠外，还要剪去鸡爪枝，促进新梢生长。② 机采茶园的修剪方法：根据试验研究，在我国茶园现行的肥培管理水平下，一般采取每年一次轻修剪，深度3~5cm；5~7年一次深修剪，深度15~20cm；2~3次深修剪后实施一次重修剪，深度30~45cm，至于台刈应因树龄、树势制宜。不同地区不同品种，其修剪技术应有所区别。

4）机采茶园的肥培管理

机采茶园肥培管理水平比常规茶园要高，目的在于促进茶树旺盛的生长势，增强对机采创伤的愈合，提高发芽能力。据资料报道，日本机采茶园的施肥水平，化肥为975kg/hm^2, N：P：K的比例是3：1：1.5，有机肥主要是铺草和修剪枝返回茶园，铺草量为22500kg/hm^2。施肥方法是每年9月上旬施下基肥和年氮肥量的30%，年磷钾肥量的50%；翌年3月上旬施催芽肥，即年氮肥量的30%，年磷钾量的各50%；春、夏茶后各施年氮肥量的20%。据湖南省茶叶研究所的研究，氮素施用量以100kg鲜叶施纯氨4kg效果较好，茶园铺草效果比较显著。

5）机采茶园的采摘与留养

众所周知，茶园过早开采，尽管采下的鲜叶嫩度好，品质高，但产量低；开采太迟，产量虽高，但鲜叶质量差。因此，必须兼顾产量和质量确定最佳的开采适期。据湖南省茶叶研究所的研究总结，用作红、绿茶原料的开采期，按标准芽叶（1芽2、3叶和同等嫩度的对夹叶）所占的比例作为指标，认为春茶达80%，夏茶达60%时开采较为适宜。茶树的蓄养，以养一季秋梢效果最好，其主要目的在于增加树冠叶层厚度和叶面积指数，增强茶树生长势，防止早衰，同时适度降低新梢密度，增加芽重，促进鲜叶产量和质量的提高。据湖南省茶叶研究所的试验报道，留养一季秋梢，可维持2~3年效果。

6）我国现有茶园的改造

我国仍有不少茶园为有性群体品种，特别是茶叶老区，树冠高低不平，不适合机采要求。对现行茶园进行修剪改造，是目前全面推广机采所面临的一项重要任务。改造方法为：对于集中成片、树冠整齐、生产枝健壮、生长势好的茶园，宜行深修剪，深度为15~20cm，通过深修剪后的培育，以增加绿叶层的厚度，促使茶树萌发均匀、新梢粗壮。对于生长势较差的茶园，采取重修剪改造，离地30~45cm剪除上部枝条，头两年采用平形修剪机和平形采茶机打顶，以后改用弧形修剪机和弧形采茶机剪采。修剪的同时应加强茶园肥培管理，使茶树生机得以恢复。

3. 采茶、修剪机械的选型与配套

1）采茶、修剪机械的机型及性能

目前在我国推广使用的采茶机械有单人采茶机，双人平形、双人弧形采茶机3种机型；配套的修剪机械有单人修剪机，双人平形、双人弧形修剪机，重修剪机和台刈机5种机型（图4-8、图4-9、表4-6）。

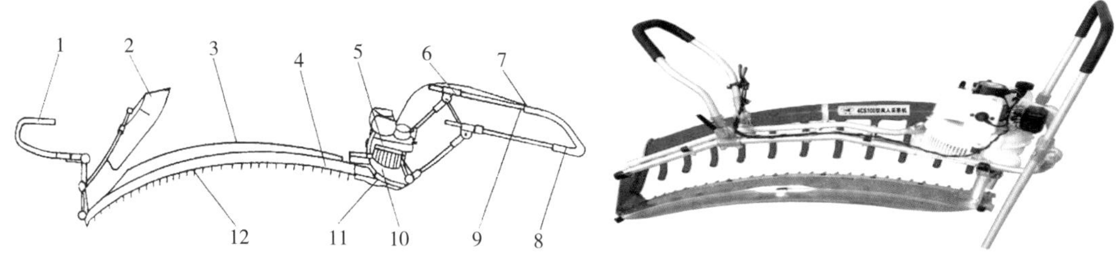

图4-8 双人往复式修剪机及主要部件

注：1.主把手；2.防护板；3.导叶板；4.护刃器；5.汽油机；6.锁紧套；7.油门把手；8.副把手；9.停机按钮；10.吹叶风机；11.加速往复传动箱；12.刀片。

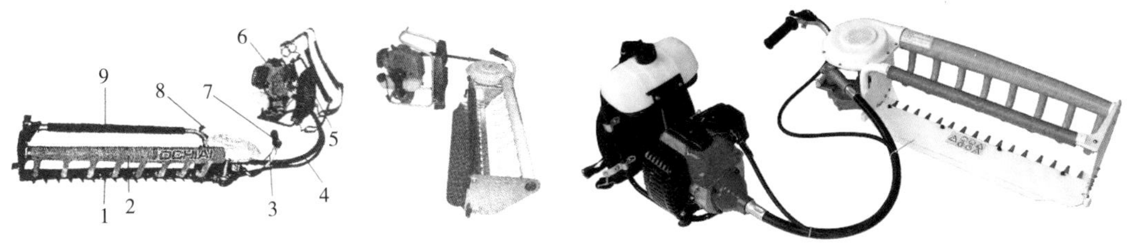

图4-9 单人背负式采茶机

注：1.刀片；2.风管；3.油门开关；4.软轴；5.背垫；6.汽油机；7.左手柄；8.收集风机；9.右手柄。

表4-6 常用采茶机型号

机器型号	刀片形状	切割幅度（mm）	配备动力	整机重量（kg）	生产厂家
NCCZ1-1000型双人采茶机	弧形	1000	1.5kW浮子式汽油机	14	南昌飞机制造厂
4CSW1000型双人采茶机	弧形	1000	1.5kW浮子式汽油机	15	宁波电机厂
CS100型双人采茶机	弧形平行	1000	1.5kW浮子式汽油机	17	无锡扬名采茶机械厂
4CSW910型双人采茶机	弧形	910	1.0kW浮子式汽油机	17	杭州采茶机械厂
V8NewZ2-100型双人采茶机	弧形平行	1000	1.1kW浮子式汽油机	12	长沙落合茶叶园林机械有限公司
PHV100型双人采茶机	弧形平行	1000	1.1kW浮子式汽油机	13	浙江川崎茶业机械有限公司
4CDW330型单人采茶机	平行	330	0.8kW浮子式汽油机	9	杭州采茶机械厂
NV45型单人采茶机	平行	450	0.6kW浮子式汽油机	11	浙江川崎茶业机械有限公司

注：引自《机械化采茶技术》上海出版社出版，1993年。

2）采茶、修剪机械的选型配套

在采茶机、修剪机的选型上主要注意三条原则：

第一为适应性，主要依不同类型茶园选择不同的机型。一般平地或缓坡地茶园，应选用双人抬式机械，而坡度较大的茶园宜选单人操作的小型机械；幼龄茶园以扩展树冠为主，宜用平形的剪采机械，而成龄茶园为了获取最佳产量，宜选弧形的剪采机。

第二是经济性，就是在进行采茶、修剪机械选型时，既要考虑机械工效，作业质量与作业成本等技术指标，同时要考虑选购价廉物美的机械。从各地的实践来看，采茶机和修剪机以双人抬、往复切割式的最优，但是一些坡地窄梯茶园还是只宜选用小型的单人机械。

第三是省力性，是指选用劳动强度小的机型。从发展的眼光来看，省力、安全、低耗、少污染，将是茶叶机械研制的方向。

修剪、采茶机械的配套主要依据机械选型的原则及工作效率、作业时限（指完成某项作业的时间天数）和作业率等指标来制订。现将湖南茶叶研究所以400亩的不同类型茶园的机械配套方案列于表4-7，以供参考。

表4-7　采茶、修剪机械配套方案（400亩茶园）

<table>
<tr><th rowspan="2">作业项目</th><th rowspan="2">机构种类</th><th colspan="2">配用台数</th></tr>
<tr><th>平地茶园</th><th>坡地茶园</th></tr>
<tr><td rowspan="3">采摘</td><td>双人抬平形往复切割采茶机</td><td>1</td><td></td></tr>
<tr><td>双人抬弧形往复切割采茶机</td><td>5</td><td></td></tr>
<tr><td>单人背复式往复切割采茶机</td><td></td><td>22</td></tr>
<tr><td rowspan="3">轻修剪</td><td>双人抬平形修剪机</td><td>1</td><td></td></tr>
<tr><td>双人抬弧形修剪机</td><td>1</td><td></td></tr>
<tr><td>单人手提式修剪机</td><td></td><td>5</td></tr>
<tr><td>重修剪</td><td>轮式重修剪机</td><td colspan="2">1</td></tr>
</table>

4. 采茶机的使用技术

1）机型选用

上面已经谈到采茶机的选型，应因地、因树龄制宜，以达到既培养好树冠结构，又可提高工效的目的。

2）田间操作使用

双人采茶机系跨行作业，由三人配合操作，其中两人用手抬着机子沿采摘面向前推进，来回一次完成一行茶树采摘作业。机采要求技术熟练，恰到好处地留鱼叶割下。集叶袋一般由一人扶着在茶蓬上滑移。为防止漏茶和掉茶，需要采茶剪作辅助工具，先将茶行两端剪采1m左右，以便于机采。双人采茶机采茶时，机器与前进方向需成一倾斜角，一般为15°~20°。行走方法是主机手在前（离汽油机一端），副机手在后，行走速度要求均匀，不可忽快忽慢，以免影响采摘质量。

在园间作业时，首先应密切注意采摘面高低的变化，确保采摘质量；同时注意机器的运转状况，发现不正常现象，应立即停机检查；加强采茶机的保养和维修，无论是采茶前，还是采茶后，都要严格检查，清机上油。

绿茶是我国茶叶加工中最早的茶类，其产量和品质历居世界之冠，已形成了完整的加工理论和体系。本章主要介绍绿茶的发展过程和品质特点、绿茶的初加工工艺，较系统地阐述了绿茶工艺的目的、原理、技术和要求，同时介绍了炒青、烘青、蒸青绿茶的加工技术要求和主要名优绿茶的加工技术。

（供图：胥 伟）

第五章 绿茶初加工

第一节　绿茶简述

一、发展简史

我国茶叶加工，一般认为绿茶最早，其产量和品质历居世界之冠。远在1000多年以前的唐代，我国已采用蒸青方法制作茶叶，其制法先后传播到日本、俄国、印度和越南等国。唐代发明蒸青制法制成团饼茶，可以说是绿茶加工的起源时期。到了宋代，改为蒸青散茶，到了明代，发明了炒青制法，利用干热来发展茶叶的香气，这是茶叶加工技术的大革新。

明代发明炒青制法后，先有烘青，后有晒青，再发展到全炒，在明代的茶书里，其炒青绿茶制法已有详细描述。如明代许次纾所著《茶疏》中说："生茶初摘，香气未透，必借火力，以发其香，然性不耐劳，炒不宜久，多取入铛，则手力不匀，久于铛中，过熟而香散矣，甚至枯焦。"明代闻龙所著《茶笺》中说："炒时须一人从旁扇之，以祛热气，否则色黄，香味俱减。扇者色翠，不扇则黄……"详细地阐述了绿茶的炒制方法。这些茶叶加工经验，至今仍然有现实意义。

新中国成立以来，我国绿茶加工继承和发扬了传统炒制技术，由手工加工逐步实现了机械化生产，产量和品质都有很大发展，历史上名优绿茶在原有的基础上有新的提高，还创造了不少新的名优绿茶。2019年我国绿茶生产量为121.42万t，占我国茶叶总产量的59.9%；在满足内销的同时，我国绿茶在世界绿茶市场上依然居主导地位，2019年我国绿茶出口量30.39万t，占我国出口茶总量的82.9%，绿茶出口额13.18亿美元，占出口总额的65.3%，有着十分广阔的国际销售市场。

二、品质特点

绿茶属于不发酵茶，虽然品种繁多，各具特色，其基本加工原理是利用高温杀青，抑制酶的活性，阻止多酚类的酶促氧化，避免产生红梗红叶，保持清汤绿叶的绿茶汤色。由于杀青方法不同可分为炒青、蒸青、潦青（旧时沸水杀青），近期出现有汽热杀青、微波杀青等新技术；根据干燥方法不同可分为炒青、烘青、晒青和烘炒（滚）等；炒青干燥由于作用方式不同，形成不同的外形，可分为长炒青、圆炒青和扁炒青等。目前我国生产的绿茶主要是炒青、烘青以及少量蒸青绿茶，其中炒青和烘青是供应出口、内销的大宗绿茶。外销绿茶主要是做珍眉茶的长炒青，其次是做珠茶的圆炒青，及少量的名优绿茶；内销的绿茶主要为烘青及大部分名优绿茶。

长炒青要求外形条索紧直、匀整、圆浑，有锋苗，状似眉毛，干茶色泽绿翠光润；内质清香持久，最好有熟板栗香，味浓而醇，忌苦涩；汤色黄绿明亮，叶底嫩匀，黄绿鲜翠，忌红梗红叶、焦斑、生青及闷黄叶。圆炒青要求外形颗粒圆紧，匀称重实，色泽绿润；内质香气清纯，味醇和爽口，叶底芽叶完整、明亮。烘青绿茶则要求外形条索紧细、匀整，芽尖白毫显露，色泽墨绿光润；内质要求香气清正，滋味醇和，不浓烈，汤清澈，耐冲泡。蒸青绿茶则要求色泽深绿，茶汤浅绿明亮，叶底青绿，香气鲜爽，滋味甘醇。

因此，炒青绿茶在加工上要力求做到保持绿色，保持芽尖，烘青细嫩的还要保持白毫；内质上要达到香高、味醇、耐泡等品质要求。

第二节　绿茶初加工技术

绿茶初加工的基本流程是：摊放（摊青）、杀青、揉捻（做形）、干燥。

一、摊　放

（一）摊放的目的

采摘进厂的茶叶鲜叶一般不立即进行加工，而是摊放一段时间，这一工序就是鲜叶的摊放，是茶叶加工特别是名优绿茶加工中首要的工序。这里的摊放与采摘鲜叶的管理有所不同。

摊放的目的：① 降低运输过程中产生的热量；② 促进鲜叶内一系列理化变化，提高细胞液浓度，增强氧化酶和水解酶的活性，促进化合物的降解；③ 散失部分水分，有利于茶叶的做形。因此，鲜叶的摊放有利于绿茶色、香、味、形的品质形成。

（二）摊放的原理

从茶树上采摘下的鲜叶，生命活动在一定时间内依然进行，其呼吸作用加强，化合物不断分解，产生二氧化碳、水和热。因此，适当摊放可降低叶温。

表5-1　摊放对茶叶主要成分的影响（西南农学院，1980年）

处理		水浸出物（%）	多酚总量（%）	儿茶素总量（mg/g）	可溶性糖（%）	氨基酸（mg/g）
处理1	摊放1	43.53	25.54	185.54	8.57	25.9
	对照1	40.33	26.64	198.6	6.08	22.47
处理2	摊放2	42.9	25.77	156.76	8.14	27.42
	对照2	40.98	24.6	204.76	5.91	23.88

在摊放过程中，一方面水分逐步散失，鲜叶色泽变深，叶质变软，可塑性增加；另一方面叶内水解酶、转化酶、氧化酶活性增加，茶叶中蛋白质、碳水化合物、茶多酚等被氧化，水溶性产物增加（表5-1），叶绿素的含量和比例发生变化，有利于绿茶品质的形成。

摊放时间也不宜过长，据检测，鲜叶放置24h后，5%左右的干物质被消耗，可溶性多酚类下降了9.5%，对茶叶品质产生不利影响。同时，如果鲜叶摊放不当，如摊放过厚、时间过长、通风不良或气温过高等影响，鲜叶自身呼吸产生热量不能及时散发，可能会导致无氧呼吸，叶温升高，甚至产生酒精等不良气味，使鲜叶变质，或造成鲜叶失水过多，不利绿茶加工，特别是在生产高峰期，大量鲜叶进厂，给鲜叶的管理增加压力，目前生产已大量采用储青机械，确保鲜叶的品质（图5-1）。

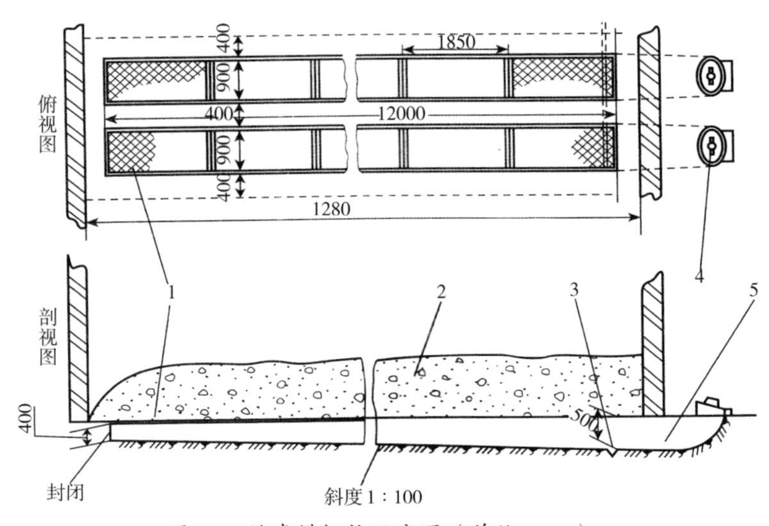

图5-1 储青槽机构示意图（单位：mm）

注：1.通风板；2.鲜叶；3.排水沟；4.轴流风机；5.弯形沟道。

（三）摊放技术

鲜叶摊放过程中的原则是“嫩叶老摊，老叶嫩摊”，这是因为嫩叶含水量相对较高，而老叶含水量相对较低。

鲜叶进厂经验收后，应按品种、采摘时间、鲜叶级别等因素及时归类摊放。其摊放方法是：大宗绿茶原料在摊放时，选择清洁、阴凉、没有阳光照射的场地，下铺竹垫或彩条布等，鲜叶不能与地面直接接触。摊叶15~20cm，约20kg/m^2，时间一般12h以内。中间2h左右要适当翻动鲜叶，防止鲜叶发热，一般当鲜叶含水量减少到70%左右，即可付制，要做到先进厂的先付制。目前，已有采用设备进行贮青，各厂家可根据环境条件制定切实可行的摊放技术参数，确保鲜叶品质。名优绿茶的原料摊放，应摊放在竹垫或竹匾内，要求均匀薄摊，摊叶厚度一般为2~3cm，1kg/m^{2}左右，摊放时间6~8h，气温低、湿度大或雨水叶可适当延长，摊放中一般不宜翻动鲜叶，如鲜叶发热，可小心翻动。如有条件，可采用设施摊放，通过温湿度控制摊放进程。

二、杀 青

（一）杀青的目的

杀青是利用高温钝化（抑制）鲜叶内酶活性，防止多酚类物质的酶促氧化，保持茶叶绿色的过程，是绿茶加工的关键工序，也是决定绿茶品质好坏的关键。绿茶能否获得清汤绿叶和浓厚清高的香气，与杀青工艺有着密切的关系。

杀青目的：① 利用高温破坏鲜叶中酶的活性，制止多酚类化合物的酶促氧化，防止红梗红叶，形成清汤绿叶的品质特征；② 消除鲜叶的青臭气，显露绿茶的清香气；③ 蒸发部分水分，使叶质柔软，便于揉捻成条。

（二）杀青的原理

温度是影响酶活性的重要因素。研究表明，20℃时，酶活性开始加强，在一定范围内，温度每升高10℃，酶活性增加一倍；当温度升至40~50℃时，酶的活性最强，酶促反应激烈；当温度超过65℃时，酶活性开始明显下降；当温度达到70℃以上时，大部分酶活性被破坏；当叶温升到80℃时，几乎所有酶都在顷刻内就失去催化作用。因此，杀青是利用高温破坏酶活性的过程。

酶活性被破坏后是不会再生的，但杀青过程中如果温度不够，虽然能暂时抑制酶的活性，一旦高温解除，酶会部分恢复活性。因此，如果杀青不透，杀青叶在揉捻或干燥过程中，会发生红变的现象。

杀青过程中，杀青叶发生了一系列的化学变化。叶绿素a、b在鲜叶中的比例是2∶1，经过杀青其含量和下降比例发生变化，叶绿素b的含量会略高于叶绿素a，叶色由鲜绿转为暗绿；在高温作用下，鲜叶中带有青臭气的低沸点物质散失，高沸点的芳香物质逐渐显露；蛋白质、淀粉、原果胶物质部分水解，氨基酸、可溶性糖、水溶性果胶含量增加；茶多酚总量减少，其组成也发生变化，酯型儿茶素含量减少，简单儿茶素含量增加，有利于茶汤苦涩味的减少；维生素类物质在杀青过程中损失明显。

（三）杀青技术

影响杀青的因素主要是温度、时间、投叶量以及鲜叶原料的质量、特征等，要达到杀青的目的，必须把握好这些因素及其他们之间的辩证关系，杀青的三原则是：

1. 高温杀青，先高后低

根据杀青的目的和要求，杀青就是制止酶促氧化作用。因此，在杀青中，要迅速使叶温达到80℃以上，以便尽快地破坏酶活性，这是杀青的第一个原则。但是，高温杀青并不是温度愈高愈好。温度过高，叶绿素破坏较多，使叶色泛黄，同时也会由于掌握不好，造成焦边焦叶。在杀青后期，当酶活性已被破坏，叶片水分已大量蒸发的情况下，锅温则应降低，防止烧焦芽叶。故此，在掌握高温杀青时，还必须做到先高后低，从而达到杀匀、杀透。

在实际生产中，已多采用机械杀青，如使用煤或柴作为燃料的情况下，可采取增加投叶量，启闭炉门等措施，来适当调节锅温。

2. 抛闷结合，多抛少闷

抛炒有利于散发水分和青草气，掌握得当，则叶色往往较为翠绿，但如果抛炒时间过长，则容易使芽叶断碎，甚至炒焦，也容易造成杀青不匀，甚至红梗红叶。闷炒主要是减少汽化热的损失，提高叶温，有利于迅速破坏酶的活性，但时间过长，则容易造成叶子变黄和产生水闷气。同时，由于芽叶各部位的水分含量和酶的活性是不相同的，顶芽和嫩茎含水量较高，酶活性也较强，在杀青时顶芽水分蒸发快，容易炒焦；而嫩茎水分蒸发慢，最易出现红变。故在杀青中，应注意采用抛闷结合的方法，发挥二者的优点，取长补短。开始杀青时，因鲜叶温度较低，利用闷炒形成的高温蒸汽穿透力，使顶芽和嫩茎内部迅速升温，以克服抛炒中芽叶各个部位升温不一致的矛盾，随后进行抛炒，防止温度过高，产生湿热作用，引起芽叶黄变。这是防止顶芽炒焦断碎和产生红梗红叶的有效措施。

在生产实践中要灵活掌握，一是看锅温，如果锅温高，则应少闷多抛，锅温较低时，可适当提早闷炒，并适当延长闷炒时间，以免产生红梗红叶。二是看鲜叶质量，即根据鲜叶老嫩、软硬及含水量多少，随时增减抛炒、闷炒的时间或次数。如粗老而硬或含水量少的鲜叶，适当增加闷炒时间或次数，以免炒焦而降低品质；如鲜叶细嫩而软或含水量多，适当增加抛炒次数或时间，使水分及时蒸发，以免闷黄而降低品质。

3. 嫩叶老杀，老叶嫩杀

所谓老杀，是杀青时间适当长一点，水分蒸发适当多一点；所谓嫩杀，则相反。一般说，嫩叶要老杀，是因嫩叶酶活性较强，水分含量较多，若不老杀，酶活性钝化往往不充分，容易产生泛红现象。同时会因杀青叶含水量过高，在揉捻中液汁易流失，加压时又易成糊状，芽叶易断碎。但粗老叶则相反，要嫩杀，因粗老叶含水量较少，纤维素含量较高，叶质粗硬，如果杀得过老，则容易产生焦边和焦斑，而且揉捻时难以成条，加压时又易断碎。无论嫩叶老杀或老叶嫩杀，都要掌握好老杀而不焦，嫩杀而不生，杀匀杀透。

（四）杀青方法

目前我国绿茶加工基本实现机械化生产，各地普遍推广使用杀青机。早期是锅式杀青机，后发展出滚筒杀青机、槽式杀青机、汽热杀青机、热风杀青机、微波杀青机等类型。

1. 滚筒杀青机

该机型滚筒直径由30~80cm多种型号，筒长300~400cm，转速为27~28r/min，从投叶到出茶，全程3~5min，台时产量以60cm为例，可杀鲜叶150~200kg（图5-2）。操作时，当炉膛生火后，应立即开动电机使滚筒运转，让筒体均匀受热，以免筒体变形。约经半小时，温达220~280℃时，即当筒体加温处微微泛红，或见火星在筒内跳跃时，开始从进叶斗向筒内投叶；开始投叶时应适当多投快投，以免焦叶，待筒体出叶后，即正常均匀适量连续投叶，并启动排汽罩电动机，将水蒸气排出。

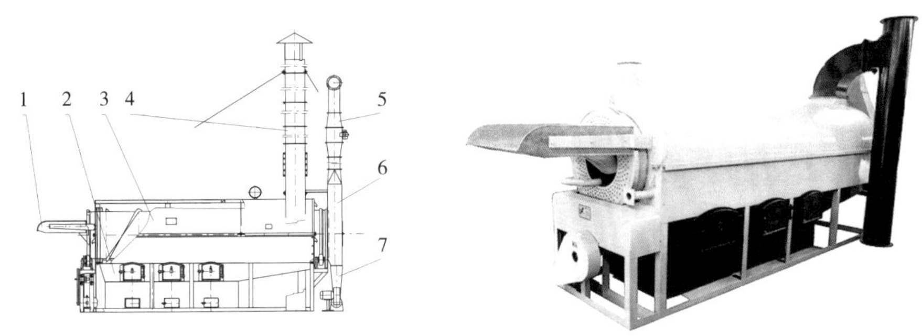

图5-2 滚筒杀青机示意图（上洋茶机）

注：1.进料斗；2.炉灶；3.机体；4.烟囱；5.排气管；6.排气罩；7.扬叶部件。

在杀青过程中，由于火温不稳或投叶不匀，会出现杀青过度或不足等情况，故要随时检查杀青叶的质量，如果杀青过度，则要增加杀青投叶量或降低炉温（打开炉门）；如杀青不足，应适当减少投叶量或提高炉温；在杀青停止前30min，要降低炉温，以免结束时产生焦叶。采用滚筒杀青机，保证杀青叶质量的关键是掌握好锅温和投叶量。

2. 槽式杀青机

槽式杀青机也是一种常用的杀青机械，该机长约400cm，炒手轴转速为24r/min，从投叶到出叶历程约5min，台时产量350kg左右。其操作方法是：炉灶烧旺后，启动机子，待锅片烧红后投叶。在杀青过程中应根据鲜叶老嫩，晴、雨天叶的不同和温度的高低，随时调整进叶量。因该机前端加盖闷炒，中部和后端敞开，因此可保证杀青叶质量，色泽与香气较好。

3. 汽热杀青机

汽热杀青机是近些年来推广的一种新型杀青机，该机由蒸杀室、脱水机、扬叶部件及提供蒸汽和热风的汽热一体炉组成（图5-3）。杀青由两个阶段完成，首先鲜叶进入蒸杀室，室内的“高热蒸汽”110~150℃，杀青时间15~60s，能迅速破坏鲜叶中酶的活性，促进适当的化学反应，除去鲜叶中的青臭味，出口处有冷风机能及时吹去杀青叶表面附着的水分；脱水阶段，通过120~150℃热风对杀青叶快速脱水干燥，并通过冷风机强冷、快速降温，使茶叶能保持良好的翠绿度。与传统杀青方式相比，杀青叶不会有焦边爆点和烟焦味，杀青过程快速，杀青叶色泽翠绿、鲜嫩，经脱水后的杀青叶含水量58%~65%，有利于后期的揉捻成形。

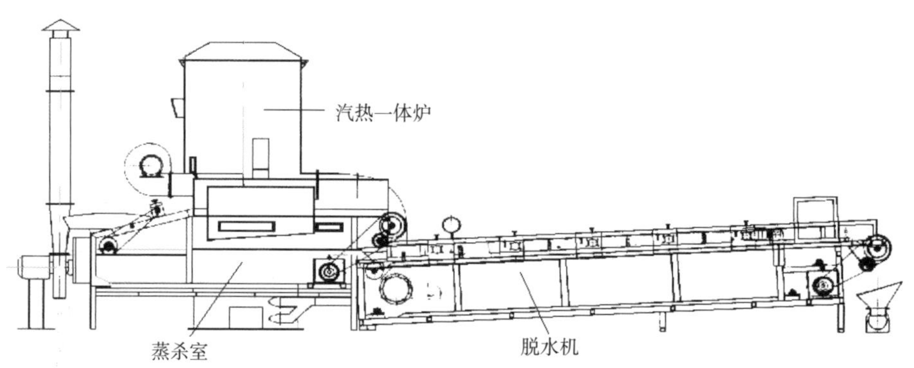

图5-3 汽热杀青机示意图

4. 高温热风杀青机

高温热风杀青机是目前在生产上应用较广的一类杀青机，可适用于绿茶、乌龙茶的杀青。其特点是热风温度高，杀青快速、均匀、透彻，杀青叶色泽翠绿，含水量低于传统杀青机，有利于后续工序的开展，所生产的产品香气高、滋味好，常见的机型为6CSF-100型高效热风杀青机（图5-4）。

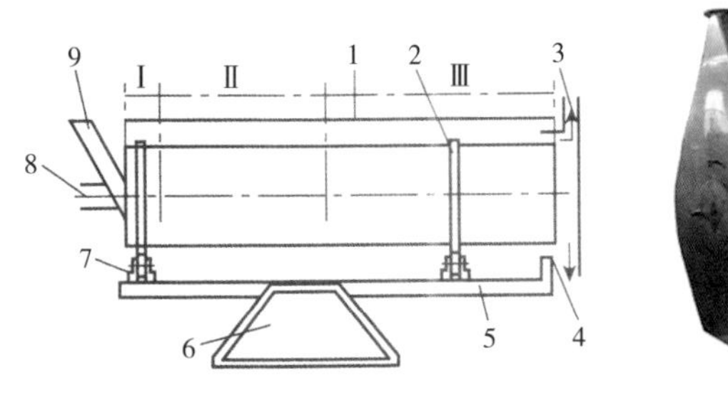

图5-4 高温热风杀青机

注：1.滚筒外壳；2.滚筒；3.出风口；4.出茶口；5.机架；6.机座；7.托轮；8.热风管；9.进叶口。Ⅰ.密封段；Ⅱ.闷杀段；Ⅲ.脱水段。

（五）杀青程度

杀青程度的掌握，一般是在出茶口取叶通过感官来判断，杀青适度的特征是：手握茶质柔软，紧握成团，稍有弹性，嫩梗折不断；眼看叶色由鲜绿变为暗绿，表面光泽消失；鼻嗅无青草气，并略有清香。如叶边焦枯，叶片上呈现焦斑并产生焦屑，则为杀青过度。反之，杀青叶仍鲜绿，茶梗易折断，叶片欠柔软，青草气味重，则为杀青不足。

三、揉　捻

（一）揉捻的目的

揉捻是通过手工或机械力的搓揉，使杀青叶在外力的作用下卷曲成条，为塑造茶叶外形打下基础。

揉捻的目的：① 卷紧茶条，缩小体积，为炒干成型打好基础；② 适当揉破叶细胞组织，使部分茶汁挤出，黏附茶叶表面，以便沏茶时茶汁比较容易泡出又能耐冲泡。

（二）揉捻的原理

揉捻对叶片的影响是物理作用大于化学作用。目前，我国茶叶加工，除少量高档名优绿茶仍需手工揉捻外，揉捻已基本由揉捻机完成。揉捻机由揉盘台、揉桶、揉盖及传动装置等组成（图5-5、图5-6）。茶叶在揉捻机中相对于揉盘中心作偏心回转运动。茶叶在揉桶中受浮式压盖加压和揉盘上棱骨的搓揉作用进行揉捻作业。因此除受揉台和揉盖两个平面的压力外，还受桶壁及芽叶之间的相互摩擦力作用。在各种力的综合作用下，茶叶揉捻成团，在桶内翻滚；叶片在力的作用下，沿叶片主脉发生皱褶、卷曲，并随着压力的增大和时间的延长，叶片皱褶增多，体积缩小，卷曲成条；同时，叶细胞组织在力的作用下发生破损，茶汁被挤压外出，有利于冲泡时进入茶汤。

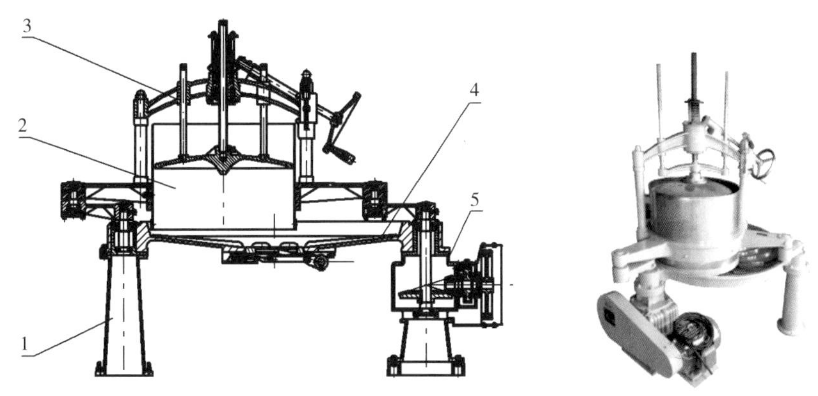

图5-5 6CR55 Ⅱ（65）揉捻机示意图（上洋茶机）

注：1. 曲臂支架机构；2. 揉桶；3. 加压机构；4. 揉盘；5. 传动机构。

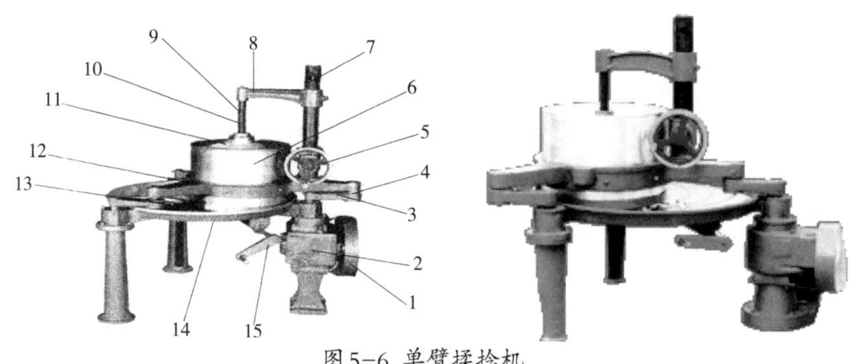

图5-6 单臂揉捻机

注：1.皮带；2.蜗杆箱；3.曲柄；4.曲柄销；5.加压手轮；6.揉桶；7.立柱与丝杆；8.加压臂；9.加压杆；10.加压弹簧；11.揉盖；12.三脚架；13.棱骨；14.出茶门；15.出茶门手柄。

在揉捻过程中杀青叶的化学变化不大，叶绿素稍有减少，叶绿素a的破坏大于叶绿素b；多酚类化合物会随揉捻时间的延长自动氧化，总量略有下降；可溶性糖总量增加，还原糖减少，非还原糖增加，可溶性果胶、氨基酸有所增加，全氮量和咖啡碱有所减少。

（三）揉捻技术

揉捻解决的主要矛盾是外形问题，杀青叶通过揉捻在外形上要做到五要五不要：一要条索，不要叶片；二要圆条，不要扁条；三要直条，不要弯条；四要紧条，不要松条；五要整条，不要碎条。并要求叶色绿翠不泛黄，香气清高不低闷，要达到这些要求，必须考虑影响揉捻技术的各种因素。与揉捻有关的技术因子和影响因素主要是：揉捻叶的温度，投叶量的多少，加压的轻重和揉捻时间的长短。

1. 冷揉与热揉

冷揉是指杀青叶出锅后经摊凉，使叶温降到室温时再揉捻，它有利于保持茶叶的香气和色泽；热揉是指杀青叶不经摊凉趁热揉捻，它往往易使叶色变黄，并有水闷气，但有利于茶叶卷曲成条。

揉捻中采用热揉和冷揉应根据茶叶的老嫩分别加以处理。较嫩的鲜叶特别是高级绿茶的原料，由于纤维素含量低，又具较多的果胶等物质，揉捻时容易成条，揉捻中的主要问题是保持其良好的色泽和香气，应该采用冷揉。热揉只适用于粗老叶，就这类茶叶而言，所要解决的主要矛盾是外形问题。老叶中含有较多的淀粉和糖，趁热揉有利于淀粉的糊化和其他物质混合，增加叶表物的黏稠度；同时，在热力作用下，纤维素软化，有利于叶片卷曲成条。而对中等嫩度的叶子，宜采用温揉，即杀青稍经摊放，叶片仍有一定温度时揉捻。总之，应掌握嫩叶冷揉，粗老叶热揉，一般叶温揉，兼顾外形和内质的原则。

2. 投叶量

揉捻时投叶量的多少关系到揉捻的质量和工效。各种型号的揉捻机，都有一定的投叶量范围。如果投叶量过多，揉捻中由于叶团翻转冲击桶盖或由于离心力作用叶子被甩出桶外，甚至发生事故；同时由于摩擦力的增加，杀青叶在桶内发热，不仅影响外形，也影响内质；更重要的是由于杀青叶在揉桶内翻转困难，揉捻不均匀，不仅条索不紧，也会造成松散条和扁碎条多。投叶量过少，茶叶间相互带动力减弱，不易翻动，也起不到揉捻的良好作用，所以投叶必须适量。生产实践中，在不加压的情况下，投叶量以装满揉桶为度。

3. 揉捻时间与压力

压力的作用，主要是破坏一定的叶细胞组织，使内含物挤出附着于叶表，并把茶叶揉成紧、圆、直的条索。较嫩的芽叶茶汁容易外溢，揉捻中压力宜轻，时间宜短，否则，造成碎片多，茶条不整，滋味苦涩。粗老原料，叶质硬化，细胞较难破损，茶条不易卷曲，因而加压宜重，揉捻时间也要相应延长。

在揉捻过程中，不论原料老嫩，加压均应掌握“轻—重—轻”的原则。在揉捻开始阶段不加压，待揉叶略现条形，黏性增加时，根据叶子的老嫩，掌握压力的轻与重。一二级叶应以无压揉捻为主，中间适当加压；三级以下叶子适当重压，且取逐步加重法，即开始无压，继而轻压、中压，到重压最后又松压，如果加压过早或过重或一压到底，往往使条索扁碎和茶汁流失（表5-2）。

表5-2　揉捻时间和压力调节（单位/min）

杀青叶级别		揉捻总时间	不加压揉时间	轻压揉时间	中压揉时间	重压揉时间	不加压时间
一、二级		20	10	5~10	—	—	5
三级	第一次	20~25	5~10	5	5	—	5
	第二次	20~25	5	5	5	5	5
四、五级	第一次	30	10	—	5	10	5
	第二次	20~30	—	5	5~10	5~10	5

（四）揉捻方法

绿茶揉捻一般适用中、小型揉捻机。目前，生产中使用的揉捻机，小型的有30型、40型，以及45型；中型的有50型、55型和65型。各种揉捻机的转速要求为45~55r/min。

在使用揉捻机前，要清除揉盘、揉桶及机器上遗留的杂物和清洗工具，检查电源、电压、紧固螺钉、润滑油等，并进行空车试运转，观察运转是否正常。在揉捻机正常的情况下，启开加压盖，关闭出茶门，往揉桶中加入适量的杀青叶，关好加压盖，使盖进桶3cm左右（十分重要）；启动揉捻机时要注意周围人员，开始揉捻时宜空压，然后逐步加压，直至茶叶揉捻达到要求，即可去压空揉1min，起到松团、理条、吸附茶汁等作用，随后打开出茶门出茶，卸完茶叶后停机；停机后清理机上留下的余叶，关好出茶门，即可进行第二次揉捻作业。

（五）揉捻的程度

揉捻适度的标准：① 揉捻均匀，三级以上的叶片成条率，要求达到80%以上，三级以下的叶片成条率达60%以上；② 揉捻叶细胞破损率在45%~55%；③ 茶汁黏附叶表，手摸有润滑粘手感。即茶条紧结不扁，嫩叶不碎，老叶不松为适度。

四、干　燥

（一）干燥的目的

干燥是绿茶加工的最后一道工序，主要是利用温度去除茶叶内的水分，并在温度的作用下进一步形成茶叶品质，干燥分为二青、三青和辉锅。

干燥的目的：① 在揉捻基础上整理条索，塑造外形；② 发展香气，增进滋味，形成品质；③ 蒸发水分，防止霉变，便于贮运。

（二）干燥原理

茶坯的干燥速度，受内部水分扩散速度和表面汽化速度的影响，其干燥过程分为等速干燥阶段和减速干燥阶段。在等速干燥阶段，干燥机理属表面汽化的控制，相当于同条件下水的汽化速度，与茶叶含水量无关。随着茶坯含水量的减少，含水量为10%~20%时，内部扩散速度下降，内部扩散与表面汽化速度失去平衡。干燥进入降速干燥阶段，干燥机理属于内部扩散的控制，而内部扩散速度主要受叶温的影响，适当提高叶温可加快干燥进程。但如果温度太高，叶温上升急剧，容易导致茶叶高火焦茶。当干燥速度趋于零时（含水量3%~5%），称平衡水分，此时叶温有一个明显急剧上升的过程，俗称“回火”，此时应及时结束干燥作业。

干燥过程中，茶叶在外力的作用下，茶条紧缩，外形得到进一步塑造，由于干燥方式不同，茶叶的外形各异。因此，控制干燥温度和作用力，将直接影响茶条的松紧、曲直、整碎以及风味和色泽。

茶坯在干燥前期含水量较高，后期含水量下降，所以前期在湿热作用下物质的变化和后期干热作用下的变化有差异。在干燥过程中，可溶性糖、氨基酸总量有所下降，还原糖与氨基酸发生Mailard反应而减少，在热作用下部分多糖裂解，非还原糖有所增加，叶绿素被进一步破坏，含量减少20%~25%，多酚类有所减少，咖啡碱略有增加（表5-3）。

此外，干燥过程中，温度可以消除水闷味、青草气等不良气味，使得茶叶香气进一步发展。同时，温度的掌控对茶叶香型的形成有很大影响，如高温下茶叶产生高火香，甚至会产生焦糊味；适当的高火茶叶产生熟香，俗称板栗香；低温下茶叶产生清香。因此，干燥进程中只有掌握好温度，才能获得较好的茶香。

表5-3　不同干燥方法茶叶化学成分的变化

成分	揉捻叶（%）	烘青毛茶（%）	炒青毛茶（%）
多酚类	19.62	18.85	19
还原性糖	1.2	0.79	1.09
非还原性糖	1.06	1.68	2.27
可溶性糖总量	2.25	2.47	2.36
可溶性果胶	2.18	2.2	2.3
全氮量	4.24	4.5	4.54
游离氨基酸	0.73	0.64	0.66
咖啡碱	2.42	2.69	2.65

（三）干燥技术

从干燥原理可知，干燥是在控制水分散失的同时，控制热化学反应的程度，炒青绿茶还要把干燥过程和做形结合起来，逐步形成外形的塑造。

目前绿茶的干燥要求分次进行，一般烘干采用2次，炒干采用2~3次，期间要进行摊凉。干燥时叶温上升，水分散失，摊凉时叶温下降，叶片内水分重新分配，叶质变软。这种方法即可使茶叶干透、干匀，又可避免高温焦茶。

影响茶叶干燥的因素主要有进风温度、投叶量和干燥时间。一般要求前期干燥温度要高，投叶量宜少，时间较短；后期干燥温度稍低、投叶量增加、时间稍长。而炒青绿茶要求做形，要掌握好各影响因素间的关系，失水与成形同步。即在降速阶段应逐步降温，控制干燥速度，延长炒制时间，才能做好外形。

（四）干燥的方法

干燥方法，各地不一致。例如二青有炒制的，也有烘焙的；炒青中有用锅炒的，也有用滚炒的。

① **晒干：**是一种原始的干燥方法，其原料主要用于紧压茶。在日光条件下，温度很难达到60℃以上，水分散失较慢，内含成分的化学反应依然进行，成茶色泽欠佳，香气低下，有日晒味。

② **烘干：** 烘焙有焙笼烘干和机械烘干。烘干一般采用两次进行，俗称毛烘、足烘。温度掌握先高后低，干燥后期采用高温提香，但要求高温快速，防止高火焦茶。也有清香型高档烘青绿茶，不宜采用高温提香。

③ **炒干：** 炒干分手工和机械两种。高档炒青绿茶，采用手工全程炒干，逐渐摊凉和并锅，外形紧细，栗香显露；机械干燥分为2~3个工序，即二青、三青和辉锅，一般先烘后炒，即二青多采用烘干。由于揉捻叶含水量较高，叶汁黏附在叶表面，先用高温快烘，不使茶叶粘着锅面，能保持芽叶完整，色泽翠绿；内质上能使苦涩味减轻，滋味浓厚，汤色清澈明亮，叶底嫩绿，而且能够缩短干燥时间，节省工时。水分控制由35%~40%下降到15%~20%，炒干结合摊凉并锅，可炒紧外形，又减少碎末茶，是炒青绿茶做形的关键。

第三节　炒青绿茶加工

炒青绿茶是我国绿茶生产区最广、产量最多的一种绿毛茶，主要为加工出口眉茶。成品有安徽的生产的屯绿、舒绿和芜绿，浙江生产的杭绿、遂绿和温绿，江西生产的婺绿和饶绿，湖南生产的湘绿，广东生产的粤绿，贵州生产的黔绿，四川生产的川绿，云南生产的滇绿，江苏生产的苏绿，同时在湖北、陕西、广西、台湾、山东以及西藏等省区都有眉茶产生。

一、长炒青

我国各产茶省（区）都生产眉茶，但生产眉茶的两个主要省份是安徽和浙江。由于地区鲜叶原料的差异，加工机具和具体加工方法不同，所生产的毛茶品质即存在省间的差异，省内各地所产毛茶的品质也有差异，有的甚至有较大差异。不过，虽然各地长炒青品质特征存在差异，但对其品质总的要求是一致的。其主要加工过程是摊放（摊青）、杀青、揉捻（做形）、干燥（二青、三青、辉锅）。

（一）摊　放

摊放是炒青绿茶加工的第一道工序，鲜叶进厂后，选择清洁、卫生、通风的场所进行摊放，摊放厚度20cm，有表面水的鲜叶要适当薄摊，也可采用设备摊放进行温湿度控制。

不同等级、不同品种的鲜叶要分别摊放，分别付制。摊放时间8~12h，鲜叶含水量控制在70%左右，摊放期间要适当翻叶。

（二）杀　青

杀青目的如前所述，目前大宗茶叶的杀青均采用机械杀青，应用较广泛的有滚筒杀青机、蒸汽杀青机、气热杀青机等。杀青温度和时间依杀青机的性能有所差异，但均要求杀匀、杀透。不论何种杀青机，在杀青过程中，要时刻检测杀青叶的质量，并调整投叶量，确保杀青质量。一般当杀青叶含水量57%~65%，即高档茶（59±2）%，中档茶（61±2）%，低档茶（63±2）%；叶色暗绿，叶质柔软，手握叶片成团，稍有弹性，嫩茎折不断为宜。杀青叶要及时摊凉，历时20~30min。

（三）揉　捻

揉捻采用中小型揉茶机效果较好，一般采用冷揉，投叶量和揉捻时间依揉捻机不同而异，揉捻中掌握“轻—重—轻”的原则。由于长炒青主要供作外销眉茶的原料，注重外形美观，要求条索紧结匀整、圆直，滋味适当浓厚，又要耐泡，所以炒青绿茶的揉捻是为卷紧条索打好外形基础，便于干燥工序进一步整形，且叶细胞破坏程度要比烘青适当大一些。

当揉捻叶茶汁黏附叶面，手摸有柔滑粘手感；茶条紧结均匀、不扁，嫩叶不碎，老叶不松为适度。即高档茶成条率高些，低档茶掌握在60%~80%之间，碎茶率小于3%。结成团块的揉捻叶应及时解块，解块可结合筛分进行，筛面可复揉。

（四）干　燥

1. 二　青

二青是茶叶干燥的前期阶段，主要目的是散失水分，后期可整理条索，为做形作准备。

生产中一般采用烘二青代替炒二青，普遍采用手拉百叶式烘干机和自动烘干机。前者适用于小型茶叶初加工企业，烘茶前半小时生炉，然后开鼓风机使热空气进入烘箱，当进风口温度达110~120℃时开始上茶，用双手将揉捻叶均匀地摊在顶层百叶板上，摊叶厚度约1cm，约烘2~3min，拉动第一层百叶板，使茶坯落在第二层百叶板上，再在第一层百叶板上撒上揉捻叶，这样依次摊叶与拉动各层百叶板的把手，使茶坯落入出茶口，但当茶坯落到最后一层百叶板时，应在验茶口随时检查烘干程度，以调整温度、摊叶厚度及拉把时间。

自动烘干机，茶坯由输送带自动送入烘箱，进风温度为100~120℃，摊叶厚度掌握在1~1.5cm，最后自动卸茶，烘焙时也应随时检查烘干程度，以调整温度、摊叶厚度以及烘焙时间（图5-7）。

二青干燥也有采用滚筒炒干机的，采用该设备温度要适当高一些，投叶量不能太多，炒干中要打开排风扇，保持良好的排气性能，以保证茶叶色、香、味的品质。

二青干燥程度应掌握五成干左右，即手握茶坯不粘手，而稍感刺手，仍可握成团，松手后会弹散，条索卷缩，叶色乌绿，减重25%~30%，含水量约40%~45%。

二青后的茶坯应及时摊凉，目的是使初干后的茶坯叶片内部水分重新分配，使其内外干湿一致，有利于炒三青时干燥均匀。摊凉厚度约4~5cm，时间约30~60min。

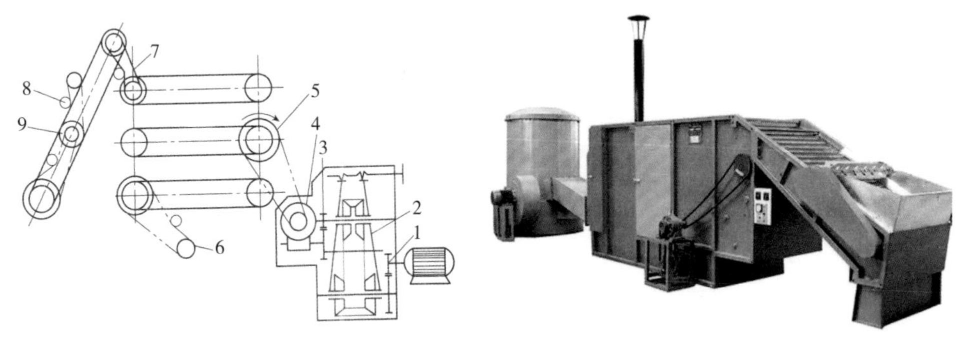

图5-7 链板式自动烘干机传动与设备

注：1.三角皮带；2.变速箱；3.齿轮传动；4.涡轮蜗杆；5.百叶板链传动；6.扫茶器传动；7.料输送链传动；8.紧张轮；9.匀叶轮链传动。

2. 三　青

三青以锅炒做形为主，同时散失水分，发展品质。

一般情况下，采用锅式炒干机比滚筒炒干机效果好。每锅投叶量7.5~10kg二青叶，锅温100~110℃，当茶坯炒到手握叶子有部分发硬，但不会断碎，略有弹散力时即可，含水量15%~20%为宜。

炒三青中必须经常检查茶坯温度，火温要逐渐降低。如手握茶坯感到烫手时，应立即降低火温，以免茶叶枯焦和产生“鱼眼泡”；反之，如茶坯温度过低，则应立即加火升温，否则影响成茶香气。三青完后要摊凉，时间20min左右。

3. 辉　锅

辉锅主要是发展香气，进一步做紧条索，散失水分，达到足干。生产中多采用锅式炒干机和滚筒炒干机，前者称炒，后者称滚。

锅式炒干机，投叶量为二锅三青叶，锅温90~110℃，待茶叶全部受热后，逐渐降低锅温到80℃，再降到60℃，干燥时间为30~40min。

滚筒炒干机，投叶量25~30kg，不超过35kg，叶温控制在50~60℃，不超过70℃，时间60~90min，温度可稍高，随后宜逐渐降低，否则干燥太快，不能达到条索紧结的要求。

4. 干燥的程度

茶条要求紧结圆直，色泽绿润，香气清高，含水量5%~6%，用手一捏即成粉末为适度，毛茶起锅后，稍经摊凉，即可装袋待运。

二、圆炒青

珠茶是我国主要外销绿茶之一。产于浙江与台湾二省，尤以浙江所产最为著名。其外形浑圆紧结，宛如珍珠，而故名。珠茶炒制同样分杀青、揉捻和干燥三道工序。其中干燥分二青、小锅、对锅和大锅四个步骤。

（一）杀　青

珠茶的杀青目的和方法，与长炒青基本相同。主要区别是珠茶杀青闷炒时间稍长，目的是有利汽热作用使杀青叶更柔软，有利于后续工序做成珠形。同时，杀青总时间较短，杀青叶含水量较高，杀青程度以杀青叶含水量60%~64%为适度。实践证明，采用“温高、量多、时短”的杀青方法，对保持珠茶叶色翠绿，增进香气鲜爽，减轻苦涩味均有良好作用。

（二）揉　捻

杀青叶稍经摊凉后即进行揉捻，珠茶揉捻的机具和方法，与眉茶类似，但在操作中为达到颗粒圆结的目的，出锅后的杀青叶，除嫩叶适当摊凉后揉捻外，一般不进行摊凉，而是趁热揉捻，以保持叶质柔软。揉捻采取逐步加压，先轻后重的原则，但总体宜轻压。揉捻时间较眉茶短，一般嫩叶约15~20min，老叶约25min。如果加压较重，揉时较长，会造成茶汁流失，成条困难，茶条扁碎，不利干燥成形。

（三）干　燥

珠茶颗粒的成形是在干燥过程中完成的。它分为二青、小锅、对锅和大锅四道炒制工序。除二青大部分用滚筒炒干机以外，小锅、对锅和大锅是用相同的珠茶炒干机完成的。

1. 炒（滚）二青

二青主要散失水分，以前用锅炒，由于揉捻叶含水量高、黏性大，锅炒时容易结成团块或粘在炒手板上，同时，茶汁在锅底结成“锅巴”不仅操作困难，而且品质也较差。目前推广使用滚筒炒干机炒二青，效果较好。

采用口径90cm、长150cm的滚筒炒干机，每次投叶70kg左右，筒壁温度约240℃，滚炒时间30~40min。二青叶含水量直接影响珠茶的成圆，过干不易成圆，过湿容易结块。以手捏叶子有黏性，但不会结块，即含水量40%左右为宜。夏秋季节气温高，炒干时叶子失水较快，二青叶含水量应比春茶高，以45%为宜。

2. 炒小锅

炒小锅是在蒸发水分的同时，主要是使较细嫩和较碎的“下脚茶”成圆。其技术要点为：叶量要少，锅温稍高、抛炒有力。每锅叶量为12.5~15kg二青叶，锅温120~160℃，炒时掌握叶温先高后低，炒制时间为45min左右，炒到细嫩茶初步成圆形或弯卷状。春茶含水量30%左右，夏秋茶约35%左右为宜。

3. 炒对锅

炒对锅是大部分叶子成圆形的主要过程。颗粒的形成，尤其是中档茶颗粒的形成，都是在炒对锅中产生的，所以是珠茶加工成圆的关键，其要点是温度不宜过高，以免水分蒸发过快而叶子来不及成圆形。

对锅叶量一般为两锅小锅叶合并而成。锅温60~80℃，由高至低。一般锅温掌握春茶宜高，夏、秋茶宜低；高级茶宜高，低级茶宜稍低。炒制时间约60~90min。炒到腰档叶及紧细脚茶成圆率达到80%以上，有些粗大的单片叶卷曲成圆包，含水量降到15%~20%为适度。

4. 炒大锅

炒大锅的主要作用是炒紧和固定腰挡茶，做圆面张茶，并炒干茶叶。其要点是注意炒温和加盖，这是做好面张茶的重要环节，每锅投对锅叶40kg左右，锅温60~80℃，叶温视叶质而定，高级嫩叶为40~45℃，加盖后升至50℃；中低级叶为38~40℃，加盖后升至45℃，炒制时间约150~180min，炒到含水量为4%~6%，颗粒外表色绿起霜，以手指搓捻成粉末，即可起锅。

珠茶干燥过程中，炒干温度高低直接影响叶片水分散失的快慢和炒干时间的长短。生产中根据经验，提出了温高、火匀、时短、少盖的匀火炒法，即小炒、对锅、大锅温度均较高，并保持相对的一致；三个工序间的温差亦较小，炒干总时间约为7h，炒制后期加盖闷炒约30min，开盖与加盖交替进行。产品外形圆紧结实，色泽翠绿，汤清香高，叶底明亮，品质较好。

目前，在生产上大量采用曲毫机来做颗粒形茶叶，能有效提高生产量，保障市场的需求（图5-8），一般生产流程经杀青机→揉捻机→烘干机→曲毫机→烘干机即可。

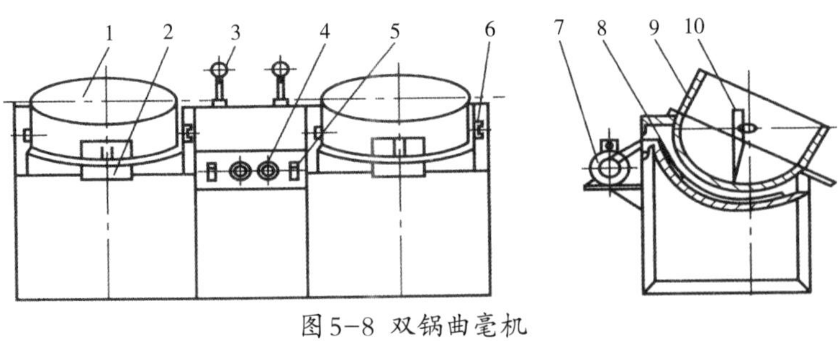

图5-8 双锅曲毫机

注：1.炒叶腔；2.出茶板；3.调节手柄；4.电器开关；5.电炉开关；6.轴承座；7.电动机；8.电炉盘；9.茶锅；10.炒板。

第四节　烘青绿茶加工

烘青的产区广阔，各产茶省都有生产，尤以皖、湘、闽等省产量最多，品质较好，多半作为窨制花茶的原料。烘青毛茶呈长条形，微带弯曲，与炒青绿茶相比，条索表面比较粗糙，不光润起霜，其内质是香纯味醇，汤色绿明。其制法分杀青、揉捻、干燥三个工序。

一、杀　青

烘青的杀青目的与方法，与炒青绿茶基本相同，同样需要掌握“高温杀青，先高后低；抛闷结合，多抛少闷；嫩叶老杀，老叶嫩杀”的三条杀青原则。

二、揉　捻

由于烘青茶绝大部分系内销，要求条索完整，滋味醇和而不浓烈，并能耐泡。烘青绿茶在烘干过程中没有整形动作，所以揉捻时既要卷紧成条，又要保持芽尖白毫，揉捻程度和细胞破损率都要比炒青绿茶轻些。为了保持条索完整而又紧结，揉捻中最好采用分筛复揉，尤其是老嫩混杂叶，效果更为显著。

三、干　燥

烘青干燥与炒青干燥有区别，烘青干燥方法是完全用烘，手工制茶时采用焙笼，机械生产采用手拉百叶烘干机或自动烘干机，两者均分为毛火和足火两次干燥，中间摊凉一次。

（一）焙笼烘干方法

毛火阶段，掌握“高温、薄摊、勤翻、快烘”的原则。可保持茶叶色泽翠绿，条索紧缩，有利茶叶品质形成。烘茶前将木炭置于焙灶中生火，待烟头全都烧尽后，将木炭打碎压实，上面盖一层灰，宜中间厚四周薄，使火温从四周上升，先将焙笼烘热，烘心温度达85~90℃时，将焙笼移到托盘内进行上茶。摊叶厚度1.5~2cm，要中间厚四周薄，然后，用双手在焙笼两边轻轻一拍，使碎末茶落入托盘内，以免烘焙时落入火中生烟。将烘笼轻轻移放在焙灶上烘焙，每隔3~4min翻焙一次，翻焙时应将焙笼移到托盘内，左手稍按住焙心，右手将焙笼倾向胸前掀起，使茶坯翻至一边，放平焙笼，将茶叶再次均匀撒摊在焙心上，轻轻拍打一下焙笼，然后轻轻放回焙灶上，如此翻茶上烘5~8次，时间约20~30min，烘至含水量25%左右，下烘摊凉。

摊凉的目的是使茶叶内部水分渗透到叶子表面，达到水分重新分布，干湿均衡，便于足干均匀，摊凉时间0.5~1h。

足火阶段应掌握“低温、少翻，长烘”的原理。焙心温度70~75℃，往后逐渐下降至60℃，摊叶厚度4~5cm，每隔6~8min翻焙一次，待手捏茶叶呈粉末，即达足干（含水量4%~6%）程度，下烘摊凉待装。

（二）手拉百叶烘干机和自动烘干机烘干法

操作方法与上述炒青绿茶烘二青相同，只是毛火茶的烘干程度有区别，以毛火茶稍感刺手，含水量为20%左右为宜，摊凉让水分重新分配，时间为0.5~1h，摊叶厚度为10cm，摊至叶片回软为宜，摊叶过厚或过长，叶色会变黄。足火进风温度为100~110℃，摊叶厚度1~2cm，干燥时间约16min，足火茶含水量4%~6%，手捻茶叶成粉末为度。使用自动烘干机，要经常清理烘箱底部的脚茶。

烘青茶最忌烟气、焦气，因此火功不能偏高。机械烘茶，热风炉不能漏烟；烘笼焙茶，要防木炭内柴头燃烧冒烟。均忌明火焙茶，茶叶上下焙，操作宜轻，防止碎茶落入炉中产生烟火。两者都要正确掌握火温和茶叶干燥程度，防止高火或焦茶。

第五节　蒸青绿茶加工

我国绿茶最早的杀青方法是蒸青。蒸青方法传播到日本等国，这些国家至今依然沿用该方法。我国自明代发明炒青方法后，除台湾、湖北等省部分茶区仍在采用蒸青方法外，大部分已被炒青方法取代。近年来，由于外销的需要，蒸青制法通过引进和改进，蒸青绿茶有了较大的发展。

我国目前市场的蒸青绿茶，除一些名茶外，主要是煎茶和玉露，本节着重介绍煎茶的加工。

一、煎茶品质特征

高档煎茶外形条索紧细，挺直呈针形，匀称有尖锋；内质茶汤澄清淡黄绿，香气清甜香，滋味醇和，不苦涩，回味甘，叶底青绿色。中、低档茶外形紧结略扁，挺直较长，呈椭圆形，色泽鲜绿或深绿，油润有光泽；内质茶汤黄绿色，无沉淀，香气清香，滋味醇浓，稍涩，叶底青绿，忌黄褐及红梗红叶。

二、煎茶加工

由于鲜叶原料、茶机类型和机组配套等差异，各地加工有差异，但基本工序一致分：蒸青、冷却、粗揉、揉捻、中揉、精揉、烘干（图5-9）。

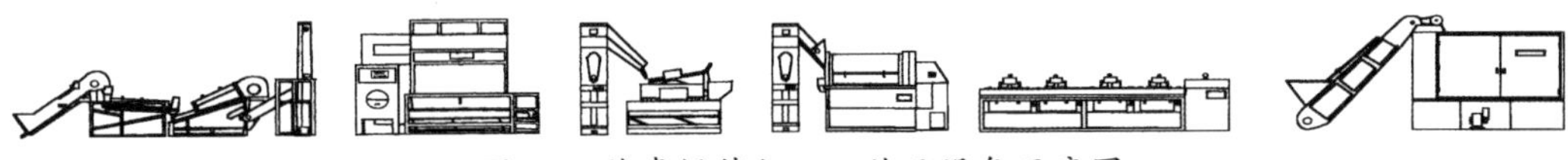

图5-9 蒸青绿茶加工工艺及设备示意图

（一）蒸　青

蒸汽杀青，简称蒸青，是加工蒸青绿茶的第一道工序，也是形成蒸青绿茶独特品质风格的关键工序。蒸青绿茶的目的和原理与炒青绿茶类似。

1. 影响蒸青的条件

主要是锅炉供给蒸汽的流量、性质（温度、湿度）和投叶量。

蒸汽杀青要有一定蒸汽量，每千克鲜叶要蒸汽量为0.3~0.5kg，如每小时蒸青400kg鲜叶，所需蒸汽量至少为120kg。蒸汽流量的选择，可根据鲜叶的质量、季节、蒸青程度等不同而异。

蒸青时蒸汽尽量用低压饱和蒸汽，春季压力在0.1kg/cm^{2}左右，夏季在0.1kg/cm^{2}以下。水位调在水位计规定位置，春茶略低，夏茶略高。

蒸青室鲜叶通过的密度，以每升容积60~70g为宜，一般嫩叶70kg/m^3，老叶60kg/m^3。经测定，杀青30s的最适宜投叶量为700kg/h左右。投叶量过多，杀青不足，也不匀，叶片易轧碎，茶汁被压出，品质下降；投叶量过少，易形成团，也降低茶叶品质。

2. 蒸青程度

一般情况下，蒸青程度以通过蒸青室的时间为指标。嫩叶蒸青时间长，老叶时间短。嫩叶蒸青时间25~30s，普通叶蒸青时间30~35s，老叶蒸青时间35~40s，重蒸45~60s，特重蒸60~120s。近年来，由于消费市场的需求，在具体掌握上与传统做法有区别，主要是延长蒸青时间，加大蒸青程度，目的是减少青涩味，增加滋味醇度。如蒸青时间由过去的45~65s，增加到目前的80~90s。

蒸青适度的标准：叶色青绿，底面一致，有黏性，梗折不断，有清香，无青草气，叶茎撕离时能纵剖。如叶背面有白点，茎梗撕离时不能纵剖，挤出的液汁有青草气，为蒸青不足；如叶色黄褐或熟黄，则蒸青过度。

（二）除　湿

蒸汽杀青后，叶片含水量会增加6%~12%。这种水分像露水一样，依附在叶片表面，日本称为“蒸露”，去除这种表面水分的方法叫“露切”。蒸青后，叶片相互黏叠，揉捻前需要松散叶片，日本称“叶打”。“露切”和“叶打”可用露切机或叶打机进行。

一般情况下，60kg型除湿散叶机工作中鼓风不加温，300kg型除湿散叶机加温鼓风，鼓风温度根据蒸青叶含水量来确定。嫩叶或含水量高的叶片，温度宜高，排气温度80~120℃；而雨水叶易黏在蒸筒壁堵塞网眼，温度宜更高些，并减少投叶量；老叶或含水量降低的叶片，排气温度70~80℃。

除湿叶适度的标准是色泽鲜绿，无红梗红叶，有黏性，无团块，青香持久。

（三）粗　揉

粗揉作用是初步去除叶片内的水分，挤出茶汁，为形成煎茶色泽深绿光泽、条索紧圆挺直打基础。粗揉由粗揉机完成。

粗揉机底部呈圆弧形，内壁底部揉床部分铺以竹条，热风炉产生的热风通过导管由揉室一端进入，促进茶叶水分蒸发；另一端装有排气风扇，排出湿气，保持热空气流入。在贯穿揉室中央的主轴上，安装弯曲揉手和三叉形的翻叶叉，主轴带动揉手和翻叶叉旋转，叶片由翻叶叉而不断搅散，当下落到揉床底部时，揉床底部与揉手之间起摩擦作用，叶片被揉成条索状，并由侧部进来的热风干燥。

影响粗揉的因素包括温度、投叶量、风量、揉手转速和弹簧强度，以及翻叶叉与揉床底部间隙等。

投叶前，揉室温度应预热到90℃左右，作业时叶温以38~40℃为宜。热风量的调节，应掌握排出端温度比投入端低4~5℃。如通风不良，叶色暗褐，香味低下。慢速高温易发生“闷味”，茶叶带黄褐，香气低；高速低温，虽然色泽鲜绿，但碎叶增加，汤色浑浊；温度过低，则呈淡蓝色。

投叶量应按标准进行，一般嫩叶70kg/m^3，普通叶65kg/m^3，老叶60kg/m^3。投叶量更大，会引起碎叶，色泽带黑，形成茶团，加工效率低；投叶量过少，茶叶表面干燥，粉末增加，揉捻不足，色泽变红黑，汤色浑浊，工序后期易焦变。

转速通常为40r/min，一般嫩叶快1~2r/min，老叶应慢2~3r/min。不同机型，自动粗揉以上层为基础，通常第一粗揉快2~4r/min，使搅拌快些；第二粗揉慢4~6r/min，以使揉捻作用充分些。

翻叶叉和揉床间隙要求嫩叶狭窄些，老叶逐渐扩大些。一般嫩叶0.8cm，普通叶1.0cm，老叶1.2cm。揉手弹簧压力应根据茶叶性状和干燥速度等因素来调节，其压力的计算方法：将揉手置于水平位置，用弹簧秤测定揉手弹片尖端处拉向主轴方向5cm时的张力。嫩叶3kg，普通叶3.5kg，老叶4kg。

粗揉程度标准：叶尖完整，干湿均匀，具黏性，深绿光泽；上层、下层和第二粗揉机出来的叶色分别为青绿、深绿、深绿带黑色；手捏粗揉叶，感到上层叶水分多，下层叶略有水分，第二粗揉机叶片则捏不出水分，握之成团，松后略有弹散力为适度（表5-4）。

表5-4　中档叶粗揉机的主要参数

机别	温度（℃）		叶/折鲜叶（kg）	时间（min）	揉手转速（r/min）	揉手筒体间隙（mm）	含水量（%）
	炉温	排气温					
上层	120~140	65~70	65~75	15~20	40	8~12	66~68
下层	100~110	55~65	65~75	15	40	8~10	56~58
第二粗揉机	95~100	50~55	65~75	15	36~38	8	43~45

（四）揉　捻

揉捻主要弥补粗揉的不足，使叶质柔软，色泽均匀，水分重新分配均匀，进一步紧缩条索，便于后续整形。

影响揉捻的因素有投叶量、压力和揉捻时间等。投叶量应根据茶叶老嫩来增减，以使茶叶能在揉桶内正常翻滚。嫩叶体积较小，在揉捻时要增加投叶量；而老叶体积较大，常会使投叶量过多，造成揉桶内压力过大，翻转不良，应保持加压杆水平偏下状态，适当调节粗揉机的投叶量。

揉捻机的压力也应根据叶质老嫩来决定，一般掌握嫩叶轻，老叶重，以揉捻叶液汁不过分揉出，又避免揉捻不足为宜（表5-5）。

表5-5　加压量与揉捻时间

项目	加锤（%）	时间（min）
嫩叶	30~50	20~25
普通叶	50~70	15~20
老叶	80~100	10~15

揉捻程度：当粗揉中的团块得以解散，芽、茎的水分揉出，叶片各部位的色泽和水分均匀分布时即可下叶。

（五）中　揉

中揉的作用是进一步去除叶内水分、解散团块、整理形状、发展香气。

中揉在中揉机中完成，中揉机分为上下两层，影响中揉的因素主要有回转速度、揉手压力、温度、风量等。

中揉机揉桶的旋转速度影响茶叶向上翻动和搅拌参数，影响热风和茶叶的接触，从而影响茶叶的受热和水分的散失速度。揉桶与揉手搅拌轴的转速比约1∶2。一般嫩叶因容积和表面积小，转速可以快些；老叶宜慢些；上层稍快，下层稍慢，一般在22~28r/min之间。

揉手弹簧压力视揉桶转速、投叶量及茶叶容积等情况来调节。一般掌握幼嫩原料揉手弹簧压力强些；老叶原料则转速要慢些。即春茶嫩叶5~6kg；春茶老叶及夏秋嫩叶3~4kg；夏秋老叶2kg左右。

热风温度掌握在空转时排气温度约55℃，投入茶叶后5~8min迅速下降，然后达到平衡，这段时间保持等速干燥；当茶叶转为减速干燥后，干燥速度逐渐变慢，排气温度逐渐上升，比平衡状态时升高4℃左右，当达到36~38℃时即可下叶。风量可通过调节阀门或风扇转速来调节，以控制干燥速度和干燥效率。中揉时间20~25min。

中揉适度标准：叶色青黑，有光泽，嫩梗鲜绿，条索紧结、匀整；手握茶叶尚能成团，松手即散，含水量在32%~34%为适度。

（六）精　揉

精揉是煎茶加工的关键工序，主要作用是进一步去除水分、整理外形，使条索挺直圆紧，色泽均一。

精揉由精揉机完成，影响精揉的因素主要有温度、时间、投叶量、揉手频率、压力和摆幅等。

投叶前先预热揉床10min，待两侧槽底温度达到150~170℃，从两侧慢慢投入叶片。温度掌握嫩叶宜低34~38℃，老叶宜高38~40℃。投叶量掌握在4~4.5kg之间为宜。

投叶后不加压，待叶温达到40℃左右，茶叶揉捻均匀时，即可逐渐加压，摆幅由大至中，压力与摆幅的调节分为三个阶段。前期8~10min主要使叶片回软，散发水分，整理条索，无压而摆幅大，老叶可提早加压；中期15min左右，压力逐渐增至最大，摆幅由大至中，主要是使条索紧结挺直、色泽油润有光，是形成煎茶特有风格的阶段；后期5~8min主要是进一步去除水分、固定外形，摆幅宜小，压力宜轻，以保持外形的完整和光泽。精揉全程为30~40min。

精揉适度标准：条索圆紧挺直，呈针状，有尖锋，断碎少，无茶块；色泽鲜绿或深绿光润，含水量为13%左右。

（七）烘　干

烘干是煎茶的最后一道工序，主要是光泽茶叶，固定外形，进一步发展煎茶色香味的品质特征。烘干以低温、慢速为好，高档茶在65℃左右，中档茶70~75℃，低档茶75~80℃；时间15~20min。煎茶毛茶含水量3%~4%，色泽鲜绿或深绿，有清香，无火味。待摊凉后，即可装箱。

第六节　主要名优绿茶加工

我国生产的各类特种名茶，品种繁多，制工精湛，形态独特，品质优异，既是饮用佳品，又具较高的艺术欣赏价值，它们的产生是我国劳动人民长期以来在制茶实践中的经验结晶和创造，是祖国文化遗产中一个重要组成部分。中华人民共和国成立以来，我国广大茶叶工作者，继承和发扬了历史劳动人民创造的宝贵遗产，恢复和发展了历史上一些名茶的生产，并创制了一些新名茶，其中以名优绿茶更为丰富多彩。

关于名优绿茶的概念尚有些争论，名优绿茶包含名茶和优质绿茶两个概念。名茶一般认为应具备以下特征：① 历史上的贡茶，受文化艺术的赞美；② 产区生态环境优越，茶树品种优良；③ 产品加工工艺精良，在色、香、味、形上风格独特；④ 被社会承认，消费者认同。因此，名优绿茶应是采用优质原料，经精细加工，品质独特，深受消费者欢迎的绿茶精品。

下面介绍5种在我国具有影响的绿茶精品的加工工艺。

一、龙井茶

浙江的扁茶，历史上有龙井和旗枪之分，现统称为龙井茶（图5-10）。根据2003年实施的原产地域产品龙井茶（GB 18650）的规定，龙井茶的生产划分为3个产区，即西湖、钱塘和越州龙井茶。以西湖龙井最为有名，且产生历史悠久。据记载已有1000多年历史，是我国绿茶中的国事礼茶。

图5-10 龙井茶

（一）龙井茶的品质特点

外形形似碗钉，扁平挺秀，光滑匀齐，色泽嫩绿；内质香高持久；汤绿明亮，滋味甘醇，叶底嫩匀成条，以“色绿、香郁、味甘、形美”四绝著称。

（二）龙井茶的采制方法

1. 采　摘

在清明前后开采，高级龙井标准是1芽1、2叶，芽长于叶，长度在3cm以下，要求芽叶均匀成朵，不带夹蒂、碎片。采后及时送到加工厂。

2. 摊　放

采回的鲜叶及时进行摊放，摊放点要求阴凉清洁，无阳光直射，厚度以1kg/m^{2}为宜，最多不超过2kg/m^2，摊放程度以鲜叶减重15%~20%为准。

龙井茶的加工分青锅、摊凉、辉锅工序，揉捻是靠“青锅”翻炒时的手势代替的。

3. 青　锅

青锅是杀青和初步整形的过程。高级龙井茶用手工炒制，每锅投叶量约75~125g，锅温80~100℃，掌握先高后低的原则。炒制手法大致可分三个阶段，掌握先抖后捺，先快后慢的原则。第一阶段抖炒1~2min，约40~45次/min，使水分挥发，叶质柔软，如果鲜叶含水量较高，可适当延长抖炒的时间，反之，适当缩短抖炒时间，抖时抓叶手势要轻，动作要快；第二阶段是抖、带、甩交替进行，时间2~3min，使水分继续蒸发，并带有揉压与初步做形作用；第三阶段捺、抓、拓交替进行，时间8~9min，使水分进一步蒸发，并使之成为扁条。青锅时间总共约12~13min，青锅程度根据“嫩叶老炒，老叶嫩炒”的原则要求，减重约60%~65%。

4. 摊　凉

起锅后摊放在软匾内，经过簸箕簸出片、末；拣出茶梗、果、老叶等；再用3号筛筛出头子，筛底用4号筛分出中段和细头，分别放入小篮中，回潮40~60min，待茶叶松软，即可进行辉锅。

5. 辉　锅

辉锅是炒干茶叶，进一步整形，发展香气，是成茶达到扁平、光滑、香高、味醇和足干的目的。炒前必须打光锅面，每锅投叶量约150g的青锅叶，锅温60~80℃，温度要稳定，起锅前略升高，以提高香气。炒制手法以捺、拓为主，后阶段用抓。炒制茶叶扁平光滑，折之即断，含水量为5%~6%，手捻成粉末时起锅，辉锅时间约20~25min。

辉锅后阶段是在扁形基础上进一步整形磨光，因此，锅温不宜太高。同时，龙井茶贵在保持“四绝”，传统上加工好的龙井茶用皮纸包装放入石灰缸内贮藏。

近年来，由于茶叶机械化的发展，中低档龙井茶的加工已逐步采用机械加工：

① **杀青**：一般采用小型滚筒杀青机杀青，筒温200℃以上，出口温度85℃以上，即可杀青。时间70~110s，杀青叶含水量在55%~60%。

② **揉捻**：采用小型揉捻机进行揉捻，杀青叶经摊凉后揉捻，时间依鲜叶质量而定，一般10~15min，采用轻压、慢揉的原则。

③ **烘干**：采用烘干机烘干，当仪表温度为95~100℃时，即可上叶，烘干叶含水量控制在35%~38%即可。

④ **整形**：采用扁茶整形机，当锅温85℃，投叶量8~12kg，时间30~40min，加压时间及其轻重视鲜叶质量而定，待含水量8%~10%时出锅。

⑤ **足干**：整形后的茶叶，摊凉10min，16孔筛筛去茶末，进行烘干，至含水量3%~5%即可。机械加工提高了工作效率，降低了劳动强度，促进了产业的发展。

二、南京雨花茶

针形茶的加工有炒制、烘炒或全烘的，但加工中都有理直条索的工艺过程，代表性的茶有南京雨花茶、安化松针、黄山松针、紫阳银针等，下面以南京雨花茶为例介绍加工工艺。南京雨花茶产于南京中山陵园和雨花台一带（图5-11）。

图5-11 南京雨花茶

（一）南京雨花茶的品质特点

外形状似松针，条索紧直圆浑，锋苗挺秀，白毫显露，翠绿匀整；内质香气清高幽雅，汤色清澈，滋味鲜爽，叶底细嫩匀净。

（二）南京雨花茶的采制方法

1. 采　摘

采1芽1叶初展的幼嫩芽叶，特级茶1芽1叶初展占总量的85%以上，要求芽叶长度不超过3cm，特级成品雨花茶1斤约5万个芽头。

2. 摊　放

将采回的鲜叶拣去病虫叶、单叶等，摊放在室内阴凉处的篾盘内，厚度2~3cm，历时3~4h，待叶色转暗、变软时即可杀青。

3. 杀　青

在平底锅内进行，取鲜叶0.4~0.5kg，投入锅温140~160℃锅内，采取炒闷结合的方法炒制，历时5~7min，温度先高后低，待鲜叶失去鲜绿，叶色暗绿，叶片柔软，青草气散失，即可出锅散热，薄摊2~3cm。

4. 揉　捻

将杀青叶置于竹帘上，双手往复滚揉，掌握“轻—重—轻”的原则，中间解块3、4次，历时8~10min，茶汁微出，初步成条即可。

5. 搓条拉条

搓条拉条是形成针形南京雨花茶的关键步骤，在平底锅内，锅温85~90℃，每锅投叶0.35kg，先翻炒转抖炒，理顺茶条，于手中搓揉茶叶，并不断抖散茶团；当叶片稍干，不粘手时，降低锅温到60~65℃，变换手法，使叶片在手中顺一个方向用力搓揉，要用力均匀，并同时理条，约经20min，达到七成干；锅温再升高至75~85℃，收握茶叶沿锅壁来回拉炒，理顺拉直茶条，做紧做圆，10~15min，达九成干出锅。

6. 毛茶处理

拉条后的毛茶用圆筛分出长短，抖筛分清粗细，去除片、末等物，用50℃左右的文火烘焙30min，足干后冷却分别包装。

目前，南京雨花茶的加工多采用机械加工分为杀青、揉捻、毛火、整形、复火干燥和筛分等工序：

① **杀青：**经摊放适度鲜叶用滚筒杀青机杀青，待杀青叶失重40%左右，叶色变暗，柔而有粘手感，青气散失，即可进行揉捻。

② **揉捻：**采用中小型揉捻机揉捻，掌握“轻—重—轻”原则，揉捻25~30min，待条索紧结即可。

③ **毛火：**用烘干机初干，温度100~110℃，茶坯失重率为70%左右，手捏成团，松手则散即可。

④ **整形：**采用整形机，投叶量3.75~4kg，锅温130℃以下，无压或轻压1h，形成针形风格。

⑤ **复火干燥：**采用烘干机干燥，待茶叶含水量为6%即可。

⑥ **筛分：**用圆筛分出长短，抖筛分清粗细，风选去除片、末，拣梗及去筋梗，分级后包装贮存。

三、洞庭碧螺春

洞庭碧螺春是卷曲型的名优绿茶，产于江苏太湖的洞庭东西二山（图5-12）。洞庭碧螺春历史悠久，曾独领风骚几百年。

图5-12 洞庭碧螺春

（一）洞庭碧螺春的品质特点

外形纤细，卷曲成螺，茸毛满披，呈茸球状，色泽银绿隐翠；内质香气芬芳鲜嫩，汤色浅绿有毫浑。滋味醇甘，叶底嫩匀成朵、匀齐明亮。

（二）洞庭碧螺春的采制方法

1. 鲜　叶

碧螺春的采摘有三大特点，一是采得早，春分至清明采摘；二是采得嫩，标准为1芽1叶，芽叶长1.5~2cm；三是拣得尽，即去杂干净。

2. 拣剔摊放

采回的鲜叶，要个个过拣，剔除鱼叶、老叶、嫩果等杂物，薄摊于阴凉处。一般上午采，下午拣剔，晚上加工，但不做隔夜茶。

3. 杀　青

在平底锅中进行，高温180~200℃，投叶量500g，先抛炒，散发水分，去除青臭；后闷炒，炒闷结合，做到捞净、抖散。杀青时间3~4min，待叶片略失去光泽，手感柔软，是由黏性，始发清香，失重20%左右即可。

4. 揉　捻

锅温降低至70~80℃，将茶坯握入手中，沿锅壁顺一个方向揉捻，茶团沿锅壁旋转，也在手中翻滚，边揉边抖，揉3~4r抖散一次，逐渐增加揉转次数，减少抖散次数，掌握轻重轻的原则，时间约15min，当茶坯七成干，基本成条为宜。操作要点是保持小火加温，边揉边抖，先轻后重，用力均匀。

5. 搓　团

搓团是碧螺春的首创工序，也是形成碧螺春的主要工序。高温降至55~60℃，双手五指并拢略弯，捧握茶坯团转，用力均匀，锅温呈现低—高—低，用力先轻—稍重—后轻，边搓团边解散，每搓团3~5r，抖散一次，时间15min左右，搓至条索卷曲，茸毛显露，茶坯八成干为宜。

6. 干　燥

高温控制在50~55℃之间，将搓团好的茶坯，在锅中轻轻翻动，使其进一步散失水分，紧缩条索，待茶坯达到九成干时，将茶叶薄摊在桑皮纸上，放入锅中烘至足干。

四、高桥银峰

高桥银峰是湖南省茶叶研究所于1957年创制成功的一种名优绿茶（图5-13）。

图5-13 高桥银峰

（一）高桥银峰的品质特点

外形条索细紧，形状微曲，色泽翠绿，银毫满披；内质香气鲜浓，滋味醇厚，汤色清明，叶底嫩匀。

（二）高桥银峰的采制方法

1. 采　摘

清明前后开采，标准是1芽1叶初展，长度为2.5cm，不采紫色芽叶及病虫、雨水、露水芽叶。鲜叶采回后，薄摊在洁净篾盘内，置于阴凉通风处，适当摊放，使鲜叶水分少量散发，含水量为70%左右，以增进茶叶的滋味和香气。

2. 杀　青

取0.35~0.4kg鲜叶，投入锅温120~130℃锅内，先用翻炒，当芽叶受热，水汽大量蒸发时，即进行抖炒和闷炒。反复交替，但每次闷炒时间不宜过长，以免芽叶变黄，约2min左右，待水分大量蒸发，应将锅温降为80~90℃，再炒1min左右，至鲜叶失去光泽，叶片柔软略呈卷缩，发出锐鼻的清香，芽叶减重30%~35%时，即可出锅。

3. 清　风

将杀青叶置于洁净篾盘内簸扬十余次，促使热气迅速散发，叶温下降，并借以扬去轻片碎末，提高净度。

4. 初　揉

叶温降至30℃左右，手揉2min，中间抖散，待茶汁少量揉出，茶条曲卷即可。

5. 做　条

将初揉的茶坯投入锅内继续热炒，锅温80℃左右，手法均匀抖炒，至茶条黏性减少，水分含量减至30%~35%，即可做条。双手握茶条于手心中运用掌力，慢慢加重回转搓揉，不断抖散团块，经10~15min，至条索紧结，含水量20%左右为度。搓揉不可用力过大，避免茶汁大量挤出附着叶表，茶条产生黑色。

6. 提　毫

目的在于充分发挥成茶香气，固定条索外形，使芽叶上的白毫显露。其作法是：将茶条置于手掌中，两手压茶向不同方向旋转运动，利用掌力使茶条相互摩擦，随着茶叶的逐步干燥，茶条外表的胶状薄膜被擦破，白毫显露，香气提高。提毫全程约10min，关键在于控制锅温40~45℃。操作时要求两手用力揉和均匀，不能在锅壁上摩擦，更不能使白毫脱落，影响品质。

7. 摊　凉

时间为30min左右，使水分分布均匀，便于干燥一致。

8. 烘　焙

掌握温度开始为70~75℃，逐渐下降到60℃，时间约经30min，中间翻3、4次，含水量达5%~6%，即可出烘。

干燥后的茶叶，用皮纸包成小包，放置石灰缸中贮存，防止受潮变质。

五、六安瓜片

六安瓜片是一类片形绿茶，产于安徽的六安、金寨、霍山等地，其中金寨的齐山名片是六安瓜片中的精品，历来被评为国内高品质的名茶。

（一）六安瓜片的品质特点

外形单片形，不带芽、梗，叶边背卷顺直，形若瓜子，色泽翠绿，有白霜，白毫显露。汤色碧绿，清澈明亮，香气青嫩持久，滋味鲜醇回甘，叶底嫩绿明亮。六安瓜片的加工分为采摘、掰片、炒生锅、炒熟锅、烘片等工序。

（二）六安瓜片的采制方法

1. 采　摘

在谷雨前后开园，小满结束。采摘要求严格，一般在上午进行，阴山与阳山分开采，不夹带老叶，雨水、露水叶要及时摊放，去掉水分。采摘标准是新梢长到“开面”，采摘1芽3、4叶为主。

2. 掰　叶

采回的鲜叶要及时掰叶，将叶片与芽梗分开。先掰老叶，后掰嫩叶，分别归类，分为嫩片、老片和茶梗3类。第一片叶为“提片”，第二片叶为“瓜片”，第三片叶为“梅片”，芽尖嫩梗为“攀针”。

3. 炒生锅

炒制在锅口径70~80cm的斜锅中进行，倾斜角度40°~54°，锅温150℃左右，投叶量，嫩叶50~100g，老叶100~150g，时间1min，主要起杀青作用。待叶片变软，叶色变暗，即可扫入熟锅内。

4. 炒熟锅

熟锅与生锅并排，也成倾斜状，熟锅起造型和干燥作用。锅温70~80℃，边炒、边拍、边揉，使叶成片形，炒制时间2~3min，待叶片含水量降至25%~30%时即可。

5. 烘　片

瓜片的干燥是上笼烘焙，烘焙分为拉毛火、拉小火、拉老火3道工程。① 拉毛火：每笼投叶量1~1.5kg，焙心温度100℃，每2~3min翻动一次，烘至八成干下烘。毛焙要将叶中的黄片、红筋、蕉叶等杂物拣剔，再进行拉小火。② 拉小火：每笼投叶量2.5~3kg，每1~2min翻动一次，烘至九成干下烘。然后进行拣剔黄片、轻叶、蕉叶等杂物。③ 拉老火：每笼投叶量3~4kg，采用高温、明火快烘，每隔几秒钟翻动一次，直到茶叶足干，并趁热装桶，密封。

第七节　机械化加工不同外形茶叶

茶叶生产季节性强，劳动强度大，特别是采摘高峰期，给生产加工造成较大的压力。如何在保障茶叶加工质量的基础上，提高生产效率、降低劳动强度，一直是茶叶科研人员研究和追求的目标。经过不断地研究和努力，目前我国茶叶机械化加工水平有了质的提高，茶叶主要产区基本实现了加工机械化，在一些大型茶企甚至实现了茶叶加工的清洁化、连续化和智能化的应用，为我国茶叶产业的快速发展做出来了极大的贡献。由于我国茶类较多，品种各异，外形差异加大，对机械加工的种类和加工要求较高，但茶叶机械化加工的程度越来越高，下面就我国常见的几种外形茶叶机械加工方法进行介绍。

一、扁形茶的机械加工

目前，在龙井茶产区采用较多的是机械与手工组合加工技术，即机械代替手工进行龙井茶的青锅工序，其他工序保持不变。该方法有效地减轻了劳动强度，生产效率高，很受产区茶农的欢迎。

当地机械青锅一般采用浙江嵊州、新昌等地生产的6CCB-7801型、6CCB-HF900型等各类扁形茶炒制机。加工时，将炒板转至上方，开机加温，当实际锅温升至设定温度220~260℃时（一般特级、一级、二级掌握在220~240℃，三级、四级掌握在240~260℃，机械温度计显示温度，下同），加入少量炒茶油，待油烟散去后，均匀投入茶叶，一般特级每锅100~150g，一级、二级150~200g，三级、四级250~300g，炒制中每锅投叶量应稳定一致。

鲜叶投入锅中有“噼啪”爆声，同时开机翻炒；当叶子开始萎瘪，嫩梗变软，色泽变暗时，开始逐步加压，根据茶叶干燥程度，一般每隔30s压力加重一次，加压程度主要看炒板，以能带起茶叶又不致使茶叶结块为宜。不得一次性加重压。

锅温应先高后低并视茶叶干燥度及时调整，温度一般分三段：第一阶段锅温从青叶入锅到茶叶萎软，一般在1~1.5min；第二阶段是茶叶成形初级阶段，温度比第一阶段低20~30℃，时间一般为1.5~2min，到茶叶基本成条、相互不粘手为止；第三阶段温度一般在200℃左右，此时是做扁的重要时段，一般恒温炒。为提高扁平度，在杀青2~3min，即第三阶段时，增加“磨”的动作。

待茶叶炒至扁平成形，芽叶初具扁平、挺直、软润、色绿一致，且达一定的干度，含水量在25%~30%，推开前面出料门自动出锅。青锅用时一般为4~6min。

目前生产上已有扁形茶的加工连续化生产线：鲜叶→摊凉→杀青→冷却→理条脱毫→筛分→冷却→压扁→足干→毛茶。适合于大中型企业的扁形茶连续加工（图5-14）。

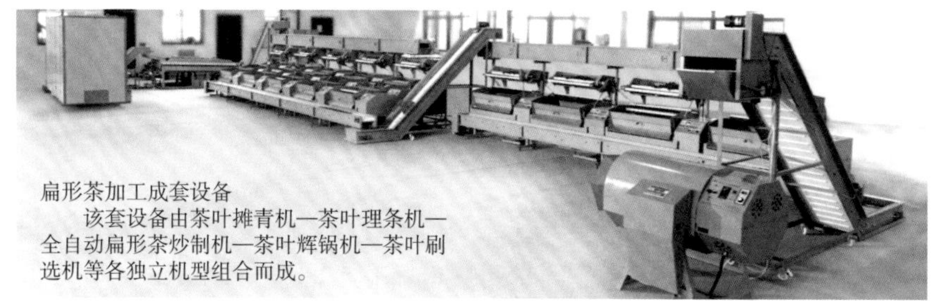

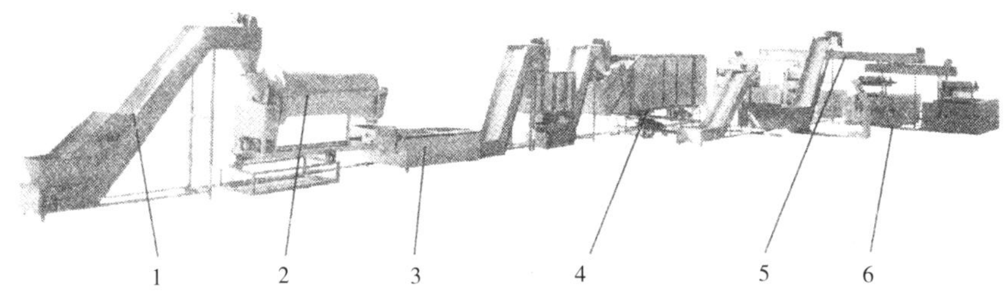

图5-14 扁形茶连续化生产线

注：1.上叶输送带；2.滚筒杀青机；3.冷却机；4.链板烘干；5.自动投叶装置；6.理条机。

二、卷曲形茶的机械加工

卷曲形名优绿茶有洞庭碧螺春、高桥银峰、都匀毛尖等，其机械加工具有生产加工量大、产品质量均衡、生产成本低等优点。以洞庭碧螺春为例：

1. 鲜 叶

鲜叶的采摘和管理要求与手工加工一致。

2. 杀 青

可选用6CS-40型至6CS-50型等小型滚筒杀青机。杀青时，先使机器运转，同时加热，在机器预热一段时间后，筒壁温度升至220~240℃时，筒内温度140℃左右开始投叶，投叶量以30~40kg/h为宜（根据筒体大小调整），开始投叶量稍多，以防少量青叶落锅后成焦叶，产生爆点，之后均匀投叶。杀青掌握叶色转暗绿，手握柔软，青气消失，散发出良好的茶香，杀青叶含水量55%左右，不产生红梗红叶，无焦叶、爆点产生为适度。

3. 揉 捻

杀青叶摊凉约30min后即可进行揉捻。揉捻采用6CR-35型揉捻机，每机投叶15kg。揉捻时先空压揉5min，接适当轻压揉8min，再接空压揉2min，以叶子初步成条、有少量茶汁溢出、手捏略有粘手感为度。

4. 初 烘

用小型碧螺春茶烘干机对解块散热后的揉捻叶进行初烘，烘干温度控制在100~120℃，或采用6CHW系列微型烘干机或电热烘箱，热风温度120℃左右（电热烘箱温度可稍低一些，有100℃左右即可）。薄摊快烘，烘时约10min。烘至手握能成团，松后自然散开，烘叶含水量40%左右时，下机冷却，回潮15~20min。

5. 做 形

这是形成碧螺春茶外形特征的关键工序。成形提毫采用6CPD-80型或6CPD-40型碧螺春茶成形机。当锅温达到80℃左右时即可投叶。投叶量及炒制成形时间：80型每锅投叶10kg左右，炒制时间约30min；40型每锅投叶2kg左右，炒制时间约25min。锅内设有吹风装置，边做形边烘炒时，要开启风机吹热风，以保持茶叶色泽翠绿。在成形提毫工序，最重要的一点是要严格掌握成形提毫时间，时间过长会导致茶叶色泽变黄、白毫脱落，时间过短则外形不够卷曲。做形总历时需25~30min，炒至茶条卷曲，含水量10%左右时，出机摊凉。

6. 提 毫

机械提毫可采用6CLH-40（D）型六角提毫辉干机或6CLH-40型提毫辉干机，提毫温度为50~60℃，可使茶叶失水缓慢，保持柔软状态，利于提毫。该工序耗时10~15min，待茸毛显露时下机摊凉。

7. 足　干

可在微型名优茶烘干机下进行，温度控制在60~70℃，采用文火慢烘，烘至茶叶含水量为5%~7%时下机冷却，即可完成碧螺春茶的炒制。

目前也有该茶叶产品的连续化生产线：鲜叶、摊青、杀青、冷却、摊放回潮、揉捻、解块、烘干（或滚干）。

三、针形茶的机械加工

针形名优茶有南京雨花、安化松针、信阳毛尖等，目前以采用多条机械化生产线。以南京雨花茶的制作流程为例。

1. 杀　青

经摊放后的鲜叶用6CRF-80型滚筒杀青机杀青。滚筒转速2.5~25r/min，杀青开始前几分钟要进行筒体预热并启动筒体转动，当筒壁出现微红、筒温达360℃时，开始进叶，要使内叶温迅速升至85℃以上，时间1.5~2min，期间要经常检查炉火，并保持稳定，不可忽高忽低；根据杀青质量及时调节进叶量，防止杀青过度或不足影响制茶品质。

待杀青叶失重率达40%左右、叶色变暗、软而有粘手感、青气散失时，即进行揉捻。

2. 揉　捻

用6CR-55型揉捻机，揉桶容量30~35kg；压力应先轻、中重、后再轻的操作原则。程度上，嫩叶应时间短，压力轻，老叶则相反。揉捻25~30min，1~2级绿茶的鲜叶成条率应达90%以上、3~5级鲜叶成条率应达80%以上，细胞破碎率达45%~55%时即可。

3. 毛　火

采用10-12型烘干机，进风口温度控制在100~110℃，时间8~10min要求茶坯失重率达70%左右，含水量在35%左右，手捏成团，松手则散。

4. 整　形

整形是成形的关键。SD-60型整形机（双锅）内每锅叶量3.75~4.25kg，锅温在130℃以下，无压或轻压整形1h左右，形成松针形风格。

5. 复火干燥

采用10-12型烘干机干燥。进风口温度控制在80~90℃，时间12~15min，烘干适度的毛茶条索紧结，色泽翠绿，细嫩的茶叶白毫显现，香气清鲜，手握干茶有刺手感，折梗易断，茶条手碾成粉末，茶叶含水量达6%左右。

6. 筛　分

用圆筛机分长短，抖筛机分粗细，风选机去片、末，捡梗机去筋梗，分级后保鲜包装贮藏。

四、珠形茶的机械加工

珠形茶叶是我国重要的出口茶叶，目前内销市场也十分好，其涌溪火青即是代表。

1. 摊　青

采摘标准为1芽2叶初展，芽叶长度为2.5~3cm，百芽重为12~14g。鲜叶采回后立即摊开，摊放时间不宜超过8h。付制鲜叶表面不应带有雨水、露水等水分。

2. 杀　青

采用50型滚筒连续杀青机，保持筒内洁净光滑，开机、加温，当筒内空气温度达120~140℃，每分钟投叶700~1000g，时间持续1~1.5min，至叶色暗绿，叶质柔软，青气消失，含水量60%~62%即可。

3. 揉　捻

使用小型揉捻机，每桶投杀青叶0.85kg，采用无压揉10min。

4. 烘　焙

使用平展单层并列木烘箱，每帘铺放一桶揉捻叶，采用高温（120→90℃）薄摊（不超过2cm）、快翻的方式烘焙，烘至约四成干时（含水量50%~55%）下烘。

5. 滚　坯

使用50型杀青理条机，每次投3帘烘坯叶，开始筒温110℃，以后逐渐降至70℃，滚坯时间25~30min，至多数茶坯呈弯条形、含水量达40%~45%出叶，摊凉1~2h。

6. 做　形

使用50型做形机。该机结构由炒锅（左右各一只）、炒板、弯轴、离合器、机架和传动机构等部件组成。炒锅直径50cm，锅面斜度25°，炒板摆幅68°，炒板摆速60次/min，炒板曲率半径40cm，两只炒锅可同时作业。每锅投4筒滚坯叶，锅温开始75℃，以后逐渐降至60℃，时间45~50min，炒至多数茶坯呈紧卷的条形，含水量约达20%时出叶。摊凉1~2h。

7. 炒　干

使用50型做形机，每锅投两锅做形叶，锅温开始65℃，后逐渐降至50℃，时间4h，炒至足干含水量低于6%出叶。炒板摆速以每分钟45~50次为宜。

8. 筛　分

用孔径0.3cm的手筛“撩头挫脚”，涌溪火青即加工而成。

五、朵形茶的机械加工

朵形茶叶是我国典型的烘青风格的名优绿茶，其特点是加工中不揉捻或短时轻微揉捻，其代表茶叶是黄山毛峰。

1. 摊　放

鲜叶在杀青之前要进行一段时间的摊放，时间一般控制在3~5h。摊放容器以竹匾为主，摊放厚度2cm左右。摊放间保持通风、干燥、清洁、卫生，一般要求湿度在70%~80%，温度在18~22℃。

2. 杀　青

杀青多使用30型、40型滚筒杀青机，筒内壁温度要求维持在130~150℃，连续匀速投叶，其中30型滚筒杀青机投叶速度为25~30kg/h，40型滚筒杀青机为70~85kg/h。鲜叶的杀青程度一般要求适当偏老，含水量在55%左右，杀青叶柔软，表面失去光泽，边缘略有爆点，同时青气消失茶叶香气显露。做到杀匀、杀透、不焦、不闷。

3. 做　形

特级黄山毛峰做形以专门的理条机作为做形机械。在理条过程中，要随时观察理条情况，要求理条叶在槽内上下翻动，促使茶叶受热均匀，快速成条。理条温度180℃左右。理条后的茶叶含水量在55%左右。理条下叶后，在输送带传送过程中，理条叶即完成了摊凉过程，时间约为5min。

中低档的黄山毛峰采用揉捻机揉捻成形。采用智能型全自动茶叶揉捻机，由自动称量、自动投叶、自动加压自动出料等装置组成。投叶量为每台8~10kg，根据鲜叶原料级别，在控制柜上事先设定好揉捻的压力和时间，揉捻机转速一般要求在45~60r/min。在揉捻过程中要注意压力要小（轻压），时间要短（少于15min），确保鲜叶完整度和成条率。以揉捻叶基本成条，握之成团，松之即散，无粘手感为宜。

4. 烘　干

采用网格式烘干机和链板式烘干机，烘焙过程包括初烘、二烘、三烘和提香4个连续性的步骤。初烘温度一般控制在120~135℃，摊叶厚度1~2cm，茶叶含水量为35%~40%；二烘温度控制在110~125℃，茶叶含水量为25%左右；三烘温度控制在95~105℃，茶叶含水量为8%~10%；提香干燥温度控制在70~80℃，茶叶含水量在5.5%左右。

黄茶是我国的特有茶类，生产历史悠久，也是我国历史名茶品牌最多的茶类，主要在湖南、四川、安徽、浙江、湖北和广东等省份生产。本章主要介绍黄茶的发展过程和品质特点、黄茶的初加工工艺和技术要求，阐明了黄茶品质形成的原理，同时介绍了我国主要黄茶产品的加工技术。

第六章 黄茶初加工

第一节　黄茶简述

黄茶生产历史悠久，早在唐代，四川的蒙顶黄芽即为贡茶。安徽霍山黄芽古时被称为寿州黄芽，在唐代已很有名气。古代黄茶有两种，一是茶树品种的关系，叶色发黄；二是加工中闷黄。目前黄茶的分类主要是根据加工特点和品质特征，首先在初加工过程中采用了闷黄技术；其次是茶叶品质特征为黄汤黄叶，不仅叶底黄、汤色黄、干茶叶显黄亮，而且香气清锐，滋味爽口。必须具备上述两点，才能成为黄茶，这也是与绿茶的主要区别所在。如果在绿茶加工中，技术应用不当，出现叶色黄变，汤色也显黄等问题。这种色泽枯黄、焦黄、暗黄，与黄茶品质及香味不同，只能作为劣变绿茶，不能当作黄茶。

目前，国内已恢复和创制了不少优质茶，其中也有称为黄芽的，如浙江的莫干黄芽，安徽的白岳黄芽，但与黄茶的黄芽品质特征有明显区别。白岳黄芽叶色翠绿泛黄，莫干黄芽色泽是绿中显嫩黄，这主要是品种的特性。如湖南的尖波黄品种，其鲜叶色泽叶面显翠绿，而叶尖和叶边沿显嫩黄。如果加工中没有闷黄工序，根据茶叶分类原则，不属于黄茶，仍属绿茶。

黄茶是我国的特有茶类，主要产品有湖南的君山银针、沩山毛尖、北港毛尖，四川的蒙顶黄芽，安徽霍山黄芽、皖西黄大茶，浙江的平阳黄汤，湖北的远安鹿苑茶，广东的大叶青等。按其鲜叶老嫩通常分为黄小茶和黄大茶两类。皖西黄大茶和广东大叶青属黄大茶，君山银针和蒙顶黄芽属黄芽茶，其余属黄小茶。黄茶品质特征除了共同点黄汤黄叶，各种黄茶的造型和香味各具特色。

我国黄茶以内销为主。君山银针主销京、津及长沙等地，近年来有少量外销；蒙顶黄芽主销四川及华北；鹿苑茶销武昌、汉口；平阳黄汤主销营口，京、津次之，沪、杭少量；皖西黄大茶主销山东和山西等省，在沂蒙山区有较好的消费市场。

第二节　黄茶初加工技术

黄茶品质的主要特征是黄汤黄叶，而黄汤黄叶品质的形成是在闷黄工序中产生的。黄茶加工就是根据茶叶变黄的实质，采取适当的加工技术，创造条件，促进黄茶品质的发展和形成。黄茶加工分（摊放）、杀青、（揉捻）、闷黄、干燥等工序，而摊放和揉捻不是黄茶的必须工序。

一、摊　放

摊放不是黄茶加工的必须工序。目前黄茶加工也开始采用摊放技术，只是程度上的控制，而广东大叶青在杀青前要进行适度的轻萎凋。目的是使多酚类化合物轻度氧化，以减轻茶汤的苦涩味；促进蛋白质和淀粉的水解，增加氨基酸和可溶性糖；促进青草气的散失，这对黄茶香气纯正，滋味醇浓回味甜的品质风味，具有明显的促进作用。

二、杀　青

图6-1　杀青

黄茶和绿茶一样，采用高温杀青，破坏酶的活性，抑制多酚类化合物的酶促氧化；同时，蒸发部分水分，散发青草气（图6-1）。所以，黄茶的杀青应掌握“高温杀青，先高后低”的原则，要求杀匀杀透，以彻底破坏酶活性，防止产生红梗红叶及烟焦味。但与绿茶杀青相比，黄茶杀青的投叶量偏多，锅温偏低，时间偏长。同时，在杀青过程中，要适当多闷少抛，既要迅速提高叶温破坏酶活性，又要创造湿热条件，促进内含成分向有利于黄茶品质形成的方向发展。由于湿热作用时间较长，叶色略黄，杀青已起到轻微的闷黄作用。但杀青程度与绿茶没有太大差异。

三、揉　捻

揉捻不是黄茶的必需工序。如君山银针、蒙顶黄芽不经揉捻；霍山黄芽、北港毛尖、远安鹿苑茶只是在锅内边炒边轻揉，也没有独立的揉捻工序。但黄大茶和大叶青因芽叶较大，要通过揉捻来紧结条索，以达到外形规格的要求。

黄茶揉捻可以热揉，在湿热条件下既有利于揉捻成条，也能起闷黄作用，同时，揉捻后的叶温较高，有利于闷黄的进程。因此，有黄茶采用边炒边揉，即加热揉捻成条。但黄茶揉捻用力要轻，防止茶汁揉出，色泽变黑。

四、闷　黄

（一）闷黄的原理

闷黄是将茶叶堆放，利用高温高湿条件，促使叶绿素大量破坏，黄色物质显露，茶叶品质醇化的过程，是黄茶品质形成的关键工序。虽然在黄茶加工过程中，都在为茶叶的黄变创造条件，但黄变的主要阶段在闷黄工序。黄茶闷黄工序有先后不同，有的在杀青后闷黄，如沩山毛尖；有的在揉捻后闷黄，如北港毛尖、鹿苑茶、广东大叶青、平阳黄汤；有的在毛火后闷黄，如霍山黄芽、黄大茶；有的闷炒交替进行，如蒙顶黄芽三闷三炒；有的烘闷结合，如君山银针二烘二闷；而平阳黄汤第二次闷黄，采用了边烘边闷，称为“闷烘”。

根据黄茶加工工艺，形成黄茶品质的主导因素是热化作用。热化作用有两种：一是在水分较多的情况下，产生的热化作用，称为湿热作用，能引起叶内一系列氧化、水解变化，是形成黄汤黄叶、滋味醇厚的主导方面；二是在水分较少的情况下，产生的热化作用，称为干热作用，以发展黄茶的香气为主。在黄茶加工过程中，两种热化作用都存在。黄茶的变黄主要是在高温湿热条件下，叶绿素大量破坏，黄色物质显露；同时，多酚类化合物在湿热作用下发生非酶促氧化，产生一些黄色物质。

据研究，叶绿素由于杀青、闷黄工序被大量破坏（表6-1），闷黄6h后，叶绿素总量仅为杀青叶的46.9%，叶内的黄色物质显露出来。

表6-1 叶绿素含量的变化

项目	叶绿素a		叶绿素b		总量	
	含量（mg/g）	相对（%）	含量（mg/g）	相对（%）	含量（mg/g）	相对（%）
杀青叶	0.97	100	0.59	100	1.56	100
闷2h	0.82	84.5	0.36	63.8	1.2	77
闷4h	0.71	72.7	0.29	48.9	1	64.1
闷6h	0.56	57.7	0.17	29.1	0.73	46.9

据对黄大茶研究，在炒制过程中，黄烷醇总量变化显著，毛茶的含量不到鲜叶的一半，其中L-EGCG减少2/3以上，L-EGC大量减少，并以闷黄过程减少最多。由于酯型儿茶素的氧化和异构化，形成黄茶色泽金黄、滋味比绿茶醇和的特点。闷黄过程中，水浸出物和茶多酚含量明显下降（表6-2）。

表6-2 水浸出物、茶多酚、氨基酸在闷黄中的变化（湖南农业大学）

项目	杀青叶	闷2h	闷4h	闷6h
水浸出物（%）	39.53	38.12	36.88	35.04
茶多酚（%）	29.79	27.56	25.67	23.12
氨基酸（%）	1.03	0.96	0.92	0.86

另据研究，在黄茶闷黄过程中，微生物的种类和数量也发生变化，闷黄早期霉菌出现，中后期让位于酵母菌，细菌也在早期较多，后逐渐下降（表6-3）。

表6-3　微生物种类及数量的变化（湖南农业大学）

项目	杀青叶	闷2h	闷4h	闷6h
黑曲霉（个/g）	0	302	1785	3634
灰绿曲霉（个/g）	0	57	175	830
青霉（个/g）	0	395	485	350
根霉（个/g）	0	783	1130	655
酵母菌（个/g）	0	358	7895	23485
细菌（个/g）	59	734	485	63
温度（℃）	54.9	45	38.3	30.5
水分（%）	64.7	62.8	61.3	59.5
酸度（pH）	6.01	5.93	5.87	5.78

（二）闷黄的加工技术

生产中将杀青叶或揉捻叶或初烘叶堆放在清洁的容器中，保持一定的温度和湿度，利用湿热作用促使茶叶产生有利于黄茶品质的形成变化。影响闷黄的因素主要有茶叶的含水量和叶温。含水量越高，则湿热条件下的黄变进程也越快。因此，闷黄过程中要控制好叶片的含水量变化，防止水分的大量散失，尤其是湿坯闷黄要注意环境的相对湿度和通风情况，必要时茶坯要盖上湿布或控制空气流通。一般杀青或揉捻后的湿坯闷黄，由于叶片含水量多，黄变较快，闷黄时间短。但黄变程度要求不同，闷黄时间差异较大。北港毛尖只需30~40min；平阳黄汤需要2~3天，最后还要闷烘；沩山毛尖、鹿苑茶和广东大叶青介于两者之间，时间为5~6h。一般初烘后茶坯闷黄，由于含水量少，变化慢，闷黄时间较长。

五、烘　干

黄茶干燥一般采用分次干燥。干燥方法有烘干和炒干两种。干燥温度的掌握较其他茶类偏低，且有先低后高的趋势。① 毛火：堆积变黄的叶子，在较低温度下烘炒，水分蒸发慢，多酚类化合物的自动氧化和叶绿素等物质在湿热作用下进行缓慢转化，促进黄叶黄汤的进一步形成。② 足火：用较高的温度烘炒，固定已形成的黄茶品质，同时在干热作用下促使酯型儿茶素裂解为简单儿茶素和没食子酸，增加了黄茶的醇和味感。糖转化为焦糖后，氨基酸受热转化为挥发性的醛类物质，以构成黄茶香气的组分。低沸点芳香物质在较高温度下进一步挥发，部分青叶醇发生异构化，转为清香，高沸点芳香物质由于高温作用显露出来。这些变化综合构成黄茶的香味。

第三节　主要黄茶加工

一、君山银针

君山银针是黄芽茶，产于湖南岳阳君山洞庭湖中的一个小岛（图6–2）岛上砂质土壤，深厚肥沃，竹林茂盛。年平均温度16~17℃，年平均降水量1340mm，3~9月间相对湿度约80%。生态环境优越，茶叶天然品质优良。自古以来君山出产名茶，清代纳入贡茶。

图6–2 君山银针

（一）君山银针的品质特点

外形芽头壮实挺直，色泽金黄光亮，满披银毫，称之“金镶玉”。内质香气清纯，滋味甜爽。汤色杏黄明净，叶底嫩黄匀亮。玻璃杯冲泡，芽头在杯中直挺竖立，形似群笋出土，又如尖刀直立，时而悬浮于水面，时而徐徐下沉杯底，忽升忽降，能三起三落，极为美观，历来传为美谈。

（二）君山银针的采制方法

1. 鲜叶要求

君山银针由芽头制成。一般清明前3~4天开采，芽头要求肥壮重实，长25~30mm，宽3~4mm，芽柄长约2~3mm。君山银针遵循十不采原则，即雨水芽、露水芽、细瘦芽、空心芽、紫色芽、风伤芽、虫伤芽、病害芽、开口芽、弯曲芽等不采。采下的芽头，放入垫有皮纸或白布的盛茶篮内，防止擦伤芽头和茸毛。茶芽采回后，拣剔除杂，方可付制。

2. 加工技术

君山银针加工精细，别具一格，分杀青、摊放、初烘与摊放、初包、复烘与摊放、复包、足火、分级等8道工序。

① **杀青**：锅温120~130℃，后期适当降低。投芽量300g左右，入锅后，用手轻快翻炒，切忌重力摩擦，以免芽头弯曲、脱毫、色泽深暗。约经4~5min，芽蒂萎软，青气消失，发出茶香，减重约30%左右，即可出锅。

② **摊放**：杀青叶出锅后，放在小篾盘中，轻轻簸扬数次，散发热气，清除碎片，摊放2~3min，使茶内水分分布均匀即可初烘。

③ **初烘与摊放**：摊放后的茶芽摊于竹制小盘中（竹盘直径46cm，内糊两层皮纸），放在焙灶（焙灶高83cm，灶口直径40cm）上，用炭火进行初烘。温度控制在50~60℃。每隔2~3min翻一次，烘至五六成干，即可下烘。

④ **初包**：摊放后的芽坯，每1~1.5kg用双层皮纸包成一包，置于无异味的木制或铁制箱内，放置48h左右，待芽色呈现橙黄时为适度。由于包闷时氧化放热，包内温度上升，达30℃左右时应及时翻包，以使转色均匀。初包时间长短，与气温密切相关。当气温20℃左右，约40h；气温低应当延长初包闷黄时间。

⑤ **复烘与摊放**：复烘量比初烘多一倍，温度掌握在45℃左右，烘至七八成干下烘摊放，摊放的目的与初烘后相同。

⑥ **复包**：方法与初包相同。目的是弥补初包时芽坯内含物转化之不足，继续形成有效物质。历时24h左右，待茶芽色泽金黄，香气浓郁即为适度。

⑦ **足火**：足火干燥是固定已形成的品质，并进一步发展色、香、味，散发水分至足干。足火温度50℃左右，烘量每次约0.5kg，焙至足干为止。

⑧ **分级**：加工完毕，按芽头肥瘦、曲直和色泽的黄亮程度进行分级。以茶芽壮实、挺直、黄亮者为上；瘦弱、弯曲、暗黄者次之。盛放干茶的茶盘必须垫纸，以免损坏茸毛和折断芽头。分组后的茶叶用皮纸分别包成小包，置于垫有熟石膏的枫木箱中，密封贮藏。

二、蒙顶黄芽

蒙顶黄芽也是黄芽茶，产于四川省名山区蒙顶山（图6-3）。蒙顶山区气候温和，年平均温度14~15℃，年平均降水量2000mm左右，阴雨天较多，年日照仅1000h左右，一年中雾日多达280~300天。雨多、雾多、云多是蒙山的一大特点。蒙顶茶自唐开始，直到明、清皆为贡品，为我国历史上最有名的贡茶之一。20世纪50年代初期以生产黄芽为主，称“蒙顶黄芽”，为黄茶类名优茶中之珍品。

图6-3 蒙顶黄芽

（一）蒙顶黄芽的品质特点

形状扁直，芽匀整齐，色泽金黄，芽毫显露，甜香浓郁，滋味鲜醇回甘，汤色黄亮，叶底嫩黄匀齐。为蒙顶茶中的极品。

（二）蒙顶黄芽的采制方法

1. 鲜叶要求

每年春分时节，当茶园内有10%左右的芽头鳞片展开，即开园采摘肥壮芽头制特级黄芽。随时间推延，芽叶长大，采1芽1叶初展（俗称鸦雀嘴）的芽叶，炒制一级黄芽。采摘到清明后10天左右结束。要求芽头肥壮，长短大小匀齐，并做到不采紫色芽，不采瘦弱芽，不采病虫芽，不采空心芽。采下的芽头放在小竹篮里，要轻采轻放，防止机械损伤。采回后及时摊放，顺序炒制。

2. 加工技术

蒙顶黄芽由于芽叶特嫩，加工技术要求特别精细，分杀青、初包、复炒、复包、三炒、堆积摊放、四炒、烘焙等8道工序。

① **杀青：**待锅温升到130~140℃时，每锅投叶量125~150g。鲜叶入锅后，先两手操作，待叶温升高，再用棕刷辅助翻炒，同时降低锅温至100℃左右；待大量水汽散失后，改为单手翻炒，手掌平伸，拇指与四指分开，将芽叶在锅中连抓几把，起闷炒作用，再将芽叶捞起，撒入锅中，抖炒闷炒交替进行。历时4~5min，至叶色变暗茶香显露，芽叶含水率减少到55%~60%，即为杀青适度，出锅初包。

② **初包：**将出锅后的杀青叶迅速用草纸包好，保持叶温在55℃左右，放置60~80min，中途开包翻拌一次，使黄变均匀一致。待叶温下降到35℃左右，叶色由暗绿转变微黄时，进行复锅二炒。

③ **复炒：**控制锅温70~80℃，采用炒闷结合，并借助手力，把芽叶拉直，压扁时间3~4min，到芽叶含水率为45%左右时，即可出锅。出锅叶温50~55℃有利于复包变黄。

④ **复包**：为使叶色进一步黄变，形成黄色黄汤，可按初包方法，将50℃左右的复炒叶进行包置，时间50~60min。

⑤ **三炒**：继续蒸发水分，促进理化变化和进一步整形。操作与复炒相同，锅温70℃左右，投叶量约100g左右，炒制时间3~4min，含水量降至30%~35%时为适度。

⑥ **堆积摊放**：为进一步达到黄叶黄汤的要求，将三炒叶趁热撒在细篾簸箕上，摊放厚度5~7cm，盖上草纸，摊放24~36h，即可四炒。

⑦ **四炒**：进一步整理形状，使茶条扁直、光滑，并散发水分和闷气，增进香味。锅温60~70℃，叶量100g左右。操作技术主要是拉直、压扁茶条，当炒至七八成干，水分20%左右时改变手法，用单手握住叶子，在锅中轻轻翻滚，使叶温逐步上升，促进香气的提高，并使叶色润泽，金毫显露。当叶形基本固定，出锅摊放。若芽叶色泽黄变程度不足，可再继续堆积摊放，直到色变适度，即可烘焙。

⑧ **烘焙**：采用焙笼烘焙，每笼摊叶量250g，掌握40~50℃的低温，慢烘细焙，以进一步发展色香味，散发水分，使茶叶足干。每隔3~5min翻焙一次，待水分含量下降到5%左右，下焙摊放，包装入库。

三、鹿苑茶

鹿苑茶又称鹿苑毛尖属黄小茶，产于湖北远安县鹿苑一带，位于龙泉河中下游，茶园分布在山脚山腰一带，满山峡谷中布满兰草、山花和四季常青的百年楠树（图6-4）。这里气候温和，雨量充沛，土壤疏松肥沃，良好的生态环境，对茶树生长十分有利，茶叶品质优良。鹿苑茶被誉为湖北茶中之佳品。据古碑记载，清代曾有一位高僧写诗赞扬鹿苑茶："山精玉液品超群，满碗清香桌上熏，不但清心明目好，参禅能伏睡魔军。"

图6-4 鹿苑茶

（一）鹿苑茶的品质特点

条索紧结弯曲呈环状，色泽金黄，白毫显露；香气清香持久，滋味醇厚回甘，汤色杏黄明亮，叶底嫩黄匀整。

（二）鹿苑茶的采制方法

1. 鲜叶要求

鲜叶采摘一般是从清明开始至谷雨这段时间。习惯是上午采摘，下午折短（将大的芽叶折短），晚上炒制。采摘标准为1芽1、2叶，要求鲜叶细嫩、新鲜，不带鱼叶、老叶、茶果，保证鲜叶的净度。断折的标准是以1芽1叶初展为宜，折下的单片、茶梗，另行炒制。经断折好的芽叶要进行摊放2~3h，散发部分水分，便于炒制。

2. 加工技术

鹿苑茶加工分杀青、二炒、闷堆、三炒等4道工序。没有独立的揉捻工序，而是在二炒和三炒中，在锅内用手搓条做形。

① **杀青：** 锅温要求160℃左右，掌握先高后低。每锅投叶量1~1.5kg。炒时要快抖多闷，抖闷结合。约炒6min左右，到芽叶萎软如绵，折梗不断时，锅温下降到90℃左右，炒至五六成干起锅。趁热闷堆15min左右，然后散开摊放。

② **二炒：** 锅温100℃左右，炒锅要求光滑。每锅投入湿坯叶1~1.5kg。适当抖炒散气，并开始整形搓条，但要轻揉、少搓，以免茶汁挤出，茶条变黑。约炒15min左右，茶坯达七八成干时出锅。

③ **闷堆：** 是鹿苑茶品质特点形成的重要工序。茶坯堆积在竹盘内，上盖湿布，闷堆5~6h，促使茶坯在湿热作用下进行非酶性的氧化作用，形成黄色。闷堆后拣剔去除不合格的茶条、碎杂后进行炒干。

④ **炒干：** 锅温80℃左右，投入茶坯2kg。炒到茶条受热回软后，继续搓条整形，并采用旋转手法闷炒为主，促使茶条环子脚的形成和色泽油润。约炒30min左右，即可达到充分干燥，起锅摊凉后，包装贮藏。

四、沩山毛尖

沩山毛尖也属黄小茶，产于湖南宁乡县沩山。产区山高林密，整日云雾弥漫，故有“千山万山朝沩山，人到沩山不见山”之说。沩山年平均温度15℃左右，年降水量1800~1900mm，相对湿度80%以上，全年日照为2400h。高山茶园土壤为黑色沙质壤土，土层深厚，腐殖质丰富。

（一）沩山毛尖的品质特点

外形叶缘微卷，略呈块状，叶色黄亮油润，白毫显露；内质松烟香气浓厚，滋味甜醇爽口，汤色橙黄明亮，叶底黄亮嫩匀。

（二）沩山毛尖的采制方法

1. 鲜叶要求

一般在谷雨前6~7天开采，采摘标准为1芽1、2叶初展，俗称“鸦雀嘴”。采摘时严格要求做到不采紫芽、虫伤叶、鱼叶和蒂把。当天采当天制，保持芽叶的新鲜度。

2. 加工技术

沩山毛尖加工分杀青、闷黄、揉捻、烘焙、拣剔、熏烟等工序。

① **杀青**：采用平锅杀青，锅温150℃左右。每锅投叶量2kg左右。炒时要抖得高、扬得开，使水分迅速散发，后期锅温适当降低。炒至叶色暗绿，叶子粘手时即可出锅。

② **闷黄**：杀青叶出锅后趁热堆积10~16cm厚，上覆湿布，进行6~8h的闷黄。中间翻堆一次，使黄变均匀一致。到茶叶全部均匀变黄为止。闷黄后的茶叶先散堆，然后再轻揉。

③ **揉捻**：在蔑盘内轻揉。要求叶缘微卷，保持芽叶匀整，切忌揉出茶汁，以免成茶色泽变黑。

④ **烘焙**：在特制的烘灶上进行，燃料用枫木或松柴，火温不能太高，以70~80℃为宜。每焙可烘茶三层，厚约7cm左右。待第一层烘至七成干时，再加第二层，第二层七成干时，再加第三层。层次不可太多，否则上面未烘干，下面易烧焦。在烘焙中不需翻烘，避免茶条卷曲不直。直到茶叶烘至足干下烘。如果气温低，闷黄不足，可在烘至七成干时提前下烘，再堆闷2h，以促黄变。

⑤ **拣剔**：下烘后要剔除单片、梗子、杂物，使品质匀齐划一。

⑥ **熏烟**：烟熏是沩山毛尖特有的工序。先在干茶上均匀地喷洒清水或茶汁水，茶水比例为10∶1.5，使茶叶回潮湿润，然后再上焙熏烟。燃料用新鲜的枫球或黄藤，暗火缓慢烘焙熏烟，以提高烟气浓度，以便茶叶能充分吸附烟气中的芳香物质。熏烟时间约16~20h，烘至足干即为成茶。

五、霍山黄大茶

霍山地处大别山腹地，生态环境宜茶，茶树长势良好，梗长叶大，制成的黄大茶大枝大叶，有“梗长能撑船，叶大能包盐”之称。历史上有连枝茶的称谓。

（一）霍山黄大茶的品质特点

黄大茶以大枝大杆，黄色黄汤和高爽的焦香为主要特点。

（二）霍山黄大茶的采制方法

1. 鲜叶要求

霍山黄大茶鲜叶原料粗大，为1芽4、5叶，杆粗叶大，按当地茶农的习惯每年只采一次。

2. 加工技术

黄大茶加工分：炒茶、初烘、堆积、烘焙4道工序。

1）炒 茶

炒茶分生锅、二青锅、熟锅三锅连续操作。炒茶锅都采用普通饭锅，按倾斜25°~30°砌成相连的三口锅炒茶灶。炒茶都使用竹丝扎成的炒茶扫把，长约1m，竹丝一端分散约直径为10cm。所不同的是炒法不同，当地茶农总结为“第一锅满锅旋，第二锅带把劲，第三锅钻把子”。

① **生锅：**生锅主要起杀青作用，破坏酶的活性。锅温180~200℃，投叶量0.25~0.5kg。具体炒法是：两手持炒茶扫把在锅中旋转炒拌，使叶子随着扫把旋转翻动，即“满锅旋”，受热均匀。同时注意旋转要快、用力要匀，并不断翻转抖扬，散发水蒸气。炒约3~5s，叶质柔软，叶色暗绿，可扫入二青锅内继续炒制。

② **二青锅：**二青锅主要起初步揉条和继续杀青的作用。锅温略低于生锅。具体炒法是，生锅进入二青锅后，及时用炒茶扫把将叶子困住在锅中旋转，转圈要大，用力也较生锅大，即“带把劲”，使叶子顺着炒把转，而不能赶着叶子转，否则满锅飞，起不到揉捻作用。然后再加上炒揉，用力逐渐加大，做紧条形。通过多次炒揉，当叶片皱缩成条，茶汁粘着叶面，有粘手感时，可扫入熟锅继续做形。

③ **熟锅：**熟锅主要是进一步做条。温度稍低约130~150℃，炒茶方法基本同于二青锅。所不同的是增加了旋转搓揉，使叶子吞吐竹丝扫把间，即“钻把子”，如此炒揉、搓揉连续不断进行，待炒到条索紧细，发出茶香，达三四成干时，便可出锅，进行初烘。

2）初 烘

炒后立即高温快速烘焙，温度120℃左右，投叶量每烘笼2~2.5kg，每2~3min翻烘一次，烘约30min，达到七八成干，有刺手感，茶梗折之能断，即为适度。下烘后可进行堆积。

3）堆 积

下烘后叶趁热装篓或堆积于圈席内，稍加压紧，高约1m，放置在干燥的烘房内，利用烘房的热促进化学变化。堆积时间长短可视鲜叶老嫩、茶坯含水量及其黄变程度而定，一般要求5~7天。待到叶色黄变，香气透露，即为适度，可开堆进行烘焙。

4）烘　焙

烘焙即先进行拉小火，烘到九成干，随后拉老火，利用高温进一步促进黄变和内质的转化，以形成黄大茶特有的焦香味。烘焙是采用栎炭明火，温度130~150℃，每烘笼投叶约12kg，两人抬笼，仅几秒钟就翻动一次，翻叶要轻快而匀，防止断碎和茶末落入火中产生烟味。火功要高，烘得足，色香味才能得到充分发展，时间约40~60min，待茶梗折之即断，梗心呈菊状，茶梗显露金色光泽，芽叶上霜，焦香明显，即可下烘，趁热踩篓包装。

黑茶是我国的独有茶类，起源于明代，因多销往边疆游牧民族，也称为边销茶，近来由于独特的保健作用已引起人们广泛的关注，目前年产量约占全国茶叶总产量的 13.54%（2019 年）。本章主要介绍黑茶的发展历史和品质特点、黑茶初加工工艺和技术要求，阐明了黑茶渥堆的实质和品质形成的原理，同时介绍了我国主要黑茶产品的加工技术。

第七章 黑茶初加工

第一节　黑茶简述

黑茶起源于明代，明嘉靖三年（1524年）御使陈讲在奏疏中说："商茶低伪，悉征黑茶，产地有限，乃第为上中二品，印烙篦上，书商名而考之，每十斤蒸晒一篦，送至茶司，官商对分，官茶易马，商茶给卖。"明隆庆五年（1571年）又规定："各商收买好茶，无分黑黄正附，一律运送洮州（今甘肃临潭县）茶司，贮库中马。"说明黑茶始于明代中期。

历史上记载的黑茶，16世纪以前，是指四川由绿毛茶经过做色工序形成的黑茶产品，四川绿茶运销西北，由于交通不便，运输困难，将茶叶蒸制为团块，压缩体积，便于长途运送。半成品的团块茶要经过20多天湿堆才能黑变，在实践中认识了变色的过程，发明了黑毛茶的加工方法。16世纪以后，是指湖南安化黑毛茶加工的各种黑茶产品，其黑毛茶在揉捻后渥堆20多小时，使叶色变为乌黑，后经烘干为黑毛茶。渥堆作用与四川绿毛茶堆积做色工序相似，但技术已有很大革新。

黑毛茶虽然产地不同，种类繁多，但有共同的特点，即鲜叶原料较粗老，都有渥堆变色工艺。黑茶初加工的原料要有一定成熟度，多为形成驻芽的新梢，由于芽叶较粗老，原料的采收为采割。一年中一般采割两次，第一次在5月中下旬，第二次在7月中下旬，采割1芽4、5叶新梢。因此，黑毛茶外形粗大，叶大梗长，一级相当于三级红毛茶。黑毛茶在初制过程中都有渥堆工艺，这是黑毛茶品质形成的关键工艺，在渥堆过程中，在水、温度、微生物等因素的共同作用下，茶叶中的内含物质发生了一系列复杂的变化，形成了黑毛茶特殊的品质风味，表现在黑毛茶虽然粗老，但香味醇和不粗涩，汤色橙黄，风味不同于其他茶类，形成了独具的品质风格。

黑毛茶主要在湖南、湖北、四川、云南、广西等地生产。黑毛茶经加工后的成品茶有：湖南的"三尖"即天尖、贡尖和生尖，"三砖"即黑砖、花砖和茯砖以及花卷；湖北青砖茶；广西六堡茶；四川南路边销茶和西路边销茶；以及云南的普洱熟茶等。黑毛茶年产量约占全国茶叶产量的1/4。

第二节　黑茶初加工技术

黑茶品质要求外形叶张宽大厚实，色泽油黑，汤色橙黄，香味醇厚。为达到这种品质要求，黑茶加工分杀青、揉捻、渥堆、干燥等工序。其中渥堆是黑茶品质形成的关键工序。

一、杀　青

黑茶杀青目的与绿茶相同，但因为黑茶原料粗老，杀青时为避免水分不足而杀青不匀透，除雨水叶、露水叶和幼嫩芽叶外，杀青前都要进行“洒水灌浆”，一般按每100kg鲜叶洒水10kg的比例，即10：1的比例，灌浆时要边翻动鲜叶边洒水，使之均匀一致，便于杀青时杀匀杀透。

影响黑茶杀青的因素，主要包括温度、水分、杀青时间、投叶量等，其中主要是温度和水分。因为，黑茶鲜叶粗老，纤维素和半纤维素含量高，水分含量低，故杀青前要洒水灌浆，利用水分产生高温蒸汽来提高叶温，制止多酚类化合物的酶促氧化，使其杀匀杀透；同时，在高温的作用下，促使难溶性物质的水解、转化，增加黑茶有效成分；并利用高温使叶质变软便于揉捻。

杀青程度以嫩叶缠叉，叶软带黏性，茶梗不易折断，叶色由青绿转为暗绿，并发出一定的清香，即为杀青适度，用草把将茶从锅内迅速扫出，装入竹篓或撮箕内，送往揉捻工序进行趁热揉捻；如叶色青绿，茶梗易断，则为杀青不足；如叶色发黄或焦灼，清香消失，则为杀青过度。

二、揉　捻

黑茶揉捻分初揉和复揉两次进行。初揉的目的是使茶叶初步成条，茶汁揉出黏附于叶表，便于渥堆时形成黑茶的特有品质。揉捻方法与绿茶相同，但由于黑茶原料比较粗老，初揉应掌握以下要求：① 趁热揉捻，有利于促进叶片卷折成条；② 揉捻采用“轻压、短时、慢揉”原则，如揉捻加压、长时、快速，则易造成叶肉叶脉分离，茎梗表皮剥脱，不利品质形成，故揉捻中要轻压或中压，时间8~15min，揉捻机转速以37r/min为宜；③ 揉捻叶不须解块，以免茶坯散热，不利黑茶品质形成。

影响黑茶揉捻的因素有揉捻机大小、转速、叶温高低、揉捻时间、加压轻重等，但以趁热揉捻为主导因素。因鲜叶较粗老，纤维素含量高，质地粗硬，水溶性果胶物质含量少。采用趁热揉捻，能使原果胶物质在湿热作用下，部分分解为水溶性果胶，增加有效成分，并能塑造良好的外形。同时，能保持叶温，因为渥堆开始要求叶温在30℃以上，有利于进行渥堆工序。

揉捻程度：叶片的细胞破损率为20%，茎梗约40%，大部分叶片呈现折叠条，少部分叶片呈现泥鳅条或扁平片，叶色由暗绿转为暗绿泛黄为度。

三、渥 堆

（一）渥堆的目的

渥堆是将揉捻叶进行堆积12~24h，在茶叶内湿热和微生物的共同作用下，内含成分发生一系列深刻的氧化、分解，形成黑茶独特品质的过程，是黑茶初制中的特有工序，也是形成黑茶品质的关键工序。

渥堆的目的：① 使多酚类化合物氧化，除去部分涩味；② 使叶色由暗绿或暗绿泛黄转为黄褐。

（二）渥堆的原理

黑茶色香味的品质形成，主要在初加工的渥堆工序，但产生这些复杂变化的机理学术界曾有争议。关于渥堆的理论提出有三种学说，其一是酶的再生学说，把渥堆中出现的酶的活动，认为是鲜叶内源酶活性的恢复；其二是微生物学说，认为黑茶品质的形成，是微生物活动的结果；其三是湿热作用学说，认为是在高温高湿的加工环境下，各种内含化学成分自动氧化的结果。湖南农业大学1991年采用传统渥堆与无菌渥堆工艺开展对照研究，结果表明，黑茶渥堆的实质是：以微生物的活动为中心，通过生化动力——胞外酶，物化动力——微生物热，茶内含化学成分分解产生的热以及微生物自身代谢的协调作用，使茶的内含物质发生极为复杂的变化，塑造了黑茶特殊的品质风味。

原黏附在鲜叶上的微生物，经高温杀青，几乎全部被杀死，而在后续加工中又重新沾染（表7-1至表7-3）。研究发现，渥堆中起主导作用的是假丝酵母菌，中后期霉菌有所上升，以黑曲霉为主，还有少量的青霉和芽枝霉，初期还有大量的细菌参与。这些化能营养型的微生物，都以渥堆叶为基质，分泌各种胞外酶，进行分解和合成代谢，促进了渥堆叶的物质转化。

表7-1 黑茶初加工中细菌数量的变化（湖南农业大学，1990年）

处理	传统渥堆		无菌渥堆	
	Ⅰ	Ⅱ	Ⅰ	Ⅱ
鲜叶	0.06	0.07	0.06	0.07
杀青	0	0	0	0
揉捻	0.02	0.003	1.5	1.1
渥堆6h	820	0.001	1.2	2
渥堆12h	788	0.007	2.9	15.1
渥堆18h	4503	0.1	18	21
渥堆24h	1388	124	30	25
渥堆30h	7676	668	18	5.3

续表

处理	传统渥堆		无菌渥堆	
	Ⅰ	Ⅱ	Ⅰ	Ⅱ
渥堆36h	2795	1957	20	35
渥堆40h	4121	96	10	6.8

表7-2　黑茶初加工中真菌数量的变化（湖南农业大学，1990年）

处理	传统渥堆		无菌渥堆	
	Ⅰ	Ⅱ	Ⅰ	Ⅱ
鲜叶	13.7	25	13.7	25
杀青	0	0	0	0
揉捻	2.35	0.6	2.9	4.2
渥堆6h	15.3	144.7	7.3	4.2
渥堆12h	42.4	240	7.3	6.5
渥堆18h	32	490	10.3	5.7
渥堆24h	78.8	676	15.5	4
渥堆30h	74.5	864	18.8	4
渥堆36h	386	739	10.8	0
渥堆42h	738	724	—	—

表7-3　黑茶初加工中真菌类群的变化（湖南农业大学，1990年）

处理	酵母菌		霉菌	
	Ⅰ	Ⅱ	Ⅰ	Ⅱ
鲜叶	11	21.4	3	3.6
杀青	0	0	0	0
揉捻	2.4	0.2	0	0.1
渥堆6h	94.9	139.7	0.4	5
渥堆12h	41.2	240	1.2	0
渥堆18h	31.4	490	0.6	0
渥堆24h	78.5	695	0.3	2
渥堆30h	57	710	17.5	154
渥堆36h	383	703	3.2	36
渥堆42h	727	683	11.4	41

鲜叶中的内源酶经杀青工序基本被破坏，然而在渥堆中，仍有酶的活性，且活性比较强。经研究发现，酶系统的组成及活性都发生了根本性的变化，多酚氧化酶是与鲜叶完全不同的同工酶体系，这种新的氧化酶体系，来源于微生物分泌的胞外酶（表7–4）。

表7–4　黑茶初制中纤维素酶与果胶酶数量的变化（湖南农业大学，1991年）

处理	纤维素酶		果胶酶	
	Ⅰ	Ⅱ	Ⅰ	Ⅱ
鲜叶	5.32		4.01	
杀青	0.14		0.03	
揉捻	0.13		0.23	
渥堆6h	17.48	5.74	3.16	0.91
渥堆12h	19.01	5.96	3.91	1.42
渥堆18h	27.71	6.32	4.52	1.90
渥堆24h	37.34	6.38	5.54	1.93
渥堆30h	32.07	6.66	5.11	1.98
渥堆36h	38.23	7.45	6.64	2.28
渥堆42h	46.31	8.50	10.21	2.44
黑毛茶	—	—	—	—

茶鲜叶有内源的酶系统，也有微生物的沾染。经过杀青工序，在高温的作用下，酶活性被破坏，微生物被杀死。揉捻中又有微生物沾染，渥堆中微生物进行急剧的增长、繁衍，产生的胞外酶进行酶促作用并参与渥堆中复杂的生化变化，在温度、湿度等各因素的共同作用下，形成了黑茶特有的品质特征。这就是渥堆的实质所在。

（三）渥堆技术

渥堆要选好渥堆场地，渥堆场所应选择背窗洁净的地面，避免阳光直射，室温在25℃以上，相对湿度保持在85%左右的条件下进行。将初揉后的茶坯立即堆积起来，堆高70~100cm，上面加盖湿布等物，以便保温保湿。

影响渥堆的因素有茶堆松紧、茶坯含水量、叶温高低、环境温度以及供氧条件等，对黑茶品质的形成有密切关系。渥堆开始是在湿热作用下进行的，因此，适宜的渥堆条件是：相对湿度85%左右，室温一般应在25℃以上，茶坯水分含量保持在65%左右，如水分过多，容易沤烂；水分过少，渥堆进行缓慢，并且化学转化不均匀。同时，还要一定的空气流通，以保障渥堆过程中茶叶内含成分的适度氧化。

渥堆适度的标准：当茶坯堆积24h左右，手伸入堆内感觉发热，叶温达45℃左右，茶堆表面出现水珠，叶色黄褐，带有刺鼻的酒糟气或酸辣气时，即为适度，应立即开堆解块复揉。如叶色黄绿，粗涩味重，则渥堆不足；如叶色乌黑，手握茶坯感到泥滑，并有严重的馊酸气味，则为渥堆过度。

四、复　揉

茶坯经过较长时间的渥堆，茶条常有回松现象。复揉的目的是使回松的茶条揉捻卷紧，整饰外形。同时，进一步破损叶细胞，揉出茶汁附着在叶片表面，增进茶汤的浓度。在开堆复揉时，要先揉堆内茶坯，外层茶坯继续渥堆，以弥补外层茶坯的渥堆不足。揉前须将茶坯解块抖散，以小型揉捻机效果较好，复揉中同样要采取轻压、短时、慢揉的原则，时间8~12min，揉后须经完全解块，使条索匀直，没有团块为宜。

五、干　燥

黑茶的干燥与其他茶类目的相同，主要是散失水分，巩固已形成的品质特征，同时，在干燥过程中，进一步发展和形成黑茶特有的品质风格。但黑茶干燥产地不同，风格各异。目前，干燥方法主要有以下几种：

① **晒干：**这仍然是黑茶传统的干燥方法。利用太阳光能去除水分，同时利用阳光促进茶叶内含成分的理化变化，当含水量为13%左右时为宜。

② **明火烘干：**这也是黑茶传统的干燥方法，一般采用松木进行明火烘干，即去除了茶叶中的水分，也在松木的燃烧下，产生了特殊的松烟香味，以含水量为8%~10%时为宜。

③ **机械干燥：**目前大多数黑茶的干燥已采用了机械，既能保证产品的质量和安全，也提高了生产效率，其含水量10%左右为宜。

第三节　主要黑茶初加工

一、湖南黑茶

湖南黑茶生产始于安化。15世纪末，最盛时年产7500t，后来扩大到桃江、沅江、汉寿、宁乡、益阳和临湘等县。安化黑茶成品，历史上有天尖、贡尖、生尖、花卷和黑砖等。茯砖创造在1860年前后，黑砖于1939年试制成功，1958年白沙溪茶厂将花卷茶改变压成花砖茶。20世纪40年代开始，实现了黑茶产品压制机械化，缩短了生产周期，提高了产量和质量。

黑毛茶分为四级，一二级用于加工天尖、贡尖，生尖原料较老，三级用于加工花砖和特制茯砖，四级用于加工普通茯砖和黑砖。黑毛茶外形条索卷折，色泽黄褐油润；内质香味纯和，且带松烟味，汤色橙黄，叶底黄褐。其初加工分杀青、初揉、渥堆、复揉和烘焙等5道工序。

（一）鲜叶采割

黑茶鲜叶一要有一定的成熟度，二要新鲜。采割标准分4个等级：一级以1芽3、4叶为主，二级以1芽4、5叶为主，三级以1芽5、6叶为主，四级以“开面”为主。黑茶采割次数少，一般每年只采两次，第一次在5月中、下旬，第二次在7月中、下旬。各地采留习惯不一，有的留新桩，如汉寿、沅江和益阳北部地区；有的留新叶，如桃江、宁乡等县。采摘的方法因鲜叶老嫩不一，有的用手采，有的用铜（或铁）扎子采或用刀割，目前也有用采茶机采割（图7–1）。

图7–1 黑毛茶原料

采割下来的鲜叶，应尽快送往茶厂，摊放在洁净阴凉的场所，不得堆积过厚，要经常翻动，严防鲜叶发热变质。产区都有“日采夜制”的习惯，来不及加工的鲜叶，必须老嫩分开摊放，掌握先采先制，嫩叶先制的原则。

（二）杀　青

黑毛茶杀青前要对原料进行洒水灌浆处理，杀青方法传统上采用手工杀青，目前大多采用机械杀青。

1. 手工杀青

传统黑毛茶杀青，为便于翻炒和提高功效，一般采用大口径铁锅，直径80~90cm，在高70cm的灶上倾斜30°安装。杀青时锅温为280~320℃，每次投叶量为4~5kg，鲜叶入锅后，立即用双手均匀快炒，炒至烫手时改用右手持炒茶叉，左手握草把，从右至左转滚闷炒，俗称“渥叉”，“渥叉”使叶温升高，达到杀青匀透。当蒸汽大量出现时，用炒茶叉将叶子掀散抖炒，俗称“亮叉”，“亮叉”以散发水分，防止产生水闷气。如此“渥叉”与“亮叉”反复进行2、3次，每次8~10叉，时间4~5min。待到嫩叶缠叉，叶软带黏性，具有清香时为杀青适度，迅速用草把将杀青叶从锅中扫出。

2. 机械杀青

黑毛茶产区已采用滚筒式杀青机进行杀青，当锅温达到杀青要求时，开始投放鲜叶。操作方法与大宗绿茶杀青基本相同，但杀青温度要高于绿茶，杀青过程中不必开启排风扇，以增加闷炒的作用。

杀青程度以叶色由青绿变为暗绿，青气基本消失，发出特殊清香，茎梗折而不断，叶片柔软，稍有黏性为度。

（三）揉　捻

湖南黑毛茶揉捻分初揉和复揉两次进行，初揉在杀青后趁热揉捻。目前使用的揉捻机主要有55型和40型两种：前者为中型揉捻机，投叶量20~25kg；后者为小型揉捻机，投叶量5kg左右。中型揉捻机因投叶量多，可保持叶温，成条效果好，工作效率高。因此，初揉一般采用中型揉捻机，而复揉采用小型揉捻机。

揉捻都要掌握“轻—重—轻”的原则，以松压和轻压为主，即采用“轻压、短时、慢揉”的方法。如揉捻加压，时间长，转速快，则会使叶肉叶脉分离，形成“丝瓜瓤”状，茎梗表皮剥脱，形成“脱皮梗”，而且大部分叶片并不会因重压而折叠成条，对品质并不利。据试验，初揉转速37r/min左右为好，加轻压或中压，时间15min左右。复揉时将渥堆适度的茶坯解块后再上机揉捻，揉捻方法与初揉相同，但加压更轻，时间更短，以10min左右为好。

揉捻程度：初揉以较嫩叶卷成条状，粗老叶大部分折皱，小部分成“泥鳅”状，茶汁流出，叶色黄绿，不含扁片叶、碎片茶、丝瓜瓤茶，脱皮梗茶少，细胞破坏率15%~30%为度。复揉以一、二级茶揉至条索紧卷，三级茶揉至“泥鳅”状茶条增多，四级茶揉至叶片折皱为适度。

（四）渥　堆

渥堆选择背窗、清洁、无异味、避免日光直射的场地。适宜的渥堆条件是室温在25℃以上，相对湿度在85%左右，茶坯含水量在65%左右。如初揉叶含水量低于60%，可浇少量清水或温水，要求喷细、喷匀，以利渥堆。初揉下机的茶坯，无需解块直接进行渥堆，将茶叶堆积起来，堆高约1m，宽70cm的长方形堆，上面加盖湿布等物以保温保湿。茶堆的松紧度要适当，即要有利于保温保湿，又要防止过紧，造成堆内缺氧，影响渥堆质量。在渥堆过程中，一般不翻动，但如果气温过高，堆温超过45℃要翻动一次，以免烧坏茶坯。正常情况下，开始渥堆叶温为30℃，经过24h后，堆温可达43℃左右。

当茶堆表面出现凝结的水珠，叶色由暗绿变为黄褐，青气消除，发出酒糟气味，附在叶表面的茶汁被叶片吸收，手伸入茶堆感觉发热，叶片粘性减少，结块茶团一打即散为适度。如果茶坯叶色黄绿，有青气味，粘性大，茶团不易解散，则需继续渥堆；如果茶坯摸之有泥滑感，有酸馊气味，用手搓揉时叶肉叶脉分离，形成丝瓜瓤状，叶色乌暗，汤色浑浊，香味淡薄，则渥堆已过度。渥堆过度茶叶不宜复揉，应单独处理，不与正常茶叶混和（图7–2）。

图7–2 渥堆黑毛茶

（五）干 燥

湖南黑毛茶传统干燥方法有别于其他茶类，在特砌的“七星灶”上用松柴明火烘焙。因此，黑毛茶带有特殊的松烟香味，俗称“松茶”。

七星灶由灶身、火门、七星孔、匀温坡和焙床5部分组成（图7–3）。烘焙时，须先将焙帘和匀温坡打扫干净，然后生火。将松柴（不能用其他燃料）以堆架方式摆在灶口处，然后点火燃烧，保持均匀火力，借风力使火温透入七星孔内，沿着匀温坡使火均匀地扩散到焙床的焙帘上。当焙帘温度达到70℃以上时，即可撒上第一层茶坯，厚度2~3cm，待茶坯烘至六七成干时，再撒第二层叶坯。照此办法，连续撒到5~7层，总厚度为18~20cm，不超过焙框高度。当最后一层茶坯烘到七八成干时，即退火翻焙。翻焙时，用特制的铁叉，把上层茶坯翻到底层，底层茶坯翻到上层，使上中下茶坯受热均等，干燥均匀。

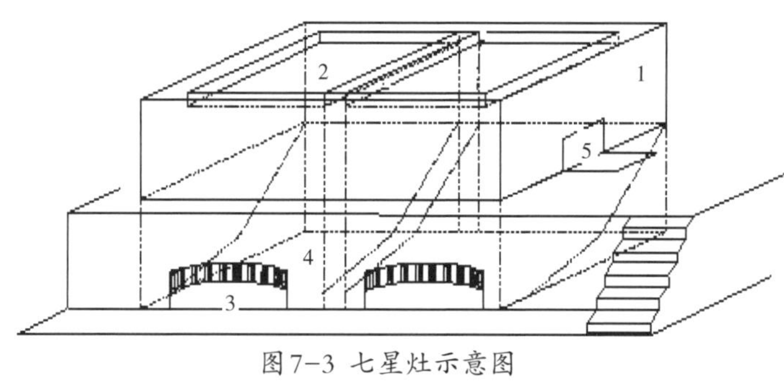

图7–3 七星灶示意图

注：1.灶体；2.烘茶床；3.灶口；4.灶堂；5.控温口。

干燥适度标准：当茎梗折而易断，叶子手捏成末，嗅有锐鼻松香，含水量8%~10%，即为干燥适度，全程烘焙时间3~4h。

天气好的情况下，黑茶产区依然采用太阳晒的方式，也能获得较好的黑毛茶产品（图7-4）。

图7-4 黑毛茶晒干场

二、湖北老青茶

加工青砖茶的原料称为老青茶，分为里茶和面茶，以压制砖茶表层的茶坯称“面茶”，砖茶里层的茶坯称“里茶”（图7-5）。老青茶主要产地在鄂南的蒲圻、咸宁、通山、崇阳、通城等县，分为三级。鲜叶采割标准按茎梗皮色分：一级茶（洒面茶）以白梗为主，稍带红梗，即嫩茎基部呈红色（俗称乌巅白梗红脚）；二级茶（二面茶）以红梗为主，顶部稍带白梗；三级茶（里茶）为当年生红梗，不带麻梗。

图7-5 湖北老青砖

老青茶面茶制造工艺较精细，里茶较粗放。面茶的制造工序为：杀青、初揉、初晒、复炒、复揉、渥堆、干燥等7道工序。里茶的制造工序为：杀青、揉捻、渥堆、干燥等4道工序。

（一）杀　青

一般使用锅式或筒式杀青机，锅温300~380℃，当叶色变为暗绿，叶质变得柔软，发出香气时即可出茶。杀青时，应注意高温短时，以闷炒为主，做到杀匀杀透，不生不焦，以便揉捻造型。如鲜叶叶质粗硬或天气干燥，叶子含水分较少时，可适当洒些水分，再进行杀青。杀青完成后，出茶要迅速，防止烧焦，产生烟焦味。

（二）初　揉

老青茶必须趁热揉捻，一般采用40型和55型机械揉捻，40型揉捻机可揉杀青叶7~8kg，55型揉捻机可揉20~25kg。由于杀青是闷杀，叶表面附着一些水分，不宜一开始重揉，否则叶子易互相贴紧，不便中间叶片翻动卷成条形。揉捻加压时要由轻到重，逐步加压，揉捻时间8~12min。当茶汁揉出，叶片卷皱，初具条形为适度。

（三）初　晒

初揉叶要日晒，将初揉后的茶坯放在清洁卫生的水泥场上或晒垫上，利用太阳晒，以蒸发部分水分，使初揉叶形成的外形得以固定。在晒的过程中，要注意经常翻动，晒至茶条略感刺手，握之有爽手感，松手有弹性，含水量约35%~40%，即可收拢成堆，使叶间水分重新分布均匀。

（四）复　炒

初晒后的茶坯要放入炒锅中复炒加热，目的是使初晒叶受热回软，以便复揉成条。复炒仍在杀青机中进行，但温度较低，约160~180℃。采用加盖闷炒，约1.5~2min，待盖缝冒出水汽，手握复炒叶柔软，立即出锅，趁热复揉。

（五）复　揉

复揉在中、小型揉捻机中进行，目的是使茶条进一步卷紧，揉出茶汁，以利渥堆。复揉时间，小型揉机2~3min，中型揉机4~5min。采用由轻到重的加压方式，但以重压为主，以提高叶细胞破损率，增加茶汤浓度。

（六）渥　堆

将复揉后的茶坯按里茶和面茶用铁耙分别筑成长方形小堆，边缘部分要踩紧踩实，以便茶堆温度上升。要求洒面、二面茶坯的含水量为26%，里茶为36%，一般渥堆两次，中间翻堆一次。约经3~5天，面茶堆温达到50~55℃，堆顶布满红色水珠，叶色变为黄褐色；里茶堆温达到60~65℃，堆顶满布猪肝色水珠，叶色变为猪肝色，茶梗变红，即为第一次渥堆适度。这时需要进行翻堆，用铁耙将茶堆扒开，打散团块，将边缘部分翻到中心，堆底部分翻到堆顶，重新筑堆。再经3~4天，待茶堆重新出现上述水珠和叶色，原有粗青气已消失，含水量接近20%左右，手握之有刺手感，即为渥堆适度，应及时翻堆出晒。

渥堆时间的长短，因茶坯含水量多少、茶堆大小和气温高低不同有较大差异。为了正确掌握渥堆中的翻堆时间，必须勤加检查，做到三多：多看，看堆面水汽变化；多摸，用手插入堆内，试探堆温；多嗅，一般开始为水气味，逐步转变为青臭气味、酸气味，到后期发出香气时，即为渥堆适度。

（七）干　燥

老青茶干燥，一般采用晒干法，目前也采用烘干机干燥。晒干时，为避免泥沙和其他夹杂物混入茶内，应摊放在水泥场上或晒垫上晒干，切忌晒在泥地上。晒至手握茶条感觉刺手，茶梗一折可断，含水量13%左右即可。

三、四川黑茶

四川边茶生产历史悠久，宋代以来历朝官府推行“茶马法”，明代（1371—1541年）就在四川雅安、天全等地设立管理茶马交换的“茶马司”，后改为“批验茶引站”。清朝乾隆时代，规定雅安、天全、荥经等地所产边茶专销康藏，称“南路边茶”；灌县、崇庆、大邑等地所生产边茶专销川西北松潘、理县等地，称“西路边茶”。

（一）南路边茶

南路边茶是四川边茶的大宗产品，过去分为毛尖、芽细、康砖、金尖、金玉、金仓六个花色，现在简化为康砖、金尖两个花色（图7-6）。以雅安、乐山为主产地区，现已扩大到全省，集中在雅安、宜宾、重庆等地压制。

图7-6 康砖（左）、金尖（右）

南路边茶因鲜叶加工方法不同，把毛茶分为两种：杀青后未经蒸揉而直接干燥的，称“毛庄茶”或叫金玉茶，毛庄茶制法简单，品质较差。杀青后经多次蒸揉和渥堆然后干燥的，称“做庄茶”。茶区已推广做庄茶，而逐步淘汰毛庄茶。做庄茶传统做法工艺较繁琐，最多的要经过一炒、三蒸、三踩、四堆、四晒、二拣、一筛共18道工序，最少的也要经14道工序。经过茶叶工作者的不断改进，其工艺进行了简化。

1. 做庄茶的传统工艺

① **杀青：**传统杀青法是用直径96cm的大锅杀青，锅温约300℃，投叶量15~20kg，采用先闷炒，后翻炒，翻闷结合，以闷为主的杀青方法，时间10min左右，鲜叶减重约10%。现在一般使用90型杀青机杀青，锅温240~260℃，投叶量20~25kg，闷炒7~8min，

待叶面失去光泽，叶质变软，梗折不断，伴有茶香散出，即可出锅。

② **渥堆：**渥堆是做庄茶的重要工序，多的要进行4次渥堆，少的也要进行3次。杀青后第一次渥堆要趁热堆积，时间8~12h，堆温保持60℃左右，叶色由暗绿转化为淡黄为度。随后渥堆的目的主要是去掉青涩味，产生良好的汤色和滋味，待到叶色转为深红褐色，堆面出现水珠，即可开堆。如叶色过淡，应延长最后一次渥堆时间，直到符合要求时再晒干。

③ **蒸茶：**目的是使叶受热后，增加叶片韧性，便于脱梗和揉条。将茶坯装入蒸桶内，放在铁锅上烧水蒸茶。蒸茶用的蒸桶，俗称"甑"，上口径33cm，下口径45cm，高100cm，每桶装茶12.5~15kg。蒸到斗笠形蒸盖汽水下滴，桶内茶坯下陷，叶质柔软即可。

④ **揉捻：**为使叶片细胞破损，缩小体积，皱褶茶条，一般采用中、大型揉捻机进行揉捻，分三次进行。第一次使梗叶分离，不加压揉捻3min，第二、三次使叶片细胞破损和皱褶茶条，根据茶叶老嫩，边揉捻边加压，时间5~6min，待80%~90%的叶片卷曲茶条即可。

⑤ **拣梗、筛分：**第二、三次渥堆后各拣梗一次，对照规定的梗量标准，10cm以上的长梗都要拣净。第三次晒后进行筛分，将粗细分开，分别蒸、渥堆，然后晒干。

⑥ **晒茶（干燥）：**为满足蒸揉对不同干度的要求，摊晒程度适当是做好做庄茶的关键之一，摊晒一般分为3次进行，第一次晒茶到含水量25%~35%为宜，第二次晒至含水量25%~30%，第三次晒至含水量14%~16%。传统制法的干燥，以晒干为主，但受天气影响较大，目前一般采用机械干燥。

2. 做庄茶新工艺

由雅安茶厂和蒙山茶场等单位共同研究，简化了制造工艺，分蒸青、初揉、初干、复揉、渥堆、足干等工序。

① **蒸青：**将鲜叶装入蒸桶，放在沸水锅上蒸，待蒸汽从盖口冒出，叶质变软时即可，时间约8~10min。如在锅炉蒸汽发生器上蒸，只要1~2min。

② **揉捻：**揉捻分2次进行，现已采用机械揉捻。鲜叶杀青后，趁热初揉，目的是使叶片与茶梗分离，不加压揉1~2min。揉捻后，茶坯含水量为65%~70%，及时进行初干，使含水量降到32%~37%，趁热进行第二次揉捻，时间约5~6min，边揉边加轻压，以揉成条形而不破碎为度，复揉后及时渥堆。

③ **渥堆：**渥堆方法有自然渥堆和加温保湿渥堆两种。自然渥堆是将揉捻叶趁热堆积，堆高1.5~2m，堆面用席密盖，以保持温湿度。约经2~3天，茶堆面上有热气冒出，堆内温度上升到70℃左右时，应用木叉翻堆一次，将表层堆叶翻入堆心，重新整理成堆。堆

温不能超过80℃，否则，堆叶会烧坏变黑。翻堆后2~3天，堆面再出现水汽凝结的水珠，堆温升到60~65℃，叶色转变为黄褐色或棕褐色，即为渥堆适度，开堆拣去粗梗进行第二次干燥。

加温保湿渥堆是在特建的渥堆房中进行的，室内保持温度65~70℃，相对湿度90%~95%，空气流通，茶坯的含水量为28%左右。在这种条件下，渥堆过程只需36~38h，即可达到要求，不仅时间短，而且渥堆质量好，可提高水浸出物总量2%。

④ **干燥**：做庄茶干燥分两次进行，第一次初干含水量达到32%~37%，第二次干燥含水量为12%~14%，一般采用机器干燥。

（二）西路边茶

西路边茶包括四川灌县、川北一带生产的边销茶，用篾包包装。灌县所产的为长方形包，称方包茶，川北所产的为圆形包，称圆包茶。目前已按方包茶规格要求进行加工。

西路边茶原料比南路边茶更为粗老，以刈割1~2年生枝条为原料，是一种最粗老的茶叶。产区大都实行粗细兼采制度，一般在春茶采摘一次细茶之后，再刈割边茶。有的一年刈割一次边茶，称为“单季刀”，边茶产量高，质量也好，但细茶产量较低。有的两年刈割一次边茶，称为“双季刀”，虽有利于粗细茶兼收，但边茶质量较低。有的隔几年刈割一次边茶，称为“多季刀”，茶枝粗老，质量差，不能适应产销要求。生产的成品茶有茯砖和方包两种。

西路边茶初制工艺简单，将刈割的枝条杀青后直接干燥的“毛庄金玉茶”，作为茯砖的原料，含梗量20%。将刈割的枝条直接晒干的，作为方包茶的配料，含梗达60%左右。

四、广西六堡茶

六堡茶因产于广西苍梧县六堡乡而得名，目前除苍梧县以外，岭溪、贺州、横县、昭平等地也有生产（图7–7）。六堡茶的采摘标准为1芽2、3叶至4、5叶，采后保持新鲜，当天采当天付制。六堡茶的加工工序为：杀青、揉捻、渥堆、复揉、干燥等5道工序。

图7–7 六堡茶

（一）杀　青

六堡茶的杀青与绿茶杀青相同，但其特点

是低温杀青。杀青方法有手工杀青和机械杀青两种。手工杀青采用60cm的铁锅，锅温160℃，每锅投叶量5kg左右。投叶后，先闷炒，后抖炒，然后抖闷结合，动作是先慢后快，做到老叶多闷少抖，嫩叶多抖少闷。炒至叶质柔软，叶色变为暗绿色，略有粘性，发出清香为适度，全程约5~6min。目前一般采用机器杀青。如果鲜叶过老或夏季高温干燥，可先喷少量清水再杀青。

（二）揉　捻

六堡茶的揉捻以整形为主，细胞破碎率为辅。因六堡茶要求耐泡，细胞破损率不宜太大，以65%左右为宜。嫩叶揉捻前须进行短时摊凉，粗老叶则须趁热揉捻，以利成条。投叶量以加压后占茶机揉桶容积2/3为好。揉捻采用“轻—重—轻”的原则，先揉10min左右，进行解块筛分，再上机复揉10~15min。一般一、二级茶约40min，三级以下茶约45~50min。

（三）渥　堆

渥堆也是形成六堡茶独特品质的关键性工序。揉捻叶经解块后，立即进行渥堆，渥堆厚度视气温高低、湿度大小、叶质老嫩而定。气温低、叶质老、湿度小时，渥堆时间略长，反之，则较短。一般堆高33~50cm，堆温控制在50℃左右，如超过60℃，要立即翻堆散热，以免烧堆变质。在渥堆过程中，要翻堆1、2次，将边上茶坯翻入中心，使渥堆均匀。渥堆时间视具体情况而定，一般为10~15h。待叶色变为深黄带褐色，茶坯出现粘汁，发出特有的醇香，即为渥堆适度。二叶以上的嫩叶，揉捻后先经低温烘至五六成干再进行渥堆，否则，容易渥坏或馊酸。

（四）复　揉

经渥堆后的茶坯，有部分水分散失，条索回松，同时堆内堆外茶坯干湿不匀，通过复揉使茶汁互相浸润，干湿一致，使条索卷紧，以利干燥。复揉前最好烘热一下，用50~60℃的低温烘7~10min，使茶坯受热回软，以利成条。复揉要轻压轻揉，使条索达到细紧为止，时间约5~6min。

（五）干　燥

六堡茶的干燥是在七星灶上采用松柴明火烘焙。烘焙分毛火和足火两次进行，毛火焙帘烘温80~90℃，摊叶厚度3~4cm，每隔5~6min翻动一次，使茶坯受热均匀，干燥一致，烘至六七成干时下焙。摊凉20~30min，再足火干燥。足火采用低温厚堆长烘，烘温50~60℃，摊叶厚度35~45cm，时间2~3h，烘至含水量在10%以下。

六堡茶干燥切忌以晒代烘，并切忌用有异味的樟木、油松等木柴或湿柴干燥，以免影响品质。

五、云南普洱茶加工

普洱茶历史悠久，在南宋时就有记载，原产于云南，后扩大到广东等地生产。目前，普洱茶多指以云南大叶种经杀青、揉捻、解块、晒干制成的晒青毛茶（滇青），后经自然缓慢发酵或人工工艺发酵处理的茶，以及压制的紧压茶称为普洱茶。加工工艺分为杀青、揉捻、晒干、洒水渥堆、晾干、分筛等6道工序。可分为传统普洱茶、普洱散茶和普洱紧压茶3个类型。

（一）传统普洱茶（生茶）

1. 鲜叶原料

传统普洱茶以云南大叶种为原料，当新梢形成驻芽时，采摘一芽4、5叶或对夹3、4叶，随后进行摊放处理。

2. 杀　青

普洱茶由于原料较老，杀青也要“洒水灌浆”，其比例为10∶1。手工杀青温度240~300℃，借助木杈采取“抛闷结合”的方式，一二级鲜叶炒制4~5min，三四级鲜叶6~7min。至嫩叶缠杈、叶软带黏性，有清香时，即为杀青适度。

3. 揉　捻

普洱毛茶揉捻分初揉和复揉2次进行，初揉也在杀青后趁热揉捻。揉捻都采取“轻压、短时、慢揉”的方法，防止叶肉叶脉分离，形成“丝瓜瓤”状，茎梗表皮剥脱，形成“脱皮梗”。初揉一二级原料，轻揉5min，加压5min，再轻揉5min；三四级原料也要轻揉，时间可缩短到10min。复揉不宜重压，一般一二级原料5~7min，三四级原料10min为宜。

4. 解　块

一般一二级原料1次揉捻，较老原料可采取2次揉捻，中间解块1次；筛网配制，上段4孔，下段3孔，头子茶进行复揉。

5. 干　燥

滇青干燥主要采用阳光晒干，选择清洁干净的场所或下垫篾垫等，在强光下晒30~40min，移至阴凉处摊放10~15min，再晒至含水量10%左右为宜。此时滇青可较长时间保存，并有利于向普洱茶品质形成的方向转化。

晒青毛茶外形条索紧结，色泽墨绿或黑褐；内质汤色橙黄明亮，有明显日晒味。晒青毛茶经过验收归堆、拼配取样、筛分拣剔、成品拼配、蒸茶压制（称茶、蒸茶、压模、脱模），置于温度45℃的烘房晾架上，3~5天，当含水量低于10%即可包装。传统普洱茶应在温度25~28℃，相对湿度75%以下，仓储陈化1~3年，以形成普洱茶的品质和风格。

（二）普洱散茶（熟茶）

普洱散茶以滇青毛茶为原料，采用适度潮水，工艺发酵（渥堆），自然干燥所形成的各级散茶。其外形条索紧结、色泽褐红；内质汤色红浓明亮、滋味醇厚回甘、陈香显著。加工工艺分为潮水发酵、翻堆、干燥、筛分、拣剔、拼配、仓储陈化等工序。

1. 潮水发酵

根据普洱茶品质要求，不同的晒青毛茶，要经过拼配以调剂品质。而晒青毛茶含水量在9%~12%，要增加水分才能进行发酵。一般嫩度越低，潮水量相应增加，即1~3级毛茶发酵初期潮水量小于30%，发酵中期25%左右，发酵后期20%~25%，梅雨季节减少2%~5%；十级毛茶发酵初期潮水量至少要大于35%，中后期小于35%，后期25%~30%。一般发酵堆高1~1.5m，以每堆8~10t为佳。茶堆根据季节和茶叶老嫩可加盖湿布，以增温保湿。

2. 翻　堆

为使茶叶水分和发酵均匀，要进行翻堆。毛茶嫩度越低，翻堆次数越少。一至三级毛茶完成发酵，需翻堆6、7次，十级毛茶翻堆可减到4次。发酵前期5~7天翻1次，中期7~8天翻1次，后期8~10天翻1次，并根据发酵堆温、湿度和发酵程度灵活掌握，当堆温达不到40℃或超过65℃都要进行翻堆。当茶叶呈红褐色、茶汤滑口、无强烈苦涩味、茶汤红浓具陈香时，即可开沟摊凉。整个工序需时4~6周。

3. 干　燥

普洱散茶的干燥，一般采用自然干燥，忌机械干燥，也不宜晒干。其干燥方法为室内茶堆开沟通风自然干燥，当茶叶含水量在20%以上时，每天开沟1次；含水量在14%~20%时，每隔3~5天开沟1次。以每隔50~80cm顺序开沟，结束后反方向交叉开沟，如此反复直至茶叶含水量低于14%即可筛分。

4. 筛　分

发酵后的普洱茶，经检验按级归堆，并按普洱茶成品茶的要求分级筛分（表7-5）。筛好的各级散茶可以分装销售，也可蒸压做紧压茶销售。

表7-5　不同级别普洱茶筛网拼配

普洱茶级别	抖筛（孔）	圆筛（孔）
宫廷普洱茶	9号底	8号底
特级普洱	7号底	6号底
一级普洱茶	5号底	4，6号底
三级普洱茶	3号底	4号底

续表

普洱茶级别	抖筛（孔）	圆筛（孔）
五级普洱茶	3号底	4，6号底
七级普洱茶	3号底	4号底
九级普洱茶	3号底	3号底，4号面
十级普洱茶	2，3号底	切碎茶3号底

5. 拣　剔

主要是对各级各号头子茶检测拣剔，剔除非茶类物质，或根据茶样和客户要求对茶梗进行拣剔。

6. 拼　配

拼配前一定要对各筛号茶进行评比检验，摸清半成品的品质特征、数量等，根据茶叶各花色等级筛号的质量要求，做到调剂品质、发挥特点的目的，将不同级别、不同筛号、品质相近的茶叶按比例进行拼和。

7. 陈　化

经拼配匀堆装袋后的普洱茶，宜在仓储中陈化一段时间，一般3~5个月，以利其品质的形成。仓储环境要求清洁、通风、无异味，温度25~28℃，相对湿度75%以下为宜。

红茶加工历史悠久，是世界上生产和消费最多的一个茶类，也是我国生产和出口的主要茶类之一。2017 年后，红茶在国内再次获得人们的关注，市场份额在增加。本章主要介绍红茶的发展历史和品质特点、红茶初加工工艺和技术要点，阐明了红茶发酵的原理和其品质的形成，同时介绍了红条茶和红碎茶的加工技术。

（供图：胥 伟）

第八章 红茶初加工

第一节 红茶简述

图8-1 崇安县桐木村

红茶是世界茶叶市场上主要的茶类，已有300多年的历史。“红茶”一词始见于明代刘基撰的《多能鄙事》一书（15~16世纪）。福建省崇安县首创小种红茶制法，是历史上最早的一种红茶（图8-1）。

18世纪中叶，在小种红茶制法的基础上，发展了工夫红茶制法。工夫红茶是我国传统产品，19世纪80年代，曾在世界茶叶市场上占统治地位。1875年前后，工夫红茶制法传到安徽省，原盛产绿茶的祁门县，开始生产红茶。因其毛茶加工特别精细，香高味浓而驰名天下。工夫红茶产区广阔，产量曾在全国占主要位置。

中华人民共和国成立后，由于国际市场的需要，于1951年在一些绿茶区推广生产工夫红茶，如四川的川红、湖南的湘红、浙江的浙红、福建的闽红、江西的宁红、湖北的宜红、台湾的台红等均有悠久的历史，皆为我国传统的工夫红茶。云南的滇红始产于1939年，开始品质低次，1952年经改进后，目前以其外形肥硕显毫，香味浓郁，在国际上享有极高的声誉。

我国红茶制法于19世纪传到印度、斯里兰卡等国，发展为分级红茶（现称红碎茶）。随着制茶机具的改进，揉切“发酵”新机具的问世，逐渐演变为现代红茶制法，包括转子揉切机、CTC和LTP制法等。20世纪50年代末，我国在茶叶主产省份发展红碎茶生产，高峰时全国有10多个省（区）生产红碎茶，产量和出口量远超过红条茶的生产量和出口量。1990年前后，由于体制改革，茶叶生产结构调整，红茶的生产，特别是红碎茶的生产急剧萎缩。2008年开始红茶的生产有所回升，目前红茶生产约占我国茶叶生产总量的1/10左右。但红茶依然是世界上生产和消费最多的一个茶类，约占世界茶叶总产量的70%，且基本都是红碎茶。

第二节 红茶初加工技术

红茶是我国生产和出口的主要茶类之一，红茶根据其加工不同分为条形红茶和红碎茶，其中条形红茶又分为工夫红茶和小种红茶。红茶要求红汤红叶，香味甜醇等品质特征。红茶加工分为萎凋、揉捻（切）、发酵和干燥4道工序。

一、萎 凋

（一）萎凋目的

萎凋是鲜叶经过一定时间摊放失水，鲜叶萎蔫软化的过程，为揉捻发酵奠定基础，是形成红茶品质特征的基础工序。

萎凋目的：① 散失部分水分，减少叶细胞张力，使叶质柔软，便于揉捻做形；② 萎凋过程中，酶活性逐渐提高，为发酵工序多酚类酶促氧化打下基础；③ 促使不溶性物质水解为可溶性物质，芳香成分改变，散失青草气。

（二）萎凋原理

红茶的萎凋与绿茶的杀青目的和作用完全不同。萎凋中发生一系列的理化变化，如水分的蒸发，体积的缩小，酶活性的增强，多酶类化合物的减少，叶绿素的部分破坏，糖类物质的部分水解等等。

1. 物理变化

鲜叶在萎凋过程中，物理状态的变化主要是水分蒸发，叶片含水量减少，细胞萎缩，导致叶面积缩小，芽叶重量减轻。

萎凋叶水分散失的途径，主要是通过叶片背面的气孔和叶面角质层两个部位。由于鲜叶的老嫩程度不同，叶面角质化程度不一，对水分的散失有较大影响。据研究，嫩叶约有50%的水分是通过发育不完全的角质层蒸发的；老叶角质化程度高，厚而坚实，水分较难散失，只有5%~10%的水分通过角质层蒸发。因而在萎凋中，嫩叶虽比老叶含水量高，但比老叶萎凋进展快。所以，萎凋中要做到老叶嫩叶分开，这是保障萎凋程度一致的重要条件。

萎凋后叶片大多呈背卷状，这是由于叶背气孔失水快，角质层比叶面薄，细胞萎缩快，以致叶背收缩快于叶面的缘故。

2. 化学变化

随着水分的散失，萎凋程度逐渐加深，叶内发生一系列的化学变化。在萎凋过程中，叶片因失水，叶细胞汁相对浓度提高，叶细胞内各种酶系的代谢方向趋于水解。部分水解酶如淀粉酶、蔗糖转化酶、原果胶酶、蛋白酶等活性提高，有利于促进鲜叶中一些不溶性化合物的水解，提高萎凋叶中水溶性成分的含量，如单糖、水溶性果胶、氨基酸等都有不同程度的增加（表8–1）。淀粉水解转化为双糖，而双糖又转化为单糖，因此，淀粉和双糖都有所减少，而单糖含量增加。可溶性糖是茶汤甜醇滋味的组成因素，在热的作用下与其他物质生成有色物质和香气。另外，鲜叶中以糖苷形式存在的结合型香气在糖苷水解酶的作用下，香气化合物游离出来。原果胶在果胶水解酶作用下转化为水溶性果胶，水溶性果胶又进一步转化为半乳糖醛酸和甲醛等。原果胶转化为水溶性果胶，是萎凋叶变柔软的原因之一，它增进茶叶的黏稠度，有利于做形，并参与组成茶汤的醇和度。鲜叶中的不饱和脂肪酸在脂肪氧化酶的降解下形成具有清香气的挥发性化合物。一些非挥发性成分如氨基酸、咖啡碱在萎凋中也有增加。同时，由于水分不断散失，叶绿素受儿茶素的邻醌氧化和叶绿素酶的分解而减少。

这些水解产物对红茶色、香、味的形成均有积极的意义。

表8-1　萎凋中化学成分的变化（占干物质）

项目	蛋白质（%）	淀粉（%）	双糖（%）	单糖（%）	原果胶（%）	水溶果胶（%）
鲜叶	17.87	0.98	2.13	1.52	8.8	1.8
萎凋叶	16.56	0.57	1.25	1.92	7.1	2.5

3. 影响因素

影响萎凋的因素有鲜叶的含水量、质量、摊叶厚度、空气流通、相对湿度和温度高低等等。其中主要是温度和摊叶厚度，又以温度为主。

鲜叶失水的快慢，主要取决于外界环境温度的高低，而温度的高低又与空气的相对湿度有密切关系。一般是气温高，相对湿度小，空气干燥，水分易于散失，萎凋进展快；反之，气温低，相对湿度大，空气潮湿，水分散失困难，萎凋进展慢。如温度25℃，萎凋至含水量60%，相对湿度60%，只需6.5h；如果相对湿度80%，则需萎凋时间13h。因此，在春雨连绵的季节或高山多雾天，不利鲜叶进行萎凋，往往造成理化变化不协调，容易造成乌茶暗片，不利红茶品质形成。遇到这种情况，生产中必须要进行加温萎凋。但如果温度过高，不仅叶片内化学反应加速，不利有效产物的形成，而且叶片内部水分散失不匀，造成叶片枯红，干茶色泽枯竭，茶汤色浅味淡。据试验，叶温最高不宜超过40℃，以30℃左右为宜。具体温度的掌握要依鲜叶含水量、嫩度等而定。原则上采取“先高后低”。

萎凋时，由于叶片仍在进行呼吸作用，需要有充足的氧气，所以萎凋室的空气要流通，否则不仅氧气供应困难，而且由于鲜叶水分的不断散发，空气湿度容易接近或达到饱和状态，不利萎凋的继续进行。因此，萎凋室要安装通风排气设备，以使空气流通，调节室内温湿度。

（三）萎凋方法

茶叶萎凋主要有日光萎凋、室内萎凋和萎凋槽萎凋等方法。自然萎凋又分为室内萎凋和室外萎凋两种。

1. 光萎凋

又称室外萎凋，利用日光热力，散失水分。选择避风向阳，清洁平坦的场所，将鲜叶均匀地摊在晒垫上，摊叶量为0.5~0.75kg/m^2，萎凋时间随日光强弱而异。这种方法简便，萎凋速度快。但受自然条件限制大，只能在晴天阳光不太强的情况下采用。如在阳光很强的夏秋季节，尤其是中午前后，萎凋叶易发生焦尖、焦叶、红变和萎凋不均匀等问题。

2. 室内萎凋

室内萎凋，即在室内装设支架，架上平铺竹帘，鲜叶摊于帘上萎凋，摊叶量0.5~0.75kg/m^2，在室温20~24℃，相对湿度60%~70%，萎凋时间约需18h；如空气干燥，相对湿度小，8~12h可完成萎凋。萎凋室要求宽敞、清洁，通风良好，避免日光直射。这种萎凋方式需要厂房面积大，萎凋时间长，操作不方便，因此，目前生产中多采用萎凋槽萎凋。

3. 萎凋槽萎凋

萎凋槽萎凋的原理是利用鼓风机压送一定温度的空气，透过萎凋叶层，及时带走叶间的水蒸气，加快叶内水分散失，达到萎凋的目的。

萎凋槽萎凋应掌握好温度、风量、摊叶厚度、翻动、萎凋时间等因素。一般萎凋槽长10m，宽1.5m，盛叶框边高20cm，摊叶量450~480kg左右（图8-2）。小叶种摊叶厚为20cm，大叶种宜薄为18cm。一般采用7号轴流风机，风量16000~20000m^3/h，风压25~30mmHg。作业时将鲜叶疏松地摊放在萎凋槽内。春茶气温低，鼓入热风萎凋，进口温度通常控制在35℃以下，最高不能超过38℃，否则叶子失水过快，萎凋时间过短，理化变化不够，萎凋不匀，容易使芽叶叶缘焦枯。但时间过长易引起红变，萎凋也不匀。夏秋气温高时，一般不需加温，直接鼓冷风。雨露水叶应先鼓冷风，吹干表面水后再加温，以免产生闷蒸现象。萎凋期间温度应控制前期高，后期低，下叶前10~15min停止加温，只鼓送冷风。

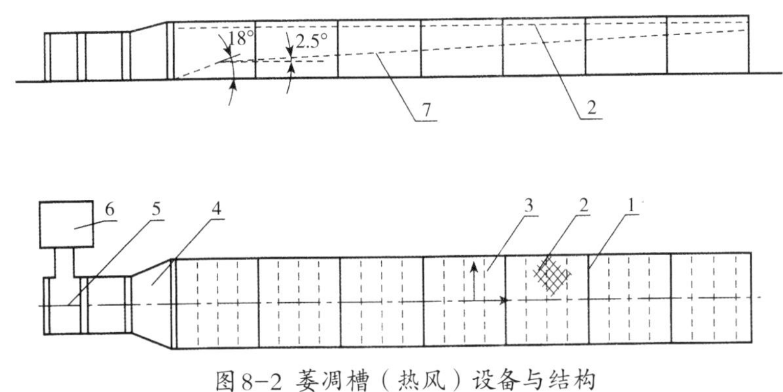

图8-2 萎凋槽（热风）设备与结构

注：1.槽体；2.萎凋帘；3.搁板；4.渐变管；5.低压轴流风机；6.加热器；7.槽底斜面。

为使萎凋均匀，萎凋中要翻动1、2次，翻动时要停止鼓风，翻动动作要轻，以免损伤芽叶。雨露水叶萎凋时应增加翻抖次数。萎凋时间以达到萎凋适度为准，一般8~10h完成萎凋的品质较好。

（四）萎凋程度

萎凋的好坏，对后继工序和制茶品质关系极大。萎凋不足，水分散失较少，叶质硬脆，揉捻茶叶时芽叶易断碎，茶汁流失，毛茶条索疏松，碎片多，滋味淡薄，叶底花杂；萎凋过度，易焦尖焦边，叶质干硬，发酵困难，毛茶多碎末，香低味淡，叶底发暗。

萎凋程度的检查有两种方法，一是感官检查萎凋叶中的物理特征；二是测定萎凋叶含水量。

萎凋适度的特征：叶质柔软，手捏软绵，紧握萎凋叶成团，松手不散，嫩茎折不断；叶表光泽消失，叶色暗绿；青草气消失，诱发清香。

萎凋叶含水量以60%~64%为适度标准，季节不同，萎凋程度略有差异，一般春季约60%~62%，夏季以62%~64%为宜。

二、揉　捻

（一）揉捻目的

揉捻是利用外力使茶叶卷曲成条，是塑造工夫红茶外形内质的重要工序。工夫红茶要求外形条索紧结，内质滋味浓厚甜醇，取决于揉捻叶的卷紧程度和细胞损伤率。

揉捻的目的：① 是破损叶片细胞组织，使茶汁揉出，加速多酚类化合物的酶促氧化，便于发酵；② 使叶片紧卷成条，体积缩小，外形美观；③ 使茶汁粘于体表，干燥后乌润有光泽，冲泡时易溶于水，增加茶汤浓度。

（二）揉捻原理

工夫红茶的揉捻在造型上与绿茶相同，也是利用机械力，使叶片卷曲成条索状，体积缩小。红碎茶是揉切，对叶细胞组织的破损强度大。由于揉捻使叶细胞组织损伤，液胞和原生质体的半透性膜发生破损，由半透变为全透，液胞汁液与原生质中的酶接触，从而促使叶内发生一系列酶促和非酶促化学反应，可溶性物质的减少，多酚类物质的开始氧化，缩合物增加，叶绿素发生分解。此外，淀粉和蛋白质也在酶的作用下开始分解。

（三）揉捻方法

条形红茶揉捻多采用55型、65型、920型等中型或大型揉捻机（图8-3）。实行分次揉捻，解块筛分，各号茶分开发酵。红碎茶采用揉切机具进行揉切。

影响红茶揉捻的因素包括投叶量、揉捻时间、次数、加压轻重、萎凋叶的老嫩以及揉捻室的温、湿度等。这些因素相互联系又相互制约，在实践中要根据具体情况，分出主次来掌握。如夏季必须注意温度，避免叶温上升过高而影响品质。揉捻室要求低温高湿，以室温20~24℃，相对温度85%~90%为好。

图8-3 6CR-65S型茶叶揉捻机

（四）揉捻程度

揉捻适度的检查有两种方法，一种是感官判断：当叶片90%以上成条，条索紧卷；茶汁黏附茶表，用手紧握，茶汁外溢，松手不散；茶坯局部泛红，并发出较浓厚的青草气；叶细胞破损率达80%以上。一种是氧化检验：用10%的重铬酸钾溶液浸渍揉捻叶（20~30片）5min，然后用清水冲洗干净，检查染色部分的面积所占叶面积的百分比，即为细胞破损率。充分揉捻是发酵的必要条件。如揉捻不足，细胞破损不充分，致使发酵不良，茶汤滋味淡薄有青气，叶底花青。若揉捻过度，茶条断碎，茶汤浑浊，香低味淡，叶底红暗。

三、发 酵

（一）发酵目的

红茶发酵是在酶促作用下，以多酚类化合物酶促氧化为主体的一系列化学变化的过程，是红茶品质形成的关键工序。

发酵的目的是使茶叶中的多酚类化合物，在酶促作用下产生氧化反应，其他化学成分也发生深刻变化，使绿叶变红，形成红茶独特的色香味。红茶发酵虽在揉捻中已开始，但在揉捻后，尚未完成，必须经发酵工序，才能完成内质的变化，达到红茶的品质特点。

（二）发酵原理

红茶“发酵”的实质是以多酚类化合物深刻氧化为核心的化学变化过程。它以儿茶素类的变化为主体，并带动其他物质的变化，对红茶品质的形成起着决定性的作用。

儿茶素类物质在多酚氧化酶的催化下，很快被氧化成初级产物邻醌，进而氧化成茶黄素，茶黄素转化为茶红素，茶红素又进而转化为茶褐素（图8-4）。茶黄素是红茶汤色亮度、香味的鲜爽度和浓烈度的重要成分。茶红素是茶汤浓的主体，收敛性较弱，刺激性小。两者的含量和比例直接影响成茶品质。

发酵过程中蛋白质的水解产物氨基酸部分地与邻醌作用，形成有色物质和芳香物质。叶绿素在发酵中被大量破坏，叶色红变。淀粉和原果胶的水解可增进茶汤滋味和香气。

发酵中咖啡碱的变化不大，但咖啡碱能与茶黄素、茶红素分别形成螯合物，在茶汤冷却后产生浑浊现象，俗称“冷后浑”，是品质好的表现。

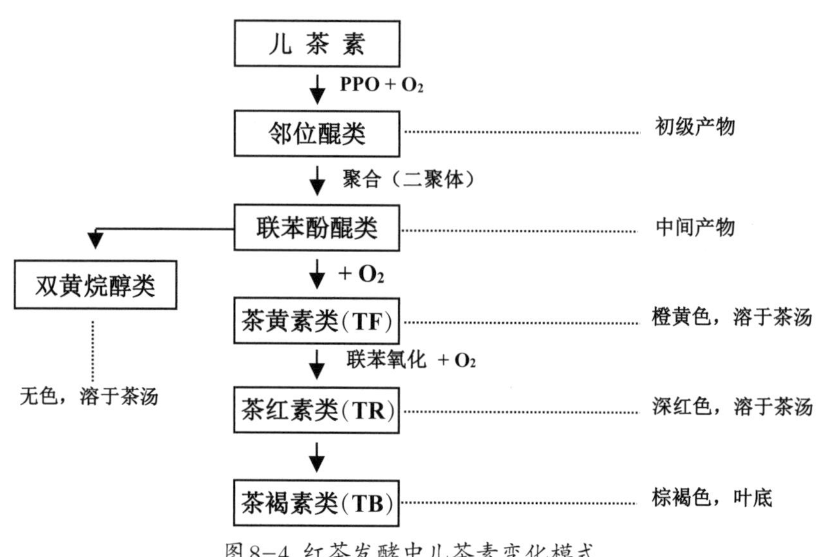

图8-4 红茶发酵中儿茶素变化模式

（三）发酵方法

发酵过程是以多酚类化合物氧化为主体的一系列化学变化过程，主要影响因素为温度、湿度、通气（供氧）等，其中又以温度为主。温度过低，氧化反应缓慢，发酵难以达到适度；温度过高，氧化过于剧烈，毛茶香低味淡，色暗。因此，高温季节要采取降温措施。一般发酵叶温较室温高2~6℃，发酵叶温度保持在30℃，发酵室温度24~25℃，相对湿度90%以上为好，并须保持新鲜空气流通。

红茶发酵是将揉捻叶放入发酵框或发酵车中，送入发酵室进行。发酵时要注意摊叶厚度，一般8~12cm，要求叶层厚薄均匀，不要压紧，保持通气良好，以免会影响供氧和叶温。发酵时间因揉捻程度、叶质老嫩、发酵条件不同而异，一般工夫红茶从揉捻开始2~3h；红碎茶则因揉切方式和环境条件不同而异。

（四）发酵程度

红茶发酵过程内部化学成分发生了深刻变化，外部特征也呈现规律变化。叶色由青绿、黄绿、黄、红黄、黄红、红、紫红到暗红；香气则由青气、清香、花香、果香、熟香，随后逐渐低淡，发酵过度时出现酸馊味；叶温也发生由低到高再低的变化。生产中一般凭经验掌握，通过闻香气、看叶色，感官评定发酵程度。从叶温来鉴别，在正常环境条件下，当叶温平稳并开始下降时；从叶色鉴别，由绿色转为黄红色或红色时；从香气来鉴别，当发酵叶具有玫瑰花和熟苹果似的芳香，青草气味消失时，即为发酵适度。如发酵不足，干茶色泽不乌润，滋味青涩，汤色欠红，叶底花青绿；发酵过度，干茶色泽枯暗，不油润，香气低闷，滋味平淡，汤色红暗，叶底暗。

在生产中，发酵程度通常掌握适度偏轻。因为发酵叶加入烘干机，叶温不能立即上升到终止发酵的温度，烘干初期叶温逐渐上升，酶的活性不仅不能在短时内被抑制，反而有一个短暂的活跃时间，即发酵叶在烘干初期仍然存在发酵作用，直到叶温上升到抑制酶活性时，酶促氧化才会逐渐下降，到足干时才基本停止。如果发酵叶在发酵适度时才开始烘干，则可能由于干燥中的这一阶段影响，造成发酵过度。因此，红茶发酵应掌握“宁可偏轻，不可过度”。

由于设备的更新换代，目前生产上大多采用发酵机发酵，这类发酵机能进行控温和控湿，能有效保障在制品的发酵程度，提高红茶品质，深受企业喜爱，且有不同类型（图8-5、图8-6）。

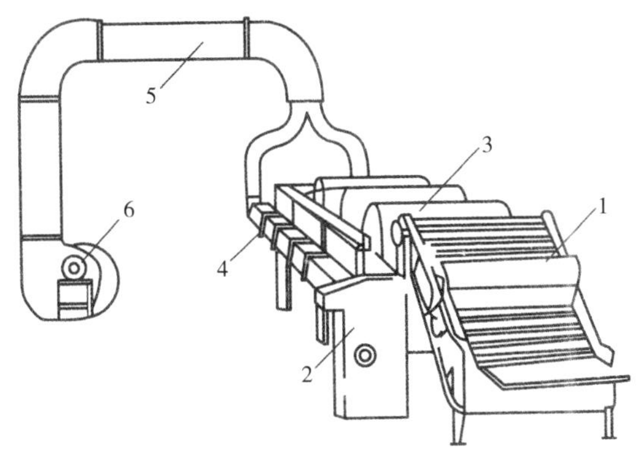

图8-5 床式发酵设备

注：1.上叶输送带；2.操作台；3.发酵床；4.风室；5.通风管；6.离心风机。

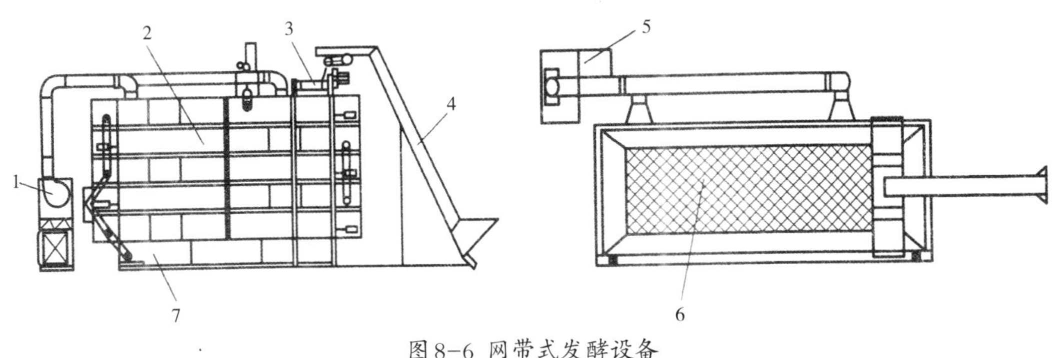

图8-6 网带式发酵设备

注：1.通风加湿器；2.发酵主机；3.布料行车；4.上料输送带；5.开展系统；6.网带；7.出料口。

四、干 燥

（一）干燥目的

干燥是利用高温迅速蒸发水分，固定和提高红茶品质，达到保质干度的过程。一般采用高温烘焙。干燥的好坏直接影响毛茶的品质。

干燥的目的：① 利用高温迅速破坏酶活性，停止发酵；② 蒸发水分，紧缩条索，固定外形，便于贮藏和运输；③ 固定已形成的品质，提高和发展香气。

（二）干燥原理

干燥过程中，热化作用占主要地位。它对红茶品质的形成和发展起重要作用。根据红茶在干燥过程中的理化变化规律，为提高红茶品质，干燥应分两次进行，第一次烘干称毛火，第二次烘干称足火，中间适当摊凉。

为迅速制止酶促氧化作用，毛火要高温快烘，减少不利于品质的变化。多酚氧化酶对温度的反应，40℃时开始下降，70~80℃时失活。温度升高到足以抑制酶活性的高度，需要一段时间，这段时间过长会造成发酵过度，影响品质。因此，第一阶段必须用较高的温度，迅速终止酶促氧化作用。初烘后，茶叶含水量一般控制在20%~25%。

足火温应降低一些，以促进品质和香气的形成。足火温度影响香气的高低与香型，控制好温度，使香气成分在干热作用下发生转化，形成有利于红茶品质的风味特征。如使用高温，易产生高火味，甚至烘焦。我国祁门红茶突出的“蜜糖香”与足火在60~70℃的温度下慢烘有密切的关系。

红茶中芳香物质的含量只有鲜叶中的1/4，一般低沸点的不愉快的芳香成分在干燥过程中散发掉，高沸点的具有良好的香气的成分则透发出来，尤其在足火中才得到充分透发。温度过低则香气低，温度过高则芳香成分损失，产生高火味甚至焦味。

热化作用不仅对香气的发展与形成起重要作用，而且增进茶汤滋味。如酯型儿茶酚的裂解，使苦涩味减弱，蛋白质裂解成氨基酸，淀粉裂解为可溶性糖，使茶汤浓度提高，滋味醇厚，叶绿素的裂解破坏，改善了红茶的色泽。

在毛火与足火之间，要进行适当的摊凉，使茶叶内水分重新分配，以利干燥均匀、充分。

（三）干燥方法

目前红茶的干燥采用烘焙干燥，有烘笼烘焙和烘干机烘焙。烘笼烘焙，采用木炭烘焙，烘焙简单，烘茶质量高，特别是香气好，但劳动强度大，工效低，适于少量茶的加工；大生产中，目前多用自动烘干机烘焙。

红茶的干燥分两次进行，掌握“毛火高温，足火低温”“嫩茶高温，老茶低温”。烘干机毛火进风温度为110~120℃，不超过120℃，以10~15min为宜；足火温度85~95℃，不超过130℃，以15~20min为宜。毛火与足火之间摊凉40min，不超过1h，以促使叶脉内的水分重新分配，以利干燥均匀。表中温度系指进风口处或焙心的温度，时间则可根据情况灵活掌握（表8-2）。

表8-2 自动烘干机、烘笼操作技术参数

方法	烘次	摊叶厚度（cm）	温度（℃）	时间（min）	含水量（%）
自动烘干机	毛火	1~2	110~120	10~15	20~25
	足火	2~3	85~95	15~20	4~6
烘笼烘焙	毛火	2~3	85~90	30~40	20~30
	足火	3~4	70~80	60~90	4~6

（四）干燥程度

干燥时须勤加检查，严防产生高火香或焦茶现象。毛火后，用手握茶略有刺手感，但叶片尚软，折而不断，也即七八成干为适度。足火后，茶叶色泽乌黑油润，有浓烈茶香，用手指碾茶条成粉末，即4%左右为适度。下机宜摊凉散热，按质归堆，严防茶叶受潮变质。

第三节 红条茶初加工

红条茶按加工方法不同分为小种红茶和工夫红茶。

一、工夫红茶

工夫红茶是我国独有的传统加工产品，因初加工特别注意条索的紧结完整，精加工时费工夫而得名。其品质特点是外形条索紧细，色泽乌黑油润，毫尖金黄；内质香气馥郁，汤色红亮，滋味醇厚，叶底红明。工夫红茶要求鲜叶鲜嫩、匀净、新鲜。采摘标准以1芽2、3叶为主。其初加工工艺分为萎凋、揉捻、发酵、干燥4道工序。各地工夫红茶的品质虽然各具特色，但是制法基本相同。

（一）萎 凋

工夫红茶的萎凋有日光萎凋、室内自然萎凋和萎凋槽萎凋等方法，目前，普遍采用萎凋槽萎凋。

1. 日光萎凋

日光萎凋是利用阳光萎凋，在晴朗的天气，选择地面平坦、清洁干燥的地面铺上晒垫，将鲜叶均匀摊放在晒垫上，摊叶量为0.5kg/m^2，中间翻叶1、2次，结合翻叶适度厚摊。萎凋一定程度时，将其移到阴凉处散热，直至达到萎凋标准。但该方法受环境条件影响较大，一般不宜采用。

2. 室内自然萎凋

室内萎凋宜选择通风良好，避免日光直射的场所。室内温度保持在20~24℃，相对湿度60%~70%为宜。摊叶量为0.5~0.75kg/m^2，做到嫩叶薄摊，老叶厚摊。萎凋时间不宜超过18h。但该方法萎凋时间长，占用厂房面积大，效率不高。

3. 萎凋槽萎凋

这是目前生产中普遍采用的萎凋方法。萎凋中要掌握好温度、风量、摊叶厚度、翻叶、萎凋时间等因素。一般萎凋温度控制在35℃左右，并要求萎凋槽温度前后一致。温度最高不超过38℃，超过38℃则萎凋不匀，易发生红变现象。加温萎凋要掌握“先高后低”的原则，下叶前10~15min停止加温，只鼓冷风。夏秋季节一般只鼓风，不必加温。鼓风量为1.6万~2万m^3/h。期间每2h翻叶一次，翻叶时要停止鼓风，将上层叶翻入下层，动作要轻，以免损伤叶片。萎凋时间8~12h较好。

（二）揉　捻

工夫红茶的揉捻与条形绿茶的揉捻目的、原理和方法基本相同，但多采用中、大型揉捻机进行揉捻。由于揉捻过程中有酶促氧化，揉捻车间要保持低温高湿的环境，适宜的室温为20~24℃，相对湿度为85%~90%。在气温高、湿度低的夏秋季节，揉捻室要采取洒水或喷雾等降温增湿措施。

920型揉捻机每桶可投入萎凋叶140~160kg，揉捻90min，分2次揉，每次45min。55型和65型揉捻机分别投叶约30kg和60kg左右，揉捻70min，也分2次揉，每次35min。工夫红茶揉捻加压较绿茶重，一般嫩叶揉时短，加压轻；老叶揉时长，加压重。气温高揉时短，气温低揉时长；轻萎凋适当轻压，重萎凋适当重压。但仍要掌握“轻—重—轻”的原则。揉捻开始时或第一次揉捻不加压，中途加压时，加压与松压交替，每次加压7~10min，松压3~5min。揉捻结束前应减压，让茶条吸回茶汁。

每次揉捻后都要进行解块筛分，作用是解散团块，散发热量，降低叶温，使揉捻均匀，分清老嫩，减少断碎，使发酵均匀。一般解块筛分机筛网分段组成，筛网上段为4孔，下段为3孔（图8-7）。通过4孔的为1号茶，通过3孔的为2号茶，不能通过筛孔的为3号茶。筛分时要随时清理筛网，防止筛网堵塞筛分不清。

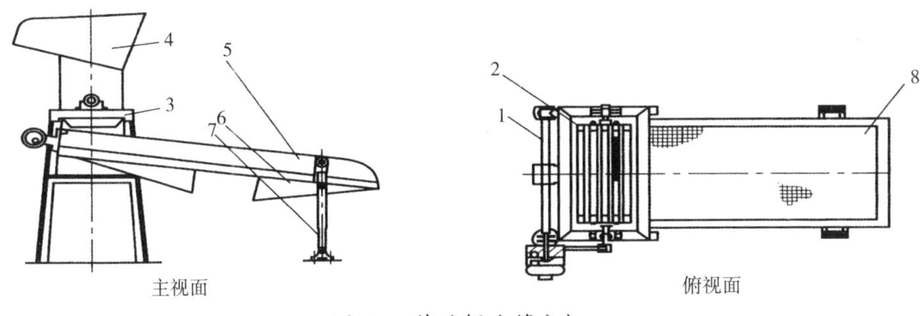

图 8-7 茶叶解块筛分机

注：1. 曲轴；2. 解块轮；3. 机架；4. 进茶斗；5. 筛床；6. 出茶斗；7. 摆杆；8. 筛网。

（三）发　酵

工夫红茶发酵根据揉捻叶按照级别、批次，分别均匀地摊放在发酵盘中（图8-8），摊叶厚度应根据叶子老嫩、季节而有所区别：一般春茶稍厚，夏秋茶宜薄；嫩叶宜薄，老叶稍厚。嫩叶、夏秋茶一般厚度为8cm左右；老叶、春茶10cm左右为宜。发酵过程中适当翻抖1、2次，以利通气，使发酵均匀。发酵时间从揉捻算起，一般春茶约为3~5h。夏秋茶气温较高，发酵快，约需2~3h。有时气温高，揉捻结束时，揉捻叶已接近发酵适度，甚至已达到发酵要求。

图 8-8 工夫茶传统发酵

当发酵叶青草气散失，出现清新的花果香，叶色红变均匀，春季橙红，夏季红橙，叶温达到高峰并开始趋于平稳时，即为发酵适度。

（四）干　燥

工夫红茶的干燥多采用烘干，有焙笼和烘干机两种方法，目前，生产上多采用烘干机烘焙。一般2次干燥，要求掌握毛火高温快烘，足火低温慢烘（表8-3）。生产中，以毛火达七八成干，足火至手捏茶叶呈粉末（4%左右）为宜。

表8-3 工夫红茶自动烘干机操作技术参数

烘次	进风温度（℃）	摊叶厚度（cm）	烘干时间（min）	摊凉时间（min）	含水量（%）
1次	110~120	1~2	10~15	40~60	20~25
2次	85~95	3~4	15~20	30	4~5

二、小种红茶

小种红茶是世界上最早的红茶，也是我国福建省的特产，由于采用了松木加热萎凋和干燥，干茶带有浓烈的松烟香，以武夷山星村桐木关生产的小种红茶品质最佳。初加工工艺为萎凋、揉捻、发酵、过红锅、复揉、熏焙6道工序。

（一）萎　凋

小种红茶萎凋有阳光萎凋和室内加温萎凋两种，受天气影响，多采用加温萎凋，日光萎凋为辅。

1. 室内加温萎凋

小种红茶萎凋在专用的青楼进行，青楼分上下两层，中间铺有竹垫。萎凋时，将松木置于底层地面，每隔1~1.5m一堆，缓慢燃烧，产生热烟，关闭门窗。待温度上升至28~30℃时，摊上鲜叶，厚5~7cm，每10~15min翻叶一次。

2. 日光萎凋

在向阳的空地上搭设棚架，将鲜叶摊放在竹垫之上，摊叶厚3~4cm，萎凋时间视阳光强弱而定，约1~1.5h，期间翻叶1~2次。

当叶面失去光泽，手握柔软，梗折不断，叶脉透明，青气消退，略有青香时即可移入室内，摊放片刻后可进行揉捻。

（二）揉捻与发酵

采用55型揉捻机，装叶55kg。揉捻时间，嫩叶40min，中级叶60min，老叶90min，期间停机解块一次。当茶汁揉出，条索紧结、圆直即为适度。下机解块后，装筐发酵。

小种红茶发酵在篮筐中进行，厚度30~40cm，中央留出一通气洞，盖上湿布，时间4~5h，当80%发酵叶转化为古铜色，叶脉黄变，青气消失，出现熟苹果香时为适度。

（三）过红锅与复揉

过红锅与复揉也是小种红茶区别于工夫红茶的特殊处理。过红锅即为杀青，采用平底锅，锅温200℃左右，投叶量1.5~2kg，时间2~3min，掌握高温、短时的要求。过红锅后趁热揉捻5~6min，使条索紧结，并揉出茶汁，增加茶汤浓度。

（四）熏　焙

熏焙是形成小种红茶品质风味的主要工序。茶叶在干燥的同时，吸入大量的松烟香，使产品具有纯正的松烟香气。

熏焙采用手工操作，复揉叶摊放在水筛上，每筛摊叶2~2.5kg，厚度3~3.5cm，置于青楼的焙架上（图8-9）。地面用松木燃烧，明火熏焙，开始火温高。至茶叶八成干时，压小火苗，增大烟量；至九成干时，暗火熏焙，直至足干。熏焙时不要翻叶，以免茶条松散，一次熏干，熏焙时间一般8~12h。由于明火易发生火灾，现已改用烟道熏焙。

图8-9　青楼

（五）复　火

毛茶出售前需要进行复火。复火前先去除黄片、茶末、粗梗等物。复火在焙笼中进行，将松木置于焙窑的炭灰中，使其发烟而不燃烧，低温慢焙，发展香气，提高品质。待含水量7%左右即可。

第四节　红碎茶初制

红碎茶也称分级红茶，其品质特征是外形要求匀整、洁净，色泽乌黑（或红褐）油润，叶、碎、片、末茶规格分清（图8-10）。内质滋味与香气均要求浓厚、强烈、鲜爽，汤色叶底红艳。初制工艺分萎凋、揉切、发酵、干燥4道工序。由于要达到揉切的目的，有些工序的技术要求与工夫红茶有所不同。

图8-10 红碎茶

一、萎　凋

红碎茶的萎凋的设备和方法与工夫红茶基本相同，因此，其目的、原理和对外界环境的要求，及鲜叶在萎凋过程中的理化变化，与工夫红茶也基本相同。根据鲜叶品种和所使用的揉切机型不同，萎凋时间和萎凋程度的掌握有所差别。

红碎茶的萎凋程度与成茶花色比例和产品内质关系很大，要求萎凋叶失水适度、均匀。若萎凋太轻则碎茶减少，颗粒不紧结重实，片茶相应增多；内质上虽叶底较明亮，但欠匀齐，汤色欠浓，香味青涩。萎凋太重，颗粒茶虽增多，但粉末也相应增加；内质上香气失去鲜爽，滋味强度低，汤色、叶底浑暗。由于红碎茶在内质上着重香气鲜爽，滋味浓强，叶底明亮。根据我国各地实践结果，萎凋程度的掌握，传统法与转子机制法萎凋偏重，CTC和LTP制法偏轻（表8-4），并掌握春茶和细嫩芽叶应偏重，夏秋茶和较粗老叶应偏轻为宜。萎凋时间长短受品种、气候、萎凋方法等因素的影响，视萎凋程度而定，一般8~12h为宜。

表8-4　红碎茶不同制法萎凋适度指标（含水量）

品种	传统法	转子机制法	CTC制法	LTP制法
云南大叶种（%）	55~58	58~62	66~68	68~70
中小叶种（%）	58~60	60~65	68~70	70~72

二、揉 切

揉切是红碎茶品质形成的重要工序。与工夫红茶的揉捻有所不同，揉切的目的是强烈快速损伤叶细胞组织，为控制发酵提供条件，同时获得红碎茶外形颗粒卷紧重实，内质鲜爽浓强的品质特点。揉切机对萎凋叶的作用力大于揉捻机，其叶细胞组织的损伤程度较高，揉切中的理化反应也较强烈。生产中揉切机设备不同，具体做法也不一。目前有传统揉切法，转子机揉切法及CTC和LTP组合法。

（一）传统制法

传统制法是先揉条，后揉切。要求短时、重压、多次揉切，分次出茶。

萎凋叶经揉捻机揉捻30~40min，解块筛分后，筛面茶和筛底茶分别送70型或55型盘式揉切机揉切20min，经5孔、6孔筛分，筛底称1号茶，即可发酵；筛面茶再揉切，第二次揉切15min，筛底茶称2号茶；第三次揉切10min，筛底茶称3号茶，必要时再进行第四次揉切，筛面茶称尾茶。采用此种方法，注意掌握短时，重压，多次揉切，分次取茶的原则。

传统加工的产品分叶、碎、片、末四类花色，分档清楚。产品以外形色泽乌黑油润，颗粒紧结重实为特点，缺点是碎茶率不高，尾茶多。此外，由于揉切次数多，揉切的时间长，工效低，在气温较高时，易造成后期揉切茶坯发酵过度，影响品质。目前此种方法已逐渐淘汰，但以提取毫尖茶和叶茶为主的可采用此方法。

（二）转子机揉切法

转子机外国称Rotorvance（洛托凡）（图8-11）。转子机所制红碎茶比传统揉切法具有揉切时间短、碎茶率高、颗粒紧结、香味鲜浓等优点。转子机工作原理类似绞肉机，即利用转子螺旋推进茶条，达到挤压、紧揉、绞切的作用。生产中将揉捻后的茶坯（或萎凋叶），投入转子机进口，转切后的茶叶从转子机尾部出口排出。揉切叶经5孔、6孔筛分，筛底茶称1号茶；筛面茶再转切2、3次，筛底茶称2号茶和3号茶，筛面茶称尾茶。转子机按口径的大小分有30型、27型、25型和18型。虽然结构不同但都具有：揉切效率高，碎茶比例大，颗粒紧实，产品质量好。由于机体小，占用面积少，灵活性强，便于安装，适用推广。小型茶厂可用一台转子机对茶叶进行反复转切、筛分；大型茶厂可采取大、中、小型转子机配套联装，实现揉切筛分作业连续化（图8-12）。

图8-11 6CRQ-20型转子揉切机

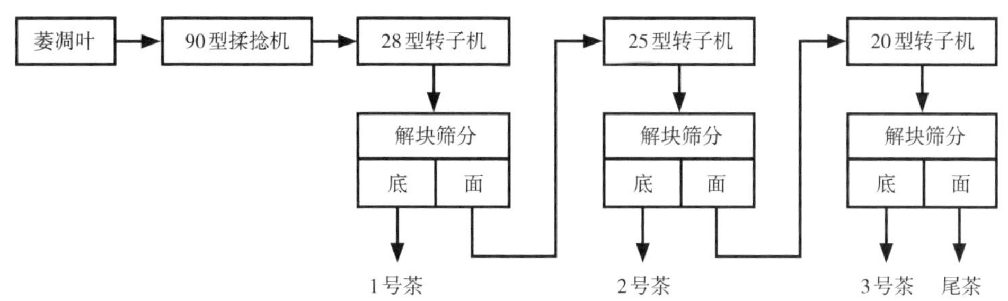

图8-12 转子机组合揉切工艺流程图

（三）CTC揉切法

CTC是英文（Crush，Tear，Curl）的缩写（图8-13），20世纪80年代引入我国，主要由一对相向转动的三角棱齿辊组成，转速分别为700r/min和70r/min，转速比为10∶1，当茶叶通过两辊之间细小间隙，受到强烈挤压，同时在三角棱齿和速度差的作用下，茶叶被撕裂、搓碎为颗粒。产品外形均匀，色泽黑棕润；内质浓强鲜爽。由于揉切作用强烈、快速，其揉切产品依然保持鲜绿，为发酵创造了条件。在生产中多与揉切机和LTP机械配套使用，是目前国际上红碎茶加工的主要方式。

图8-13 CTC揉切机

CTC加工对鲜叶原料要求较高，一般鲜叶要求在3级以上，如低于3级，产品片末多，显筋毛，外形欠佳，并易损伤齿辊。在CTC机械联装应用中，要注意调整好齿辊间隙，一般第一台CTC的齿辊间隙稍大于叶片厚度，第二台稍小于叶片厚度，第三台以花色体积大小为依据。

（四）L.T.P锤击法

L.T.P（Laurie Tea Processor）是一种新型的制茶机械。机内有锤片160块，共分40个组合，转速2250r/min，在1~2s内完成破碎作业（图8-14）。优点是速度快、时间短，可控制发酵进程。产品外形色泽均匀，颗粒紧结；滋味鲜、强度好，叶底红亮。同样，LTP对原料的要求也较高，较老的原料不利LPT切割。目前生产中多采用与CTC组合，取得较好的效果。

图8-14 LTP锤击机

我国红碎茶品质主要是鲜强度较差，在生产中要发挥锤击机，CTC机揉切时间短，损伤叶细胞组织强烈快速，产品鲜强度好和转子揉切机的浓强度好，颗粒紧卷，造型好等特点。科学组合配套揉切机具，可以获得浓、强、鲜良好的产品（图8-15）。

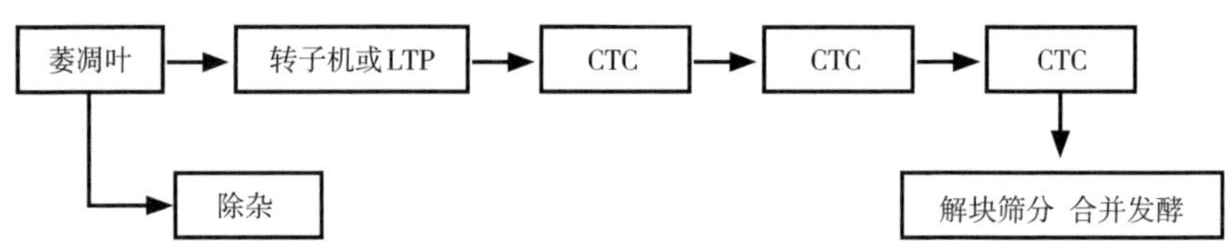

图8-15 转子机或LTP与CTC组合揉切工艺流程图

三、发 酵

红碎茶发酵的目的、技术条件及发酵中的理化变化原理与工夫红茶相同。由于红碎要求香味鲜爽强烈，故适当控制多酚类物质的氧化程度，提高茶黄素含量，保持茶汤具有浓强鲜爽滋味，对发酵程度的掌握较工夫红茶为轻。

传统制法，受揉切机具的限制，茶坯经反复多次揉切，时间较长，可控的发酵时间很短，在生产中往往只需经过短暂的发酵过程。在夏秋茶期间，由于气温较高，发酵进展较快，一般不需进行独立发酵过程，就已达到适度要求。在气温很高的情况下，为防止发酵过度，除注意做好车间的增湿降温外，还需适当缩短各次揉切时间，否则，易造成发酵过度，影响产品质量。

发酵程度的掌握主要以感官判定，以叶色呈黄或黄红色，青草气消退，透发清香至稍带花香为适度。若出现苹果香，叶色变红则发酵过度。

四、干 燥

干燥的目的、技术以及干燥中的理化原理与工夫红茶的干燥相同，仅在具体作业上稍有区别。

红碎茶在揉切过程中由于叶细胞组织破坏程度高，多酚类的酶促氧化十分激烈，故干燥前期必须是高温迅速破坏酶的活性，制止酶促氧化，并迅速蒸发水分，避免湿热作用引起的非酶促氧化。

生产中一般采用两次干燥为宜。不论采用一次或两次干燥法，温度必须掌握适当，毛火进风温度110~115℃，采用薄摊快速干燥，摊叶厚度1.25~1.5kg/m^2，烘至八成干（含水量20%左右）。毛火叶要及时摊凉，摊放要薄，避免因高温堆积引起非酶促氧化，摊放时间为20~30min。足火95~100℃，摊叶2kg/m^2，烘至足干（含水量5%）下机。

干燥时，不论几次干燥，都应在发酵适度时及时干燥，并严格分级分号上烘，同时摊叶厚度随原料老嫩，不同茶号而异。一般嫩茶比老茶薄，碎茶比尾茶薄，1号茶比2、3号茶薄。干燥后摊凉至室温时立即分别装袋，按质归堆入库。

白茶是我国六大茶类之一，是我国特有的外销茶类。近年来，国内对白茶有了新的认识，市场的增长量较大。本章主要介绍白茶的发展历史和品质特点、白茶初加工工艺和技术要求，阐明了白茶萎凋的原理和品质形成的关系，同时介绍了主要白茶产品的加工技术。

（供图：胥 伟）

第九章 白茶初加工

第一节　白茶简述

白茶是我国六大茶类之一，也是福建省的特种外销茶类。早在宋代《大观茶论》中就有关于白茶的论述。传统白茶加工特点是不炒不揉（图9-1），成茶满披白毫，色泽银白灰绿，汤色清淡。产品有白毫银针、白牡丹、贡眉等。

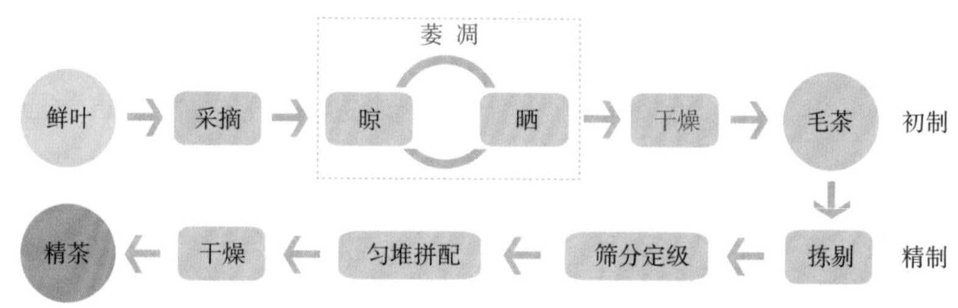

图9-1 传统白茶制作工艺图

白茶约有200年历史，清代嘉庆初年（1796年）已有白茶，由菜茶群体品种采制，芽头瘦小，白毫欠显。19世纪初政和县种植大白茶品种，清光绪十五年（1889年）用大白茶试制银针成功，并畅销欧美市场。白牡丹始创于建阳，1922年传入政和，主要产区有东坪、西津、长城等乡。

白茶花色品种因划分依据不一，命名各异，目前依鲜叶嫩度划分，可分为银针、白牡丹、贡眉和寿眉。采自大白茶或水仙品种的肥芽制成的，称银针；以大白茶品种的1芽2叶初展嫩梢制成的，称白牡丹；以茶嫩梢1芽2、3叶制成的称贡眉；制银针“抽针”时剥下的单片叶制成的称寿眉。依茶树品种不同分为大白、水仙白、小白。以大白茶品种制成的称大白；以水仙品种制成的称水仙白；以菜茶群体品种制成的，称小白。

白茶性清凉、退热降火、祛暑，有治病之功效。因外形美观素雅，海外侨胞视为珍品，欧美国家茶叶常以白茶拼配点缀。主要销售到港澳、新加坡、马来西亚、德国、荷兰、法国、瑞士等国。

第二节　白茶加工技术

白茶品质的主要特征是外形满披白毫，“绿面白底”（叶面黛绿，背面白色银毫）是白茶的品质特征。白茶加工没有炒青。揉捻等工序，只有萎凋、烘焙2道工序。

一、萎　凋

白茶萎凋与红茶萎凋的目的、方法相同，但白茶萎凋时间长，要求严格，鲜叶在萎凋过程中发生了深刻的理化变化。其白茶的萎凋原理如下：

白茶萎凋时，芽叶失水，失水速率与萎凋室温度、相对湿度好空气流动速度密切相关，也与萎凋方法和摊叶厚度有关。研究发现，萎凋叶以36h前失水较快，并筛后芽叶失水缓慢。空气相对湿度大于90%，萎凋叶失水极慢，易引起芽叶变红或变黑。夏秋气温高，气候干燥，萎凋叶失水较快。

萎凋过程中，叶尖、叶缘及嫩梗失水较快，叶背失水较叶面快，引起面、背张力的不平衡。当芽叶含水量降至20%~25%（约36~48h萎凋）时，出现叶缘背卷，叶尖与梗端起的现象，称“翘尾”。应立即并筛或翻动，克服水筛对叶缘背卷的阻力，促使叶缘垂卷，防止因贴筛出现叶态平板的问题。

叶绿素在萎凋前期受酶促作用分解，中后期在醌的作用下氧化分解；胡萝卜素、叶黄素及后期的多酚类化合物氧化缩合成有色物质，构成绿色为主，夹有轻微黄红色，并衬以白毫，呈现出灰绿显银毫的特有色泽。如温度过高，堆积过厚，或机械损伤，叶绿素大量破坏，则呈现暗褐色至黑褐色；如湿度过小，干燥过快，叶绿素转化不足，则呈现青绿色，俗称“青菜色”，品质都大大下降。

多酚类在萎凋前期的氧化还原处于平衡，没有氧化产物的积累；萎凋后期（18~36h）有氧化产物的积累。白茶不揉捻，酶与多酚类接触不充分，氧化缓慢、轻微，有色物质少。可溶性色素与其他色素构成白茶杏黄或浅橙黄的汤色。

在长达60h的萎凋中，干物质消耗约4%~4.5%。淀粉、蛋白质水解，多酚类的氧化缩合及其产物的相互作用，为白茶的香气与滋味奠定了基础。萎凋中后期，酶的活性减弱，内含物的转化渐为非酶促作用，在并筛后，加速了这一作用，进一步形成了白茶的香气。

因此，白茶萎凋过程是蒸发水分，增强酶促水解作用，形成了白茶品质风味特征。

二、干　燥

白茶干燥与其他茶类干燥的目的、原理相同，主要是去除水分，提高香气和滋味。在高温作用下，挥发低沸点香气，在叶片内糖、氨基酸、多酚类等物质的相互作用下，形成白茶的香气特征。采用烘干机和焙笼两种干燥方法。

第三节　主要白茶初加工

一、白毫银针加工

白毫银针是白茶的传统名茶，闻名遐迩。因其色白如银，形状如针而得名。

（一）白毫银针的品质特点

外形芽针肥壮，白毫满披，色泽银亮；内质香气清鲜，毫味鲜甜，滋味鲜爽微甜，汤色清澈晶亮，浅杏黄。

（二）白毫银针的采制方法

1. 鲜叶要求

白毫银针用肥芽制成。北路用福鼎大白茶，留鱼叶，采肥壮单芽付制；西路用政和大白，采1芽1叶置室内“剥针”，留肥芽（带梗）付制。严格不采雨水叶、病虫叶、损伤叶、紫色叶等。

2. 加工技术

白毫银针加工经过萎凋、烘焙2道工序，不同产地加工有所不同。

① **北路加工**：主要产于福鼎、福安、霞浦等闽东茶区。晴天采摘，采下的福鼎大白芽叶薄摊于萎凋帘上，采用室内萎凋与弱光下轻晒萎凋相结合，时间1~2天，至八九成干，含水量12%~20%时。剔除青色芽叶，文火焙至足干。一般0.25kg/笼，温度50~60℃，烘焙时间30min，烘至足干即可。如果温度过高、摊叶厚，易出现茶芽红变，香气不正；而温度过低、湿度大，毫芽变黑；如果火候过度，会造成毫芽发黄。

② **西路加工**：主要产于政和、松溪、建阳等闽北地区，将采摘的政和大白芽叶薄摊于水筛，置于通风处萎凋或微弱阳光下摊晒（2~3h），再移入室内萎凋，至七八成干，含水量20%~25%，移至烈日下晒干。如连日阴雨，在暴晒当天或次日，65℃烘焙10~20min，至叶色灰绿，稍加摊凉，文火50℃烘至足干。

加工好的毛茶经分筛、拣剔、复火等简单处理，分筛经过6、7孔筛分，筛面为特级银针，筛底为一级银针，再经过手工拣剔，剔除嫩梗、杂芽及异物等即可。

二、白牡丹加工

白牡丹采用1芽2叶初展芽叶制成。绿叶银白毫心，叶背垂卷，形似花朵，叶色面绿背白，俗称“青天白地”。因品种不同成茶有大白、小白、水仙白之分。

（一）白牡丹的品质特点

外形叶张肥嫩，毫心壮实，茸毛洁白，叶尖上翘，叶面波状隆起，色泽黛绿，毫香高长，汤色橙黄清澈，香味清鲜甜醇。

（二）白牡丹的采制方法

1. 鲜叶要求

鲜叶采摘1芽2叶初展，要求“三白”，单芽及第一、二叶满披白毫，芽叶连梗，完整无损。不采雨水叶，不带鱼叶、老叶和非茶类物质。

2. 加工技术

加工经过萎凋、并筛、干燥、拣剔工序，其中萎凋与干燥没有明显界限。

1）萎　凋

采摘的鲜叶进厂分等级，摊青在1m直径的水筛内，0.25~0.30kg/筛，芽叶摊放均匀，不能重叠。萎凋中，不许翻动、手摸，以防机械损伤。

白牡丹的萎凋采用室内萎凋或与日光萎凋相结合的方法。室内萎凋，春季温度20~25℃，湿度70%~80%，36h后第一次并筛，48h后第二次并筛。夏秋温度30~32℃，湿度70%左右，历时45~60h，不得少于36h或多于72h，前者带青气，后者易变黑霉变。采用日光与自然萎凋结合方法，可在早晚日光较弱时，晒10~30min，移入室内，以降叶温，反复2~4次，待芽叶萎软，失去光泽，再移至室内萎凋至适度。两种萎凋都要进行并筛，当萎凋叶青气减退，毫色发白，叶色转灰，叶尖翘起，约七八成干，即可并筛。

2）干　燥

干燥是白牡丹的定色阶段，对固定品质、提高香气有重要作用。干燥方法分为焙笼烘干和机械干燥2种。

① **焙笼烘干：**将萎凋叶摊放于焙笼，0.75kg/笼，温度70~80℃，烘焙15~20min，期间翻动2、3次，动作轻，勿断茶。若萎凋叶七八成干，可先明火（90~100℃）初烘，再降温烘至足干。

② **机械干燥：**摊叶厚度4cm，温度80℃左右，烘焙时间20min，一次干燥。如萎凋叶六七成干，可分两次干，初烘100℃，10min，摊凉后80~90℃烘至足干。

3）拣　剔

白牡丹干燥后应立即拣剔，使毛茶匀净美观。高级白牡丹拣剔出蜡叶（鱼叶）、黄片、红张、老叶、枝梗和杂物。二、三级叶拣剔出梗片、杂物。低级白茶只拣剔非茶类物质，拣剔操作要轻，保持芽叶完整即可（图9-2）。

图9-2 白毫银针、白牡丹实物样

乌龙茶又称为青茶，是我国六大茶类之一，在国际市场上与红茶、绿茶并列为三大茶类。本章主要介绍乌龙茶的发展历史和品质特点、乌龙茶初加工工艺和技术要点，阐明了乌龙茶品质的形成与茶树品种、采摘标准和加工工艺的关系，同时介绍了闽南、闽北、广东和台湾乌龙茶的加工技术。

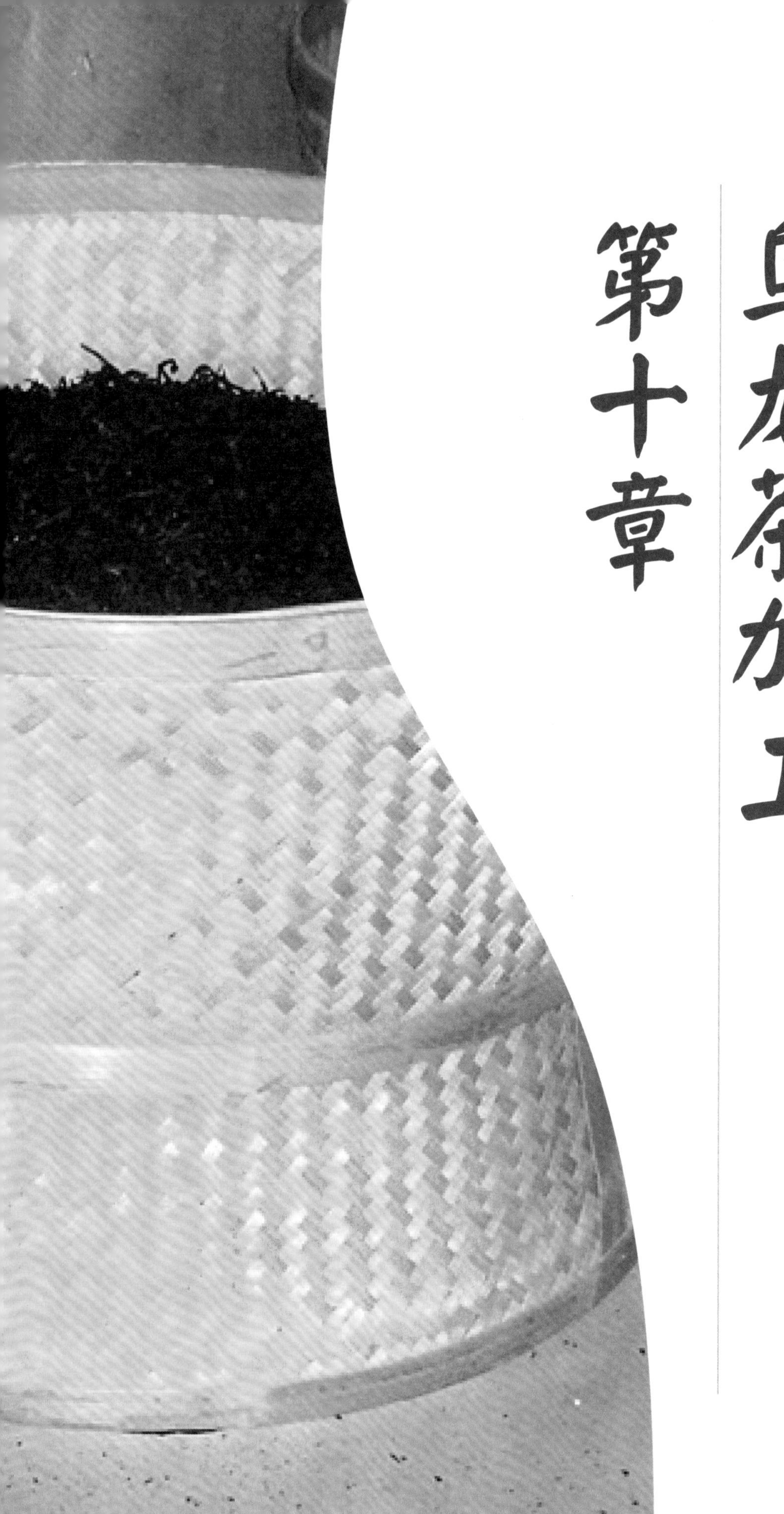

第十章 乌龙茶加工

第一节　乌龙茶简述

乌龙茶又称为青茶，是我国六大茶类之一。乌龙茶属半发酵茶，加工精细，以其特有的做青工艺，结合炒青、造型和别具一格的干燥方法，形成了独特的品质风格。在国际市场上与红茶、绿茶并列为三大茶类。

乌龙茶起源于明代，据清代宫廷陈延灿《续茶经》(1734年)引王草堂《茶说》(1717年)谓“武夷茶……采茶后，以竹筐匀铺，架于风日中，名曰晒青，挨其青色渐收，然后再加炒焙”，又云“独武夷炒焙兼施，烹出之时，半青半红，青者乃炒色，红者乃焙色”，把乌龙茶的加工和品质说得十分清楚。

乌龙茶的独特工艺是做青，通过摇青与静置控制鲜叶内多酚类化合物的局部缓慢氧化，并在“晾索”或“包揉”过程中，促进内含成分的非酶促氧化，使其形成乌龙茶特殊品质风味。

乌龙茶品质特点是绿叶红镶边。汤色金黄，香高馥郁，滋味醇厚，回味甘爽。高级乌龙茶必须有特殊香型和韵味。如岩茶的岩韵，铁观音的音韵。优良品种的特殊香型，如肉桂之桂皮香，黄旦之蜜桃香，凤凰单枞的天然花香。

乌龙茶主产于福建、台湾、广东三省，以福建生产历史最悠久，花色丰富，品质最佳，是青茶的发源地和主要产地。近些年来广西、四川、湖南、浙江、江西等地也有少量生产。香港、澳门是主要的侨销市场。近年来贸易逐渐扩大，乌龙茶已外销30多个国家和地区，如美、日和欧洲等国。

第二节　乌龙茶加工技术

一、乌龙茶品种与鲜叶

乌龙茶香味独特，具有天然花果香和品种的特殊香，这是由于适制乌龙茶的茶树品种，在得天独厚的自然环境栽培下，所获鲜叶经加工而成的结果，而品种是乌龙茶品质特征形成的物质基础。首先，适制乌龙茶的品种，其鲜叶表皮有较厚的角质层，被蜡质所包被，这些蜡质在加工中被分解、转化形成香气；同时，适制乌龙茶的品种，叶下表皮大都具有腺鳞，腺鳞具分泌芳香物的功能。据研究，适制乌龙茶的不同品种鲜叶，加工成乌龙茶后，其香气组分基本相同，主要是橙花叔醇、顺茉莉内酯、法呢烯、乙酸苄酯等，大多数带有鲜花香的香气成分。但是各品种间的组分比例不同。如铁观音中高沸点与低沸点的香气组分丰富，显音韵，香气持久；黄棪低沸点的香气组分含量较高；毛蟹则单一组分的比例偏高；武夷水仙中沸点的香气组分较多，具馥郁花果香。因此，乌龙茶的品种香，代表了乌龙茶普遍存在的品质风格。

其次，乌龙茶对鲜叶有特殊的要求标准，即新梢要有一定的成熟度。一般以嫩梢全部开展，伸育将要成熟，形成驻芽时为最好，俗称为“开面叶”。这样的鲜叶醚浸出物含量多，咖啡碱、多酚类化合物含量少，做成青茶苦涩味轻。同时，一定成熟度的叶片中具备较多的香气前导物质，并且类胡萝卜素、淀粉和脂类等物质含量增加，这些物质在加工中的降解和转化，对乌龙茶香气的构成起到良好的作用。若鲜叶太嫩，不仅滋味苦涩重，而且经萎凋做青后，叶片可能全部变红，做青容易出现过重，致使成茶外形出现红褐或暗青；内质香低味淡，不符合青茶品质要求。若太老，则成茶外形粗大，色枯绿、味薄、香短，也不利品质形成。生产经验认为同一驻芽梢上第二、三叶加工乌龙茶品质最佳。

二、乌龙茶的加工

乌龙茶的花色、品种较多，但加工工艺基本相似。其初加工工艺为晒青、做青（摇青，晾青）、杀青、揉捻（包揉）、烘焙5道工序。

（一）晒　青

1. 晒青目的

晒青又称日光萎凋，是利用光能，提高叶温，促进鲜叶适度蒸发水分，使叶质柔软，促进呼吸代谢作用，为做青作准备的过程。

晒青的目的：① 蒸发鲜叶部分水分，增强叶细胞膜的透性，降低细胞组织的膨胀压；② 提高酶活性，促使化合物的水解、氧化和转化；③ 促使叶绿素降解，挥发低沸点的青臭气和香气组分的转化。

2. 晒青原理

通过晒青或加温萎凋工序，叶片内水解酶、氧化酶等酶的活性增加，特别是水解酶活性明显增加，蛋白质水解、转化，氨基酸增加；氧化的增强，可溶性糖含量下降；儿茶素被缓慢氧化降解；叶绿素降解、转化，叶片由鲜绿富有光泽，转变为暗绿，并失去光泽；许多结合态的香气前体物质水解，香气的浓度增加。

据研究，乌龙茶品质成分基本介于红茶和绿茶的范围内，但品质综合表现有所不同，这主要是含量和组成上的差异所致。就红茶而言，多酚类及其氧化产物是色香味的主要物质，特别是茶黄素、茶红素的含量是红茶的品质指标；就绿茶而言，茶汤的“苦、涩”

滋味主要来自多酚类；而乌龙茶包括两茶类在内的多种成分之间的相互协调，特别是多酚类与其氧化产物之间比例上的平衡（表10–1）。

乌龙茶香气成分转化形成的主要条件和工艺特点是：① 特殊的品种和一定成熟度的鲜叶；② 晒青和做青作业促进了萜烯糖苷的水解和香气的释放；③ 做青作业中叶片中内含成分的“走水”促进香气物的形成；④ 适度的氧化限制了脂质降解产物和低沸点成分的大量积累，故成茶青气不显而花香浓郁。

表10–1　乌龙茶做青过程中主要成分的变化（张杰等，1993年）

成分	茶多酚（%）		儿茶素（mg/g）		黄酮类（%）		叶绿素（%）		茶黄素（%）		茶红素（%）		茶褐素（%）	
	叶缘	叶心	叶缘	叶心	叶缘	叶心	叶缘	叶心	叶缘	叶心	叶缘	叶心	叶缘	叶心
鲜叶	22.12	19.44	173.97	152.20	11.95	10.36	0.91	0.88	0.05	0.06	2.97	3.05	2.47	2.53
晾青	21.66	18.96	170.73	151.28	11.84	10.34	0.88	0.87	0.06	0.06	0.36	3.72	2.54	2.54
晒青	21.41	18.62	164.98	142.61	11.92	10.32	0.89	0.86	0.07	0.05	3.58	4.08	2.74	2.87
摇青 1次	20.17	18.07	151.44	141.38	11.83	10.39	0.87	0.86	0.07	0.06	3.75	3.97	2.90	2.86
摇青 2次	19.89	18.24	140.64	139.80	12.13	10.78	0.71	0.84	0.10	0.07	4.19	4.29	2.86	2.98
摇青 3次	17.56	13.35	129.35	131.53	11.83	9.98	0.72	0.74	0.12	0.08	3.92	3.66	2.91	2.82
摇青 4次	16.10	16.44	112.91	124.98	12.11	10.90	0.69	0.71	0.10	0.06	4.07	3.59	3.26	3.04

3. 晒青方法

晒青在空旷地面搭架，将鲜叶摊放在水筛内，投放量0.3~0.5kg/m^2，一般在上午11时前和下午14时后进行，根据阳光强度，历时10~60min不等（图10–1）。大生产中用青席晒青，期间翻叶1、2次。

图10–1　乌龙茶晒青

晒青后，将茶叶移入室内晾青，历时1~1.5h，失水2%~4%。晾青是晒青的继续，主要是下降叶温，缓解多酚类的酶促氧化，防止早期红变，并促进水分的重新分配。

（二）做　青

做青是乌龙茶加工中形成其品质的关键工艺，包括反复多次的摇青与晾青，有的会在摇青和晾青之后进行堆青，以调节和控制内含成分的变化方向和程度，形成乌龙茶色香味的品质特征过程。

1. 摇青目的与原理

摇青又称浪青，是通过手工或摇青机（图 10–2）等外力作用，使茶叶在摇青机内或筛面上滚动，茶叶与茶叶及设备间相互碰撞、摩擦，促使叶面和叶缘发生轻微损伤，产生局部酶促氧化作用的过程。用双手碰茶又称为搅拌或做手。

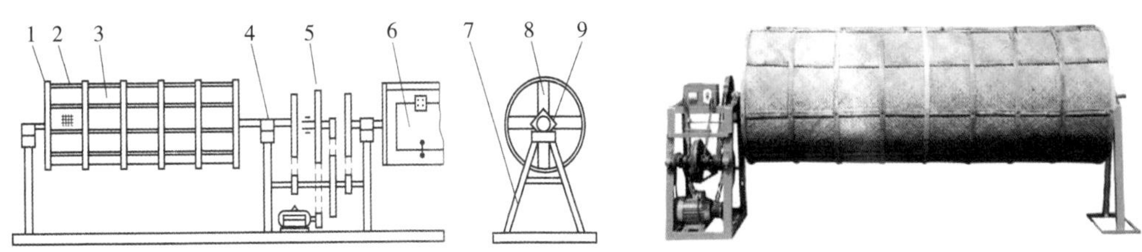

图 10–2　乌龙茶摇青机

注：1. 圆箍；2. 横条；3. 摇篮；4. 轴承；5. 传动机构；6. 进出茶门；7. 机架；8. 辐条；9. 钢板。

摇青的目的：① 促使部分叶缘细胞组织摩擦，造成损伤，促使多酚类、色素等内含成分发生酶促氧化和水解；② 促使茶叶水分蒸发和叶内水分的均匀分布，增强细胞膜透性；③ 促使青草气挥发，香气组分的转化形成。

摇青过程是叶细胞在机械力的作用下部分摩擦损伤，形成以多酚类化合物酶促氧化为主导的化学变化，以及其他物质转化与积累的过程，逐步形成花香馥郁、滋味醇厚的内质和绿叶红镶边的叶底特征。

2. 晾青的目的与原理

摇青后将茶叶置于水筛上进行室内萎凋的过程，称为晾青，又称静置（图 10–3）。

晾青的目的：① 继续促使叶片水分蒸发和分布均匀，增强细胞膜透性；② 继续促使茶多酚的氧化和其他物质的转化；③ 继续促使香气物质的转化形成。

图 10–3　乌龙茶摇青与晾青

在摇青和晾青之中，叶片呈现紧张与萎蔫的交替过程称为“走水”。摇青时，叶片碰撞、摩擦，促使水分与内含物由梗向叶运输转移；晾青前期，水分继续向叶片转移，叶片呈现紧张状，叶面光泽恢复，青气显，俗称“还阳”；晾青后期，水分运输减弱，蒸发大于补充，叶片呈现萎蔫状，叶面光泽消失，青气退，俗称“退青”。也即退青与还阳的交替过程是走水。

一些乌龙茶茶区在摇青与晾青之后，将做青叶堆积于篓、筐中，稍加压，称为堆青。目的是适当提高叶温，促进发酵，发展香气，以弥补摇青、晾青程度的不足。经过堆青，茶叶中氨基酸的含量明显提高，可溶性糖也有所提高，香气的浓度明显提高。因此，这是一个以酶促氧化和酶促水解作用的过程。

做青的原则是要求时间由少到多，晾青的时间由短到长，摊叶的厚度由薄到厚。摇青时间与晾青厚度要根据品种、鲜叶的老嫩、晒青程度和天气情况灵活掌握。

做青程度：一摸叶片柔软度，若柔软如棉，并略有温手感为适度；二看叶色、叶相，叶色由鲜绿转为暗绿，又转为黄绿、淡绿，叶缘及叶尖呈红色，叶表出现红点，叶脉透明，叶边缘形态变化等；三闻香，以青气消退，显露花香为适度。

（三）杀　青

乌龙茶杀青，当地又称“炒青”，主要是固定和发展做青品质，为揉捻创造条件。其目的、原理与方法与绿茶相同，在福建台湾一带多采用燃气滚筒杀青机杀青（图10–4）。

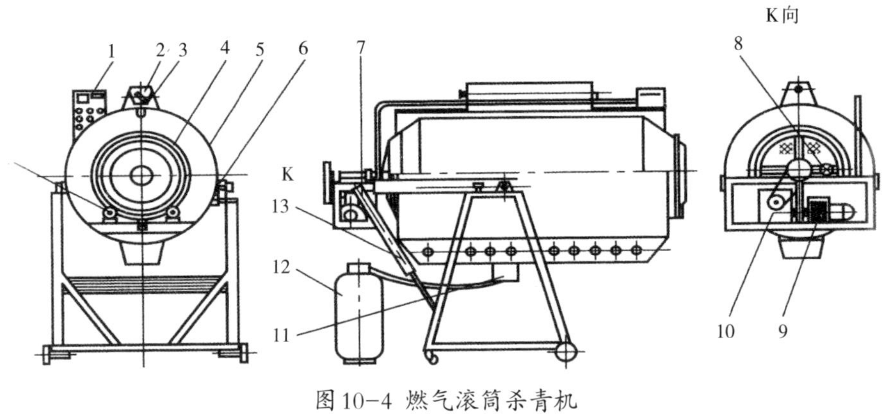

图10–4　燃气滚筒杀青机

注：1.控制箱；2.排烟管；3.温度传感器；4.滚筒；5.外罩；6.出茶手柄；7.主轴；8.排气扇；9.调速电机；10.减速箱；11.点火器；12.液化气罐；13.缓冲器。

（四）揉　捻

揉捻是乌龙茶初加工的造型工艺。其目的、原理与其他茶类相同，可用手在水筛中揉捻也可采用机械揉捻，乌龙茶的揉捻机结构与绿茶稍有不同，一般采用专门的揉捻机（图10–5）。

图10-5 乌龙茶包揉机

包揉是乌龙茶（铁观音）根据其产品外形品质的要求所采用的造型工艺。包揉在台湾称为团揉，包揉与烘焙多次交替进行，以促使乌龙茶形成外形卷曲、颗粒状的独特造型。

包揉的目的：① 促使茶叶紧结形成卷曲、颗粒状；② 增加叶细胞的组织破损，揉出茶汁；③ 促使内含成分发生生化转化，发展香味。

杀青叶通过包裹成球状，在包揉机的作用下，经过反复翻转、揉压、解包等过程，形成卷曲、颗粒状的外形；同时，经烘焙的茶叶软化，揉出的果胶等物质，有利于紧结、颗粒状的形成。

（五）烘　焙

乌龙茶烘焙的目的、原理与其他茶类的干燥是相同的，但在干燥方法上乌龙茶主要采用烘焙方式，包括初焙、复焙、足干等工序。初焙又称毛火、初烘；复焙又称复火、复烘；足干又称足火、炖火。需包揉的乌龙茶，干燥中复焙与包揉多次交替进行。而乌龙茶的炖火采用文火慢焙，以增进滋味的醇爽度。毛茶含水量控制在5%左右。

第三节　武夷岩茶加工技术

武夷山市，位于福建北部武夷山西南面，山上多岩石。武夷岩茶生产历史悠久，但究竟始于何年代，尚未有明确考证，具推论认为始于16世纪的明代，清朝末年，武夷岩茶进入兴盛时期。

闽北乌龙茶产于崇安、建瓯等县，主要生产武夷山岩茶。武夷山区内岩山上岩峰峥嵘，秀拔奇伟，茶树就生长在这优美的环境之中。

近代武夷岩茶以生态条件和茶树品种结合分类，两者并用。以生态条件分为：正岩茶、半岩茶、洲茶、外山茶。正岩也称大岩，即武夷山三坑二涧（牛栏坑、慧苑坑、大坑口，流香涧、梧桐涧）所产茶；半岩也称小岩，即武夷山范围内，三坑二涧以外和九曲溪一带山岩所产茶；洲茶产于平地和沿溪一带。外山茶产于武夷山以外和邻近一带。

武夷岩茶依茶树品种不同分为：武夷水仙和武夷奇种。将生态与品种结合命名，则分为岩水仙、岩奇种、洲水仙、洲奇种、外山水仙、外山奇种。奇种是武夷山有性群体茶树，从中选择优良单株单独采制，称为单枞奇种。株数稍多者称为名枞，名枞又分为岩名枞和普通名枞。如天心岩的大红袍、竹窠岩的铁罗汉、慧苑坑的白鸡冠、牛栏坑的水金龟，号称四大名枞。普通名枞有金钥匙、十里香、吊金龟、半天夭、瓜子金等。

近代引进的良种有铁观音、梅占、乌龙、奇兰、佛手等。

一、武夷岩茶品质特征

武夷岩茶外形条索壮结匀净，色泽砂绿蜜黄，带蛙皮小白点，鲜润泛“宝色”。香气具岩骨花香，馥郁幽长，滋味醇厚鲜滑，回味润爽，独特“岩韵”。汤色橙黄略深，显金圈，叶底肥厚柔软，叶缘朱砂红，叶片中央淡绿泛青，呈绿腹红边，鲜艳瑰丽。

二、武夷岩茶采制方法

（一）鲜叶要求

以新梢伸育完成，刚形成驻芽，采摘2~4叶的新梢，俗称开面采。老嫩程度不同，又将开面采分为3种，小开面是嫩梢驻芽刚出现，第一叶略卷，未全展平时；中开面是第一叶展平，面积小于第二叶的新梢；大开面是第一叶面积与第二叶面积相近的新梢；以中开面至大开面2、3叶质量最好。

武夷茶区春茶于立夏前3~5天开采，夏茶于夏至开采，秋茶于立秋后开采。鲜叶采摘时间一般露水干后开始，采到下午5时，5时以后不采茶。尤其是采摘高档茶，以下午14~16时最好。不采雨水叶和露水叶。

（二）加工技术

武夷岩茶加工有手工和机械操作，但手工工序繁杂，目前一般采用机制加工，分为萎凋、做青（摇青）、杀青、揉捻、干燥5道工序。

1. 萎　凋

武夷岩茶的萎凋分日光萎凋（晒青）和加温萎凋，以日光萎凋（晒青）为主。下午16~17时以后进厂的鲜叶，阴雨天采摘的鲜叶，采用加温萎凋。

① **日光萎凋（晒青）：** 进厂鲜叶，按品种、产地和采摘时间，分别均匀地摊放于直径1m，孔眼0.5cm的水筛上，每筛摊0.3~0.5kg，以叶片不相叠为宜。按先后顺序放置晒青架上进行日光萎凋，以防损伤叶子而先期发酵，产生叶干瘪（死青）现象。于上午11时前和下午14时后进行，气温不宜超过34℃，历时10~60min，期间翻叶1、2次。晒青时间的长短，以日光强弱和鲜叶含水量多少等灵活掌握，做到看青（茶）晒青。

② **加温萎凋：** 过去加温萎凋在焙房的楼上，利用焙房上升的热空气提高室温。室温

30~35℃，相对湿度50%~55%。如室温不够，烧火盆加温，调节室温。摊叶厚度5~7cm，时间2~3h。萎凋过程中，翻叶1、2次。

③ **萎凋槽萎凋：** 目前生产上主要采用这种方法，一般摊叶厚度在15~20cm，时间为1~2.5h，风温控制在42℃左右。萎凋程度比采用日光萎凋稍老，要防止萎凋过度，出现泛红。萎凋槽萎凋其摊叶厚度，萎凋时间和风温，应按品种和鲜叶含水量等灵活掌握。

萎凋程度为当叶色失去光泽、叶质较柔软，叶缘稍卷缩，青气减退，清香呈现，手持新梢基部其顶部第二叶下垂，而梗中水分尚充足，减重率在10%~15%之间为适度。含水量70%左右时为宜。

晒青结束后，立即开始晾青，这是日光萎凋的继续和减缓，历时1~1.5h，失水2%~4%。

2. 做　青

武夷岩茶做青在室内进行，一般设在较密闭而又干爽的地方，保持室温25~27℃，相对湿度80%~85%。若室温低于20℃时，应进行加温，提高室温，促进发酵。但室温不得超过29℃。做青分为手工做青和机械做青。

① **手工做青：** 手工做青用水筛完成，其方法是两手握水筛边缘，有节奏地进行旋转摇把，使叶子在筛上作圆周旋转与上下翻动，促使梗脉内的水分向叶片输送，同时擦破部分叶缘细胞。摇青中后期辅以做手，以弥补摇青的不足。摇青次数、转数与每次间隔时间，随品种、气候、晒青程度不同而灵活掌握。

② **摇青机做青：** 摇青机转速25~30r/min，投叶量10kg，每隔30~60min摇青一次，每次2~6min，摇青后仍留在筒内晾青，全程要摇青8~12次，总摇青转数800~1000r。其工效是手工做青的20倍（表10-2）。

表10-2　武夷岩茶做青技术参数

制法	做青次序	一	二	三	四	五	六	七	八	九
手工	摇青转数（r）	10~15	20~30	0~40	40~50	50~60	50~60	40~50	30~40	7~8 灵活 掌握
	做手次数（次）				6~7	10~12		15~20	15~20	
	晾青（min）	30~50	60~70	60~80	60~90	90~120	120~150	120~150	50~60	
机械	摇青转数（r）	0.5	1	1.5	2	2~3	3~4	3~4	2	
	晾青（min）	30	45	10	60	60~70	60~70	50~60	灵活 掌握	

武夷岩茶做青的总原则是重晒轻摇、轻晒重摇、先轻后重。在操作规程中掌握：摇青与晾青交替进行；转数由少到多，摇青程度由轻到重；晾青时间先短后长，摊叶厚度由薄到厚。

做青程度：当青气消失，散发出浓烈的花香；叶脉透明，叶面出现黄绿色，有红点或“三红七绿”，第二叶形成汤匙状；减重率一般在25%左右，含水量65%~68%时为宜。

3. 杀　青

杀青方法有手工杀青和机械杀青两种，目前以机械杀青为主。

① **手工杀青：**分初炒和复炒两次。初炒，锅温240~260℃，投叶量1~1.5kg。采取多闷少扬，炒匀炒透的原则。含水量较少、叶片较薄的奇种以闷炒为宜，火温宜低，时间宜短些。叶子肥大、含水量较高的水仙以高温闷扬结合，时间宜长些。一般趁热揉捻，揉后进行第二次杀青，又叫复炒。复炒锅温200~240℃。将初揉叶撒在锅内闷炒十几秒钟，炒到烫手时起锅，进行复揉。

② **机械杀青：**适于大批量的生产，只需一次炒、揉。锅温300~350℃。掌握多闷少扬，高温，快速短时，小锅的原则，炒2~3min，至适度起锅揉捻。

杀气适度标准：叶子变软，富有黏性，叶色转暗，发生清香，无青臭气，失水约15%~22%时，即为适度。

4. 揉　捻

揉捻采用中小型揉捻机，投叶量8~10kg，转速60~65r/min，掌握热揉、重压、短时、快揉的原则。嫩叶4~8min，老叶20min左右。揉至叶细胞破坏，茶汁流出，叶片卷成条索，即为适度。

5. 烘　焙

岩茶的传统干燥法分为毛火（初焙）、足火（复焙）、吃火。目前，茶场机械化生产，只进行毛火、足火，吃火放到精制进行。

① **人工烘焙：**首先进行初焙，采用高温薄摊快速。焙间分设120→90℃不同温度的焙窖（密闭）3、4个，烘温从高到低顺序排列，每笼投叶0.5kg，每3~4min翻拌一次，并向下一个温度较低的焙窖移动，全程12~15min完成，这一过程俗称“抢火焙”或“走水焙”。下焙时毛火叶含水量约30%。随后进行簸拣与凉索，下焙后立即扬簸，使叶温下降，并扬弃轻质黄片、碎片、茶末及轻质杂物，簸后将毛火叶置水筛上摊放5~6h，俗称“凉索”，一般是凌晨2~3时至上午7~8时，边凉索边拣去黄片、梗朴。再进行足火（再干），温度100℃，每笼投毛火叶1kg，烘焙10~20min，足干下焙。还要进行炖火（吃火），烘温70~80℃，投足干叶1~1.5kg，烘1h后加半边盖烘1h，称“半盖焙”，然后将焙笼全部盖密，继续烘1~2h，称“全盖焙”，共计吃火达2~4h。最后进行坑火，即用纸包成茶，包后再补火一次。

② **机械烘焙：**烘干机烘焙也分毛火和足火，毛火温度120~150℃，历时10~15min，

烘至七成干下烘。摊凉约60min左右，同时将不成条的老梗、单片叶、黄叶剔除。足火温度80~90℃，历时15~20min，烘至含水量6%左右为宜。

第四节　铁观音加工技术

闽南乌龙茶产于安溪、永春、平和、云霄、长泰、漳平等县。主要生产铁观音、色种、水仙等。

品质以铁观音最优。铁观音和乌龙都是以茶树品种名称而命名的。色种是各种不同茶树品种混合制成的，包括毛蟹、本山、奇兰、梅占等。

铁观音是由岩茶演化而来。阮旻锡《安溪茶歌》云："溪茶遂仿岩茶样，先炒后焙不争差"，其歌词已进行了佐证。据考证，铁观音产于清乾隆间，距今200多年的历史。而铁观音茶名的由来，是因为茶色乌润，茶条重实如铁，外形优美如观音，而冠以"铁观音"之称。

一、铁观音品质特征

铁观音外形卷曲沉重，似蜻蜓头、青蛙腿，身骨重实，色泽砂润亮起霜，汤色橙黄明亮，香气馥郁浓烈，胜似兰花香。滋味浓厚，回味甘爽，韵味独特，特称"音韵"。品饮时入口微感浓苦，后即回甘生津，历久余香犹存。叶底肥厚，叶缘红艳，叶柄青绿，叶面黄绿有红点，俗称"青蒂绿腹蜻蜓头"。

二、铁观音采制方法

（一）鲜叶要求

安溪铁观音鲜叶采摘标准以小开面2、3叶最为理想。春茶谷雨后开采，夏茶夏至后开采，暑茶立秋后开采，秋茶秋分后开采。每年采4、5季茶。采摘方法与闽北青茶相同。

（二）加工技术

铁观音加工分摊青、萎凋、做青、杀青、揉捻、初烘、整形（包括包揉、复烘和包揉）、足干8道工序。

1. 摊　青

闽南青茶制法与闽北青茶制法有所不同。鲜叶进厂不立即进行晒青，而是先进行摊青。主要是散发叶温和叶面水分，保持原料新鲜。按品种、时间及采地等分开，分别摊放在晾青架上。因进厂时间不同分为早青、午青和晚青。

2. 萎　凋

摊青后，将竹匾放在阳光充足、空气畅通的晒谷场或晒青架上，每筛0.75~2kg，中间翻叶2、3次。

晒青时间长短和程度的掌握是依季节、品种、天气与阳光强弱而有不同。以品种而言，叶子肥厚的铁观音，做青变化缓慢，发酵历时长，晒青宜重，减重率8%~10%；本山、奇兰等容易发酵，宜轻度晒青，减重率5%~8%。以气候来说，春茶气温较低，鲜叶含水量较高，晒青时较长些，程度重些；平原炎热地区，夏暑秋茶鲜叶进厂时萎凋程度已足够，可不晒青或以晾代晒。

萎凋适度标准：叶质柔软，失去弹性，手提新梢基部而新梢顶端叶片下垂，叶色转暗绿，略显清香，失重率8%~10%之间为宜。

3. 做　青

将萎凋叶二匾拼一匾，入做青间进行摊凉做青。铁观音做青时间比武夷岩茶长，而发酵程度轻，通常以叶缘锯齿上呈现微红即为适度，采取摇动与摊凉交错进行。做青间要求清洁凉爽，室温20℃左右，相对湿度70%~80%为宜。

做青采用手工做青和机械做青。目前除少数高档良种乌龙茶用手摇外，大都采用竹制圆筒摇青机。

1）手工做青

用半球形大竹筛，称“吊筛”，直径约140cm，深为20~25cm，筛孔约0.5cm × 0.5cm，投叶量5~6kg，可以双人持筛来回摇动，也可在筛上加一横杠，用绳索悬挂其中，一人持筛操作。

2）机械做青

表10-3　铁观音做青技术参数

方法	气候及季节	做青参数			
		第一次	第二次	第三次	第四次
手摇（r）	春茶	120	230~250	400~500	700~800
	夏茶	70~80	100~120	300~400	450~500
	秋茶	70~80	200~250	300~400	600~700
投叶量（kg/筛）		0.75~1	1~1.5	1.5~2	2~3
静置（h）		1~2	2~3	3~4	4~5
机摇（min）	南风天	2	5~6	10	15
	北风天	3	15	15~20	20~30
摊叶（cm）		6~7	8~10	12~15	18~20
静置（h）		1~2	2~3	3~4	4~5

采用电动圆筒摇青机（单筒或双筒），圆筒直径80cm，长150cm，容叶量30~40kg，转速28~30r/min，也可用综合做青机做青（表10–3）。

上表所列4次摇青的作用各不相同，可归纳为摇匀、摇活、摇红、摇香。

第一次摇青——摇匀。主要是促进晾青叶水分分布均匀，叶片恢复生机，为摇青走水作准备。一般于傍晚17~18时开始。此次摇青要轻，宁轻勿重，以免死青。摇后将叶抖松薄摊静置，以促进水分蒸发。待叶尖回软，叶面平伏，光泽消失，叶色暗绿加深，叶缘绿色转淡，青气退，略带青香，即可进行第二次摇青。

第二次摇青——摇活。一般于夜间21~22时进行。摇青较第一次重，以损伤叶缘细胞，促进叶内水分及物质的运输与转化。摇后稍有青气，叶面光泽明显，叶尖翘起，叶略挺，稍呈还阳复活状态。开始走水，静置后嫩叶开始背卷，后期叶尖回软，叶面平伏，叶肉绿色转淡，叶锯齿变红，微有红边。待青气退，略有香气时进行下一次摇青。

第三次摇青——摇红。一般于午夜0~1时进行。这次是摇青的关键，它对内含物，尤其是芳香物质的转化，红边的形成，都是重要的阶段。需摇至青气浓烈，叶子挺硬，摇青适度时，摇青叶有"沙沙"声响，即可下机静置。这次摊叶要厚（若高温季节则不宜过厚），堆成"凹"形，以防堆中叶温过高。此次摇青较重，叶缘损伤达一定程度，叶面隆起部也有一定的损伤。静置后走水明显，叶缘背卷略呈汤匙状，红边显现，叶面隆起处有红点，叶色转黄绿，青气退，清香（或花香）起，即可再行摇青。

第四次摇青——摇香。于凌晨4~5时进行。根据红边程度决定摇青的轻重，红边已足者可轻摇，红边不足则稍重摇，摇至略有青气出现即可。春季与晚秋，气温低，摇后青叶应厚堆，以提高叶温，使损伤处多酚类化合物酶性氧化能顺利进行。促进芳香物质的形成与积累，若温度过低，可在叶堆上加盖布袋，以保持叶温，促进内含物化学变化。当温升至比室温高1~3℃，叶堆略有温手感时，花香浓郁，嫩叶叶面背卷或隆起，红点明显，叶色黄绿，叶缘红色鲜艳，叶柄青绿色，呈"青蒂绿腹红镶边"，即为做青适度，应及时炒青，防止香气减退和发酵过度。夏季气温高，青叶不宜厚堆，以防发热红变。

第四次摇青后若红边不足，可进行第五次辅助性摇青。摇青历时根据红边情况而定。

做青适度标准：当叶面凸出，成汤匙形，叶色黄绿，（闽北黄亮），失去光泽，叶身柔软，叶缘呈朱红色，叶表出现红色斑点，青气退，茶香起，细胞破坏率达18%~20%即可。

4. 杀　青

杀青目的、原理与绿茶相同，目前多采用滚筒杀青机和锅式杀青机两种。

滚筒杀青：杀青温度240~260℃，投叶量滚筒式2~5kg，锅式杀青4~5kg，历时8~10min。掌握粗老叶水分少，炒青时间可稍短，程度应稍轻，宜多闷少扬，以免失水过多，揉不成条；嫩叶水分多，宜高温，多抛，杀青要充足。

杀青程度：待叶色由青绿转为黄绿，叶质柔软，手握叶子有黏性，叶张皱卷，失重率30%左右即可。

5. 揉　捻

炒青叶趁热揉捻，采用乌龙茶揉捻机，掌握热揉、重压、快速、短时的原则。揉捻3~5min，条索初步形成，茶汁挤出，即下机解块初烘。

6. 初　烘

掌握“高温短时”原则。手工烘焙用焙笼，温度约90~100℃，投叶1kg，时间15min，其间翻叶2、3次。机烘温度110~120℃，摊叶厚2~3cm，时间10~12min，烘至手握烘叶不粘手，含水量约30%。

7. 整　形

整形是铁观音外形形成的关键工序，方法有手工和机械包揉。

① **手工包揉**：初烘叶下机趁热包揉，每包约0.5~1kg炒青叶，把布包放在板凳上，一手抓住布包口，一手推揉，使茶在里面翻动。用力先轻后重，约揉2min，揉后扎紧布巾，放置一段时间。待条形固定后，松开布巾，解块进行复烘（足烘）。

② **机械包揉**：初烘叶9~10kg，叶温约50℃左右。投叶后先轻揉1.5~2min，后稍重揉约6~8min，再重揉10~15s（图10-6）。

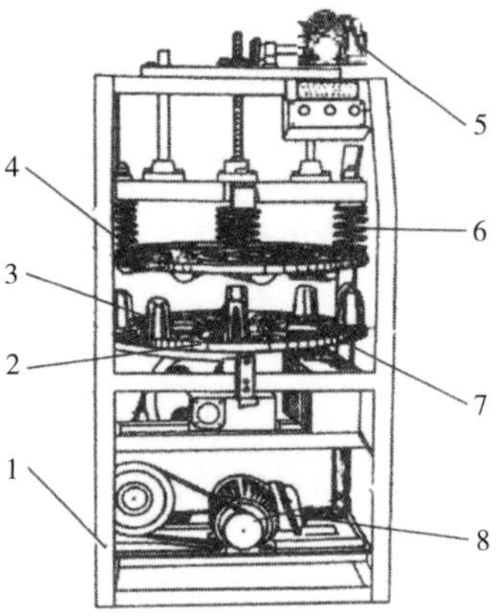

图10-6 平板包揉机

注：1. 机架；2. 下揉盘；3. 立柱；4. 上揉盘；5. 加压电机；6. 加压弹簧；7. 平板；8. 主电机。

经初包揉后，叶温下降，茶条可塑性差，必须复烘加温，为再造型提供条件。复烘焙笼温度80~85℃，每笼投叶1~1.5kg，历时10~15min，其间翻拌2、3次，至茶条微感刺手，含水率20%~25%，即可再次包揉。

8. 足　干

铁观音足干采用文火慢焙。有手工和机械两种足干方法。

① **手工足干**：分2次进行，温度60~70℃，每笼放置复包揉茶团2、3个，烘至茶团略呈自然松开后，把茶团用手搓散解块，继续烘至八九成干下焙摊凉，待水分重新分布

后再行第二次烘焙，烘温50~60℃，约0.5~1h，其间翻拌2、3次。

② **机烘足干**：1次完成，温度为90~100℃，历时20~25min。

干燥程度：至茶香清纯，花香馥郁，茶色油润起霜，即可下焙，摊凉后装袋贮运。

第五节 凤凰单枞加工技术

广东乌龙茶产于汕头地区的潮安、饶平、梅县地区的大铺，惠阳地区的东莞。品种有凤凰水仙、梅占、茗花、奇兰、黄棪、铁观音、乌龙等20多个品种。其中以凤凰单枞以香高味浓耐泡而著名。

凤凰单枞产于广东省潮州市潮安区乌岽山，属高山茶，该地产茶已有900多年历史。乌龙茶制法亦系由福建传入，有百余年的历史。19世纪中叶，凤凰单枞已饮誉国际市场。凤凰单枞是选育优异的凤凰水仙单株，分株加工而成。因香型与滋味的差异，单枞有“黄枝香”“芝兰香”“桃仁香”“玉桂香”“通天香”等多种品名。

一、凤凰单枞品质特征

凤凰单枞外形条索壮实，色泽青褐带黄润，似鲜蛙皮色，泛朱砂红点，汤色橙黄清澈，碗壁呈金黄色彩圈，香气浓烈幽长，具独特天然花香。滋味浓郁醇爽，山韵风味强，润强回甘，极耐冲泡，叶底肥厚，红边绿腹。

二、凤凰单枞采制方法

（一）鲜叶要求

凤凰单枞一般为手工采制，采摘对夹叶2、3叶，一般在小开面后3~5天。采摘要求严格，茶农有“三不采”的规定，即太阳过大不采，清晨不采，下雨天不采。一般在午后2时开始采茶，下午16~17时结束，并且立即晒青，当天制完。单枞采摘要求分别装放，分别加工，成品单独销售，不能混杂。

（二）加工技术

凤凰单枞加工分晒青、晾青、浪青（碰青）、杀青、揉捻、干燥6道工序。

1. 晒　青

晒青用篾制水筛，每筛摊鲜叶0.5kg，置室外晒青时各枞鲜叶要严格分开，不得混杂。晒青时间长短由鲜叶含水量和阳光强弱而定，在气温20~24℃条件下，历时20~30min，若气温达28~33℃时，则只需晒10~15min。晒青时不翻动叶片，以防机械损伤而造成青叶变红。当叶面失去光泽，叶色转暗绿、叶质柔软，顶叶下垂，略有芳香时，鲜叶失水率约10%左右，即为晒青适度。

2. 晾　青

晒青后水筛移入室内晾青架上，历时20~40min。当叶片逐渐恢复紧张，呈“还阳”状态时进行并筛。将2、3筛晾青叶并为一筛，轻翻动后，堆成浅“凹”形，移入晾青间，按枞别顺序排列，准备做青。

3. 做　青

做青又称为浪青、碰青。做青间要求凉爽，室温稳定，以20~24℃，相对湿度80%~85%为宜。做青次数依鲜叶品种、老嫩、晒青程度和天气状况灵活掌握。一般分为5~7次。

第一次于晚20时开始，将叶集中在水筛中央。用双手轻轻翻拌几下，然后摊开，静置2h后，青气退，稍有青花香出现，可进行下一次浪青。

第二次做青前先轻拌几下，并结合“做手”（即碰青），此次做手碰青2次（每次碰3下），做青后将叶摊成“凹”形。做手使青叶子之间轻度碰撞，叶面或叶缘细胞微有损伤。做青后散发轻微青气，静置约2h。青气退青花香增浓，可继续做青。

第三次做青应逐渐加强做手，将手指张开，双手抱叶，上下抖动，叶子互相碰击，叶缘或叶面细胞损伤加重，做手4、5次，约3~5min，做手后静置，待叶缘红点显现，有微弱兰花香气出现时进行并筛。将3筛并为2筛，并筛后将筛摇几下，使叶收拢厚堆，以促进发酵。第三次做青叶与筛缘或筛面的摩擦加重，叶细胞破坏加深。静置2h后，青花香较浓，带有轻微醇甜香气，再继续做青。

第四、五次浪青是关键，方法与第三次相同，但手势加重，一般做手6~8次，做手后收堆静置。若未达到做青适度，可进行第六次、第七次做青。最后一次做青结束后，静置1h，花果香浓郁，略带清甜香味。做青全程约需10~14h。

做青程度：当做青叶叶脉透明，叶面黄绿，叶缘朱砂红，叶面红绿比约为三红七绿，叶呈汤匙状，手摸叶面有柔感，翻动时有沙沙声，香气浓郁，则为浪青适度，应立即炒青。若浪青不足，做青叶显青气，香气低沉不纯，成茶汤色暗浊，滋味苦涩；碰青过度或静置时间过长，堆叶过厚，导致叶温过高，叶内化学变化过度，做青叶蜜糖香味过浓，成茶香气低淡，叶底死红不活。

4. 杀　青

凤凰单枞采用两炒两揉。手工杀青用平锅或斜锅，锅径72~76cm，锅温140~160℃，每锅叶1.5~2kg，手炒时用“先闷、中扬、后闷”的炒法。先迅速提高叶温，促进水分蒸发，再炒熟炒透，提高香气；中期扬炒，散发水汽，防止闷黄；后期闷炒，控制水分蒸发，达到杀匀、杀透、杀适度的目的，历时5~8min。

杀青程度：当叶香味清纯，叶色由青绿转黄绿，叶片皱卷柔软，手握略带粘感，含水率约60%~65%。杀青后稍透散水分，便可揉捻。

5. 揉　捻

凤凰单枞数量极少，一般手工杀青，手工揉捻，也有配以专用小型揉捻机。手工揉捻每次揉炒青叶1kg，以手掌能握住为度。揉5min后复炒，复炒锅温较低，约80~100℃。揉叶下锅后复炒，复炒锅温较低，约80~100℃。揉叶下锅后，慢慢翻炒，约3min，使叶受热柔软，黏性增加，利于复揉时紧结条索，起锅后立即复揉。揉时用力先轻后重，中间适当解块，避免茶团因高温高湿而产生闷味。揉后及时上烘，切忌堆积过久，否则成茶汤色暗红浑浊，滋味闷浊欠爽。

揉捻程度：至条索紧卷，茶汁渗出，叶细胞损伤率30%~40%为度。

6. 干　燥

凤凰单枞采用手工烘焙干燥。分初焙、摊凉、复焙3个步骤，烘温先高后低。

初烘用烘笼，每笼摊放揉叶0.5kg，烘温80~90℃，每2~3min翻拌1次，约10min可达五成干。倾出置筱匮上摊凉，至凉透时，梗叶水分分布均匀。

复焙每笼投初烘叶1.5~2kg，烘温50~60℃，复焙后期用干净的篾匾盖于焙笼上，防止香气散失。烘至足干，毛茶含水率6%，约需3h（图10-7）。

图10-7 乌龙茶木炭烘焙

第六节　洞顶乌龙加工技术

台湾乌龙茶是清朝初年（1677年）由福建武夷山传入，加工方法仿武夷岩茶，清朝嘉庆年间（1796—1820年），台湾人柯朝从福建引入青心大有、青心乌龙、软枝乌龙等乌龙茶品种，种于淡水沿岸至新店枫子林一带，并请福建安溪制茶名手传授制茶技术。

以青心乌龙所制的品质最优。1919年，从安溪引入铁观音品种，加工成台湾铁观音。后又培育出台湾12号、金萱等适制包种茶的高香品种。

台湾乌龙茶依发酵程度，分为轻发酵、中发酵和重发酵。发酵程度与绿茶儿茶素氧化比较，轻发酵型（属高香型）儿茶素氧化8%~18%，如文山包种茶、冻顶乌龙茶；中发酵型（属浓味型）儿茶素氧化20%~40%，焙制时间较长，如铁观音；重发酵型（属乌龙茶型）儿茶素氧化50%~70%。它由嫩芽叶焙制而成，外形显白毫，称白毫乌龙茶，如膨风乌龙茶。品饮时在茶汤内加一滴白兰地酒，别有风味，欧美称之为“香槟乌龙茶”，被誉为“东方美人”，为台湾特产。

台湾乌龙茶主要品种花色有冻顶乌龙、铁观音、文山包种及乌龙茶等。其品质各具特色。

一、台湾乌龙茶品质特征

冻顶乌龙茶，外形条索紧结弯曲，色泽墨绿鲜艳，带蛙皮白点，干茶芳香强劲，具浓郁蜜糖香。汤色橙黄，香气清芳，似桂花香。滋味醇厚甘润，回甘力强，耐冲泡。叶底淡绿红边。

铁观音外形条索紧结，呈半球状，色泽深褐有光泽，似蛙皮色泽，叶底淡绿红镶边，叶片完整，枝叶连理。

文山包种茶，外形条索紧结长壮，呈自然弯曲，色泽深绿油亮，带蛙皮白点、干香带素兰花香，汤色金黄，具幽雅花香，滋味清纯回甘，叶底色泽鲜绿，完整无损。

乌龙茶外形条索紧结，稍短，毫心肥壮，白毫显露，叶色红黄绿相间，色泽鲜艳，汤色橙红（琥珀色）浓艳，叶底青绿有红边，叶柄淡绿，叶片完整。

二、台湾乌龙茶采制方法

台湾乌龙茶以冻顶乌龙茶品质最佳，驰名中外。冻顶乌龙茶产于台湾南投鹿谷乡境内，凤凰山支脉的冻顶山上，因而得名。产地海拔700m，土壤富含有机质，水湿条件良好，年均气温20℃左右，当地的野生茶树，早已闻名遐迩。据台湾通史记载：“水沙连之茶，色如松萝，能避瘴去暑，而以冻顶为佳，惟出产无多。”冻顶乌龙茶按其发酵程度属“包种茶”，因产于冻顶山，人们特称其为“冻顶乌龙”。除冻顶乌龙外，台湾乌龙茶还有其他不同制造工艺的花色品种（图10-8）。

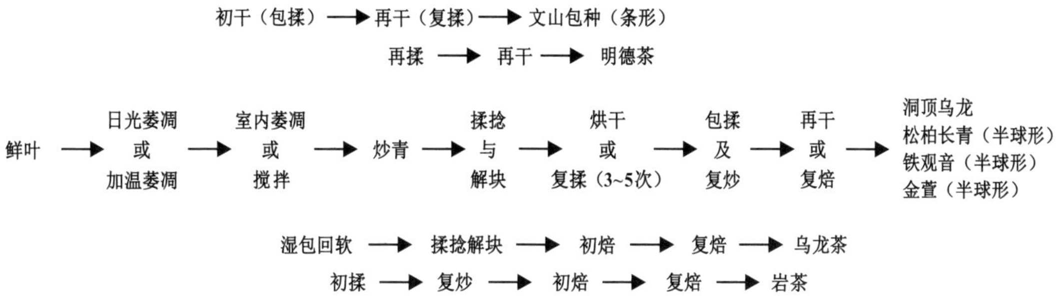

初干（包揉）→ 再干（复揉）→ 文山包种（条形）

再揉 → 再干 → 明德茶

鲜叶 → 日光萎凋 或 加温萎凋 → 室内萎凋 或 搅拌 → 炒青 → 揉捻 与 解块 → 烘干 或 复揉（3~5次）→ 包揉 及 复炒 → 再干 或 复焙 → 洞顶乌龙 松柏长青（半球形） 铁观音（半球形） 金萱（半球形）

湿包回软 → 揉捻解块 → 初焙 → 复焙 → 乌龙茶

初揉 → 复炒 → 初焙 → 复焙 → 岩茶

图10-8 台湾乌龙茶品种花色加工工艺图

（一）鲜叶要求

台湾乌龙茶采摘期长，自3月中旬至11月中旬，一年采四季，春茶3月中旬至5月上旬，夏茶5月下旬至8月中旬，秋茶8月中旬至10月下旬，冬茶10月下旬至11月中旬。鲜叶以稍带芽点（即驻芽）小开面3叶嫩梢，叶质柔软，叶肉肥厚，叶色淡绿者为佳。

（二）加工技术

以冻顶乌龙茶为例，其加工有萎凋、做青与静置、炒青（杀青）、揉捻、初干、团揉（包揉）、干燥7道工序。

1. 萎　凋

有日光萎凋与热风萎凋两种方法。

① **日光萎凋：**将鲜叶薄摊在4m×4m的麻布埕或笳苈上，每平方米摊叶0.5~1kg，在30~40℃日光下晒青。温度过高时，可用遮阴网遮阴，历时10~20min。弱光时可延长至30~40min，其间轻翻1~3次。待第三叶叶面失去光泽，叶质柔软，叶面波浪起伏，发出茶香时为适度，减重率约12%~18%。

② **热风萎凋：**在装置有热风管道的萎凋室内进行，通入40~45℃的热风，使室内空气对流，室温保持在35~38℃，萎凋帘摊叶量为0.6~2kg/m^2，历经20~50min。当第二叶或开面第一叶失去光泽，叶面呈波状隆起，叶质柔软，青气消失，有萎凋香出现，减重8%~12%为适度。

近年台湾地区曾以回热式机械风萎凋法，风温38~40℃，历时30~50min，其成茶品质优于日光萎凋与加温萎凋。

2. 做青与静置

将萎凋适度叶移入做青间晾青，投叶量0.6~1kg/m^2，期间每1h翻拌一次，使叶温下降，水分散失均匀，为搅拌（做青）准备条件。

待晾青叶叶缘起微波时进行第一次做青。做青间温度23~25℃，相对湿度70%~80%。采用手工做青，用双手将叶捧起，轻轻翻动，叶子间互相碰擦，叶缘轻微损伤，促进叶内走水。一般做青3~5次，每次2~12min不等，然后静置60~120min。做青动作逐次加重，做青时间由短渐长，静置时间由长渐短，摊叶由薄渐厚。总做青历时9~10h，减重率约25%~30%（表10-4）。

表10-4　冻顶乌龙茶做青工艺参数

参数	搅拌时间（min）	静置时间（min）	摊叶量（kg/m^2）
第一次	1	90	1
第二次	2	90	1.5
第三次	3	60~75	2
第四次	5	60~75	4.5
第五次	5~7	60	4~5
合计	16~18	360~390	

最后一次做青在午夜进行。早春与初冬午夜气温较低，做青后将叶装入茶篮或茶篓内，以提高叶温，促进发酵，装叶厚约60cm左右。冻顶乌龙茶发酵轻，若做青过重，青叶损伤过重，会引起“包水现象”，使茶色深暗，滋味苦涩；做青不足则香气不显，品质均差。

3. 炒青（杀青）

杀青有手工与机械两种方法。

手工杀青用铁锅，直径约70cm，锅深22cm，锅温100℃，每锅投叶0.75kg，炒时锅温渐降，约8~10min，锅温降至60~70℃，减重率35%~40%，出锅揉捻。为方便炒锅降温操作，可将几只铁锅排列一起，自右向左，锅温由高到低，高温锅炒时间短，低温锅炒时间长，连续操作。

机械杀青，杀青机转速23~28r/min，锅温160~180℃，投青叶6kg，投叶后锅内发出噼啪响声，约8~13min，炒至叶无青气，显芳香，手握有松软感为度。

4. 揉　捻

采用望月式揉捻机，转速40~45r/min，投叶量6kg。炒青叶出锅后，用手翻动2、3下，使水气稍散，即投入揉捻机揉捻。初揉约6~7min，解块散热，再加压揉3~4min，下机解块进行初干。

5. 初　干

采用机械初烘，温度100℃，历时5~10min，达五成干，叶内含水约30%~35%。初烘温度高，时间短，称为“走水焙”。烘后将初干叶摊于筛劳，静置隔夜。

6. 团揉（即包揉）

将放置隔夜的初干叶用滚筒机或手拉式干燥机加热。当叶温达60~65℃，叶张回软，装入特制的布球机包揉或手工包揉，其间松袋解块数次，经过3~5次复火包揉，外形渐卷曲成半球型。

7. 干　燥

采用手拉式干燥机分两次干燥。初干风温度100~105℃，摊叶厚度2~3cm，历时25~30min，下机摊凉30~60min，使水分重新分布均匀后再行复干。复焙温度80~90℃，烘至足干，含水量4%左右为宜。

茶叶初加工生产的产品称为毛茶，因茶叶品种、生产季节、加工工艺等因素影响，毛茶外形品质存在差异，要经过精加工处理，使其达到商品茶的目的。本章主要介绍茶叶精加工的目的、原则和基本作业方法，阐明了作业的原理和技术、分路加工的概念和目的、精加工作业程序和原则，以及成品拼配、匀堆与装箱的技术要领，同时介绍了条形毛茶和碎毛茶精加工技术。

茶叶精制

第十一章

从毛茶付制开始到成品包装为止的一系列加工过程叫“精制”或称“复制”，又叫“毛茶加工”。我国茶区广阔，茶类丰富，制工不同，故毛茶精制加工，因茶类不同而有差异。内销茶的精制比较简单，尤其是特种茶类。外销茶精制比较精细，尤其是重外形的眉茶、珠茶、红碎茶、工夫红茶等，分级要求特别严格。侨销的乌龙茶精制，则介于内外销茶之间。虽然各类茶精制有差别，但其目的和基本原理是相同的。

第一节　精加工目的、原则及基本作业

一、精加工的目的

我国茶区广阔，气候、土壤条件不同，品种、采摘和初加工技术各异，毛茶品质规格非常复杂。通过精制使产品规格统一，外形美观，净度提高，符合商品茶销售规格。概括地说，精制的目的有以下4个方面：

① **划分等级：**毛茶往往是老嫩、粗细、长短、轻重不一，通过精制，分类拼配，或上升或下降处理，达到品质纯净，档次分明的目的。

② **整饰外形：**毛茶的形态十分复杂，有的紧直，有的弯曲，很不整齐。通过精制处理，使粗细、轻重、整碎分别开来，然后再对照加工标准样进行拼配，成为各种花色，使之符合品质规格要求，达到增进外形美观。

③ **汰除劣异：**因采摘不规范或初制技术不严格，毛茶中往往夹有老叶、茎梗、茶籽等，也常夹有一些非茶类物质，通过精制以除去劣质和杂物，提高纯净度。

④ **补火去水：**由于毛茶干燥程度不一，水分含量有异，同时毛茶在贮藏和精制过程中，也不免吸收空气中的水分。通过精制，去掉过多的水分，达到适度干燥，便于运输和贮藏。

二、精加工的原理、原则

毛茶的形态各异，归纳起来，有长短、粗细、厚薄、轻重之分。精制中采用各种机械作业，就是解决毛茶外形的各种矛盾，划清品级。如采用平圆筛解决毛茶长短的矛盾；采用抖筛解决毛茶粗细的矛盾；采用滚切，解决毛茶厚薄的矛盾；采用风选解决毛茶轻重的矛盾。然后在长短、粗细、厚薄、轻重基本一致的基础上，根据茶叶外形内质的相关性，通过分离与合并，达到划清品质规格的要求。这是毛茶加工的基本原理。在实际加工中应掌握如下3个原则：

①**减少重复工序，力求筛分简单**：过多的筛分，不仅浪费工时，消耗动力，摩擦机具，而且影响茶叶外形色泽，增加粉末。

②**提高正茶制率，降低副茶比例**：在精制中，应尽量避免不必要的切断、粉末的产生或副茶混入正茶，以免影响品质，降低经济价值。

③**做好拼配工作，发挥经济价值**：在毛茶加工中，必须对照加工标准样，进行拼配匀堆，使产品质量符合规格要求，而拼配匀堆的原则是以"外形定号，内质定档"。

总之，要减少损耗，提高正茶制率，缩短加工过程，充分发挥茶叶经济价值。这是各类毛茶精制的基本原则。

三、精加工的基本作业

（一）毛茶补火

毛茶水分含量多少，关系到筛分取料的难易和产品质量的保持，所以，在毛茶加工时，首先要解决是"生做"还是"熟做"。凡毛茶含水量在7%以下可采取"生做生取"，即毛茶和毛茶头均不需补火，直接分筛；毛茶水分含量在7%~9%以内，可采取"生做熟取"，即本身茶生做，含水量较高的头子茶复火熟做；毛茶含水量在9%以上者，加工前必须复火，叫做"熟做"。

毛茶复火方法一般是采用烘干。烘干可以保持锋苗，减少断碎，提高制率和功效。但对粗松的绿毛茶宜采用炒干，以促进条索紧结，而加工眉茶的复火也应采用炒干，并用车色机上色。毛茶复火温度应根据级别、季节、气候和茶叶含水量等因素灵活掌握，原则上是高级毛茶温度稍低，低级毛茶温度稍高。

（二）筛分作业

筛分是毛茶加工的中心作业，其目的主要是筛分茶叶的长短和粗细。

1. 分长短

区分茶叶长短主要采用平面圆筛机，茶叶在回转的筛面上作左右回转，来回摆动和旋转跳动，并沿筛面向前滑动，使茶叶通过不同的筛孔，从而把不同长度的茶条分离（图12-1）。茶坯分长短，一般要经过3、4次圆筛，第一次圆筛称分筛，以后各次称撩筛或捞筛。撩筛按先后又分别称毛撩和净撩。

分筛的作用主要是分别茶坯的长短或大小，也是各筛孔茶定名的阶段。通过4~10孔的茶数量最多质量也较好。12孔以下的茶过于细碎，24孔以下的是茶末和茶灰。分筛后，茶叶按筛孔定名，如通过4孔的称4孔茶或4号茶，通过5孔的称5孔茶或5号茶，依此类推。

撩筛圆周转动比分筛大些。撩筛的作用是将各筛号茶中过长的茶叶捞出，同时也将

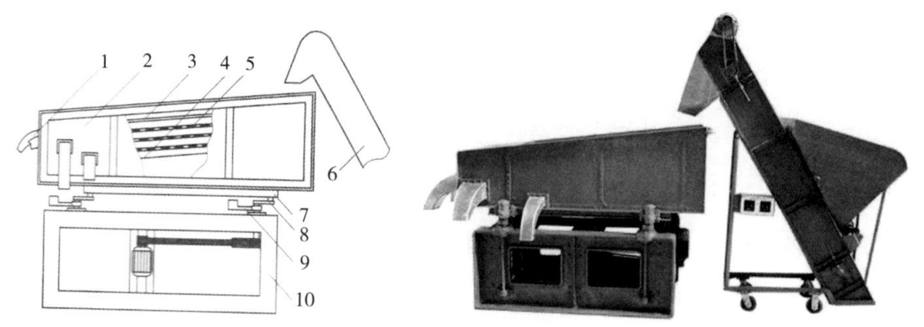

图12-1 茶叶平面圆筛机

注：1.出茶口；2.侧墙板；3.筛网导轨条；4.底板；5.筛面；6.投料装置；7.床座；8.曲柄；9.扇形平衡块；10.机架。

过短的茶叶筛出，使各筛孔的长短或大小进一步匀齐，以利于下续工序即风选或机拣的进行。因此撩筛作业常被称为“撩头挫脚”。为有利撩净筛号茶中过长的茶条和梗子，撩筛的筛孔常较筛号茶筛孔大0.5~1孔，撩头逐孔上并。

2. 分粗细

区分茶叶的粗细主要用抖筛机。抖筛机作前后往复运动，同时筛面又作上下抖动，茶叶在筛面上跳动而形成垂直状态，直径小于筛孔的茶条垂直下落，通过不同的筛孔，从而把不同粗细的茶叶分离（图12-2）。

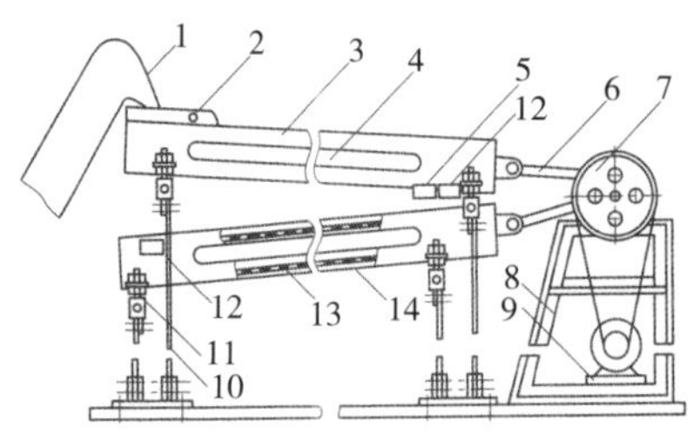

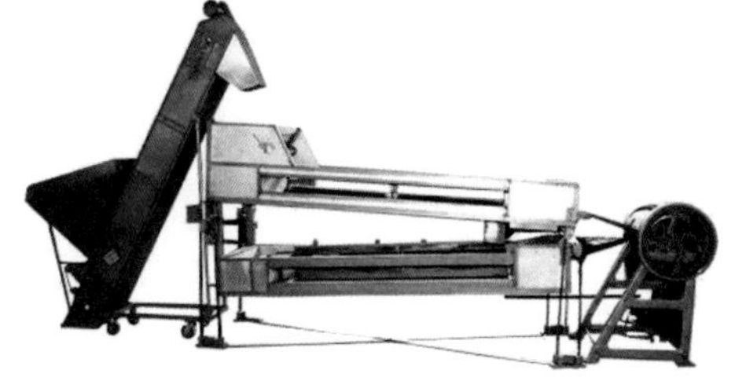

图12-2 茶叶抖筛机

注：1.上料输送带；2.进茶调节器；3.上层筛床；4.刮筛槽孔；5.抽斗；6.连杆；7.三角带轮；8.机架；9.电动机；10.弹簧钢板；11.螺旋器；12.出茶口；13.筛面；14.下层筛床。

茶坯分粗细，一般要经过2、3次抖筛。第一次称抖筛或毛抖，第二次称前紧门，第三次称后紧门。如只抖2次，则第二次叫紧门筛。

茶坯通过抖筛，可使长形茶分粗细，圆形茶分长圆，并能解拆茶坯团块，具有初步划分等级的作用，所以通过抖筛的茶坯即可分别定级，叫某级几孔茶。各种茶类各级茶的紧门都有统一的规定，抖筛前紧门的筛孔比紧门筛大0.5~1孔，以做到逐次分层。抖筛面粗大的称抖头，抖筛底细长的称抖筋，另行处理。因此，抖筛作业常被称为“抖头抽筋”或“套头抽筋”。

（三）风选作业

风选的主要目的是分清茶叶轻重，除去茶叶内的砂石、黄片和其他杂物。

整理茶叶形状和淘汰劣异，虽然以筛分为主，但是各花色轻重力求一致，筛分是难以做到的，而风选则能把茶叶按轻重分成几个不同等级。重实的茶并入高一级的相同筛号茶，过轻的并入低一级的相同筛号茶，使已经抖筛定级的筛号茶更加纯净。因此，风选作业是茶叶定级的主要阶段。

区分茶叶轻重有吸风式或送风式两种风选机（图12–3）。其工作原理一致，一般有5~8个出茶口，不论出茶口多少，总的要求是将各筛号茶又分为“正口”“子口”“次子口”等花色。正口为条索紧细的茶叶，品质好；子口为半轻半重的茶；次子口含有较多的毛筋、黄片和其他杂物。通常要经过2次风选才能把茶叶轻重分清。第一次风选称剖扇，把茶叶分成几个等级，风扇选后的片茶另行处理；第二次风选称清风，进一步分清级别，并将烘炒后增加的片、末吹净。

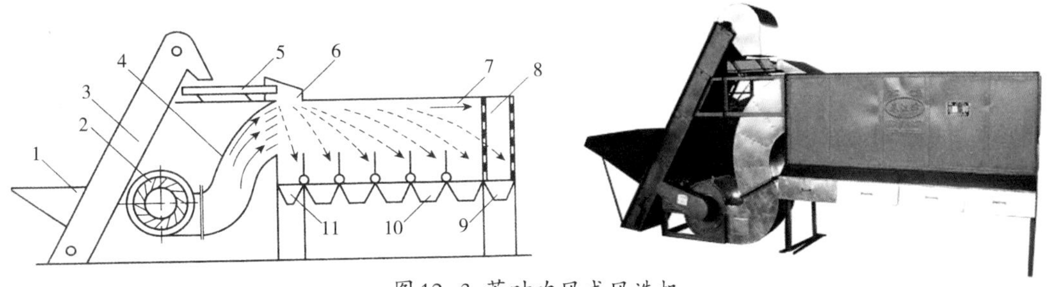

图12–3 茶叶吹风式风选机

注：1. 出茶斗；2. 离心风机；3. 输送装置；4. 导风管；5. 振动送料器；6. 落茶口；7. 通风道；8. 集尘室；9. 除尘口；10. 出茶口；11. 砂石口。

风选时风力大小的确定，也要因茶而异，一般粗茶风力宜大，细茶风力宜小；对头子茶和梗杂含量多的茶叶宜先风选后切，便于清除轻片梗杂。同时，风选要置备活动隔砂板进行调节隔砂，使砂石和茶叶分开。

（四）拣剔作业

拣剔作业的目的是拣剔梗杂，整齐形状。毛茶在精制中所含的茎梗、茶籽、夹杂物由筛分、风选难以除去，通过拣剔，则可提高成品茶的净度。在拣剔过程中，绿茶比红茶繁杂，毛拣比精拣简单，高级茶比低级茶多，下档茶比上档茶少，毛拣对象为粗叶、老叶、长梗；精拣对象依茶类、筛号和次序不同而异。

拣剔方法有手拣和机拣两种。手工拣剔仍是目前去杂的重要工序，在制茶成本中占很大比例。目前我国茶厂使用的拣剔机械，主要是阶梯式拣梗机和静电拣梗机。

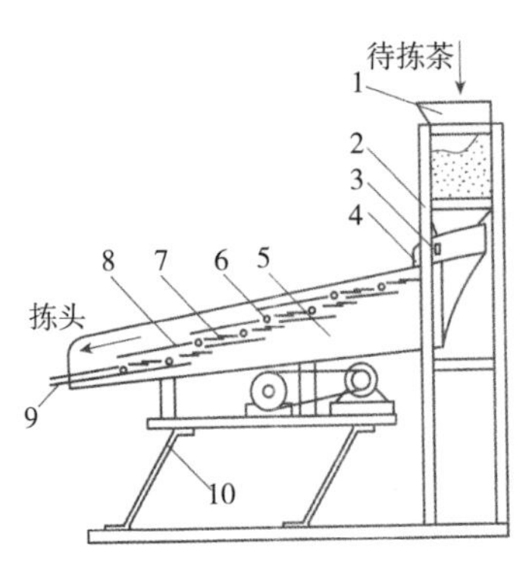

图 12–4 茶叶阶梯式拣梗机

注：1.进茶斗；2.机架；3.匀茶板；4.振动送料装置；5.拣床；6.拣梗轴；7.拣板；8.接梗盘；9.接茶盘；10.弹簧板。

阶梯式拣梗机（图12–4）的工作原理是利用茶叶、茶梗形态不同，流动性差异，而把梗与叶分离。茶梗较长并圆直平滑，流动性大，能顺着拣梗机上的直槽并跨过槽沟，滑动到底流入梗箱。茶条则弯曲粗糙，流动性小，通不过槽沟而下落与茶梗分离。同时，这种拣梗机在拣梗时，细长茶叶也混入茶梗中，所以也具有分长短的作用。在操作中，一是要控制茶叶流量，以付拣茶在拣槽内能形成直线滑行为适度，切忌流量过大，否则茶梗不能有效分离；二要合理调节拣槽槽板与滚棍的距离，并与拣槽斜度和振动力大小相结合，以拣净茶梗为主。掌握先宽后窄，每层间隙宽度逐渐缩小，并要掌握拣床下茶口档的疏密，适当调节拣床振动。上段茶宜大，中段茶宜小，以提高拣剔质量和工作效率。

静电拣梗机根据静电分离的原理，把茶叶与茶梗分开。由于茶叶、茶梗的含水量和结构不同，对电的感应量也不同。当通过强电场时，梗和叶的分子感应的电荷由于表面传导率不同而有显著差异，可使茶叶、茶梗分开。以达到拣梗的目的。

经过机拣和电拣的茶叶，若净度仍未达到品质要求，则需用手工辅助。

（五）轧切作业

轧切作业的目的主要是将不能通过规定筛孔的粗大茶条或拣头茶、筋梗茶等进行轧切后再行筛分。

毛茶中有些外形粗大、弯曲、折叠或枝叶相连的茶叶通不过筛孔，需经过轧切后再行筛分，使大的轧小，长的轧短，外形规格符合各级成品茶的要求。轧切不仅对正茶率起决定性作用，而且对品质的影响也很大，轧切机的型号较多，性能各异主要有以下4种。

① **滚动式切茶机，又称滚切机：**兼有切断和轧细的作用。一般用于轧切毛茶头的长身茶，常与抖筛机和圆筛机联装，反复筛切（图12–5）。

② **圆片式轧茶机，简称圆切机：** 有压碎和轧细的作用，能切粗大茶头，也能切子口茶，因它不能挤断韧性较大的茶梗，因此主要用来轧切筋梗茶和碎片茶。然后筛分，梗和茶容易分离。

③ **锯齿式切茶机，简称齿切机：** 多用于切碎短秃茶头和轻片茶，一般与抖筛机联装，边切边抖（图12-6）。

④ **螺旋式轧茶机，简称螺切机：** 其功用近似滚切机，主要用于轧断和挤断条形茶。

轧切茶叶会增加碎末，影响制率。操作技术上应尽可能利用各种筛分，除净不应切断的茶条，减少上切数量。轧切时，首先要正确选配轧切机具；其次是宜“松口多切”，放大切口距离，先松后紧，反复切抖。

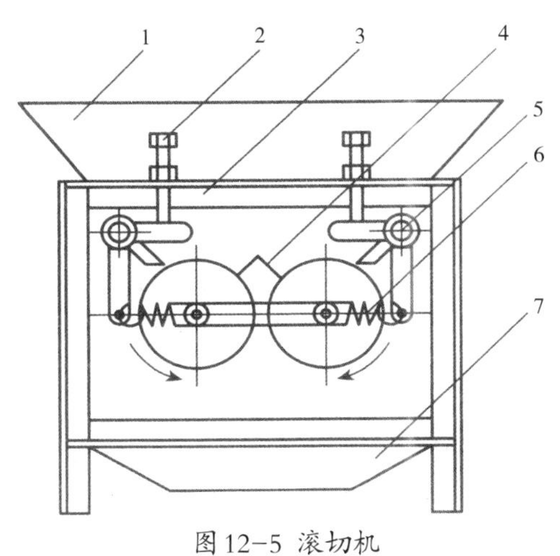

图12-5 滚切机

注：1.进茶口；2.间隙调节装置；3.机架；4.进茶挡板；5.刀轴；6.切刀保护；7.出茶口。

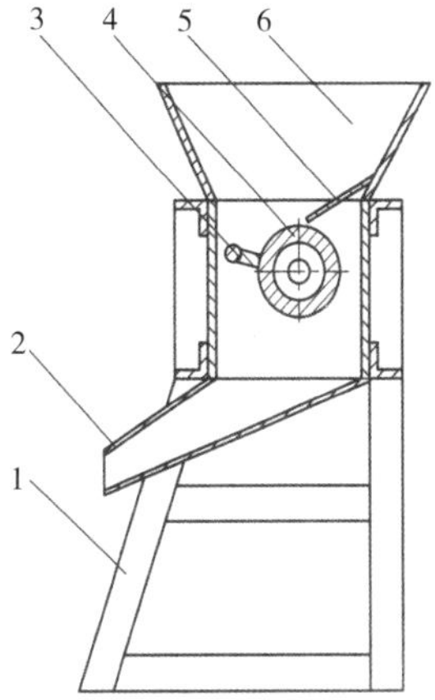

图12-6 齿切机

注：1.机架；2.出茶口；3.切刀；4.切辊；5.进茶挡板；6.进茶斗。

（六）色选作业

在茶叶精加工中拣梗去杂是费工、费时且又十分关键的工序。由于机械性能等原因，目前应用的阶梯式拣梗机、静电拣梗机等常规设备，拣剔效率低下、效果不理想，因此，拣剔作业已成为茶叶精制中质量与成本控制的瓶颈环节。以工夫红茶为例，通过多次机拣、静拣，最终仍需手拣予以辅助，手工拣茶费用占红茶精制成本的10%~15%。

近几年来，色选作业已在茶叶生产过程中起到越来越重要的作用，受到茶叶生产者的喜爱。目的是选择茶叶中的茶梗和夹杂物，具有拣剔质量高、工效高，降低成本、制提率显著提高，目前已能够广泛应用于绿茶、红茶、乌龙茶精制中的拣剔作业及名优茶去片去梗的精选处理等作业中。

茶叶色选机的工作原理是利用光电技术专门剔除异色物料，通过光电系统分析茶物料表面的外观色泽，以区分茶、梗及非茶类夹杂物，能解决常规使用筛分、风选及拣剔设备所无法达到的茶梗分离效果。色选机选别室内有若干狭长的通道，通道出口处装有高稳定光源，当茶物料经由振动喂料系统均匀地通过斜槽通道进入选别区域时，物料通过检测区域之前，靠重力和落下的速度使每个茶叶以直线状排列，依次落入光电检测室。每个料槽有2个高分辨率的相机，加上数据处理硬件，在物料通过时从两侧对其检查，确定异色品，光电传感器测得反射光和投射的光量，并与基准色板反射光量比较，将其差值信号放大处理，当信号大于预定值时，驱动喷射系统（料槽末端的喷嘴）用压缩空气吹出异色物料。茶叶色选机采用新一代数字信号处理器（DSP）代替传统的工控机，并采用模糊逻辑算法与支持向量机（SVM）算法，对背景板角度及喂料速度进行自动调节，真正实现了色选机的全自动控制，同时使机器的性能在工作时自动达到最优状态。

茶叶色选机的基本结构（图12-7），主要部件有：进料斗、振动喂料器、溜槽、光源、背景板、光电检测器、数码相机、副品槽、正品槽、喷气阀、空气压缩机、空气净化器和过滤器、信号调理部件、时序部件及微机控制系统等。

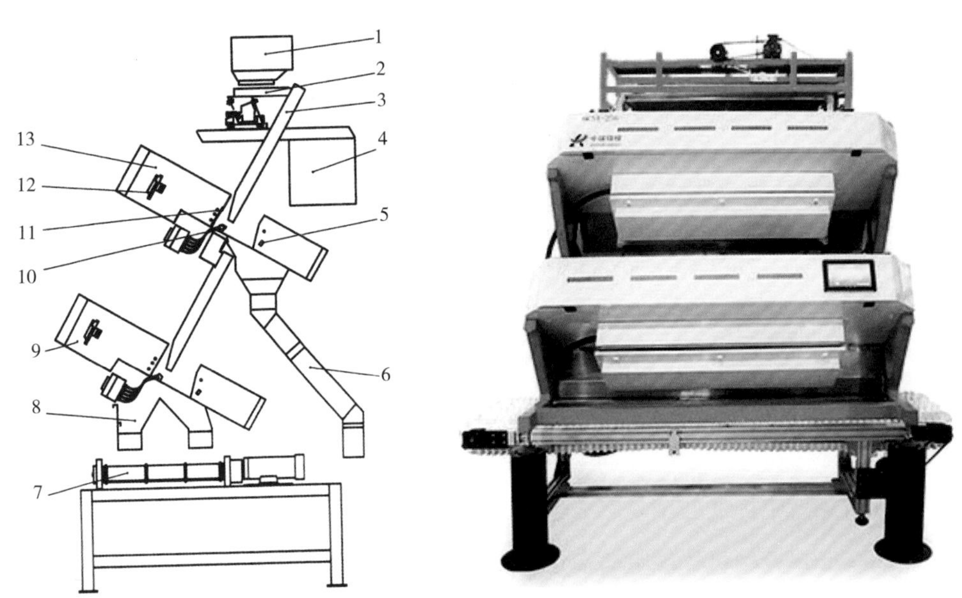

图12-7 茶叶色选机的工作原理和实物图

注：1、2. 振动送料装置；3. 上通道；4. 电气箱；5. 背景板；6. 接料斗；7. 输送带；8. 出料斗；9. 下分选室；10. 喷嘴；11. 光源；12. 传感器；13. 上分选室。

① **供料系统：** 由进料斗、振动喂料器和溜槽等组成。待分拣茶物料由进料斗进入振动喂料器，通过振动和导向机构使物料自动排列成一行行连续的线状细束，再通过料槽加速后以恒定速度抛飞进入光电系统的探测区内，以确保茶物料精确地呈现在光学区和喷射区内。

② **光电系统：**光电系统是色选机的核心部分，主要由光源、背景板、数码相机和有关辅助装置组成。光源为被测物料和背景板提供稳定的均匀照明。光电探测器将探测区内被测物料的反射光转化为电信号。背景板则为电控系统提供基准信号，其反光特性与合格品的反光特性基本等效，而与剔除物差异较大。

③ **分选系统：**分选系统由副品槽、成品槽、喷气阀、空气压缩机及过滤器等相关附件组成。气动喷嘴标配有近200个喷嘴，口径仅2~3mm，分辨率高、寿命长、喷射精确。

④ **电控系统：**电控系统由信号调理部件、时序部件和微机控制系统等组成。电控系统对来自光电系统的色差电压进行放大，并与设定色差阈值进行比较。核心技术是产品异色跟踪模块，以控制色选机光学系统的背景灯亮度、灰尘清理和自动校正等，以实现跟踪、剔除异色物。

⑤ **操作系统：**异色跟踪软件随时跟踪成品质量，保证色选机即使在长时间不间断连续生产时，也能保持性能的稳定性。

中文触摸屏式操作界面可以保留20多个预置样品模式和保存100个用户确认的样品模式，样品模式之间转换瞬间即可完成。目前市场上有大型茶叶色选机和小型茶叶色选机。

四、分路加工

红绿茶的精制加工，由于毛茶外形复杂，为了便于分级取料，不仅要分料（级）付制，而且在同一批原料的精制中常根据毛茶的形状不同，实行分路加工，即分为本身、长身、圆身、轻身四路以及筋梗路来加工，这种加工也称“四路做法”（图12-8）。有些茶类把圆身路和长身路合并加工，有的甚至简化为本身和轻身“两路做法”，有的茶类轻身茶不单独加工。

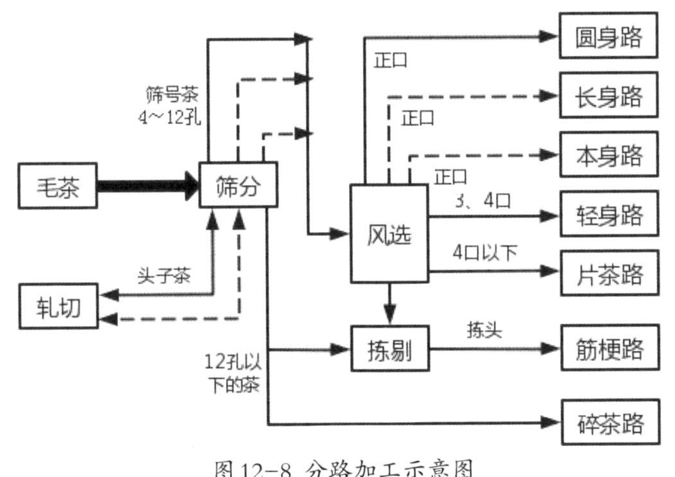

图12-8 分路加工示意图

① **本身路：**本身路的茶是直接通过滚圆筛或抖筛，其大小长短都符合标准，未经轧切的细嫩紧结的茶，其条索、颗粒紧实，锋苗好，香高味浓，叶底嫩匀。大部分符合主级成品茶的品质要求，少数品质好的还可能提级，做好本身茶是保证完成取料计划的关键。

② **长身路：**长身路的茶是从平圆筛、抖筛、捞筛等筛分出来的头子茶，粗细符合标准，而长度超过标准，经切短所取的长形茶叶。长身茶中含梗较多，处理的好坏，是提高付拣茶叶净度的关键。

③ **圆身路：**圆身路的茶叶是各次抖筛的抖头和毛茶头，外形粗大，需经合理的轧切，筛分整形。由于毛茶头与抖头的外形差距较大，应分别切抖。做好圆身茶是减少碎片末茶，提高精制率的关键。

④ **轻身路：**轻身茶包括本身、长身、圆身各路茶叶经风扇后的各孔子口茶。它身骨轻飘，但常夹有细嫩芽叶，由于来路不明，数量零星，加工比较复杂。

⑤ **筋梗路：**筋梗路包括第一次抖筛取出的毛筋梗，经撩筛、风选后再抖出的净筋梗，以及机拣、电拣的拣头。其特点是筛号多，数量少，净度差，但茶细长弯曲，嫩度好。应采取精工细做，把细嫩芽叶取出。

五、精加工程序

精加工的主要工作是筛、风、拣、切、烘等。它们的作用主要是分别大小、粗细、轻重和剔除夹杂物，适当降低含水量及部分茶条的粗长度等。虽然看茶做茶是必要的，因为毛茶原料多种多样，只有运用相应的加工工艺及其相应的方法，才能达到相应的加工目的，较好地发挥毛茶的价值。但是，从提高制率、效率和效益起见，考虑到各精制工序的作用特点，制定精制工艺流程时遵循下述4条原则是必要的，这也是精制机械作业连续化、自动化和工艺标准化的需要（图12–9）。

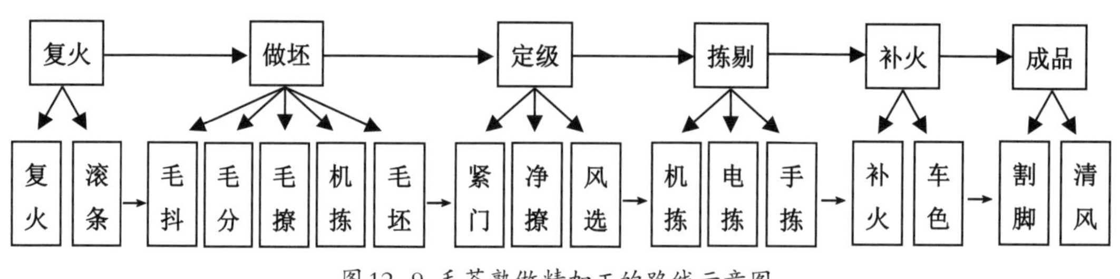

图12–9 毛茶熟做精加工的路线示意图

① **先筛分后风选：**毛茶不能直接上风选机，因为茶叶在粗细和长短不同的情况下，比较轻重是没有意义的，会导致同一批茶风选出的“子口茶”中含有同重而长短粗细不一的茶叶，即子口混杂；而子口茶混杂会带来处理上的困难，所以风选之前，必须对茶

坯进行分筛以分长短，抖筛以分粗细，风选的作用方能得以正确、有效地发挥。

② **先风选或撩筛后拣剔：**拣梗机工作效率低，手工辅助花工更大，故拣剔是精制中工时最多的作业。先风选可以除去部分老叶、黄叶和杂物，先撩筛可以除去部分长梗，以减少茶坯拣剔数量，减少拣剔工时和人力。

③ **先拣剔后轧切：**毛茶加工中要避免未拣剔即轧切，这可节省拣剔工时，提高工效。如一条劣质茶叶或茎梗，在轧切前，条大易拣，轧切后被分成数段，造成拣剔困难，而且影响制率。

④ **先烘炒后风扇：**没有充分干燥的茶叶，轻重不易分出。不同体积的茶叶，常因含水量不同而有相同的重量，需先经烘炒，除去过多水分，才能分清轻重，划分茶叶品质的优次。

六、拼配匀堆

成品拼配、匀堆与装箱是茶叶精加工的最后一道工序。毛茶经筛分、切细、风选、拣剔等一系列加工处理后，分出各种大小、长短、粗细、轻重等不同筛号茶，称为半成品。成品拼配的目的是根据各级成品标准样，把各种外形和内质不同的筛号茶，按照相应的比例进行拼配，使各种不同品质的筛号茶能取长补短，相互调剂，达到各级成品都能符合出厂要求，避免外形内质忽高忽低的现象。成品拼配的两大原则：一是保证产品合格和保持品质的相对稳定；二是要加强经济核算，严防走料，充分发挥茶叶的最高经济价值，提高效益。

成品拼配是一项细致而复杂的工作，技术性强。应掌握好拼配的技术要领，即“一大诀窍，二个看准，三个有数，四个掌握，五点注意”。拼配的“一大诀窍”是“扬长避短，显优隐次，高低平衡”。拼配必须对样，对样方法是“二个看准”，即看准标准样和参考样。拼配前一定做到“三个有数”，即对半成品的原料来源有数，对半成品的质量情况有数，对半成品的数量有数。拼配中的“四个掌握”，要掌握基准茶、调剂茶、拼带茶的品质关系和拼配比例；要掌握各种品质缺陷的纠正技术；要掌握传统规格；要掌握“以高带低”，缩小离样幅度。拼配中的“五点注意”是：注意扦准半成品小样；注意留有余地；注意及时扦取大样核对；注意快出成品，减少库存；最后是注意相关部门和客户的验收意见。

各级成品茶的拼配，各孔筛号大致都有一定比例，但并不是绝对，主要是拼配后各级成品茶的外形和内质都能符合标准样要求。拼配的基本方法是先按比例反复试拼小样。具体作业是分别扦取具有代表性的样茶250g左右，用标签注明花色级别、名称、数量，按成品花色分类，然后逐个签评其外形内质，用鉴评单登记，计算可拼花色的总量和各花色所占比例，按比例充分拌匀拼成小样500g左右。小样拼好后，对照标准样档级进行审评，根据审评结果，如发现某项因子高于或低于标准样，则进行适当调整。如外形面装茶较粗松，则减少4、5孔茶的比例；如下段茶较细碎，则减少12孔以下的筛号茶，反之亦然。如内质较高，则拼入低档筛号茶，反之则拼入高档筛号茶，使外形和内质都符合标准为止。拼妥后，载明应拼花色名称、级别、数量，交车间匀堆。如原浙江省茶叶公司制订的眉茶各级成品配拼筛号茶比例方案（表12-1）。

表12-1　眉茶各级成品茶筛号茶比例

筛号茶	特一（%）	特二（%）	珍一（%）	珍三（%）	特秀（%）	秀三（%）
4孔	25	30	40	40	—	—
5孔	23	22	25	30	—	—
6孔	22	20	15	15	30	—
7孔	12	10	6	6	10	—
8孔	10	10	6	5	15	15
10孔	5	5	5	3	15	25
12孔	8	3	3	1	15	25
16孔	—	—	—	—	15	25
24孔	—	—	—	—	—	10

确定拼配方案后，即可将方案交车间实施拼配。拼配过程首先是匀堆，又称打堆，其目的是把应拼的各个筛号茶按拼配方案均匀拼和，形成成品茶。匀堆要严格按照拼配方案进行，匀堆后成品茶要求品质一致。

匀堆前，对未经拣剔的花色，如水分含量较高，应先复火至含水量4%~6%。已拣花色经过了复火，如贮藏不善或时间过久，水分超过6%，也应再行复火。如所拼堆数量大，当天不能装完，或阴雨潮湿天拼堆，最好先拼冷堆，再进行复火清风后装箱。

如果人工拼堆，则要打扫干净拼堆场所，准备拼配器具。在拼堆时，先将体形较大的筛号茶铺在底层，以后各筛号茶粗细相间，一层一层地铺上，每铺一层，用器具整平后再铺另一层。开堆时，宜从大堆顶部垂直到底，每次10cm左右，反复2、3次，使茶叶上下均匀，以保障包装茶品质均匀。

目前，各大型茶厂已采用行车式匀堆装箱机，设备由多口进茶斗、输送带、行车、拼和斗以及装箱机等部分组成，所拼茶叶效率高，拼配均匀，质量好。

七、装箱印唛

装箱时必须克服短秤或超重，或同批同号净重不一等现象。装好箱后，即刷上唛头。茶叶装箱唛头采用汉字和阿拉伯字组成代字代号标志。组成方式，汉字代号列于数字代号之首。要求字迹清晰，便于运输、中转、仓储、验收结算中清查。

各类茶代号的代表方法和代号数位代表内容依茶类不同而异（表12-2、表12-3）。例如“善91303”即长沙茶厂2009年出厂的珍眉三级第三批；第一个汉字表示生产单位，第一位数字表示公历年份末尾一字，第二位数字表示眉茶种类（珍眉为1，贡熙为2，小针为3，片茶为4，秀眉为5），第三位汉字表示级别，第四、五位字表示批次。如“安试922101”，即安化茶试场2009年碎茶二号上档第一批；第一位汉字表示生产单位，第一位数字表示公历年份末尾一字，第二位数字代表红碎茶的分类（叶茶为1，碎茶为2，片茶为3，末茶为4），第三位数字代表花色号别（花色未分号的以0表示，碎茶一号为1，二号为2，三号为3），第四位数代表档次（上档为1，中档为2，下档为3，协商茶为0），第五、六位数字代表出厂批次。

装箱印唛后，置于干燥地方，堆放整齐，待运出厂。

表12-2 各类茶的代号组成数字表

类别	代号数位
甲：外销工夫红茶、绿茶、红副茶、绿副茶、乌龙茶、白茶等	四位
乙：外销红碎茶（包括叶茶、碎茶、片茶、末茶）	六位
丙：花茶，各种内销红、绿、副、脚茶等	五位
丁：各种紧压茶	三位

表12-3 代号数位代表内容

第一位数	第二位数	第三位数	第四位数	第五位数	第六位数
甲年份	等级	（批次）		—	—
乙年份	类别	号别	等级	（批次）	
丙年份	花别	等级	（批次）		—
丁年份	（批次）		—	—	—

第二节 条形茶精加工

条形茶种类较多，如绿茶中的炒青绿茶、烘青绿茶；红茶中的工夫红茶、小种红茶等。由长炒青的绿毛茶，经过精制后，称为眉茶，我国眉茶有屯绿、舒绿、婺绿、饶绿、杭绿等，其制法也不完全相同。这里以工夫红茶和炒青绿茶为例，简述精加工工艺。

一、工夫红茶精加工

工夫红茶因毛茶加工精细而得名。各地红毛茶加工的原理和筛制技术基本一致，但由于毛茶质量和机器设备配套不同，加工技术和成茶品质有所差异。

（一）毛茶拼配付制

先将所收毛茶按加工级别、堆别，分地区、季节堆放，优次分开，避免品质混乱，在付制前将根据毛茶品质按比例搭配，以取长补短。

毛茶付制采取“单级付制，多级收回”的方法，以多提本级茶，提高正品茶制率，如付制一批三级毛茶，筛制后不但有保持本级茶半成品，还有下降为四至七级的工夫茶，以及碎、片、末的半成品，与以下相应的级别合并。

三级以上毛茶采取“生做”，即不复火先制本身茶、长身茶，头子茶复火后做圆身茶；四级以下毛茶一般采取“熟做”，即复火后筛制。

（二）工夫红茶毛茶加工

按技术流程一般划分为3个过程，共14道工序。其中筛制过程分毛筛（滚圆筛）、抖筛、分筛、紧门、套筛、撩筛、切断、风选等8道工序；拣剔过程分机拣、电拣、手拣3道工序；成品过程分拼和、补火、过磅装箱3道工序。以前手工精制工艺复杂，20世纪80年代后发展的立体车间，工夫红茶的精制程序已日趋完善，工艺相对稳定，根据毛茶的形状不同分为本身、长身、圆身、轻身四路做法。

① **本身路：**毛茶经滚圆筛后，筛底及切一次筛头的筛底合并进入抖筛机，抖筛机筛底又交平圆机，再分口进入风选机，接着上拣梗机，然后按平圆机筛孔顺序分为本身路各号花色茶坯（图12-10）。即毛茶→干燥→滚筒圆筛（打毛筛）→抖筛（分粗筛）→平圆筛（分长短）→风选（分轻重）→拣剔（去梗杂）→干燥（清风）→匀堆装箱。

② **长身路：**毛茶头及抖筛头茶经切断后，进入滚圆筛的筛底及筛面反复切筛3、4次的筛底茶合拼交抖筛，抖底再交平圆机，然后分口进风选机和拣梗机，同样，按平圆机筛孔顺序分为长身路各花色茶坯。即滚筒圆筛筛尾、抖头→切碎→抖筛→平圆筛→风选→拣剔→干燥→匀堆装箱。

③ **圆身路：**抖头或捞头经切断后，再上抖筛，反复切抖4~6次，基本上做完硬质条块茶，抖底再经平圆机、风选机和拣梗机后，也按平圆机筛孔顺序分为圆身路各花色茶坯。即抖头、撩筛头→平圆筛→风选→拣剔→干燥→匀堆装箱。

④ **轻身路：** 以上各路风选的轻质子口茶，根据情况进入抖筛或平圆筛后，再分别通过风选和拣剔，定为各路轻身花色茶坯。即各路风选的次子口茶→筛选→风选→拣剔→匀堆装箱。

目前也有将本身路和长身路合做，而对生产中产生的碎茶、片茶、梗片头等另分路作业。

拼配时要对照标准样的品质规格、各段茶的比例和品质特点，选择半成品筛号茶，按比例拼配小样，经认真审评符合标准后，再按比例进行匀堆、装箱。

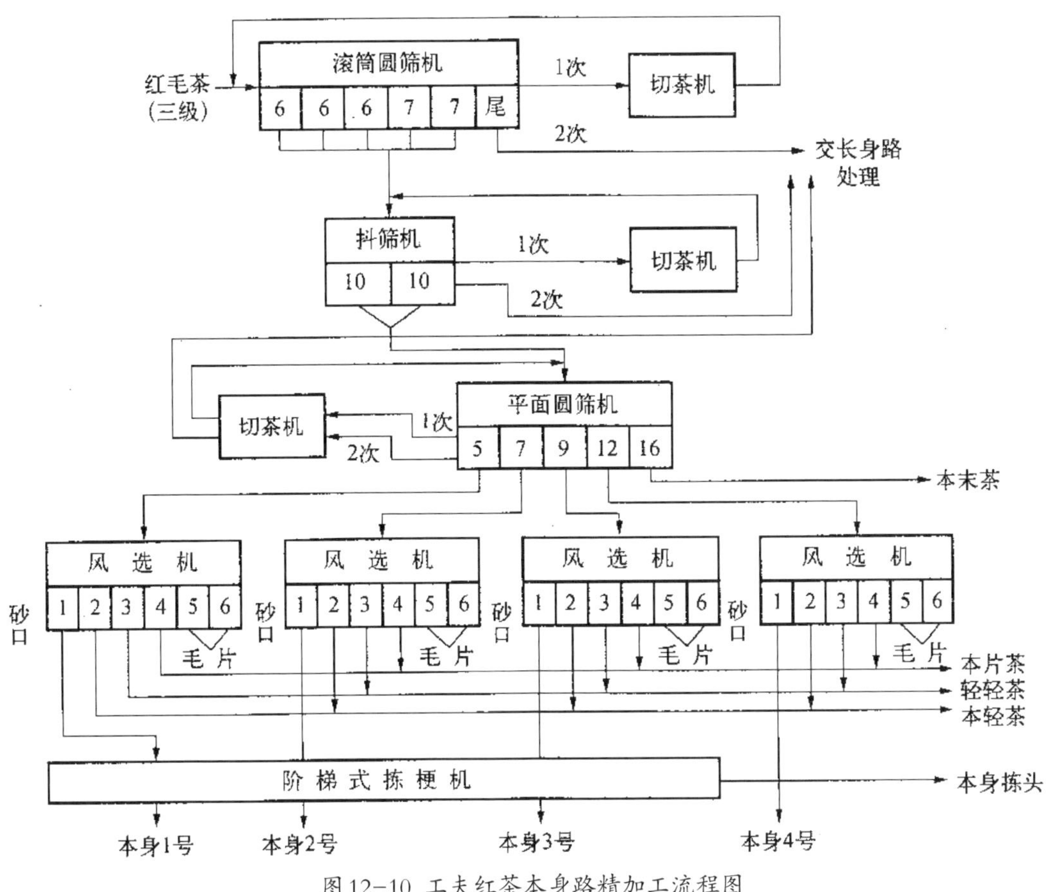

图 12-10 工夫红茶本身路精加工流程图

二、炒青绿茶精制

（一）毛茶拼配付制

所收毛茶同样应根据不同地区、不同季节、不同采制特点进行品质调节，按比例搭配，以取长补短。

目前毛茶付制有两种方法，一是“单级付制，多级回收”，即付制的毛茶只有一个级别，而加工成的产品有多个级别；二是“多级付制，单级回收”，即付制的毛茶有两个或两个以上级别，而加工的产品基本上是一个级别。两种加工方法各精制茶厂都有采用。一般外销茶多数采用单级付制，多级回收的方法；而内销茶精制多采用多级付制，单级回收的方法。

（二）毛茶加工方法

以眉茶精制为例，过去分五路（本身、长身、圆身、筋梗、轻身）加工，目前有改为三路（本身、圆身、筋梗）加工；也有改为二路（本身、圆身）加工，其主要工序有（图12-11）：

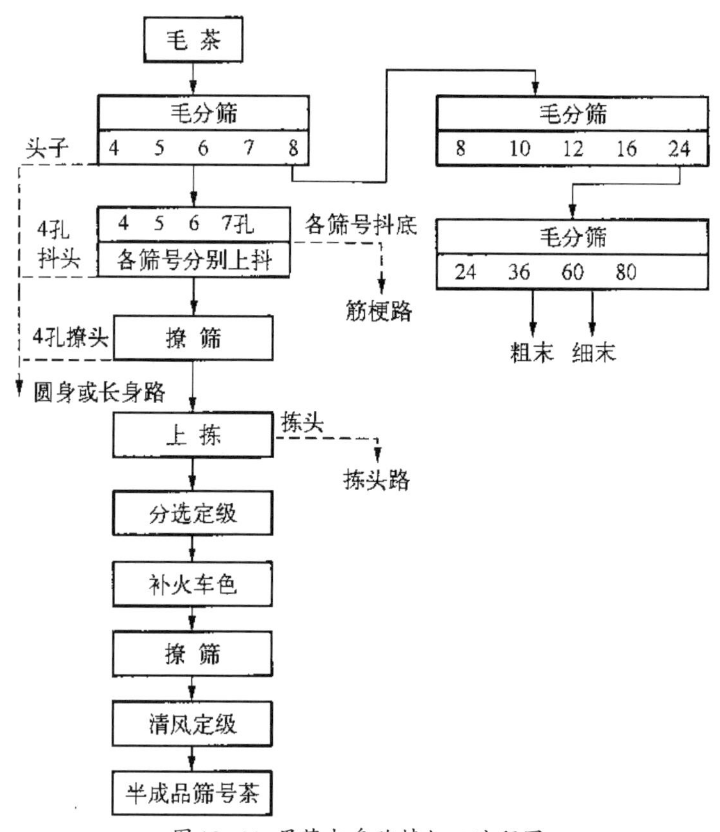

图12-11 眉茶本身路精加工流程图

① **毛茶复火：**以毛茶含水量定做取方法，低档茶炒滚，以紧结条索，高档茶烘滚，以减少断碎。

② **筛选：**反复筛分和风选，以分清长短、粗细、轻重，初步划分等级。采用的方法有先圆筛后抖筛，也有先抖筛后圆筛，以前一种方法较多。工艺流程包括分筛、毛抖、撩筛、前紧门、净撩、风选。

③ **拣剔：**有机拣、电拣和手拣3种。4~7孔茶上机拣，要求拣净粗大筋梗，然后电拣，拣出背筋黄尖头等粗老叶及细筋梗。有时还需手拣以补不足。

④ **补火车色：**这是眉茶精制的重要工序。目的是使茶叶条索紧结，绿润起霜，进一步发展香气，并减少水分便于贮运。4~5孔的面装茶采用炒车，6~10孔茶采用烘车。

⑤ **清风割末和紧门：**再一次筛分和风选从各筛号茶中取出少量过长、过粗、过轻、过碎的茶叶，使各级各孔茶更加规格化。工艺流程有分筛、紧门筛、撩筛割末、清风工序。

⑥ **拼配匀堆装箱：**将上述精加工的各级各孔茶，对照标准样，试拼小样，经审评符合标准后，按比例进行匀堆装箱。

第三节 红碎茶精加工

一、毛茶归堆付制

红碎毛茶归堆按标准样，以内质为主，结合外形，定级归堆。归堆方式大致有3种：① 依嫩度归堆，即按鲜叶级别嫩度高低分级归堆；② 依外形归堆，以毛茶外形颗粒、色泽和净度归堆；③ 依内质归堆，按香气、汤色、滋味和叶底的细嫩度分堆。一般分6、7个堆，并单堆付制。

二、毛茶加工方法

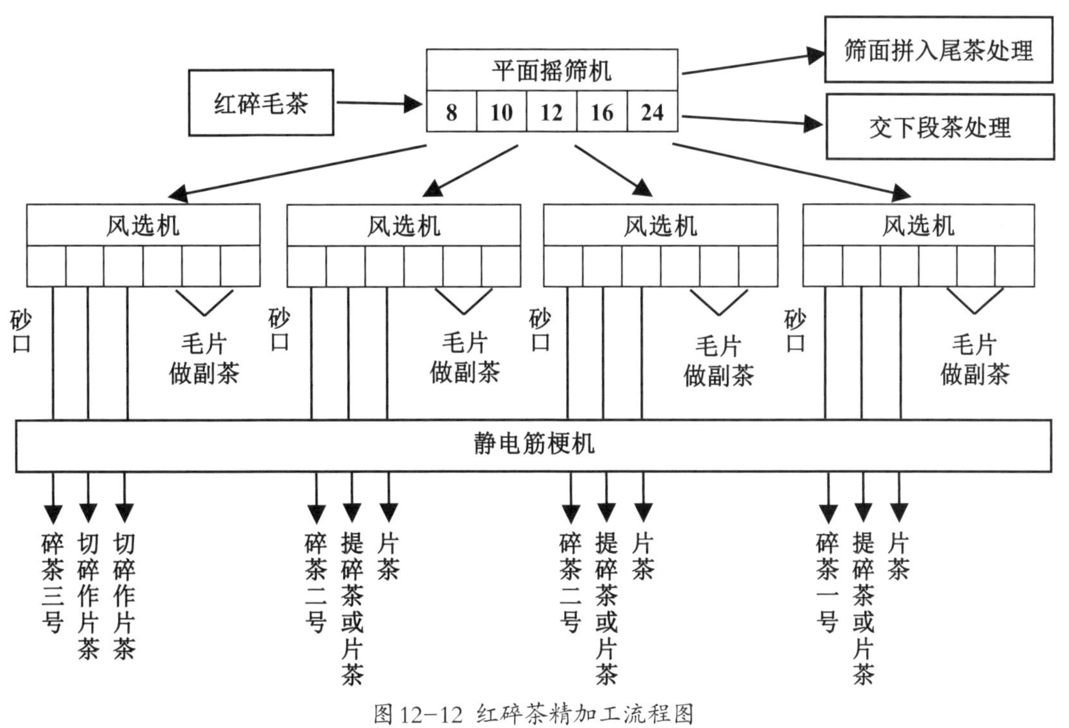

图12-12 红碎茶精加工流程图

红碎茶的品质在鲜叶初加工中已基本形成，毛茶加工主要是分清花色，筛制程序相对简单。精制作业以筛分、飘筛、风选为主。但各茶坯在筛制中，由于操作技术不同或茶叶来路不一，直接影响茶号的大小，应灵活掌握，做到碎茶提净，各号茶规格分明（图12–12）。

（一）筛　分

采用平圆机进行筛分，其筛网组合是8、10、12、16、24孔。8孔筛底茶主制碎茶三号，10孔和12孔的筛底茶主制碎茶二号；16号孔筛底茶主制碎茶一号，8号孔面茶（如含有碎茶，经切后进行复平）视品质优次归并尾茶堆加工，24孔筛底茶则交下身平圆筛复平。

下身平圆筛的筛网配备是24、28、40、60、80孔。24孔筛面茶含有细条和毛筋，另行处理；24孔底为末茶茶坯，或复平提取部分碎茶；28孔底为末茶一号；40孔底为末茶二号；60孔底为副产品；80孔底为茶灰，因含有泥沙扬灰，不作为饮料。

（二）飘　筛

飘筛的作用是茶叶平铺在筛面，茶叶运动与筛的振动方向相反，上下跳动，重实的茶沉于筛底，穿过筛孔下落；轻飘的茶浮在上面中央，不能穿过筛孔下落，就此将轻质梗子、畸形碎片及毛茶等分开轻重。

（三）风　选

风选的目的是分清茶叶的轻重，除去茶内沙石、黄片、毛筋、灰尘和其他夹杂物。风选出的正口重的茶叶，子口为半轻半黄片和其他杂物，再经风选或拣剔后视品质情况拼入片茶。四口以下能做副产品的，通过整理作副产品处理。

（四）拣　剔

风选后的各花色茶坯，通过静电拣梗机拣去其中的茶梗、毛筋等杂物。

（五）拼配匀堆装箱

红碎茶经筛制后，基本已把规格、型号分开，根据茶号品质对照标准样，进行拼配，其拼配按外形定名，内质定档，形状相近拼配的原则。先拼配小样，做到各类规格分清，经审评符合标准后，进行补火、匀堆装箱。

目前，生产上为提高拼配效率和拼配质量，中大型茶叶加工厂都采用机械拼配机，有效地降低了劳动强度、提高了成品茶的质量（图12–13）。

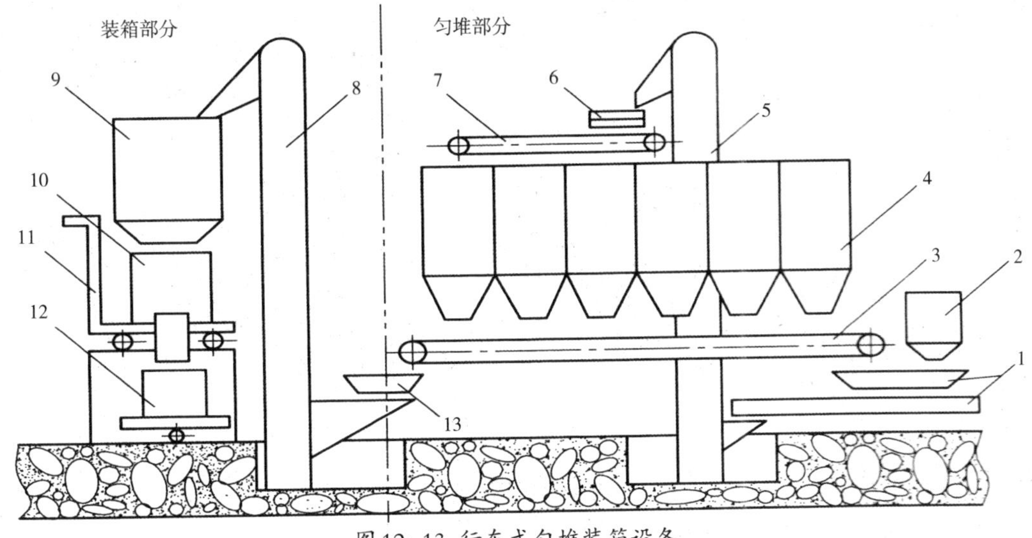

图12-13 行车式匀堆装箱设备

注：1、13.振动槽；2.多格进茶斗；3.下茶输送带；4.拼和斗；5、8.斗式提升机；6.分茶输送带；7.行车摊茶带；9.贮茶斗；10.称茶斗；11.电子秤；12.茶箱。

紧压茶是毛茶精制后的再加工产品，多加工为黑茶产品，是我国西北地区兄弟民族日常生活必不可少的饮料，过去以边销为主，部分内销和侨销，近年来内销市场活跃，需求旺盛。花茶在我国已有1000多年的历史，目前已畅销全国，北方省份消费者尤为喜爱。本章主要介绍了湖南紧压茶、湖北青砖茶、云南紧压茶、四川紧压茶、广西六堡茶以及花茶的品质特征、加工原理和加工技术要点。

第十二章 紧压茶和花茶加工

第一节　紧压茶加工

我国生产的紧压茶分为砖块形和篓装形两大类。20世纪60年代以前，紧压茶的压制多手工操作，劳动强度大，生产效率低。目前，大部分紧压茶的加工都使用了机械，大大改善了劳动条件，也提高了生产效率和产品质量。虽然紧压茶由于茶区、花色不同，其所用原料和加工工艺有所区别，但紧压茶加工中的基本工序有毛茶拼配、分筛切细、半成品拼配、蒸茶压制、烘房干燥、检验包装等作业，其中蒸茶压制又分为称茶、蒸茶、压模、脱模等工序。

一、湖南紧压茶加工

湖南砖块形的产品有黑砖、花砖和茯砖；篓装形的产品有天尖、贡尖和生尖。

（一）黑砖和花砖的压制

黑砖和花砖都是以湖南黑毛茶为原料，黑砖以三级黑毛茶为主，拼入部分四级原料和少量其他茶；花砖以三级黑毛茶为原料。以前黑砖和花砖原料分“洒面”和“包心”，1976年后，简化了工艺，将洒面和包心混合压制。黑砖和花砖除原料有差异外，成品砖的表面图案和文字也有不同。黑砖砖面上有“黑砖茶”三字，下方有“湖南安化”四字，中间有五角星。花砖砖面上有“中茶”图案，下有“安化花砖”字样，四边压有斜条花纹。

黑砖和花砖的压制分毛茶拼配、分筛切细、半成品拼配、蒸茶压制、烘房干燥、检验包装等作业，其中蒸茶压制又分称茶、压模、脱模等工序。

1. 产品规格

黑砖与花砖外形上都呈片状，均要求砖面平整，花纹图案清晰，棱角分明，厚薄一致，色泽黑褐，其长、宽、高均相同，即为350mm，180mm，33mm，每片砖净重均为2kg。黑砖内质要求香气纯正或带松烟香，汤色橙黄或橙红，滋味醇和或微涩。花砖内质要求香气纯正或带松烟香，汤色橙黄或橙红，滋味醇和。

2. 压制工艺

1）毛茶拼配

加工黑砖的原料以三级黑毛茶为主，拼入部分四级，总含梗量不超过18%；花砖则以三级黑毛茶为原料，总含梗量不超过15%。在筛制前，根据加工标准样，逐批选料试制小样，经品质评审确定毛茶拼配方案。

2）原料筛制

毛茶先经滚圆筛，筛网组合为2、2、3.5、3.5孔。滚圆筛头子茶上大风车，大风车一口茶再上风选机，隔除砂石（风选一口），风选二、三口茶重上滚圆筛。大风车二口茶经破碎后即成待拼净茶。滚圆筛的筛底茶再经平圆筛，筛网组成2、9、24孔，除平圆2孔面茶返回滚圆筛外，各孔筛底经风选隔砂，一口隔砂后，二、三口则为待拼净茶。

3）净茶拼配

经筛分后的各筛号茶，经反复试拼小样后，按比例将各筛号茶均匀拼和。

4）压制工艺

分为称茶、蒸茶、装匣、预压、压制、冷却、退砖、修砖、验砖等9道工序。

① **称茶：**必须根据产品的质量标准，原料含水量和加工损耗等因素，使每块砖的重量准确和一致。

② **蒸茶：**要求蒸匀、蒸透，使茶坯软化，增加黏性，以便压紧成砖。蒸汽温度102℃，蒸汽压力6kg/cm^2，时间3~4s，控制茶坯含水量为17%左右。

③ **装匣：**在匣内装好木板和铝底板，抹点茶油。装入茶坯，趁热扒平，四角和边缘稍厚，盖好花板（刻有文字和花纹），以防蒸汽散失。

④ **预压：**将装好的茶匣进行预压，随后推到第二个蒸茶台下装第二片砖，每匣2片砖。

⑤ **压制：**使用摩擦轮压力机，压力80t，随后上栓固定。要求前后受力一致，确保砖面匀整光滑。

⑥ **冷却：**紧压后的茶匣在凉砖车上冷却固定，一般需2~2.5h，最少不少于100min，以确保定型。

⑦ **退砖：**按压制先后顺序依次退砖，用小摩擦轮退砖机完成退砖工序。

⑧ **修砖：**将茶砖边角外溢的原料削平修齐，达到四角分明的外形。

⑨ **验砖：**检验砖块的外形是否符合规格，砖面商标是否清晰、厚薄是否一致、重量是否合格，并检验含水量，凡不符合要求的，必须退料重压。

5）干　燥

合格砖块送入烘房，整齐排列在烘架上，砖距1cm左右；开始烘温38℃，头3天，每隔8h升温1℃；4~6天，每隔8h升温2℃；以后每隔8h升温3℃，最高不超过75℃。期间注意通风换气，一般8天左右，当砖块含水量降至13%以下时，即可出烘房。

6）包　装

包装前要检查砖块的重量和包装材料，包装时做到商标端正，刷浆匀薄。装入麻袋，每袋装20片，扎紧锁口，刷唛清楚，再按生产先后整齐堆码于仓库。

（二）茯砖的压制

茯砖茶原产陕西泾阳，叫“泾阳砖”。1953年安化砖茶厂试制成功，随后在湖南安化、益阳、桃江等地相继生产。茯砖分特制茯砖和普通茯砖两种，以黑毛茶为原料。

1. 产品规格

特制茯砖和普通茯砖在外形规格上均要求平整，棱角分明，厚薄一致，发花茂盛，特茯呈黑褐色。砖内无黑霉、白霉、青霉、红霉等杂菌。砖长350mm，砖宽186mm，砖高45mm，砖重2kg。内质均要求汤色橙黄，香气纯正，并具特殊菌花香。但特茯原料相对较嫩，滋味优于普茯，要求醇厚或醇和，普茯相对较淡，但不能有粗涩味。

2. 压制工艺

1）毛茶拼配

特茯原料全用黑毛茶三级，配料要考虑季节、地区差异，合理调剂；普茯原料以黑毛茶四级为主，拼入部分三级，或其他茶叶。在筛制前，根据加工标准样，逐批选料试制小样，经品质评审确定毛茶拼配方案。

2）原料筛制

毛茶先经滚圆筛，筛网组合为4、4、4、4孔。4孔头子茶上大风车去除砂石，经切碎机切断，再上双层抖筛机（4孔紧门），即成待拼净茶。滚圆筛机4孔底的茶上平圆筛，配4、8、16、24孔筛网，平圆后4、8、16孔底分别上风选机，即成待拼净茶，24孔底的茶则上平圆筛，割除茶灰后为待拼净茶。

3）净茶拼配

各筛号净茶，经反复试拼小样确定拼配比例，按比例将各筛号茶均匀拼和（图11-1）。

图11-1 茯砖茶压制前的拼配

4）压制工艺

分为汽蒸、渥堆、称茶、加茶汁搅拌、蒸茶、紧压、定型、验收包砖、发花干燥等9道工序。

① **汽蒸：**汽蒸是使产品吸收高温蒸汽，增加温度和湿度，为下一步渥堆创造条件。产品均匀进入蒸茶机内，通入温度98~102℃的蒸汽，历时50s。

② **渥堆：**经过汽蒸的茶叶温度达75~88℃，立即渥堆，以弥补湿坯渥堆的不足，堆高2~3m，时间3~4h，不少于2h。待叶色变黄，青气消除，滋味醇和无粗涩味时，进行开堆散热，将堆高降低至1.5m，使叶温降至45~55℃。

③ **称茶**：必须根据产品的质量标准，原料含水量和加工损耗等因素，准确称取每块砖的重量，确保相对一致。目前均采用电子秤称量。

④ **加茶汁搅拌**：加茶汁是为了使产品达到“发花”所需含水量，有利于压紧成型。茶汁是茶梗、茶果壳等熬煮的汁水。加入的茶汁由“茶汁机”控制，保证湿坯的含水量在23%~26%，一般春夏季低，秋冬季高，由拌茶机搅拌均匀。

⑤ **蒸茶**：由汽蒸机进行汽蒸，时间5~6s。

⑥ **紧压**：装茶、扒平、预压、紧压等步骤与黑砖相同，目前自动化机压已广泛应用（图11-2）。

图11-2 自动化茯砖茶压制生产线

⑦ **冷却定型**：紧压后放置冷却，待砖温由80℃降至50℃左右，历时80min，冷却定型后，即可退砖，该工序多在压制线上完成。

⑧ **验收包砖**：按外形要求检验砖坯，用商标纸包装，堆码整齐，待送入烘房发花干燥。

⑨ **发花干燥**：“发花”是茯砖加工的特殊工艺，通过发花使砖内形成一种“金花”，即冠突散囊菌的闭囊壳。

将包好的砖坯整齐地排列在烘架上，间距2cm；前12~15天为“发花期”，发花阶段温度应保持在28℃左右，相对湿度保持在75%~85%，有利发花微生物的生长发育。茯砖进烘房的1~2天内，相对湿度高达90%以上，要注意开放门窗，促使空气流通，防止霉变，并在第8天和13天前后要检查发花情况，观察金花的大小和色泽，采取措施及时调整发花进程。发花后的5~7天为“干燥期”。干燥阶段的温度则逐渐升高，一般由30℃上升至42~45℃，即每天上升2~3℃（表11-1），相对湿度逐渐下降到50%以下。当砖坯含水量降至14.5%左右时，停止加温，开窗冷却出烘（图11-3）。

表11-1 茯砖茶发花干燥阶段温度的控制

进烘时间	发花阶段（天）				季节	干燥阶段（天）						
	1~9	10	11	12		1	2	3	4	5	6	7
温度（℃）	28	29	30	30	春夏	32	34	36	39	42	45	45
					秋	31	33	35	37	39	42	42

图 11-3 烘房中发花的砖坯

5）出烘包装

砖坯冷却后出烘，根据规定项目进行检测，其含水量不超过14%，随后用方底麻袋，每袋20片，以“井”字形打包，刷上唛头，普茯蓝唛头，特茯红唛头。

（三）天尖、贡尖、生尖加工

天尖、贡尖、生尖是篓装黑茶，系用黑毛茶一二级原料加工而成，品质较高，是湖南黑茶成品中的佳品，生产历史悠久。

1. 产品规格

天尖外形条索紧结，较圆直，嫩度好，色泽黑润；内质香气纯和带松烟香，汤色橙黄，滋味醇厚，叶底黄褐尚嫩。贡尖条索粗壮，色尚黑润；香味纯正带松烟香。生尖外形折片多于条索，色泽较花杂；汤色稍暗，香味平和显粗淡，叶底黑褐。

2. 加工工艺

天尖以一级黑毛茶为主拼原料，拼入少量二级毛茶。贡尖以二级黑毛茶为主，拼入少量一级下降和三级提升的原料。生尖毛茶原料较为粗老，大多为片状，含梗较多。

天尖、贡尖、生尖的加工较为简单，在筛制工序中，平圆筛头子茶可再汽蒸3~5min，复揉紧条，再经烘干，可制成贡尖，轻身茶作黑砖原料（图11-4）。

在紧压工序中，要称茶4次，天尖每次称12.5kg，称好的茶以高压蒸汽蒸20~30s，即可装入篓中，第一二次装好后，紧压1次；第三四次装茶，每装1次，紧压1次，共紧压

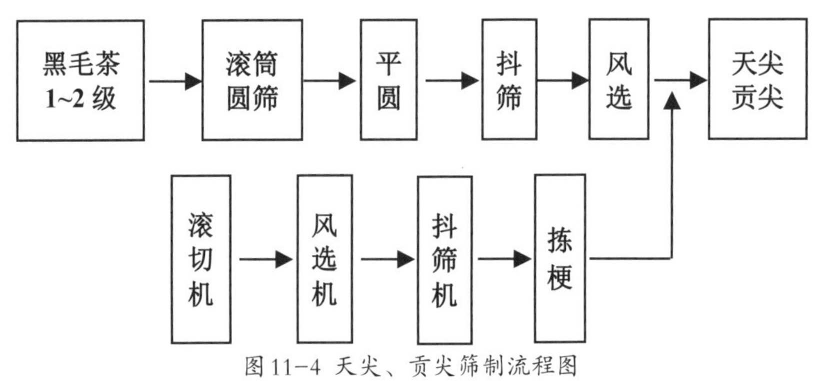

图 11-4 天尖、贡尖筛制流程图

3次。压好后捆好篾条捆紧，再在篾包顶上用直径1cm的铜钻，扎5个孔洞，深约40cm，俗称打“梅花针”，然后在每个孔中，插入3根丝茅草，以利水分的散失。紧压后的茶包，运至通风干燥处，历经4~5天，水分检验14.5%以内，即可出厂（图11-5、图11-6）。为便于区别，各产品唛头颜色是：天尖刷红色，贡尖刷绿色，生尖刷黑色。

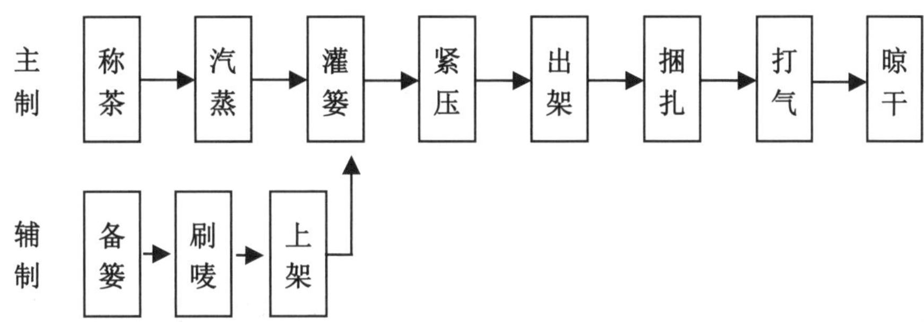

图11-5 天尖、贡尖、生尖压制流程图

图11-6 安化天尖茶自然干燥

（四）千两茶加工

清道光元年（1820年），陕西茶商驻益阳的代表委托行栈汇款到安化定购黑茶或以羊毛、皮袄等物换购，采办的茶叶经去杂、筛分、蒸揉、干燥后踩捆成包，叫“澧河茶”，随后改为小圆柱形，称“筒子茶”，又叫“花卷茶”，每支重一百两，称“安化百两茶”。清同治年间（1862—1874年），山西“三和合茶号”与江南边江裕盛泉茶行的刘姓兄弟合作，在百两茶的基础上制成千两茶，外用花格篾篓，内贴蓼叶、棕片，踩制成花卷茶，俗称“安化千两茶”。因踩捆是一道关键性工序，不仅体力消耗大，更需一定技巧，刘姓人家视踩制工艺为绝活，对外保密，订有“传子不传女，传媳不传婿”之规。安化千两茶的制作技艺从清同治年间起，一直延续到民国期间。

1952年白沙溪茶厂招收刘姓兄弟为正式职工，传授安化千两茶的制作技术。1958年，该厂鉴于安化千两茶的制作劳动强度太大、季节性强、生产效率低等原因停产，改为机械压制花砖茶。1983年，为不使安化千两茶制作的独特工艺失传，该厂将老技工聘请回厂制作了300余支花卷茶，此后又中断了14年。1997年，随着茶叶国内外贸易的日趋繁荣，为满足市场需求，该厂恢复了传统的花卷茶生产，至2005年以后，千两茶的生产有了较快发展。

1. 产品规格

千两茶外表古朴，形如树干，采用花格篾篓捆包装，内有蓼叶、板棕（图11–7），柱高约150cm，周长56cm，重量31.25kg。成茶结构紧密坚实，色泽黑润油亮，汤色红黄明净，滋味醇厚，口感纯正，常有蓼叶、竹黄、糯米香气；热喝略带红糖姜味，凉饮有甜润之感。

蓼叶

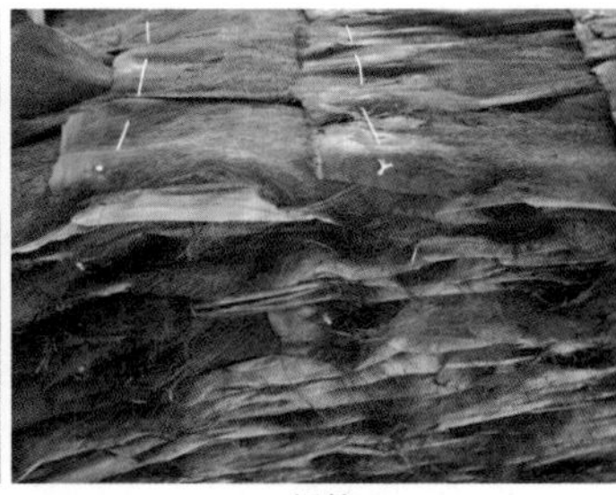
板棕

花格篾篓

图11–7 千两茶外包装用材

2. 压制工艺

1）原料筛制

毛茶先经滚圆筛，筛网组合为2、3孔，滚圆筛头子茶经切后再上滚圆筛；滚圆筛的筛底茶经平圆筛筛制，筛网配备4、6、8孔；随后经风选机，隔除砂石，最后人工拣梗（含梗量小于5%），筛制中要对各号茶叶进行含梗量的控制，特别是上身茶。通过筛分，风选，分出1~6号茶，其中1、2号茶统称为上身茶，3、4号茶称为中身茶，5、6号茶称为下身茶。筛制后的茶叶即可拼配，拼配时一般将二级、三级茶按一定比例拼成半成品，拼堆后取样进行审评，合格后下单给生产车间，一般每批拼配数量为5t。

2）加工工艺

（1）千两茶包装

千两茶包装分为三层，最里层是蓼叶，即当地包粽子的竹叶，要求采用成熟老叶，新叶叶薄，干燥后在加工中易破损，影响茶叶品质。将蓼叶用细竹篾编织成规定的尺码，即长150cm，宽70cm；中间层是棕片，选用干净的板棕，宽度20cm以上，含水量控制在12%以下。用棉线将棕片缝制在一起，规格与蓼叶大小一致，再将蓼叶和棕片缝合在一起，即可备用；外层是花格篾篓，篾篓用当地的楠竹编织而成，制作篾篓的楠竹要求3年以上的成竹。花格篾篓用经篾和编篾制作而成，经篾用作经线的编制，采用去掉竹皮的篾条；编篾用作纬线的编制，编篾用带竹皮的篾条。花格篾篓在千两茶的最外层，起到加固茶叶便于运输的作用，所以，篾篓的编制前提是结实、耐用，以及坚固、美观。

（2）压制工艺

踩制千两茶，一般在晴天干燥的时间进行，以7~8月间较好。包括司称、蒸茶、灌篓、踩压、干燥等5道工序。

① **司称：** 首先要调整老秤，即用200两砝码，约6.25kg，调整秤砣的位置，使秤杆水平，固定秤砣位置。然后开堆称取，开堆要求从上到下，截口平整，宽不超过1尺，以保证上身茶和中身茶混合均匀。称取时，留出总量的百分之几，加入下身茶，使秤杆达到水平，将称好的茶叶倒入布包，扎紧布包。一支千两茶要称5次，即5包茶。

② **蒸茶：** 汽蒸能使茶叶受热、吸湿、软化，并消毒杀菌作用。蒸茶前，要检查设备是否正常。将5包茶叶码放在蒸桶内，盖上布，蒸茶4min（图11–8）。

人工选茶　　制作篾篓　　汽热蒸茶　　包装灌茶

图11–8 千两茶加工图示

③ **灌篓：** 在蒸茶时先进行铺篓，取两片缝合的蓼棕片放入篾篓，再将两头开口的布袋放入篾篓，用一竹圈固定，便于灌篓。蒸茶时间到，应立即灌篓，放入第一包茶，垫上布，用木棒筑紧茶叶，拿出垫布，放入第二包茶，采用同样方式筑紧。筑紧时注意力度，防止一头大一头小，一头紧一头松的问题，最后一包茶要边放边捣实，全部放完后取出布袋，用蓼棕片盖好，稍抽紧编篾，盖好牛笼嘴（用篾编织的一碗形篾盖），用棍子压住，抽紧编篾。

④ **踩压：** 踩压包括滚踩、绞杠、压杠、匀杠、滚踩收篾、匀压等工序，要反复5次，再打鼓包，放置1天，最后收篾等步骤。踩压在黄土夯实的地面上进行，地面加入了食用盐，以保持地面湿润，不起粉尘。将灌篓后的千两茶放在地面，用一根木棍缠住编篾，大家一齐用力向前滚，该过程叫绞杠。第一轮绞杠只能用五分力，不能一绞到底，将6根编篾逐一绞杠；随后进行压杠，用大木杆在茶上压杠一次，将千两茶翻动后，再回压杠一次；压完后，将千两茶翻动，快速轻压杠赶茶，称为匀杠。千两茶要经过“五

轮滚”，即5次绞杠，4次压杠、赶茶；第二次绞杠起着检查的作用，使千两茶周身全部绞到；随后也要压杠赶茶；第三轮和第二轮一样；3轮后千两茶已成功瘦身；第四轮绞杠前，用一根两尺长的竹条进行比量，看是否达到标准，对不达标的地方，重点进行绞杠；第五轮绞杠后，还要用木锤进行整形，将弯曲和鼓包的地方敲平、敲直，称为打鼓包。踩压后的千两茶要在室内放置半天或一天进行冷却，再锁篾。锁篾即将编篾锁紧，使其紧结、匀称（图11–9）。

图11–9 千两茶加工图示

⑤ **干燥：**千两茶的干燥采用自然干燥，将压制完成的千两茶放入凉棚架上，放置50天左右，当水分降为15%时即可出棚、待售，为防止雨淋，目前多采用透明棚晾晒（图11–10）。

图11–10 千两茶透明棚晒场

二、湖北青砖茶加工

青砖茶也是黑茶类的一种压制茶，以湖北老青茶为原料。

（一）青砖原料加工

老青茶毛茶加工分为投料、筛分、风选、拣梗等工序。

1. 投 料

毛茶入库时，一般按季节分为正、副两个堆，精加工时根据品质制定拼配比例。筛面和底面采用一二级原料加工，里茶则用三级原料。

2. 精加工

主要目的是整理条索，使大小、长短一致，剔除非茶类物质。面茶和里茶的加工稍有区别。

① **面茶：**面茶先经滚圆筛，筛网配备7/16、1/2、7/8（25.4mm），筛底进行风选，一口头子茶需进行筛分拣梗，二三口分别拣梗后即为待拼茶；滚圆筛面经去梗后进第二台滚圆筛，筛网配备1/2、9/16、13/16、7/8，筛底经风选为待拼茶，筛面拼入里茶加工。

② **里茶：**加工技术与眉茶相似，增加了平圆筛和风选机。毛茶经滚圆筛，筛网配备7/8、1/2、7/16（25.4mm），筛面经切碎后进入第二台滚圆筛1/2、9/16、13/16，筛底进平圆筛4、8、24、60，4孔面和底、8孔底经风选后待拼，24孔和60孔分别用90孔抖和90孔平圆筛筛割去茶灰后待拼。

（二）青砖茶压制

1. 产品规格

青砖茶外形长330mm，宽150mm，厚40mm，重量2kg。砖片平整光滑，色泽青褐。砖面压有凹文“川”字和凸文“中茶”，并由蒙文标记。内质香气纯正无青味，滋味纯正，汤色橙黄明亮，叶底暗褐粗老。

2. 压制工艺

青砖茶压制分称茶、汽蒸、预压、压紧、定型、退砖、修砖等工序。

1）称　茶

青砖每片重2kg，称洒面和底面各0.125kg，里茶1.75kg，即洒面和底面茶各占6.25%、里茶占87.5%。

2）蒸　茶

将蒸茶盒送入蒸笼内汽蒸，温度100~102℃，使叶温达到90℃，时间3.5s，叶质柔软，含水量达到17%左右。

3）预　压

按先底茶、里茶、洒面茶的顺序，均匀地装入蒸茶盒内，先将蒸过的底面茶倒入斗模底，加入里茶，再将洒面茶盖在面上，使茶叶四角饱满、厚薄均匀，盖上有“川”字和蒙文“分”字的铝盖板，在压力机下预压成型。

4）压　紧

采用63t的压力机，紧压茶砖，固定斗模螺丝。

5）定　型

将斗模凉置70~80min，自然冷却定型，时间不得少于1h。

6）退砖、修砖

用退模机将定型后的茶砖退出，检查砖片是否符合要求，用修砖机修平砖边。

7）干　燥

将茶坯送入烘房进行干燥，堆码茶砖，采用砖片侧立，纵横叠码，每层4片，高度12~14层。干燥初期1~3天，温度35~40℃，相对湿度90%；中期3~4天，温度40~45℃，相对湿度80%；后期3~4天，温度55~70℃，直至干燥适度，停止加温，冷却1~2天出烘。

8）包　装

用商标纸逐块包封，做到整齐美观，转入垫有笋叶的篾篓内，分为3叠，每叠9块，合计27块，俗称“二七”砖，净重54kg一篓。捆扎后刷唛。

三、云南紧压茶加工

云南紧压茶的原料主要来自滇青散茶，毛茶加工中要经过渥堆做色，形成黑茶品质。产品有紧茶、七子饼、沱茶等花色，主要边销、侨销，目前内销市场较好。

（一）产品规格

云南紧茶因消费者饮用习惯不同，对紧茶的花色品种有不同要求，其毛茶的嫩度有差异，边销紧压茶原料较粗老，并允许有一定的含梗量。内销、侨销和外销的方茶、普洱散茶，则以较细嫩的滇青做主要原料。

（二）紧压茶加工

云南紧压茶加工分为毛茶拼配、分筛切细、半成品拼配、蒸茶压制、烘房干燥、检验包装等工序。

1. 毛茶拼配

毛茶对照收购标准样进行验收，按等级归堆入仓，级内分10堆，级外、红付和绿付各1堆，共13堆。检测含水量，如青毛茶1~8级，含水量9%~12%即可入仓。付制前，毛茶要按品质要求进行拼配（表11–2）。

毛茶拼配应根据成品茶的品质规格要求，当某一毛茶短缺时，可进行适当调剂，但规定的拼配比例不得轻易变动，以免影响成品茶的品质。

表11–2　云南紧压茶拼配比例

项目	滇青毛茶	绿付	红付	台刈	级外晒青
紧茶	3~4级5%，5~6级10% 7~8级27%，9~10级40%	2%	8%	—	8%

续表

项目	滇青毛茶	绿付	红付	台刈	级外晒青
饼茶	5~6级8%，7~8级20% 9~10级44%	2%	—	—	26%
圆茶（七子饼）	3级5%，4级10% 5级15%，6级20% 7级25%，8级25%	—	—	—	—

2. 筛分切细

紧压茶的筛分较简单，但必须分出洒面茶、里茶，剔除杂物。

如下关茶厂采取单级付制，单级收回的加工方法。筛分实行联机作业，各级各堆的毛茶按比例拼配，混合筛分，先抖后圆再抖，分出筛号茶（平圆机配置4、5、7、9孔，4孔上为1号茶，粗大；9孔下为5号茶，细小），经风选、拣剔后拼配成洒面和里茶。

滇青中较粗老的9级、10级、级外和台刈茶等，经切茶机后过平圆机4孔，筛面复切，筛底付拣后做紧茶、饼茶、方茶的底茶。

部分粗老叶经切碎后，还要渥堆。渥堆时按10∶2的比例洒水，雨季适当减少，经5~7天，叶色转为褐色，粗青气减退，即可开堆。

3. 半成品拼配

经筛切后的半成品筛号茶，根据各紧压茶加工标准进行审评，确定各筛号茶的拼配比例（表11–3）。按比例拼配的各筛号茶，经拼堆机混匀后，喷水进行软化蒸压。

表11–3　云南各紧压茶半成品拼配比例（%）

茶叶	总量	面茶	各筛号茶（面茶）					底茶	各筛号茶（底茶）								
			1	2	3	4	5		5	片末	细九	细十	临粗	德粗	红付	绿付	混红
紧茶	100	35	11	14	5	5		65	5	2	18	22	6	2	8	2	—
饼茶	100	21	—	3	2	7	9	79	5	—	20	24	20	8	—	2	—
方茶	100	24	—	5	4	5	10	76	5	—	20	22	11	5	—	3	—
圆茶	100	30	—	—	—	—	—	70	—	—	—	—	—	—	—	—	—

4. 蒸茶压制

分为称茶、蒸茶、压模、退模等工序。

1）称　茶

喷水后的茶坯含水量为15%以上，各成品茶的含水量为9%~12%，因此，应根据成品茶标准，加工损耗等因素，计算称茶重量。一般先称里茶，再称面茶，按先后倒入蒸模，放入一张小标签，然后蒸茶。

2）蒸　茶

利用锅炉蒸汽，输入蒸压机，历时5s，蒸后水分增加3%~4%，茶坯含水量为18%~19%。

3）压　模

多采用冲压装置，压力10kg，每砖冲压3~5次，使茶坯厚薄均匀，松紧适度。

4）退　模

紧压后的茶坯，在模内冷却定型后退模，冷却时间视定型情况而定。

5. 烘房干燥

传统干燥在晾干架上自然干燥，时间达5~8天，效率低，质量不稳定。目前采用锅炉蒸汽余热干燥，温度可达45℃，紧茶、饼茶、方茶在30℃条件下，只需13~14h，待含水量为13%时即可。烘房每2~3h，开窗排湿1次。

6. 检验包装

经过干燥的成品茶，要进行抽样，检验水分、重量、灰分、含梗等，并进行审评。

四、四川紧压茶加工

四川紧压茶分南路边茶和西路边茶。

（一）南路边茶

南路边茶有康砖（品质较高）、金尖（品质较低）两种，加工均有毛茶整理、配料拼堆、蒸汽筑压、成品包装4道工序。

1. 毛茶整理

毛茶进厂后，须经过筛分、切碎、风选、拣剔等作业处理，要求洒面和里茶形状均匀、清洁卫生。洒面的梗长不超过3cm，生梗应蒸制渥堆，变色干燥后再进行拼配。

2. 原料拼堆

南路边茶的毛茶较多，有做庄茶、级外晒青毛茶、条茶、尖茶、茶梗、茶果外壳等。各地毛茶品质差异较大，配料要分别测定其水浸出物含量，国家规定康砖水浸出物含量必须达到30%~40%，金尖必须达到20%~24%。

3. 蒸茶筑压

1）称　茶

康砖茶每块标准重为0.5kg，洒面茶25g；金尖茶每块标准重为2.5kg，洒面茶50g。

2）蒸　茶

茶坯在高压蒸汽下蒸30~40s，再倒入茶模。

3）筑　压

采用夹板锤筑包机筑制，先将篾包放入模内，放一半洒面（康砖12g，金尖25g），再均匀倒入里茶，开动筑包机，康砖压2、3次，金尖压8~10次，加入另一半面茶，放入篾片，即为第一片茶。然后筑制第二片、第三片，直至筑满一包为止（康砖每包20片，金尖4片），筑制完一包，用竹钉封号包口，松开模盒，堆放4~5天，冷却定型。待水分达到标准后，进行包装。

4. 产品包装

冷却后的茶包，要检测水分和重量是否符合出厂标准，每块放一商标纸，用黄纸包封，用篾条捆扎整齐，放入篾包中，再用竹篾扎紧，刷上唛头。为便于识别，康砖外包打上红圈，金尖打上黑圈，堆码整齐，待运出厂。

（二）西路边茶

西路边茶有茯砖和方包两种。

1. 茯砖茶加工

四川茯砖茶加工分为毛茶整理、蒸茶筑砖、发花干燥、产品包装4道工序。

1）毛茶整理

四川茯砖茶原料除毛庄茶外，还有级外晒青毛茶、毛茶拣头、茶果外壳及嫩枝梗等，因此，在原料上比湖南茯砖要粗老些。经切碎后，茶梗长不超过3cm，其他大小不超过1cm。付制前经过审评，根据色香味及“熬头”进行拼配。其中金玉茶84%，级外晒青毛茶5%，茶果外壳5%，黄片5%，茶末1%。

2）蒸茶筑砖

拼配后的茶坯要进行蒸热和渥堆处理。目前已实现切碎、蒸茶、渥堆机械化联动，毛茶经切碎后，由输送带深入蒸茶机内，蒸茶机为圆形，分12格，每格2.5kg，自动回转，一次装茶、蒸茶、出茶。每格茶在3kg气压中蒸80s，后自动流入渥堆室，当茶堆约1000kg时，扒平茶堆，其他茶按比例倒在大堆上，依次堆成2~3m高的大堆，约10000kg，拍紧盖上棕垫或麻袋保温。蒸茶坯含水量18%~20%，堆内温度60~70℃，历时24~48h，以茶坯黄褐色，香味醇和，不带青涩味为适度。

渥堆后的茶坯，根据品质和规格的要求，准确称茶，倒入贮茶斗，加入茶梗熬汁0.5kg，搅拌后进入蒸茶机，加入1.5kg蒸汽，蒸30s，自动送入装有纸袋的木模，当有1/3蒸料时，开始交替筑压，冲压机频率56次/min，冲压30s，掌握筑压均匀，茶砖松紧适度，封好砖口。出木模经检验合格后，送入烘房，发花干燥。

3）发花干燥

发花最适温度25~28℃，相对湿度75%~85%，含水量25%~30%。在发花和干燥过程中，可分为低温、中温、高温、干燥4阶段，随着温度的升高，湿度越来越低（表11-4）。

表11-4　茯砖发花与干燥期的温湿度

项目	“金花”初生期	“金花”茂盛期	“金花”后熟期	干燥期
天数（天）	4	8~10	4	2~3
温度（℃）	25~26	27~28	29~30	31~40
湿度	85%→75%	75%→70%	70%→65%	—

4）产品包装

按要求封好袋口，每包16片，净重24kg。

2. 方包加工

方包茶压制分为毛茶整理、炒茶筑包、烧包晾包3道工序。

1）毛茶整理

毛茶枝梗直径不超过0.8cm，切细成3cm左右的短节，经筛制取出面茶和末茶分别归堆。

① **原料拼配：**按3：2的比例进行梗叶混合，然后再拼成60%的蒸料（以面茶为主）和40%的盖料（以末茶为主）。

② **蒸茶渥堆：**将蒸料在锅中（105~107℃）蒸6~7min，至茶叶柔软，含水量22%~24%为宜。将蒸料与盖料隔层堆放、拍紧，渥堆1~2天，待叶色成油褐色，具老茶香为宜。

2）炒茶筑包

方包茶每炒3锅筑制1包茶。用铁锅炒茶，先烧红铁锅，倒入茶坯，加入沸腾的茶汁0.5kg，使茶叶湿软，历时约1min，待锅中白烟冒出即可起锅，此时叶温85~90℃，含水量22%左右。将篾包放入木模中，将炒制的3锅茶分次趁热倒入，分层筑紧，封包，刷唛。

3）烧包和晾包

将茶包堆码成长方形，堆高6层为限，高约3m。茶包间不留空隙，以利保温，利用高温（80℃左右）促使品质转化，这一过程称为烧包。夏秋季节3~4天；冬春季节5~6天，期间翻堆1次。

晾包既是将茶包放在通风的地方，堆成品字形，历时20~30天，待茶叶含水量16%~20%即可。

五、广西六堡茶加工

六堡茶成品茶分为1~5级，毛茶采用单级付制，分级收回。毛茶加工分筛分拣剔、分级拼配、初蒸渥堆，复蒸包装、晾置陈化5道工序。

1. 筛分拣剔

毛茶经过抖、滚圆筛和风选后，再经拣剔成为待拼的筛号茶，其紧门筛1~5级分别为5、5、4、5、4、3孔。

2. 分级拼配

根据各路筛号茶的品质，进行取长补短，按比例拼配成各级的半成品茶。

3. 初蒸渥堆

拼好的半成品茶进入蒸茶机，历时1~1.5min，待茶叶能捏成团，松手不散即为适度。出蒸后稍摊凉，待叶温80℃左右，进行渥堆。1~3级茶堆高65cm，4~5级茶堆高1~1.3m。叶温控制在40℃左右，不超过50℃，相对湿度85%~90%，茶叶含水量18%~20%。渥堆时关闭门窗，期间翻堆1次，待叶色红褐，发出茶香，叶底黄褐，汤色转红为适度。

4. 复蒸包装

六堡茶是篓装茶，级别不同每篓重量30~50kg不等。包装时，将初蒸的半成品，复蒸1min，蒸汽要透，蒸后摊凉、散热，待叶温80℃以下装入茶篓，机械压实，边紧中松，每篓分3层装压，加盖缝合，即为成品茶。

5. 晾置陈化

加工后的成品茶温度高、水分多，需置于通风处降温去湿，一般6~7天。待篓内温度与室温一样，进仓堆放，经半年时间或更长，汤色会更浓红，形成六堡茶“红、浓、醇、陈”的品质特点。

成品茶初入库时，要关闭门窗，保持室内湿度80%，2个月后，待茶汤达到要求，开窗通风，降低茶叶含水量，以保品质稳定。

第二节　花茶加工

花茶又称熏花茶、香花茶等，以精加工的茶叶配以鲜花窨制而成。既保持纯正的茶香，又兼备鲜花的馥郁香气，所谓“引花香，益茶味”，使花茶具有特殊的品质特征。

花茶历史悠久，早在一千多年前的宋初（公元960年），就在上等绿茶中加入一种香料——龙脑香。到12世纪宋宣和年间，便在茶中加入“珍菜香草”，以增进茶香。清咸丰年间开始大量窨制茉莉花茶。1890年前后，各地生产的茶叶运到福州窨制花茶，当时福州便成为我国窨花茶的中心。

中华人民共和国成立后，花茶生产有了大发展，花茶产区已遍及福建、广西、江苏、浙江、安徽、四川、广东、台湾、江西、湖南、云南等省。此外，湖北、河南、山东、贵州等省，也有少量生产。1984年以前，花茶生产主要在浙江金华、福建福州、江苏苏州等地，随着广西横县茉莉花种植面积的快速发展，茉莉花茶加工向广西转移。目前，我国花茶年产量约10万t，其中广西横县年加工茉莉花茶约5.5万t，占全国茉莉花茶产量的60%~70%，居全国第一。

花茶历来是我国人民所喜爱的饮料，畅销全国，北方人对花茶尤为喜爱，北方14个省（市）主销花茶。从1955年开始，我国花茶对外试销，现已畅销五大洲，40多个国家和地区，且销路甚广。

一、花茶加工原理

花茶质量的高低，取决于茶坯、香花质量优次和窨制技术是否合理。花茶的窨制是利用鲜花吐香和茶坯吸香，这样一吐一吸的两个方面形成特有品质特征的过程。

（一）茶叶吸附特性

1. 茶坯吸香的内在特性

茶叶为疏松多孔物体，内部有许多细微小孔，具有毛细管作用，容易吸附空气中水汽和气体。这些细小孔隙导管形成大量的孔隙表面，这就是茶叶具有较强吸附性能的原因。而茶叶的吸附性能，随着毛细管的大小、多少而有强弱之分。毛细管直径愈小，数量愈多，吸附表面愈大，吸附性能也就愈强。加工中细嫩茶，炒青干燥的茶叶，孔径小、孔隙短，吸附能力强，吸收香气量多，但吸香速度慢；粗老茶，孔径大、孔隙长，吸附能力弱，吸收香气量少，但吸香速度快。因此，细嫩的茶叶窨花时，拼花量要大，窨花次数多。而粗老茶叶窨制时，配花量少，窨制次数少。

此外，茶叶内含有烯萜类，棕榈酸等成分，这类物质本身没有香气，但具有极强的吸附性能，这是茶叶具有吸附异味的内在因素，它是一种定香剂。而细嫩茶叶烯萜类和棕榈酸含量较高，粗老茶含量较低，因此，不同级别的茶叶窨制时的配花量、窨制次数不同。

茶叶的吸附作用主要是物理吸附，能吸附任何气体。其吸附作用可分为3个过程：① 外扩散，吸附质气体向茶叶外表扩散；② 内扩散，吸附质气体沿着茶叶的空隙深入至吸附表面的扩散；③ 茶叶孔内吸附表面吸附。

2. 影响茶坯吸香的因素

影响茶坯吸香的因素有茶叶结构、含水量、温度、窨制时间和拼和均匀性等。

1）茶叶结构

茶叶的吸附能力，决定于单位表面，及空隙的数量和性状，以及空隙的大小和分布状况。由于茶叶质量的差异，对香气的吸附能力有差异。一般细嫩茶坯吸附能力强，配花量要多，但吸附速度慢，窨制时间要延长。粗老茶坯相反，吸附能力弱，配花量要少，但吸附速度快，窨制时间要缩短。

2）茶坯含水量

以前认为，茶坯含水量高，空隙率降低，吸附能力减弱。因此，茶坯窨制时含水量要控制在4%~5%，每次窨制前，均要复火干燥。研究发现，茶叶含水量在10%~30%之间，着香能力均可，以15%~20%最佳。茶叶着香效果主要决定于鲜花的吐香能力，而较高含水量的茶坯在窨制过程中能保持好鲜花的活力，提高鲜花的吐香能力，因而对花茶的香气浓度和鲜灵度有较好的效果。

3）温　度

温度对花香的扩散作用有直接关系，温度高，花香扩散速度快，香气浓度大，茶坯吸香能力也增大。但应根据香花的类型和特点灵活掌握温度。

4）窨制时间

窨制时间的长短虽决定于扩散时间的长短，但与香花的种类、气候、坯温、配花量和茶堆的大小、厚度有关。时间过长，被吸附的香气量大，但吸附热也大，影响吸香质量；时间过短，吸附量小，花香未被充分吸附。

5）茶花拼和均匀性

茶叶吸附过程先有水与芳香物混合气体的分子向茶叶外表扩散，然后向内扩散，被吸附。吸附的快慢决定于外扩散和内扩散的快慢，扩散快，吸附过程快。扩散面积大，扩散量也大。茶和花拼和时，香花越分散，拼和越均匀，扩散面积越大，扩散量越多。窨制过程中，白兰花的折瓣、切碎，珠兰的折散花枝，都是增加扩散面积。

（二）香花吐香特性

鲜花香气是窨制花茶的物质基础，鲜花吐香的本质主要是鲜花内芳香物形成和挥发的结果，外界温度、相对湿度等对其影响较大。

1. 鲜花吐香习性

香花种类不同，香气挥发的特性也有区别。根据鲜花香气挥发的特性，窨制茶叶的鲜花可分为体质花和气质花两种。

茶用香花中体质花有白兰、珠兰、玳玳、玫瑰等。这类花的芳香物质在鲜花成熟后呈游离状态存在于花瓣中，香精油的挥发与鲜花生理关系不大，影响吐香的主要因素是温度。温度越高，芳香物质扩散越快，挥发也越快。

气质花主要有茉莉花。这类鲜花的芳香物质是以糖苷的形式存在于花朵中，不挥发。鲜花需在良好的条件下，随着花朵的开放，在糖苷酶的作用下，将体内的糖苷水解成糖和芳香物质，并放出热量，芳香物质随花朵的开放不断形成和挥发。因此，需在接近成熟但未开放时采下，并通过外界条件使其达到生理成熟，开放吐香。

茶用香花开放吐香有时间性，开放前期香浓芬芳，后期香气低淡。应根据鲜花吐香的最佳时期及时付制。

2. 影响鲜花吐香的因素

影响鲜花吐香的主要因素是温度、水分和氧气。

1）温　度

窨花温度包括空气温度和茶坯温度，而茶坯温度起主要作用。在一定温度范围内，温度升高，酶活性增强，鲜花开放吐香加快，芳香物质扩散加快。不同鲜花对温度的要求不一样，茉莉花在45℃以下，开花吐香较好；玳玳花则要求在60℃左右，香精油才能挥发。若温度过高，会影响鲜花的生理活性，甚至会凋亡。因此，在花茶窨制过程中，要及时通花散热。

2）水　分

茶坯含水量对拼和后鲜花的影响较大；同时，鲜花芳香物质是随着水蒸气的蒸发而挥发的，空气相对湿度过高或过低也不利鲜花的吐香。一般空气相对湿度应控制在70%~90%，茶坯含水量应控制在20%以下为宜。

3）氧　气

鲜花是活体，体内有机物的转化和芳香物的合成仍在不断进行中，芳香物质的释放，决定于鲜花的呼吸代谢，氧气供应不足，花朵不能完成生理成熟和开放吐香，甚至因无氧呼吸产生酒精味。因此，花茶窨制中不能完全封闭进行。

二、花茶加工技术

花茶窨制工艺分为茶坯处理、鲜花维护和花茶加工，其中花茶加工又分窨花拼和、通花散热、收堆续窨、筛分起花、复火干燥、提花增香、匀堆装箱等工序。

（一）茶坯处理

由于各地生产的茶叶和香花种类不同，因而所用的茶坯也不相同。目前花茶产区用来窨制花茶的茶坯，主要是绿茶，其次是乌龙茶，还有少量红茶。绿茶中又以烘青绿茶数量最多，其次是炒青、毛峰、龙井、旗枪等。一般乌龙茶适宜窨制桂花茶，红茶适宜窨制玫瑰花茶。烘青窨制花茶不仅数量多，而且品质好，因为是烘青干燥时不经锅炒，条索没有炒青紧结光滑，所以吸附能力强；同时烘青的香味平和，窨花后花香更能突显。

1. 茶坯品质的基本要求

窨制花茶，不论采用哪种茶类，都不宜用毛茶直接窨制。毛茶必须经过精加工，才能作为窨制茶坯。其一毛茶成分混杂，不能充分均匀地吸收花香，造成用花量增加；其次毛茶外形大小、长短、粗细不一，形态混杂，不符合消费要求；其三毛茶条索曲直、大小不一，窨制中花渣不易分离；另外毛茶不能充分发挥原料的经济价值。

毛茶经过精加工出的各筛号茶，通过进行品质审评，根据各级标准样的品质，确定等级进行拼配。拼配原则是：以内质为主，兼顾外形，对照统一茶坯标准进行拼配。

其产品必须符合如下要求：一是级别分明，符合各类花茶对茶坯的品质要求；二是满足消费者的需求；三是能筛分出窨制后的花渣；四是能发挥原料的经济价值。各级茶坯各段茶的拼配比例以及各级烘青茶坯外形、内质要求各有不同（表11–5、表11–6）。

表11–5　各级烘青茶坯各段茶拼配比例

坯段	一级（%）	二级（%）	三级（%）	四级（%）	五级（%）	六级（%）
上段7孔	23	27	33	40	50	63
中段7~9孔	59	55	50	44	35	24
下段7~14孔	15	14	13	11	9	7
下身14~24孔	3	4	4	5	6	6

表11–6　烘青花茶统一品质标准

级别	外形				内质			
	条索	嫩度	色泽	匀度	香气	汤色	滋味	叶底
一级	细紧	有白毫，略有嫩茎	绿润	匀整平伏	清香	浅黄、清澈明亮	鲜醇爽口	幼嫩、明亮
二级	紧结	稍有白毫，略有嫩茎	深绿尚润	匀整平伏	香高	浅黄、明亮	鲜醇	尚幼嫩匀亮
三级	尚紧结	略有细梗	绿匀	平伏	正常	黄绿、清澈	醇厚	嫩匀尚明亮
四级	壮实	稍露茎梗	稍绿匀	整齐	较低	黄绿、尚明亮	醇和	尚嫩匀
五级	较粗松略扁	有梗、朴片	略枯黄	尚整齐	低	黄略暗	稍淡略涩	粗老
六级	松扁	身骨轻飘，多梗、朴片	花枯	欠整齐	低	黄暗、略浑浊	粗涩	粗老花杂

2. 茶坯处理

窨制花茶前，茶坯要进行复火、冷却等处理。目的是控制茶坯的含水量和温度，以促使鲜花吐香和提高茶坯吸香能力。

1）茶坯复火

茶坯的干燥程度与吸收花香的能力成正比，即茶坯愈干燥，它的吸收能力就愈强。因此，在窨制花茶前，茶坯必须复火。一般采用“高温、快速、安全”烘干法。烘干机温度掌握在130~140℃，时间约8~12min，干燥过程要防止烘焦或产生老火味。

2）茶坯冷却

茶坯复火之后，一般茶坯温度可达80~90℃，必须经过冷却才能窨花。否则温度高，热气蓄积在茶内，产生闷热，影响鲜花吐香和花茶香气的鲜灵度。茶坯温度的掌握要根据鲜花性质、窨制季节、配花数量的不同而定。正常花季，气温在29~32℃，窨制茉莉花茶和白兰花茶的坯温比室温高出2℃左右，有利茶坯增进吸香能力。另外，配花量少，放出的热量也少，茶坯温度可适当提高。

复火的茶坯，过去放入囤内自然冷却，冷至适宜温度，约需3~7天。为缩短加工周期，可采用不同形式的快速冷却法，如冷风机或电风扇等进行冷却。但要注意防止坯温冷却过低，因为在窨花时，鲜花必须要高于30℃，香气才能充分发挥。如坯温过低，应进行复烘，使坯温达到要求再进行窨花。

（二）鲜花维护

1. 鲜花采摘

鲜花的品质和气候有密切的关系，特别是温度和湿度。鲜花采摘时间最好在晴朗温暖的天气，因为花蕾受强日光照射，花蕾生长快，芳香油积累多。同时，温度高，花朵中水分少，花香浓郁，色泽洁白。另外，鲜花吐香，有一定时间性，鲜花一经开放，香气降低，品质下降。

由于茉莉花的开放是在夜间，一般下午15时以后采摘的鲜花，无论质量、重量以及开放等方面，都比上午采的好。白兰花以苞片刚脱落，含苞欲放时香气最浓，一般都在早晨采摘。而珠兰花、玳玳花、玫瑰花等宜在清晨日出前采摘。

鲜花含水量较高，十分娇嫩。采摘时要特别小心，切忌机械损伤；采摘的鲜花宜用通气的篓筐盛装，切忌用塑料袋，以免发热影响质量。

2. 鲜花处理

鲜花进厂后，必须做好鲜花的维护工作，努力保持鲜花的质量（图11-11）。其总体原则是：尽可能减少鲜花的机械损伤；缓慢鲜花水分的蒸发；保持在通风条件下鲜花的

图11-11 虎爪状的茉莉鲜花

呼吸作用；对需在一定温度条件下才能开花吐香的花，在遵循上述原则下，控制一定温度，促使鲜花开放。

鲜花进厂后要及时地薄摊散热，选择阴凉、洁净、通风的地方，摊放厚度不超过10cm，如有表面水更宜薄摊。待花温稍有散发后进行堆花，堆花的目的是促进鲜花开放。第一次堆花，花温可适当高些，一般控制在42~45℃，然后摊花散热；待接近室温时，再行堆花，约30min，待花温升至40℃左右，再次摊花散热。如此反复3~5次，鲜花大都可以开放。

对大小不匀的花，在约60%开放时，可进行一次筛花，分出头花和二花，以便先开先窨制，后开后窨制。对筛出未开放的花朵，再堆花并盖上布袋增湿，促使开放。同时，鲜花开放程度，也视茶坯而定，一般高级茶坯，身骨重实，孔隙度小，鲜花开放度宜大；低级茶坯则相反。一般掌握80%~85%开放率为宜。

鲜花已达到开放要求，在窨花拼和前，要进行薄摊，凉花处理，使花温不超过坯温，才能收花付窨。

珠兰花进厂后，将花枝拆开，剔除较长的枝梗，薄摊竹匾上，厚度35cm，散发表面水分，并在2~3h内付窨。

白兰花进厂后，也要薄摊，厚度3~5cm，付制前，一般要拆瓣，也有切碎的，但应即刻付窨，以免损伤香气。

（三）花茶窨制加工

1. 窨花拼和

把鲜花与茶坯均匀拼和堆积，称为窨花拼和（图11-12）。

1）配花量

茶坯与鲜花拼和应有的比例，称为配花量。花量过多，茶坯不能充分吸收，造成浪费；花量过少，花茶香气不浓，降低了花茶品质。

图11-12 拼和好的茶花

窨次与配花量视茶坯品质高低而定，一般高级茶窨次多，配花量大；低级茶则反之。如三窨一提一级茉莉烘青配花总量与茶坯几乎等量；而一窨一提的中等茉莉烘青配花量为茶坯的30%左右。同时，鲜花种类不同，香气的浓度、清浊不同，配花量相差较大；茶类不同，配花量也不同，如绿茶大于乌龙茶。

为提高茉莉花茶的香气浓度和改善香型在窨花拼和前，一般先用白兰花打底。即在茉莉花窨制前，先窨以少量白兰花，使茶坯有香气的底子。但白兰花用量不宜过多，否则白兰花香显露，香气欠纯，在评茶上称“透兰”。

2）拼和方法和窨制时间

目前有手工和机械操作两种方法。手工操作，选择洁净地面，摊放待拼茶坯，厚度25cm左右，将处理好的鲜花均匀散放在茶坯上，充分拌匀后，放入箱内或囤内。囤高40cm左右，囤的大小依茶坯质量和气温高低而定，窨制高级茶或气温高时囤宜低，反之则可大些。不论机械和手工在窨制时，都要留出部分茶坯，在打囤或装箱后，作盖面用。

窨制时间受气温、坯温、配花量和堆的大小而定，如气温低，配花量少，堆小，窨制时间宜长，反之宜短。其原则是以窨花拼和后，坯温高至需要通花时，就要通花散热。

3）水分含量

茶坯窨花后，水分含量会增加，含水量增加的多少与配花量有直接关系。高级茶用花量多，吸湿性也强，水分增加也多。若茶坯含水量太高，茶坯条索松散，复火后难以恢复原来的细紧外形，也延长复火时间，有损品质。一般窨后茶坯含水量掌握在14%~20%之间为宜。

窨后茶坯含水量应该逐渐减少，最好是头窨为17%，二窨后为16%，三窨后为15%左右，有利缩短烘时，保持茶坯花香。

各窨次茶坯复火后含水量，应根据各窨配花量所占比例递升，宜最大限度保留花香。一般各窨次升高1%左右，保证成品花茶含水量在9%以内。

2. 通花散热

把在窨的茶坯翻堆通气，薄摊降温，称为通花散热。窨制过程中，鲜花呼吸产生热量不能充分散发，同时茶坯吸收了水分自身氧化，茶坯温度升高。这种温度升高，一方面有利鲜花进一步吐香，另一方面温度超过一定限度，影响鲜花吐香，也造成茶坯内物质的不良转化，叶色和汤色加深。因此，窨制过程中及时进行摊放散热，散发窨堆内热量和水闷味，防止鲜花和茶坯质变，以促进鲜花吐香和茶坯吸香。

通花要适时，通花过早，茶味与花香味不调和，浓度差，以后再窨也很难改变。通花过迟，茶坯吸香不清，不但没有鲜灵度，而且香气不锐，甚至产生劣变气味。通花时间以茶坯上升温度为主，结合花、茶类和窨花时间来决定。茉莉花通花时间，是从茶、花拌和到通花，一般相隔4~5h，堆温在48~50℃时即需通花。通花要求通得透，但收堆温度不能太低，目的是促使鲜花继续吐香。通花方法是将茶堆散开摊凉，厚度10cm，每隔10~15min开沟翻动1次，约30min，当坯温降到35~38℃，又可收堆续窨。

3. 收堆续窨

通花散热后，当茶坯温度下降到35~38℃时，为使茶坯继续吸收香气，将摊开的茶坯再次收堆在囤内或箱内，这个过程称为收堆续窨。收堆温度不能低于30℃，否则不利鲜花吐香和茶坯吸香，但温度不宜超过38℃，否则温度过高，影响花茶的鲜灵度。

续窨在囤内或箱内的茶坯，放置35h，当温度又升到40℃左右时，如鲜花仍然鲜活，则进行第二次通花散热；如大部分鲜花萎蔫，即停止续窨。因此，在生产中，掌握通花散热和收堆续窨的原则，是以坯温为主，结合鲜花形态和窨花时间而定。

4. 起花去渣

窨花后经过一段时间，花的香气已大部分为茶坯所吸收，花呈萎缩状态直到死亡。这时如不及时起花，在水热的条件下，花会腐烂、发酵，影响花茶品质。所以到起花时，就必须筛去花渣，称为起花去渣。但也有的花渣留在茶叶内，没有不良影响。如珠兰就可以不必起花，随茶叶一起上烘复火。

起花时间依花茶种类、等级及窨次的不同有差异。起花去渣，要求做到“快、净”，并掌握“多次窨的先起，少次窨的后起；高级茶先起，低级茶后起；先提花先起，顺序起花”原则。

5. 复火干燥

将起花后的茶坯继续烘干，称复火。目的是降低含水量，防止茶叶劣变，为继续转窨、提花创造条件。经窨制后的茶坯，在吸收香气的同时，也吸收了大量的水分，如头窨茶坯含水量在16%~18%，极易劣变，必须及时进行复火干燥。

头窨复火的烘干机温度，一般掌握在110~130℃，二三窨复火温度应掌握在110~120℃。复火后茶坯含水量应比窨花前增加0.5%~1%，二窨以上茶坯复火后的含水量，也要逐窨增加0.5%~1%，以免窨花时吸收的香气，在复火中大量损失。

6. 提花拼和

通过窨制，茶坯花香浓度不断提高，但窨制时的湿热作用，使花香鲜灵度受到影响。因此，不论单窨或是多窨次茶坯，都要进行一次提花，以提高花茶香气和鲜灵度。因此，在窨花完成的基础上，再用少量花窨一次，起花后不再复火，称为提花。提花对鲜花的质量要求较高，如茉莉花必须是朵大饱满、花色洁白，雨水花不能用来作提花。

7. 匀堆装箱

经提花、起花后成品茶，应及时匀堆、过磅、装箱。当天起花的成品茶，最好当天装箱完毕，以免香气散失和吸湿受潮。同时，匀堆时可将不同批次同级成品进行拼配，以取长补短，调剂品质，提高质量。

三、茉莉花茶加工

茉莉花茶是花茶的大宗产品，本节主要介绍其加工技术。茉莉花茶窨制工艺又分为传统加工和连窨新工艺两种。

（一）茉莉花茶传统工艺

茉莉花茶的传统加工工艺较为复杂，分为茶坯处理、鲜花处理、茶花拼和、静置窨花、通花散热、收堆续窨、筛分起花、复火干燥、提花、匀堆装箱等工序。

1. 茶坯处理

茶坯处理主要是复火干燥和摊凉降温。复火采用烘干机，掌握高温、快速、安全烘干原则，进口温度120~130℃，摊叶厚度2cm，时间约10min，干燥时要防止烘焦或产生老火味。烘干后茶坯含水量控制在3.5%~5%，一般高级茶坯掌握在4%~4.5%，低级茶坯掌握在4.5%~5%，中级茶坯掌握在4.2%~4.8%，单窨茶坯为4%~4.5%，复火待二窨的为5%~6.5%，待三窨的为6%~7.5%，待提花的为7%~8%。

复火后茶坯温度可达80~90℃，要立即摊凉，可自然摊凉也可设备冷却，待茶坯温度比室温高1~3℃时即可付窨。

2. 鲜花处理

鲜花一般在下午至傍晚前送到茶厂，由于鲜花在运送期间呼吸作用产生热量没有及时发散，经验收后必须及时摊放。厚度不超过10cm，雨水花要薄摊。摊放地点要阴凉、清洁、通风，必要时可以用风扇加速空气流通。当花温降至比室温高2~3℃时收堆，堆高40~60cm，约30min，当堆温升至38~40℃时，开堆摊凉。如此反复3~4次，当花蕾开放率达70%，开放度50%~60%即可筛花。待开放率90%以上，开放度90%以上即可付制。

3. 窨制方法

茶花拼和必须根据规定的窨次及配花量进行。

1）窨次与配花量

配花的基本原则是，高级茶坯用花量多，所用香花质量好；中低级茶坯用花少，香花质量稍次。高中级茶坯窨次多，头窨配花量较多，以后各窨配花量逐次减少（表11-7）。

茉莉花的质量，受季节和气候影响较大，配花量也应随季节和鲜花质量高低进行适当调剂。外销茉莉花茶的窨次和配花量要求较高，用花量较多，不采用压花作业（表11–8）。

表11–7　内销各级茉莉花茶窨次与配花量

级别	窨花次数	配花量（kg/100kg茶坯）				
		合计	第一次	第二次	第三次	提花
一级	三窨一提	95	36	30	22	7
二级	二窨一提	70	36	26	—	8
三级	一窨一提	42	34	—	—	8
四级	30%、70%窨全提	30	（40）	22	—	8
五级	半压、半窨、全提	25	（40）	17	—	8
六级	半压、半窨、全提	25	（40）	17	—	8

表11–8　外销茉莉花茶配花量

级别	窨次	鲜花用量（kg）
特级茉莉花茶	三窨一提	120
一级茉莉花茶	二窨半一提	100
二级茉莉花茶	二窨一提	80
三级茉莉花茶	一窨半一提	60
四级茉莉花茶	一窨一提	50
五级茉莉花茶	一窨一提	40
六级茉莉花茶	一窨一提	30

2）打　底

白兰花打底一般与茉莉花拼和同时进行。高级茶用花朵打底，其他以折瓣为好。在窨花拼和前，将白兰花瓣均匀撒在茶坯上，复以茶坯，再下茉莉花窨制。凡打底的白兰花，起花时应将花渣全部筛出，否则影响花茶的清醇。

打底方法与配花量各花茶厂不尽相同。如福州茶厂在头窨与二窨，每100kg茶坯各用0.3~0.7kg白兰花打底，提花时不打底；苏州茶厂在头窨、三窨和提花时，每100kg茶坯分别用0.8、0.5、0.3kg白兰花打底，二窨不打底。

3）茶花拼和与静置窨花

茶花拼和是将茶坯总量的1/5~1/3均匀铺于清洁板面，厚度10~15cm，再将1/4~1/3的茉莉鲜花均匀散铺在茶坯上，再一层茶叶一层鲜花逐层铺好，相间3~5层，然后翻拌使茶花拼和均匀，拼和动作要轻，速度要快。茶花拼和后堆成长方形或圆形进行堆窨，窨堆厚度依窨次和气温不同灵活掌握，一般以25~35cm为宜。头窨或气温低时，窨堆宜高，反之则宜低。窨堆大小以200~300kg茶坯为宜。堆窨适用于中低档茶，少量高档茶采用箱窨，高度以20~25cm为宜，不超过30cm。

4）通花散热

窨花时间4~5h，当堆温升高至48℃时，要立即通花降温。用齿耙将窨堆顺向耙开，呈条沟状，再横向耙薄，厚度10cm，每隔15min翻拌一次，待坯温降至37℃时（比室温高2~3℃），可收堆续窨，厚度比通花前低5~10cm（表11-9）。

表11-9　茉莉花茶窨制通花时间及温度

窨次	拼和静置至通花散热时间（h）	通花坯温（℃）
头窨	5~5.5	48~50
二窨	4.5~5	44~46
三窨	4~4.5	42~44
四窨	4~4.5	40~42

5）收堆续窨

收堆时温度不能低于30℃，也不能高于38℃。一般通花前后温差在10~14℃之间，花茶香气正常（表11-10）。

表11-10　茉莉花茶各窨次通花历时及收堆温度

窨次	摊凉历时（min）	收堆温度（℃）	通花前后温差（℃）
头窨	40~60	36~38	12~14
二窨	30~40	34~36	10~12
三窨	20~30	32~34	10~12
四窨	20~30	30~32	10~12

收堆后续窨5~6h，堆温升至40℃左右，鲜花已失去吐香能力，窨制结束。

6）起　花

起花要求及时、快速、起净。当茉莉花呼吸作用完成，香气已被茶坯基本吸收，花已萎缩，应及时起花。除提花外，起花一般在上午7时至10时30分进行。所有窨堆要在3h内全部完成起花。起花后，茶坯中应不带花渣。

7）压　花

压花是用质量较好的花渣窨制中、低级茶坯。目的是充分利用窨花的余香，去除或减少低级茶的粗老味。花渣用量为100kg茶坯压花渣40~50kg，压花时间4~5h，时间过长，易产生“熟闷味”，影响花茶品质。

8）烘焙与冷却

窨花或压花过程中，茶坯在吸香的同时，也从花中吸收了大量水分，因此，起花后，茶坯要及时干燥。而掌握适当的烘焙温度和烘焙后茶坯的含水量，是减少花香损失，提高花茶香气浓度的关键（表11–11）。正常烘焙过程中，厚度2cm左右，历时8~10min。一般每窨烘坯含水量提高0.5%~1%，单窨次干燥一次完成，最终含水量控制在6.5%~7%。

表11–11　各级茉莉花茶各窨次烘焙温度控制

级别	头窨（℃）	二窨（℃）	三窨（℃）	四窨（℃）
特级	约120	110~115	100~105	100~105
一级	115~120	110~115	90~95	—
二级	115~120	105~110	—	—
三级	110~115	—	—	—
四级	110~115	—	—	—
五级	105~110	—	—	—

烘干后坯温高达70℃，应立即摊凉散热降温，避免因热影响花茶鲜灵度，产生闷浊等不良气味。目前，摊凉过程常在输送带上进行，茶坯随输送带运输跌落而翻动，坯温迅速下降，待接近室温时应立即装袋，以免茶坯在空气中吸湿回潮。

9）转窨与提花

茶坯经茶花拼和至烘焙干燥为一次窨制，上述过程反复循环多次则为多次窨制，窨次间的转接称为“转窨”。提花是用少量窨制鲜花窨制后不再烘焙，把花筛出后直接包装贮运，目的是增强花茶的表面香气，以提高花茶的鲜灵度。

提花拼和的操作与窨花拼和基本相同，只是配花量少，中途不通花散热，历时9~10h，坯温上升至40~42℃，花瓣色泽出现黄褐色，即可筛出花渣。提花配花量，一般茉莉烘青每50kg配2.5~3.5kg，提花后茶坯含水量不超过9%。

10）匀堆装箱

提花后的花茶，扦小样进行水分、碎茶、粉末等检测，内质审评，对品质进行必要的调整，使其符合规格标准。然后匀堆，立即装箱，以免香气散失。

（二）茉莉花茶连窨技术

茉莉花茶连窨技术是我国花茶窨制工艺上的重大发展，打破了传统的窨制观念，茶坯含水量在10%以下时，连续两次窨制，期间不必复火干燥（图11–13）。该项技术具有茶坯着香好、工艺耗能低、生产周期短、劳动效率高等优点。

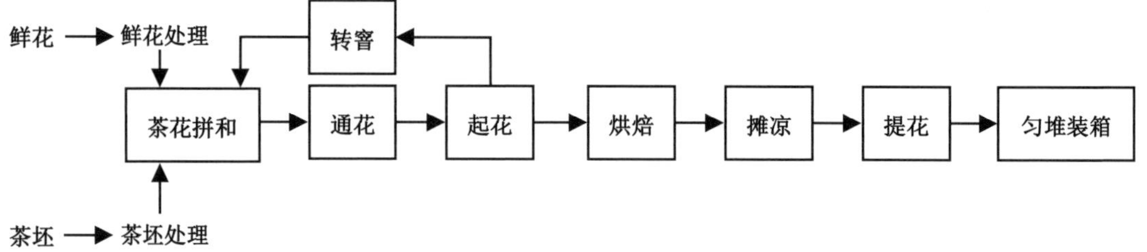

图11–13 茉莉花茶连窨工艺流程图

1. 连窨技术机理

连窨技术着香机理，除茶坯的表面物理吸附外，还可以归纳为：

① 连窨技术有利于维护茉莉花鲜花生机，延长吐香时间。传统工艺，茶坯含水量低，从鲜花中吸取水分多，鲜花因失水而萎蔫，同时鲜花产生的呼吸热，使堆温升高，影响了鲜花的生机，进而影响吐香能力。连窨技术茶坯含水量在10%~15%，茶坯从鲜花中吸取的水分较少，有利于维护鲜花的生机和吐香能力，茶坯的着香时间长，花香浓。

② 根据渗透理论，当气体或液体的梯度存在下，气体或液体就能以梯度作动力进行渗透扩散。茉莉鲜花含水量在80%以上，形成较大的水分梯度和香气浓度，这种香气分子和水汽分子以氢键结合，以水作载体，逐步向茶坯内渗透扩散，进入茶叶间隙和组织内部。

③ 连窨有利于茶坯内部成分对香气的吸附。连窨是在一定含水量的条件下进行，以水作为媒介，为化学吸附创造了条件。茶叶中的内含成分不仅对吸香有特殊作用，可能还具一定的选择吸香特性。

2. 连窨技术要点

1）使用范围和技术要求

连窨技术适用于三级以上中档、中高档茶坯。特别高档的茶坯一般不用连窨技术，主要考虑影响汤色。

特级茶坯窨制前含水量在7%以下时，利用提花花渣先行压花，使含水量增加至10%左右，压花后窨坯不复火，直接转入连窨两次。一二级茶坯窨前可不复火，在含水量7%~10%时，连续窨制两次。窨前如需复火的，复火后，应采取摊凉、压花，使其含水量增加至10%左右，再进行连窨。三级茶坯通常较粗涩，为改善品质，窨前必须复火，复火后可连窨花渣，待含水量到10%左右，再进行付窨。

2）配花量

连窨技术有利于维护鲜花生机，提高鲜花利用率，较传统工艺减少20%配花量。各窨次的配花量（表11-12）。连窨配花量由少到多。茶坯先行压花，以调节茶坯的水分为主，利用香气为辅。

表11-12　连窨工艺与配花量参数表

级别	工艺	每100kg茶坯配花量（kg）				
		压花	头窨	连二窨	提花	合计
特级	压花连二窨一提	（60）	27	38	6	71
一级	压花连二窨一提	（60）	22	35	6	63
二级	压花连二窨一提	（60）	20	25	6	51
三级	压花连窨一提	（60）	28	—	6	34

3）堆窨厚度及窨制时间

连窨厚度以25cm为好，不超过30cm。如窨堆过高，堆温上升过快，影响鲜花生机和吐香。因此，连窨必须采取薄堆，低温窨制，有利鲜花吐香。堆温控制不超过40℃为宜，当堆温超过42℃时，应及时通风散热，以确保鲜花生机。

从头窨结束到二窨开始，时间达10h以上，此间湿坯处理不当，对花茶品质影响较大，因此窨后的摊凉不容忽视。摊凉选择清洁、阴凉的场所，摊放厚度在15cm以下，越薄越好。高温期间要进行翻动，避免堆温过高。

4）复火干燥

连窨结束，茶坯含水量高达19%左右，比传统工艺高3%~4%，因此必须迅速干燥，烘焙掌握高温、薄摊、短时的原则。一般烘焙温度控制在100~102℃，摊叶厚度薄于传统工艺，烘至含水量7.2%左右为宜。连窨后，未及时处理的湿坯要妥善管理，以免品质劣变。

5）提　花

连窨复火后，茶坯的含水量在7.2%左右，略高于传统工艺，其提花的配花量和时间要严格控制。

传统花茶加工多以手工或半机械化加工，劳动强度大，生产效率低。目前，生产上已研制成花茶联合窨制机，将摊花、筛花、拼和、窨花、摊花、起花等工序一机完成，并采用电子皮带秤等技术，实现了花茶自动跟踪配比给料、温控报警、自动通花等作业，对花茶产业的发展起了积极作用。

由于篇幅限制，在此仅以茉莉花茶为例，介绍其加工工艺和技术。

由于社会的发展和科学技术的进步，人们对茶叶的认识和利用正在由传统饮料向深度加工和有效成分开发利用的方向发展。本章主要介绍了茶综合利用研究的范畴及其产品分类、茶叶深加工技术内涵、茶有效成分开发利用技术。

（供图：胥 伟）

第十三章 茶的综合利用

茶的发展经历了从野生到栽培，从药用到饮料，从单一茶类发展到多茶类，从简单的初加工、精加工发展到深度加工和茶的有效成分开发利用的变化过程。随着科学技术的进步，人们对食品饮料的需求日益苛刻，一无（无化学污染，包括防腐剂、合成添加剂和农药残留）、二高（高蛋白、高纤维）、三低（低脂肪、低胆固醇、低糖）、四化（多样化、简便化、保健化、实用化）已成为饮料和食品的发展方向。无疑，茶叶这一古老的传统饮料正面临着时代的严峻挑战。在当今迅猛发展的饮料工业中，一方面，茶叶面临着与另两大无酒精植物性传统饮料——咖啡和可可的激烈竞争；另一方面，又面临其他软饮料的竞争。近十来年，软饮料工业的发展已具有高度机械化，品种与包装多样化，有完善的冷冻手段、销售面广、零售点多、投资少、利润高、见效快等优势，这是茶叶所不及的。为应付这种种挑战，以液态、固态等形式出现的新型茶叶饮料应运而生，茶叶深加工体系形成并不断发展。同时，茶叶内部的竞争也日趋激烈。中、印、斯、肯等产茶国之间的竞争，国际市场日益突出的反复无常的价格波动，使各产茶国都面临巨大挑战。因而各产茶国渴望通过茶叶和副产品的利用，把茶延伸到许多非传统领域，通过增加有附加值的产品（如速溶茶、调味茶、罐装茶、袋泡茶等）来提高利用率，以得到传统茶的补偿。

茶叶作为传统的保健饮料，20世纪80年代以来，人们对其保健功能的认识已远远超出了“生津止渴、提神醒脑、利尿消炎……”的传统范畴，抗癌、抗肿瘤、抗衰老、降血压、降血糖、降血脂、防辐射乃至抗艾滋病毒等奇特功能的发现，使新型保健茶的开发方兴未艾。茶（包括茶叶及茶树的其他器官如花、果、根）中某些有效成分的特有用途的发现，使得以茶的有效成分开发为中心的综合利用已成为茶业发展的热门。

第一节　茶的综合利用研究的范畴及其产品分类

茶的综合利用是研究除传统的绿、黄、黑、白、青、红等六大茶类及其再加工产品以外的所有茶制品及以茶为原料提制而成的各类产品的加工技术与品质特征。它包括茶叶深加工、茶叶及茶树其他器官中有效成分的开发和保健茶制品开发三大部分（图13-1）。具体地说，茶叶深加工是指茶叶经初、精加工后，把提取分离出来的茶汁按一定的加工工艺和技术再加工成保留茶叶特有色、香、味特征的一类新型饮料或食品的过程。茶的有效成分的开发是对茶叶或茶树的其他部位的某一类或综合的有效成分，以不同的形式作为保健药用或食用或工业用的新产品开发，它以保留茶的有效的活性成分并以最佳的形式供给人们应用为目的。保健茶制品的开发是以茶叶为主要原料，与其他中草药配合加工成各种形态的具保健作用的含茶产品的开发。国内外茶的综合利用的迅速发展，已形成了琳琅满目的种种产品，尤其是茶叶深加工方面的产品在市场上已具有一定的商品量，如纯速溶茶、调味速溶茶系列产品、液态茶饮料中的罐装茶水、茶可乐、茶汽水、各种果味茶等。茶的有效成分的开发利用，其产品更是日益增多，如乳化剂、抗氧化剂、除臭剂、各种食品添加剂、多种药物原料等已在工业、食品业和医药工业上起了较重要的作用。保健茶制品的开发已成为目前茶的综合利用的重要途径，人参茶、绞股蓝茶、杜仲茶、降压茶、健脾茶等，不胜枚举。

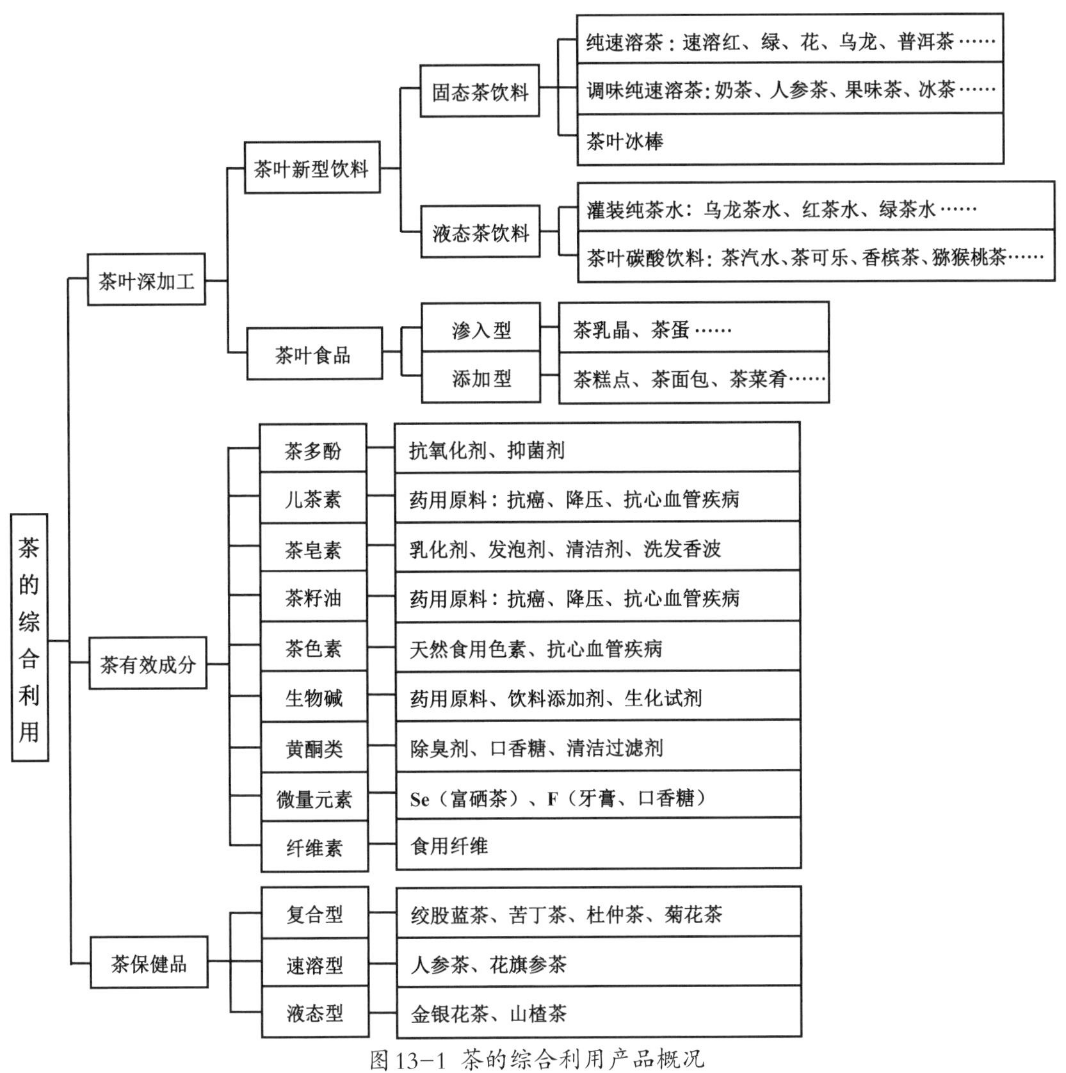

图 13-1 茶的综合利用产品概况

第二节　茶叶深加工技术简介

如前所述，茶叶深加工是茶的综合利用研究领域的重要方面，它从广义上可以被分为茶叶新型饮料和茶叶食品两大类。以速溶茶系列产品为主体的固体型茶叶饮料是茶叶深加工发展较早且当前较为普遍的一类综合利用产品，它已跳出了纯速溶茶加工的范畴，开始与其他植物原料结合形成新的调味型速溶饮品，随着液体软饮料工业的发展，各种茶叶液态饮料正以较快的速度发展，品种繁多。下面简要介绍以速溶茶为代表的固体茶饮料和以茶汽水为代表的液态茶饮料的加工技术。

一、速溶茶系列产品的加工工艺

凡是以纯茶为原料，不加任何辅料，提制而成的速溶产品均称之为纯速溶茶，它以保持原茶天然风味为特征，品质纯正。而以速溶茶和其他原料（如果汁、香料、牛奶、蜂蜜、柠檬、人参、绞股蓝……）配合，提制而成的一类产品称之为调味速溶茶，强调茶味与其他配料风味并举，相得益彰，别具风格。其中以茶与其他保健营养材料配合提制而成的速溶保健茶系列备受国内外消费者的欢迎。

不论是纯速溶茶还是调味速溶茶，其加工工艺的基本流程都是类似的（图13–2）。

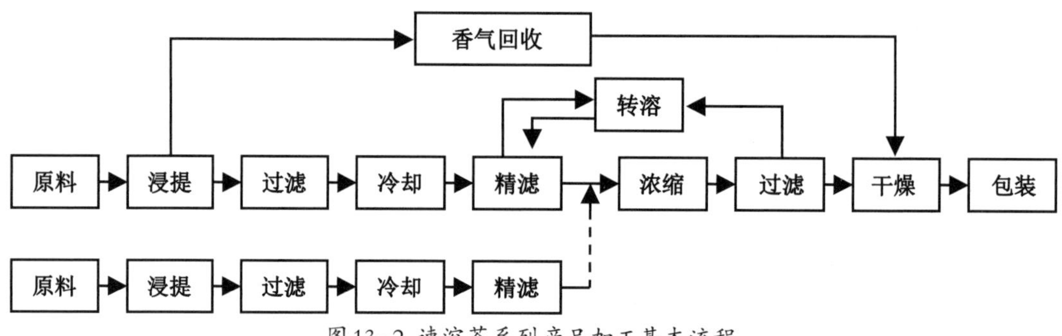

图13–2 速溶茶系列产品加工基本流程

（一）原　料

速溶茶加工对原料的要求主要考虑内质而不必顾及外形，一般而言，从降低成本出发，宜采用中低档原料，而且茶末、茶片、茶梗等副产物也可与正茶按一定比例配合提制，植物性辅料亦宜选用外形稍次的中低档品。

（二）浸　提

浸提是指在一定条件下，把茶叶中的可溶性成分最大限度地浸提出来，并达到茶的有效成分与茶渣分离的目的。浸提是影响速溶茶制率的关键工序，同时，对速溶茶产品的内质影响较大。现在大多数的速溶茶加工中采用的是沸水浸提法，茶水比例为1∶（10~12），分2、3次浸提，每次15min左右，浸提温度为95~100℃，浸提液的浓度为2.5%~3%。有试验认为，超临界CO_2提取法可望获得色、香、味诸佳的产品品质。酶法浸提在提高速溶茶制率方面更有独到之处。

（三）过　滤

过滤是使速溶茶获得明亮的汤色的关键工序。通过初滤和精滤不仅可以除去茶叶沉淀物及杂质，而且可以使“冷后浑”等得以滤出，以保证具有较好的溶解性。过滤的方式有真空抽滤、离心过滤（图13–3）、压滤和膜滤等。选择何种方式，则以效率和过滤质量为标准。一般地说，离心过滤的效率高、真空抽滤和膜滤的效果好。过滤网板或滤布的孔隙则对过滤效果与效率影响很大。

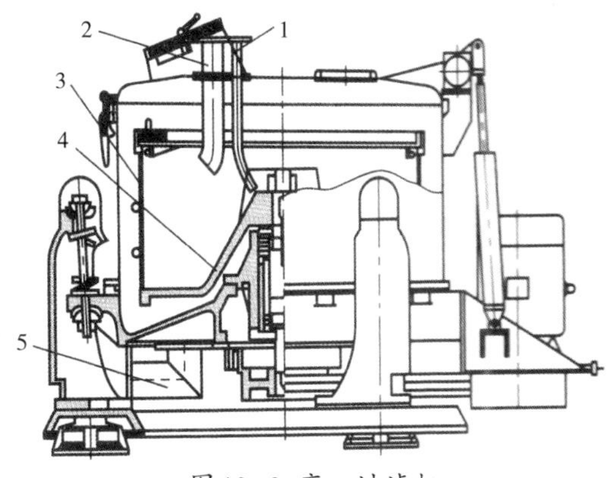

图13–3 离心过滤机

注：1.进料管；2.滤饼洗涤管；3.滤袋；4.离心机转鼓；5.出液管。

（四）浓 缩

浓缩是速溶茶加工中最重要的工序之一，其主要作用是去掉水分，增大浸提液的浓度，便于干燥造型。浓缩的方法主要有3种：真空减压浓缩（图13–4）、冷冻浓缩和反渗透膜浓缩。目前使用较多的是真空减压浓缩，它是在真空度为680~700mHg，物料温度为50~60℃，经一段时间的浓缩，使其浓缩达到25%~30%。真空浓缩的主要问题在于物料受热温度较高、历时较长，且由于减压抽气使香气物质损失较多，因而对产品的色、香、味不利，但该项技术难度不高、成本低、效率较高。反渗透膜浓缩是现代速溶茶加工中发展起来的一种新的浓缩方法，即利用反渗透原理，通过选择反渗透膜的孔径来去掉水，截留有效物质，达到浓缩的目的。该法在相对较低的温度下操作，对保持内含成分有利，其不足之处是对膜的质量要求严格，而且这种反渗透膜易于阻塞，难于清洗。

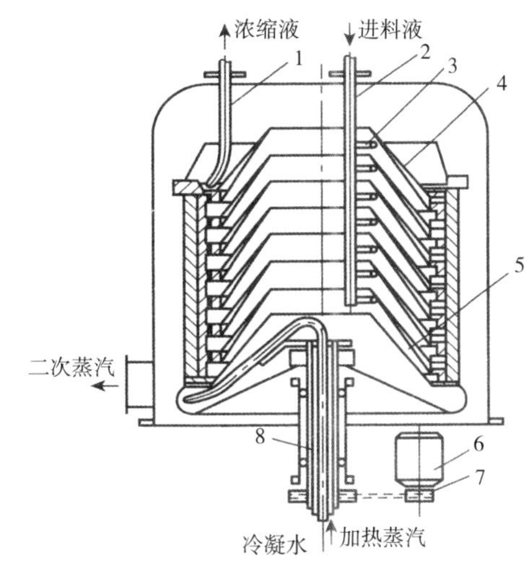

图13–4 离心式薄膜浓缩机

注：1.吸料管；2.分配管；3.喷嘴；4.锥形碟片；5.间隔板；6.电机；7.皮带；8.空心转轴。

（五）转 溶

在速溶红茶的加工中当过滤液或浓缩液冷却到10℃以下时，会产生较多的乳色絮状沉淀，即“冷后浑”或茶乳酪，其为茶黄素、茶红素、咖啡碱及茶多酚以分子间和分子内氢键缔合形成的一类大分子复合物，是红茶中主要呈味物质之一，但它是影响速溶红茶溶解性和汤色明亮度的关键因素，应设法予以转溶，使之成为冷水可溶物，以增加速溶红茶的制率及滋味的浓强度。转溶的方法很多，主要有酶法转溶、碱法转溶和化学转溶（水溶性亚硫酸盐法和聚磷酸盐法）等。酶法转溶主要是使用单宁酶，其转溶效果好，但成本较高；碱法转溶效率高，但会使汤色变暗、滋味失真。

（六）干　燥

速溶茶加工的干燥工序主要目的是去掉水分、塑造外形、固定品质。现行的干燥方法有三种。真空干燥、喷雾干燥（图13–5）和真空冷冻升华干燥。较为普遍的是喷雾干燥，其干燥效率高，外形美观，颗粒均匀，但色、香、味品质不及冷冻干燥法。冷冻干燥法对生产优质高档速溶茶是必需的，但其成本高、功效太低、不能造型。真空干燥不仅效率较低，且其成本高，功效太低，不能造型，对色、香、味品质影响较大，已很少采用。

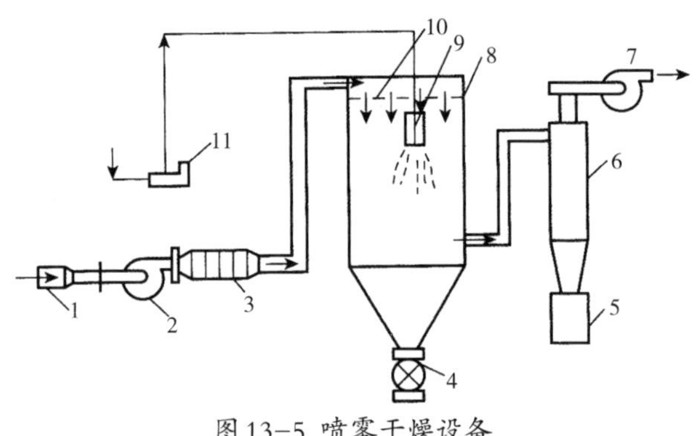

图13–5 喷雾干燥设备

注：1.空气过滤器；2.鼓风机；3.空气加热器；4.旋转出料器；5.物料收集口；6.旋风分离器；7.排风机；8.干燥塔；9.喷雾器；10.热风分配器；11.送料泵。

二、液态茶叶饮料加工技术

茶叶液态饮料现已发展成碳酸型调味液态饮料和纯茶水饮料两大类产品。前者主要有茶可乐、桃茗、桔茗、柠檬茶、猕猴桃茶、菊花茶，茶蜜露、山楂茶、健尔康茶露、茶汽水（红、绿、乌龙）等，后者主要有罐装乌龙茶水、罐装绿茶水、罐装茉莉花茶水、罐装红茶水等。这一类产品在日本十分走俏，并已在东南亚地区盛行。

（一）碳酸型调味液态茶饮料的加工工艺

碳酸型调味液态饮料由茶叶、其他植物性辅料、调味剂、CO_2、H_2O等原辅料按软饮料加工工艺制作而成。不论是何种茶液态饮料，尽管其风味各异，原辅料各不相同，但其基本的加工工艺流程都是类似的（图13–6）。

1. 水的处理

选用符合卫生要求的饮用，还必须进行水质的再处理，以除去部分无机离子和杂质等。水质处理以过滤法为好，即采用砂滤器过滤和离子沉淀器过滤，该法成本低、操作方便、效果好。砂滤器又称砂蕊，是由细颗粒的硅藻土等物质经高温焙烧而成，砂蕊孔径为0.16~0.14μm。当水在外力作用下通过砂蕊的微小孔隙时，水中的杂质、微生物和无

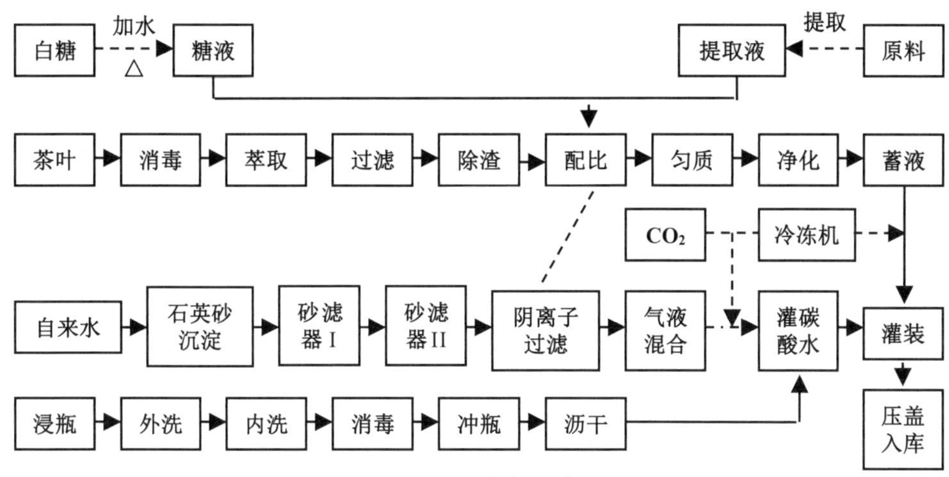

图 13-6 碳酸型调味液态茶饮料加工工艺流程

机离子等便被吸附在砂蕊表面，而使滤出的水质得以净化改善。一般是通过2~4级（串联）砂滤器过滤，然后再通过静电离子沉淀过滤，便可达到要求。滤出的水中，汞、铅、镉、砷等重金属离子基本除去，铁离子降到最低值，菌落总数和大肠菌群达卫生标准，水质清晰透明、硬度低，完全符合生产茶叶系列饮料的要求。

2. 瓶子的洗涤

除采用目前饮料厂常规方法洗涤之外，还需用2%~3%漂白粉溶液浸瓶3min以消毒。瓶子经漂白粉消毒后，必须彻底洗净，否则，瓶中残留的漂白粉会与灌进的浆液发生化学反应，使之成为废品。因此，必须在用砂滤水加入瓶内倒冲两次的同时，再用二级砂滤水进行瓶外喷淋。

3. 茶叶的处理

一般用中、低档原料，提取液浓度不低于2%为好。真空减压过滤，滤布可用150~200目的尼龙滤布，若用更为致密的120-13号、120-14号工业滤布，则效果更好，成本也低。也可以在粗滤的基础上，用板框式过滤器进行多级精滤，这种方法对专业厂较为合适。提取后的茶叶用2000r/min的离心机将茶渣中的茶汁抽出。

4. 其他原料的处理

植物性辅料的消毒可用前处理或后处理两种办法。前处理一般采用高压高温灭菌法，即在1.05~1.1kg/cm^{2}的压力下保持15~20min，温度不高于150℃。后处理即用巴氏灭菌法，即把萃取液进行高温瞬时灭菌。

此外，根据加工的品种不同，择优采用增香剂、增色剂、酸味剂和增甜剂。

5. 配料和灌装

配料严格按照配方和即定工艺程序进行，最后用柠檬酸调整酸度。灌装时必须按照先灌碳酸水，后灌浆液的次序进行，这是由于浆液中所含的植物性物质在碳酸水的高压（4~4.5kg/cm^2）冲击下会生成大量的气泡，带来灌装困难和浆液浪费。装入瓶内的碳酸水为220mL，水温为4~6℃，然后装入30mL浆液。

（二）灌装茶水饮料加工工艺

罐装纯茶水饮料的加工，其大部分过程与速溶茶加工浓缩以前的加工技术相似（图13-7）。但从保存品质长期不变的角度看，其技术难点在于如何达到较好的灭菌效果，同时又不破坏原茶风味。纯茶水首先在日本流行，系采用易拉罐包装。

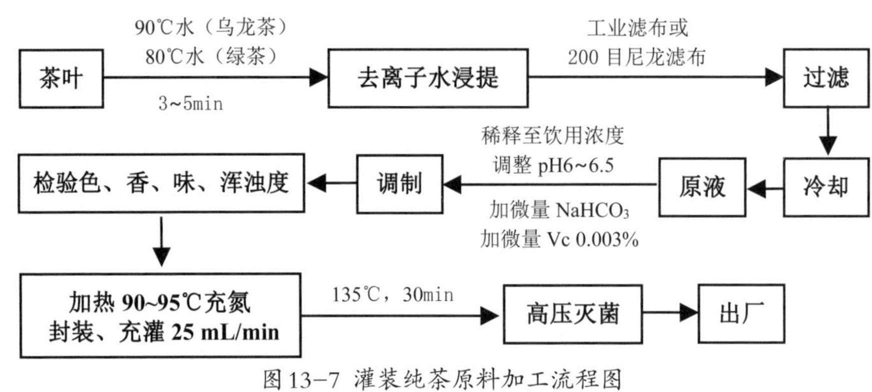

图13-7 灌装纯茶原料加工流程图

第三节　茶的有效成分开发利用简介

茶的有效成分开发利用工作在国内外已全面展开，它们作为天然食品抗氧化剂、高效消臭剂、洗涤剂、工业乳化剂、发泡剂和稳泡剂，食品添加剂（色素、兴奋剂……）、医药原料、生化试剂及生长调节剂等出现在食品工业、医药工业、日化工业领域。其中，以茶多酚为主体的天然食品抗氧化剂已被我国正式列入食品添加剂的行业，在日本早已被采用，以黄酮类为主体的消臭剂已在日本食品工业中广泛运用；以茶色素为主体的工业乳化剂、发泡剂、洗发香波等也在我国发明并推广运用；咖啡碱、色素、食用纤维等天然制品正逐步打入食品饮料行业，取代合成品；儿茶素作为抗癌药物原料已在国内外积极开发利用；三叶烷醇、糠醛等也可以从茶叶副产品中提制出来，这一切展示了茶的有效成分开发具有广阔的前景。

一、茶叶抗氧化剂的提制

从茶叶中提取以茶多酚为主要成分的抗氧化剂，具有比合成抗氧化剂BHT、BHA、PG高得多的效力，且安全性高，它正被国内外食品界所重视，逐步推广到所有油脂及含油脂食品的抗氧化保鲜工作中。茶多酚的提取方法主要有两种，下面简介其流程。

（一）萃取法

萃取法主要是利用茶多酚类物质在某些有机溶剂中的分配系数较大，而使之与水分开、得到纯度较高的制品（图13-8）。该法的特点是产品的纯度较好，茶多酚氧化破坏较少，各儿茶素组分能较好地反映原料的特征；不足之处是成本较高，这些有机溶剂的气味重，操作人员受影响较大，技术难度较高。

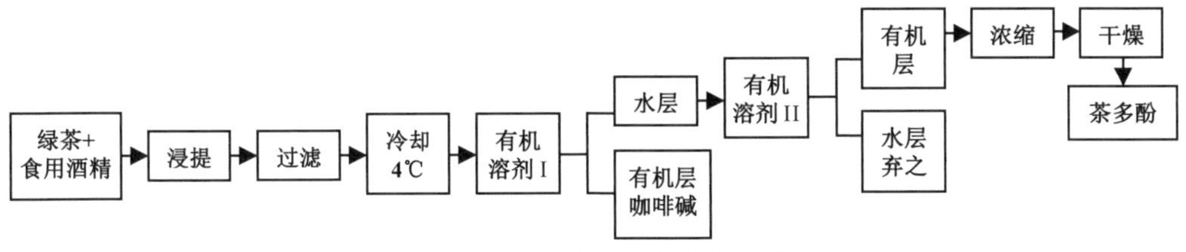

图13-8 萃取法提取茶多酚加工流程

（二）沉淀法

沉淀法是利用多酚类物质在碱性条件下会与Ca^{2+}结合而沉淀，且该沉淀在酸性条件下又可溶解，从而将茶多酚从茶叶提取液中提出来（图13-9）。沉淀法与萃取法相比，成本低、技术难度小、操作简单；但由于在酸性及碱性条件下提制，产品中会有一定比例的茶多酚氧化产物，因而成品中儿茶素的组成与原料有所不同，主要表现在EC和EGC较低。

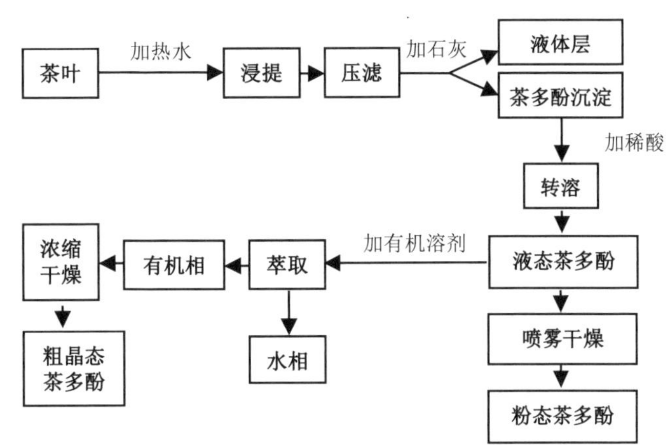

图13-9 沉淀法提取茶多酚工艺流程

二、茶叶中天然咖啡碱的提取

咖啡碱是一种著名的药物，具有兴奋和利尿作用，一般用作止痛、退热药以及某些兴奋性饮料。此外，咖啡碱还是制备茶碱（利尿剂）、氨茶碱（治喘药）和bramanine（抗运动药物）的原料。

咖啡碱的提取主要有三种方法，它们的工艺流程是：

1. 方法一

茶叶→添加一定量的氧化镁→蒸煮或煮沸→过滤→加硫酸：水（1：9）→过滤→浓缩→加$CHCl_3$萃取（分数次）→合并提取液→加1%KOH洗涤→弃水相→有机相水浴挥干→固体物质烘干（85~90℃）→天然咖啡碱（实为咖啡碱、茶碱、可可碱之混合物）。

2. 方法二

茶叶→置于密封罐中→110~160℃下升华→冷却→溶解→浓缩→反复重结晶→烘干→咖啡碱。

3. 方法三

茶叶→热水浸提→过滤→冷却→加石灰→过滤→滤液加$CHCl_3$萃取数次→合并萃取液→浓缩有机相→纯化→结晶→烘干→咖啡碱。

现已有研究发现，1,1,2,2-四氯乙烷（CH_2Cl_2-CH_2Cl_2）从茶叶提取液中萃取咖啡碱甚为理想。上述3种方法的咖啡碱制率均在1%~2%。

三、茶叶天然色素的提取

在形形色色的食品饮料中，绝大多数为添加了无机物或有机物原料合成的非天然色素。消费者实践与食品、医药工作者的研究表明；合成色素不仅没有营养价值，而且有不同程度的副作用，有的甚至是致癌物（如蓝光酸性红色素）。因此，寻求天然色素替代合成色素已成为食品、饮料发展的必然趋势。茶叶可以说是一个十分丰富的色素源，如脂溶性的绿色色素、水溶性的黄绿色素、橙黄色素、橙红色素、红黄色素……如何从茶叶中提制这一系列色调的色素，已成为茶叶综合利用的重要领域。这里简单介绍一下茶叶绿色色素的提制技术。

茶叶等绿色植物的叶绿素可以提取利用，但天然食用色素灯光分解问题影响了它们的应用。若将叶绿素制成铜钠盐，不仅能保持其色泽的稳定性，而且还扩大了应用领域，在牙膏、化妆品、食品、肥皂及医药上有着广泛的用途。从茶叶及其副产物中提制叶绿素铜钠盐的工艺如下：

$$\text{茶叶}\xrightarrow[\text{或乙醇}]{\text{90\% 丙酮}}\text{提取}\begin{pmatrix}\text{4次，1hr/次}\\\text{固液比为1：2}\end{pmatrix}\xrightarrow{\text{80℃}}\text{浓缩并回收溶剂}\rightarrow\text{糊状叶绿素}$$

$$\xrightarrow[\text{乙醚}]{\text{汽油或}}\text{转液（反复5次）}\underset{\text{（除杂纯化）}}{}\xrightarrow{\text{加 NaOH}}\text{皂化}\xrightarrow{+Cu^{2+}}\text{铜置换}\rightarrow\text{叶绿素铜酸盐}$$

该工艺中，叶绿素的提取溶剂以丙酮较好，它可在常温下进行，而乙醇沸点较高，对叶绿素的稳定性不利。在皂化和铜置换中，其物质的转化可用下式表达：

$$\underset{\text{（叶绿素a）}}{C_{32}H_{30}ON_4Mg\begin{cases}/COOCH_3\\ \backslash COOC_{20}H_{39}\end{cases}} + NaOH \xrightarrow{\text{皂化}}$$

$$\underset{\text{（叶绿素酸钠a）}}{C_{32}H_{30}ON_4Mg\begin{cases}/COONa\\ \backslash COONa\end{cases}} \xrightarrow[\text{置换}]{+Cu^{2+}} \underset{\text{（叶绿素铜钠盐a）}}{C_{32}H_{30}ON_4Cu\begin{cases}/COONa\\ \backslash COONa\end{cases}}$$

四、茶叶天然消臭剂的开发

虽然香味的研究已经很盛行，但对消臭方面的系统研究却很少。随着人们生活水平的提高，对食品的消臭日渐关注，故此出现了利用天然植物提取消臭剂的商品开发。从茶叶中提取的消臭剂具保鲜和抑菌作用。大凡消臭有四种机制，即感觉消臭、物理消臭、化学消臭和生物消臭。茶叶提取物的消臭机理是：① 黄酮类基团和—SH、—NH的缩合、聚合、加成反应；② 茶多酚类、黄酮类的多酚基和—NH的结合；③ 氨基酸的NH_2—R—COOH和—SN的中和反应；④ 有机酸和—NH的中和反应；⑤ 糖类对恶臭物质的吸收、吸附和溶解作用；⑥ 单宁的酯化、酯交换反应。现已研究证实，茶叶提取物的消臭能力在所有已确认有消除臭味能力的植物提取物中是最强的。

从绿茶提取物中进一步分离提取天然高效消臭剂的方法有二，即水提取法（图13-10）、醚提取法（图13-11）。这两种方法是将本身具有较强除臭能力的绿茶提取物进一步蒸馏、萃取、分离，使其各种除臭组分分开。

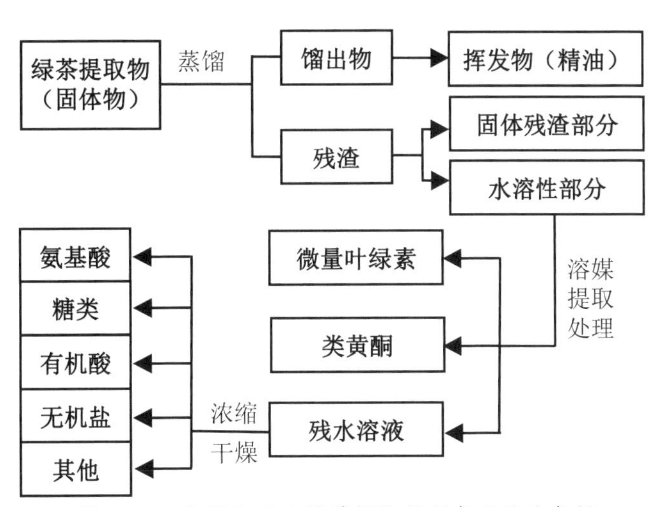

图13-10 水提取法从绿茶提取物制备天然除臭剂

绿茶提取物作为天然除臭剂已应用于以下领域：① 用于调味佐料（烧肉汁料等）；② 用于谷物类（大豆、小麦粉、玉米粉、淀粉）；③ 用于鱼肉炼制品（鱼糕、鱼肉卷、鱼饼等）；④ 畜肉腊肠类；⑤ 果汁类；⑥ 珍味类（上等墨鱼干、上等鳕鱼、小虾

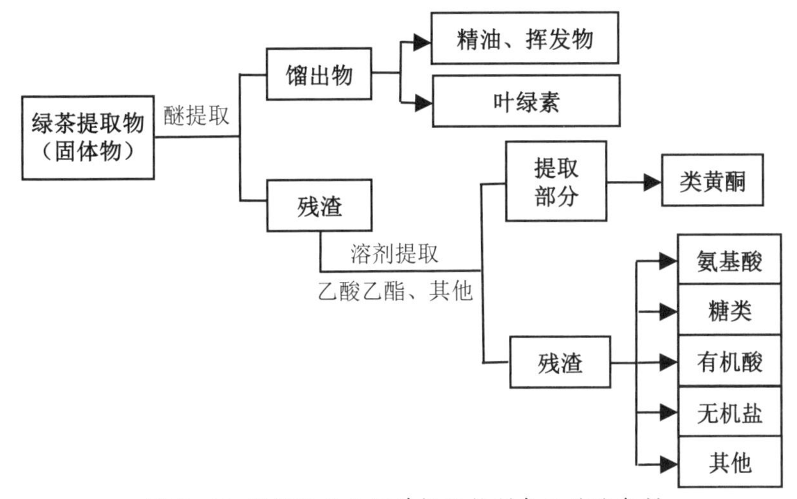

图13-11 醚提取法从绿茶提取物制备天然除臭剂

等）；⑦ 油脂类；⑧ 蔬菜罐头；⑨ 添加到口香糖和冰棒中消除口腔异味。

五、茶籽中有关成分的开发

据统计，茶籽产量约为茶叶产量的23%，茶籽中含有粗蛋白11.06%、粗脂肪32.44%、淀粉24.08%、茶皂素14%、双糖3.82%、单糖0.15%。茶籽可用于生产油脂、茶籽皂素和动物饲料等。

（一）茶籽油脂的提取

茶籽油的脂肪酸组成与油茶油相似（表13-1），其中不饱和脂肪酸的比例略高于油茶油，而不饱和脂肪酸有利于降低血管内胆固醇水平。茶籽油中亚油酸的比例更是显著高于油茶油，而亚油酸不足往往会引起临床性的组织损伤。故茶籽油系一种优质食用油。展望未来，茶籽油在食品工业、医药工业、日用工业等部门应用前景广阔。

表13-1　茶籽油和油茶油的脂肪酸组成比较（夏春华等）

成分	茶籽油	油茶油	成分	茶籽油	油茶油
固体脂肪酸	32.48	37.08	不饱和脂肪酸碘价	115.40	113.81
固体脂肪酸碘价	39.36	35.90	油酸（%）	55.80	61.36
异油酸含量（%）	14.22	14.81	亚油酸（%）	23.16	8.93
饱和脂肪酸（%）	18.26	22.27	亚麻酸（%）	1.82	6.72
液体脂肪酸（%）	67.52	62.92	不皂化物（%）	0.96	0.67
不饱和脂肪酸（%）	81.74	77.73			

茶籽制油主要有热压榨法和有机溶剂浸提法。这里简略介绍一下热压榨法，比较合理的工艺流程如下（图13-12）。

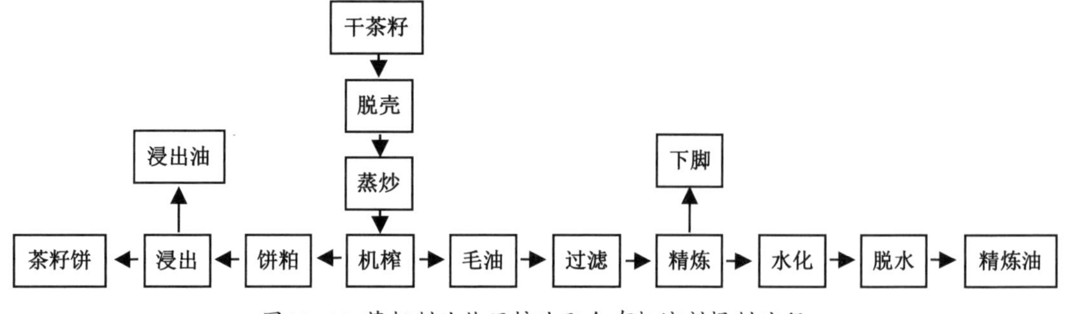

图13-12 茶籽制油热压榨法配合有机溶剂提制流程

茶籽毛油精炼目的在于去除游离脂肪酸及醛酮类化合物，消除麻口、苦涩味等，以便食用，精炼的方法主要有碱炼法、水化法和盐析法。碱炼法是把毛油加热至40℃，边倒入碱液边搅拌、约0.5h，然后升温至60℃，静置保温过滤，倾出上层清油，油脚再加3%的食盐水溶液趁热搅拌，静置分层后取上层清油，两次清油合并，再用80℃温水洗涤至中性为止。然后升温至105℃脱水，即得到精炼油。水化法是在40℃温油中加入一定体积的温水搅拌，静置一定时间后取油层过滤，并加温到105℃脱水。盐析法是在40℃温油中加入饱和的NaCl溶液（油体积的10%）搅拌，在60℃下静置分层，取上层清油在105℃脱水即成。

（二）茶籽皂苷的制备

茶籽皂苷是一种无色的微细柱状结晶体，其分子式为$C_{50}H_{90}O_{26}$。它可用作乳化剂（如与石蜡制成水包油型乳化剂）、稳泡剂（如中国农业科学院茶叶研究所与郑州加气混凝土工厂协作制造的以茶籽皂苷为主体的加混凝土稳泡剂——TS-861）、洗涤剂（如用茶籽皂苷与香料等成分配制的洗理香波）和清池（塘）剂等，还有抗肿瘤、祛痰消炎、镇痛止咳和抗菌等作用，甚至对植物生长也有一定的生理活性。

在茶籽饼粕中茶籽皂苷含量为15%左右，从中提取的基本工艺是：①将茶籽饼粉碎，加入2.5倍体积的热水于80℃浸提1.5h，趁热过滤，滤液置于热水器中加热至90℃，再加入2%的明矾，继续加热1h，静置；②将澄清于100℃下蒸发浓缩，快干时加入3%碳酸钠，然后继续加热、浓缩至干；③将干燥后的块状物用粉碎机粉碎，得黄色粉末，即为粗茶籽皂苷，再进一步纯化便得到白色的结晶状纯品。

（三）茶籽饼粕作饲料

茶籽饼粕中含有多种营养物质，其中粗蛋白11%~16%、粗脂肪5%~7%，可消化的碳水化合物约40%，是很好的动物饲料。但其中含有溶血性的茶皂素，在饲喂之前必须进行相应处理。方法是：将粉碎后的茶籽饼粕与0.5%的碳酸钠水溶液按1∶6的比例混合，加热煮沸3h。静置分层后倾去上层碱液。再用10~15倍量的清水洗涤2次，除去碱性物质，滤干，即可用作猪、牛等动物的精饲料。但茶籽饼粕用作鱼饲料时，应先将其粉碎拌水适量，然后埋入土坑内密封，令其发酵充分（充分的标志是香气显露、坑内有气泡产生），而后取出喂鱼，这样可避免肠炎、烂鳃、出血等现象。

为满足茶叶市场的均衡供应和尽可能地保持茶叶的品质特征，茶叶的科学贮运十分重要。本章主要介绍茶叶在贮运过程中的品质变化和影响的环境条件，阐明了环境与品质变化的相互关系；在了解茶叶贮藏基本原理的基础上，介绍了几种茶叶贮藏的方法。

（供图：胥 伟）

第十四章 茶叶贮藏与保鲜

茶叶是一种生产加工季节性很强的商品。在我国大部分茶区，生产加工主要集中在4~9月，而茶叶消费则是常年性的，一年四季均需供应，同时作为一种商品，消费者对其品质的要求也是很高的。因此在茶叶加工和销售过程中还需要贮藏与保鲜，从毛茶到精制，最后包装成商品茶到消费者饮用，这是一个贮藏储运过程（图14–1）。在此期间，尽可能地保持茶叶新鲜，既保证消费者对茶叶品质要求权益，同时也可充分发挥茶叶的最高经济价值，获得更好的经济效益。本章主要讨论影响茶叶品质变化的因素与茶叶贮藏的方法。

图14–1 茶叶贮藏（胥伟 供图）

第一节　茶叶贮藏条件与品质的关系

茶叶在贮藏过程中品质的改变，主要是茶叶内含成分变化的结果，而导致这种变化的产生则与茶叶贮藏的环境条件密切相关。

影响茶叶品质的贮藏条件主要是：水分、温度、氧气和光照，另外微生物和其他一些外界条件对茶叶品质也有一定影响。

一、水　分

水分包括茶叶的含水量和贮藏环境的空气相对湿度。食品理论认为，绝对干燥的食品中因各类成分直接暴露于空气中容易被氧化变质，而当水分子以氢键和食品成分结合，呈单分子层状态时，就好像给食品成分表面披上了一层保护膜，从而起到保护作用，使其氧化进程变缓。研究认为，当茶叶水分含量在3%左右时，茶叶成分与水分子几乎呈单层分子关系，因此可以较好地把脂质与空气中的氧分子隔离开来，防止脂质的氧化变质。但当水分含量超过这一水平时，水分不但不能起到保护作用，反而成了生化反应的溶剂，且水分含量越高，生化反应的速度越快，茶叶劣变也就越快。

据试验，含水量3%和7%的绿茶分别置于温度5℃与25℃条件下贮藏4个月。结果表明，茶叶含水量3%，在5℃条件下贮藏，其干茶色泽几乎不变，仍然保持鲜明的绿色；而茶叶含水量7%，在25℃条件下贮藏，干茶色泽有较大的变化。而其他两种条件下贮藏的茶叶其色泽无明显差异。仰永康等的试验同样表明，当茶叶含水量在6%以上时，这包括茶叶在贮藏期间吸湿后含水量超过6%，茶叶中各种与品质有关成分变化的速度明显加快，如水浸出物、茶多酚和叶绿素等的含量快速降低，导致茶叶品质劣变的速度也随之加快，绿茶和红茶均是如此（表14-1）。表明茶叶在贮藏过程中品质的变化，与茶叶含水量关系较为密切。

表14-1　不同含水量绿毛茶贮藏140天化学成分的变化

茶叶等级	试验处理（含水量%）	水浸出物（%）			多酚类（%）			叶绿素（%）		
		贮前	贮后	减少量	贮前	贮后	减少量	贮前	贮后	减少量
一级二等	3.58	40.61	37.19	8.42	19.83	17.15	13.51	0.20	0.12	40.00
一级二等	8.16	40.61	36.87	9.20	19.83	16.91	14.02	0.20	0.10	50.00
一级二等	12.23	40.61	34.78	14.37	19.83	16.16	14.73	0.20	0.08	60.00
三级六等	3.57	37.95	36.60	6.07	18.41	15.90	13.63	0.22	0.13	40.91
三级六等	8.74	37.95	35.30	7.01	18.41	15.43	16.19	0.22	0.13	40.91
三级六等	12.02	37.95	34.55	9.03	18.41	14.53	21.07	0.22	0.10	54.55
六级十一等	4.26	35.91	33.77	5.95	15.69	14.31	8.80	0.19	0.08	57.89
六级十一等	9.31	35.91	34.53	4.12	15.69	14.20	9.50	0.19	0.06	68.42
六级十一等	11.70	35.91	32.68	8.99	15.69	12.30	1.28	0.19	0.06	68.42

茶叶是一种疏松多孔的物质，内含亲水性成分，所以茶叶具有很强的吸湿性。因此，茶叶贮藏环境中空气的相对湿度对茶叶的含水量也有较大影响。试验表明，空气中相对湿度越低，茶叶越干燥；反之，相对湿度越高，茶叶含水量也越高。在相对湿度40%的环境中贮藏，茶叶的平衡含水量仅约5%；在相对湿度60%的环境中贮藏，茶叶含水量会上升到约10%；在相对湿度80%的环境中贮藏，茶叶的水分含量会上升到高达15%。由此可见，茶叶贮藏环境中空气的相对干燥对其长时间贮藏是十分重要的。

综合不同茶类含水量对贮藏期品质影响的试验结果，含水量不超过6%时有利于茶叶的贮藏，必须坚持这一标准，而以贮藏茶叶的水分含量在3%~5%较好。

二、温　度

茶叶在贮藏过程中品质的变化，主要是茶叶内含成分变化的结果。研究表明，温度对茶叶的氧化反应影响很大，温度越高，反应速度越快。据测定，在一定温度范围内，温度每升高10℃，干茶色泽和汤色褐变速度加快3~5倍。食品如果在10℃以下冷藏，可以减慢褐变的进程，而在-20℃的环境中贮藏，几乎完全能防止食品变质。因此，温度是茶叶贮藏中影响品质的主要因素。日本以煎茶为试验材料，分别在5℃和25℃条件下贮藏2个月和4个月，研究贮藏温度对香气的影响（表14-2）。

表14-2　不同贮藏对煎茶香气的影响

香气成分	贮藏前	5℃		25℃	
		2个月	4个月	2个月	4个月
1-戊烯-3-醇	—	—	55	32	94
未知成分（新茶多）	59	38	33	16	13
顺-2-戊烯-1-醇	—	—	26	15	14
顺-3-己烯-1-醇	16	17	29	26	60
正壬醇	104	69	51	24	22
2,4-庚二烯醛	—	—	17	—	16
3,5-辛二烯-2-酮	—	—	14	12	16
沉香醇	100	100	100	100	100
1-辛醇	95	88	86	86	85
顺-3-己烯己酸酯	85	63	65	46	36
橙花叔醇	130	123	125	133	130

注：表中数值均以沉香醇的气相色谱峰为100，各峰的强度比。

同时，红茶贮藏试验和绿茶一样，在贮藏过程中，那些新茶香气以及其他良好茶香成分，会随贮藏时间的延长而逐渐减少；温度越高，对茶叶香气有良好作用的成分减少越多；同时，随着贮藏时间的延长和贮藏温度的提高，具有不愉快气味的物质逐渐生成和增加。在贮藏过程中，温度相对于茶叶含水量和氧气来说，其对茶叶品质影响最大。研究表明，在室温条件下，即使茶叶水分含量低至5%，其品质变化也超过低温、高水分环境下贮藏的茶叶。日本曾做过一系列有关的研究，结果发现，绿茶在5℃时可保持“三绿”，即外形翠绿、汤色绿亮、叶底绿匀；10~15℃时，色泽减退较慢，保色效果尚好，而常温下（25℃）色泽变化较快。因此，低温贮藏是有效的方法。

三、氧 气

氧气是氧元素最常见的单质形态，是空气的组分之一，约占空气体积的20.9%。氧气几乎能够与所有元素相结合而生成其氧化物。茶叶贮藏过程中，茶叶内含成分的自动氧化是氧气直接参与造成的结果，这种没有酶参与的氧化一般称为自动氧化或非酶促氧化。空气中处于分子态的氧气非常容易使酚类、醛类、脂类和VC等氧化而形成化合物，这种氧化物单独存在或与其他物质一起，能起自动氧化，并继续氧化分解，这是食品氧化的基础。茶叶中对茶叶品质而言非常重要的成分，如茶多酚、醛类、脂类、酮类和VC等物质都能进行自动氧化，这种茶叶内含成分的自动氧化产物除了某些茶类后熟作用需要之外，大部分都是对品质不利的。因此，氧气对茶叶贮藏品质劣变起着重要的作用，在贮藏过程中，如能减少氧与茶叶的接触或氧的含量，将有利于茶叶品质的保持。

四、光 照

光照对茶叶品质的影响主要是促进茶叶中色素类和脂类物质的氧化，从而使茶叶的色泽和香气向不利品质的方向发展，尤其对绿茶品质的影响最为明显。

叶绿素是构成绿茶干茶、叶底色泽的主要色素物质，在干茶中占0.7%~1.2%。但叶绿素是很不稳定的物质，遇光褪色，遇热分解，其中尤以紫外线对叶绿素褪色作用最为强烈。当绿色的叶绿素分解后，橙黄色的胡萝卜素和叶黄素就会显露出来，此消彼长的同时也就造成了绿茶的黄变。此外，在光和热的作用下，绿色的叶绿素脱镁会生成褐色的脱镁叶绿素，从而绿色减退，褐色成分增加。当绿茶中叶绿素转化为脱镁叶绿素达70%以上时，绿茶就明显褐变，外形色泽枯黄、汤色黄褐。

茶叶贮藏在玻璃容器或透明的塑料包装中，受日光照射，会产生光化学反应，而生成不愉悦的气味物质，如丙醛、戊醛、戊烯醇等，俗称“日晒味”，因而对茶叶的香气品质造成较大影响（表14-3）。虽然光线对茶叶品质的各个因子均有不良影响，但对香气的影响最为明显。

茶叶在贮藏过程中，品质主要受水分、温度、氧气和光照四大环境因素的影响，这种影响有时以单个因素为主要，但更多是各个因素综合影响的结果。在环境条件中影响最大的是水分和温度，氧气和光线也有较大影响，同时，还会受到其他因素影响，如在高温高湿的环境中有利于微生物生长繁殖而造成茶叶霉变，或者异味物质的存在造成茶叶吸异变质等。

表14-3　光线对茶叶品质的影响

项目	对照		透明聚乙烯材料	
	评分	评语	评分	评语
色泽	5	鲜绿色，色泽好	3	色泽差，呈黑色
香气	5	有新鲜香味	1	有恶臭
汤色	5	黄绿	4	泛红
滋味	5	鲜爽	1	变质味
合计	20		9	

第二节　茶叶贮藏方法

在上节比较详细地论述了影响茶叶在贮藏过程中品质变化的因素，这是茶叶贮藏的基本原理。为了更好地保证茶叶品质，尽可能延长其保质期，对贮藏期的茶叶应做到以下4点：低温、干燥、去氧和避光。只有这样才可能更好地保持茶叶原有的色、香、味、形，满足消费者对高品质茶叶的需求。

茶叶的贮藏的方法较多，首先要保证不同茶类分开保存，其次针对大量贮茶和小包装贮茶，可以选用的方法主要有：

一、批量茶贮藏

生产或销售商茶叶的贮存，数量都比较大，宜采用低温、低湿、封闭式的冷库贮藏，其保鲜效果好且经济实用。一般库房要求温度不超过5℃，湿度控制60%以下。建造一座容积为180m^3的冷库，可贮放茶叶1.5万kg，茶叶经8个月贮藏，品质基本不变，目前，有条件的企业都会采用该方法进行茶叶贮藏。在不设冷库的条件下，大批量高档名优茶在收购以后暂不动用，为防止质变，需进行临时性贮存，一般都采用生石灰保藏法，即利用生石灰的吸湿性，使茶叶保持充分干燥。其方法是选用口小肚大、不易漏气的陶坛为装茶器具。贮放前将坛洗净、晾干，用粗草纸衬垫坛底；用白细布制成石灰袋，装生石灰块，每袋0.5kg；将待藏茶叶用软白纸包后，外扎牛皮纸包好，置于坛内四周，中间嵌入1~2只石灰袋，再在上面覆盖已包装好的茶包，如此装满为止；装满坛子后，用数层厚草纸密封坛口，压上厚木板，以减少外界空气进入。在江南一带春秋两季多雨天气（3、9月份），视袋内石灰潮解程度，换1、2次（石灰块呈粉末状时必须更换），始终保持坛内呈干燥状态。用这种方法贮存可使茶叶在一年内基本保持原有的色泽和香气。

二、小包装贮茶

小包装的茶叶贮存，除了琳琅满目的商品茶外，还包括家庭用茶的贮藏，目的不同所用方法和包装材料有所不同。

商品茶目前采用的方法主要有真空贮藏、除氧剂和抽气充氮贮藏。这三种方法都是属于脱氧贮藏，其目的是使茶叶不受空气中氧气氧化而发生质变。真空和抽气充氮贮藏是把茶叶包装中的空气全部抽出，使氧气浓度降到极低以至接近真空，或者再充入惰性的氮气，这两种保鲜技术效果均较好，但对包装材料要求高，需具有一定的强度和极小的透氧、透湿率，因而成本较高。另外，充入的氮气也要求有极高的纯度，否则气体中带有水分，包装后会产生加湿现象，导致实际保鲜效果不理想，加上目前使用的氮气纯度不理想，因此，目前茶叶真空贮藏的较多，抽气充氮贮藏的使用越来越少。

除氧剂保鲜贮藏主要是利用物理化学原理，在包装密闭的容器内加入除氧剂，降低包装内的氧含量，使茶叶处于低氧状态，从而有效减缓茶叶内含成分的氧化变质。根据包装容量的大小，选取一定型号的除氧剂，一般经1~2天后茶叶包装内氧气的浓度可降到0.1%左右，除氧效果非常明显。在包装材料密闭不透气的情况下，茶叶保鲜效果可达一年左右。研究和应用实践表明，茶叶除氧剂保鲜具有效果显著、安全可靠、无异味、体积小、重量轻、成本低、使用方便等优点，茶叶含水量在5%~7%时采用此方法保鲜效果较好，在茶叶贮藏中值得大力推广。

就家庭贮茶而言，一般建议采用低温冷藏来进行茶叶保鲜。先将干燥的茶叶放入茶罐，并在盖口处用胶带纸封口，或者把茶叶用铝复合薄膜分装成100g左右的小袋，并用封口机封口，然后将茶罐或茶袋置于5℃以下的冰箱中。茶叶贮藏一年后，绿茶仍可保持色泽翠绿，新茶香犹存。采用此法贮藏时，当取出茶叶饮用前，应先将其在室温下放置一段时间，待茶叶温度升至室温时再打开茶罐或茶袋，这样可以避免因茶叶与气温的差异而导致茶叶吸湿受潮。如果不具备冷藏条件保管茶叶，少量茶叶可采用以下4种方法贮存：

1. 生石灰贮茶法

选用陶瓷坛一个，底部铺上一层未化开的生石灰（以茶叶与生石灰重量比5∶1为宜）。用牛皮纸或其他较厚实的纸（切忌用报纸等异味纸张）把茶包好，茶的水分含量不超过6%为佳，放置于生石灰上，装满后将坛口密封盖紧（图14–2）。视吸湿程度定期检查生石灰状况，见块状石灰变为粉末时，及时更换。有条件的也可用硅胶代替生石灰，当硅胶吸湿至完全变色时取出烘干可再用。

图14-2 陶瓷茶罐

2. 罐贮茶法

一般选用市面上购买的马口铁罐或铁听，也可采用原放置其他食品的铁听、铁筒，只要无异味即可（图14-3）。为了更好地保持罐内干燥，在贮存茶叶的同时，可以放入1~2小包干燥的硅胶。如果是新买的铁听，或放过其他食品的铁罐，可先放入少量的茶叶末，然后盖好盖，存放数日，以便能把异味吸尽。装有茶叶的铁听，应置于阴凉处，不能放在阳光直射或潮湿、有热源的地方，这既可防止铁听氧化生锈，又可抑制听内茶叶陈化、劣变的速度。

图14-3 铁茶罐

3. 袋贮茶法

用塑料袋保存茶叶是目前家庭贮存最简便、最经济实用的方法之一。家庭贮茶选用塑料袋时，必须是适合食品用的包装袋，塑料袋材质要选用密度高且有一定强度，尽可能厚实一点，但本身不应有孔洞和异味。贮存时先用较柔软的净纸把茶叶包装好，再置入塑料袋内。短时间内不饮用的茶叶，建议用封口袋装好；较长时间贮存，一般第一次包装后，再反向套上一只塑料袋，用绳子扎好袋口或封口，放置于阴凉干燥处，也能达到满意的贮存效果。如再套上一层塑料袋，依上法再封口，则更能减少香气散失和提高防潮性能。

4. 热水瓶贮茶法

热水瓶能保温，是由于其瓶胆中间真空和内层瓶壁镀有反射系数极高的镀层，两者缺一其保温性能就大为下降。利用此原理，热水瓶也可用来贮茶。贮存时把瓶胆的空间装满茶叶，盖好塞子。若一时不饮用，可用石蜡封口，这样可以保存数月，仍如新茶。此法经济、实惠、简便且易行。

总之，茶叶的贮藏保鲜就是为了最大程度控制外界因素对其品质的影响，除了上述方法外，还有一些新技术应用于茶叶加工、贮运过程中，如微波、辐射等方法也可有效地减少茶叶含水量和微生物的产生与存在，有利于茶叶的贮藏保鲜。如果茶叶由于贮藏不当，造成了品质的劣变，一般没有有效改善的方法，尤其是色、香、味的劣变基本无法补救。若茶叶稍有陈味或失风（欠鲜爽），可用复火、提香的方法减轻；但若茶叶已经发霉变质，或受到微生物等的污染，则不能食用。因此，注意茶叶的贮藏保鲜至关重要。

随着社会的发展和科学技术的进步，茶叶生产方式和方法进行了一系列的技术革命和工艺改造，产品生产的质量和安全意识不断提高，现有的茶叶生产已在朝着机械化、连续化、清洁化和智能化方向迈进。同时，厂房的规划和设计也按照食品生产的要求选用材料和科学设计。本章主要介绍茶叶机械选用的原则和要求，以及茶叶厂房规划设计的原理和要求。

第十五章

茶叶机械配备与厂房建造

第一节　茶叶机械的选用与配备

中国茶类众多，加工工艺不同，相对应的茶叶加工机械种类也较多。据不完全统计，中国已有不同机种和型号的茶叶加工机械达200多种，如何进行茶叶机械的选择和配置，茶叶生产企业应根据当地茶类的生产和工艺以及加工机械的性能，进行选用与配备。

一、茶叶机械选配原则和确定

我国茶叶种类繁多，生产中如何配备茶叶加工机械和数量是茶叶加工成厂设计和建设的重要科学数据。在生产中，茶叶加工机械配备的总体原则是，根据各茶类的加工工艺需求和有关茶叶机械性能进行选配，并根据全年茶叶总产或最高日产量，通过计算以确定主要设备配备数量，在此基础上确定各类辅助和控制设备的型号和数量，组成生产工艺和生产线。

（一）茶叶最高日产量的确定

生产中，确定茶叶的最高日生产量的方法主要有：大宗茶加工一般以全年茶叶产量的3%~5%或春茶产量的8%~10%作为计算依据，也可用春茶高峰期中10天日平均产量作为依据。名优茶则可用高峰期3~5天日平均产量作为最高茶叶日产量的计算依据。在计算时应根据前几年的统计资料，并充分考虑产业的发展需要，进行分析和计算，使所得数据更为精确和有代表性。

（二）各工序余重率和余重的计算

我国所生产的茶叶加工设备，都会在机械上标识和标注相关产能系数，其所标注的台时产量均为该机械所加工茶叶在制品的数量，因此，需计算出各类在制品的余重率，了解各加工工序茶叶的余重，作为计算机械配备数量的依据。

茶叶在制品的余重可用下式计算：

$$Q'=Q(4\text{–}5)\eta$$

式中：Q'——在制品最高日加工量

Q——茶叶最高日产量（以干茶计，设定为4~5kg鲜叶加工1kg干茶）

η——在制品余重率

各工序在制品余重率的含义为各工序在制品质量与投入加工鲜叶质量的比值，用下式计算：

$$\eta=\frac{Q'}{(4\text{–}5)\,Q}=\frac{(1-\omega)}{(1-\omega')}\times 100\%$$

式中：ω ——鲜叶含水率

ω' ——在制品含水率

一般大宗茶加工批量较大，加工工艺较成熟，如炒青绿茶和烘青绿茶在制品的余重和余重率，已有经验数据可取，可直接选用。而名优茶加工因工艺复杂，各地工艺差异较大，故其余重和余重率应在实验的基础上，按上述公式计算获得。

一般状况下，炒青和烘青绿茶加工过程中各工序在制品的含水率、余重与余重率情况都有个大致比例区间（15–1）。

表15–1　炒青和烘青绿茶加工各工序在制品含水率与余重率

工序		鲜叶或在制品质量（kg）	含水量（%）	余重量（%）
鲜叶		100	75	100
杀青		63	60	63
揉捻		63	60	63
炒二青		42	40	42
烘青绿茶	初烘	36	30	36
	足干	26	5	26
炒青绿茶	初烘	32	22	32
	足干	26	5	26

（三）茶叶机械配备数量的确定

茶叶机械设备配备数量（η），采用下式计算：

$$\eta=\frac{Q'}{q}=\frac{Q'}{q'\times 20}$$

式中：q ——茶机日加工量（茶机20h加工量）

q' ——茶机台时产量（可从使用说明书中查到）

二、大宗茶加工机械的配备

大宗茶的种类较多，这里以炒青绿茶为例介绍其初制加工机械的配备。

炒青绿茶初制工艺流程一般为：杀青—揉捻—解块—烘二青—初干（滚三青）—辉干（滚干）。

例：现有一个茶叶加工厂需进行炒青绿茶初制机械配备，茶厂提供一个基础数据（表15–2）。根据炒青绿茶初制工艺，参考初制机械性能确定需配备的机械，并配备合适台时产量的机型（表15–3）。

根据该茶厂情况及各工序余重率，计算鲜叶、各工序在制品和干茶数量，并计算确定配备各种茶叶机械的台数（表15–4）。

表15–2　某茶厂生产基础数据

项目	数量
茶园面积（667m^2）	1000
茶园单产（kg/667m^2）	125
年总产量（t）	125
最高日产量（t）	3.75（以年总产量的3%）
折合日加工鲜叶（t）	15

表15–3　茶厂需配备的茶叶初制机械及其台时产量

茶机名称	台时产量（kg/h）	备注
6CS–80型滚筒杀青机	300~400	选350kg/h
6CR–55型茶叶揉捻机	60~160	选80kg/h
6CJS–30型解块筛分机	500	选500kg/h
6CH–16型茶叶烘干机	400~1000（烘二青）	选800kg/h
6CBC–110型八角炒干机	40~45	选40kg/h
6CPC–100型瓶式炒干机	40~45	选40kg/h

表15–4　各工序在制品质量及需配备茶机数量

工序	鲜叶或在制品（kg/天）	选用的茶叶机械	配备数量（台）
杀青	150006	6CS–80型滚筒杀青机	3
揉捻	95006	6CR–55型茶叶揉捻机	6
解块分筛	95006	6CJS–30型解块分筛机	1
烘二青	95006	6CH–16型茶叶烘干机	1
滚三青	63006	6CBC–110型八角炒干机	8
（辉）滚干	48006	6CPC–100型瓶式炒干机	6

三、名优茶加工机械的配备

名优茶种类虽然繁多，但厂家的生产规模多为中小企业，茶叶机械厂根据这种现状，有针对性地设计了各种名优茶机。因此，各地名优茶生产企业可根据各地的生产情况和规模进行机械的选择和配套。

例：有一较大农户，统计表明其最高名优茶日产量200kg，即日加工鲜叶900~1000kg。根据最高日产量与名优茶机台时产量的计算，结合生产实践经验，扁形、毛峰形、针形、球形等名优茶加工机械配备方案如下。

（一）毛峰形名优茶加工设备配备

毛峰形名优茶是中国主要的名优茶类，多为曲形类名优茶，目前除提毫工序外，均可实现机械化加工。其加工工艺一般为：杀青—初揉—解块—初烘—复揉—复烘—提毫—足干。

毛峰形名茶加工机器配备一般为：6CS-40型滚筒式名茶杀青机2台；6CR-35型名茶揉捻机2台；6CJM-12型名茶解块机1台；6CHM-3型名茶烘干机1台，用于初干和足干；电炒锅2台，用于提毫。

（二）扁形名优茶加工设备配备

扁形名优茶以龙井茶为代表，目前机械设备已基本上能满足其加工质量要求，工效也比手工作业大为提高，但是与较精细的手工炒制相比，干茶色泽和外形光扁程度尚有差距。为了提高工效及保证扁形名优茶的加工质量，目前，扁形名优茶，如龙井茶的机械加工工艺一般为：杀青—青锅—辉锅—手工辅助。

扁形名优茶加工机械配备一般为：6CS-40型滚筒式名茶杀青机1台；5~7槽6CSM-42型多槽式扁茶炒制机（名优茶多功能机）4台，或6CC-7801型长板式扁茶炒制机6台，用于青锅和辉锅炒制；电炒锅4台，用于手工辅助辉锅，整形足干。

（三）针形名优茶加工设备配备

针形名优茶又安化松针、南京雨花、信阳毛尖等，在市场上有较好的销路，其机械加工的工序一般为：杀青—揉捻—解块—初烘—整形—足干。

针形茶加工机械配备一般为：6CS-40型滚筒式名茶杀青机1台；6CR-35型名茶揉捻机2台；6CJM-12型名茶解块机1台；双锅式针形名优茶整形机2台，用于整形干燥；6CHM-3型名茶烘干机1台，用于足干。

（四）球形名优茶加工设备配备

球形名优茶即珠茶类名优茶，其加工工艺一般为：杀青—揉捻—解块—初烘—炒三青—辉锅—足火。

球形茶加工机械配备一般为：6CS-40型滚筒式名茶杀青机1台；6CR-35型名茶揉捻机2台；6CJM-12型名茶解块机1台；6CCQ-50型球形名茶炒干机2台，用于炒三青和辉锅；6CHM-3型名茶烘干机1台，用于初烘和足干。

第二节　茶叶厂房的规划与设计

随着人们生活水平的提高，对食品卫生和安全的要求也不断提高。因此，茶叶厂房的建设设计，不仅要求保证茶叶产品品质，更要注重其卫生质量安全，必须充分贯彻国家制订的食品卫生法和食品企业通用卫生管理规范等。

一、茶叶厂房规划与设计的指导思想和原则

（一）茶叶厂房规划与设计的指导思想

茶叶厂房建设和运营的目的是期望以合理的茶叶厂房规划设计和机械配备、先进的加工工艺和技术管理、低成本和短周期的运营方式，生产出质量稳定的合格产品，投入市场销售，从而获得最好的经济效益。

为适应国内外市场消费要求，在茶叶加工厂的规划、建设和改造工作中，首先要明指导思想，即正确认识茶叶加工业的地位，充分认识到茶叶是一种直接冲泡的高档饮品，其制作和生产不属于农副产品加工，而属于食品加工领域和范畴。为此，茶叶加工厂的建设应参照《中华人民共和国食品卫生安全法》《食品企业通用卫生规范》和《无公害食品——茶叶》NY5244等标准进行规划、设计和建设，对环境条件、厂房建造和技术管理等规范和要求进行指导，才能符合高标准茶叶厂房建设的要求和水平。

（二）茶叶厂房规划与设计的原则

茶叶加工厂规划设计的工作原则是，首先根据生产需要，确定生产茶类、年产量、高峰日产量及茶叶加工工艺。以此为基础，确定茶叶加工设备配备方案，并完成生产线设计。然后，根据生产线和设备要求，参考茶叶厂房用地规模，进行茶叶加工车间、附属用房和设备布置设计。

加工车间设计时，要注意留出机器安装孔洞和操作进出门等，并将所需要的电、油、煤气、水管按使用位置预埋好。在完成各车间和用房方案设计基础上，进行茶叶厂房厂区总体方案布置，使整个厂区范围内建筑物、道路、绿化等井然有序，并能满足茶叶加工工艺和环境生态要求。未作茶叶加工工艺设计、机器选型和生产线设计前，要绝对避免盲目进行车间和其他厂房设计和建造。

二、茶叶厂房的规划和建设要求

我国茶类众多，包括绿茶、黄茶、黑茶、红茶、乌龙茶、白茶六大茶类，以及花茶、紧压茶，茶叶深加工等茶叶加工，因茶类不同，工艺不同，加工厂的规划、设计要求也不一样，茶叶加工厂建设通用的规划和建造要求如下。

（一）茶叶加工厂的环境条件

1. 厂址的选择

茶叶厂房是茶叶生产、加工和经营活动的中心，加工场所的环境条件良好、无污染源、安全、卫生是最基本要求，故茶叶厂房厂址的选择，要充分考虑用地、投资、环保、交通、能源、水源、地势等各种相关因素。

茶叶加工厂尤其是茶叶初制厂或初、精制联合加工厂，均以从茶树上采下的鲜叶为原料。一方面，鲜叶系活体，含水量高，呼吸作用强，不能长时间闷压和存放，不宜长距离运输；另一方面，鲜叶的运输量大，为成品茶的4~5倍，加上茶叶为季节性产品，商品性强，要求快制快运，因此要求茶叶加工厂的厂址，应选在地势开阔和交通方便的地方。茶叶加工厂应考虑选在距茶园较近、鲜叶和产品运输方便、有利于与市场接轨、周围的劳动力供应有保证和鲜叶原料可发挥最大利用价值的处所。当前国家特别重视小城镇建设，茶叶加工厂的改造与建设最好与小城镇建设相结合，茶叶厂房建设的理想区位为小城镇与茶乡的结合部，可兼顾交通、生活和通讯等的便利。

茶叶精制拼配厂和茶叶深加工厂，在原料能够方便供应的前提下，厂址选择考虑的重点是产品销售，并且兼顾生产和生活，工厂应尽可能靠近产品销区建造，并且强调建在电力、能源、交通便利的城镇。

茶叶加工厂的建厂场地要求平坦、开阔、干燥不积水，能适应茶叶加工工艺流程要求。为保证场地干燥不积水，厂址场地最好平坦而又稍有一定坡度，以便排水。在一些山区，为保证既使场地平坦又节约农田，也可采取阶梯式场地布置。

2. 环境条件

茶叶加工厂的建设，要充分考虑周围生态环境良好，并且要充分估算茶叶厂房建设对周围环境和生态的影响以及为保护环境需要付出的代价。

茶叶厂房具体选址时应注意，上风及周围1km以内不得有排放“三废”的工业企业，尤其是产生和释放有味气体的化工企业，周围不得有粉尘（如水泥厂等）、有害气体、放射性物质和其他扩散性污染源。茶叶加工厂应离开交通主干道20m以上，离开经常喷洒农药的农田100m以上，并注意将茶叶厂房尽可能建在垃圾场、医院、粪池、畜禽栏舍等设施的上风向，距离应在50m以上。

茶叶加工厂所处环境应空气新鲜，并达到国家《环境空气标准》GB 3095中规定的三级水平（表15-5）。水源应清洁、充足，水质应符合国家《生活饮用水卫生标准》GB 5749规定要求（表15-6）。

表15-5　茶叶厂房所处环境空气中各项污染物浓度限量指标

污染物种类	浓度限量值（mg/m^2）	
	日平均值	1h平均值
总悬浮颗粒物（TSP）	0.50	—
二氧化硫（SO_2）	0.25	0.70
氮氧化物（NO_2）	0.15	0.30

表15-6　茶厂用水中各项污染物浓度的限量指标

污染物	浓度限制量
汞（mg\L）	≤0.001
砷（mg\L）	≤0.05
烙（mg\L）	≤0.05
铬（mg\L）	≤0.01
铅（mg\L）	≤0.05
氯化物（mg\L）	≤1
酸碱度（pH值）	6.5~8.5
细菌总数（个\L）	100
大肠杆菌总数（个\L）	3
臭、味	不得有异臭和异味
肉眼可见物	不得含有

茶叶深加工厂的产品生产，要求使用一定量的纯净水，现场需要进行前期水处理，同样要求水源水质良好。同时生产过程中有部分残液和清洗水排出，故要求茶叶深加工厂应尽可能建在具备城市废水管网的城镇，否则应自行配备建设废水处理工程。

（二）厂区的规划与布局

1. 厂区布局

厂区通常由生产区、办公区和生活区组成。生产区又由制茶车间、摊青间、仓库等部分组成，同时还要进行良好的道路和绿化设计。

厂区应根据方便于生产和管理的原则进行合理规划，并且生产、生活和办公区应相对隔离，互相衔接，又互不干扰。生产区的布置应符合制茶工艺和生产流程要求。厂区应整齐、清洁、有序。水、电、排水和排污管道等设施齐全，雨天厂区任何地方不得有积水。

厂区建筑物的朝向因地而异，总起来以坐北朝南为好，具体最优朝向茶区各地稍有差异，如杭州地区的建筑物朝向则以向南偏西13°为最佳。

茶叶厂房的锅炉房、厕所应设在厂区的下风向，特别要强调厕所的建造一定要考虑食品卫生要求，绝对要避免其气味污染茶叶或加工场合的空气。

2. 道路建设

道路为茶叶加工厂的原料、燃料及成品的及时运进、运出提供条件，而厂内道路是联系生产工艺过程及工厂内外交通运输的线路，有主干道、次干道和人行道等。主干道为茶叶厂房主要出入的道路，可供往返运输货车交会并通行；次干道为车间与车间、车间与仓库、车间与主干道之间的道路，可供单向货车通行；人行道为专供人行走的道路。

根据工厂规模的大小不同，道路的结构会有所差别。厂内道路布置形式有环状式和尽端式两种，环状式道路围绕各车间并平行于主要建筑物，形成纵横贯穿的道路网，这种布置占地面积较大，一般用于场地条件较好和较大的加工厂；尽端式是主干道通到某一处时即终止了，但在尽端有回转场地，供车辆回转调头，这种布置其占地面积小，适应地形不规则的厂区也可采用环状式与尽端式相结合的混合式布置。厂区的道路应合理规划，道路宽度要考虑到设备、鲜叶原料和成品茶的运输，主干道不窄于6m，次干道不窄于2.5m，并且道路要硬化。

3. 厂区绿化

绿化对环境有保护作用，能够净化空气，绿化植物可吸收二氧化碳，放出氧气。如1hm^2的阔叶林，一天内可消耗1t二氧化碳，放出0.75t的氧气，绿化植物还可吸收二氧化硫、氯、烟尘和粉尘等有害物质。同时绿化植物还有调节小气候和改善环境的作用，能防止水土流失，调节气温和湿度，降低风速，降低噪声，如噪声通过18m宽的林带时，可减噪声16dB。

厂区应有足够的绿化面积，一般不应少于厂区总面积的30%，并且用于绿化的植物和花草要配搭得当，以改善厂区环境。一般情况下，在车间或建筑物南侧可种植落叶乔木，以便春、夏、秋季的防晒降温和防风，冬季又可获得充足的阳光；东、西两侧宜种高大荫浓的乔木，以防夏季日晒；北侧宜种常青灌木和落叶乔木混合品种，以防冬季寒风和尘土侵袭；大面积空地可设花坛或布置花园，适当设置假山、喷水池、艺术雕塑和座椅等，以作休息场所。道路两侧的绿化，通常是在道路两侧种植稠密乔木，形成行列式林荫道一般树的株距为4~5m，树干高度为3~4m。厂前区的绿化可结合厂前美化设施统一进行考虑和实施。

4. 厂区排水

厂区雨水排除可采用明沟、管道及混合结构排水。在地面有适当坡度，但场地尘土泥沙较多、地下岩石较多、埋设管道困难的厂区，可采用明沟排水，否则采用管道排水。明沟排雨水时，有砖沟、石沟、混凝土沟、土沟等多种水沟。断面一般常用梯形和矩形。沟底宽度不应小于0.3m，沟起点深度不小于0.2m。采用管道排水时，雨水口的布置应以集水方便，能顺利地排除厂区的雨水为度。

5. 管线布置

茶叶加工厂常用的管道有蒸汽管道、液化气管道、电缆管道、进排水管道等、这些管线可布置在地上或地下。布置在地下时，厂容整齐，空间利用率高，应该提倡，但投资大。布置在地上时，投资少，易检修，但占用空间和影响厂容。地埋管线一般布置在道路两侧或道路一侧与建筑物之间的空地下面，地下管线的埋设深度一般在0.3~0.5m范围，并依管线的使用、维修、防压等要求而定。

第三节　茶叶生产车间的规划与建造

茶叶生产车间一般包括初制和精制车间、烧火间、贮青间、包装间等，应根据《中华人民共和国卫生法》《中华人民共和国消防法》和食品加工厂规划要求进行规划，并按照食品工业和民用建筑要求进行建造，建筑物的风格和色泽等应与周围环境相协调。

一、生产车间的平面布置

生产车间在厂区内的平面布置，应按照茶叶加工工艺流程和制茶机械安排的需要布置（图15-1），使之成为流水作业，从而达到高效、低耗、安全的目的。一般日产干茶1t以下的小型茶叶初制加工厂，制茶车间在厂区内的平面布置形式，宜采用“一”字形，即只建一栋厂房，将各工序合并安排在一栋厂房内，以利于生产操作、节省劳力和减少厂房建筑面积；

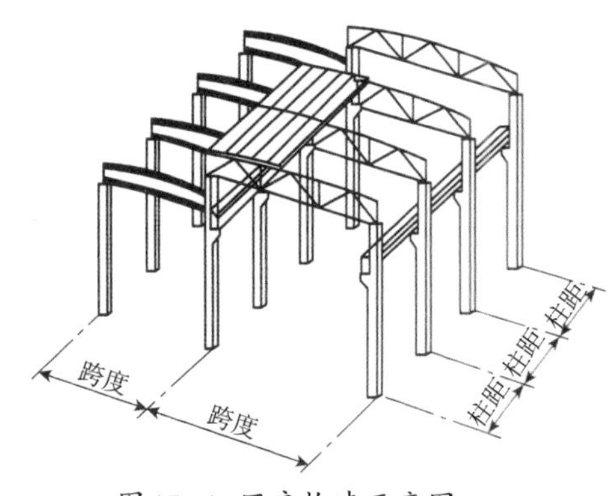

图15-1 厂房构建示意图

日产干茶1t或1.5t的较大型茶叶厂房，制茶车间在厂区内的平面布置形式，可采用“一”或“工”形，即建造多栋厂房，各栋厂房可单独建造，也可各栋之间采用房屋或连廊进行连接，茶机则按加工工艺流程分别安排在若干栋厂房内。

生产车间内部的平面布置，则应根据茶叶加工机械和生产线的安装需求来确定，总的要求是做到工序合理，生产效率高，劳动强度低，生产安全，设计时应全面考虑，细心安排。不同的茶类和加工工艺，其生产线的布置不同，生产车间的平面布置也不一样。

如绿茶初制加工厂的生产流程为：摊（贮）青—杀青—揉捻—解块—干燥；红茶初制加工厂的生产流程为：贮青—萎凋—揉捻（切）—解块—发酵—干燥；乌龙茶初制加工厂的生产流程为：萎凋（含日光萎凋）—做青—杀青—揉捻—包揉、松包、复烘（反复）—足火；云南普洱茶加工厂的生产流程为：杀青—揉捻—晒青—（晒青毛茶）—渥堆—晾干—称茶—蒸茶—压制—干燥（阴干）—包装。生产车间加温与非加温工段要用墙壁隔开，以保证各车间的环境和卫生要求。此外，在各工段都应留有空地，供在制品的周转。

大型的茶叶精制拼配加工厂，自动化、连续化程度比较高，一般按工艺流程布局，即毛茶—复火—筛分—拣剔—匀堆装箱—成品库。为了改善车间环境，将烘干与筛分工段分开，手拣场与机拣场工段分开，加工机械之间则配以输送机械进行在制品的输送，而车间各工段均应留有适当余地。

为使生产车间和作业线布置合理，应按比例绘制车间机组排列平面图，并反复推敲比较，选出比较好的方案进行施工。平面图上应标出下列内容车间的宽度、长度，门、窗，柱、墙（包括隔墙）的位置和尺寸各作业机的位置，外形尺寸，操作检修留出的空地各作业机间的距离，一般两排机组间应留出2m以上的间距。

二、生产车间的基本要求

生产车间的基本要求应根据不同茶类的加工要求和情况来确定，其中厂房的通风很主要（图15-2）。现代化生产车间应达到以下要求：

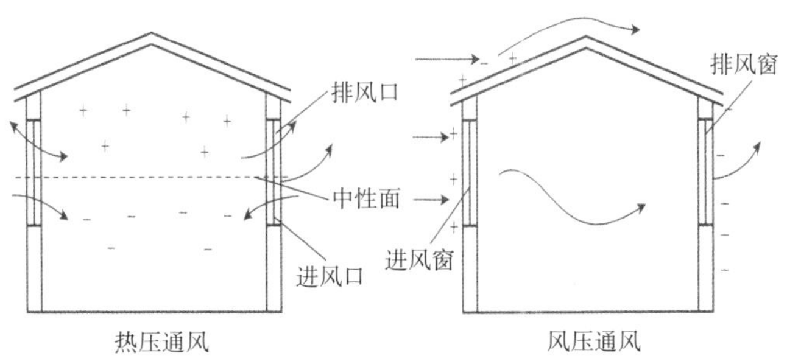

图15-2 厂房自然通风

1. 摊青间

摊青间要求空气对流，室内阴凉、干燥，室温一般要求在25℃以下，相对湿度70%左右若以贮青为目的，则要求室内阴凉潮湿，以保证鲜叶在一定时间内不变质。

2. 萎凋间

自然萎凋间避免阳光直射，要求通风良好，温度在20~24℃，相对湿度为70%加温萎凋间要求空气流通适当，排湿性好，加温设备（热风发生炉）外置。日光萎凋要求通风良好，具备遮雨和遮阳设施。

3. 做青车间

要求门窗可开闭，设有排风扇和循环风扇，使空气流通，室温均匀稳定，温度在22~25℃，空气相对湿度为70%~80%。做青车间一般方向向北，避免阳光直射，车间要相对密封，使空气相对静止，如有可能要装置温、湿自控设备，使车间内保持做青所需要的温、湿度。

4. 杀青车间

要求空气流通，上设排风扇或天窗降温排湿，下留窗口进新鲜空气，烧火灶口与车间隔离，以防烟气窜入室内，烧火间地面应低于车间地面，以便于操作和降低劳动强度。

5. 揉捻车间

要求室内潮湿阴凉，避免阳光直射。

6. 茶叶晒场

一些晒青茶如滇青、普洱茶等的加工，需要日光晒青，一般需要等于杀青揉捻间10倍以上面积的晒场。晒场一定要选择在地势高、干燥、清洁、通风和阳光良好的场所，晒场要用水泥浇注地面，场面要平整不起灰，但不宜过于光滑。晒场四周要设置隔离栅栏，场内茶叶堆放区、摊晒区、运输车和操作人员通道等，均应用白线明确标出，严禁茶叶与工具等混放，不允许非加工人员和牲畜、家禽进入晒场，以保证晒青茶的清洁卫生。

7. 发酵车间

要求与其他车间隔开，保持90%左右的相对湿度，并设有控温、供氧和增湿装置，地面设有排水沟。

8. 渥堆车间

要求与其他车间隔开，保持90%左右的相对湿度。地面铺设白瓷地砖，内墙墙面铺设1.8m高白色瓷砖。车间内砌出宽度为2m左右的渥堆槽，两边侧墙高0.8m，用白瓷砖贴面。

9. 干燥车间

要求地面干燥，空气流通，设有排风扇或气窗，便于排除水汽和烟气，热风发生炉置于烧火间内。干燥车间的烘干工段灰尘较大，要求茶叶机械本身即应加装排湿和排尘装置，或设置统一的除尘系统。车间内则要求空气流畅，除适当提高车间高度外，外墙要求装置排气风机，以强制空气流通。

10. 精制拼配车间

精制拼配车间往往茶灰飞扬，除厂房要有足够高度，要有良好的通风、排气装置外，在灰尘更大的筛分和风选等部位，要采取隔离和除尘措施，以改善车间工作环境。

11. 花茶加工车间

其鲜花摊放间要求清洁阴凉，空气流通，门窗宽敞，如有可能亦应装置空调设备，其车间面积的计算可参照名优茶摊青车间、花茶窨制间，由于茉莉花等花香易挥发，因此车间要求相对密封，使空气相对静止。同时要求开间大，便于窨花机械作业。

12. 其　他

茶叶厂房建筑除生产车间外，还有辅助车间和生活用房。辅助车间包括成品茶仓库、审评室、机修车间、配电房、工具保管室等；生活用房包括办公室、职工宿舍、食堂、车库、厕所等。

茶叶厂房应有足够的原料、辅料、成品和半成品仓库或场地。原材料、半成品和成品分开放置。成品茶仓库一般建在地势较高的地方，室内铺设地板，下部开通风洞，以防地下水渗入室内，室内地面应比室外地面高500~600mm，门、窗密闭性好，以保持室内干燥。有条件的地方可建立冷藏库贮存鲜茶叶，保存温度为0~5℃。

加工设备的烧火口、热风炉、产生噪音的风机、燃油和燃液化石油气的油箱和钢瓶，以及煤、柴等燃料，二者应放于主车间以外的烧火间或专用油、气房间内，后者应有足够的隔离和安全距离，一般应为30m以上。

三、车间有关技术要求和参数确定

（一）车间面积确定

一般情况下，大宗茶生产车间面积应等于设备占地总面积的8~10倍，名优茶或已连续化生产线的茶类，这个比例可适当缩小。若用机器进行茶叶包装，则包装车间的面积同样应为机器占地面积的8~10倍；手工包装时，每位包装工所占厂房面积为4m^{2}左右，在包装人数超过10人时，按每位包装工所占厂房面积2~3m^{2}计算。贮青间在采取地面直接摊放时，大宗茶鲜叶一般摊放厚度不宜超过30cm，即每平方米厂房面积摊放鲜叶（15±2.5）kg；名优茶鲜叶摊放厚度一般为2~3cm，即每平方米厂房面积摊放鲜叶2~3kg，以此来计算摊青间面积。目前大宗茶不少已采用贮青槽及红茶萎凋槽贮存鲜叶，摊青间面积则大为减少，摊青间面积可按每平方米厂房面积摊放鲜叶50~60kg计算；名优茶摊青不少地方已采用网框式等设备摊青，摊青间面积则可按每平方米厂房面积摊放鲜叶5~8kg计算，在使用设备进行摊青时，应注意加强排湿。成品茶仓库面积可按250~300kg/m^2的贮放茶叶数量计算。

（二）车间宽度、高度和长度的确定

1. 车间宽度确定

茶叶初制车间的宽度即为与车间长度垂直方向的尺寸数，一般称之为跨度或进深。我国建筑行业“建筑统一模数制”规定，跨度小于18m的房屋建筑，以3m为模数，即厂房跨度为3的倍数，如6、12、15、18m。一般安装单条大宗茶生产线的厂房跨度应不小于9m，而名优茶则可为6m；并排安装两条大宗茶生产线的厂房跨度不小于12m，而名优茶则可为9m；安装3条以上大宗茶生产线的厂房跨度不小于15m或18m，此外，要在车间安装机器一侧外边建造3~5m的烧火间。

大跨度厂房的地面利用率较高，但建筑材料要求也高，故造价较高。

2. 车间开间与长度的确定

车间厂房长度等于开间与间数的乘积，即车间主轴方向的尺寸数，拟根据各机械设备的长度总和、设备间距、横向通道宽度总和及墙厚，参照当地建筑习惯而定。车间开间应符合建筑模数所确定的模数要求，也应该是3的倍数。一般茶叶厂房常用开间为3.6、3.9、4.5、6m等，为便于设备安装，建议尽可能采用6m开间。

3. 车间高度的确定

单层厂房高度指室内地面至屋顶承重结构（屋架和梁）下表面之间的垂直距离多层厂房高度为各层厂房高度之和。厂房高度由生产和通风采光要求确定，一般为名优茶加工厂房要求在4m以上，大宗茶加工厂房要求在5m以上。绿茶的杀青车间，红茶和乌龙茶等的萎凋车间，红茶、黑茶及紧压茶加工的发酵和渥堆车间，还有所有茶叶加工的干燥车间等，水分蒸发强度大，湿度高，要求车间高度不得低于5m，少数大型茶叶厂房基至高达8m，同时要求门窗要宽敞，应装置足够的排湿、排气设施，要防止车间内的空气环流。

4. 大型茶叶整理拼配车间

大型茶叶精制拼配车间，宽度可放宽至24m以上；高度为10m，局部达到15m以上；车间长度为80m，有的为100m以上。一些茶叶深加工厂，其车间内往往要搭建设备操作

平台，一些设备高度基至达数十米，车间或车间局部高度和宽度有特殊要求，应根据生产工艺、生产线设备配备要求，具体进行设计。

（三）车间及房顶结构确定

厂房结构常见的有砖木结构、砖混结构、钢筋混凝土框架结构和钢结构等。砖木结构，承重部分为木柱或砖柱，其取材方便、施工容易，造价低，但强度低、木材易腐蚀，一般用于单层小型茶叶厂房车间建造。砖混结构，承重部分为砖或石，屋架为钢筋混凝土结构，其取材和施主较方便，费用也低，中、小型茶叶厂房车间使用较多。钢筋混凝土框架结构，承重部分和屋架均采用钢筋混凝土，其强度高，刚度大，适应层数多、载荷大和跨度大的厂房建筑要求，抗震性能好，适宜厂房跨度和开间较大的茶叶厂房车间使用。钢结构是当前最先进的厂房结构形式，它用型钢和彩钢板在工厂内完成部件加工制造，现场仅作安装即成，跨度和开间都可做得很大，梁柱尺寸小，车间利用面积大外形美观，并且建造成本与钢筋混凝土框架结构相差也不大，目前一些大型茶叶厂房均采用此结构。

茶叶厂房车间屋顶以往有平顶、人字形、锯齿形屋顶，由于换气等技术的进步，目前多以建器顶和人字形坡屋顶厂房为多，但是车间宽度若较宽，如超过15m或达到20m以上，车间主部采光将较差，中部最好采用开天窗进行弥补。

（四）车间要设人流口、物流口和参观通道

茶叶加工车间要求物流进出口和人流进出口分开设置，在没有原料和物质进出时，只开放人流口供人员进出。在人员进出口处，分别设置男女更衣间，并设置洗手和干手设施。茶叶加工车间应设置参观通道，参观通道若设在主车间之外，与其之间的主车间墙壁，可设计成方便参观车间内作业情况的大玻璃窗结构，以方便参观。

（五）车间照明

车间照明应以能正确辩明茶叶及在制品的本色为原则，宜装置日光灯或白炽灯，光照度应达到500lx以上。所有灯具都应设置防护罩。初制车间窗户面积要尽可能大，一般要求门窗面积应占所在墙面面积的35%~40%。

（六）车间地面、墙壁和门窗要求

茶叶厂房车间地面要求硬实、平整、光洁、不起灰。常用的地面形式有水泥砂浆地面、水磨石地面。防滑地砖地面和木地板地面。砂浆地面结构简单，坚固防水，造价低，但易起灰，现已少用；水磨石地面光滑耐磨，不易起灰，造价也较低，但建造磨光较费工，施工单位往往不易接受施工，常用于需冲水的茶叶厂房车间；防滑地砖地面强度高，耐磨、耐酸、耐碱、不起灰、易清洗，但要避免砖面过光，应使用防滑砖，是当前茶叶

厂房车间使用最普遍的地面形式。

车间内要有足够水盆和冲洗水源，车间冲洗时排水通畅，任何地方不应积水。

车间墙壁应涂刷浅色无毒涂料或油漆，除特殊要求部位外，宜用白色瓷砖砌成1.5m以上高度的墙裙。

车间门常采用平开门和钢制推拉卷帘门。平开门制作简单，安装方便，但开启时占用一定空间推拉卷帘门用于经常有运输车辆或手推车进出的车间门。用于人通行的单扇门宽一般为800~1000mm，双扇门宽1200~1800mm，门高2000~2200mm；用于手推车进出的门宽约为1800mm，门高2000mm；轻型卡车门宽约为3000mm，门高2700mm；中型卡车门宽约3300mm，门高3000mm。

车间窗户常采用平开窗和悬拉窗。平开窗通风好，常用于接近工作面的下部侧窗；悬拉窗常用于上部窗或天窗。

四、茶叶加工车间的卫生要求

茶叶加工厂应逐步推行国家规定的生产许可和卫生许可制度。

茶叶加工车间应有良好的防蝇、防鼠、防蟑螂等设施，良好的污水排放、垃圾和废弃物存放设施。因此，茶叶厂房的门窗要配有纱窗，或在门上安装有空气幕，以阻断蚊虫、苍蝇、飞蛾等的飞入。

车间内鲜叶、在制品、干茶等应分开放置，以免混合影响产品的品质。车间内的设备和相关器械的摆布应保持整齐，地面要保持清洁卫生。

第四节　红绿茶兼容自动化生产线

在生产实践中，为提高茶叶生产效率和机械设备的使用效能，考虑毛尖绿茶和毛尖红茶在产品外形上高度类似，使用的加工机械通用性强，把这两种茶叶加工生产线合并起来进行设计成为可能。目前毛尖绿茶成熟的加工工艺为：鲜叶→摊放→杀青→清风→揉捻→解块→初烘→做型→足烘，毛尖红茶成熟的加工工艺为：鲜叶→萎凋→揉捻→解块→初烘→做型→足烘。能够共用的工序有：摊放（萎凋）、揉捻、解块、初烘、做形、足烘。能共用的设备有贮青机、摊放机、揉捻机、解块机、烘干机、滚炒机、称量装袋设备。以湘丰茶叶机械厂一种红茶和绿茶兼容的全自动茶叶加工生产线的应用和布局为例（图15-3）。

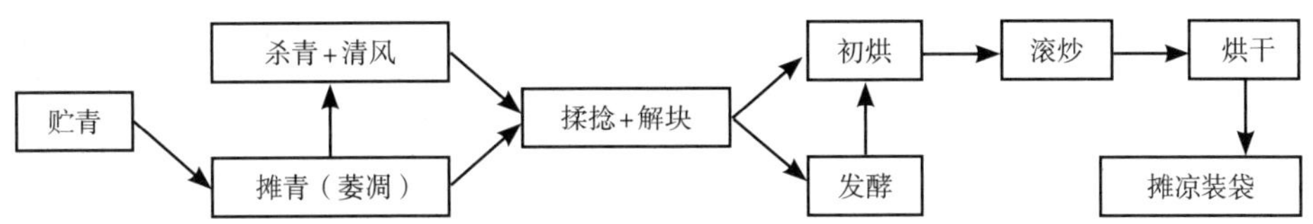

图15-3 红绿茶兼制型全自动生产线工艺流程示意图

一、设计总要求

设计宗旨为“一线两用”。总体要求：① 红绿茶生产线控制系统共用；② 各个工序能够共用的设备及连接设备尽可能共用；③ 绿茶专用设备为杀青机以及后续清风设备；④ 红茶专用设备为发酵设备。

应用对象为我国大多数中小型茶叶加工企业的生产规模，每天加工高档茶250~500kg（干茶），生产线产能按250kg左右干茶设计，为每天处理鲜叶1000kg（一芽一叶或一芽二叶）。

全部采用电和天然气作为能源，实现能源的清洁化。各主要机械设备运转过程中的主要参数（包括转速、温度、计量、时间、揉捻压力等）能够进行自动控制、动态显示和在线调节。整条生产线采用集散型控制系统，即所有设备能通过计算机集中控制，单机又可以进行单独操作。同时根据生产线上工艺技术参数设计相关模块和操作平台，实现整个生产线的全自动化加工和智能化控制。

根据目前这两种茶类实际加工过程中技术参数的测定，以90kg/h的鲜叶流量来计算，其各个工序茶叶的重量和相应的含水量（表15-7），为生产线设备的配置提供依据。

表15-7　毛尖红绿茶加工工艺参数

序号	工序	重量（kg）	含水量（%）	时间（h）
1	贮青	90.0	75	0~12
2	绿茶摊放	75.0	70（2）	5~6
	红茶萎凋	56.3	60	8~12
3	绿茶杀青	56.3	60	0.05
4	揉捻	56.3	60	0.7~1.5
5	解块	56.3	60	0.2
6	红茶发酵	56.3	60	4~6
7	初烘	37.5	40	0.2~0.3
8	摊凉	37.5	40	0.3
9	整形提毫	28.1	20	0.5~1
10	足干	23.7	4~5	0.4~0.8
11	摊凉装袋	23.7	4~5	—

二、关键工序的设备配置

红茶和绿茶兼容全自动茶叶加工生产线（图15-4），属于茶叶加工新设备领域，生产线的主要设备有：摊青机（1）、杀青机（2）、风选机（3）、摊凉回潮机（4）、揉捻机组（5）、连续式发酵设备及发酵房（6）、微波干燥设备（7）、炒干机组（8）、烘干机（9）、装袋打包机（10），所述各设备采用衔接设备及辅助设备顺序连接。衔接设备及辅助设备包括：斜面提升机（11）、立式提升机组（12）、平面输送机（13）、振动槽（14）、鲜叶流量计（15）、解块机（16）、匀叶储叶计量称（17）、微波匀叶布料机（18）、分料输送机（19）、冷却输送机（20）。

每台设备设置一个控制柜，控制柜之间通过工业以太网实现互联，所有设备的运行状况可以通过一台上位机实现监控，不同茶类在生产中设置不同的工艺参数（表15-8、表15-9）。我国相关茶叶企业因各自生产产品要求不同，因此机械化生产流程与布局会略有不同（图15-5）。

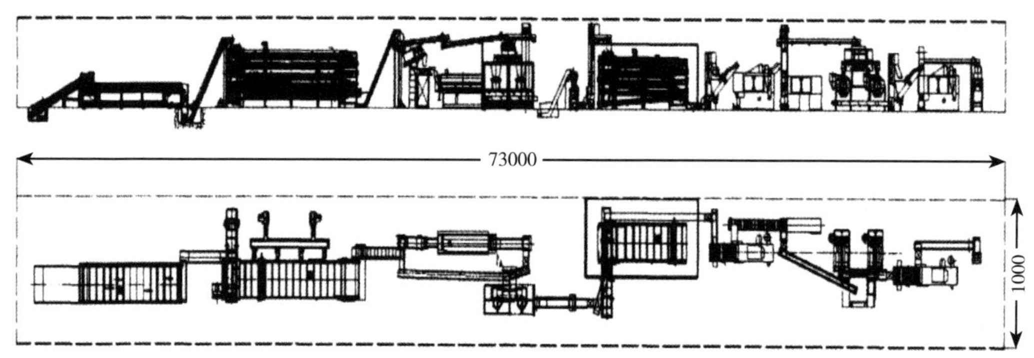

图15-4 红绿兼制全自动生产线布局示意图

表15-8 红绿兼制全自动生产线工艺参数（红茶参数）

序号	工序	设备	技术参数
1	贮青	贮青机	厚度50~60cm，间歇鼓风（鼓风5min停10min）
2	摊青	全自动摊青机	厚度8cm，加热鼓风，温度28℃，时间10h，鲜叶含水量60%
3	揉捻	55型揉捻机组	投叶量38kg/桶，时间75min分成6段（15/15/5/15/20/5），对应的揉捻压力（25r/45r/25r/55r/65r/235r），揉捻转速45r/min
4	解块	解块机	均匀通过解块机
5	发酵	发酵房	温度30℃，摊叶厚度8cm，时间210min
6	初烘	$6m^2$连续烘干机	温度135℃，摊叶厚度1.5cm，时间15min
7	滚炒	90型瓶式炒干机（2台）	投叶量20kg/桶，滚炒时间45min，温度170℃
8	足干	$6m^2$连续烘干机	温度110℃、时间35min

表15-9　红绿兼制全自动生产线工艺参数（绿茶参数）

序号	工序	设备配置	技术参数
1	贮青	贮青机	厚度50~60cm，间歇鼓风（鼓风5min停10min）
2	摊青	全自动摊青机	厚度6cm，室温鼓风，时间6h，鲜叶含水量70%
3	杀青	60型自动杀青机	鲜叶流量75kg/h，滚筒温度（前/后）320/300℃，滚筒转速22r/min
4	风选	风选机	简易风选，除去单片
5	摊凉	摊凉机	厚度2cm，摊凉时间20min
6	揉捻	55型揉捻机组	投叶量32kg/桶，时间45min分成6段（5/10/5/10/10/5），对应的揉捻压力（25r/45r/25r/50r/60r/25r），揉捻转速45r/min
7	解块	解块机	均匀通过解块机（没有坨块时不使用解块机）
8	初烘	$6m^2$连续烘干机	温度125℃，摊叶厚度1cm，时间8min
9	滚炒	90型瓶式炒干机（2台）	投叶量20kg/桶，滚炒时间30min，温度180℃
10	足干	$6m^2$连续烘干机	温度105℃，时间35min

四川竹叶青茶业有限公司

河南信阳文新茶业有限公司

浙江雍和茶业有限公司

湖南湘丰茶业股份有限公司

四川叙府茶业有限公司

湖南桂东琳珑王茶叶有限公司

图15-5 我国相关茶叶企业茶叶设备与布局图

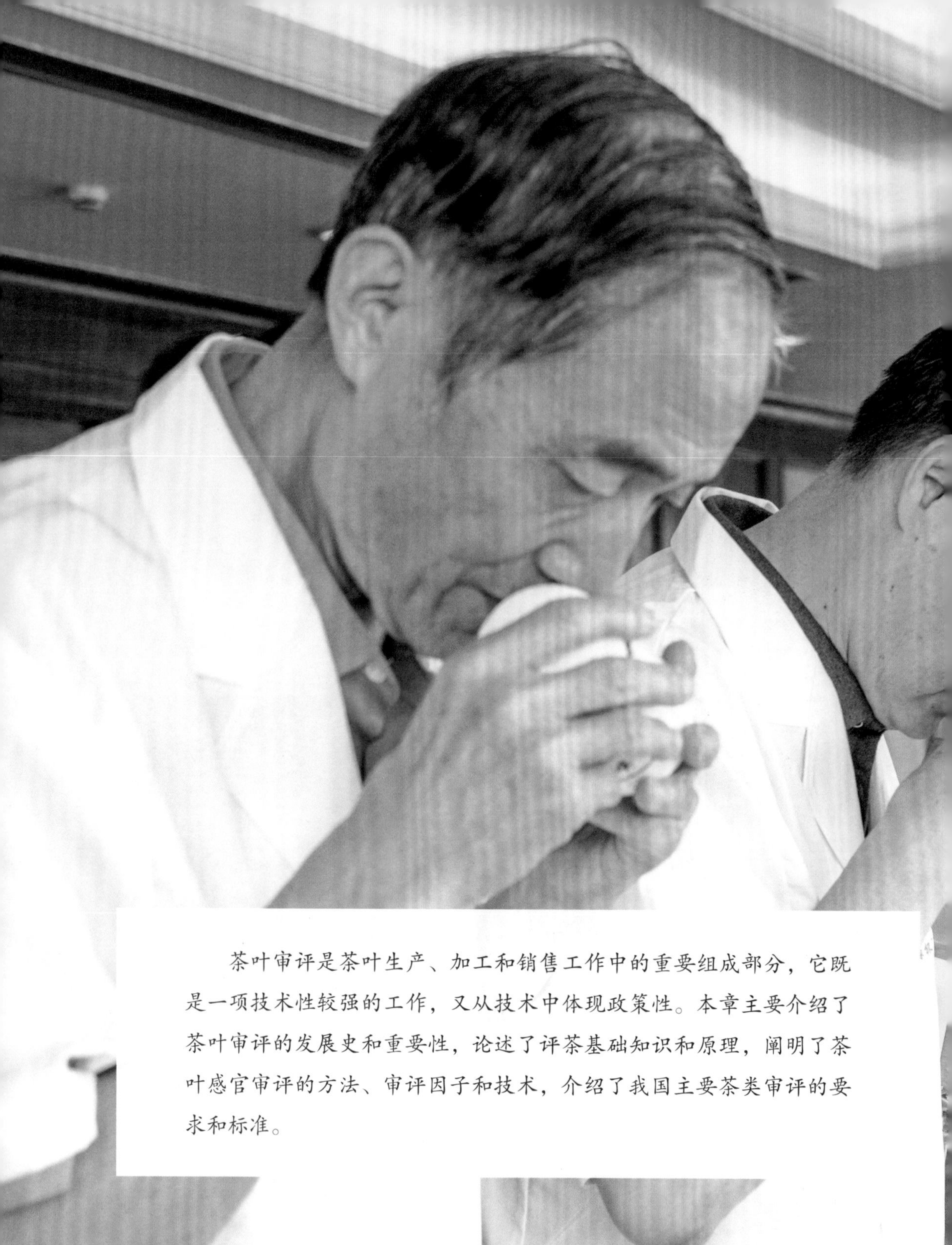

茶叶审评是茶叶生产、加工和销售工作中的重要组成部分，它既是一项技术性较强的工作，又从技术中体现政策性。本章主要介绍了茶叶审评的发展史和重要性，论述了评茶基础知识和原理，阐明了茶叶感官审评的方法、审评因子和技术，介绍了我国主要茶类审评的要求和标准。

第十六章 茶叶审评

第一节　茶叶审评简述

茶叶审评是研究茶叶品质感官鉴定的应用型科学，贯穿于茶树的育种、栽培、茶叶加工、贸易及科学研究全过程，是茶叶学科重要的专业知识和技能。

一、茶叶审评的发展

我国饮茶的历史很长，最早茶叶是作为羹饮。西晋张孟阳《登成都楼诗》中有“芳茶冠六情，溢味播九区”之句，描述当时以茶作清凉饮料的情趣。南北朝时佛教盛行，提倡坐禅，饮茶有利于清心修行，茶与佛教结缘，对茶的饮用传播起了积极作用。唐代陆羽写的《茶经》（780年）是世界上最古老的一部茶叶专著，对茶的起源、历史、栽培、采制、煮茶、用水、品饮等作了系统总结和精辟论述。到了宋代，盛行斗茶之风，斗茶就是品茶比赛，评比茶叶色香味的高低，促进了茶叶加工和评茶等技术的提高。1064年蔡襄《茶录》上编的茶论分：色、香、味、藏茶、炙茶、碾茶、罗茶、候汤、熁盏、点茶等篇，从茶叶色香味等各方面来考究品质审评。1068年又有黄儒的《品茶要录》问世，这些著作在当时较全面地总结了蒸青团饼茶的审评经验。明代改用锅炒杀青，成品茶改团饼茶为散叶茶，饮用时由碾末泡茶为全叶冲泡，评茶对茶叶形状和色香味在技术上发生新的飞跃。此后又先后发明黄茶、黑茶、白茶、青茶、红茶等制法。茶类不同，茶叶品质审评，按照不同茶类特征特性的差别和各消费者对品质不同的需求，又有了进一步的发展和完善。

随着现代科学技术的进步，从20世纪50年代起，国内外开展了茶叶理化审评的研究，探讨茶叶的物理性状和分析茶叶各种有效化学成分的含量，以计量的数据来寻求理化审评方法以鉴定茶叶品质优劣。20世纪80年代中期，我国商业部主持了国家计委的大型“茶叶理化分析”项目，国内相关茶叶研究所和院校等协同攻关，从色香味形几方面研究理化审评的可行性，取得较好成果。在花茶等级香气、焦茶香气评级、绿茶色泽滋味等级指标及外形容重、电导与等级评定等方面，都取得了长足的进展，促进了我国在这一领域的研究进展。在国外，日本、斯里兰卡等国对绿茶的叶绿素和去镁叶绿素含量的比例与茶叶等级关系做了研究；英国采用红茶茶黄素和茶红素的含量与比例对茶叶的品质进行鉴定，并试用于市场评价，具有较高的准确性。随着现代仪器分析技术的发展，对茶叶内含成分的分离与鉴定提供了更方便、准确的分析方法和手段。但由于茶叶品质成分组成复杂，各成分的类型和比例关系尚未完全被人们所认识，现阶段茶叶品质的理化审评，尚有一定的难度。印度托克莱茶叶试验场认为："感官评茶仍是茶叶加工及研究工作不可缺少的一部分，在生物化学和化学知识水平的现阶段，感官审评似乎在未来很长的时期内仍起有效作用。一位有经验的评茶师，看一看样品，尝一尝，比一比，想一想，就能对茶叶外形和内质作出客观的正确评定，这些工作只需几秒钟就能完成"。所以，目前国内外对茶叶品质优劣和等级的鉴定，仍普遍采用感官审评方法。

二、审评的重要性

茶叶审评是茶叶生产、收购和出口工作的重要组成部分。是按国家茶叶主管部门制定的标准和规定，对茶叶实行产品等级和质量规格的鉴定，它既是一项技术性较强的工作，又从技术中体现政策性。例如在茶叶贸易中，必须用审评手段来确定品质及价格，正确的审评鉴定，能正确无误地执行国家好茶好价、次茶次价的价格政策。在国际交易中，出口茶是否符合出口标准或合同的品质条件，必须通过审评作出客观的鉴定，才能有利于维护我国茶叶在国际市场上的声誉，有利于促进茶叶对外贸易和输入国家的友好关系。同时，茶叶品种的优势，对不同茶类的适制性，也需要通过审评获得直接鉴定结果，为茶树良种繁育和推广，提供依据。在生产加工中，茶叶采制上的优缺点，必须通过审评才能反映出来。毛茶进厂验收，定级归堆和原料的合理使用，加工半成品的拼配定级是否符合产品规格标准，也是依靠审评来确定。此外，对茶叶科学研究成果，产制技术革新效果的鉴定，制茶新工艺、新技术的推广应用，也离不开茶叶审评，在茶叶收购、加工和出口各个环节中均占有重要的地位。所以，茶叶审评是一项技术性工作，在技术性中体现政策性。

另外，茶叶审评又是一门实践性很强的知识，要紧密结合生产实践，注意经验的积累，把一些经验型的东西记录下来，进行理性分析，才能逐渐形成经验型的理论，并应用于生产实践。一个不懂茶叶审评的茶学家，很难说是一个完整的茶学家，因为他不能从一个茶样中发现品质问题和产生的原因，更不能指导茶叶生产和开展科学研究。

第二节　评茶基础知识

茶叶品质主要是依靠人们的嗅觉、味觉、视觉、触觉来鉴定。评茶是否正确，除评茶人员应有敏锐的审辨能力和熟练的审评技术外，还必须具有适应评茶需要的良好环境和设备条件，要有一套合理的程序和正确的方法，力求主客观条件的统一，才能取得评茶正确结果。

一、评茶的设备和要求

（一）评茶室的要求

审评室要求清洁、干燥，室内空气流通、新鲜，光线调和明亮，周围没有异气味源。由于光线对评茶的影响较大，所以对光线有严格要求。审评室要求自然光均匀、充足，避免阳光直射。在北半球宜背南朝北，窗口宽敞，因为北面入射的光线从早到晚比较均匀，变化较小。评茶室的内外，不能有异色反光和遮断光线的障碍物。如窗外有树木或其他建筑物影响光线均匀，可在窗口装上30°倾斜的黑色斜斗形遮光板，使光线比较柔和、稳定。为改善评茶室的自然光，室内墙壁、天花板及门窗宜涂成白色。室内严禁吸烟、地面不宜打蜡，这有利于准确鉴评茶叶香气。室内最好恒温（20℃±5℃）、恒湿（70%±5%）。

（二）评茶用具

1. 审评台

分干评台和湿评台两种，干评台靠近窗口，以放置茶罐、样茶盘，审评茶叶的外形。台面一般漆黑色，台高90~100cm，宽50~60cm，长短需视审评室而定，台下设样茶柜（图16–1）。湿评台用以放置审评杯碗，审评茶叶的内质，包括香气、滋味、汤色、叶底。台面一般漆白色，台长、宽、高为140cm×36cm×88cm，台面一端应留缺口以利清除茶汤茶渣（图16–2）。

图16–1 茶叶审评干评台

图16–2 茶叶审评湿评台

2. 审评盘

也称样茶盘，是用于扦取样茶，进行外形审评的。有正方形和长方形两种，一般漆白色，盘的一角开一缺口，便于倒出茶叶。正方形的长、宽、高为23cm×23cm×3cm，长方形的长、宽、高为25cm×16cm×3cm。审评盘需用无气味的木篾板制成。

3. 审评杯碗

审评杯碗用白色瓷特制。审评杯是用来冲泡茶叶、审评香气的，杯盖上有一小孔，在杯柄对面的杯口上有一排锯齿形，易滤出茶汤。审评碗用来审评汤色和滋味，大小与审评杯相适应。一般审评杯碗容量为150mL，毛茶审评杯碗容量则为250mL。

此外，茶叶审评还有天平、定时钟、网匙、汤匙、吐茶筒、开水壶等用具。

二、茶叶扦取

扦样又称取样、抽样等，是从一批茶叶中扦取能代表本批茶叶品质最低数量的样茶，为审评品质优劣的依据。扦样是否正确，是否具有代表性，是保障审评结果准确与否的关键。扦样的方法，一般先取原始总样，再取审评所需的样品。

毛茶扦样时，必须在每堆或每件的上、中、下、前、后、左、右各扦取一把，先大致察看外形、色泽、干香是否基本一致，然后混合作为这堆或这件的小样，如不一致，则将袋中茶叶倒出重新匀堆，或从大堆中重新扦取。各件小样取好后，再混合成为这批茶的总样，用四分法从总样中扦取茶样0.5kg，供作审评用（图16–3）。

图16–3 样盘与茶样

精加工茶样的取样，是保证出厂茶叶品质的关键。一般是在匀堆后，装箱前在茶堆中各个部位多次扦取样品，将扦取的样茶混合后归成圆锥形小堆，然后，从茶堆上、中、下各个不同部位扦取所需样品，供审评用。

审评时取样更要准确，因开汤审评用样数量只有3~5g，将所取茶样拌匀，取200~250g放在样盘里，再拌匀后用拇指、食指和中指抓取审评茶样，每杯用样应一次抓够，宁可手中有余茶，不宜多次抓茶添加。

扦样过程，要求动作轻，尽量避免因碎叶、断条而导致走样。

三、评茶用水

审评茶叶色香味的好坏是通过冲泡或煮渍后来鉴定的。但评茶用水的硬软清浊和沸滚程度对茶叶审评有较大的影响，尤其对滋味的影响更大，所以泡茶用水不同，必然影响茶叶审评的结果。

（一）用水的选择

水可分为天然水和人工处理水两大类，天然水中有泉水、河水、井水、雨水、湖泊水等；人工处理水有自来水和蒸馏水等。各种水因所含溶解物不同，对泡出茶汤品质的影响也不同。陆羽《茶经》中说："其水用山水上，江水中，井水下。其山水、拣乳泉、石池漫流者上，其瀑涌湍激勿食之……其江水取去人远者，井取汲多者。"这说明用泉水泡茶最好，而且以慢慢流出的山泉，含钙和镁化合物少的为好。龙井茶虎跑水是脍炙人口的民间说法，龙井茶用虎跑泉水泡饮，形成汤清、茶香、味甘的效果。江水一般每升水中约含溶解质0.5g，并有悬浮的不溶解质，用其泡茶是不理想的，井水中杂质不易氧化，故不如江水。城市自来水一般经过消毒和过滤，比较清洁卫生，适于饮用和茶叶审评。但有时用过量氯化物来消毒，带有气味，有损茶汤的鲜味。水质标准应根据卫计委饮水卫生规程规定：① 水质需保证无色（色度不超过15度）、透明、无沉淀；② 浑浊度不得超过5mg/L；③ 水中不得含有肉眼可见的水生物及人厌恶的物质；④ 嗅和味，水质在原水或煮沸后饮用时，都须保证无异嗅和异味；⑤ 总硬度不超过25度。因硬水中含有钙镁等碳酸盐类，影响茶汤的品质。所以泡茶用水，宜用天然软水，能获较好的泡茶效果。

（二）泡茶的水温

审评泡茶用水的温度应达到沸滚起泡的程度，水温标准是100℃。沸滚过度的水或不到100℃的水用来泡茶，都不能达到评茶的良好效果。

陆羽《茶经》云："其沸，如鱼目、微有声、为一沸，边缘如涌泉连珠，为二沸，腾波鼓浪为三沸，以上水老，不可食也。"可见评茶烧水以刚达到沸滚而起泡为度，这样的水冲泡茶叶才能使茶汤的香味更多地发挥出来，水浸出物也溶解得较多。水沸过久，使溶解于水中的空气全被驱逐变为无刺激性，用这样的开水泡茶，茶汤失去应有的新鲜滋味，俗称千滚水是不能喝的。如果水没有沸滚而泡茶，则茶叶浸出物泡出量不足（表16-1）。用样茶3g注入150mL水冲泡5min，沸水与温水冲泡后的水浸出物含量相差一倍多，游离氨基酸及多酚类物质的溶解度与冲泡水温完全呈正相关。故以沸滚适度的100℃开水，能得到较为理想的茶汤品质。

表16-1　不同水温对茶叶主要成分泡出量的影响

样品	成分	100℃		80℃		60℃	
		含量	相对	含量	相对	含量	相对
龙井特级	水浸出物（%）	16.66	100	13.43	80.61	7.49	44.96
	游离氨基酸（%）	1.81	100	1.58	87.29	1.21	66.85
	茶酚类化合物（%）	9.33	100	6.70	71.81	4.31	46.20

(三)泡茶的时间

茶叶汤色的深浅明暗和汤味的浓淡爽涩，与茶叶中水浸出物的数量特别是主要呈味物质的泡出量和泡出率有密切关系(表16-2)。以3g龙井茶用150mL水冲泡，在10min内随冲泡时间的延长，主要成分泡出量随之增多。试验认为，冲泡不足5min，汤色浅，滋味淡，红茶汤色缺乏明亮度，因为茶黄素浸出速度慢于茶红素；超过5min，茶汤色深，涩味的多酚类化合物特别是酯型儿茶素浸出量多，味感差。尤其是冲泡水温度高，冲泡时间长，引起多酚类等化学成分自动氧化聚合的加强，导致绿茶汤色变黄，红茶汤色发暗。综上所述，审评红、绿茶的泡茶时间，国内外一般定为5min，是有一定科学根据的。

表16-2　不同冲泡时间对茶叶主要成分泡出的影响

化学成分	3min		5min		10min	
	含量	相对	含量	相对	含量	相对
水浸出物(%)	15.07	74.60	17.15	85.89	20.20	100
游离氨基酸(%)	1.53	77.66	1.74	88.32	1.97	100
茶酚类合物(%)	7.54	70.70	8.98	8346	10.76	100

(四)茶水的比例

审评的用茶量和冲泡的水量多少，对茶汤滋味浓淡有很大影响。用茶量多而水少，叶难泡开，滋味过浓厚；反之，茶少水多，滋味过淡薄。同量茶样，冲泡用水量不同，或用水量相同，用茶量不同，都会影响茶叶香气及汤味的差别或发生审评上的偏差(表16-3)。

表16-3　不同用水量对茶叶汤味的影响

用水量(mL)	50	100	150	200
水浸出物(%)	27.6	30.6	32.5	34.1
茶汤滋味	极浓	太浓	正常	淡

审评茶叶品质往往是多种茶样同时冲泡进行比较鉴定，用水量必须一致，国际上审评红绿茶，一般采用的比例是3g茶，150mL水冲泡；而茶审评杯容量为250mL，应称取茶样5g，茶水比例为1∶50。但审评岩茶、铁观音等乌龙茶，因品质要求着重香味，并重视耐泡次数，用特制钟形茶瓯审评，其容量为110mL，投入茶样5g，茶水比例为1∶22。

至于各种压制茶由于销售对象不同，应用方式不同，审评用水用茶量、冲泡或熬煮时间不同(表16-4)。

表16-4　审评各种压制茶泡煮时间和用水量

茶别	泡制方法	样茶（g）	沸水量（mL）	时间（min）
湘尖	冲泡	3	150	7
茯砖	冲泡	3	150	7
饼茶	冲泡	3	150	7
六堡茶	冲泡	3	150	7
芽细	冲泡	3	150	7
金尖	熬煮	5	250	5
圆茶	熬煮	5	250	5
康砖	熬煮	5	250	5
米砖	熬煮	5	250	5
青砖	熬煮	5	250	5
花砖	熬煮	5	250	5
紧茶	泡或煮	3	150	7

第三节　茶叶审评技术

感官审评分为干茶审评和开汤审评，俗称干看和湿看，以决定茶叶品质的好坏。一般地说，感官审评品质的结果应以湿评内质为主要根据，但因产销要求不同，也有以干评外形为主作为审评结果的。

我国茶类众多，不同茶类的审评方法和审评因子有所不同，但审评项目大同小异。红绿毛茶外形审评分嫩度、条索、色泽、净度四项因子，结合嗅干茶香气，手测毛茶水分。红绿成品茶外形审评因子与毛茶相同，并结合整碎。内质审评香气、汤色、滋味、叶底4个项目，这样茶叶审评共5个项目，即外形、香气、汤色，滋味、叶底；或8项因子，即条索（颗粒）、嫩度、色泽、净度、香气、汤色、滋味、叶底。

茶叶感官审评按外形、香气、汤色、滋味、叶底的顺序进行，即先干评后湿评。现将一般评茶操作程序分述如下。

一、外形审评

（一）把　盘

把盘，俗称摇样盘，是审评干茶外形的首要操作步骤。审评时首先应查对样茶，判别茶类、花色、名称、产地等，然后扦取有代表性的样茶，审评毛茶需250~500g，精制需200~250g。

审评时将毛茶样倒入茶样匾或评茶盘中，双手持茶样匾或盘的边沿，作前后左右的回旋转动，使盘中茶叶按轻重、大小、长短、粗细、整碎等不同有次序地分层，然后借手势收拢，这一动作称为把盘。把盘能使茶叶分出上中下3个层（段）次，上段茶又叫面张茶，比较粗长轻飘的茶叶；中段茶又叫腰档，细紧重实；下段茶又叫下身茶，由碎小的茶叶和其末组成。审评时，对照毛茶标准样，先看面张，后看中段，再看下身茶。面张茶多，表明品质差，一般以中段茶多为好，如果下身茶过多，要注意是否属于本茶本末。条形茶或圆炒青如下段茶断碎片末含量多，表明做工、品质有问题。同时，可闻闻干茶香和用手测测水分含量。

审评成品茶，同样将茶叶在审评盘中，通过把盘分出上中下3层。一般先看面张和下身，然后看中段茶。对样评比上中下三档茶叶的拼配比例是否恰当和相符，是否平伏匀齐不脱档。看红碎茶虽不能严格分出上中下三档茶，但样茶盘筛转后要对样评比粗细度、匀齐度和净度。同时，可抓一些茶散落在盘中，看碎茶的颗粒重实度和匀净度。

（二）干　评

毛茶外形既可以反映原料的老嫩，又可看出茶叶加工技术的高低。外形主要评嫩度、条索（或颗粒）、色泽、净度4个因子。

1. 嫩　度

嫩度是决定茶叶品质的基本条件，是外形审评因子的重点。嫩叶可溶性物质含量较多，叶质柔软。初加工合理容易成条，条索紧结重实，芽毫显露，完整饱满，反之则不然。但茶类不同，外形要求不同，嫩度和采摘标准也不同，如黑茶要求新梢有一定成熟度。

审评茶叶嫩度主要看芽叶比例、叶质老嫩、有无锋苗和毫毛、条索的光糙度。芽与嫩叶的比例大、含量多，则嫩度好。嫩度也要看锋苗，锋苗指用嫩叶所制成的细而有尖锋的条索。条索紧结、芽头完整锋苗显露，表明嫩度好。同时嫩度好的茶叶，叶质柔软，果胶质多，条索光滑平伏，反之纤维素含量高，干茶外形粗糙。

2. 条　索

叶片卷转成条称为“条索”。各类茶应具有一定的外形规格，这是区别茶叶商品种类和等级的依据。一般红、绿茶的条索审评，主要以松紧、粗细、扁圆、曲直来辨别好坏。条索以紧结、圆浑、紧直、空隙度小，体积小，身骨重实为好，反之为差。条索的松紧、粗细、扁圆、曲直不仅决定原料的老嫩程度，而且与加工工艺的好坏密切相关。原料嫩度高虽是加工成毛茶紧细条索的基础，但必须有相应的加工技术，才能形成各类茶所要求的条索特征。

3. 色　泽

干茶色泽主要从色度和光泽度两方面去看，色度即茶叶的颜色及色的深浅程度；光泽度指茶叶接受光线后，在吸收与反射中形成的茶叶的色面，色面的亮暗程度即光泽度。毛茶的光泽有深浅、枯润、明暗、纯杂之分。不同茶类有不同的色泽要求，如红茶色泽有乌润、褐润和灰枯的不同。绿茶色泽因老嫩程度不同，有嫩绿或翠绿、深绿、青绿、青黄以及光润和干枯的区别。

审评干茶色度，比较颜色的深浅，光泽度可从润枯、鲜暗、匀杂等方面去评比，并将两者结合起来。如干茶色有光泽、润带油光，表示鲜叶嫩度好，加工及时合理品质好，反之如干茶色枯暗、花杂说明鲜叶老或老嫩不匀，储运不当，初制不当等原因引起。

4. 净　度

指茶的干净与夹杂程度。审评主要看茶叶中茶梗、茶籽、朴片、茶末以及一些非茶类夹杂物，如屑、杂草、泥沙等的有无与多少。不含或极少含夹杂物的为净度好或较好；反之为净度差或较差。

毛茶外形除评审上述四项因子外，还得结合毛茶的香气是否正常，有无烟、焦、霉、馊、酸或其他不正常的气味，并要结合开汤审评来综合决定。

二、内质审评

（一）开　汤

开汤，俗称泡茶或沏茶，为湿评内质重要步骤。开汤的方法是将茶盘中茶样充分拌和后称取3g（如用250mL审评杯，称5g）投入审评杯中，用沸滚适度的开水冲泡，泡水量以齐杯口为度，冲泡第一杯时即应记时，并从低级茶泡起，随泡随加杯盖，盖孔朝向杯柄，5min时按先后次序将茶汤全部倒入审评碗内，杯中残余茶汁应完全滤尽。

（二）湿　评

内质审评比香气、汤色、滋味、叶底4项因子。开汤后应先嗅香气，快看汤色，再尝滋味，后评叶底（审评绿茶时应先看汤色），但收茶站审评毛茶内质，除特种茶外，一般是以叶底为主，香味汤色作为参考，要求正常即可。

1. 嗅香气

香气是依靠嗅觉而辨别。以辨别香气是否纯正、高低和长短。嗅香气应一手拿住审评杯，另一手半揭杯盖，靠近杯沿用鼻轻嗅或深嗅。为了正确判别香气的类型、高低和长短，嗅时应重复1、2次。但每次嗅时不宜过长，以免嗅觉疲劳，影响灵敏度。

嗅香气应以热嗅、温嗅、冷嗅相结合进行。热嗅的重点是辨别香气是否纯正，如夹有异味、焦气、霉气、陈气、老火气、烟气等。温嗅主要辨别香气的高低。冷嗅主要是比较香气的持久程度。

审评茶叶香气最适合的叶底温度是55℃左右，超过65℃时感到烫鼻，低于30℃时茶香低沉。如审评茶样较多时，可把审评杯作前后移动，一般香气好的前推，次的后摆，进行香气排队。而审评香气不宜红、绿茶同时进行。并应避免外界因素的干扰，如抽烟、擦香脂、香皂洗手等都会降低鉴别香气的准确性。

2. 看汤色

茶汤靠视觉审评。茶叶中部分内含物溶于水中形成色泽，称为汤色，俗称“水色”。因茶汤中的成分和空气接触后很容易发生变化，所以有的把评汤色放在嗅香气之前。看汤色主要评深浅、亮暗、清浊等。不同茶类有不同汤色的要求，红茶以红艳明亮为优，绿茶以嫩绿清澈为上品。

3. 尝滋味

滋味由味觉器官来区别。茶叶是饮料，滋味的好坏是决定茶叶品质的关键因素。味感有甜、酸、苦、辣、鲜、涩、咸、碱等。味觉感受器是布满于舌上的味蕾，而舌上各部分的味蕾对不同味感的感受能力不同，舌尖敏感甜味；舌的内侧前部敏感咸味；而舌的两侧后部敏感酸味；舌心敏感鲜涩味；近舌根部位敏感苦味。

审评滋味必须掌握茶汤温度，过热过冷都会影响滋味评比的正确性。茶汤太热味觉受强烈刺激而麻木，辨味力差；茶汤冷后，一则味觉灵敏度差，二则茶汤滋味开始转化，回味转苦或淡，鲜味转弱。尝滋味最好在汤温50℃左右。审评滋味有浓淡、强弱、醇涩、甘苦、爽滞，还有焦、烟、馊、酸及其他异味等。茶类不同，对滋味要求有区别，绿茶滋味是以醇和爽口回味转甘为好，红茶以浓醇和鲜爽者优。

审评前最好不吃有强烈刺激味觉的食物，并不宜吸烟，以保持味觉和嗅觉的灵敏度。尝味后的茶汤一般不宜咽下，尝第二碗时，匙中残留茶液应倒尽或在白开水中漂净，以免互相影响。

4. 评叶底

审评叶底主要靠视觉和触觉来判断。根据叶底的老嫩、匀杂、整碎、色泽和开展与否等进行综合评定。同时还应注意有无其他掺杂。

评叶底是将冲泡后的茶叶全部倒在叶底盘中或杯盖上，用手指铺平拨匀，观察叶底的嫩度、色泽、匀度。叶底嫩度主要从嫩叶、芽尖含量多少来衡量，其次看叶质的柔软度和叶表的光滑明亮度。看茶底色泽，主要看色泽的调匀度和亮度，红毛茶叶底以红艳、红亮为好；绿毛茶叶底以嫩绿、黄绿、明亮者为好（图16-4）。

总之，茶叶品质审评只有通过上述干茶外形和汤色、香气、滋味、叶底等5个项目的综合观察，才能正确评定品质优次。茶叶各品质因子表现不是孤立的，而是彼此密切关联的，评茶时要根据不同情况和要求具体掌握，或选择重点，或全面审评。凡进行感官审评，都应严格按照评茶操作程序和规则，以取得正确的结果。

图16-4 乌龙茶叶底审评

第四节 主要茶类的审评

一、绿茶的审评

（一）绿毛茶审评

我国绿茶品种较多，因制法不同有蒸青、炒青、烘青等之分，其形状不同，标准有异。审评分干评外形和湿评内质，干评取样200~250g，把盘后对照准样评定优次，湿评取样茶5g，倒入250mL审评杯中，用沸水冲泡5min，将茶汤倒入审评碗，以评汤色、香气、滋味、叶底的顺序评定内质优次，然后综合定级。

外形评老嫩、条索、色泽、净度4项因子。其中以老嫩、条索为主，色泽、净度为辅。面张茶看条索的松紧度、匀度、净度和色泽；中段茶看嫩度、条索；下段茶看断碎程度、碎片、灰末的含量及夹杂物等，估量三者比重，对样定外形级等。优质绿毛茶条索细嫩多毫，紧结重实，芽叶肥壮完整；色泽调和一致，光泽明亮，柔润鲜活。低次茶粗松、轻飘、弯曲、扁平，老嫩不一；色泽花杂，枯暗欠亮。劣变茶色泽更差，陈茶一般都枯暗。

内质评汤色、香气、滋味、叶底4项。主要比叶底的嫩度与色泽，对汤色、香气、滋味则要求正常。汤色以清澈明净为好，混浊不清为差；香气以花香清高、甘甜嫩香为好，如淡薄、低沉、粗老为差，如有烟焦、霉气为劣茶；滋味以浓醇、鲜甜为好，淡苦、粗涩为差；叶底以嫩而芽多，厚而柔软，匀整开展为好；叶质粗硬、叶薄花杂为差。忌叶张破碎、红梗红叶、焦斑、生青或闷黄叶。

炒青和烘青绿毛茶感官品质要求略有不同（表16-5、表16-6）。

表16-5　炒青绿毛茶感官品质要求

级别	条索	整碎	色泽	净度	香气	滋味	汤色	叶底
一级	紧细显锋苗	匀整	绿润	稍有嫩茎	鲜嫩高爽	鲜爽	清绿明亮	柔嫩匀整、嫩绿明亮
二级	紧结有锋苗	匀整	绿尚润	有嫩茎	清高	浓醇	绿明亮	嫩尚匀、嫩绿明亮
三级	紧实	尚匀整	绿	稍有梗片	清香	醇和	黄绿明亮	尚嫩、黄绿明亮
四级	尚紧实	尚匀整	黄绿	有片梗	纯正	平和	黄绿尚明亮	稍有摊张、黄绿尚明亮
五级	粗实	欠匀整	绿黄	有梗朴片	稍有粗气	稍粗淡	黄绿	有摊张、绿黄
六级	粗松	欠匀整	绿黄带枯	有黄梗朴	有粗气	粗淡	绿黄稍暗	粗老、绿黄稍暗

表16-6　烘青绿毛茶感官品质要求

级别	条索	整碎	色泽	净度	香气	滋味	汤色	叶底
一级	细紧显锋苗	匀整	绿润	稍有嫩茎	鲜嫩清香	鲜醇	清绿明亮	柔嫩匀整、嫩绿明亮
二级	细紧有锋苗	匀整	尚绿润	有嫩茎	清香	浓醇	黄绿明亮	尚嫩匀、黄绿明亮
三级	紧实	尚匀整	黄绿	有茎梗	纯正	醇和	黄绿尚明亮	尚嫩、黄绿尚亮
四级	粗实	尚匀整	黄绿	稍有朴片	平正	平和	黄绿	有单张、黄绿
五级	稍粗松	欠匀整	绿黄	有梗朴片	稍粗	稍粗淡	黄绿	单张稍多、绿黄稍暗
六级	粗松	欠匀整	黄稍枯	多梗朴片	粗	粗淡	黄稍暗	较粗老、黄稍暗

（二）眉茶审评

眉茶品质要求外形、内质并重。外形比条索、整碎、色泽、净度4项因子；内质比香气、汤色、滋味、叶底的嫩度和色泽4项。

眉茶外形条索评比松紧、粗细、长短、轻重、空实、有无锋苗。以紧结圆直、完整重实，有锋苗为好；条索不圆浑，紧中带扁，短秃的次之；条索松扁、弯曲、轻飘的品质差。色泽比颜色、枯润、匀杂，以绿润起霜为好；色黄枯暗的差。整碎比三段茶的老嫩、松紧、粗细、长短及比例，而忌下段茶过多。净度看梗、筋、片、朴的含量，净度差的条索色黄、叶底花杂、老嫩不匀、香气欠纯。

内质汤色比亮暗、清浊。以黄绿清澈明亮为好，深黄次之，橙红暗浊为差。香气比纯度、高低、长短。以香纯透清香或熟板栗香高长的好，而烟焦及其他异味为劣。滋味比浓淡、醇苦、爽涩。以浓醇爽、回味带甜的为上品，浓而不爽的为中品，淡薄、粗涩为下品。叶底比嫩度和色泽。嫩度比芽头有无、多少，叶张柔硬、厚薄。以芽多叶柔软、厚实、嫩匀为好，反之则差。色泽比亮暗、匀杂。以嫩绿匀亮的好，色暗花杂的差。各级珍眉感官品质要求略有不同（表16-7）。

表16-7　珍眉茶感官品质要求

级别	条索	整碎	色泽	净度	香气	滋味	汤色	叶底
特珍特级	细嫩显锋苗	匀整	绿光润起霜	洁净	鲜嫩清高	鲜爽浓醇	嫩绿明亮	含芽、嫩绿明亮
特珍一级	细嫩有锋苗	匀整	绿润起霜	净	高香持久	鲜浓爽口	绿明亮	嫩匀、嫩绿明亮
特珍二级	紧结	尚匀整	绿润	尚净	高香	浓厚	黄绿明亮	嫩匀、绿明亮
珍眉一级	紧实	尚匀整	绿尚润	尚净	尚高	浓醇	黄绿尚明亮	尚嫩匀、黄绿亮
珍眉二级	尚紧实	匀称	黄绿尚润	稍有嫩茎	纯正	醇和	黄绿	尚匀软、黄绿
珍眉三级	稍实	匀称	绿黄	带细梗	平正	平和	绿黄	叶质尚软、绿黄
珍眉四级	稍粗松	尚匀称	黄	带梗朴	稍粗	稍粗淡	黄稍暗	稍粗、绿黄
不列级	稍松带扁条	尚匀称	黄稍花	有轻朴片梗	粗	稍粗淡带涩	黄较暗	黄暗粗老

（三）珠茶审评

珠茶外形看颗粒、匀整、色泽和净度。颗粒比圆紧度、轻重、空实，要求颗粒紧结、滚圆如珠，匀正重实。颗粒粗大或呈朴块状、空松的差。匀整指各段茶拼配匀称。色泽比润枯、匀杂。以墨绿光润者好，乌暗者差。内质比汤色、香气、滋味和叶底。汤色比颜色、深浅、亮暗。以黄绿明亮为好，深黄发暗者差。香气比纯度、浓度。以香高味醇和的为好，香低味淡为次，香味欠醇带烟气、闷气、熟味者为差。叶底比嫩度和色泽。嫩度比芽头和叶张匀整，以有盘花芽叶或芽头嫩张比重大的好，大叶、老叶张、摊张比重大的差。叶底色泽评比与眉茶基本相同，但比眉茶稍黄属正常。各级珠茶感官品质要求略有不同（表16-8）。

表16-8　珠茶感官品质要求

级别	条索	整碎	色泽	净度	香气	滋味	汤色	叶底
特级	细圆紧结重实	匀整	深绿光润起霜	洁净	香高	浓厚	嫩绿、明亮	芽叶完整、嫩绿明亮
一级	圆紧重实	匀整	绿润起霜	净	高	浓醇	黄绿、明亮	嫩匀、嫩绿明亮
二级	圆结	匀称	尚绿润	稍有黄头	尚高	醇厚	黄绿、尚明亮	嫩匀、绿明亮
三级	圆实	尚匀称	黄绿	显黄头有嫩茎	纯正	醇和	绿黄	尚嫩匀、黄绿尚明亮
四级	尚圆实	尚匀称	绿黄	显黄头有茎梗	平正	平和	黄	叶质尚软、尚匀绿黄
五级	粗圆	尚匀称	绿黄稍枯	显黄头有筋梗	稍粗	粗淡	黄稍暗	稍粗老、稍黄暗
不列级	粗扁	尚匀称	黄枯	有朴片老梗	粗	粗涩	黄暗	粗老、黄暗

二、红茶审评

（一）红毛茶审评

红毛茶主要指条形茶，审评方法和审评因子与绿毛茶相同。外形以嫩度和条索为主，内质以叶底的嫩度和色泽为主，香气、滋味只要求正常。

外形的嫩度是重要因子，嫩叶质地柔软，易成条，芽毫显露，有锋苗，随着嫩度下降，芽毫少而短秃。色泽因老嫩和制工不同，有乌润、乌黑、黑褐、红褐、棕红、暗褐、枯褐、枯红、花杂等区别。以乌、黑、润为上，枯、暗、花为下。内质汤色要求红艳、明亮，浅黄或红暗者差。但红茶茶汤的冷后浑现象比绿茶明显，冲泡后汤色开始是红艳明亮，茶汤冷却后，呈现一种乳状，提高汤温又变清，这种“乳降”的快慢和程度与茶叶质量有大关系。叶底的嫩度评比与绿茶基本相同，而红茶叶底色泽，以红艳、红亮为好；红暗或带褐、青暗、乌暗、花杂的差。

（二）工夫红茶审评

工夫红茶品质要求外形、内质并重。外形比嫩度、条索、整碎、净度4项因子；内质比香气、汤色、滋味、叶底嫩度和色泽4项。

外形的条索比松紧、轻重、扁圆、弯直、长短、秀钝。嫩度比粗细、含毫量和锋苗，兼看色泽润枯、匀杂。要求紧结圆直，身骨重实，锋苗及金毫显露，色泽乌润调匀。整碎度比匀齐、平伏和下段茶含量。要求锋苗、条索完整，三段茶比例恰当，不脱档。净度比梗筋、片、朴、末及非茶类夹杂物含量。

表16-9　中小叶种工夫红茶感官品质要求

级别	外形				内质			
	条索	整碎	净度	色泽	香气	滋味	汤色	叶底
特级	肥壮紧结、多锋苗	匀齐	净	乌褐油润、金毫显露	甜香浓郁	鲜浓醇厚	红艳	肥嫩多芽、红匀明亮
一级	肥壮紧结、多锋苗	较匀齐	较净	乌褐润、多金毫	香浓	鲜醇较浓	红尚艳	肥嫩有芽、匀亮
二级	肥壮紧实	匀整	尚净、稍有筋梗	乌褐尚润、有金毫	香浓	醇浓	红亮	柔嫩、红尚亮
三级	紧实	较匀整	尚净、有筋梗	乌褐稍显金毫	纯正尚浓	醇尚浓	较红亮	柔软、红尚亮
四级	尚紧实	尚匀整	有梗朴	褐欠润、略有毫	纯正	尚浓	红尚亮	尚软、尚红
五级	稍松	尚匀	多梗朴	棕褐稍花	尚浓	尚浓略涩	红欠亮	稍粗、尚红稍暗
六级	稍松	欠匀	多梗朴	棕稍枯	稍粗	稍粗涩	红稍暗	粗、花杂

工夫茶香气以开汤审评为准，区别香气类型，评比鲜纯、粗老、高低和持久性。以高锐有花香或果糖香，新鲜而持久的好；香低带粗老气的差。汤色比深浅、明暗、清浊。要求汤色红艳，碗沿有明亮金圈，有“冷后浑”的品质好；红亮或红明者次之；浅暗或深暗混浊者差。叶底比嫩度和色泽。要求芽叶齐整匀净，柔软厚实、色泽红亮鲜活，忌花青乌条。各级中小叶种工夫红茶感官品质要求略有不同（表16–9）。

（三）红碎茶审评

我国生产红碎茶主要供出口，其品质规格基本参照国际市场对各项品质因素总的要求，结合我国各地区茶树品种、生产技术水平等条件，统一制订各级（档）加工、收购的实物标准样茶，用以指导生产，对样加工，使产品基本符合出口标准要求。国家有四套加工、验收标准样，规格分叶、碎、片、末，每套花色品种标准不同。大叶种两套样（第一套样、第二套样），中小叶种两套样（第三套样、第四套样）。第一套样只适应于云南省执行；广东、广西等省（自治区）大叶种执行第二套样；四川、贵州、湖南、湖北、江苏、浙江等省执行第三、四套样。这四套样中，只有第二套样按类型分号，不分档级。第三、四套样除分类分号外，按品质优次又分上、中、下档。

国际市场对红碎茶品质要求：外形要匀正、洁净，色泽乌黑或带褐红色而油润，规格分清及一定重实度和净度。内质要浓、强、鲜，忌陈、钝、淡，汤色要红艳明亮，叶底红匀鲜明。

红碎茶品质审评分干看外形、湿评内质两方面，侧重内质。外形看颗粒（或条索）、色泽、净度，其中以颗粒、色泽为主。叶茶以条索紧圆为好，松扁粗弯为次。碎茶以紧结重实为好，松泡轻飘为次。片茶以边缘皱折重实为好，平薄轻飘为次。末茶要求细重似砂粒。叶、碎、片、末含有橙黄白毫是嫩度好的特征，外形的嫩度是结合色泽项目审评的，色泽比润枯、均匀、驳杂，以油润调和为好，黄褐、枯滞、花杂为差。净度比筋毛、茶灰和杂质，其含量愈少愈好。

内质主要评比滋味的浓、强、鲜和香气以及叶底的嫩度、匀亮度。审评红碎茶以内质为主，内质又侧重滋味的浓、强、鲜，这是衡量红碎茶品质优次的主要依据。浓度是形成红碎茶品质的物质基础，纯度、鲜度是红碎茶品质的风格。“浓”是表示溶解在茶汤中有效成分丰富，浸出物多，茶汤进入口中，感觉滋味浓厚黏滞口舌。“强”是指刺激性（或收敛性），茶汤入口后有刺激感，然后有舒适爽口的回味。“鲜”是茶汤入口味感爽口，似吃新鲜水果蔬菜一样新鲜清爽。香气以香高、鲜爽、持久为好，如有馥郁的花香，更为优美；香气平淡，低闷、粗老的为次；如有烟焦（正山小种除外）、霉变或异味的均属劣变茶。汤色比浓淡、明暗程度，以红艳明亮为最好；红浓明亮为好；红浓欠亮或明亮欠浓次之；浅暗混浊最差。茶汤碗沿有明显的“金圈”或冷却后呈“冷后浑”的一般质量较好。红碎茶除审评汤色外，还可结合审评乳色，根据我国红碎茶品质情况，当每杯茶中加入茶汤1/10的牛奶后，茶汤呈现的乳色大体分为四个类型：棕红、粉红、姜黄、灰白。以茶汤乳色的色型及深浅明暗，以及加奶后的茶味、奶味浓度不同，来区别品质的优次。以汤色呈粉红或姜黄的为好；呈灰黄、乳白、灰白的为次。叶底比嫩度、匀亮度，嫩度以柔软、肥厚为好；糙硬、瘦薄的差。匀亮度以颜色均匀，红艳明亮为好，驳杂发暗的差。各级中小叶种红碎茶感官品质要求略有不同（表16–10）。

表16–10　中小叶种红碎茶感官品质要求

花色	外形	内质			
		香气	滋味	汤色	叶底
碎茶1号	颗粒紧实、重实、匀净、色润	香高持久	鲜爽浓厚	红亮	嫩匀红亮
碎茶2号	颗粒紧结、重实、匀净、色润	香高	鲜浓	红亮	尚嫩匀红亮
碎茶3号	颗粒较紧实、尚重实、尚匀净、尚色润	香浓	尚浓	红明	红尚亮
片茶上档	片状皱褶、匀齐、色尚润	纯正	醇和	尚红明	红匀
片茶下档	夹片状、尚匀齐、色欠润	略粗	平和	尚红	尚红
末茶上档	细砂粒状、匀齐、色尚润	尚高	浓	深红尚亮	红匀尚亮
末茶下档	细砂粒状、尚匀齐、色尚润	平正	尚浓	深红	红稍暗

三、黑茶审评

（一）黑毛茶审评

黑毛茶外形审评方法与绿毛茶相同。外形以嫩度和条索为主，兼评净度、色泽和干香。嫩度主要看叶质老嫩，叶尖多少。条索以紧卷、圆直为好；松扁、皱折、轻飘为次。净度看黄梗、浮叶和其他夹杂物含量。色泽看枯润、醇杂，以油黑为好，花黄绿色或铁板色为差。干香以区别纯正、高低、有无火候香和松烟香。

开汤审评称取样茶7g，放入白瓷碗中，冲入沸水350mL，加盖泡10min，用竹筷等捞出叶底，放入碗盖上，并将茶汤旋转搅动，使沉淀集中碗底，然后评定内质。评定香气以松烟香浓厚为佳，检查有无晒、馊、酸、焦等气味及其程度。汤色以橙黄明亮为好，清淡混浊差。滋味以紧口（微涩）后甜为好，粗淡苦涩为差。叶底主要看嫩度和色泽，以黄褐带青色，叶底一致，叶张开展，无乌暗条为好，红绿色和红叶花边为差。不同加工黑毛茶的品质特征：

① **全晒青：**叶不平整，向上翘；条松泡、弯曲；叶麻梗弯，叶燥梗软；细嫩者色泽青灰，粗老青色灰绿，不出油色；梗脉现白色；梗不干，折不断；有日晒气；水清味淡。

② **半晒青：**即半晒半烘，晒至三四成干，摊凉，渥堆0.5h再揉捻，解块烘焙。其茶条尚紧，色黑不润。

③ **烘焙茶：**条索较紧实，叶滑溜、色油匀有松烟香味。

④ **陈茶：**茶色枯，梗断口中心卷缩，3年后空心，香低汤深，叶底暗。

⑤ **烧焙茶：**外形枯黑，有枯焦气味，易捏成粉末，对光透视呈暗红色，冲泡后茶条不散。

（二）压制茶审评

压制茶品类多，品质各异，主要以黑毛茶、绿茶、红茶为原料，特点是毛茶都要经过蒸汽，然后压制成各种不同形状。压制茶因压制与篓装等不同，审评方法和要求也不同，分干评外形和湿评内质，同时还要兼评重量、含梗量和含杂量。内质审评分冲泡法和煮渍法两种。如湘尖、六堡茶、紧茶、饼茶、沱茶等均用冲泡法。黑砖、茯砖、青砖、米砖、康砖、金尖等均用煮渍法。冲泡法茶水比1∶50，煮渍法1∶80。

1. 外形审评

压制茶有分里茶和不分里茶，审评方法和要求不同。

① **分里茶：**如青砖、米砖、康砖、紧茶、饼茶、沱茶等，评比外形的匀整度、松紧度和洒面3项因子。匀整度，评其形态是否端正，棱角是否分明，模纹是否清晰。松紧度，评其厚薄、大小是否一致，紧厚是否适度。如青砖、米砖等茶要求压制紧结，即越紧越好；康砖只要求紧实，不必压得太紧；沱茶、紧茶、饼茶等要求压制松紧适度。洒面，评其面茶是否显毫、光滑、条索的嫩度及是否包心外露、起层落面或出现泡松现象。

② **不分里茶：**筑制成篓的有湘尖、六堡茶，外形评比梗叶老嫩及色泽，有的评比条索和净度。紧压成砖的有黑砖、花砖、茯砖、金尖等产品，外形评比匀整、松紧、嫩度、色泽、净度等因子。匀整，即形态是否端正，厚薄是否均匀，棱角是否分明、整齐，表面是否光滑。松紧比是否适度。嫩度比梗叶老嫩。色泽比是否符合该茶类应有的色泽特征，如茯砖茶为黄褐色或黑褐色，加评发花程度；黑砖、花砖茶为黑褐色；金尖为棕褐色，同时看其油黑程度。净度比筋梗、片、末、朴、子的含量以及夹杂物。

2. 内质审评

汤色比、红明度。花砖、紧茶成橘黄色，沱茶橙黄明亮，方包为深红色，康砖、茯砖橙黄或橙红为正常，金尖红带褐为正常。香味，米砖、青砖有烟味是缺点，方包有烟焦味为正常。滋味比是否有青、涩、馊、霉等味。叶底色泽，康砖深褐为正常，紧茶、饼茶嫩黄为佳。含梗量，米砖不含梗，茯砖茶含梗20%以内，花砖茶15%以内，黑砖茶18%以内，不含隔年老梗。

四、乌龙茶审评

乌龙茶审评以内质香气和滋味为主，其次是外形和叶底，汤色仅作参考。

乌龙茶外形审评对照标准样评比条索、色泽、整碎、身骨轻重、净度等因子。以前两项为主。由于乌龙茶重品种，在外形审评中要注意品种差异，并要注意季别、地域、加工技术的不同，其形状和色泽也是不一样的。条索主要评定紧细重实、叶端扭曲；毛茶带梗、片、朴，在干看外形时适当结合参考净度。色泽主要评定砂绿油润、乌油润、乌润、褐红、枯红、枯黄、乌绿、暗绿、青绿等。

乌龙茶内质审评以香、味为主，兼评汤色、叶底。开汤时，用一种特制的有盖倒钟形杯，容量110mL，冲泡前用沸水将杯碗冲洗烫热，然后称取茶样5g倒入杯中，随即用沸水冲至满杯，冲泡时茶叶应尽量在杯中翻滚，冲泡后用杯盖抹去杯面的泡沫，用沸水冲洗杯盖，然后将杯盖沿杯的边缘稍斜插入杯中盖好杯盖。整个冲泡过程动作要快，一是避免时间长，影响审评结果；二是不可将杯盖正面盖上，以防茶汤溢出，影响嗅香。

乌龙茶湿评内质过程一般要求冲泡3次。其过程是第一次冲泡静置2min，先嗅盖香，再将茶汤倒入审评碗中看汤色、尝滋味；第二次冲泡静置3min，嗅盖香后将茶汤倒入审评碗中，看汤色、尝滋味；第三次冲泡静置4min，嗅盖香后将茶汤倒入审评碗中，看汤色、尝滋味；最后将茶渣倒入盛满清水的白色搪瓷漂盘中评叶底。嗅香气主要辨别香型强弱、高低、持久性，品种香。在嗅品种香的基础上再辨别香型，香气的高低、长短、强弱、粗细、飘沉、清浊。乌龙茶的香气一般可分为馥郁、浓郁、清香、辛香、花香、果香、乳香、蜜香。在第一次和第二次嗅香时，主要审评各品种香型、异杂、浓、淡、强弱等；在第三次嗅香时，主要审评香气的持久性以及和第一二次嗅的香气是否能基本一致。每一次嗅香时还应结合嗅叶底余香。滋味主要辨别醇厚、浓厚、醇浓、甜醇、清醇、醇和、清淡、鲜爽、回甘、纯厚、苦涩、青浊等，以及岩韵、音韵、高山韵、品种味、季节味、地域味、异味等。第一二次尝滋味时，主要评各品种滋味的明显突出程度，第三次评滋味的持久性、耐泡性并和第一二次评的滋味比较，看是否基本一致。汤色主要审评清澈度、颜色，汤色最忌浑浊。一般闽南要求呈金黄、橙黄色；闽北要求呈橙黄、橙红色。除此之外，也应注意不同季节的汤色。叶底评比分两个步骤，一是在白色的搪瓷盘中漂看叶渣，主要评叶张的形态，红边程度（做青程度），色泽暗亮，品种纯度；二是用手捏叶张，评其老嫩，硬挺，柔软程度。各级乌龙茶感官品质要求略有不同（表16-11）。

表16-11 乌龙茶感官品质要求

级别	外形				内质			
	色泽	条索	匀整	净度	香气	滋味	汤色	叶底
一级	乌润	壮实	匀整	尚净	鲜高	鲜醇	清黄	软亮匀
二级	尚乌润	粗壮	尚匀	夹细梗片	尚清纯	尚醇	清黄	匀整稍挺
三级	燥褐	粗松	尚匀	夹细梗朴片	带粗	粗带涩	深黄	粗挺

五、白茶审评

白茶为福建特产茶类。依据茶叶品种和采制方法不同，可分为大白、水仙白、小白三种。除白毫银针外，主要产品为白牡丹和贡眉。白茶审评方法及用具同绿茶。白茶审评重外形，以嫩度、色泽为主，结合形态和净度。将茶叶与标准样为对照，嫩度比毫心多少、肥瘦、壮瘦及叶张的厚薄。以毫心肥壮、叶张肥嫩为佳；毫心瘦小稀少、叶张单薄的次之；叶张老嫩不匀、薄硬或有老叶、蜡叶为差。色泽比毫心和叶片颜色和光泽，以毫心叶背银白有光泽，叶面灰绿、即所谓银牙绿叶、绿面白底为佳；铁板色次之；草绿黄、黑、红、暗褐及蜡质光泽为差。并作审评记录，评出供试样相当于标准样的水平。形状比芽叶连枝，叶缘垂卷，破张多少和匀整度。以芽叶连枝，稍并拢，平伏舒展，叶缘垂卷，叶面有隆起波纹，叶尖上跷、不断碎匀整的好；叶片摊开，折皱、折贴、卷缩、断碎的差。净度要求看是否含有蕾、老梗、老叶、蜡叶及非茶类夹杂物等。

内质以叶底嫩度和色泽为主，兼评汤色、香气、滋味。汤色比颜色和清澈度，以杏黄、杏绿、浅黄、清澈明亮为佳；深黄或橙黄次之；泛红、暗、浊为差。香气以毫香浓显、清鲜纯正为佳；淡薄、青香、风霉、失鲜、发酵、熟老为差。滋味以鲜美、醇厚、清甜为佳；粗涩、淡薄为差。叶底比老嫩、叶质柔软和匀整度，以芽叶连枝成朵、叶质肥嫩、毫芽多为佳；叶质硬挺、破碎、粗老为差。色泽比颜色和鲜亮度，以色泽鲜亮为好；暗杂、花红、焦红边为差。各级白茶感官品质要求略有不同（表16-12）。

表16-12 白牡丹及贡眉品质特征

级别	外形				内质			
	嫩度	色泽	形态	净度	香气	叶底	滋味	汤色
白牡丹特级	芽毫多显壮，叶张细嫩	叶面灰绿或翠绿，色泽调和，芽毫银白，叶背有白茸毛	芽叶连枝，匀整，破张少	无蜡叶、蕾和老梗	鲜嫩纯爽，毫香显	芽毫多而肥壮，叶张软嫩，芽叶连枝，叶张完整；色黄绿，叶梗叶脉微红明亮	清甜醇爽，浓厚，毫味足	清澈橙黄
白牡丹一级	芽毫显，叶张细嫩	灰绿、暗绿，部分嫩叶白茸毛，有嫩绿片，铁板片	芽叶连枝，尚匀整，有破张	无蜡叶、蕾和老梗	鲜嫩纯爽，有毫香	芽毫稍多，叶张软嫩尚完整，有破张；叶张微红，尚明亮	尚清甜、醇爽，有毫味	清澈黄
白牡丹二级	有芽毫、稍瘦，叶张尚嫩	暗绿，有黄绿叶及暗红叶	部分芽叶连枝，破张稍多，尚匀整	无蜡叶、蕾和老梗，有少数嫩绿片和轻片	鲜浓纯正，略有毫香	稍有瘦芽毫，叶张尚软，叶色稍红，有破张	醇厚	尚清澈，深黄
白牡丹三级	少芽毫，部分芽尖，叶张稍粗	暗红、黄绿、泛红、混杂	部分芽尖连一叶，破张多，尚匀整	无蜡叶、蕾、老梗，有破张、老叶、泛红叶、小黄片	纯正或微粗，或稍带青气	叶张尚软，破张多，叶色稍红或显黄	浓稍粗或稍粗淡	深红或微红
贡眉特级	毫针多，叶张细嫩	灰绿或墨绿，色泽调和，毫针银白色，部分叶背有白茸毛	芽叶连枝、匀整，破张少	无蜡叶、蕾和老梗	鲜嫩、纯爽，有毫香	有毫针，叶张软嫩匀整，色灰绿匀亮	清甜醇爽	清澈橙黄
贡眉一级	部分毫针显瘦，叶张细嫩	灰绿、暗绿，尚调和，毫针稍银白	芽叶尚连枝，有破张，尚匀整	无蜡叶、蕾和老梗，有嫩绿片、铁板片	鲜嫩、浓正，有毫香	稍有毫针，叶张软嫩尚匀整，色灰绿带红张，稍匀亮	稍鲜甜醇厚	黄清澈
贡眉二级	稍有芽尖，叶张尚细嫩	暗绿、黄绿、泛红、混杂	部分芽尖连一叶，破张稍多，尚匀整	无蜡叶、蕾和老梗有小黄片、嫩绿片、铁板片等	鲜浓、稍有毫香	叶张尚软嫩，有破张，色黄绿、暗绿或带泛红叶	浓尚醇	深黄或微红
贡眉三级	叶张尚嫩有少数芽尖	黄绿、泛红，混杂	破张多，轻飘，平展，尚匀整	无蜡叶、蕾和老梗，有小黄片、小蜡叶、泛红叶	浓顺或稍粗	叶张尚嫩，断张、破张多，有暗绿叶或泛红叶	浓稍粗或稍粗淡	深黄或近红

六、花茶审评

花茶又叫熏花茶，不同种鲜花窨制的花茶，品质各具特色，一般茉莉花茶芬芳，白兰花茶浓烈，珠兰花茶清幽，柚子花茶爽醇，玳玳花茶浓郁，玫瑰花茶甘醇等。不同茶类各有其适窨的香气，如绿茶宜于茉莉、珠兰、白兰、玳玳；红茶宜于玫瑰；乌龙茶宜于桂花、树兰花等。

花茶外形审评对照花茶级型坯标准样，评比条索、嫩度、整碎和净度。窨花后的条索比素坯略松弛，注意锋苗及条索的完整性，窨花后粉末不超过1%。外观色泽为黄绿色，如果色泽枯黄发褐则品质差；花瓣含量过多，或含有花蒂、枝梗，花茶净度就差。内质评比香气、汤色、滋味、叶底，审评步骤与红绿茶相同，主要以香气为主，从鲜、浓、纯三个方面来评定。但在冲泡前应将花枝花瓣、花蕊、花蒂等拣净，否则影响审评的正确性。花茶内质审评目前采用两种方法：

（一）单杯审评

又分为一次冲泡和二次冲泡法。

1. 单杯一次冲泡法

称取茶样3g，用150mL杯碗。冲泡前拣净花渣，冲泡5min，开汤或看汤色是否正常，如汤色过黄暗，说明窨制中有问题。随后趁热闻香，审评鲜灵度、浓度和纯度，并结合滋味审评。滋味也评鲜灵度，要求花香为上口快且爽口，滋味浓醇。最后冷闻，评香气的持久性。该方法适宜于技术熟练的评茶人员。

2. 单杯二次冲泡法

即一杯茶分两次冲泡，第一次冲泡3min，审评香气、滋味的鲜灵度。第二次冲泡5min，评香气的浓度和纯度，滋味的浓、醇等。该方法准确性好，但操作麻烦，时间长，汤色和滋味与5min一次冲泡的稍有区别。因此，又有采用双杯审评法。

（二）双杯审评

是同一样茶冲泡两杯，又有两种形式。

1. 双杯一次冲泡法

同一茶样称取两份，两杯同时冲泡，时间5min，倒出茶汤，热闻香气的鲜灵度和纯度，再冷闻香气持久性。

2. 双杯两次冲泡法

同一茶样称取两份，每份3g，置于150mL审评杯中。第一杯只审评香气，分两次冲泡，第一次冲泡时间3min，评比香气的鲜灵度；第二次冲泡时间5min，评比香气浓度和纯度。第二杯专供审评汤色、滋味、叶底，原则上一次冲泡，冲泡时间为5min。具体操作是两杯样茶一起冲泡，第一杯冲泡3min，第二杯冲泡5min，先审评第一杯的香气鲜灵度，当香气嗅得差不多时，第二杯冲泡时间刚好到，即倒出第二杯茶汤；如果第一杯香气鲜灵度没有评好，继续进行审评，评好后进行第二次冲泡，冲泡时间为5min，并立即审评第二杯的汤色、滋味、叶底。如此时第一杯第二次冲泡的时间已到，则先将茶汤倒出，仍继续审评第二杯的汤色、滋味、叶底，待第一杯第二次冲泡的杯温稍冷后，温嗅香气浓度和纯度。这样两杯交叉进行，直到审评结束。各级花茶感官品质要求略有不同（表16-13）。

表16-13　花茶感官品质要求

级别	条索	整碎	色泽	净度	香气	滋味	汤色	叶底
特级	细嫩匀直有锋苗	匀整	深绿匀润	净	鲜灵浓厚、纯正清高	鲜爽浓醇	淡黄清明	细嫩、匀齐明亮
一级	细紧露毫有锋苗	匀整	深绿尚匀	净	鲜灵浓厚、纯正较高	鲜浓醇和	淡黄亮	细嫩、匀亮
二级	尚细紧带芽毫	匀整	尚绿润	稍有嫩茎	鲜浓、纯正尚高	鲜浓醇和	黄明	嫩匀
三级	尚细	匀整	尚绿	有嫩茎	鲜浓、纯正	鲜浓	黄尚明	尚嫩匀
四级	稍粗	尚匀	黄绿	有茎梗	尚鲜浓	尚鲜醇和	黄欠明	稍有摊张、欠匀
五级	稍粗松	欠匀整	黄绿显花杂	有梗朴	香弱鲜薄	稍淡略涩	黄稍暗	稍粗大、黄绿稍暗
六级	松扁	欠匀	稍黄花杂	显梗多朴	香薄略浮	粗略涩	黄暗	粗硬稍黄暗

为便于对我国主要茶类产品的认识，以下罗列一些较具代表性的产品样实物图（图16-5）。

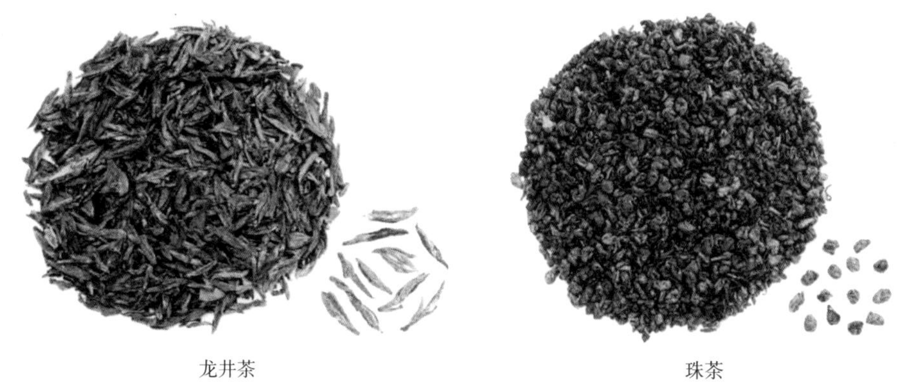

龙井茶　　珠茶

图16-5 我国主要茶类产品实物图（周跃斌提供）（1）

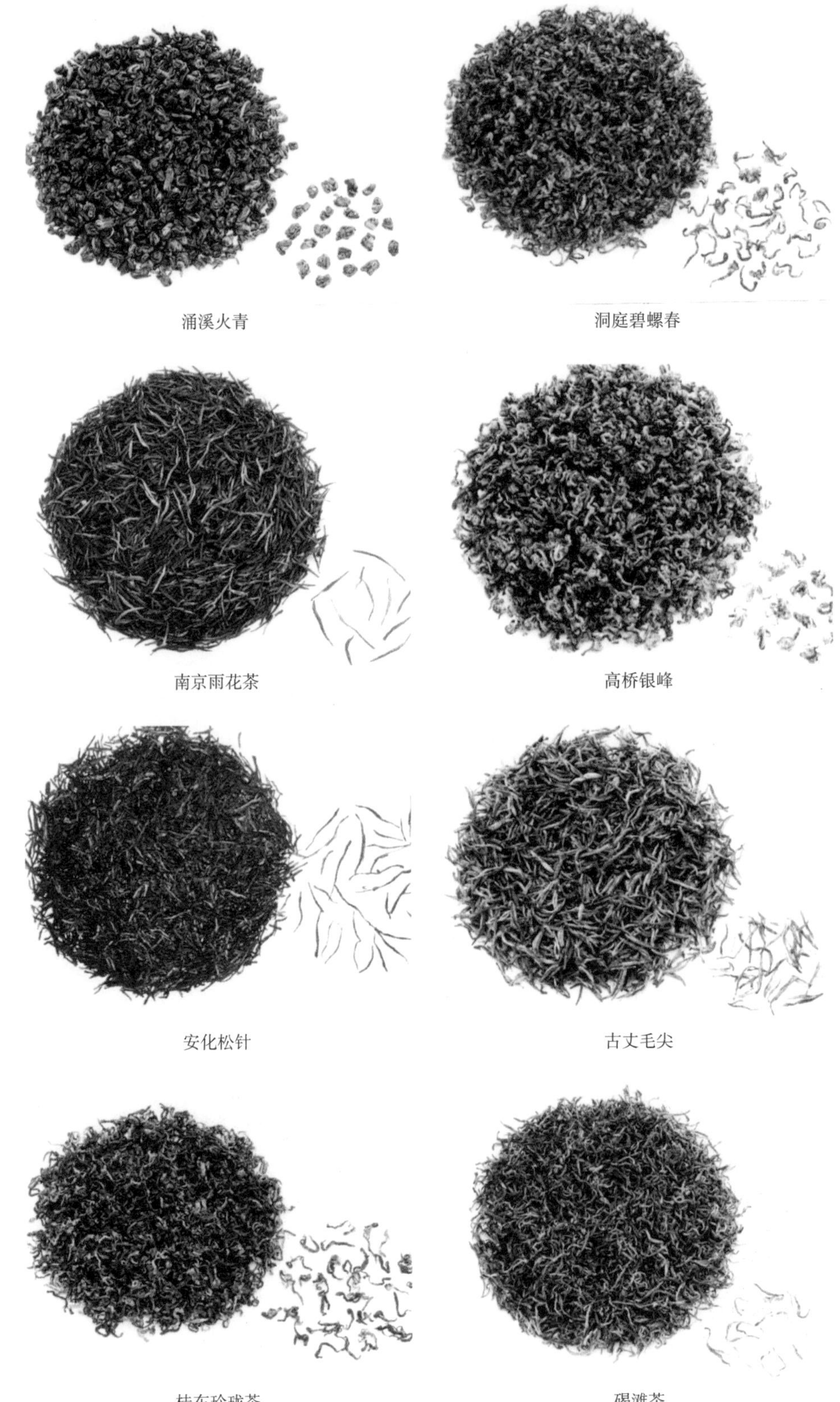

图16-5 我国主要茶类产品实物图（周跃斌提供）（2）

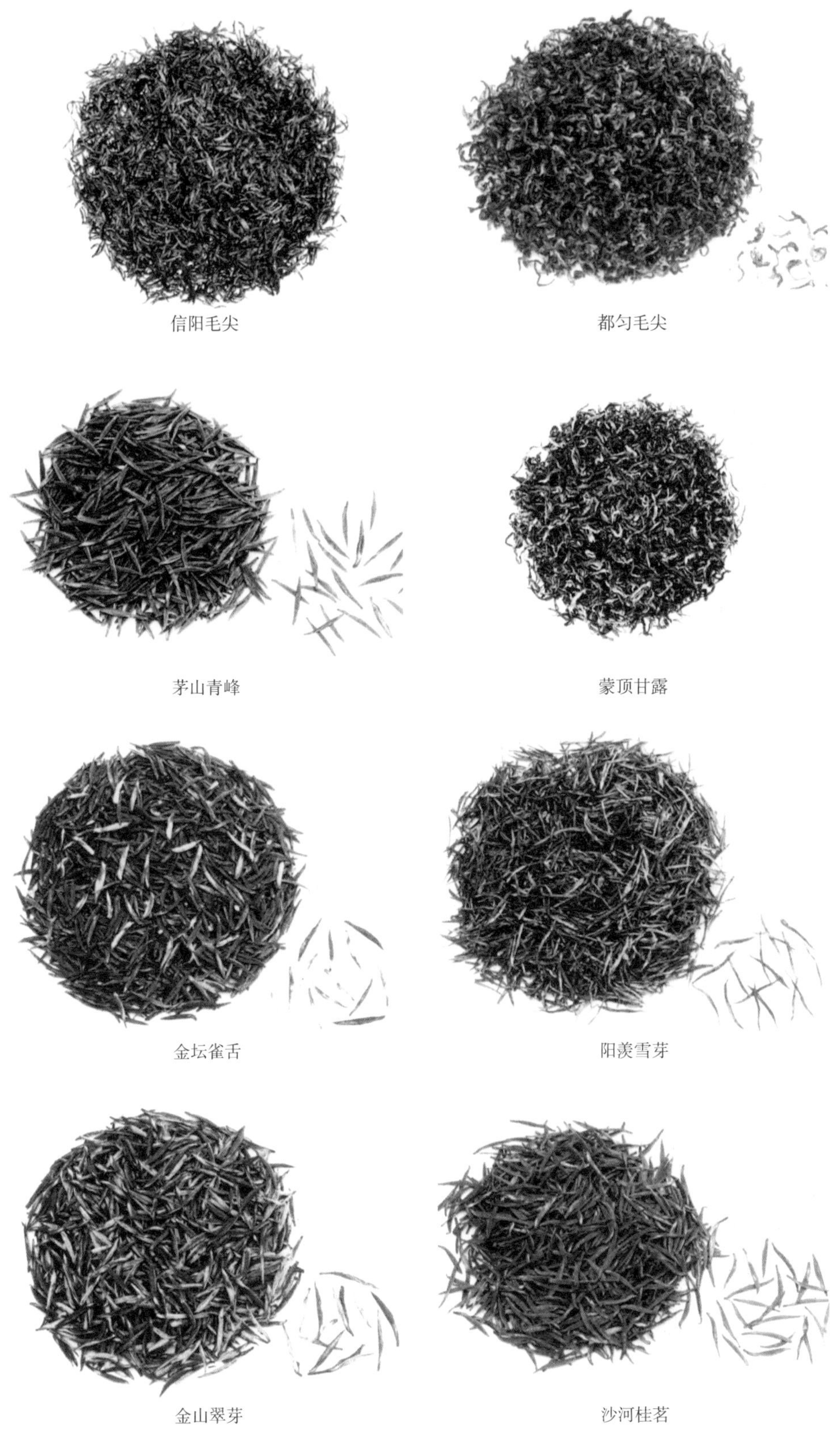

图16-5 我国主要茶类产品实物图（周跃斌提供）（3）

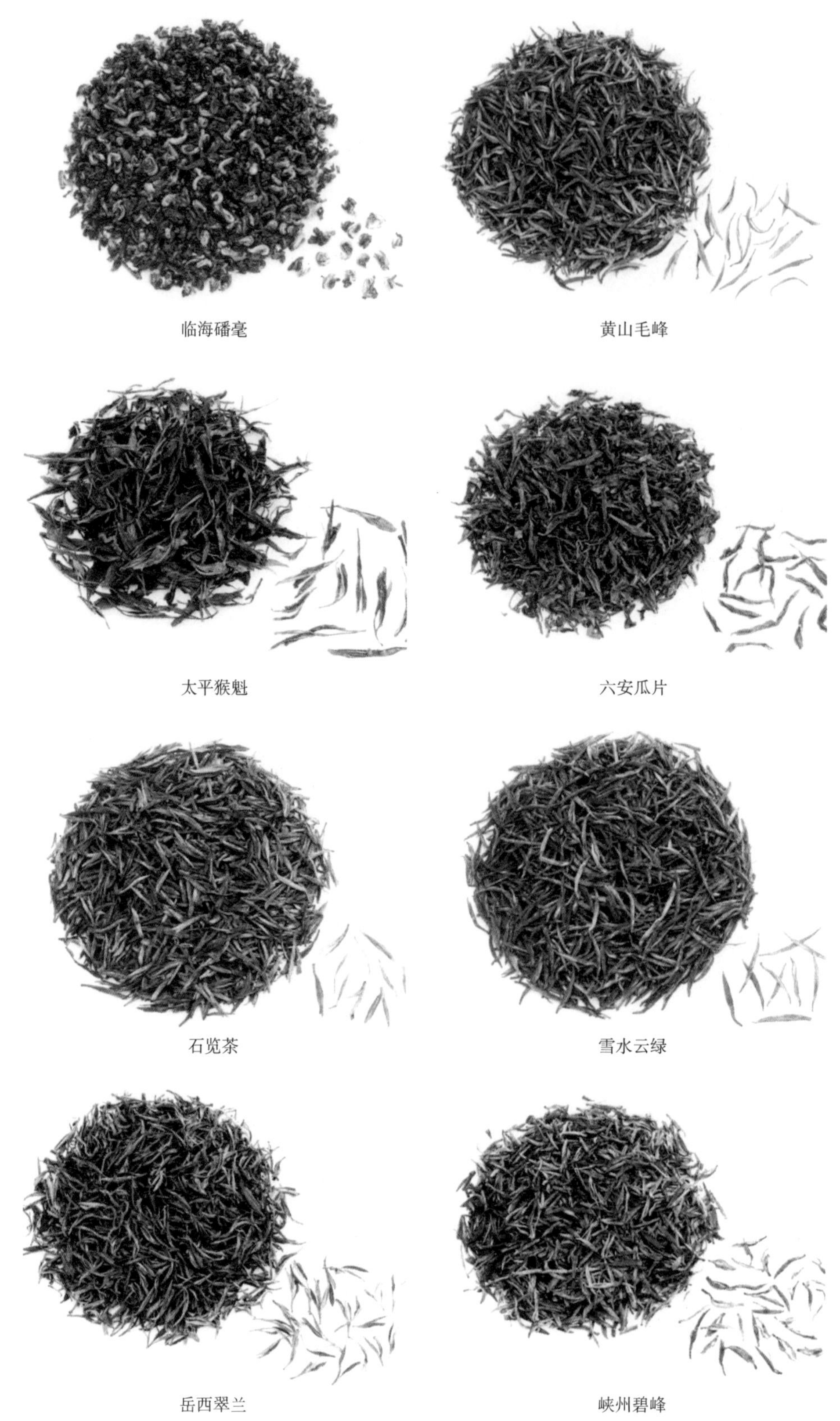

临海蟠毫　黄山毛峰

太平猴魁　六安瓜片

石览茶　雪水云绿

岳西翠兰　峡州碧峰

图16-5 我国主要茶类产品实物图（周跃斌提供）（4）

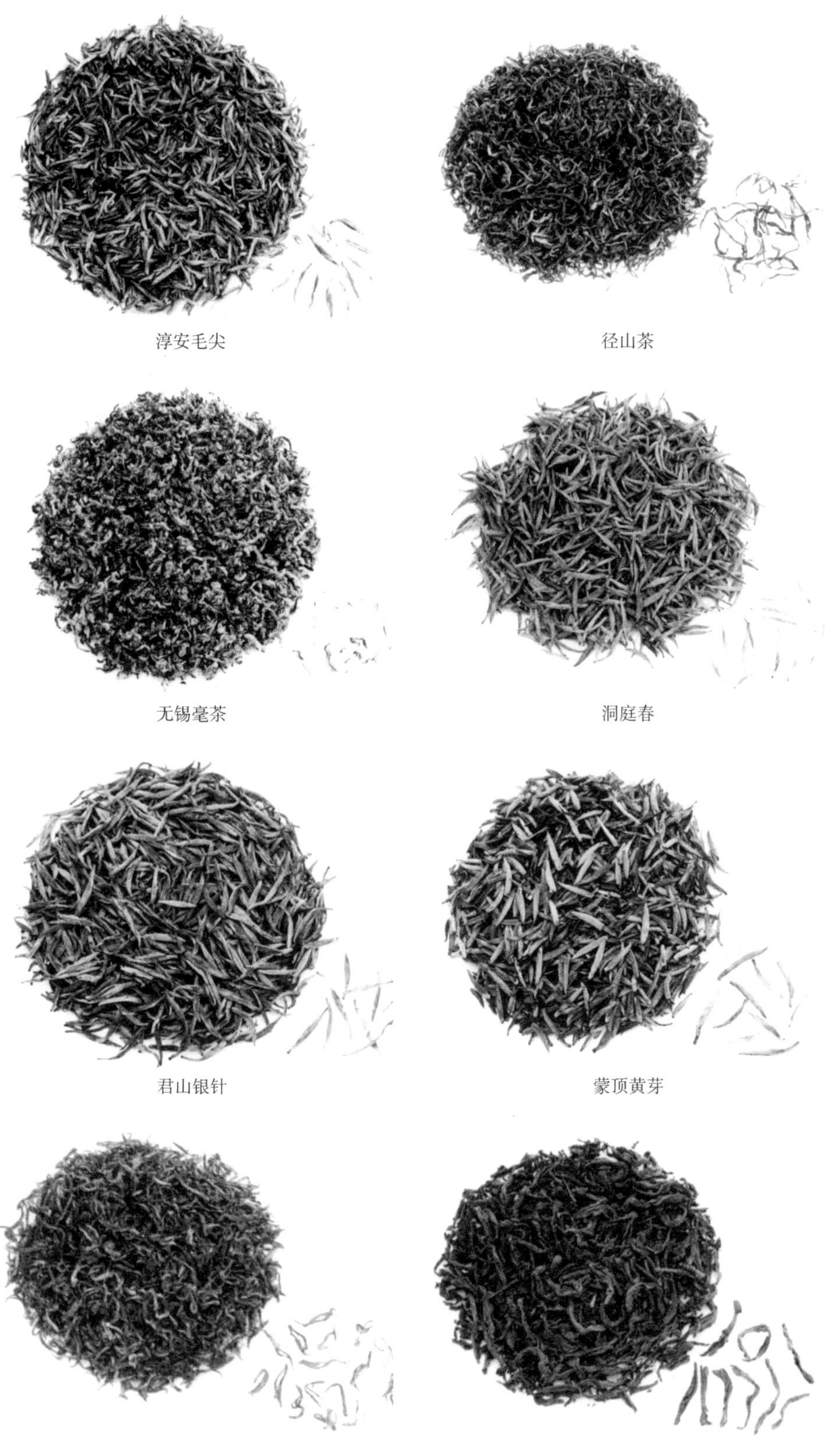

图16-5 我国主要茶类产品实物图（周跃斌提供）（5）

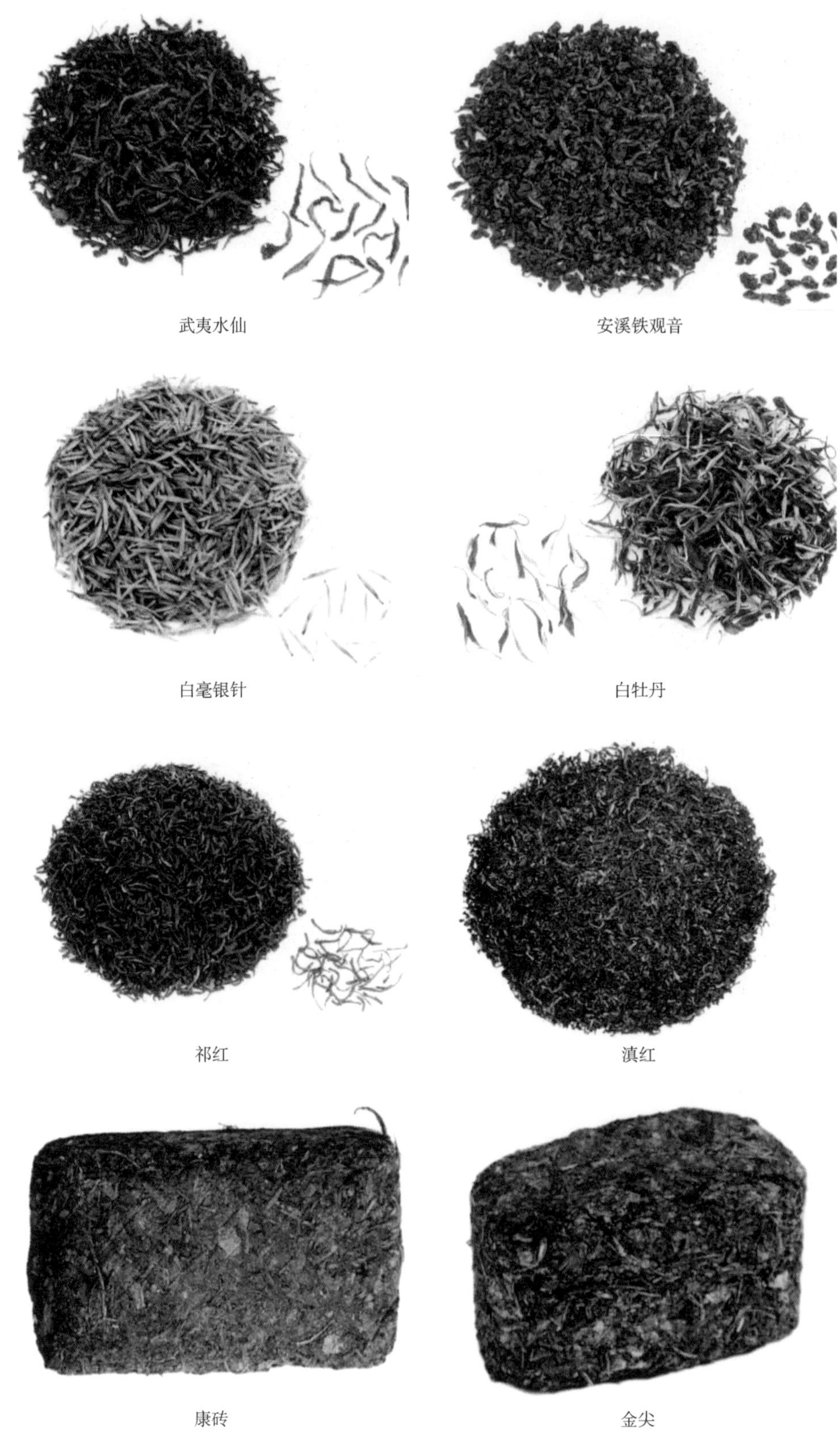

图16-5 我国主要茶类产品实物图（周跃斌提供）（6）

青砖 花砖 茯砖

黑砖 紧茶 普洱方茶

饼茶

沱茶 七子饼

图16-5 我国主要茶类产品实物图（周跃斌提供）（7）

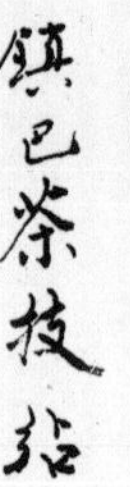

在社会进步和发展过程中，当人们物质文明得到满足后，人们对精神文明的需求越来越高。茶文化作为中华文化的一部分，已成为我国精神文明建设的重要组分。本章主要介绍茶文化的概念，茶文化的形成与发展、历史上一些政法制定与茶的关系，茶的精神内涵与宗教的关系，同时介绍了中国茶道、茶艺和茶艺表演。

第十七章

茶文化

第一节　茶文化简述

茶文化从广义上讲可分为茶的自然科学和人文科学两方面，是指人类社会历史实践过程中所创的与茶有关的物质财富和精神财富的总和；从狭义上讲，着重于茶的人文科学，主要指茶对精神和社会的功能。茶文化是中华传统优秀文化的组成部分，其内容十分丰富，涉及科技教育、文化艺术、医学保健、历史考古、经济贸易、餐饮旅游和新闻出版等学科与行业，包含茶叶专著、茶叶期刊、茶与诗词、茶与歌舞、茶与小说、茶与美术、茶与婚礼、茶与祭祀、茶与宗教、茶与楹联、茶与谚语、茶事掌故、茶与故事、饮茶习俗、茶艺表演、陶瓷茶具、茶馆茶楼、冲泡技艺、茶食茶疗、茶事博览和茶事旅游等方面。

茶叶生产历史悠久，生产方法众多，品种类型多样，品质各异，加上产地、民族、地理、风俗习惯不同，对茶叶的命名也多种多样。历史上已确认的茶的命名有六七种。在我国古文字和出土的文物记载中，公元前3世纪已有茶的饮用，但茶的称呼不叫茶而叫“荼”，如《诗经·尔雅》记载“槚，苦荼”。历史上对茶的称呼有：荼、槚、蔎、茗、荈、茶。同时，史料中代表茶名的还有：诧、苦荼、搽、皋芦、选游等名。

历史上由“荼”到“茶”，经历了约1000年的岁月沧桑，“茶”首现于苏敬的《草本》（656—660年），据查证，《唐草本》因唐高宗李治等于650—655年所编著，后由苏敬、长孙无忌等重新加以详注。也有认为“茶”字最早出现在唐宪宗元和（806—820年）前后，因唐德宗南元二十一年（805年）徐浩所书《不空和尚碑》中的“荼毗”，荼也写成“茶”，但至唐文宗时如郑因写的《百岩太师碑》《怀晖碑》、唐宣宗裴休所书《圭峰慧禅师碑》其上所有的荼毗就不再写为“荼毗”了。总之，“荼”改为“茶”，到中唐开始流行无疑，并通用。目前茶和茗还在应用中，其他已不再应用。

中国是茶叶的发源地，中华民族最先发现和开发了茶叶的饮用，世界各国在古代均不产茶，目前世界上的茶叶都是直接或间接由我国传入。因此，各种语言中茶字的译音都与我国对茶的称呼有关。公元5世纪，土耳其商人从我国西北部购买茶叶，再转卖给阿拉伯人，土耳其语称茶为“Chay”，而阿拉伯人原称茶为“Chah”，现在称为“Chai”。当海上丝绸之路形成后，我国茶叶经海路出口欧洲，主要从广州和厦门起运，因此，世界各国中茶字的发音都是由广东或厦门话演变而来。主要外国语茶字来源系统见（图17-1）。

茶叶的命名和其他商品一样，均有一种称呼，主要是便于识别、区别、分类和研究。茶叶的命名主要有以下5种情况。

① 以茶叶生产地命名茶叶，通称地名茶，如印度的大吉岭红茶，中国的祁门红茶、西湖龙井、蒙顶甘露、高桥银峰、信阳毛尖等。

② 以形状、色、香、味作为茶叶的命名，如雀舌、毛峰、瓜片、黄芽、绿雪、兰花、江华苦茶、安溪桃仁等。

③ 以茶树品种和产茶季节作为茶叶命名，如大红袍、铁观音、水仙、肉桂、乌龙、春尖、谷花、秋香、冬片等。

④ 以加工方法作为茶叶的命名，如全发酵茶、半发酵茶、不发酵茶、炒青、烘青、晒青、紧压茶、速溶茶等。

⑤ 以销路作为茶叶的命名，如边销茶、外销茶、内销茶、侨销茶等。

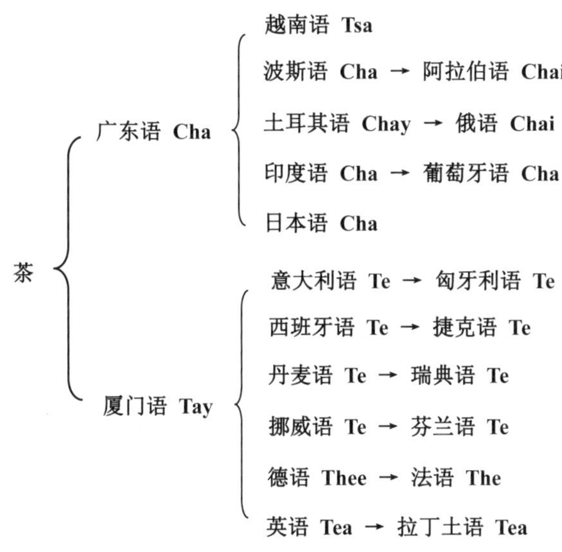

图 17-1 主要外国语茶字来源

一、茶文化的形成与发展

巴蜀常被称为中国茶叶和茶文化的摇篮。六朝以前的茶史资料表明，中国的茶业最初兴始于巴蜀。茶文化的形成与巴蜀地区的政治、风俗及茶叶饮用有着密切的关系。我国茶文化的形成与发展大致可概括为如下几个阶段：

（一）三国前茶文化的启蒙

很多书籍把茶的发现时间定为公元前2737—前2697年，其历史可推到三皇五帝。东汉华佗《食经》中“苦荼久食，益意思”记录了茶的医学价值。西汉已将茶的产地县命名为“茶陵”，即湖南省茶陵县。到三国魏代《广雅》中已最早记载了饼茶的制法和饮用：“荆巴间采叶作饼，叶老者饼成，以米膏出之。”茶以物质形式出现而渗透至其他人文科学而形成茶文化。

（二）晋代、南北朝茶文化的萌芽

随着文人饮茶之兴起，有关茶的诗词歌赋日渐问世，茶已经脱离作为一般形态的饮食走入文化圈，起着一定的精神、社会作用。

（三）唐代茶文化的形成

陆羽著《茶经》（780年），是唐代茶文化形成的标志。他概括了茶的自然和人文科学双重内容，探讨了饮茶艺术，把儒、道、佛三教融入饮茶中，首创中国茶道精神。以后又出现大量茶书、茶诗，有《茶述》《煎茶永记》《采茶记》《十六汤品》等。唐代茶文化的形成与禅宗的兴起有关，因茶有提神益思，生津止渴等功能，故寺庙崇尚饮茶，在寺院周围植茶树，制定茶礼、设茶堂、选茶头，开展茶事活动。在唐代形成的中国茶道分宫廷茶道、寺院茶道、文人茶道。

（四）宋代茶文化的兴盛

宋代茶业已有很大发展，推动了茶叶文化的发展，在文人中出现了专业品茶社团，有官员组成的汤社、佛教徒的“千人社”等。宋太祖赵匡胤是位嗜茶之士，在宫廷中设立茶事机关，宫廷用茶已分等级，茶仪已成礼制，赐茶已成皇帝笼络大臣、眷怀亲族的重要手段，还赐给国外使节。至于下层社会，茶文化更是生机勃勃，有人迁徙，邻里要“献茶”，有客来，要敬“元宝茶”，订婚时要“下茶”，结婚时要“定茶”，同房时要“合茶”。民间斗茶风起，带来了采制烹点的一系列变化。

（五）明、清茶文化的普及

明清已出现蒸青、炒青、烘青等各种茶，茶的饮用已改成“撮泡法”，明代不少文人雅士留有传世之作，如唐伯虎的《烹茶画卷》《品茶图》，文征明的《惠山茶会记》《陆羽烹茶图》《品茶图》等。茶类的增多，泡茶的技艺有别，茶具的款式、质地、花纹千姿百态。到清朝茶叶出口已成一种正式行业，茶书、茶事、茶诗不计其数。

（六）现代茶文化的发展

新中国成立后，我国茶叶从1949年的年产0.75t发展到2019年的279.34万t。茶物质财富的大量增加为我国茶文化的发展提供了坚实的基础，1982年，在杭州成立了第一个以弘扬茶文化为宗旨的社会团体——“茶人之家”，1983年湖北成立“陆羽茶文化研究会”，1990年“中国茶人联谊会”在北京成立，1993年“中国国际茶文化研究会”在湖州成立，1991年中国茶叶博物馆在杭州两湖乡正式开放。1998年中国国际和平茶文化交流馆建成。随着茶文化的兴起，各地茶艺馆越办越多。至2020年，国际茶文化研讨会已召开16届，吸引了日、韩、美、斯及港台地区茶叶人士纷纷参加。各省、市及主产茶县纷纷主办各种“茶叶节”，如福建武夷市的岩茶节，云南的普洱茶节，浙江新吕、泰顺、湖北英山、河南信阳、湖南长沙的茶叶节不胜枚举。都以茶为载体，既弘扬了历史悠久、博大精深的茶文化，又促进和推动本地区经济贸易的发展。

二、茶政与茶法

历史上一些政法制定与茶有关，如国茶之征税始于唐朝建中年间，宋代更为严厉，成为发展茶叶生产一大障碍，曾经多次诱发茶农起义。

历史上不少制度的建立也与茶有关，如“榷茶制”“茶引制”与“引岸制”“贡茶制”“茶马互市”与“以茶制边”等。所谓榷茶，即茶的专营专卖，始于中唐时期，到了北宋末期“榷茶制”改为“茶引制”。这时官府不直接买卖茶叶，而是由茶商先到“榷货务”交纳“茶引税”（茶叶专卖税），购买“茶引”，凭茶引到园户处购买定量茶叶，再送到当地官办“合同场”查验，并加封印后，茶商才能按规定数量、时间、地点出售。到了清乾隆年间，改为官商合营的“引岸制”。“引岸制”即为凡商人经营各类茶叶均需纳税请领茶引，并按茶引定额在划定范围内采购茶叶。卖茶也要在指定的地点（口岸）销售和易货，不准任意销往其他地区。

贡茶是指产茶地向皇室进贡专用茶。最早贡茶的记载是公元前11世纪，形成“贡茶制”，从唐代开始。“以茶易马”是指边区少数民族用马匹换茶叶。而“以茶制边”指通过茶叶来控制边区少数民族，强化对他们的统治，客观上也起到了安定人心、巩固边防的作用。这都是我国历代统治阶级长期推行的一种政策。

第二节　茶与宗教

茶对于中国人有特殊涵义，中国人喝茶并非简单的解渴，在漫长的茶文化发展过程中，国人已赋予它精神文化上的含义，它已深深融入中国传统文化中，受中国传统文化中儒、道、佛三教的影响，形成了独特的中国茶道精神。有人把茶字形容为“人在草木中”，茶生于草木之间，承天地之精华，兼备草木之繁茂和木本之长寿，正是中国人发现并利用了茶，并结合自己的审美价值，赋予它天地人三才之义。中国古代思想家有自己的宇宙观和价值观，他们认为天地间万物的形成和发展都有自身的法则和规律，并把这种规律称为“道”。道是一种看不见摸不着的东西，道构成了世界的本源，一切事物都是由道衍化出来的。而茶这种植物，生于名山秀水之间，得天地之精华，便可成为沟通人与天地宇宙的媒介，所以大约在魏晋时期玄学家开始提升茶的精神内涵，茶除了解渴、药疗之外，还可以作为清淡助兴，沟通天地的作用。也正是这个时期，儒家以茶养廉，道家以茶求静，佛学以茶助禅，茶的精神内涵已超出其本身的物质层面。

一、儒家与茶

中国茶道思想融合了儒、道、佛诸家的精华而成。其主导是儒家思想，儒家把“中庸”和“仁礼”思想引入中国茶文化，主张通过饮茶沟通思想，创造和谐气氛，增进彼此的友谊。通过饮茶可以自省、省人，以此来加强彼此理解，促进和谐，增强友谊。儒家认为中庸是处理一切事物的原则和标准，并从中庸之道引出“和”的思想，在儒家眼里和是中，和是度，和是宜，和是当，和是一切恰到好处，无过亦无不及。反观我们的茶文化，无一不是渗透着和的思想，从采茶、制茶、煮茶、点茶、泡茶、品饮等一整套茶事活动中，无不体现和的思想。在泡茶时，表现为“酸甜苦涩调太和，掌握迟速量适中”的中庸之美；在待客时，表现为“奉茶为礼尊长者，备茶浓意表浓情”的明礼之伦；在饮茶过程中表现为“饮罢佳茗方知深，赞叹此乃草中英”的谦和之礼；在品茗的环境与心境方面表现为“普事故雅去虚华，宁静致远隐沉毅”的俭德之行。

自隋代实行科举仕制后，受儒家思想影响的士子，通过考取功名，进入国家官僚机构，构成中国历史上有特色的士阶层，这些历史上的儒士阶层，都与茶结下不解之缘。其中最有代表的人物就是苏轼，他以茶喻佳人，并为茶叶立传，留下不少有关茶的诗文。儒家以为茶有德，唐代的刘贞亮把饮茶的好处归纳为“十德”：即以茶散郁气，以茶驱睡气，以茶养生气，以茶除病气，以茶表敬意，以茶尝滋味，以茶养身体，以茶可行道，以茶可雅志。陆羽称茶为“南方之嘉木”“宜于精行俭德之人”。现代茶学家庄晚芳先生也把茶德归纳为廉、美、和、静，均赋予茶“节俭、淡泊、朴素、廉洁”的品德，寄托思想人格精神。

儒家思想溶入茶文化的另一个显著特点是茶礼的形成。中国向来被称为“礼仪之邦”，礼已渗透到中国人生活的每一个角落，儒家通过礼制来达到维持社会秩序的目的。茶使人清醒，所以茶文化中也吸收了“礼”的精神。南北朝时，茶已用于祭礼，唐以后历代朝廷皆以茶荐社稷、祭宗庙，以致朝廷进退应对之盛事，朝廷会试皆有茶礼。在民间茶礼、茶俗中儒家精神表现特别明显，“以茶代酒”和“客来敬茶”成为中国民族传统礼仪。

茶礼表达了仁爱、敬意、友谊和秩序。现代我们的日常生活中也讲究茶礼，只不过把议程简约化、活泼化了，而“礼”的精神却加强了。无论大型茶话会，或客来敬茶的“小礼”，都表现了中华民族好礼的精神。

二、道家与茶

"域中有四大，而人居其一焉"，受天、地、人三才的影响，道家认为天、地、人是平等的，人既不是上天的奴隶，应自己主宰命运，同时也不能不顾自然规律，而应认识自然规律，适应自然。道家崇尚自然，推崇无为、守朴、归真。道家对茶的认识很早，茶产自山野之林，受天地之精华，承土壤之雨露，茶之品格，正蕴含道家淡泊、宁静、返璞归真的神韵，即"人法地，地法天，天法道，道法自然"。回归自然，亲切自然是人的天性，道家通过茶这种神奇的绿色唤起人们对回归自然的渴望，最终达到"天地与我共生，而万物与我唯一"的思想境界。

中国传统的文人士大夫虽然接受的是儒家的正统教育，但也不排除道家思想对他们的影响。特别是士大夫们在政治上受到挫折，自己的人生抱负得不到实现之时，道家思想对他们的影响逐渐加深，这时道家的淡泊名利、回归自然的思想开始占上风，所以"达则兼济天下，穷则独善其身"是中国历代文人士大夫普遍遵循的一种处世模式。特别是在晚明的文人画中，有许多是描绘文人在野石清泉旁，松风竹林里煮茗论道的场面。如唐寅《品茶图》，画面青山高耸，古木杈丫，山中有一茅舍，一士子品茗读书，并题诗曰"买得青山只种茶，峰前峰后摘青芽，煮前已得前人法，蟹眼松风联自嘉"。茶诗中也有大量描写茗山水间的作品，表达了文人们以茶来追求，寄情于山水，心融于山水的思想境界。如苏轼的《汲江煎茶》一诗："活水还须活火煎，自临钓石取深情。大瓢贮月归春瓮，小勺分江入夜瓶。雪乳已翻煎前脚，松风呼作泻时声。枯肠未易禁三碗，坐听荒城长短更。"还如钱起的《与赵莒茶宴》写道："竹下忘言对紫茶，全胜羽客醉流霞。尘心洗尽兴难尽，一树蝉声片影斜。"从诗话里可以看出，无不充分体现了道家的天地人思想，文人与自然融为一体，通过茶这种饮品，去感悟茶道、天道、人道。正因为道家"天人合一"的哲学思想融入了茶道精神之中，在茶人心里充满着对大自然的无比热爱，茶人有着回归自然、亲近自然的强烈渴望，所以茶人最能领悟到"物我玄会"的绝妙感受。

道家的另一指导思想是尊生乐生，道家认为人活在世上是一件快乐的事情，为了让自己的一生过得更加快乐，不是消极的等待来生，而是主张适应自然规律，把自己融合在自然中，做到天人合一。

道家对养性与养气很重视，把它们看得比养身还重要，以为只有养性为本，养身为辅，才是真正的养生目的。由于茶的自然功效很多，一可解毒，二可健体，三可养生，四能清心，五能修身，道家认为茶乃草中英，食之可以祛疾养生；道家主张静修，而茶是清灵之物，通过饮茶能使自己的静修得到提高，于是茶成了道家修行的必需之物。道家品茶主要从养生贵生的目的出发，以茶助长功行内力。

二、佛教与茶

佛教传入中国大约在两汉时期，当时在西南的四川一带已有饮茶的记载，传说最早人工种植茶树的还是四川雅安甘露寺祖师吴理真。到了西晋、南北朝之际，是中国佛教发展史上的第一个高峰期，也是茶文化的萌发期，茶已在许多士大夫特别是南渡的士大夫之间流行，并且有以茶养廉，以茶祭祀的习俗。茶也是在这时进入佛教僧侣的圈子，陆羽在《茶经》中多次引述了两晋和南朝时僧侣饮用茶叶的史料。

禅宗修行的内容是戒、定、慧。所谓“戒”，即是止欲，佛教的五戒是不杀生，不偷盗，不邪淫，不妄语，不饮酒；“定、慧”，就是要求僧侣坐禅修行，息心静坐，心无杂念，以此来体悟大道。由于长时间坐禅容易产生疲劳，不少僧侣因打瞌睡而烦恼，而茶具有提神益思、生津解渴的药理功效，加上本身所含的丰富的营养物质，对于坐禅修行的僧侣非常有帮助，因此有了茶与佛教的结缘，最早的契机可能是茶的破睡功能。随后，佛教僧侣对茶有了进一步的认识，发现茶味苦中微带甜味，而且茶汤清淡洁净，适合佛教提倡的寂寞淡泊的人生态度，加上饮茶有助于参禅悟道的神奇功能，对茶的认识从物质层面而上升到精神层面，发现了茶与禅的某种内在的契合点，然后加以提炼，逐步形成了“禅茶一味”的理念，“禅茶一味”已成为茶文化中的一个亮点。

正因为茶具有清新雅逸的自然天性，能使人静心、静神，有助于陶冶情操、去除杂念、修炼身心，这恰与中国人提倡的“清静、恬淡”的哲学思想合拍，也符合中国传统儒道佛三家追求的“内省修行”的思想，所以我国历代的文人骚客、社会名流、商贾官吏、佛道人士等都以尚茶饮茶为荣，通过茶这个媒介，通过饮茶的过程来修身养性。中国的茶文化精神是以道家的天人合一、天地人三才思想来提携，以儒家中庸和谐的思想为指导，以佛家“普渡众生”的精神为宗旨，而成为浓缩中国传统思想精华的一个文化体系。

第三节　中国茶道

“茶道”两字最早出自唐代封演所著的《封氏闻见记》，曰：“楚人陆鸿渐为茶论，说茶之功效……，又因鸿渐之广润色之，于是茶道大行。王公朝士无不饮者。”故茶道大概最初为喝茶之道。随着社会经济、文化和科学的发展，茶道涵义逐渐拓展和深化，现代茶叶专家吴觉农先生的《茶经述评》认为“把茶视为珍贵、高尚的饮料。饮茶是一种精神上的享受，是一种艺术，或是一种修身养性的手段。”庄晚芳先生认为“茶道是一种通过饮茶的方式，对人民进行礼法教育、道德修养的一种礼式”。作家周作人先生在

《恬适人生——吃茶》一书中写道“茶道用平凡的话说，可以称作忙里偷闲，苦中作乐，在不完全的现实享受一点美与和谐，在刹那间体会永久。”丁文先生则在《中国茶道》一书中将茶道定义为：“茶道是一种文化艺能，是茶事与文化的完美结合，是修养与教化的手段”。

其实，茶道一词无论如何解释都离不开一个“道”字，老子曰：“道，可道，非常道”，“道”的原则就是从事物的本质上去理解。从人们的心灵中去感受，是一种看不见，摸不着的东西。因此，茶道应该是“茶”的精神、道理、规律、本源与本质，是有形的“茶”与无形的“神”的有机结合。

茶道从产生至今，经历了不同的历史时期和文化背景，形成了多种流派。古代以茶为主线可将茶道划分为贵族茶道、雅士茶道、禅宗茶道与世俗茶道。贵族茶道讲究“茶之礼”，旨在显示富贵；雅士茶道追求“茶之韵”，重在艺术欣赏；禅宗茶道强调“茶之德”，意在参禅悟道；世俗茶道发生于“茶之味”，以在享受人生。

现今，中国茶道融合了佛、儒、道诸家思想的精华。茶道既然是一种精神，就会带有一定的民族意识。日本人将它引申为“和、敬、清、寂”，韩国人则引申为“清、敬、和、乐”。中国茶道同样也渗透了中华民族的文化意识，台湾茶人吴振铎先生把它总结为“清、敬、怡、真”，即清廉洁净，对人亲敬，怡亲和好，真心主善。庄晚芳先生则把这种精神视为“茶德”，同时也总结出四个字“廉、美、和、敬”，即廉俭有德，美真康乐，和睦相处，敬爱为人。

由此可见，中国茶道虽然吸收了佛、道、儒三家的思想精华，但受儒家思想影响最为深刻，集中体现了儒家的中庸与和谐。随着社会的进步，思想的发展，中国茶道融合了现代思想和内容，它更符合国情，有利社会健康发展。

第四节　茶艺与茶艺表演

一、茶　艺

茶艺是指饮茶的艺术，是茶道的外在表现形式。“茶艺”一词的提出是前几年的事，它包括艺茶、制茶、品茶、论水、择器、意境等内容。中国人饮茶大有讲究，如果只是为了解渴，称之为“喝茶”，如果是细品慢啜，重视物质的功能和保健作用，甚至有一定的操作技能和必备工具，称之为“品茶”；如果进一步升华，讲究茶之质量、冲泡技艺、精论茶具及品茗环境，成为一种专门学问，就可以称得上是“茶艺”。丁文先生认为：“茶艺指制茶、烹茶、饮茶的技术，技术达到炉火纯青便成为一门艺术”。台湾茶艺专家季野先生认为："茶艺是以茶为主体，将艺术融于生活以丰富生活的一种人文主张，其目的在于生活而不在于茶。"

茶艺精湛必须具备"四要三法"，"四要"指精茶、真水、活火、妙器；"三法"指制茶法、烹茶法、饮茶法。茶艺的第一工夫是识茶，即靠感官器官评定茶叶的质量，包括茶叶的色、香、味、形；其次，好茶还要好水，古人云："茶者，水之神；水者，茶之体。非真水莫显其神，非精茶曷窥其体"，一语道破茶与水的关系。"四要三法"是茶艺的基础，环境也是茶艺不可忽视的一个环节，即使"四要三法"再精湛，缺乏一个宁静美好的环境也是无法体验茶艺之真谛的。因此，茶艺不仅是一种生活艺术，更重要的是使人们在自然之间，享受天地之精华，得到人体的最大平衡。

二、茶艺表演

以一定的规范和程序进行不同茶类的冲泡和品饮，并赋予一定的文化内涵即是我们通常所说的"茶艺表演"。它不同于一般的表演，是一门高雅的艺术，浸润着中国的传统文化，飘逸着中国人特有的清淡、恬静的人文气息。因此，对茶艺表演者来说，不仅要讲究外在形象，而且要注重气质的培养。在形象上要具备：① 自然和谐，即动作、手势、体态、姿态的和谐以及表情、眼神、服饰整体的自然统一；② 从容优雅；③ 精神稳重。在气质方面要求有深厚的文化底蕴和完美的艺术表达；在服饰方面表演者装扮要化妆清新淡雅，服装得体大方符合主题。

我国的茶叶种类繁多，历史悠久。在长期的发展过程中，各地、各民族形成了各具特色的饮茶习俗与之呼应，茶艺表演的种类也千姿百态，多姿多彩。目前流行的茶艺表演可分三种。一种是在演出场所由专业人员表演，这一类表演往往高于生活，强调以艺为主，以技辅艺，突出茶艺的欣赏功能。可称之为"表演性茶艺"。另一种表演多发生在茶馆、茶室等场所，表演者和欣赏者多为茶界人士或饮茶爱好者，主要是表演者根据茶类不同，通过一定的泡茶技巧和选用不同的茶具及泡茶用水，充分展示茶叶的内在质量，这一类表演技艺结合、相得益彰，表演者和欣赏者都可以从中陶冶情操、修养身心，可称之为"实用性茶艺"，这也是目前最为流行的茶艺表演。还有一种表演发生在寻常百姓中，将品茶和泡茶技巧融合在一起，参加人员多则七八个，少则一两个，以技为主，以艺辅技，自娱自乐，其乐融融，可称之为"大众茶艺"。其实，茶艺表演的层次和形式可以根据茶类、场所及欣赏角度不同进行调整，但无论形式如何变化，茶艺表演的整个过程都应始终贯彻着"茶道精神"或"茶德"，只有这样才能达到茶艺表演的最高境界。

三、盖碗、陶壶茶艺动作及解析

（一）盖碗（分杯）茶艺

盖碗，又称“三才杯”，其杯盖为天、杯身为人、杯托为地，暗含天地人三才合一之意。盖碗可以冲泡六大茶类，具有简便、实用的特点。

1. 环境要求

泡茶室一般要求室内光线柔和、明亮、无阳光直射；应保持幽静、无杂音；应整洁、无异味，冲泡者、品饮者均不着浓妆。泡茶室应保持温度、湿度舒适。

2. 冲泡流程

备器—备水—布席—净手—展具—温杯—赏茶—投茶—润茶—高冲—出汤—分茶—奉茶—品茶—续茶—收具。

1）备　器

主泡器：盖碗一，公道杯一。

品饮器：品茗杯三（含杯托）。

煮水器：汤壶或者随手泡各一。

备茶器：茶荷、茶匙各一。

辅助器：茶巾、水盂、花器（含花）、奉茶盘、茶桌、座椅各一；铺垫若干。

选用器具必须符合GB 13121—1991《陶瓷食具容器卫生标准》和GB 17762—1999《耐热玻璃器具的安全与卫生要求》的要求。使用前需清洗干净。

2）备　水

泡茶用水应符合GB 5749—2006《生活饮用水卫生标准》、GB 8537—2018《食品安全国家标准 饮用天然矿泉水》、GB 17323—1998《瓶装饮用纯净水》、GB 19298—2014《食品安全国家标准包装饮用水》的要求。

好的泡茶用水除了达到饮用水的标准外，还需具备“轻、清、甘、冽、活”五个特点。即水质要清、水体要轻、水味要甘、水温要冽、水源要活。一般来说，山泉水为上，江水次之，如用井水，深井水较佳。虽然山泉水是泡茶的最佳选择，但不容易得到，故常常选用容易获得的矿泉水、纯净水，并要求其清洁无污染、低矿度化、低硬度（即软水）、中性或微酸性（pH6.5左右）。若使用城市自来水，宜采用过滤处理后再使用，亦可预先贮于缸中放置一段时间让氯气逸失后再冲泡茶叶。

择水重要，煮水亦重要。一要掌握好火候，一沸太稚，不能充分泡出茶香，三沸太老，溶解于水中的二氧化碳全部逸失，不能充分体现茶汤的鲜爽感，故二沸最宜；二要掌握好水温，冲泡名优绿茶以75℃左右为宜，冲泡普通绿茶以80℃左右为宜，冲泡花茶、红茶、低档绿茶以90℃左右为宜，冲泡乌龙茶、黑茶、紧压茶以95℃以上为宜，最好为100℃沸水。

3）布　席

将茶器按使用的方便性放到合适的位置上。盖碗和公道杯位于司茶正前方，品茗杯呈直线状依次排开，或摆成品字形，茶巾叠放于司茶正前方靠近手的位置，司茶左边为水盂、奉茶盘，司茶右边为汤壶、茶荷、茶匙。布席完毕后，司茶落座，行鞠躬礼（图17–2、图17–3）。

图17–2 布席

图17–3 鞠躬礼

4）净　手

保证双手洁净的要求有：禁止留过长的指甲；禁止使用有色指甲油；禁止使用香味浓的洗手液；禁止使用香水。泡茶之前，需要洁净双手，以契合茶之洁雅品性，同时表达对来宾的敬意（图17–4）。

图17–4 净手

5）展　具

向宾客展示泡茶所用的盖碗、品茗杯等主要器具。展示盖碗时，双手将盖碗拿起置于胸前，然后左手托杯托，右手轻轻搭在杯盖盖钮上，展示一圈，眼随手动，以达到与宾客进行良好交流的目的。展示品茗杯时，主要将杯的内壁展示给宾客，一般选用白瓷内壁，便于观赏汤色（图17–5、图17–6）。

图17–5 展盖碗　　图17–6 展品茗杯

6）温　杯

用沸水烫洗盖碗、公道杯、品茗杯等茶具。往盖碗内注入沸水七分满，将热水从盖碗到公道杯、品茗杯依次进行。温杯不仅可以清洁器皿，还可以提升器具温度，有利于茶香的散发（图17–7、图17–8）。

图17–7 温杯（一）　　图17–8 温杯（二）

7）赏　茶

双手捧取茶荷，观赏茶叶的外形、色泽、匀净度，茶荷横向倾斜15°推向前，由右至左慢速让客人观赏，再嗅闻干茶香（图17–9）。

图17–9 赏茶

8）投　茶

图 17-10 投茶

左手拿茶荷，右手拿茶匙，分三次将茶叶缓缓拨入盖碗内。冲泡茶叶的茶水比一般为1∶50，如茶叶3g，水150mL。喜浓者投茶量可多些，浸泡时间适当延长；喜淡者投茶量可少些，浸泡时间适当缩短（图17-10）。

9）润　茶

图 17-11 润茶

手持水壶沿盖碗内侧逆时针注水二至三圈，水量以浸没茶叶为宜，再轻轻摇动杯身，使茶叶充分浸润（图17-11）。

10）高　冲

手持水壶定点高冲，水流直冲而下，充分激荡茶叶，茶叶在杯中翻动，有利于茶汤滋味的形成和香气的散发。注水量到盖碗杯身与杯盖相接处即可（图17-12）。

图 17-12 高冲

11）出汤、分茶

茶叶在盖碗中浸泡到合适浓度时，右手拿盖碗将茶汤直接倒入公道杯或经茶滤至公道杯，持公道杯以平均分茶法将茶汤分倒入品茗杯内。分茶的茶量以七分满为原则，留下三分情意长。低斟的目的是使各杯中的茶汤浓淡一致，同时也可以避免茶汤溅出杯外和汤面形成泡沫而影响对茶的品赏（图17-13、图17-14）。

图 17-13 出汤

图 17-14 分茶

12）奉　茶

将品茗杯杯底沾茶巾后，放置在茶托上，双手端起杯托，行“举案齐眉”礼奉茶（图17–15、图17–16）。

图17–15 双手端杯托　　图17–16 奉茶

13）品　茶

先右手持杯，观赏汤色之美；再移至口鼻下方，徐徐吸气，嗅闻茶汤香气；最后轻啜茶汤，让茶汤与口腔充分接触，细细感受茶汤的滋味。品茶时女性可右手“三龙护鼎”持杯，辅以左手指轻托茶杯底，男性可单手持杯（图17–17）。

图17–17 闻香

14）续　茶（重复多次冲泡—出汤—分茶—品茶）

续冲泡：第二泡浸泡15~30s，之后逐泡递增5~15s。

续分茶：将公道杯中的茶水分斟至品茗杯中，以七分满为宜。

续品茶：品每一泡茶的香气、滋味的持久性。

15）收　具

将所有的泡茶器具收拾好，各项用具归位，司茶在座位上行鞠躬礼，以示结束（图17–18、图17–19）。

图17–18 收具　　图17–19 鞠躬礼

（二）陶壶茶艺

用陶壶冲泡茶叶，可以使茶叶在高温闷泡下色香味更佳。这一冲泡法适用于乌龙茶、黑茶。

1. 环境要求

泡茶室一般要求室内光线柔和、明亮、无阳光直射；应保持幽静、无杂音；应整洁、无异味，冲泡者、品饮者均不着浓妆。泡茶室应保持温度、湿度舒适。

2. 冲泡流程

备器—备水—布席—净手—展具—温杯—赏茶—投茶—润茶—高冲—出汤—分茶—奉茶—品茶—续茶—收具。

1）备　器

主泡器：陶壶一，公道杯一，壶承一。

品饮器：品茗杯3只（含杯托）。

煮水器：汤壶或者随手泡各一。

备茶器：茶荷、茶匙各一。

辅助器：茶巾、水盂、花器（含花）、奉茶盘、茶桌、座椅各一；铺垫若干。

选用器具必须符合GB 13121—1991《陶瓷食具容器卫生标准》和GB 17762—1999《耐热玻璃器具的安全与卫生要求》的要求。使用前需清洗干净。

2）备　水

泡茶用水应符合GB 5749—2006《生活饮用水卫生标准》、GB 8537—2018《食品安全国家标准 饮用天然矿泉水》、GB 17323—1998《瓶装饮用纯净水》、GB 19298—2014《食品安全国家标准包装饮用水》的要求。

好的泡茶用水除了达到饮用水的标准外，还需具备“轻、清、甘、冽、活”五个特点。即水质要清、水体要轻、水味要甘、水温要冽、水源要活。一般来说，山泉水为上，江水次之，如用井水，深井水较佳。虽然山泉水是泡茶的最佳选择，但不容易得到，故常常选用容易获得的矿泉水、纯净水，并要求其清洁无污染、低矿度化、低硬度（即软水）、中性或微酸性（pH6.5左右）。若使用城市自来水，宜采用过滤处理后再使用，亦可预先贮于缸中放置一段时间让氯气逸失后再冲泡茶叶。

择水重要，煮水亦重要。一要掌握好火候，一沸太稚，不能充分泡出茶香，三沸太老，溶解于水中的二氧化碳全部逸失，不能充分体现茶汤的鲜爽感，故二沸最宜；二要掌握好水温，冲泡乌龙茶、黑茶以95℃以上为宜，最好为100℃的沸水。

3）布　席

将茶器按使用的方便性放到合适的位置上。陶壶和公道杯位于司茶正前方，品茗杯呈直线状依次排开，或摆成品字形，茶巾叠放于司茶正前方靠近手的位置，司茶左边为水盂、奉茶盘，司茶右边为汤壶、茶荷、茶匙。布席完毕后，司茶落座，行鞠躬礼（图17–20）。

图17–20 布席

4）净　手

保证双手洁净的要求有：禁止留过长的指甲；禁止使用有色指甲油；禁止使用香味浓的洗手液；禁止使用香水。泡茶之前，需要洁净双手，以契合茶之洁雅品性，同时表达对来宾的敬意（图17–21、图17–22）。

图17–21 净手（一）

图17–22 净手（二）

5）展　具

向宾客展示泡茶所用的陶壶、品茗杯等主要器具。展示陶壶时，右手拿壶，左手轻托壶底，展示一圈，眼随手动，以达到与宾客进行良好交流的目的。展示品茗杯时，主要将杯的内壁展示给宾客，一般选用白瓷内壁，便于观赏汤色（图17–23、图17–24）。

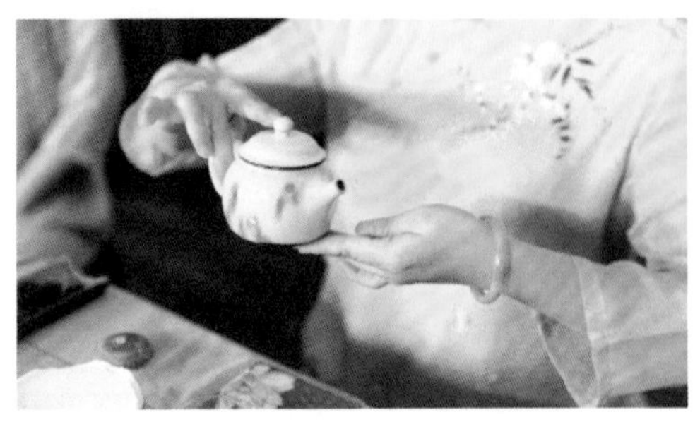
图 17-23 展壶

图 17-24 展品茗杯

6）温　杯

用沸水烫洗陶壶、公道杯、品茗杯等茶具。往陶壶内注入沸水七分满，将热水从陶壶倒到公道杯、品茗杯依次进行。温杯不仅可以清洁器皿，还可以提升器具温度，有利于茶香的散发（图 17-25、图 17-26）。

图 17-25 温杯（一）

图 17-26 温杯（二）

7）赏　茶

双手捧取茶荷，观赏茶叶的外形、色泽、匀净度，茶荷横向倾斜 15° 推向前，由右至左慢速让客人观赏，再嗅闻干茶香（图 17-27）。

图 17-27 赏茶

8）投　茶

左手拿茶荷，右手拿茶匙，分三次将茶叶缓缓拨入壶内。冲泡茶叶的茶水比一般为 1∶50，如茶叶 3g，水 150mL。喜浓者投茶量可多些，浸泡时间适当延长；喜淡者投茶量可少些，浸泡时间适当缩短（图 17-28）。

图 17-28 投茶

9）润　茶

手持水壶沿壶内侧逆时针注水二三圈，水量以浸没茶叶为宜，再轻轻摇动杯身，使茶叶充分浸润（图17–29）。

图17–29 润茶

10）高　冲

冲泡水温以现开现泡为佳。手持水壶定点高冲，水流直冲而下，充分激荡茶叶，茶叶在壶中翻动，有利于茶汤滋味的形成和香气的散发。注水量约为壶的九分满（图17–30）。

图17–30 高冲

11）出汤、分茶

茶叶在壶中浸泡到合适浓度时，右手执壶将茶汤直接倒入公道杯或经茶滤至公道杯。若公道杯是透明的玻璃材质，此时可带领来宾一同欣赏公道杯中的汤色（图17–31、图17–32）。

图17–31 出汤

持公道杯以平均分茶法将茶汤分倒入品茗杯内，分茶的茶量以七分满为原则，留下三分情意长。低斟的目的是使各杯中的茶汤浓淡一致，同时也可以避免茶汤溅出杯外和汤面形成泡沫而影响对茶的品赏（图17–33）。

图17–32 观赏汤色

图17–33 分茶

12）奉　茶

将品茗杯杯底沾茶巾后，放置在茶托上，双手端起杯托，行“举案齐眉”礼奉茶。后将两杯放置在奉茶盘中，顺势起身，端起奉茶盘，走到宾客席前行伸掌礼将茶奉出。奉茶完毕，端奉茶盘返位，奉茶盘归位后落座（图17–34、图17–35）。

图17–34 举案齐眉礼

图17–35 伸掌礼

13）品　茶

先右手持杯，观赏汤色之美；再移至口鼻下方，徐徐吸气，嗅闻茶汤香气；最后轻啜茶汤，让茶汤与口腔充分接触，细细感受茶汤的滋味。品茶时女性可右手“三龙护鼎”持杯，辅以左手指轻托茶杯底，男性可单手持杯（图17–36）。

14）续茶（重复多次冲泡—出汤—分茶—品茶）

续冲泡：第二泡浸泡15~30s，之后逐泡递增5~15s。

续分茶：将公道杯中的茶水分斟至品茗杯中，以七分满为宜。

续品茶：品每一泡茶的香气、滋味的持久性。

图17–36 品茶

15）收　具

将所有的泡茶器具收拾好，各项用具归位，司茶在座位上行鞠躬礼，以示结束（图17–37）。

图17–37 鞠躬礼

参考文献

刘富知. 茶作学[M]. 北京：海南出版社，1993.

朱旗主. 茶学概论[M]. 北京：中国农业出版社，2013.

陈宗懋，杨亚军. 茶经[M]. 修订版. 上海：上海文化出版社，2011.

陈宗懋. 中国茶产业可持续发展战略研究[M]. 杭州：浙江大学出版社，2011.

杨亚军. 中国茶树栽培学[M]. 上海：上海科学技术出版社，2005.

宛晓春. 茶叶生物化学[M].3 版. 北京：中国农业出版社，2003.

董启庆. 茶树栽培学[M].3 版. 北京：中国农业出版社，2000.

姜用文. 中国茶产品加工[M].2 版. 上海：上海科学技术出版社，2011.

湖南农学院. 茶树育种学[M].2 版. 北京：中国农业出版社，1989.

施兆鹏. 茶叶加工学[M]. 北京：中国农业出版社，1997.

安徽农学院. 制茶学[M].2 版. 北京：中国农业出版社，1991.

陆松侯，施兆鹏. 茶叶审评与检验[M].3 版. 北京：中国农业出版社，2001.

谭济才. 茶树病虫防治学[M].2 版. 北京：中国农业出版社，2011.

金心怡. 茶业机械学[M]. 北京：中国农业出版社，2018.

湖南农学院茶栽教研室. 茶树栽培学[M].[内部资料]，1974.

湖南农学院制茶教研室. 茶叶制造讲义[M].[内部资料]，1974.

湖南农学院. 茶树栽培与茶叶制造[M]. 长沙：湖南科学技术出版社，1980.

江西省婺源茶叶学校和安徽省屯溪茶叶学校. 茶树病虫害防治[M]. 北京：中国农业出版社，1980.

庄晚芳. 茶作学[M]. 北京：中国财政经济出版社，1956.

陈兴琰. 茶树栽培与生理[M]. 北京：中国农业出版社，1981.

陈椽. 茶药学[M]. 北京：中国展望出版社，1987.

程启坤. 茶化浅析[M]. 杭州：中国农业科学院茶叶研究所情报资料研究室，1982.

陈祖规，朱自振. 中国茶叶历史资料选辑[M]. 北京：中国农业出版社，1981.

潘根生，王正周. 茶树栽培生理[M]. 上海：上海科学技术出版社，1986.

丁可珍.采茶和制茶[M].北京：中国农业出版社，1982.

文世银.工夫红茶初精制与审评[M].长沙：湖南省经济作物局，1988.

湖南省经济作物局.采茶机的使用与维修技术[M].[内部资料]，1990.

施兆鹏，刘仲华.湖南十大名茶[M].北京：中国农业出版社出版，2007.

中国茶叶学会和中国茶叶进出口公司.中国茶叶与健康[M].北京：中国对外经济贸易出版社，1990.

金国梁，陈月明，杜煦电.养生治病茶疗方[M].上海：上海科学技术出版社，1991.

安徽省农业科学研究院祁门茶叶研究所和安徽省徽州地区茶学会.茶叶生产二百题[M].北京：中国农业出版社，1991.

注：本书还参阅了部分现行茶叶刊物：《茶叶科学》（中国茶叶学会编辑）、《中国茶叶》（中国农业科学院茶叶研究所出版）、《茶叶文摘》（中国农业科学院茶叶研究所出版）、《茶叶》（浙江省科学技术协会出版）、《茶叶通讯》（湖南省茶叶学会出版）、《茶业通报》（安徽省茶业学会出版）、《中国茶叶加工》（商业部杭州茶叶加工研究所和全国茶叶加工科技情报中心站）等。

附录

茶叶感官审评方法（GB/T 23776—2018）

1 范　围

本标准规定了茶叶感官审评的条件、方法及审评结果与判定。

本标准适用于各类茶叶的感官审评。

2 规范性引用文件

下列文件对于本文件的应用是必不可少的。凡是注日期的引用文件，仅注日期的版本适用于本文件。凡是不注日期的引用文件，其最新版本（包括所有的修改单）适用于本文件。

GB 5749 生活饮用水卫生标准

GB/T 8302 茶 取样

GB/T 14487 茶叶感官审评术语

GB/T 15608 中国颜色体系

GB/T 18797 茶叶感官审评室基本条件

3 术语和定义

下列术语和定义适用于本文件。

3.1 茶叶感官审评 sensory evaluation of tea

审评人员运用正常的视觉、嗅觉、味觉、触觉等辨别能力，对茶叶产品的外形、汤色、香气、滋味与叶底等品质因子进行综合分析和评价的过程。

3.2 粉茶 tea powder

磨碎后颗粒大小在0.076mm（200目）及以下的直接用于食用的茶叶。

4 审评条件

4.1 环　境

应符合GB/T 18797的要求。

4.2 审评设备

4.2.1 审评台

干性审评台高度800~900mm，宽度600~750mm，台面为黑色亚光；湿性审评台高度750~800mm，宽度450~500mm，台面为白色亚光。审评台长度视实际需要而定。

4.2.2 评茶标准杯碗

白色瓷质，颜色组成应符合GB/T 15608中的中性色的规定，要求N ≥ 9.5。大小、厚薄、色泽一致。

根据审评茶样的不同分为：

初制茶（毛茶）审评杯碗：杯呈圆柱形，高75mm、外径80mm、容量250mL。具盖，盖上有一小孔，杯盖上面外径92mm，与杯柄相对的杯口上缘有三个呈锯齿形的滤茶口。口中心深4mm，宽2.5mm。碗高71mm，上口外径112mm，容量440mL，具体参照GB/T 23776—2018附录A中A.1。

精制茶（成品茶）审评杯碗：杯呈圆柱形，高66mm，外径67mm，容量150mL。具盖，盖上有一小孔，杯盖上面外径76mm。与杯柄相对的杯口上缘有三个呈锯齿形的滤茶口，口中心深3mm，宽2.5mm。碗高56mm，上口外径95mm，容量240mL，具体参照GB/T 23776—2018附录A中A.2。

乌龙茶审评杯碗：杯呈倒钟形，高52mm，上口外径83mm，容最110mL。具盖，盖外径72mm。碗高51mm，上口外径95mm，容量160mL，具体参照GB/T 23776—2018附录A中A.3。

4.2.3 评茶盘

木板或胶合板制成，正方形，外围边长230mm，边高33mm，盘的一角开有缺口，缺口呈倒等腰梯形，上宽50mm，下宽30mm。涂以白色油漆，无气味。

4.2.4 分样盘

木板或胶合板制，正方形，内围边长320mm，边高35mm。盘的两端各开一缺口，涂以白色，无气味。

4.2.5 叶底盘

黑色叶底盘和白色搪瓷盘。黑色叶底盘为正方形，外径：边长100mm，边高15mm，供审评精制茶用；搪瓷盘为长方形，外径：长230mm，宽170mm，边高30mm。一般供审评初制茶叶底用。

4.2.6 扦样匾（盘）

扦样匾，竹制，圆形，直径1000mm，边高30mm，供取样用。

扦样盘，木板或胶合板制，正方形，内围边长500mm，边高35mm。盘的一角开一缺口，涂以白色，无气味。

4.2.7　分样器

木制或食品级不锈钢制，由4个或6个边长120mm，高250mm的正方体组成长方体分样器的柜体，4脚、高200mm，上方敞口、具盖，每个正方体的正面下部开一个90mm×50mm的口子，有挡板，可开关。

4.2.8　称量用具

天平，感量0.1g。

4.2.9　计时器

定时钟或特制砂时计，精确到秒。

4.2.10　其他用具

其他审评用具如下：

刻度尺：刻度精确到毫米；

网匙：不锈钢网制半圆形小勺子，捞取碗底沉淀的碎茶用；

茶匙：不锈钢或瓷匙，容量约10mL；

烧水壶：普通电热水壶，食品级不锈钢，容量不限；

茶筅：竹制，搅拌粉茶用。

4.3　审评用水

审评用水的理化指标及卫生指标应符合GB 5749的规定。同一批茶叶审评用水水质应一致。

4.4　审评人员

4.4.1　茶叶审评人员应获有《评茶员》国家职业资格证书，持证上岗。

4.4.2　身体健康，视力5.0及以上，持《食品从业人员健康证明》上岗。

4.4.3　审评人员开始审评前更换工作服，用无气味的洗手液把双手清洗干净，并在整个操作过程中保持洁净。

4.4.4　审评过程中不能使用化妆品，不得吸烟。

5 审　评

5.1　取样方法

5.1.1　初制茶取样方法

5.1.1.1　匀堆取样法：将该批茶叶拌匀成堆，然后从堆的各个部位分别扦取样茶，扦样点不得少于八点。

5.1.1.2　就件取样法：从每件上、中、下、左、右五个部位各扦取一把小样置于扦样匾（盘）中，并查看样品间品质是否一致。若单件的上、中、下、左、右五部分样品差异明显，应将该件茶叶倒出，充分拌匀后，再扦取样品。

5.1.1.3 随机取样法：按GB/T 8302规定的抽取件数随机抽件，再按就件扦取法扦取。

5.1.1.4 上述各种方法均应将扦取的原始样茶充分拌匀后，用分样器或对角四分法扦取100~200g二份作为审评用样，其中一份直接用于审评，另一份留存备用。

5.1.2 精制茶取样方法

按照GB/T 8302规定执行。

5.2 审评内容

5.2.1 审评因子

5.2.1.1 初制茶审评因子

按照茶叶的外形（包括形状、嫩度、色泽、整碎和净度）、汤色、香气、滋味和叶底“五项因子”进行。

5.2.1.2 精制茶审评因子

按照茶叶外形的形状、色泽、整碎和净度，内质的汤色、香气、滋味和叶底“八项因子”进行。

5.2.2 审评因子的审评要素

5.2.2.1 外 形

干茶审评其形状、嫩度、色泽、整碎和净度。

紧压茶审评其形状规格、松紧度、匀整度、表面光洁度和色泽。分里、面茶的紧压茶，审评是否起层脱面，包心是否外露等。茯砖加评“金花”是否茂盛、均匀及颗粒大小。

5.2.2.2 汤 色

茶汤审评其颜色种类与色度、明暗度和清浊度等。

5.2.2.3 香 气

香气审评其类型、浓度、纯度、持久性。

5.2.2.4 滋 味

茶汤审评其浓淡、厚薄、醇涩、纯异和鲜钝等。

5.2.2.5 叶 底

叶底审评其嫩度、色泽、明暗度和匀整度（包括嫩度的匀整度和色泽的匀整度）。

5.3 审评方法

5.3.1 外形审评方法

5.3.1.1 将缩分后的有代表性的茶样100~200g，置于评茶盘中，双手握住茶盘对角，用回旋筛转法，使茶样按粗细、长短、大小、整碎顺序分层并顺势收于评茶盘中间呈圆馒头形，根据上层（也称面张、上段）、中层（也称中段、中档）、下层（也称下段、下脚），按5.2的审评内容，用目测、手感等方法，通过翻动茶叶、调换位置，反复察看比较外形。

5.3.1.2 初制茶按5.3.1.1方法，用目测审评面张茶后，审评人员用手轻轻地将大部分上、中段茶抓在手中，审评没有抓起的留在评茶盘中的下段茶的品质，然后，抓茶的手反转、手心朝上摊开，将茶摊放在手中，用目测审评中段茶的品质。同时，用手掂估同等体积茶（身骨）的重量。

5.3.1.3 精制茶按5.3.1.1方法，用目测审评面张茶后，审评人员双手握住评茶盘，用“簸”的手法，让茶叶在评茶盘中从内向外按形态呈现从大到小的排布，分出上、中、下档，然后目测审评。

5.3.2 茶汤制备方法与各因子审评顺序

5.3.2.1 红茶、绿茶、黄茶、白茶、乌龙茶（柱形杯审评法）

取有代表性茶样3.0g或5.0g，茶水比（质量体积比）1：50，置于相应的评茶杯中，注满沸水、加盖、计时，不同茶类选择不同冲泡时间（表1），依次等速滤出茶汤，留叶底于杯中，按汤色、香气、滋味、叶底的顺序逐项审评。

表1 各类茶冲泡时间

茶类	冲泡时间（min）
绿茶	4
红茶	5
乌龙茶（条型、卷曲型）	5
乌龙茶（圆结型、拳曲型、颗粒型）	6
白茶	5
黄茶	5

5.3.2.2 乌龙茶（盖碗审评法）

沸水烫热评茶杯碗，称取有代表性茶样5.0g，置于110mL倒钟形评茶杯中，快速注满沸水，用杯盖刮去液面泡沫，加盖。1min后，揭盖嗅其盖香，评茶叶香气，至2min沥茶汤入评茶碗中，评汤色和滋味。接着第二次冲泡，加盖，1~2min后，揭盖嗅其盖香，评茶叶香气，至3min沥茶汤入评茶碗中，再评汤色和滋味。第三次冲泡，加盖，2~3min后，评香气，至5min沥茶汤入评茶碗中，评汤色和滋味。最后闻嗅叶底香，并倒入叶底盘中，审评叶底。结果以第二次冲泡为主要依据，综合第一、第三次，统筹评判。

5.3.2.3 黑茶（散茶）（柱形杯审评法）

取有代表性茶样3.0g或5.0g，茶水比（质量体积比）1：50，置于相应的审评杯中，注满沸水，加盖浸泡2min，按冲泡次序依次等速将茶汤沥入评茶碗中，审评汤色、嗅杯中叶底香气、尝滋味后，进行第二次冲泡，时间5min，沥出茶汤依次审评汤色、香气、滋味、叶底。结果汤色以第一泡为主评判，香气、滋味以第二泡为主评判。

5.3.2.4 紧压茶（柱形杯审评法）

称取有代表性的茶样3.0g或5.0g茶水比（质屋体积比）1∶50，置于相应的审评杯中，注满沸水，依紧压程度加盖浸泡2~5min，按冲泡次序依次等速将茶汤沥入评茶碗中，审评汤色、嗅杯中叶底香气、尝滋味后，进行第二次冲泡，时间5~8min，沥出茶汤依次审评汤色、香气、滋味、叶底。结果以第二泡为主，综合第一泡进行评判。

5.3.2.5 花茶（柱形杯审评法）

拣除茶样中的花瓣、花萼、花蒂等花类夹杂物，称取有代表性茶样3.0g，置于150mL精制茶评茶杯中，注满沸水，加盖浸泡3min，按冲泡次序依次等速将茶汤沥入评茶碗中，审评汤色、香气（鲜灵度和纯度）、滋味；第二次冲泡5min，沥出茶汤，依次审评汤色、香气（浓度和持久性）、滋味、叶底。结果两次冲泡综合评判。

5.3.2.6 袋泡茶（柱形杯审评法）

取一茶袋置于150mL评茶杯中，注满沸水，加盖浸泡3min后揭盖上下提动袋茶两次（两次提动间隔1min），提动后随即盖上杯盖，至5min沥茶汤入评茶碗中，依次审评汤色、香气、滋味和叶底。叶底审评茶袋冲泡后的完整性。

5.3.2.7 粉茶（柱形杯审评法）

取0.6g茶样，置于240mL的评茶碗中，用150mL的审评杯注入150mL的沸水，定时3min并茶筅搅拌，依次审评其汤色、香气与滋味。

5.3.3 内质审评方法

5.3.3.1 汤 色

根据5.2的审评内容目测审评茶汤，应注意光线、评茶用具等的影响，可调换审评碗的位置以减少环境光线对汤色的影响。

5.3.3.2 香 气

一手持杯，一手持盖，靠近鼻孔，半开杯盖，嗅评杯中香气，每次持续2~3s，后随即合上杯盖。可反复1~2次。根据5.2的审评内容判断香气的质量。并热嗅（杯温约75℃）、温嗅（杯温约45℃）、冷嗅（杯温接近室温）结合进行。

5.3.3.3 滋 味

用茶匙取适量（5mL）茶汤于口内，通过吸吮使茶汤在口腔内循环打转，接触舌头各部位，吐出茶汤或咽下，根据5.2的审评内容审评滋味。审评滋味适宜的茶汤温度为50℃。

5.3.3.4 叶 底

精制茶采用黑色叶底盘，毛茶与乌龙茶等采用白色搪瓷叶底盘，操作时应将杯中的茶叶全部倒入叶底盘中，其中白色搪瓷叶底盘中要加入适量清水，让叶底漂浮起来。根据5.2的审评内容，用目测、手感等方法审评叶底。

6 审评结果与判定

6.1 级别判定

对照一组标准样品，比较未知茶样品与标准样品之间某一级别在外形和内质的相符程度（或差距）。首先，对照一组标准样品的外形，从外形的形状、嫩度、色泽、整碎和净度五个方面综合判定未知样品等于或约等于标准样品中的某一级别，即定为该未知样品的外形级别；然后从内质的汤色、香气、滋味与叶底四个方面综合判定未知样品等于或约等于标准样中的某一级别，即定为该未知样品的内质级别。未知样最后的级别判定结果计算按式（1）：

未知样的级别=（外形级别+内质级别）÷2 ……………………………………（1）

6.2 合格判定

6.2.1 评 分

以成交样或标准样相应等级的色、香、味、形的品质要求为水平依据，按规定的审评因子，即形状、整碎、净度、色泽、香气、滋味、汤色和叶底（表2）和审评方法，将生产样对照标准样或成交样逐项对比审评，判断结果按“七档制”（表3）方法进行评分。

表2 各类成品茶品质审评因子

茶类	外形				内质			
	形状（A）	整碎（B）	净度（C）	色泽（D）	香气（E）	滋味（F）	汤色（G）	叶底（H）
绿茶	√	√	√	√	√	√	√	√
红茶	√	√	√	√	√	√	√	√
乌龙茶	√	√	√	√	√	√	√	√
白茶	√	√	√	√	√	√	√	√
黑茶（散茶）	√	√	√	√	√	√	√	√
黄茶	√	√	√	√	√	√	√	√
花茶	√	√	√	√	√	√	√	√
袋泡茶	√	×	√	×	√	√	√	√
紧压茶	√	×	√	√	√	√	√	√
粉茶	√	×	√	√	√	√	√	×

注：“×”为非审评因子。

表3　七档制审评方法

七档制	评分	说明
高	+3	差异大，明显好于标准样
较高	+2	差异较大，好于标准样
稍高	+1	仔细辨别才能区分，稍好于标准样
相当	0	标准样或成交样的水平
稍低	−1	仔细辨别才能区分，稍差于标准样
较低	−2	差异较大，差于标准样
低	−3	差异大，明显差于标准样

6.2.2　结果计算

审评结果按式（2）计算：

$$Y = An + Bn + \cdots Hn \qquad (2)$$

式中：Y——茶叶审评总得分

An、Bn … Hn——表示各审评因子的得分

6.2.3　结果判定

任何单一审评因子中得−3分者判该样品为不合格。总得分≤−3分者该样品为不合格。

6.3　品质评定

6.3.1　评分的形式

6.3.1.1 独立评分

整个审评过程由一个或若干个评茶员独立完成。

6.3.1.2 集体评分

整个审评过程由三人或三人以上（奇数）评茶员一起完成。参加审评的人员组成一个审评小组，推荐其中一人为主评。审评过程中由主评先评出分数，其他人员根据品质标准对主评出具的分数进行修改与确认，对观点差异较大的茶进行讨论，最后共同确定分数，如有争论，投票决定。并加注评语，评语引用GB/T 14487。

6.3.2　评分的方法

茶叶品质顺序的排列样品应在两只（含两只）以上，评分前工作人员对茶样进行分类、密码编号，审评人员在不了解茶样的来源、密码条件下进行盲评，根据审评知识与品质标准，按外形、汤色、香气、滋味和叶底“五因子”，采用百分制，在公平、公正条件下给每个茶样每项因子进行评分，并加注评语，评语引用GB/T 14487。评分标准参见GB/T 23776—2018附录B中B.1~B.11。

6.3.3 分数的确定

6.3.3.1 每个评茶员所评的分数相加的总和除以参加评分的人数所得的分数。

6.3.3.2 当独立评分评茶员人数达五人以上，可在评分的结果中去除一个最高分和一个最低分，其余的分数相加的总和除以其人数所得的分数。

6.3.4 结果计算

6.3.4.1 将单项因子的得分与该因子的评分系数相乘，并将各个乘积值相加，即为该茶样审评的总得分。计算式如式（3）：

$$Y = A \times a + B \times b + \cdots E \times e \quad \cdots\cdots (3)$$

式中：Y——茶叶审评总得分

A、$B \cdots E$——表示各品质因子的审评得分

a、$b \cdots e$——表示各品质因子的评分系数

6.3.4.2 各茶类审评因子评分系数见下表（表4）。

表4 茶类审评因子评分系数（单位：%）

茶类	外形（a）	汤色（b）	香气（c）	滋味（d）	叶底（e）
绿茶	25	10	25	30	10
工夫红茶（小种红茶）	25	10	25	30	10
（红）碎茶	20	10	30	30	10
乌龙茶	20	5	30	35	10
黑茶（散茶）	20	15	25	30	10
紧压茶	20	10	30	35	5
白茶	25	10	25	30	10
黄茶	25	10	25	30	10
花茶	20	5	35	30	10
袋泡茶	10	20	30	30	10
粉茶	10	20	35	35	0

6.3.5 结果评定

根据计算结果审评的名次按分数从高到低的次序排列。

如遇分数相同者，则按“滋味→外形→香气→汤色→叶底”的次序比较单一因子得分的高低，高者居前。

茶叶感官审评术语（GB/T 14487—2017）

1 范　围

本标准界定了茶叶感官审评的通用术语、专用术语和定义。

本标准适用于我国各类茶叶的感官审评。

2 茶类通用

2.1　干茶形状

显毫 slightly tippy

有茸毛的茶条比例高。

多毫 fairly tippy

有茸毛的茶条比例较高，程度比显毫低。

披毫 tippy

茶条布满茸毛。

锋苗 tip

芽叶细嫩，紧结有锐度。

身骨 density

茶条轻重，也指单位体积的重量。

重实 heavy

身骨重，茶在手中有沉重感。

轻飘 light

身骨轻，茶在手中分量很轻。

匀整 even

匀齐 even

匀称 even

上中下三段茶的粗细、长短、大小较一致，比例适当，无脱档现象。

匀净 neat

匀齐而洁净，不含梗朴及其他夹杂物。

脱档 uneven

上下段茶多，中段茶少；或上段茶少，下段茶多，三段茶比例不当。

挺直 straight

茶条不曲不弯。

弯曲 bent

钩曲 curved

不直，呈钩状或弓状。

平伏 flat and even

茶叶在盘中相互紧贴，无松起架空现象。

细紧 wiry

茶叶细嫩，条索细长紧卷而完整，锋苗好。

紧秀 tight and slender

茶叶细嫩，紧细秀长，显锋苗。

挺秀 tender and straight

茶叶细嫩，造型好，挺直秀气尖削。

紧结 tight and heavy

茶条卷紧而重实。紧压茶压制密度高。

紧直 tight and straight

茶条卷紧而直。

紧实 tight

茶条卷紧，身骨较重实。紧压茶压制密度适度。

肥壮 fat and bold

硕壮 fat and bold

芽叶肥嫩身骨重。

壮实 sturdy

尚肥大，身骨较重实。

粗实 coarse and bold

茶叶嫩度较差，形粗大尚结实。

粗壮 coarse and sturdy

条粗大而壮实。

粗松 coarse and loose

嫩度差，形状粗大而松散。

松条 loose

松泡 loose

茶条卷紧度较差。

卷曲 curly

茶条紧卷呈螺旋状或环状。

盘花 spiral

先将茶叶加工揉捻成条形再炒制成圆形或椭圆形的颗粒。

细圆 fine round

颗粒细小圆紧，嫩度好，身骨重实。

圆结 round and tight

颗粒圆而紧结重实。

圆整 round and uniform

颗粒圆而整齐。

圆实 round and heavy

颗粒圆而稍大，身骨较重实。

粗圆 coarse and round

茶叶嫩度较差、颗粒稍粗大尚成圆。

粗扁 coarse and flat

茶叶嫩度差、颗粒粗松带扁。

团块 lumps of leaf

颗粒大如蚕豆或荔枝核，多数为嫩芽

叶粘结而成，为条形茶或圆形茶中加工有缺陷的干茶外形。

扁块 flat and lumpy

结成扁圆形或不规则圆形带扁的团块。

圆直 round and straight

浑直 round and straight

茶条圆浑而挺直。

浑圆 round

茶条圆而紧结一致。

扁平 flat

扁形茶外形扁坦平直。

扁直 flat and straight

扁平挺直。

松扁 loose and flat

茶条不紧而呈平扁状。

扁条 flat strip-type leaf

条形扁，欠浑圆。

肥直 fat and straight

芽头肥壮挺直。

粗大 large

比正常规格大的茶。

细小 small

比正常规格小的茶。

短钝 short and blunt

短秃 short and blunt

茶条折断，无锋苗。

短碎 short and broken

面张条短，下段茶多，欠匀整。

松碎 loose and broken

条松而短碎。

下脚重 heavy lower parts

下段中最小的筛号茶过多。

爆点 blister

干茶上的突起泡点。

破口 chop

折、切断口痕迹显露。

老嫩不匀 mixed

成熟叶与嫩叶混杂，条形与嫩度、叶色不一致。

2.2　干茶色泽

油润 bloom

鲜活，光泽好。

光洁 smooth and clean

茶条表面平洁，尚油润发亮。

枯燥 dry

干枯无光泽。

枯暗 dull dry

枯燥反光差。

枯红 dry red

色红而枯燥。

调匀 even colour

叶色均匀一致。

花杂 mixed

叶色不一，形状不一或多梗、朴等茶类夹杂物。

翠绿 jade green

绿中显青翠。

嫩黄 delicate yellow

金黄中泛出嫩白色，为白化叶类茶、黄茶等干茶、汤色和叶底特有色泽。

黄绿 yellowish green

以绿为主，绿中带黄。

绿黄 greenish yellow

以黄为主，黄中泛绿。

灰绿 greyish green

叶面色泽绿而稍带灰白色。

墨绿 dark green

乌绿 dark green

苍绿 deep pine green

色泽浓绿泛乌有光泽。

暗绿 dull green

色泽绿而发暗，无光泽，品质次于乌绿。

绿褐 greenish auburn

褐中带绿。

青褐 blueish auburn

褐中带青。

黄褐 yellowish auburn

褐中带黄。

灰褐 greyish auburn

色褐带灰。

棕褐 brownish auburn

褐中带棕。常用于康砖、金尖茶的干茶和叶底色泽。

褐黑 auburnish black

乌中带褐有光泽。

乌润 black bloom

乌黑而油润。

2.3 汤 色

清澈 clear

清净、透明、光亮。

混浊 suspension

茶汤中有大量悬浮物，透明度差。

沉淀物 precipitate

茶汤中沉于碗底的物质。

明亮 bright

清净反光强。

暗 dull

反光弱。

鲜亮 shiny

新鲜明亮。

鲜艳 bright

鲜明艳丽，清澈明亮。

深 deep

茶汤颜色深。

浅 light

茶汤色泽淡。

浅黄 light yellow

黄色较浅。

杏黄 apricot

汤色黄稍带浅绿。

深黄 deep yellow

黄色较深。

橙黄 orange

黄中微泛红，似橙黄色，有深浅之分。

橙红 orange red

红中泛橙色。

深红 deep red

红较深。

黄亮 bright yellow

黄而明亮，有深浅之分。

黄暗 dull yellow

色黄反光弱。

红暗 dull red

色红反光弱。

青暗 dull blue

色青反光弱。

2.4 香　气

高香 high aroma

茶香优而强烈。

高强 high and intensive aroma

香气高，浓度大，持久。

鲜爽 fresh and brisk

香气新鲜愉悦。

嫩香 tend aroma

嫩茶所特有的愉悦细腻的香气。

鲜嫩 fresh and tender

鲜爽带嫩香。

馥郁 fragrant and lasting

香气幽雅丰富，芬芳持久。

浓郁 strong and lasting

香气丰富，芬芳持久。

清香 clean and refreshing

清新纯净。

清高 clean and high

清香高而持久。

清鲜 clean and fresh

清香鲜爽。

清长 clean and lasting

清而纯正并持久的香气。

清纯 clean and pure

清香纯正。

甜香 sweet aroma

香气有甜感。

板栗香 chestnut aroma

似熟栗子香。

花香 flowery aroma

似鲜花的香气，新鲜悦鼻，多为优质乌龙茶、红茶之品种香，或乌龙茶做青适度的香气。

花蜜香 flowery and honey aroma

花香中带有蜜糖香味。

果香 fruity aroma

浓郁的果实熟透香气。

木香 woody aroma

茶叶粗老或冬茶后期，梗叶木质化，香气中带纤维气味和甜感。

地域香 regional aroma

特殊地域、土质栽培的茶树，其鲜叶加工后会产生特有的香气，如岩香、高山香等。

松烟香 smoky pine aroma

带有松脂烟香。

陈香 aroma after aging

茶质好，保存得当，陈化后具有的愉悦的香气，无杂、霉气。

纯正 pure and normal

茶香纯净正常。

平正 normal

茶香平淡，无异杂气。

香飘 weak

虚香 light

香浮而不持久。

欠纯 less pure

香气夹有其他的异杂气。

足火香 sufficient fired aroma

干燥充分，火功饱满。

焦糖香 caramel

干燥充足，火功高带有糖香。

高火 high-fired aroma

似锅巴香。茶叶干燥过程中温度高或时间长而产生，稍高于正常火功。

老火 over-fired aroma

茶叶干燥过程中温度过高，或时间过长而产生的似烤黄锅巴香，程度重于高火。

焦气 burnt odour

有较重的焦煳气，程度重于老火。

闷气 dull odour

沉闷不爽。

低 weak

低微，无粗气。

日晒气 sunshine odour

茶叶受太阳光照射后，带有日光味。

青气 grass odour

带有青草或青叶气息。

钝浊 dull and tainted

滞钝不爽。

青浊气 grassy and stunt

气味不清爽，多为雨水青、杀青未杀透或做青不当而产生的青气和浊气。

粗气 harsh

粗老叶的气息。

粗短气 harsh and coarse

香短，带粗老气息。

失风 off flavor

失去正常的香气特征但程度轻于陈气。多由燥后茶叶摊凉时间太长，茶暴露于空气中，或保管时未密封，茶叶吸潮引起。

陈气 stale odour

茶叶存放中失去新茶香味，呈现不愉快的类似油脂氧化变质的气味。

酸、馊气 sour odour

茶叶含水量高、加工不当、变质所出现的不正常气味。馊气程度重于酸气。

劣异气 tainted odour

茶叶加工或贮存不当产生的劣变气息或污染外来物质所产生的气息，如烟、焦、酸、馊、霉或其他异杂气。

2.5 滋　味

浓 strong

内含物丰富，收敛性强。

厚 thick

内含物丰富，有黏稠感。

醇 mellow

浓淡适中，口感柔和。

滑 smooth

茶汤入口和吞咽后顺滑，无粗糙感。

回甘 sweet after taste

茶汤饮后，舌根和喉部有甜感，并有滋润的感觉。

浓厚 heavy and thick

入口浓，收敛性强，回味有黏稠感。

醇厚 mellow and thick

入口爽适，回味有黏稠感。

浓醇 heavy and mellow

入口浓，有收敛性，回味爽适。

甘醇 mellow and sweet after taste

醇而回甘。

甘滑 sweet and smooth

滑中带甘。

甘鲜 sweet and fresh

鲜洁有回甘。

甜醇 sweet and mellow

入口即有甜感，爽适柔和。

甜爽 sweet and brisk

爽口而有甜味。

鲜醇 fresh and mellow

鲜洁醇爽。

醇爽 mellow and brisk

醇而鲜爽。

清醇 clean and mellow

茶汤入口爽适，清爽柔和。

醇正 mellow and normal

浓度适当，正常无异味。

醇和 mellow

醇而和淡。

平和 neutral

茶味和淡，无粗味。

淡薄 plain and thin

茶汤内含物少，无杂味。

浊 tainted

口感不顺，茶汤中似有胶状悬浮物或有杂质。

涩 astringent

茶汤入口后，有厚舌阻滞的感觉。

苦 bitter

茶汤入口有苦味，回味仍苦。

粗味 coarse

粗糙滞钝，带木质味。

青涩 grassy and astringent

涩而带有生青味。

青味 grass taste

青草气味。

青浊味 grassy and tainted

茶汤不清爽，带青味和浊味，多为雨水青，晒青、做青不足或杀青不匀不透而产生。

熟闷味 steamed and overcooked

茶汤入口不爽，带有蒸熟或焖熟味。

闷黄味 dull and cooked flavor

茶汤有闷黄软熟的气味，多为杀青叶闷堆未及时摊开，揉捻时间偏长或包揉叶温过高、定型时间偏长而引起。

淡水味 pale and watery

茶汤浓度感不足，淡薄如水。

高山韵 high mountain flavor character

高山茶所特有的香气清高细腻，滋味丰厚饱满的综合体现。

丛韵 cong flavor character

单株茶树所体现的特有香气和滋味，多为凤凰单丛茶、武夷名丛或普洱大树茶之香味特征。

陈醇 stale and mellow

茶质好，保存得当，陈化后具有的愉悦柔和的滋味，无杂、霉味。

高火味 high heat fired flavor

茶叶干燥过程中温度高或时间长而产生的，微带烤黄的锅巴味。

老火味 over fired taste

茶叶干燥过程中温度过高，或时间过长而产生的似烤焦黄锅巴味，程度重于高火味。

焦味 burnt taste

茶汤带有较重的焦煳味，程度重于老火味。

辛味 pungent taste

普洱茶原料多为夏暑雨水茶，因渥堆不足或无后熟陈化而产生的辛辣味。

陈味 stale taste

茶叶存放中失去新茶香味，呈现不愉快的类似油脂氧化变质的味道。

杂味 mixed taste

滋味混杂不清爽。

霉味 mould taste

茶叶存放过程中水分过高导致真菌生长所散发出的气味。

劣异味 tainted taste

茶叶加工或贮存不当产生的劣变味或污染外来物质所产生的味感，如烟、焦、酸、馊、霉或其他异杂味。

2.6 叶 底

细嫩 fine and tender

芽头多或叶子细小嫩软。

肥嫩 fat and tender

芽头肥壮，叶质柔软厚实。

柔嫩 soft and tender

嫩而柔软。

柔软 soft

手按如绵，按后伏贴盘底。

肥亮 fat and bright

叶肉肥厚，叶色透明发亮。

软亮 soft and bright

嫩度适当或稍嫩，叶质柔软，按后伏贴盘底，叶色明亮。

匀 even

老嫩、大小、厚薄、整碎或色泽等均匀一致。

杂 uneven

老嫩、大小、厚薄、整碎或色泽等不一致。

硬 hard

坚硬、有弹性。

嫩匀 tender and even

芽叶匀齐一致，嫩而柔软。

肥厚 fat and thick

芽或叶肥壮，叶肉厚。

开展 open

舒展 open

叶张展开，叶质柔软。

摊张 matured spread leaf

老叶摊开。

青张 blue leaf

夹杂青色叶片。

乌条 dark and unopened

叶底乌暗而不开展。

粗老 coarse

叶质粗硬，叶脉显露。

皱缩 shrink

叶质老，叶面卷缩起皱纹。

瘦薄 thin

芽头瘦小，叶张单薄少肉。

破碎 broken

断碎、破碎叶片多。

暗杂 dull and mixed

叶色暗沉、老嫩不一。

硬杂 hard and mixed

叶质粗老、坚硬、多梗、色泽驳杂。

焦斑 burnt spots

叶张边缘、叶面或叶背有局部黑色或黄色灼伤斑痕。

2.7 各类茶常用名词和虚词

各类茶感官审评常用名词见GB/T 14487—2017附录A。常用虚词参见GB/T 14487—2017附录B。

3 绿茶及绿茶坯花茶

3.1 干茶形状

纤细 wiry and tender

条索细紧如铜丝。为芽叶特别细小的碧螺春等茶之形状特征。

卷曲如螺 spiral

条索卷紧后呈螺旋状，为碧螺春等高档卷曲形绿茶之造型。

雀舌 queshe（bird tongue alike）

细嫩芽头略扁，形似小鸟舌头。

兰花形 orchard alike

一芽二叶自然舒展，形似兰花。

凤羽形 feather alike

芽叶有夹角似燕尾形状。

黄头 yellow lump

叶质较老，颗粒粗松，色泽露黄。

圆头 round lump

条形茶中结成圆块的茶，为条形茶中加工有缺陷的干茶外形。

扁削 sharp and flat

扁平而尖锋显露，扁茶边缘如刀削过一样齐整，不起丝毫皱折，多为高档扁形茶外形特征。

尖削 sharp

芽尖如剑锋。

光滑 smooth

茶条表面平洁油滑，光润发亮。

折叠 fold

形状不平呈皱叠状。

紧条 tight

扁形茶长宽比不当，宽度明显小于正常值。

狭长条 narrow leaf

扁形茶扁条过窄、过长。

宽条 broad leaf

扁形茶长宽比不当，宽度明显大于正常值。

宽皱 broad and shrink

扁形茶扁条折皱而宽松。

浑条 round leaf

扁形茶的茶条不扁而呈浑圆状。

扁瘪 flat and thin

叶质瘦薄，扁而干瘪。

细直 fine and straight

细紧圆直、形似松针。

茸毫密布 fully tippy

茸毫披覆 fairly tippy

芽叶茸毫密密地覆盖着茶条，为高档碧螺春等多茸毫绿茶之外形。

茸毫遍布 evenly tippy

芽叶茸毫遮掩茶条，但覆盖程度低于密布。

脱毫 tip off

茸毫脱离芽叶，是碧螺春等多茸毫绿茶加工中有缺陷的干茶外形。

3.2 干茶色泽

嫩绿 delicate green

浅绿嫩黄，富有光泽。为高档绿茶干茶、汤色和叶底色泽特征。

鲜绿豆色 fresh mug bean color

深翠绿似新鲜绿豆色，用于恩施玉露等细嫩型蒸青绿茶色泽。

深绿 deep green

绿色较深。

绿润 green bloom

色绿，富有光泽。

银绿 silvery green

白色茸毛遮掩下的茶条，银色中透出嫩绿的色泽，为茸毛显露的高档绿茶色泽特征。

糙米色 brown rice colour

色泽嫩绿微黄，光泽度好，为高档狮峰龙井茶的色泽特征。

起霜 silvery

茶条表面带灰白色，有光泽。

露黄 little yellow exposed

面张含有少量黄朴、片及黄条。

灰黄 greyish yellow

色黄带灰。

枯黄 dry yellow

色黄而枯燥。

灰暗 dull grey

色深暗带死灰色。

3.3 汤　色

绿艳 brilliant green

汤色鲜艳，似翠绿而微黄，清澈鲜亮。

碧绿 jade green

绿中带翠，清澈鲜艳。

浅绿 light green

绿色较淡，清澈明亮。

杏绿 apricot green

浅绿微黄，清澈明亮。

3.4 香　气

3.4.1 绿茶坯茉莉花茶香气

鲜灵 fresh lovely

花香新鲜充足，一嗅即有愉快之感。为高档茉莉花茶的香气。

鲜浓 fresh and heavy

香气物质含量丰富、持久，花香浓，但新鲜悦鼻程度不如鲜灵。

鲜纯 fresh and pure

茶香、花香纯正、新鲜，花香浓度稍差。

幽香 gentle flowery aroma

花香细腻、幽雅，柔和持久。

纯 pure

茶香或花香正常，无其他异杂气。

香薄 weak aroma

香弱 weak aroma

香浮 weak aroma

花香短促，薄弱，浮于表面，一嗅即逝。

透素 tea aroma dominant with weak floral scent

花香薄弱，茶香突出。

透兰 magnolia aroma showing

茉莉花香中透露白兰花香。

3.4.2 其他绿茶香气

其他绿茶香气术语采用2.4各款表述。

3.5 滋　味

粗淡 harsh and thin

茶味淡而粗糙，花香薄弱，为低级别茉莉花茶的滋味。

3.6 叶　底

靛青 indigo

靛蓝 indigo

夹杂蓝绿色芽叶，为紫芽种或部分夏秋茶的叶底特征。

红梗红叶 red stalk and leaf

茎叶泛红，为绿茶品质弊病。

4 黄　茶

4.1 干茶形状

梗叶连枝 full shoot

叶大梗长而相连。

鱼子泡 scorch points

干茶上有鱼籽大的突起泡点。

4.2 干茶色泽

金镶玉 jinxiangyu（gold inlaid with jade color）

茶芽嫩黄、满披金色茸毛，为君山银针干茶色泽特征。

金黄光亮 golden bright

芽叶色泽金黄，油润光亮。

褐黄 auburn yellow

黄中带褐，光泽稍差。

黄青 yellowish blue

青中带黄。

4.3 香　气

锅巴香 rice crust aroma

似锅巴的香，为黄大茶的香气特征。

5 黑　茶

5.1 干茶形状

泥鳅条 loach alike leaf

茶条皱褶稍松略扁，形似晒干泥鳅。

皱折叶 shrink leaves

叶片皱折不成条。

宿梗 aged stalk

老化的隔年茶梗。

红梗 red stalk

表皮棕红色的木质化茶梗。

青梗 green stalk

表皮青绿色，比红梗较嫩的茶梗。

5.2 干茶色泽

猪肝色 liver color

红而带暗，似猪肝色。为普洱熟茶渥堆适度的干茶及叶底色泽。

褐红 auburn red

红中带褐，为普洱熟茶渥堆正常的干茶及叶底色泽，发酵程度略高于猪肝色。

红褐 reddish auburn

褐中带红，为普洱熟茶、陈年六堡茶正常的干茶及叶底色泽。

褐黑 auburn black

黑中带褐。为陈年六堡茶的正常干茶及叶底色泽，比黑褐色深。

铁黑 iron black

色黑似铁。

半筒黄 semi yellow and black

色泽花杂，叶尖黑色，柄端黄黑色。

青黄 blueish yellow

黄中泛青，为原料后发酵不足所致。

5.3 汤　色

棕红 brownish red

红中泛棕，似咖啡色。

棕黄 brownish yellow

黄中泛棕。

栗红 chestnut red

红中带深棕色。为陈年普洱生茶正常的汤色及叶底色泽。

栗褐 chestnut auburn

褐中带深棕色，似成熟栗壳色。为普洱熟茶正常的汤色及叶底色泽。

紫红 purple red

红中泛紫。为陈年六堡茶或普洱茶的汤色特征。

5.4 香 气

粗青气 green and harsh odour

粗老叶的气息与青叶气息，为粗老晒青毛茶杀青不足所致。

毛火气 fired aroma

晒青毛茶中带有类似烘炒青绿茶的烘炒香。

堆味 aroma by pile fermentation

黑茶渥堆发酵产生的气味。

5.5 滋 味

陈韵 aged flavour

优质陈年黑茶特有甘滑醇厚滋味的综合体现。

陈厚 stale and thick

经充分渥堆、陈化后，香气纯正，滋味甘而显果味，多为南路边茶之香味特征。

仓味 tainted during storage

普洱茶或六堡茶等后熟陈化工序没有结束或储存不当而产生的杂味。

6 乌龙茶

6.1 干茶形状

蜻蜓头 dragongfly head alike

茶条叶端卷曲，紧结沉重，状如蜻蜓头。

壮结 bold

茶条肥壮结实。

壮直 bold and straight

茶条肥壮挺直。

细结 fine and tight

颗粒细小紧结或条索卷紧细小结实。

扭曲 twisted

茶条扭曲，叶端折皱重叠。为闽北乌龙茶特有的外形特征。

尖梭 spindle alike leaf

茶条长而细瘦，叶柄窄小，头尾细尖如菱形。

粽叶蒂 wide and thick stem

干茶叶柄宽、肥厚，如包粽子的箬叶的叶柄，包揉后茶叶平伏，铁观音、水仙、大叶乌龙等品种有此特征。

白心尾 white-end

驻芽有白色茸毛包裹。

叶背转 curled leaf

叶片水平着生的鲜叶，经揉捻后，叶面顺主脉向叶背卷曲。

6.2 干茶色泽

砂绿 frog skin alike green

似蛙皮绿，即绿中似带砂粒点。

青绿 blueish green

色绿而带青，多为雨水青、露水青或做青工艺走水不匀引起“滞青”而形成。

乌褐 black auburn

色褐而泛乌，常为重做青乌龙茶或陈年乌龙茶之外形色泽。

褐润 auburn bloom

色褐而富光泽，为发酵充足、品质较好之乌龙茶色泽。

鳝鱼皮色 eel skin alike

干茶色泽砂绿蜜黄，富有光泽，似鳝鱼皮色，为水仙等品种特有色泽。

象牙色 ivory

黄中呈赤白，为黄金桂、赤叶奇兰、白叶奇兰等特有的品种色。

三节色 three-segment colour

茶条叶柄呈青绿色或红褐色，中部呈乌绿或黄绿色，带鲜红点，叶端呈朱砂红色或红黄相间。

香蕉色 banana green

叶色呈翠黄绿色，如刚成熟香蕉皮的颜色。

明胶色 gelatine bloom

干茶色泽油润有光泽。

芙蓉色 cotton rose white

在乌润色泽上泛白色光泽，犹如覆盖一层白粉。

红点 red spots

做青时叶中部细胞破损的地方，叶子的红边经卷曲后，都会呈现红点，以鲜红点品质为好，褐红点品质稍次。

6.3 汤　色

蜜绿 honey green

浅绿略带黄，似蜂蜜，多为轻做青乌龙茶之汤色。

蜜黄 honey yellow

浅黄似蜂蜜色。

绿金黄 golden yellow with deep green

金黄泛绿，为做青不足之表现。

金黄 golden yellow

以黄为主，微带橙黄，有浅金黄、深金黄之分。

清黄 clear yellow

黄而清澈，比金黄色的汤色略淡。

茶油色 tea-seed oil yellow

茶汤金黄明亮有浓度。

青浊 grassy and cloudy

茶汤中带绿色的胶状悬浮物，为做青不足、揉捻重压而造成。

6.4 香　气

粟香 caramel aroma

经中等火温长时间烘焙而产生的如粟米的香气。

奶香 milky aroma

香气清高细长，似奶香，多为成熟度稍嫩的鲜叶加工而形成。

酵香 fermentation aroma

似食品发酵时散发的香气，多由做青程度稍过度，或包揉过程未及时解块散热而产生。

辛香 pungent aroma

香高有刺激性，微青辛气味，俗称线香，为梅占等品种香。

黄闷气 fuggy odor

闷浊气，包揉时由于叶温过高或定型时间过长闷积而产生的不良气味。也有因烘焙过程火温偏低或摊焙茶叶太厚而引起。

闷火 fired fuggy odor

乌龙茶烘焙后，未适当摊凉而形成一种令人不快的火气。

硬火 over fired

热火 over fired

烘焙火温偏高，时间偏短，摊凉时间不足即装箱而产生的火气。

6.5 滋　味

岩韵 Yan flavour

武夷岩茶特有的地域风味。

音韵 Yin flavour

铁观音所特有的品种香和滋味的综合体现。

粗浓 coarse and heavy

味粗而浓。

酵味 fermentation taste

做青过度而产生的不良气味，汤色常泛红，叶底夹杂有暗红张。

6.6 叶　底

红镶边 red edge

做青适度，叶边缘呈鲜红或朱红色，叶中央黄亮或绿亮。

绸缎面 satiny

叶肥厚有绸缎花纹，手摸柔滑有韧性。

滑面 smooth and fleshy

叶肥厚，叶面平滑无波状。

白龙筋 white vein

叶背叶脉泛白，浮起明显，叶张软。

红筋 red vein

叶柄、叶脉受损伤，发酵泛红。

糟红 auburn red

发酵不正常和过度，叶底褐红，红筋红叶多。

暗红张 dull red leaf

叶张发红而无光泽，多为晒青不当造成灼伤，发酵过度而产生。

死红张 dead leaf

叶张发红，夹杂伤红叶片，为采摘、运送茶青时人为损伤和闷积茶青或晒青、做青不当而产生。

7 白　茶

7.1　干茶形状

毫心肥壮 fat bud

芽肥嫩壮大，茸毛多。

茸毛洁白 white hair

茸毛多、洁白而富有光泽。

芽叶连枝 whole shoot

芽叶相连成朵。

叶缘垂卷 leaf edge roll down

叶面隆起，叶缘向叶背微微翘起。

平展 flat leaf edge

叶缘不垂卷而与叶面平。

破张 broken leaves

叶张破碎不完整。

蜡片 waxy flake

表面形成蜡质的老片。

7.2　干茶色泽

毫尖银白 silvery pekoe

芽尖茸毛银白有光泽。

白底绿面 silvery back and green front

叶背茸毛呈银白色，叶面灰绿色或翠绿色。

绿叶红筋 green leaf and red vein

叶面绿色，叶脉呈红黄色。

铁板色 iron grey

深红而暗似铁锈色，无光泽。

铁青 iron blue

似铁色带青。

青枯 green with less gloss

叶色青绿，无光泽。

7.3 汤 色

浅杏黄 light apricot

黄带浅绿色，常为高档新鲜之白毫银针汤色。

微红 slight red

色微泛红，为鲜叶萎凋过度、产生较多红张而引起。

7.4 香 气

毫香 tip aroma

茸毫含量多的芽叶加工成白茶后特有的香气。

失鲜 stale aroma

极不鲜爽，有时接近变质。多由白茶水分含量高，贮存过程回潮产生的品质弊病。

7.5 滋 味

清甜 clean and sweet

入口感觉清新爽快，有甜味。

毫味 tippy hair taste

茸毫含量多的芽叶加工成白茶后特有的滋味。

7.6 叶 底

红张 red leaf

萎凋过度，叶张红变。

暗张 dull leaf

色暗稍黑，多为雨天制茶形成死青。

铁灰绿 iron grey with green

色深灰带绿色。

8 红 茶

8.1 干茶形状

金毫 golden pekoe

嫩芽带金黄色茸毫。

紧卷 tightly curled

碎茶颗粒卷得很紧。

折皱片 shrink

颗粒卷得不紧，边缘折皱，为红碎茶中片茶的形状。

毛衣 fiber

呈细丝状的茎梗皮、叶脉等，红碎茶中含量较多。

茎皮 stem and skin

嫩茎和梗揉碎的皮。

毛糙 coarse

形状大小，粗细不匀，有毛衣、筋皮。

8.2 干茶色泽

灰枯 dry grey

色灰而枯燥。

8.3 汤 色

红艳 red and brilliant

茶汤红浓，金圈厚而金黄，鲜艳明亮。

红亮 red and bright

红而透明光亮。

红明 red and clear

红而透明，亮度次于“红亮”。

浅红 light red

红而淡，浓度不足。

冷后浑 cream down

茶汤冷却后出现浅褐色或橙色乳状的浑浊现象，为优质红茶象征之一。

姜黄 ginger yellow

红碎茶茶汤加牛奶后，呈姜黄色。

粉红 pink

红碎茶茶汤加牛奶后，呈明亮玫瑰红色。

灰白 greyish white

红碎茶茶汤加牛奶后，呈灰暗混浊的乳白色。

浑浊 cloudy

茶汤中悬浮较多破碎叶组织微粒及胶体物质，常由萎凋不足，揉捻、发酵过度形成。

8.4 香 气

鲜甜 fresh and sweet

鲜爽带甜感。

高锐 high and sharp

香气高而集中，持久。

甜纯 sweet and pure

香气纯而不高，但有甜感。

麦芽香 malty

干燥得当，带有麦芽糖香。

桂圆干香 dried-longyan aroma

似干桂圆的香。

祁门香 Keemun aroma

鲜嫩甜香，似蜜糖香，为祁门红茶的香气特征。

浓顺 high and smooth

松烟香浓而和顺，不呛喉鼻。为武夷山小种红茶香味特征。

8.5 滋 味

浓强 heavy and strong

茶味浓厚，刺激性强。

浓甜 heavy and sweet

味浓而带甜，富有刺激性。

浓涩 heavy and astringent

富有刺激性，但带涩味，鲜爽度较差。

桂圆汤味 longyan taste

茶汤似桂圆汤味。为武夷山小种红茶滋味特征。

8.6 叶 底

红匀 even red

红色深浅一致。

紫铜色 coppery

色泽明亮，黄铜色中带紫。

红暗 dark red

叶底红而深，反光差。

花青 mixed green

红茶发酵不足，带有青条、青张的叶底色泽。

乌暗 dark auburn

似成熟的栗子壳色，不明亮。

古铜色 bronze coloured

色泽红较深，稍带青褐色。为武夷山小种红茶的叶底色泽特征。

9 紧压茶

9.1 干茶形状

扁平四方体 rectangular

茶条经正方形模具压制后呈扁平状，四个棱角整齐呈方形。常为漳平水仙茶饼等紧压乌龙茶特色造型。

端正 normal brick

紧压茶形态完整，表面平整，砖形茶棱角分明，饼形茶边沿圆滑。

斧头形 axe shape

砖身一端厚、一端薄，形似斧头。

纹理清晰 clean mark

紧压茶表面花纹、商标、文字等标记清晰。

起层 warped

紧压茶表层翘起而未脱落。

落面 broken cover

紧压茶表层有部分茶脱落。

脱面 cover drop

紧压茶的盖面脱落。

紧度适合 well compressed

压制松紧适度。

平滑 flat and smooth

紧压茶表面平整，无起层落面或茶梗突出现象。

金花 golden flora

冠突散囊菌的金黄色孢子。

缺口 broken piece

砖茶、饼茶等边缘有残缺现象。

包心外露 heart unenveloped

里茶外露于表面。

龟裂 craked

紧压茶有裂缝现象。

烧心 heart burnt

紧压茶中心部分发暗、发黑或发红。烧心砖多发生霉变。

断甑 broken layer

金尖中间断落，不成整块。

泡松 loose

紧压茶因压制不紧结而呈现出松而易散形状。

歪扭 irregular

沱茶碗口处不端正。歪即碗口部分厚薄不匀，压茶机压轴中心未在沱茶正中心，碗口不正；扭即沱茶碗口不平，一边高一边低。

通洞 hole

因压力过大，使沱茶洒面正中心出现孔洞。

掉把 handle losing

特指蘑菇状紧茶因加工或包装等技术操作不当，使紧茶的柄掉落。

铁饼 iron cake

茶饼紧硬，表面茶叶条索模糊。

泥鳅边 loach alike rim

饼茶边沿圆滑，状如泥鳅背。

刀口边 knife edge

饼茶边沿薄锐，状如钝刀口。

9.2　干茶色泽

黑褐 black auburn

褐中带黑，六堡茶、黑砖、花砖和特制茯砖的干茶和叶底色泽，普洱熟茶因渥堆温度过高导致碳化，呈现出的干茶和叶底色泽。

饼面银白 silvery cake

以满披白毫的嫩芽压成圆饼，表面呈银白色。

饼面黄褐带细毫尖 yellowish auburn with fine pekoe

以贡眉为原料压制成饼后之色泽。

饼面深褐带黄片 deep auburn with yellow leaves

以寿眉等为原料压制成饼后之色泽。

9.3 香　气

菌花香 fungus aroma

金花香 jinhua fungus aroma

茯砖等发花正常茂盛所具有的特殊香气。

槟榔香 betel nut aroma

六堡茶贮存陈化后产生的一种似槟榔的香气。

后记

穿越几千年，一片神奇的树叶，在二十一世纪依然受到人们的追崇。神农尝百草的传说，笃定中国人是第一个发现、挖掘并加以应用的民族，是中国人揭秘了茶叶的面纱。从野外采收到种植栽培，从自然晾晒到加工制作，从蒸青团茶到炒青散茶，从单一产品到六大茶类，中国是世界上茶类最全、产品最全的国家。世界上所有产茶国都直接或间接与中国有关系，这也是中国对世界的一大贡献。

今天，茶已成为中国人日常生活中的一部分，融入到生活中的方方面面。茶所具有的物质属性是我们日常生活中的开门七件事——“柴米油盐酱醋茶”；在与宗教结合的过程中提升了它的精神属性，“茶禅一味”是最好的诠释；古丝绸之路让中国文化和文明走向世界，而茶则是其中最具文化属性的代表。今天，中国“一带一路”的倡议，再次彰显了一个古老民族的大国担当，但凡有重要国事活动，习近平主席都会用茶，这种孕育中华文化与精神的神秘饮品招待远方的客人，讲述它的中国故事，品尝它的醇和、鲜爽和回味甘甜的滋味。

中国是茶的原产地，翻阅历史草本类书籍，我们的前人对茶就有详细的记载和说明，唐朝陆羽的《茶经》是现今最早较全面介绍茶叶知识的书籍，在那交通不发达、信息比较闭塞的年代实属难能可贵。2013年在湖南人士的提议下，中国林业出版社积极推动《中国茶全书》系列的编撰工作，在众人的不懈努力之下，最终获得国家出版基金项目的资助。全套图书囊括各产茶和茶叶销售省份，目前参加人员之多、涉及内容之广、动员的财力物力之大是茶界历史罕见的，说明该书的编撰得到了茶界的大力支持，它有利于茶叶产业历史资料的整理与总结，为茶叶产业的发展起到承前启后的作用。

在各省市地卷积极筹备和编撰的同时，《中国茶全书·科技卷》作为独立卷纳入其中。考虑茶产业的发展和社会对茶叶知识的需求，在充分调研和论证的基础上，我们组织相关高校老师进行编撰整理。其宗旨是：围绕“体现国家意志，传承优秀文化，推动繁荣发展，增强文化软实力”二十五字方针，传承与宣传中国茶和茶文化，反应我国茶叶产业发展以及茶叶生产、加工、文化等知识和技术的最新发展现状，同时，能满足茶叶业余工作者及爱好者对茶叶知识的需求，全书采用通俗易懂的语言和图文并茂的方式，将茶叶的起源、品种特性、茶园管理、茶叶采收、茶叶加工、茶叶精加工、茶叶审评和茶叶文化等相关知识融入一起，便于人们对茶叶知识的系统认知与学习。

由于该书内容丰富、跨度较大，涉及学科较多，编撰中存在一些不足之处，希望读者多提宝贵意见，以便日后完善。同时，随着社会的发展和科技的进步，茶产业发展较快，一些边缘学科的知识也融入到茶产业，相关生产数据也在变动之中，这些都有待补充和修订。期待与大家共同努力，推动茶叶知识普及、促进茶产业发展。

朱　旗

2021年6月26日